电网工程数字监理标准化手册

# 变电站土建工程

国网湖北省电力有限公司　编著

中国电力出版社
CHINA ELECTRIC POWER PRESS

## 内 容 提 要

国网湖北省电力有限公司组织编写《电网工程数字监理标准化手册》丛书，包括《输电线路工程》《配电网工程》《变电站土建工程》《变电站电气工程》四个分册。

本分册为《变电站土建工程》，共七章，分别是通用部分、场平工程、地基与基础、主体结构、屋（内）外附属设施、建筑安装工程、装饰装修工程。

本书可供从事电网工程监理工作的专业管理人员和施工技术人员参考使用。

**图书在版编目（CIP）数据**

变电站土建工程/国网湖北省电力有限公司编著． —北京：中国电力出版社，2023.9（2023.10重印）
（电网工程数字监理标准化手册）
ISBN 978-7-5198-8033-0

Ⅰ．①变⋯　Ⅱ．①国⋯　Ⅲ．①变电所－电力工程－监理工作－手册　Ⅳ．①TM63-62

中国国家版本馆 CIP 数据核字（2023）第 143241 号

出版发行：中国电力出版社
地　　　址：北京市东城区北京站西街 19 号（邮政编码 100005）
网　　　址：http://www.cepp.sgcc.com.cn
责任编辑：肖　敏　刘子婷（010-63412363/2785）
责任校对：黄　蓓　朱丽芳　常燕昆
装帧设计：赵丽媛
责任印制：石　雷

印　　　刷：廊坊市文峰档案印务有限公司
版　　　次：2023 年 9 月第一版
印　　　次：2023 年 10 月北京第二次印刷
开　　　本：787 毫米×1092 毫米　16 开本
印　　　张：30.5
字　　　数：628 千字
定　　　价：128.00 元

# 前　言

　　长期以来，电力工程监理制为保证工程安全质量发挥了重要作用。随着中国能源转型速度的加快，电力工程的建设规模越来越大，技术越来越复杂，传统粗放的监理模式日显不足。如何把正确的、标准的、规范的监理做法展示给电网监理人是一项迫切的工作。从而推动监理履职法治化、规范化、标准化、数字化。

　　受国网湖北省电力有限公司委托，武汉中超电网建设监理有限公司立足数字时代新发展阶段，按照数字化思路，以施工工艺流程为主线，将规程规范从监理角度拆解，融入事前、事中、事后三个阶段的具体工作内容中，编写了《电网工程数字监理标准化手册》丛书，包括《输电线路工程》《配电网工程》《变电站土建工程》《变电站电气工程》四个分册。各分册的各个章节内容独立、完整、闭环，对指导电网工程监理工作、增强监理人员的履职能力具有显著作用。

　　本书是《变电站土建工程》分册，共七章，分别是通用部分、场平工程、地基与基础、主体结构、屋（内）外附属设施、建筑安装工程、装饰装修工程。

　　本书中各章节附属审查、见证、旁站、巡视、平行检验等表格依托数字监理平台可将各项监理行为数字化、作业管控可视化、表单归集智能化。无数字监理平台也可直接运用相关表格。

　　由于时间仓促，书中难免有不妥之处，敬请读者批评指正。

编写组

2023 年 7 月

# 目　录

# 第一章　通用部分

# 人 员 准 入

施工人员准入节点管控表如表 1-1 所示。

表 1-1　　　　　　　　　　　　施工人员准入节点管控表

| 管控流程图 | 监理主要工作 | 监理成果 |
|---|---|---|
| 开始 ↓ 施工单位准备人员资料报监理审查 | 审查施工单位人员与投标文件或变更后的人员是否一致 | 根据管控要点逐一审查/检查,填写文件审查记录表 |
| ↓ 监理项目部审查相关人员资质 | 监理项目部在内部交底中,将管理人员信息告知监理人员,便于开展监理工作,《安全/质量活动记录》应有相关内容描述 | 监理项目部形成内部《安全/质量活动记录》 |
| ↓ 施工交底入场考试/补考 ↓ 考试通过 | 参与或查验施工项目部技术交底工作 | 对施工单位报送的"人员资质报审表"进行审查签署意见 |
| ↓ 结束,上岗作业 | 监理人员手持《安全/质量活动记录》,在日常工作中对人员情况进行动态核查 | 填写平行检查记录、监理日志等过程管控资料 |

编制说明:
1. 编制目的:根据标准化工艺流程,列明监理主要工作内容及应时填写的表单。
2. 编制依据:监理规范及安全、质量管理条例。

## 一、施工管理人员

### (一)配置标准

施工总承包项目部应配置施工项目经理(需要时可配备副经理)及项目总工,还需配置技术员、安全员、质检员、造价员、信息资料员、材料员、综合管理员七大员。配置标准如表 1-2 和表 1-3 所示。

表 1-2　　　　新建变电（换流）站工程施工项目部（总包）组成

人员岗位配置基本要求一览表

| 序号 | 施工项目部名称 | 项目经理 | 项目副经理 | 项目总工 | 技术员 | 安全员 | 质检员 | 造价员 | 信息资料员 | 材料员 | 综合管理员 |
|---|---|---|---|---|---|---|---|---|---|---|---|
| 1 | ±800（660）kV 及以上换流站工程 | 1 | 1 | 1 | 按专业需要配置 | 2 | 1 | 1 | 2 | 1 | 1 |
| 2 | ±500kV 换流站工程 | 1 | 按需配置 | 1 | 土建、电气各1名 | 1 | 1 | 1（可兼） | 1 | 1 | 1 |
| 3 | 750kV 及以上变电工程 | 1 | 1 | 1 | 按专业需要配置 | 1 | 1 | 1 | 2 | 1 | 1 |
| 4 | 500kV、330kV 变电工程 | 1 | 按需配置 | 1 | 土建、电气各1名 | 1 | 1 | 1（可兼） | 1 | 1 | 1 |
| 5 | 220kV 变电工程 | 1 | 按需配置 | 1 | 土建、电气各1名 | 1 | 1 | 1（可兼） | 1 | 1 | 1 |
| 6 | 110（66）kV 及以下变电工程 | 1 | 按需配置 | 1 | 土建、电气各1名 | 1 | 1 | 1（可兼） | 1 | 1 | 1 |

表 1-3　改扩建变电（换流）站工程施工项目部（总包）组成人员岗位配置基本要求一览表

| 序号 | 施工项目部名称 | 项目经理 | 项目副经理 | 项目总工 | 技术员 | 安全员 | 质检员 | 造价员 | 信息资料员 | 材料员 |
|---|---|---|---|---|---|---|---|---|---|---|
| 1 | 750kV（±660kV）及以上变电（换流）站工程 | 1 | 按需配置 | 1 | 按专业需要配置 | 1，重要运行站配置2名 | 1 | 1（可兼） | 1 | 1 |
| 2 | 500kV（±500kV）及以下变电（换流）站工程 | 1 | 按需配置 | 1 | 土建、电气各1名 | 1 | 1 | 1（可兼） | 1 | 1 |

专业分包施工项目部应配置项目经理、项目总工/技术负责人，还需配置班长兼指挥、安全员、技术员（施工员）、质检员及资料员五大员。配置标准如表 1-4 和表 1-5 所示。

表 1-4　新建变电（换流）站工程专业分包项目部组成人员岗位配置基本要求一览表

| 序号 | 施工项目部名称 | 项目经理 | 项目总工/技术负责人 | 班长兼指挥 | 安全员 | 施工员 | 质检员 | 材料员 | 信息资料员 |
|---|---|---|---|---|---|---|---|---|---|
| 1 | ±800（660）kV 及以上换流站工程 | 1 | 1 | 按作业面需要配置 | 2 | 1 | 1 | 1 | 1 |
| 2 | ±500kV 换流站工程 | 1 | 1 | 1 | 1 | 1 | 1 | 1 | 1 |
| 3 | 750kV 及以上变电工程 | 1 | 1 | 1 | 1 | 1 | 1 | 1 | 1 |
| 4 | 500kV、330kV 变电工程 | 1 | 1 | 1 | 1 | 1 | 1 | 1 | 1 |

续表

| 序号 | 施工项目部名称 | 项目经理 | 项目总工/技术负责人 | 班长兼指挥 | 安全员 | 施工员 | 质检员 | 材料员 | 信息资料员 |
|---|---|---|---|---|---|---|---|---|---|
| 5 | 220kV 变电工程 | 1 | 1 | 1 | 1 | 1 | 1 | 1 | 1 |
| 6 | 110（66）kV 及以下变电工程 | 1 | 1 | 1 | 1 | 1 | 1 | 1 | 1 |

表 1-5　改扩建变电（换流）站工程专业分包项目部组成人员岗位配置基本要求一览表

| 序号 | 施工项目部名称 | 项目经理 | 项目总工/技术负责人 | 班长及指挥 | 安全员 | 施工员 | 质检员 | 材料员 | 信息资料员 |
|---|---|---|---|---|---|---|---|---|---|
| 1 | 750kV（±660kV）及以上变电（换流）站工程 | 1 | 1 | 按作业面需要配置 | 1，重要运行站配置2名 | 1 | 1 | 1 | 1 |
| 2 | 500kV（±500kV）及以下变电（换流）站工程 | 1 | 1 | 1 | 1 | 1 | 1 | 1 | 1 |

注　1．项目经理（及项目副经理）、总工（技术员）、安全员、质检员以及作业层班组骨干（班长兼指挥、安全员、施工员、质检员）为施工项目管理关键人员。项目经理、项目安全员、项目质检员为专职，不得兼任其他岗位。

2．相关岗位人员数量可依据工程需要适当增加，其他未涉及项目的岗位配置参照执行，特高压工程可依据实际需要对岗位配置进行适当调整。现场造价人员不允许跨专业兼职，须持证上岗。

## （二）管理岗位任职条件

施工项目部和专业分包管理人员任职条件及相关资格证件分别如表 1-6 和表 1-7 所示。

表 1-6　　　　　　施工项目部管理人员任职条件及相关资格证件

| 岗　位 | 相关资格证件 | | |
|---|---|---|---|
| | 大型工程<br>330kV 及以上变电站<br>800 万元及以上送变电工程 | 中型工程<br>220kV 变电站 | 小型工程<br>110kV 及以下变电站<br>400 万元以下的送变电工程 |
| 项目经理 | 1．持有机电工程类一级注册建造师执业资格证书。仅承建土建工程的可持有建筑工程类一级注册建造师执业资格证书。（一级建造师证书）<br>2．持有省级政府部门颁发的项目负责人安全生产考核合格证书。（B 级证书）<br>3．省级公司安规准入考试成绩。（考试成绩）<br>4．省级公司基建安全、质量培训合格证。（基建质量及安全员培训证） | 1．持有机电工程类二级及以上注册建造师执业资格证书。仅承建土建工程的可持有建筑工程类二级及以上注册建造师执业资格证书。（二级及以上建造师证书）<br>2．持有省级政府部门颁发的项目负责人安全生产考核合格证书。（B 级证书）<br>3．省级公司安规准入考试成绩。（考试成绩）<br>4．省级公司基建安全、质量培训合格证。（基建质量及安全员培训证） | 1．宜持有机电工程类二级及以上注册建造师执业资格证书。仅承建土建工程的宜持有建筑工程类二级及以上注册建造师执业资格证书（施工合同金额超过 3000 万的，必须取得相关专业二级及以上注册建造师执业资格证书）。（二级及以上建造师证书）<br>2．持有省级政府部门颁发的项目负责人安全生产考核合格证书。（B 级证书）<br>3．未具有注册建造师执业资格的，除满足上述第（2）条要求外，年龄不超过 60 岁，中级及以上职称或技师及以上资格。（中级职称证或者技师及以上证书）<br>4．省级公司安规准入考试成绩。（考试成绩）<br>5．省级公司基建安全、质量培训合格证。（基建质量及安全员培训证） |

续表

| 岗 位 | 相关资格证件 | | |
|---|---|---|---|
| | 大型工程<br>330kV 及以上变电站<br>800 万元及以上送变电工程 | 中型工程<br>220kV 变电站 | 小型工程<br>110kV 及以下变电站<br>400 万元以下的送变电工程 |
| 项目副经理 | 1. 中级及以上职称或技师及以上资格。（中级职称证或者技师及以上证书）<br>2. 省级公司安规准入考试成绩。（考试成绩）<br>3. 省级公司基建安全、质量培训合格证。（基建质量及安全员培训证） | | |
| 项目总工 | 1. 中级及以上职称或技师及以上资格。（中级职称证或者技师及以上证书）<br>2. 省级公司安规准入考试成绩。（考试成绩）<br>3. 省级公司基建安全、质量培训合格证。（基建质量及安全员培训证） | | 1. 初级及以上职称或技师及以上资格。（初级职称证或者技师及以上证书）<br>2. 省级公司安规准入考试成绩。（考试成绩）<br>3. 省级公司基建安全、质量培训合格证。（基建质量及安全员培训证） |
| 项目部安全员 | 1. 持有省级政府部门颁发的安全管理人员安全生产考核合格证书。（C 级证书）<br>2. 省级公司安规准入考试成绩。（考试成绩）<br>3. 省级公司基建安全培训合格证。（基建安全员培训证） | | |
| 项目部质检员 | 1. 持有工程建设主管部门或电力质量监督部门颁发的相应质量培训合格证书。<br>2. 省级公司安规准入考试成绩。（考试成绩）<br>3. 省级公司基建质量培训合格证。（基建质量培训证） | | |
| 项目部技术员 | 1. 初级及以上技术职称。（初级职称证书）<br>2. 省级公司安规准入考试成绩。（考试成绩）<br>3. 省级公司基建安全、质量培训合格证。（基建质量及安全员培训证） | | |
| 项目部造价员 | 1. 通过国家注册造价工程师或电力工程造价从业人员专业能力评价。（一、二级造价工程师或者电力工程造价员证书）<br>2. 省级公司安规准入考试成绩。（考试成绩）<br>3. 省级公司基建安全、质量培训合格证。（基建质量及安全员培训证） | | |
| 项目部信息资料员 | 1. 持有工程建设主管部门颁发的相应资料员培训合格证书。（如有要求）<br>2. 省级公司安规准入考试成绩。（考试成绩）<br>3. 省级公司基建安全、质量培训合格证。（基建质量及安全员培训证） | | |
| 项目部材料员 | 1. 持有工程建设主管部门颁发的相应材料员培训合格证书。（如有要求）<br>2. 省级公司安规准入考试成绩。（考试成绩）<br>3. 省级公司基建安全、质量培训合格证。（基建质量及安全员培训证） | | |

表 1-7 　　　　　　　专业分包管理人员任职条件及相关资格证件

| 岗 位 | 任 职 条 件 | | |
|---|---|---|---|
| | 大型工程<br>330kV 及以上变电站<br>800 万元及以上送变电工程 | 中型工程<br>220kV 变电站 | 小型工程<br>110kV 及以下变电站<br>400 万元以下的送变电工程 |
| 项目经理 | 1. 持有机电工程类一级注册建造师执业资格证书。仅承建土建工程的可持有建筑工程类一级注册建造师执业资格证书。<br>2. 持有省级政府部门颁发的项目负责人安全生产考核合格证书。<br>3. 具有从事 3 年及以上同类型工程施工管理经历 | 1. 持有机电工程类二级及以上注册建造师执业资格证书。仅承建土建工程的可持有建筑工程类二级及以上注册建造师执业资格证书。<br>2. 持有省级政府部门颁发的项目负责人安全生产考核合格证书。 | 1. 宜持有机电工程类二级及以上注册建造师执业资格证书。仅承建土建工程的宜持有建筑工程类二级及以上注册建造师执业资格证书（施工合同金额超过 3000 万的，必须取得相关专业二级及以上注册建造师执业资格证书。<br>2. 持有省级政府部门颁发的项目负责人安全生产考核合格证书。<br>3. 具有从事 2 年及以上同类型工程施工管理经历。 |

| 岗 位 | 任 职 条 件 | | |
|---|---|---|---|
| | 大型工程<br>330kV 及以上变电站<br>800 万元及以上送变电工程 | 中型工程<br>220kV 变电站 | 小型工程<br>110kV 及以下变电站<br>400 万元以下的送变电工程 |
| 项目经理 | | 3．具有从事 2 年及以上同类型工程施工管理经历 | 4．未具有注册建造师执业资格的，除满足上述第（2）条款要求外，年龄不超过 60 岁，中级及以上职称或技师及以上资格，从事 5 年及以上同类型施工管理经历 |
| 项目总工 | 具有中级及以上技术职称且具有从事 3 个及以上同类型工程施工技术管理经历 | 具有中级及以上技术职称且具有从事 2 个及以上同类型工程施工技术管理经历 | 具有初级及以上技术职称且具有从事 2 个及以上同类型工程施工技术管理经历 |
| 班长兼指挥 | 具有 5 年及以上现场作业实践经验和一定的组织协调能力，具备担任工作负责人、填写施工作业票，能够全面组织指挥现场施工作业；能够准确识别现场安全风险，及时排除现场安全隐患，纠正作业人员不安全行为；经安全考试合格，通过施工单位或上级单位组织的岗位技能培训并持证 | | |
| 班组安全员 | 纳入输变电工程实名制管理，熟悉现场安全管理要求，经安全考试合格，通过施工单位组织的岗位技能培训并持证上岗，具备担任现场作业安全监护人、审核施工作业 A 票、识别现场安全作业条件、抓实现场安全风险管控能力 | | |
| 班组施工员 | 初级及以上技术职称。（初级职称证书）<br>省级公司安规准入考试成绩。（考试成绩）<br>省级公司基建安全、质量培训合格证。（基建质量及安全员培训证） | | |
| 班组质检员 | 纳入输变电工程实名制管理，熟悉现场作业技术要求、标准工艺、质量标准，经安全考试合格，通过施工单位组织的岗位技能培训并持证上岗，具备现场施工技术管理、开展施工质量自检、掌握施工图纸及组织作业人员按要求施工能力 | | |
| 班组材料员 | 具有从事同类型工程施工物资管理工作经历 | | |
| 班组信息资料员 | 具有从事同类型工程施工资料及信息管理工作经历 | | |

## （三）监理项目部审查要点

（1）主要施工管理关键人员是否与投标文件一致。

（2）人员数量是否满足工程施工管理需要。

（3）应持证上岗的人员所持证件是否有效，原件与复印件是否一致，原件存放处是否标注。

（4）更换关键人员应经建设管理单位书面同意。

（5）施工负责人、作业负责人、安全监护人等相关进场人员的岗前安全教育培训是否合格并到岗到位。

（6）核查安管平台，人员准入信息是否无误，是否准入考试通过。

## （四）审查意见批语

经审查，所报施工项目部主要管理人员与投标文件一致，数量能满足工程施工管理需要，资质证件齐全、有效，同意上述人员进场。

## （五）附表

对承包单位管理人员进行审核时，应运用数字监理平台逐项审查并勾选检查结果，填写修改意见，未应用数字监理平台可采用纸质表单执行。

承包人提供的有关证书复印件/扫描件应与原件核对并加盖对方套红印章，注明原件保存地后留存。

监理审查记录表如表 1-8 所示。

表 1-8 　　　　　　　　　　　　监理审查记录表（人员资质报审）

工程名称：　　　　　　　　　　　　　　　　　　　　　　　　　　编号：

| 序号 | 监理项目部审查标准 | 检查结果 | 修改情况 |
|---|---|---|---|
| 1 | 报审表附件应齐全，且与人员名单对应。附具的资格证书复印件或扫描件应在有效期内且未见伪造痕迹 | □合格　□不合格 | |
| | 修改意见： | | |
| 2 | 施工项目部应对其报审的复印件进行确认，并注明原件存放处 | □合格　□不合格 | |
| | 修改意见： | | |
| 3 | 项目经理（需国家级注册证担任的职务）用浏览器输入关键字"中国人事网"或者直接输入"www.cpta.com.cn"网址，进入之后点击"证书查验"。页面打开后，选择查询类型。填写身份证件号、姓名，输入验证码。点击查询即可 | □合格　□不合格 | |
| | 修改意见： | | |
| 4 | 项目总工针对大型工程是否具有中级及以上技术职称且具有从事 3 个及以上同类型工程施工技术管理经历；小型工程是否具有初级及以上技术职称且具有从事 2 个及以上同类型工程施工技术管理经历 | □合格　□不合格 | |
| | 修改意见： | | |
| 5 | 班长兼指挥人员是否具有 5 年及以上现场作业实践经验 | □合格　□不合格 | |
| | 修改意见： | | |
| 6 | 技术员是否具备初级及以上技术职称 | □合格　□不合格 | |
| | 修改意见： | | |
| 7 | 安全员是否持有省级政府部门颁发的 C 级证书 | □合格　□不合格 | |
| | 修改意见： | | |

续表

| 序号 | 监理项目部审查标准 | 检查结果 | 修改情况 |
|---|---|---|---|
| 8 | 造价员是否通过国家注册造价工程师或电力工程造价从业人员专业能力评价（一、二级造价工程师或者电力工程造价员证书） | □合格　□不合格 | |
| | 修改意见： | | |
| 9 | 质检员是否持有工程建设主管部门或电力质量监督部门颁发的相应质量培训合格证书 | □合格　□不合格 | |
| | 修改意见： | | |
| 10 | 进场管理人员应通过省级公司安规准入考试成绩合格及取得省级公司基建安全、质量培训合格证 | □合格　□不合格 | |
| | 修改意见： | | |
| 11 | 人员数量是否满足工程施工管理需要 | □合格　□不合格 | |
| | 修改意见： | | |
| 12 | 存在的其他问题 | | |

总/专业监理工程师：＿＿＿＿＿＿<br>日　　期：＿＿＿＿年＿＿月＿＿日

| | |
|---|---|
| 监理复查意见 | 总/专业监理工程师：＿＿＿＿＿＿<br>日　　期：＿＿＿＿年＿＿月＿＿日 |

注　本表由监理项目部自行留存，也可作为审查意见反馈给施工项目部。使用过程中可自行增加审查内容。

# 二、特种作业人员

特种作业是指容易发生人员伤亡事故，对操作者本人、他人及周围设施的安全可能造成重大危害的作业。直接从事特种作业的人员称为特种作业人员。

## （一）特种作业人员类型及任职条件

### 1．变电工程所涉及的特种作业人员类型

（1）电工作业：建筑电工、低压电工、高压电工。

（2）金属焊接、切割作业：焊接工、切割工。

（3）起重机械（含电梯）作业：起重机械（含电梯）司机、司索工、信号指挥工、安装与维修工、建筑起重机械拆卸工（塔式起重机、物料起重机）、叉车司机。

（4）登高架设作业：2m 以上登高架设、拆除、维修工等。

（5）脚手架安拆作业：建筑架子工（普通脚手架及附着升降脚手架）。

（6）吊篮安拆作业：高空作业吊篮安装拆卸工。

（7）经中华人民共和国应急管理部批准的其他作业。

### 2．特种作业人员任职的基本条件

（1）年满 18 周岁，且不超过国家法定退休年龄。

（2）经社区或者县级以上医疗机构体检健康合格，并无妨碍从事相应特种作业的器质性心脏病、癫痫病、美尼尔氏症、眩晕症、癔症、帕金森病、精神病、痴呆症以及其他疾病和生理缺陷。

（3）具有初中及以上文化程度。

（4）具备必要的安全技术知识与技能。

（5）相应特种作业规定的其他条件。

以上证件均应在中华人民共和国应急管理部或全国工程质量安全监管信息平台可查询。

## （二）审查要点及方法

（1）附上所报审的所有特种作业人员的名单和资格证件复印件或者扫描件，要求文件清晰、有效，严禁使用伪造证件或者对证件进行 PS 等方法进行处理加工。

（2）施工项目部应对其报审的复印件进行确认，并注明原件存放处。

（3）用微信关注"国家安全生产考试"公众号，点击"发消息"。页面打开后，选择"证书查询"。有二维码的可直接选择"扫码查询"即得到相关证件信息。没有二维码的选择"输入查询"，填写身份证件号、姓名，输入验证码，点击查询即可。

## （三）审查意见

经查，所报特殊工种/特殊作业人员的数量满足现阶段施工需要，资格证书齐全、有效，同意上述人员进场作业。

## （四）附表

对特种作业人员审核时，应运用数字监理平台逐项审查并勾选检查结果，填写修改意见，未应用数字监理平台可采用纸质表单执行。

监理审查记录表如表 1-9 所示。

表 1-9　　　　监理审查记录表（特种作业人员资质报审）

工程名称：　　　　　　　　　　　　　　　　　　　　编号：

| 文件名称 | （特种作业人员资质—报审表编号） | | |
|---|---|---|---|
| 送审单位 | （编制单位全称） | | |
| 序号 | 监理项目部审查标准 | 检查结果 | 修改情况 |
| 1 | 报审表附件应齐全，且与人员名单对应。附具的资格证书复印件或扫描件应在有效期内且未见伪造痕迹 | □合格　□不合格 | |
| | 修改意见： | | |

续表

| 序号 | 监理项目部审查标准 | 检查结果 | 修改情况 |
|---|---|---|---|
| 2 | 施工项目部应对其报审的复印件进行确认,并注明原件存放处 | □合格　□不合格 | |
| | 修改意见: | | |
| 3 | 网络核查 | □合格　□不合格 | |
| | 修改意见: | | |
| 4 | 特种作业人员数量是否满足现场施工作业要求 | □合格　□不合格 | |
| | 修改意见: | | |
| 5 | 根据各省份及工作环境要求不同,针对电工证是否符合相应要求(如低压电工不得从事高压电工工作内容等要求) | □合格　□不合格 | |
| | 修改意见: | | |
| 6 | 检查各特种作业人员疾病史和生理状况是否符合国家相关要求,需出具县级及以上医疗机构体检健康合格证明 | □合格　□不合格 | |
| | 修改意见: | | |
| 7 | 存在的其他问题 | | |
| | | 总/专业监理工程师:_____<br>日　　期:_____年___月___日 | |
| 监理复查意见 | | 总/专业监理工程师:_____<br>日　　期:_____年___月___日 | |

注　本表由监理项目部自行留存,也可作为审查意见反馈给施工项目部。使用过程中可自行增加审查内容。

# 第二节

# 原材料及构配件准入

原材料及构配件准入节点管控表分别如表 1-10 和表 1-11 所示。

表 1-10　　　　原材料及构配件准入节点管控表(甲供材料)

| 管控流程图 | 监理主要工作 | 监理成果 |
|---|---|---|
| | 监理项目部熟悉图纸、材料的技术参数和质量要求及相关规范,业主项目部应进行材料统计,制定采购计划,选择拟选厂家 | 协助业主制定采购计划,选择拟选厂家 |

| 管控流程图 | 监理主要工作 | 监理成果 |
|---|---|---|
| 开始<br><br>熟悉图纸、工程材料；进行材料统计 | 接收由建设单位采购的主要材料、构配件、设备，组织进场，收集质量证明文件，并提出开箱申请，填报设备材料开箱检查记录表 | 填写"开箱检查记录表" |
| 收集质量证明文件，提出开箱申请<br><br>参加开箱检查，会签开箱检查记录 | 监理项目部对经过开箱检查符合要求的甲供材料，同意使用，不符合要求的提出缺陷及处理意见 | 对"材料/构配件报审表"进行审查签署意见 |
| 督促协调甲购材料、设备缺陷处理或要求撤出施工现场<br><br>继续巡视检查，结束 | 继续开展对进场主要材料、构配件、设备的质量检查 | 填写"平行检查记录、监理日志"等过程管控资料 |

编制说明：
1．编制目的：根据标准化工艺流程，列明监理主要工作内容及应及时填写的表单。
2．编制依据：监理规范及安全、质量管理条例。

表 1-11　　　　　　原材料及构配件准入节点管控表（乙供材料）

| 管控流程图 | 监理主要工作 | 监理成果 |
|---|---|---|
| 开始<br><br>熟悉图纸及工程材料 | 监理项目部熟悉图纸中材料的技术参数和质量要求及相关规范，施工项目部应进行材料统计，制定采购计划，选择拟选厂家 | 形成监理项目部内管控记录 |
| 审查供应商资质选择拟选厂家 | 总监理工程师组织，专业监理工程师审查报审的供货商资质 | 对"供货商资质报审表"进行审查签署意见 |
| 组织进行见证取样 | 监理项目部组织按有关规范要求对进场材料及构配件进行见证取样送检 | 填写"送检委托单" |
| 审查材料质量证明文件、复试报告等 | 监理项目部对乙购工程材料/构配件/备的质量证明文件、数量清单、自检结果、复试报告等进行审查 | 对"材料/构配件报审表"进行审查签署意见 |
| 巡视检查施工过程中材料质量状况<br><br>结束 | 继续开展对进场主要材料、构配件、设备的质量检查 | 填写"平行检查记录、监理日志"等过程管控资料 |

| 管控流程图 | 监理主要工作 | 监 理 成 果 |
|---|---|---|

编制说明：

1. 编制目的：根据标准化工艺流程，列明监理主要工作内容及应及时填写的表单。
2. 编制依据：监理规范及安全、质量管理条例。

见证取样批量表如表 1-12 所示。

表 1-12　　　　　　　　　　见 证 取 样 批 量 表

| 序号 | 类　　型 | 代 表 批 量 | 取样数量/组 |
|---|---|---|---|
| 1 | 砂 | 400m³/600t | 15kg |
| 2 | 碎石 | 400m³/600t | 40kg（最大粒径≤20mm）；80kg（最大粒径 40mm） |
| 3 | 水泥 | 200t | 12kg |
| 4 | 钢筋原材 | 60t | 550mm　3 根；450mm　2 根 |
| 5 | 烧结普通砖 | 3.5 万块 | 15 块 |
| 6 | 蒸压灰砂砖 | 10 万块 | 15 块 |
| 7 | 粉煤灰砖 | 10 万块 | 20 块 |
| 8 | 蒸压加气混凝土砌砖 | 1 万块 | 9 块 |
| 9 | 普通混凝土试件 | 100m³ | 3 块；不足按 100m³ 计量 |
| 10 | 抗渗混凝土试件 | 500m³ | 6 块；不足按 500m³ 计量，且每项工程不得少于 2 组 |
| 11 | 砂浆试件 | 250m³/每一层楼 | 3 块 |
| 12 | 改性沥青防水卷材 | 10000m² | 1.5m² |
| 13 | 高分子防水卷材 | 8000m² | 1.5m² |
| 14 | 聚氨酯防水涂料 | 15t | 3kg |
| 15 | 聚合物水泥涂料 | 10t | 5kg |
| 16 | 聚氯乙烯弹性防水涂料 | 20t | 2kg |
| 17 | 混凝土外加剂 | 掺量≥1%时，为 100t；掺量<1%时，为 50t | 2.4kg |
| 18 | 螺栓连接副 | 3000 套 | 8 套 |
| 19 | 型钢及加工件 | 60t | 2 个 |

# 一、建设用砂

## （一）建设用砂基本要求

砂粒径在 4.75mm 以下，主要分为天然砂和人工砂。天然砂包括河砂、湖砂、山砂和淡化海砂（氯离子含量不大于 0.06%）。人工砂是经除土处理的机制砂、混合砂的统称，是由机械破碎、筛分制成的岩石颗粒，但不含软质岩、风化岩石的颗粒。

砂的颗粒级配和粗细程度，常用筛分法进行测定。根据 0.63mm 筛孔的累计筛余量，将砂分成Ⅰ、Ⅱ、Ⅲ3 个级配区。按细度模数砂可分为粗、中、细 3 级。其细度模数分别为粗：3.7～3.1；中：3.0～2.3；细：2.2～1.6。

上述 3 种规格的砂均可作为普通混凝土用砂，但以中砂为最佳。对于泵送混凝土，宜选用中砂，且砂中小于 0.315mm 的颗粒应不小于 15%。

## （二）审查要点

（1）供货商资质报审：

1）供货厂商营业执照；

2）安全生产许可证；

3）企业质量管理体系制度；

4）开户许可证；

5）建筑企业资质证书。

（2）乙供材料进场审查：

1）进场砂子的清单和施工单位自检结果；

2）砂子的质保证明文件（合格证或质量证明书）；

3）砂应按规定进行取样送检，并在检验合格后报监理项目部查验。

## （三）关键指标

建筑用砂应检测的项目包括表观密度、堆积密度、紧密密度、细度模数、吸水率、含水率、含泥量、泥块含量、云母含量、有机物（氯化物）含量、轻物质含量等。检测项目明细如表 1-13 所示。

表 1-13　　　　　　　　　　检测项目明细表

| 检测项目＼类别名称 | Ⅰ类（粗砂） | Ⅱ类（中砂） | Ⅲ类（细砂） |
|---|---|---|---|
| 表观密度 | ≥2500kg/m³ | | |
| 堆积密度 | ≥1400/m³ | | |
| 紧密密度 | 空隙率≤44% | | |
| 细度模数 | 3.7～3.1 | 3.0～2.3 | 2.2～1.6 |
| 吸水率 | ≤3% | ≤3% | ≤3% |
| 含水率 | ≤5.0 | ≤5.0 | 2.5～3.5 |
| 含泥量 | <1.0 | ≤3.0 | ≤5.0 |
| 泥块含量 | ≤2.0 | ≤1.0 | ≤2.0 |
| 云母含量 | ≤1.0 | ≤2.0 | ≤2.0 |
| 氯化物含量 | ≤0.01 | ≤0.02 | ≤0.06 |
| 轻物质含量 | ≤1% | ≤1% | ≤1% |

## （四）过程管控

（1）砂石料的料仓料棚要采用钢构件塑钢料棚，净空高度不低于 7.5m。

（2）堆放场地须全部硬化，坚实、平整、干净，定期清扫，避免二次污染不同品种、规格的产品，堆放场地分已检区和待检区，用隔墙分开，分别堆放；防止人为碾压、混合及污染产品。

（3）未经检验的砂石料应存放在待检区料仓内待检，已检合格的砂石料应设立"已检合格"的标识牌，砂石料料棚标识牌上需明确注明砂石料的使用范围和来源地。

（4）当塑钢料棚高度为 7.5m 时，砂石料的堆放高度不得超过 5m，从而保证顶部平整，减少级配离析。

（5）取样方法：①在堆料上取样时，取样部位应均匀分布。取样前先将取样部位表层铲除，然后从各部位抽取大致相等的 8 份砂子组成一组样品。②若检验不合格时，应重新取样。对不合格项进行加倍复检，若仍有一个试样不能满足标准要求，应按不合格处理。③对所取样品应妥善包装，避免细料散失及防止污染。并附样品卡片，标明样品的编号、名称、取样时间、产地、规格、样品量以及要求检验的项目取样方式等。

（6）运输时，应有必要的防漏撒措施，严禁污染环境。

## （五）审查意见

经检查，所报砂的质量证明文件齐全、有效，复试结果合格，符合设计及验收规范要求，同意在本工程中使用。

## （六）附表

对材料供货商资质及材料进场审核时，应运用数字监理平台逐项审查并勾选检查结果，填写修改意见。未应用数字监理平台可采用纸质表单执行。

监理审查记录表分别如表 1-14 和表 1-15 所示。

表 1-14　　　　　　　　　监理审查记录表（供货商资质审查）

工程名称：　　　　　　　　　　　　　　　　　　　　　　　　　编号：

| 文件名称 | ×× （供货商资质报审—报审表编号） | | |
|---|---|---|---|
| 送审单位 | （编制单位全称） | | |
| 序号 | 监理项目部审查标准 | 检查结果 | 修改情况 |
| 1 | 供货厂商营业执照中经营范围是否满足本工程需求，营业期限是否在有效期限 | □合格　□不合格 | |
| | 修改意见： | | |

续表

| 序号 | 监理项目部审查标准 | 检查结果 | 修改情况 |
|---|---|---|---|
| 2 | 安全生产许可证中许可范围及有效期是否符合工程要求 | □合格　□不合格 | |
| | 修改意见： | | |
| 3 | 企业质量管理体系制度编制内容是否完整、规范 | □合格　□不合格 | |
| | 修改意见： | | |
| 4 | 是否符合开户条件，并开立基本存款账户，取得加盖各银行章的开户许可证 | □合格　□不合格 | |
| | 修改意见： | | |
| 5 | 建筑企业资质证书中资质类别及等级是否符合施工要求。是否在有效期限内 | □合格　□不合格 | |
| | 修改意见： | | |
| 6 | 存在的其他问题 | | |

总/专业监理工程师：＿＿＿＿＿＿＿
日　　　期：＿＿＿＿＿年＿＿月＿＿日

| 监理复查意见 | |
|---|---|
| | 总/专业监理工程师：＿＿＿＿＿＿＿<br>日　　　期：＿＿＿＿＿年＿＿月＿＿日 |

注　本表由监理项目部自行留存，也可作为审查意见反馈给施工项目部。使用过程中可自行增加审查内容。

**表 1-15**　　　　　　　　　**监理审查记录表（乙供材料进场审查）**

工程名称：　　　　　　　　　　　　　　　　　　　　　　　　　　　　　　编号：

| 文件名称 | （××砂进场报审—报审表编号） |
|---|---|
| 送审单位 | （编制单位全称） |

| 序号 | 监理项目部审查标准 | 检查结果 | 修改情况 |
|---|---|---|---|
| 1 | 施工单位自检产品检验记录是否完整、规范 | □合格　□不合格 | |
| | 修改意见： | | |
| 2 | 合格证及质量文件是否完整 | □合格　□不合格 | |
| | 修改意见： | | |
| 3 | 砂的规格、型号是否满足设计及规范要求 | □合格　□不合格 | |
| | 修改意见： | | |
| 4 | 现场配制材料，施工单位应进行级配设计与配合比试验，合格后方可使用 | □合格　□不合格 | |
| | 修改意见： | | |
| 5 | 复检报告中含泥量、泥块含量、堆积密度、表观密度、空隙率、氯离子含量是否合格 | □合格　□不合格 | |
| | 修改意见： | | |

| 序号 | 监理项目部审查标准 | 检查结果 | 修改情况 |
|---|---|---|---|
| 6 | 颗粒级配检测细度模数是否符合设计及规范要求 | □合格　□不合格 | |
| | 修改意见： | | |
| 7 | 存在的其他问题 | □合格　□不合格 | |

总/专业监理工程师：＿＿＿＿＿＿
日　　期：＿＿＿＿年＿＿月＿＿日

| 监理复查意见 | 总/专业监理工程师：＿＿＿＿＿＿<br>日　　期：＿＿＿＿年＿＿月＿＿日 |
|---|---|

注　本表由监理项目部自行留存，也可作为审查意见反馈给施工项目部。使用过程中可自行增加审查内容。

## 二、级配碎石

### （一）基本要求

根据现行国家标准《建设用卵石、碎石》（GB/T 14685—2022）的定义，粒径在 4.75～40mm 之间的骨料称为粗骨料。普通混凝土常用的粗骨料有碎石和卵石。由天然岩石或卵石经破碎、筛分而得的粗骨料，称为碎石或碎卵石。

生产级配碎石用原材料质量应满足设计要求，并符合下列规定：

（1）粒径大于 1.7mm 颗粒的洛杉矶磨耗率应不大于 30%，硫酸钠溶液浸泡损失率应不大于 6%。

（2）粒径小于 0.5mm 的细颗粒的液限应不大于 25%，塑性指数应小于 6。施工单位每一料场抽样检验洛杉矶磨耗率、硫酸钠溶液浸泡损失率、液限和塑性指数 2 次。

碎石的连续级配、间断级配以及开级配的定义及区别：

（1）连续级配：连续级配是碎石在标准套筛中进行筛分后，碎石的颗粒由大到小连续分布，每一级都占有适当的比例。连续级配单方混凝土水泥用量最大，可以配置出密度高强的混凝土，连续级配被磨物料的粒度最大。

（2）间断级配：间断级配是在碎石颗粒分布的整个区间里，从中间剔除一个或连续几个粒级，形成一种不连续的级配。间断级配单方混凝土水泥用量较小，仅适合配置出塑性混凝土，间断级配被磨物的粒度较小。

（3）开级配：开级配整个碎石颗粒分布范围较窄，从最大粒径到最小粒径仅在数个粒级上以连续的形式出现。开级配单方混凝土水泥用量较大，可以配置出密实度较高的混凝土，开级配被磨物料的粒度较大。

## （二）审查要点

（1）供货商资质报审：

1）供货厂商营业执照；

2）安全生产许可证；

3）企业质量管理体系制度；

4）开户许可证；

5）建筑企业资质证书。

（2）乙供材料进场审查：

1）进场碎石的清单和施工单位自检结果；

2）碎石的质保证明文件（如合格证和质量证明书）；

3）碎石检测报告，另外对于有复试要求的材料或构配件，按有关规定进行取样送检，并在检验合格后报监理项目部查验。

## （三）关键指标

（1）作为泵送混凝土原料时针、片状颗粒含量宜小于 10%，粒径与管径比≤1:3～1:4。

（2）集料压碎值不大于 30%，注意压碎值的检测是取 12～16mm 的粒径料进行试验。

（3）塑性指数不大于 6.0，5mm 以下材料含量与塑性指数乘积不大于设计或规范规定。

## （四）过程管控

（1）存放要求参考建设用砂。

（2）见证取样要求。

1）取样频率：同一产地、同一规格、同一进场时间≤400m³/批或≤600 吨/批。

2）取样方法：①在堆料上取样时，取样部位应均匀分布。取样前先将取样部位表层铲除，然后从各部位抽取大致相等的 15 份碎石（料堆的顶部、中部和底部各选取均匀分布的 5 个不同部分取得）组成一组样品。②若检验不合格时，应重新取样。对不合格项进行加倍复检，若仍有一个试样不能满足标准要求，应按不合格处理。③取样数量石子一般为 40～80kg。④对所取样品应妥善包装，避免细料散失及防止污染。并附样品卡片，标明样品的编号、名称、取样时间、产地、规格、样品量以及要求检验的项目取样方式等。

## （五）审批/审查意见

经检查，所报碎石的质量证明文件齐全、有效，复试结果合格，符合设计及验收规范要求，同意在本工程中使用。

## （六）附表

碎石供货商资质审查表格式参考建设用砂。对材料供货商资质及材料进场审核时，应运用数字监理平台逐项审查并勾选检查结果，填写修改意见。未应用数字监理平台可采用纸质表单执行。

监理审查记录表如表 1-16 所示。

表 1-16　　　　　　　　监理审查记录表（乙供材料进场审查）

工程名称：　　　　　　　　　　　　　　　　　　　　　　　编号：

| 文件名称 | | （××碎石进场报审—报审表编号） | |
|---|---|---|---|
| 送审单位 | | （编制单位全称） | |
| 序号 | 监理项目部审查标准 | 检查结果 | 修改情况 |
| 1 | 施工单位自检产品检验记录是否完整、规范 | □合格　□不合格 | |
| | 修改意见： | | |
| 2 | 现场配制材料，施工单位应进行级配设计与配合比试验，合格后方可使用 | □合格　□不合格 | |
| | 修改意见： | | |
| 3 | 碎石规格型号是否符合设计及规范要求 | □合格　□不合格 | |
| | 修改意见： | | |
| 4 | 碎石的含泥量、泥块含量、针片状含量、压碎指标、空隙率是否合格 | □合格　□不合格 | |
| | 修改意见： | | |
| 5 | 碎石的颗粒级检测公称粒级结果是否符合设计及规范要求 | □合格　□不合格 | |
| | 修改意见： | | |
| 6 | 存在的其他问题 | | |

总/专业监理工程师：＿＿＿＿＿＿
日　　　期：＿＿＿＿年＿＿月＿＿日

| 监理复查意见 | |
|---|---|
| | 总/专业监理工程师：＿＿＿＿＿＿<br>日　　　期：＿＿＿＿年＿＿月＿＿日 |

注　本表由监理项目部自行留存，也可作为审查意见反馈给施工项目部。使用过程中可自行增加审查内容。

# 三、水泥

## （一）水泥的基本知识及应用

根据国家标准《水泥的命名原则和术语》（GB/T 4131—2014）的相关规定，水泥按其用途及性能可分为通用水泥和特种水泥。目前，电网建设项目中常用的是通用硅酸盐水泥，它是以硅酸盐水泥熟料和适量的石膏及规定的混合材料制成的水硬性胶凝材料。国家标准《通用硅酸盐水泥》国家标准第 2 号修改单（GB 175—2007/XG2—2015）规定，按混合材料的品种和掺量，通用硅酸盐水泥可分为硅酸盐水泥（P.Ⅰ和 P.Ⅱ）、普通硅酸盐水泥（P.O）、矿渣硅酸盐水泥（P.S.A/B）、火山灰质硅酸盐水泥（P.P）、粉煤灰质硅酸盐水泥（P.F）和复合硅酸盐水泥（P.C），如表 1-17 所示。

表 1-17 通用硅酸盐水泥的代号和强度等级

| 水泥名称 | 简 称 | 代 号 | 强 度 等 级 |
|---|---|---|---|
| 硅酸盐水泥 | 硅酸盐水泥 | P.Ⅰ和 P.Ⅱ | 42.5、42.5R、52.5、52.5R、62.5、62.5R |
| 普通硅酸盐水泥 | 普通水泥 | P.O | 42.5、42.5R、52.5、52.5R |
| 矿渣硅酸盐水泥 | 矿渣水泥 | P.S.A<br>P.S.B | 32.5、32.5R<br>42.5、42.5R<br>52.5、52.5R |
| 火山灰质硅酸盐水泥 | 火山灰水泥 | P.P | |
| 粉煤灰质硅酸盐水泥 | 粉煤灰水泥 | P.F | |
| 复合硅酸盐水泥 | 复合水泥 | P.C | 42.5、42.5R、52.5、52.5R |

注 强度等级中"R"表示早强型。

## （二）审查要点

（1）供货商资质报审：

1）供货厂商营业执照；

2）安全生产许可证；

3）企业质量管理体系制度；

4）开户许可证；

5）建筑企业资质证书。

（2）乙供材料进场审查：

1）进场水泥的清单和施工单位自检结果；

2）水泥的质保证明文件（如合格证和质量证明书）；

3）水泥（复）检测报告，按有关规定进行取样送检，并在检验合格后报监理项目部查验。

## （三）关键指标

（1）水泥检验报告内容包括厂别、牌号、品种、试验编号、强度等级、出厂编号及日期、抗压强度、抗折强度、凝结时间、安定性、氯化物含量检测项目等。

重点检测项目包括强度及强度等级、安定性、凝结时间，具体由试验室负责。

国家标准规定，6 种常用水泥的初凝时间不得少于 45min，硅酸盐水泥终凝时间内不得长于 6.5h，其他 5 类常用水泥的终凝时间不得长于 10h。

（2）国家标准规定，采用胶砂法来测定水泥的 3d 和 28d 的抗压强度和抗折强度，合格的判定标准要以标养 28d 强度为准。

（3）水泥试验报告上要有试验结果。如水泥质量出现问题，经工程项目专业技术人员书面形式确定降级使用的情况下，应注明部位使用；不合格的水泥产品必须退场不得使用。

（4）混凝土试配单、混凝土试块试验检查报告上所注明的水泥种类、型号、试验序号应与水泥出厂合格证明或复试报告上的内容相一致。

## （四）过程管控

（1）库房存放：水泥库要具备有效的防雨、防水、防潮措施，库门上锁，专人管理，分品种型号堆放整齐，离墙不少于 30cm，严禁靠墙，垛底架空垫高 30cm，保持通风防潮，垛高不得超过 10 袋；抄底使用，先进先出。不同品种的水泥不得混掺使用。水泥不得和石灰石、石膏、白垩等粉状物料混放在一起。

（2）露天存放：现场不具备库房存放条件的，可以临时露天存放，但是必须要有可靠的毡垫措施，下垫高度不低于 30cm，并做到防水、防雨、防潮、防风。

（3）当在使用中对水泥质量有怀疑或水泥出厂超过 3 个月（快硬硅酸盐水泥超过 1 个月）时，应进行复验，并按复验结果使用。

见证取样要求：

（1）同一厂牌、品种、同强度等级、同一出厂编号、同一次进场；散装水泥每 500t 为一批；袋装水泥每 200t 为一批，不足此数亦按一批计。如水泥用于混凝土拌制，代表批量为散装水泥 200t，袋装水泥 100t。

（2）取样方法：每一验收批取样一组，数量为 12kg。取样应有代表性，每批水泥从不少于 20 处或 20 袋取等量水泥，总数至少 12kg，混拌均匀后分成两等份，一份由试验室按标准进行试验，另一份密封保存备复验用。

## （五）审批/审查意见

经检查，所报水泥的质量证明文件齐全、有效，复试结果合格，符合设计及验收规范要求，同意在本工程中使用。

## （六）附表

水泥供货商资质审查表格式参考建设用砂。对材料供货商资质及材料进场审核时，应运用数字监理平台逐项审查并勾选检查结果，填写修改意见。未应用数字监理平台可采用纸质表单执行。

监理审查记录如表 1-18 所示。

**表 1-18**                     **监理审查记录表（乙供材料进场审查）**

工程名称：                                                编号：

| 文件名称 | （××水泥进场报审—报审表编号） | | |
|---|---|---|---|
| 送审单位 | （编制单位全称） | | |
| 序号 | 监理项目部审查标准 | 检查结果 | 修改情况 |
| 1 | 施工单位自检产品检验记录是否完整、规范 | □合格　□不合格 | |
| | 修改意见： | | |
| 2 | 现场配制材料，施工单位应进行级配设计与配合比试验，合格后方可使用 | □合格　□不合格 | |
| | 修改意见： | | |
| 3 | 水泥品种是否符合设计及规范要求 | □合格　□不合格 | |
| | 修改意见： | | |
| 4 | 出厂水泥单中的氧化镁、氯离子、含碱量、石膏品种及掺量、细度等是否合格 | □合格　□不合格 | |
| | 修改意见： | | |
| 5 | 复检报告中水泥的凝结时间、安定性及单块试件 3d 和 21d 抗折、抗压强度值是否符合设计及规范要求 | □合格　□不合格 | |
| | 修改意见： | | |
| 6 | 存在的其他问题 | | |

总/专业监理工程师：_____

日　　期：_____年___月___日

| 监理复查意见 | 总/专业监理工程师：_____ 日　　期：_____年___月___日 |
|---|---|

注　本表由监理项目部自行留存，也可作为审查意见反馈给施工项目部。使用过程中可自行增加审查内容。

# 四、施工用水

## （一）施工用水基本要求

根据《混凝土用水标准》（附条文说明）（JGJ 63—2006），混凝土拌合用水的相关要求如下：

（1）对于设计使用年限为 100 年的结构混凝土，氯离子含量不得超过 500mg/L；对使用钢丝或经热处理钢筋的预应力混凝土，氯离子含量不得超过 350mg/L。

（2）混凝土拌合用水水质要求见表 1-19。

表 1-19　　　　　　　　　　　混凝土拌合用水水质要求

| 项　目 | 预应力混凝土 | 钢筋混凝土 | 素混凝土 |
|---|---|---|---|
| pH 值 | ≥5.0 | ≥4.5 | ≥4.5 |
| 不溶物（mg/L） | ≤2000 | ≤2000 | ≤5000 |
| 可溶物（mg/L） | ≤2000 | ≤5000 | ≤10000 |
| $Cl^-$（mg/L） | ≤500 | ≤1000 | ≤3500 |
| $SO_4^{2-}$（mg/L） | ≤600 | ≤2000 | ≤2700 |
| 碱含量（rag/L） | ≤1500 | ≤1500 | ≤1500 |

（3）被检验水样应与饮用水样进行水泥凝结时间对比试验。对比试验的水泥初凝时间差及终凝时间差均不应大于 30min。

（4）被检验水样应与饮用水样进行水泥胶砂强度对比试验，被检验水样配制的水泥胶砂 3d 和 28d 强度不应低于饮用水配制的水泥胶砂 3d 和 28d 强度的 90%。

（5）混凝土拌合用水不应有漂浮明显的油脂和泡沫，不应有明显的颜色和异味。

（6）混凝土企业设备洗刷水不宜用于预应力混凝土、装饰混凝土、加气混凝土和暴露于腐蚀环境的混凝土；不得用于使用碱活性或潜在碱活性骨料的混凝土。

（7）符合现行国家标准《生活饮用水卫生标准》（GB 5749—2022）要求的饮用水，可不经检验作为混凝土用水。

## （二）审查要点

（1）供水水源地水质是否符合相关标准和规定。

（2）水净化处理工艺要求。

（3）水质是否达到《生活饮用水卫生标准》（GB 5749—2022）的有关规定。

## （三）过程管控

见证取样内容及方法：

（1）水质检验水样不应少于 5L；用于测定水泥凝结时间和胶砂强度的水样不应少于 3L。

（2）采集水样的容器应无污染；容器应用待采集水样冲洗 3 次再灌装，并应密封待用。

（3）地表水宜在水域中心部位、距水面 100mm 以下采集，并应记载季节、气候、雨量和周边环境的情况。

（4）地下水应在放水冲洗管道后接取，或直接用容器采集；不得将地下水积存于地表后再从中采集。

（5）再生水应在取水管道终端接取。

（6）混凝土企业设备洗刷水应沉淀后，在池中距水面 100mm 以下采集。

## （四）审批/审查意见

经检查，所报水的复试结果合格，符合设计及验收规范要求，同意在本工程中使用。

# 五、外加剂

## （一）常用的外加剂类型

外加剂按主要功能分为 4 类：

（1）第 1 类：改善混凝土拌合物流变性能的外加剂，包括普通减水剂、高效减水剂、早强减水剂、缓凝减水剂、缓凝高效减水剂、引气剂、引气减水剂和泵送剂等。

（2）第 2 类：调节混凝土凝结时间、硬化性能的外加剂，包括缓凝剂、缓凝减水剂、缓凝高效减水剂、早强剂、早强减水剂和速凝剂等。

（3）第 3 类：改善混凝土耐久性的外加剂，包括引气剂、引气减水剂、防水剂和阻锈剂、矿物外加剂等。

（4）第 4 类：改善混凝土其他性能的外加剂，包括防冻剂、膨胀剂、养护剂、着色剂、水下浇筑混凝土抗分散剂、砂浆外加剂、脱模剂、混凝土表面缓凝剂、混凝土界面处理剂、大掺量掺合料专用混凝土外加剂等。

## （二）审查要点

（1）外加剂供货商的相关资质和营业执照。

（2）进场外加剂的清单和施工单位自检结果。

（3）外加剂的出厂合格证明及检测报告。

（4）外加剂主要产品的成分铭牌。

## （三）关键指标

（1）混凝土外加剂性能强制指标包括抗压强度比、收缩率比、相对耐久性（200 次）。

（2）均质性指标包括氯离子含量、总碱量、含固量、含水率、密度、细度、pH 值和硫酸钠含量。

（3）混凝土膨胀剂强制性指标为限制膨胀率，化学成分指标氧化镁含量应不大于 5%。

（4）为了防止外加剂对混凝土中钢筋锈蚀产生不良影响，应控制外加剂中氯离子含量满足国家标准要求：预应力混凝土限制在 $0.02kg/m^3$ 以下，普通钢筋混凝土限制在 $0.02\sim0.2kg/m^3$，无钢筋混凝土限制在 $0.2\sim0.6kg/m^3$。

## （四）过程管控

现场管理：

（1）实行严格的自拌混凝土审批制度，针对个别工程项目，商品混凝土无法到达施工现场，由承包人书面申请，并经过业主、监理现场确认，方可批准承包人使用自拌混凝土。

（2）对自拌混凝土使用的外加剂材料，按规定批量和频率进行随机抽样检测，对检测不合格的原材料一律清除出场。

（3）严格按自拌混凝土配合比进行计量配料，外加剂添加量一定要符合相关规范要求。

（4）现场必须留置混凝土试块，做好同条件养护，并按时送往检测机构。

见证取样及方法：

（1）掺量大于1%（含1%）同品种外加剂每100t为一批；掺量小于1%同品种外加剂每50t为一批。

（2）不足100t或50t的亦按一个检验批计。

（3）每个检验批取样数量不少于0.2t水泥所需用量的外加剂量。

（4）外加剂试样必须在同一生产厂生产的同一品种的不同部位抽取，取样最少在10个不同容器中等量采集，并将所取试样混合均匀，分为两等份。一份由施工单位会同见证人一起陪同送往试验室按标准进行试验，另一份密封保存备复验用。

## （五）审批/审查意见

经检查，所报外加剂的质量证明文件齐全、有效，复试结果合格，符合设计及验收规范要求，同意在本工程中使用。

## （六）附表

对材料供货商资质及材料进场审核时，应运用数字监理平台逐项审查并勾选检查结果，填写修改意见。未应用数字监理平台可采用纸质表单执行。

监理审查记录表如表1-20所示。

表1-20　　　　　　　监理审查记录表（乙供材料进场审查）

工程名称：　　　　　　　　　　　　　　　　　　　　　编号：

| 文件名称 | （××外加剂进场报审—报审表编号） | | |
|---|---|---|---|
| 送审单位 | （编制单位全称） | | |
| 序号 | 监理项目部审查标准 | 检查结果 | 修改情况 |
| 1 | 施工单位自检产品检验记录是否完整、规范 | □合格　□不合格 | |
| | 修改意见： | | |

| 序号 | 监理项目部审查标准 | 检查结果 | 修改情况 |
|---|---|---|---|
| 2 | 产品说明书上是否标明产品主要成分 | □合格　□不合格 | |
| | 修改意见： | | |
| 3 | 出厂检验报告及合格证是否齐全、规范 | □合格　□不合格 | |
| | 修改意见： | | |
| 4 | 外加剂混凝土性能检测报告数据是否符合相关规范要求 | □合格　□不合格 | |
| | 修改意见： | | |
| 5 | 《混凝土外加剂应用技术规范》（GB 50119—2013）中强制性条文是否严格执行 | □合格　□不合格 | |
| | 修改意见： | | |
| 6 | 存在的其他问题 | | |

总/专业监理工程师：_____
日　　　　期：_____年___月___日

| | |
|---|---|
| 监理复查意见 | 总/专业监理工程师：_____<br>日　　　　期：_____年___月___日 |

注　本表由监理项目部自行留存，也可作为审查意见反馈给施工项目部。使用过程中可自行增加审查内容。

# 六、矿物掺合料

## （一）矿物掺合料的基本知识和要求

为改善混凝土性能、节约水泥、调节混凝土强度等级，在混凝土拌合时加入的天然的或人工的矿物材料，称为矿物掺合料。

混凝土掺合料分为活性矿物掺合料和非活性矿物掺合料。活性矿物掺合料如粉煤灰、粒化高炉矿渣粉、硅灰、沸石粉等本身不硬化或硬化速度很慢，但能与水泥水化生成氢氧化钙 $Ca(OH)_2$ 起反应，生成具有胶凝能力的水化产物。粉煤灰来源广泛，是当前用量最大、使用范围最广的矿物掺合料。非活性矿物掺合料基本不与水泥组分起反应，如磨细石英砂、石灰石、硬矿渣等材料。

## （二）审查要点

（1）矿物掺合料供货商的相关资质和营业执照。

（2）进场矿物掺合料的清单和施工单位自检结果。

（3）矿物掺合料的出厂合格证明及检测报告。

（4）矿物掺合料的主要产品的成分说明。

## （三）关键指标

（1）粉煤灰：当水胶比≤0.40 采用普通硅酸盐水泥时，最大掺量为 35%；当水胶比＞0.40 采用普通硅酸盐水泥时，最大掺量为 30%。

（2）粒化高炉矿渣粉：当水胶比≤0.40 采用普通硅酸盐水泥时，最大掺量为 55%；当水胶比＞0.40 采用普通硅酸盐水泥时，最大掺量为 45%。

（3）钢渣粉、磷渣粉：无水胶比要求，采用普通硅酸盐水泥时，最大掺量均为 20%。

（4）硅灰：无水胶比要求，采用普通硅酸盐水泥时，最大掺量为 10%。

（5）复合掺合料：当水胶比≤0.40 采用普通硅酸盐水泥时，最大掺量为 55%；当水胶比＞0.40 采用普通硅酸盐水泥时，最大掺量为 45%。

## （四）审批/审查意见

经检查，所报矿物掺合料的质量证明文件齐全、有效，复试结果合格，符合设计及验收规范要求，同意在本工程中使用。

## （五）附表

对材料供货商资质及材料进场审核时，应运用数字监理平台逐项审查并勾选检查结果，填写修改意见。未应用数字监理平台可采用纸质表单执行。

监理审查记录表如表 1-21 所示。

表 1-21　　　　　　　　监理审查记录表（乙供材料进场审查）

工程名称：　　　　　　　　　　　　　　　　　　　　　　　　编号：

| 文件名称 | （××掺合料进场报审—报审表编号） | | |
|---|---|---|---|
| 送审单位 | （编制单位全称） | | |
| 序号 | 监理项目部审查标准 | 检查结果 | 修改情况 |
| 1 | 施工单位自检产品检验记录是否完整、规范 | □合格　□不合格 | |
| | 修改意见： | | |
| 2 | 产品说明书上是否标明产品主要成分 | □合格　□不合格 | |
| | 修改意见： | | |
| 3 | 出厂检验报告及合格证是否齐全、规范 | □合格　□不合格 | |
| | 修改意见： | | |
| 4 | 矿物掺合料混凝土性能检测报告数据是否符合相关规范要求 | □合格　□不合格 | |
| | 修改意见： | | |
| 5 | 《用于水泥和混凝土中的粉煤灰》（GB/T 1596—2017）中强制性条文是否严格执行 | □合格　□不合格 | |
| | 修改意见： | | |

续表

| 序号 | 监理项目部审查标准 | 检查结果 | 修改情况 |
|---|---|---|---|
| 6 | 存在的其他问题 | | |

总/专业监理工程师：＿＿＿＿＿＿＿

日　　　期：＿＿＿＿年＿＿月＿＿日

| 监理复查意见 | 总/专业监理工程师：＿＿＿＿＿＿＿<br>日　　　期：＿＿＿＿年＿＿月＿＿日 |
|---|---|

注　本表由监理项目部自行留存，也可作为审查意见反馈给施工项目部。使用过程中可自行增加审查内容。

# 七、钢筋

## （一）混凝土结构用钢基本要求

钢筋混凝土结构用钢主要品种有热轧钢筋、预应力混凝土用热处理钢筋、预应力混凝土用钢丝和钢绞线等。热轧钢筋是建筑工程中用量最大的钢材品种之一，主要用于钢筋混凝土结构和预应力混凝土结构的配筋。目前，我国常用的热轧钢筋品种及强度标准值见表1-22。

表 1-22　　　　　　　　常用热轧钢筋的品种及强度标准值　　　　　　　　（MPa）

| 品　种 | 牌　号 | 屈服强度 $f_{yk}$<br>不小于 | 极限强度 $f_{stk}$<br>不小于 |
|---|---|---|---|
| 光圆钢筋 | HPB300 | 300 | 420 |
| 带肋钢筋 | HRB400 | 400 | 540 |
| 带肋钢筋 | HRBF400 | 400 | 540 |
| 带肋钢筋 | HRB400E | 400 | 540 |
| 带肋钢筋 | HRBF400E | 400 | 540 |
| 带肋钢筋 | HRB500 | 500 | 630 |
| 带肋钢筋 | HRBF500 | 500 | 630 |
| 带肋钢筋 | HRB500E | 500 | 630 |
| 带肋钢筋 | HRBF500E | 500 | 630 |

注　HPB 属于热轧光圆钢筋，HRB 属于普通热轧钢筋，HRBF 属于细晶粒热轧钢筋。

表 1-22 中带 E 钢筋适用于抗震结构，除满足强度标准值要求外，还应满足以下要求：

（1）抗拉强度实测值与屈服强度实测值的比值不应小于 1.25。

（2）屈服强度实测值与屈服强度标准值的比值不应大于 1.30。

（3）最大力总延伸率实测值不应小于 9%。

## （二）审查要点

（1）供货商资质报审：

1）供货厂商营业执照；

2）安全生产许可证；

3）企业质量管理体系制度；

4）开户许可证；

5）建筑企业资质证书。

（2）乙供材料进场审查：

1）进场钢筋的清单和施工单位自检结果；

2）钢筋的质保证明文件（如合格证和质量证明书）；

3）钢筋（复）检测报告，按有关规定进行取样送检，并在检验合格后报监理项目部查验。

## （三）关键指标

屈服强度、极限强度、伸长率、冷弯、反复弯曲、化学分析和重量偏差。其中，重量偏差根据钢筋直径不同分别为±7%（直径 6～12mm），±5%（直径 14～20mm），±4%（直径 22～50mm）。建筑钢材含碳量不应大于 0.8%，随着含碳量的增加钢材的塑性和韧性会下降。

## （四）过程管控

（1）钢筋进场验收及见证取样：

1）验收内容包括查对标牌和外观检查，并按有关规定抽取试样进行机械性能试验，包括拉力试验和冷弯试验两个项目，如果两个项目中有一个项目不合格，则该批钢筋为不合格。

2）同一截面尺寸和同一炉罐号组成的钢筋分批验收时，每批质量不大于 60t，如炉罐号不同时，应按《钢筋混凝土结构用热轧钢筋》的规定验收。

3）钢筋在使用中如有脆断、焊接性能不良或机械性能显著不正常时，应进行化学成分分析。

4）取样方法和结果评定规定，钢筋送检长度要求 550mm 3 根、450mm 两根，自每批钢筋中任意抽取两根，于每根距端部 50cm 处各取一套试样（两根试件），在每套试样中取一根作拉力试验，另一根作冷弯试验。在拉力试验的两根试件中，如其中一根试件的屈服点、抗拉强度和伸长率 3 个指标中，有一个指标达不到钢筋标准中规定的数值，应取双倍（4 根）钢筋，重做试验。如仍有一根试件的指标达不到标准要求，则不论这个指标在第一次试验中是否达到标准要求，拉力试验即为不合格。在冷弯试验中，如有一根试件不符合标准要求，应同样抽取双倍钢筋，重做试验。如仍有一根试件不符合标准要求，冷弯试验项目即为不合格。

（2）钢筋存放：

1）堆放场地铺设碎石或硬化，有防水措施，排水通畅。钢筋架空分类堆放，离地不小于20cm。

2）钢筋原材及成品钢筋堆放场地必须设有明显标识牌，钢筋原材标识牌上应注明钢筋进场时间、受检状态、钢筋规格、长度、产地等；成品钢筋标识牌上应注明使用部位、钢筋规格、钢筋简图、加工制作人及受检状态。同一部位钢筋或同一构件要堆放在一起，保证施工方便，设专人分类、发料。

## （五）审批/审查意见

经检查，所报钢筋的质量证明文件齐全、有效，复试结果合格，符合设计及验收规范要求，同意在本工程中使用。

## （六）附表

钢筋供货商资质审查表格式参考建设用砂。对材料供货商资质及材料进场审核时，应运用数字监理平台逐项审查并勾选检查结果，填写修改意见。未应用数字监理平台可采用纸质表单执行。

监理审查记录表如表1-23所示。

表1-23　　　　　　　　　监理审查记录表（乙供材料进场审查）

工程名称：　　　　　　　　　　　　　　　　　　　　　　　　　　　编号：

| 文件名称 | （××钢筋进场报审—报审表编号） | | |
|---|---|---|---|
| 送审单位 | （编制单位全称） | | |
| 序号 | 监理项目部审查标准 | 检查结果 | 修改情况 |
| 1 | 施工单位自检产品检验记录是否完整、规范 | □合格　□不合格 | |
| | 修改意见： | | |
| 2 | 产品出厂质量证明书是否取得生产许可章，产品名称是否符合规范要求 | □合格　□不合格 | |
| | 修改意见： | | |
| 3 | 进场钢筋数量、尺寸、规格是否符合设计及规范要求 | □合格　□不合格 | |
| | 修改意见： | | |
| 4 | 出厂质量文件中对钢筋的拉伸试验值、冷弯试验值、反弯试验值等是否符合标准要求 | □合格　□不合格 | |
| | 修改意见： | | |

续表

| 序号 | 监理项目部审查标准 | 检查结果 | 修改情况 |
|---|---|---|---|
| 5 | 复检报告中钢筋的屈服强度值、抗拉强度值、断后伸长率值、弯曲结果、重量偏差值是否符合设计及规范要求 | □合格　□不合格 | |
| | 修改意见： | | |
| 6 | 存在的其他问题 | | |

总/专业监理工程师：_____<br>日　　期：_____年___月___日

| 监理复查意见 | 总/专业监理工程师：_____<br>日　　期：_____年___月___日 |
|---|---|

注　本表由监理项目部自行留存，也可作为审查意见反馈给施工项目部。使用过程中可自行增加审查内容。

# 八、防水材料

## （一）防水材料的特性及类型

材料防水是依靠不同的防水材料，经过施工形成整体的防水层，附着在建筑物的迎水面或背水面而达到建筑物防水的目的。材料防水依据不同的材料可分为刚性防水和柔性防水。刚性防水主要采用的是砂浆、混凝土等刚性材料；柔性防水材料主要包括各种防水卷材、防水涂料、密封材料和堵漏灌浆材 4 大类。柔性防水材料是建筑防水材料的主要产品，在建筑防水工程应用中占主导地位。

### 1．防水卷材

变电站常用防水卷材主要为改性沥青防水卷材系列。

改性沥青防水卷材主要有弹性体（SBS）改性沥青防水卷材、沥青复合胎柔性防水卷材、自粘橡胶改性沥青防水卷材、改性沥青聚乙烯胎防水卷材等。其中 SBS 改性沥青防水卷材适用于工业与民用建筑的屋面及地下防水工程，尤其适用于较低气温环境的建筑防水。

### 2．防水涂料

防水涂料是指常温下为液体，涂覆后经干燥或固化形成连续的能达到防水目的的弹性涂膜。

（1）防水涂料按使用部位分为屋面防水涂料、地下防水涂料和道桥防水涂料。

（2）防水涂料按成型类别分为挥发型、反应型和反应挥发型。

（3）防水涂料按成膜物质种类分为丙烯酸类、聚氨酯类、有机硅类、改性沥青类和其他防水涂料。

### 3．建筑密封材料

建筑密封材料是指能适应接缝位移达到气密性、水密性目的而嵌入建筑接缝中的定型和非定型材料。

（1）定型密封材料分为止水带、止水条、密封条等。

（2）非定型密封材料分为密封膏、密封胶、密封剂等黏稠状的密封材料。

（3）建筑密封材料按部位可分为玻璃幕墙密封胶、结构密封胶、中空玻璃密封胶、窗用密封胶、石材接缝密封胶。

（4）建筑密封材料按主要成分分为丙烯酸类、硅酮类、改性硅酮类、聚硫类、聚氨酯类、改性沥青类、丁基类等。

**4. 堵漏灌浆材料**

堵漏灌浆材料是由一种或多种材料组成的浆液，用压送设备灌入缝隙或者孔洞中，经扩散、胶凝或固化后能达到防渗堵漏目的的材料。

（1）堵漏灌浆材料主要分为颗粒性灌浆材料（水泥）和无颗粒化学灌浆材料。颗粒灌浆材料是无机材料，不属于化学建材。

（2）堵漏灌浆材料按主要成分不同可分为丙烯酸胺类、甲基丙烯酸酯类、环氧树脂类和聚氨酯类等。

## （二）审查要点

（1）供货商资质报审：

1）供货厂商营业执照；

2）安全生产许可证；

3）企业质量管理体系认证书；

4）开户许可证；

5）企业商务信用等级证书。

（2）乙供材料进场审查：

1）进场的防水材料清单和施工项目部自检结果；

2）防水材料的质保证明文件（如合格证和质量证明书）；

3）防水材料（复）检测报告，按有关规定进行取样送检，并在检验合格后报监理项目部查验。

## （三）关键指标

防水涂料及防水卷材的必检项目：

（1）防水卷材：拉伸性能、低温柔性（低温弯折）、不透水性、耐热性。

（2）防水涂料：拉伸性能、低温柔性（低温弯折）、不透水性、固体含量、抗渗性。

（3）沥青类防水卷材：拉伸性能、低温柔性、耐热性、不透水性。

## （四）过程管控

现场存放：

库房存放。库房要具备有效的防雨、防水、防潮、防火及防霉变措施，库门上锁，专人管理，分品种型号堆放整齐，离墙不少于 30cm，严禁靠墙，垛底架空垫高 30cm，保持通风防潮。

见证取样及方法：

（1）涂料类型。

1）聚氨酯防水涂料：以同一类型、同一规格 15t 为一批，多组分产品按组分配套组批，每批共取 3kg 样品。

2）聚合物水泥防水涂料：以同一类型、同一规格 10t 产品为一批，不足 10t 也作为一批，每批共取 5kg 样品。

3）聚氯乙烯弹性防水涂料：以同一类型、同一规格 20t 为一批，不足 20t 也作一批，每批取混合样品 2kg。

取样方法：对于液体，在一个清洁、干燥的容器中，最好在不锈钢容器中混合。尽快取出至少 3 份均匀的样品，每份样品至少 400mL 或完成规定试验所需样品量的 3～4 倍，然后将样品装入符合要求的装样容器中。对于固体，用旋转分样器将全部样品分为 4 等份。取出 3 份，每份各为 500g 或完成规定试验所需样品量 3～4 倍的样品，并将样品装入符合要求的装样容器中。

（2）卷材类型。

1）沥青复合胎柔性防水卷材：以同一类型、同一规格 10000m$^2$ 为一批，不足 10000m$^2$ 亦为一批，每批将取样卷材切除距外层 1m 后，取 1m 长的卷材试样 1 块。

2）SBS：以同一类型、同一规格 10000m$^2$ 为一批，不足 10000m$^2$ 亦为一批，每批将取样卷材切除距外层 2.5m 部分后，顺纵向切取长度为 0.8m 的全幅卷材试样 2 块。

3）改性沥青聚乙烯胎防水卷材：以同一类型、同一规格 10000m$^2$ 为一批，不足 10000m$^2$ 亦为一批，每批将取样卷材在距端部 2m 处沿纵向切取长度为 1m 的全幅卷材试样 2 块。

4）聚氯乙烯防水卷材：以同一类型、同一规格 10000m$^2$ 为一批，不足 10000m$^2$ 亦为一批，每批将取样卷材在距外层端部 0.5m 处裁取长度为 1.5m 的卷材试样 1 块。

5）氯化聚乙烯防水卷材：以同一类型、同一规格 10000m$^2$ 为一批，不足 10000m$^2$ 亦为一批，每批将取样卷材在距外层端部 0.5m 处裁取长度为 1.5m 的卷材试样 1 块。

6）自粘聚合物改性沥青聚酯胎防水卷材：以同一类型、同一规格 10000m$^2$ 为一批，不足 10000m$^2$ 亦为一批，每批将取样卷材在距外层端部 0.5m 处沿纵向裁取长度为 1.5m 的全幅卷材试样 1 块。

## （五）审批/审查意见

经检查，所报防水材料的质量证明文件齐全、有效，复试结果合格，符合设计及验收规范要求，同意在本工程中使用。

## （六）附表

防水材料供货商资质审查表格式参考建设用砂。对材料供货商资质及材料进场审核时，应运用数字监理平台逐项审查并勾选检查结果，填写修改意见。未应用数字监理平台可采用纸质表单执行。

监理审查记录表如表 1-24 所示。

表 1-24　　　　　　　　　监理审查记录表（乙供材料进场审查）

工程名称：　　　　　　　　　　　　　　　　　　　　　　　　　编号：

| 文件名称 | （××防水材料进场报审—报审表编号） | | |
|---|---|---|---|
| 送审单位 | （编制单位全称） | | |
| 序号 | 监理项目部审查标准 | 检查结果 | 修改情况 |
| 1 | 施工项目部自检产品检验记录是否完整、规范 | □合格　□不合格 | |
| | 修改意见： | | |
| 2 | 出厂质量证明文件是否完整、规范 | □合格　□不合格 | |
| | 修改意见： | | |
| 3 | 防水材料外观质量、尺寸偏差是否符合设计及规范要求 | □合格　□不合格 | |
| | 修改意见： | | |
| 4 | 出厂质量文件中对防水材料的体积膨胀倍率、高温流淌性、断裂伸长率、最大峰拉力、最大峰时延伸率等是否符合标准要求 | □合格　□不合格 | |
| | 修改意见： | | |
| 5 | 复检报告中防水材料的不透水性、可溶物含量、耐热性、抗穿孔性、低温弯折性、耐碱性等是否符合设计及规范要求 | □合格　□不合格 | |
| | 修改意见： | | |
| 6 | 存在的其他问题 | | |

总/专业监理工程师：＿＿＿＿＿＿＿＿
日　　　期：＿＿＿＿年＿＿月＿＿日

| 监理复查意见 | | 总/专业监理工程师：＿＿＿＿＿＿＿＿<br>日　　　期：＿＿＿＿年＿＿月＿＿日 |
|---|---|---|

注　本表由监理项目部自行留存，也可作为审查意见反馈给施工项目部。使用过程中可自行增加审查内容。

# 九、块体

## （一）块体的种类及强度等级

所谓块体，就是砌体所用的各种砖、石、小型砌块的总称。

（1）砖。

砖主要分为烧结砖、蒸压砖、混凝土实心砖 3 大类。目前变电站用砖主要种类为混凝土实心砖。

1）烧结砖主要有烧结普通砖（实心砖）、烧结多孔砖和烧结空心砖等。

a. 烧结普通砖：普通烧结砖又称标准砖，它是由煤矸石、页岩、粉煤灰或者黏土为主要原料，经塑压成型制坯，干燥后经焙烧而成的实心砖，国内统一外形尺寸为 240mm×115mm×53mm。

b. 烧结多孔砖：分为 P 型砖和 M 型砖，为大面有孔的直角六面体，其孔洞率不大于 35%，孔的尺寸小而数量多，主要用于承重部位的砖，砌筑时孔洞垂直于受压面。

c. 烧结空心砖：烧结空心砖就是孔洞率不小于 40%，孔的尺寸大而数量少的烧结砖。砌筑时孔洞水平，主要用于框架填充墙和自承重隔墙。

2）蒸压砖：蒸压砖应用较多的是硅酸盐砖，材料压制成坯并经高压釜蒸汽养护而形成的砖，依据主要材料不同又分为灰砂砖和粉煤灰砖，其尺寸规格与实心黏土砖相同。这种砖不能用于长期受热 200℃以上、受急冷急热或有酸性介质腐蚀的建筑部位。

3）混凝土实心砖：混凝土砖是以水泥为胶结材料，以砂、石等为主要集料，加水搅拌、成型、养护制成的一种实心砖或多孔的半盲孔砖。混凝土砖具有质轻、防火、隔声、保温、抗渗、抗震、耐久等特点，而且无污染、节能降耗，可直接替代烧结普通砖、多孔砖用于各种承重的建筑墙体结构中，是新型墙体材料的一个重要组成部分。

（2）砌块。

砌块是建筑用的人造块材，外形主要为直角六面体，主要规格的长度、宽度和高度有一项或一项以上分别超过 365、240mm 和 115mm，而且高度不大于长度或者宽度的 6 倍，长度不超过高度的 3 倍。砌块表观密度较小，可减轻结构自重，保温隔热性能好，施工速度快，能充分利用工业废料。变电站常用砌块为蒸压加气混凝土砌块。

（3）石材。

常用的天然石材为无明显风化的花岗石、砂石和石灰石。石材的抗压强度高，耐久性好，多用于房屋基础、勒脚部位。

（4）砌块的强度等级根据《砌体结构设计规范》（GB 50003—2011）规定，承重结构的块体强度等级应符合表 1-25 规定。

表 1-25    承重结构块体强度等级要求

| 块 体 类 型 | 强 度 等 级 |
|---|---|
| 烧结普通砖、烧结多孔砖 | MU30、MU25、MU20、MU15、MU10 |
| 蒸压灰砂普通砖、蒸压粉煤灰普通砖 | MU25、MU20、MU15 |
| 混凝土普通砖、混凝土多孔砖 | MU30、MU25、MU20、MU15 |
| 混凝土砌块、轻集料混凝土砌块 | MU20、MU15、MU10、MU7.5、MU5 |
| 石材 | MU100、MU80、MU60、MU50、MU40、MU30、MU20 |

注  用于承重的双排孔或多排孔轻集料混凝土砌块的孔洞率不应大于 35%。

## （二）块体的审查要点

（1）供货商资质报审：

1）供货厂商营业执照；

2）安全生产许可证；

3）企业质量管理体系认证书；

4）开户许可证；

5）企业商务信用等级证书。

（2）乙供材料进场审查：

1）进场的块体清单和施工项目部自检结果；

2）块体的质保证明文件（如合格证和质量证明书）；

3）块体材料（复）检测报告，按有关规定进行取样送检，并在检验合格后报监理项目部查验。

## （三）关键指标

（1）混凝土实心砖：若受检单位能够提供法定检测单位出具的，能够证明该批混凝土实心砖合格的检测报告原件，则只做外观质量、尺寸偏差和抗压强度 3 个必检项目；若无证明材料，或法定单位检测报告与产品不符（有较大差异）时则应对该批材料进行密度等级、强度等级、最大吸水率、相对含水率、抗冻性、软化系数、外观质量和尺寸偏差 8 个项目检测。

（2）蒸压加气混凝土砌块：受检单位必须提供法定检测单位出具的，能够证明该批蒸压加气混凝土砌块合格的检测报告原件。必检项目包括抗压强度等级、干密度级别、尺寸偏差、外观质量和抗冻性。

## （四）过程管控

（1）存放要求。

1）砖砌块：场地硬化地面及不积水，上盖下垫，堆放高度≤2m。

2）砖砌块半成品：场地硬化地面及不积水，上垫下盖，不同尺寸砌块分类堆放，堆放高度≤2m。

（2）见证取样。

1）蒸压加气混凝土砌块。

取样频率：每1万块为一批，不足1万块仍作为一批。

取样方法：按膨胀方向中心分上、中、下抽取共9个试样为一组，每个试样平整切割成100mm×100mm×100mm。

2）混凝土实心砖。

取样频率：每10万块为一批，不足10万块仍作为一批。

取样方法：随机抽取10块为一组。

## （五）审批/审查意见

经检查，所报砌块的质量证明文件齐全、有效，复试结果合格，符合设计及验收规范要求，同意在本工程中使用。

## （六）附表

块体供货商资质审查表格式参考建设用砂。对材料供货商资质及材料进场审核时，应运用数字监理平台逐项审查并勾选检查结果，填写修改意见。未应用数字监理平台可采用纸质表单执行。

监理审查记录表如表1-26所示。

表1-26　　　　　　　　监理审查记录表（乙供材料进场审查）

工程名称：　　　　　　　　　　　　　　　　　　　　　　　　　编号：

| 文件名称 | | （××块体进场报审—报审表编号） | | |
|---|---|---|---|---|
| 送审单位 | | （编制单位全称） | | |
| 序号 | 监理项目部审查标准 | | 检查结果 | 修收情况 |
| 1 | 施工项目部自检产品检验记录是否完整、规范 | | □合格　□不合格 | |
| | 修改意见： | | | |
| 2 | 产品说明书上是否标明产品主要成分 | | □合格　□不合格 | |
| | 修改意见： | | | |
| 3 | 块体规格型号是否符合设计及规范要求 | | □合格　□不合格 | |
| | 修改意见： | | | |
| 4 | 块体的孔隙率、体积密度是否合格 | | □合格　□不合格 | |
| | 修改意见： | | | |

续表

| 序号 | 监理项目部审查标准 | 检查结果 | 修改情况 |
|---|---|---|---|
| 5 | 块体的检测报告中抗压强度、冻融试验、石灰爆裂试验、泛霜试验等指标值是否符合设计及规范要求 | □合格　□不合格 | |
| | 修改意见： | | |
| 6 | 存在的其他问题 | | |

总/专业监理工程师：＿＿＿＿＿＿<br>
日　　期：＿＿＿＿年＿＿月＿＿日

| 监理复查意见 | 总/专业监理工程师：＿＿＿＿＿＿<br>日　　期：＿＿＿＿年＿＿月＿＿日 |
|---|---|

注　本表由监理项目部自行留存，也可作为审查意见反馈给施工项目部。使用过程中可自行增加审查内容。

# 十、预拌混凝土（商品混凝土）

## （一）预拌混凝土基本要求

混凝土在未凝结硬化前，称为混凝土拌合物。它必须具有良好的和易性，便于施工，以保证能获得良好的浇筑质量；混凝土拌合物凝结硬化后，应具有足够的强度，以保证建筑物能安全地承受设计荷载，并应具有必要的耐久性。

**1. 混凝土拌合物的和易性**

和易性是指混凝土拌合物易于施工操作（搅拌、运输、浇筑、捣实）并能获得质量均匀、成型密实的性能，又称为工作性。和易性是一项综合的技术性质，包括流动性、黏聚性和保水性3个方面。

（1）流动性：指混凝土拌合物在自重或者机械振捣的作用下，能产生流动，并均匀密实地填满模板的性能。

（2）黏聚性：指混凝土拌合物的组成材料之间有一定的黏聚力，在施工过程中不致发生分层和离析现象的性能。

（3）保水性：指混凝土拌合物具有一定的保水能力，在施工过程中不致产生严重泌水现象的性能。

施工现场常用坍落度试验来测定混凝土拌合物的坍落度或坍落扩展度，作为流动性指标，坍落度或坍落扩展度越大表示流动性越大。混凝土拌合物的黏聚性和保水性主要通过目测结合经验进行评定。

**2. 混凝土的变形性能**

混凝土的变形主要分为非荷载型变形和荷载型变形两大类。非荷载型变形指物理化学因素引起的变形，包括化学收缩、碳化收缩、干湿变形、温度变形等。荷载作用下的变形又可分为短期荷载作用下的变形和长期荷载作用下的徐变。

**3. 混凝土的耐久性**

混凝土的耐久性是指混凝土抵抗环境介质作用并长期保持其良好的使用性能和外观完整性的能力。包括抗渗、抗冻、抗侵蚀、碳化、碱骨料反应及混凝土中的钢筋锈蚀等性能，这些性能均决定着混凝土耐久的程度。

（1）抗渗性：混凝土的抗渗性直接影响到混凝土的抗冻和抗侵蚀性。混凝土的抗渗性用抗渗等级表示，分 P4、P6、P8、P10、P12 和＞P12 共 6 个等级。混凝土的抗渗性主要与其密实度及内部孔隙的大小和构造有关。

（2）抗冻性：混凝土的抗冻性用抗冻等级表示，分 F50、F100、F150、F200、F250、F300、F350、F400 和＞F400 共 9 个等级。抗冻等级 F50 以上的混凝土简称抗冻混凝土。（释：其中数字"50"代表冻融循环次数）

（3）抗侵蚀性：当混凝土所处环境中含有侵蚀性介质时，要求混凝土具有抗侵蚀能力。侵蚀性介质包括软水、硫酸盐、镁盐、碳酸盐、一般酸、强碱、海水等。

（4）混凝土的碳化（中性化）：混凝土的碳化是环境中的二氧化碳与水泥石中的氢氧化钙作用，生成碳酸钙和水。碳化使混凝土的碱度降低，削弱混凝土对钢筋的保护作用，可能导致钢筋锈蚀；碳化显著增加混凝土的收缩，使混凝土抗压强度增大，但可能产生细微裂缝，而使混凝土抗拉、抗折强度降低。

（5）碱骨料反应：碱骨料反应是指水泥中的碱性氧化物含量较高时，会与骨料中所含的活性二氧化硅发生化学反应，并在骨料表面生成碱-硅酸凝胶，吸水后会产生较大的体积膨胀，导致混凝土胀裂的现象。

## （二）审查要点

（1）供货商资质报审：

1）供货厂商营业执照；

2）安全生产许可证；

3）企业质量管理体系认证证书；

4）开户许可证；

5）企业商务信用等级证书；

6）实验室试验人员资质证书。

（2）乙供材料进场审查：

1）进场的商混清单和施工项目部自检结果；

2）商混的质量保证明文件（如开盘鉴定和质量证明书）；

3）商混（复）检测报告，按有关规定进行取样送检，并在检验合格后报监理项目部查验。

## （三）关键指标

（1）泵送混凝土的入泵坍落度不宜低于 100mm。

（2）泵送混凝土时宜选用硅酸盐水泥、普通水泥、矿渣水泥和粉煤灰水泥。

（3）粗骨料针片状颗粒不宜大于 10%，粒径与管径之比≤1:3～1:4。

（4）用水量与胶凝材料总量之比不宜大于 0.6。

（5）泵送混凝土的胶凝材料总量不宜小于 300kg/m$^3$。

（6）泵送混凝土掺加的外加剂当掺用引气型外加剂时，其含气量不宜大于 4%。

## （四）过程管控

### 1．进场验收

（1）质量证明资料检查。

1）资料要求：包括开盘鉴定、出厂合格证、配合比、砂、石、水泥、外加剂、粉煤灰等质量合格证及检验报告。

2）配合比检查：强度等级、抗渗等级、使用部位是否符合设计要求，粉煤灰超量取代量是否符合有关规定，水泥品种、等级及外加剂使用是否符合要求。

3）砂、石检验报告检查：是否齐全、准确、真实，试验室签字盖章是否齐全；试验数据是否达到规范规定标准值；严禁使用海砂。监理人员应现场检查搅拌站砂石原材，核查其真实情况，特别注意杂质情况。

4）粉煤灰质量合格证（检测报告）检查：内容包括厂别、品种、出厂日期、主要性能及成分、适用范围及适宜掺量、适用方法及注意事项等应清晰、准确、完整。Ⅰ级粉煤灰：允许用于后张预应力钢筋混凝土构件及跨度小于 6m 的先张预应力钢筋混凝土构件。Ⅱ级粉煤灰：可用于普通钢筋混凝土及轻骨料钢筋混凝土。Ⅲ级粉煤灰：主要用于无筋混凝土和砂浆。

5）外加剂产品质量合格证（检测报告）：是否齐全，包括厂别、品种型号、包装、重量、出厂日期、主要性能及成分、适用范围及适宜掺量、性能检验合格证、储存条件及有效期、适用方法及注意事项等应清晰、准确、完整。钢筋混凝土结构用外加剂的检测报告必须有氯化物总含量检测项目。

（2）实物质量检查。

记录搅拌车的进场时间和卸料时间。预拌混凝土的运输时间（拌合后至进场止）超过技术标准或合同规定时，应当退货，严禁随意加水。

### 2．见证取样相关内容

（1）混凝土抗压试件强度试验。

取样频率：每拌制 100 盘且不超过 100m³ 的同配合比混凝土，取样不得少于一次；每工作班拌制的同一配合比的混凝土不足 100 盘时，取样不得少于一次；当一次连续浇筑超过 1000m³ 时，同一配合比的混凝土每 200m³ 取样不得少于一次；每一楼层、同一配合比的混凝土，取样不得少于一次。对于灌注桩每浇筑 50m³ 必须有一组试件，小于 50m³ 的桩，每根必须有一组试件；当梁、板与柱的混凝土强度相差两个等级时，柱头处应单独留置试件。

取样方法：在混凝土的浇注地点随机取样制作，3 个试块为一组。抗压试件大小为 150mm×150mm×150mm 的小正方体标准试件。在标准条件（温度 20±2℃，相对湿度 95%以上）下，养护到 28d 龄期。

（2）混凝土试件抗渗试验。

取样频率：当连续浇筑混凝土时，每 500m³ 应留置 1 组抗渗试件，且每项工程不得少于 2 组。（每增加 500m³ 时，应增加 1 组试件，不足 500m³ 时按 500m³ 计算）。如使用的原材料、配合比或施工方法有变化时，均应另行留置试件。

取样方法：在混凝土的浇注地点随机取样制作，6 个试块为一组。抗渗试件采用顶面直径 175mm，底面直径 185mm，高度为 150mm 的圆柱体或直径与高度均为 150mm 的圆柱体试件。

（3）混凝土试件抗折试验。

取样频率：每天或铺筑 200m³ 的混凝土，应同时制作两组试件，龄期应分别为 7d 和 28d；每铺筑 100～200m³ 混凝土应增加一组试件，用于检查后期强度，龄期不得少于 90d；每工作班拌制的同配比混凝土不足 100 盘，预拌混凝土不足 100m³，取样不得少于一次。

取样方法：在混凝土的浇注地点随机取样制作，3 个试块为一组。抗折试件大小为 150mm×150mm×600mm 的小梁作为标准试件。在标准条件（温度 20±2℃，相对湿度 95%以上）下，养护到 28d 龄期。

## （五）审批/审查意见

经检查，所报混凝土的质量证明文件齐全、有效，复试结果合格，符合设计及验收规范要求，同意在本工程中使用。

## （六）附表

对材料供货商资质及材料进场审核时，应运用数字监理平台逐项审查并勾选检查结果，填写修改意见。未应用数字监理平台可采用纸质表单执行。

监理审查记录如表 1-27 和表 1-28 所示。

**表 1-27**　　　　　　　　　　**监理审查记录表（供货商资质审查）**

工程名称：　　　　　　　　　　　　　　　　　　　　　　编号：

| 文件名称 | 商混（供货商资质报审—报审表编号） | | |
|---|---|---|---|
| 送审单位 | （编制单位全称） | | |
| 序号 | 监理项目部审查标准 | 检查结果 | 修改情况 |
| 1 | 供货厂商营业执照中经营范围是否满足本工程需求，营业期限是否在有效期内 | □合格 □不合格 | |
| | 修改意见： | | |
| 2 | 安全生产许可证中许可范围及有效期是否符合工程要求 | □合格 □不合格 | |
| | 修改意见： | | |
| 3 | 质量管理体系认证证书是否在有效期限，是否有质量管理体系认证标志 | □合格 □不合格 | |
| | 修改意见： | | |
| 4 | 是否符合开户条件，并开立基本存款账户，取得加盖各银行章的开户许可证 | □合格 □不合格 | |
| | 修改意见： | | |
| 5 | 建筑企业资质证书中资质类别及等级是否符合施工要求。是否在有效期限内 | □合格 □不合格 | |
| | 修改意见： | | |
| 6 | 是否取得企业信用等级证书 | □合格 □不合格 | |
| | 修改意见： | | |
| 7 | 环境管理体系认证证书是否在有效期限，是否符合环境管理体系标准要求 | □合格 □不合格 | |
| | 修改意见： | | |
| 8 | 安全生产标准化证书是否取得 | □合格 □不合格 | |
| | 修改意见： | | |
| 9 | 预拌混凝土供货商试验人员必须经过专业培训并持有省级以及上建设行政主管部门或其委托的机构颁布的相应检测项目（方法）检测员证方可上岗；检测人员中从事检测工作 3 年以上并具有高级或者中级技术职称的不得少于 3 人，每个检测项目的持证上岗人员不得少于 3 人，检测报告的审核人应具备工程类相关专业中级以上职称 | □合格 □不合格 | |
| | 修改意见： | | |
| 10 | 存在的其他问题 | | |

总/专业监理工程师：＿＿＿＿＿＿＿＿＿

日　　　期：＿＿＿＿＿年＿＿月＿＿日

| 监理复查意见 | | |
|---|---|---|
| | | 总/专业监理工程师：＿＿＿＿＿＿＿＿＿<br>日　　　期：＿＿＿＿＿年＿＿月＿＿日 |

注　本表由监理项目部自行留存，也可作为审查意见反馈给施工项目部。使用过程中可自行增加审查内容。

**表 1-28**                **监理审查记录表（乙供材料进场审查）**

工程名称：                                编号：

| 文件名称 | （××商混进场报审—报审表编号） | | |
|---|---|---|---|
| 送审单位 | （编制单位全称） | | |
| 序号 | 监理项目部审查标准 | 检查结果 | 修改情况 |
| 1 | 施工项目部自检产品检验记录是否完整、规范 | □合格 □不合格 | |
| | 修改意见： | | |
| 2 | 开盘鉴定中混凝土强度、数量及配合比是否满足设计及规范要求 | □合格 □不合格 | |
| | 修改意见： | | |
| 3 | 混凝土的品种（抗渗、抗冻）是否满足设计功能要求 | □合格 □不合格 | |
| | 修改意见： | | |
| 4 | 混凝土配合比设计检验报告中水泥、掺合料、砂、碎石、外加剂等是否满足标准要求 | □合格 □不合格 | |
| | 修改意见： | | |
| 5 | 水泥检验报告中细度、凝结时间、安定性、龄期抗折、抗压强度值是否符合规定指标 | □合格 □不合格 | |
| | 修改意见： | | |
| 6 | 粉煤灰检验报告中烧失量是否符合规范要求 | □合格 □不合格 | |
| | 修改意见： | | |
| 7 | 混凝土用砂检验报告中砂的相关指标是否符合设计类别质量要求 | □合格 □不合格 | |
| | 修改意见： | | |
| 8 | 混凝土用碎石、卵石检验报告中该批碎石、卵石是否符合设计规定类别质量要求 | □合格 □不合格 | |
| | 修改意见： | | |
| 9 | 掺外加剂混凝土性能检验报告中外加剂是否符合设计规定相关功能要求 | □合格 □不合格 | |
| | 修改意见： | | |
| 10 | 存在的其他问题 | | |

总/专业监理工程师：＿＿＿＿＿＿

日     期：＿＿＿＿年＿＿月＿＿日

| 监理复查意见 | |
|---|---|
| | 总/专业监理工程师：＿＿＿＿＿＿<br>日   期：＿＿＿＿年＿＿月＿＿日 |

**注**  本表由监理项目部自行留存，也可作为审查意见反馈给施工项目部。使用过程中可自行增加审查内容。

## 十一、砂浆

### （一）砂浆的种类及强度

**1. 砂浆的种类**

砂浆是由胶凝材料（水泥、石灰）、细集料（砂）、掺加料、水为主要原材料的拌合材料。强度、流动性和保水性是衡量砂浆质量的 3 大指标。砂浆按成分组成分为水泥砂浆、混合砂浆和专用砂浆。

（1）水泥砂浆。

以水泥、砂和水为主要原材料，也可根据需要加入矿物掺合料等配制而成的砂浆。水泥砂浆强度高、耐久性能好，但流动性和保水性稍差，一般用于房屋防潮层以下的砌体或对强度有较高要求的砌体。

（2）混合砂浆。

以水泥、砂和水为主要原材料，并加入石灰膏、电石膏、黏土膏、矿物掺合料的一种或多种材料配制而成的砂浆，称为水泥混合砂浆，简称混合砂浆。依掺合料的不同，分为水泥石灰砂浆、水泥黏土砂浆等。应用最广的混合砂浆是水泥石灰砂浆。水泥石灰砂浆具有一定的强度和耐久性，且流动性、保水性均较好，易于砌筑，是一般墙体中常用的砂浆。

（3）专用砂浆分为砌块专用砂浆和蒸压砖专用砂浆。

1）砌块专用砂浆：由水泥、砂、水以及根据需要掺入的掺合料和外加剂等组分，按一定比例，采用机械拌合制成，专门用于砌筑混凝土砌块的砌筑砂浆。

2）蒸压砖专用砂浆：由水泥、砂、水以及根据需要掺入的掺合料和外加剂等组分，按一定比例，采用机械拌合制成，专门用于砌筑蒸压灰砂砖砌体或蒸压粉煤灰砖砌体，且砌体抗剪强度不应低于烧结普通砖砌体取值的砂浆。

（4）防水砂浆。

防水砂浆是在水泥砂浆中掺入各类防水剂以提高砂浆的防水性能，常用的掺防水剂的防水砂浆有氯化物金属类防水砂浆、氯化铁防水砂浆、金属皂类防水砂浆和超早强剂防水砂浆等。

**2. 砂浆强度**

根据《砌体结构设计规范》（GB 50003—2011）规定，砂浆强度等级应符合表 1-29 规定。

表 1-29　　　　　　　　　　　　砂 浆 强 度 等 级 要 求

| 砂　　浆 | 强 度 等 级 |
|---|---|
| 普通砂浆 | M15、M10、M7.5、M5、M2.5 |
| 砌块专用砂浆 | Mb20、Mb15、Mb10、Mb7.5、Mb5 |
| 蒸压砖专用砂浆 | Ms15、Ms10、Ms7.5、Ms5 |
| 防水砂浆 | M15、M10、M7.5、M5、M2.5 |

## （二）审查要点

（1）供货商资质报审：

1）供货厂商营业执照；

2）安全生产许可证；

3）企业质量管理体系制度；

4）开户许可证；

5）建筑企业资质证书。

（2）乙供材料进场审查：

1）进场原材料的清单和施工项目部自检结果；

2）原材料的质保证明文件，包括出厂合格证、配合比、砂、水泥、外加剂、掺合料等质量合格证；

3）材料（复）检测报告，按有关规定进行取样送检，并在检验合格后报监理项目部查验。

## （三）关键指标

（1）水泥：水泥强度等级应根据砂浆品种及强度等级的要求进行选择，M15 及以下强度等级的砂浆宜选用 32.5 级的通用硅酸盐水泥或砌筑水泥；M15 以上强度等级的砌筑砂浆宜选用 42.5 级普通硅酸盐水泥。

（2）砂：宜用中砂，其中毛石砌体宜用粗砂。砂浆用砂不得含有害杂物。砂浆的含泥量应满足规范要求。具体要求详见第一章第二节一、建设用砂。

（3）石灰膏：建筑生石灰熟化成石灰膏时，应用孔径不大于 3mm×3mm 的网过滤，熟化时间不得少于 7d；建筑磨细生石灰粉的熟化时间不少于 2d。配制水泥石灰砂浆时，不得采用脱水硬化的石灰膏。消石灰粉不得直接使用于砌筑砂浆中。

（4）黏土膏：采用黏土或粉质黏土制备黏土膏时，宜用搅拌机加水搅拌，通过孔径不大于 3mm×3mm 的网过筛。

（5）电石膏：制作电石膏的电石渣应用孔径不大于 3mm×3mm 的网过筛，检验时应加热至 70℃并保持 20min，没有乙炔气味后方可使用。

（6）粉煤灰：应采用Ⅰ、Ⅱ、Ⅲ级粉煤灰。

（7）水：宜采用可饮用水，其他水源水质应符合现行行业标准《混凝土用水标准》（附条文说明）（JGJ 63—2006）的规定。

（8）外加剂：均应经检验和试配符合要求后，方可使用。

## （四）过程管控

### 1. 进场验收

（1）预拌（湿拌）砂浆的存放：①施工现场宜配备湿拌砂浆储存容器，储存容器需密闭、不吸水；存储容器的数量、容量应满足砂浆品种、供货量要求；储存器使用时内部应无杂物、明水；储存器应便于储运、清洗和砂浆存取；砂浆存取时应有防雨措施；储存容器宜采用遮阳、保温等措施。②不同品种、强度等级的湿拌砂浆应分别存放在不同的储存容器中并应对储存容器进行标识，标识内容应包括砂浆的品种、强度等级、使用时限等，砂浆应先存先用。③湿拌砂浆在储存和使用过程中不应加水；砂浆存放过程中当出现少量泌水时应拌合均匀后使用；砂浆用完后应立即清理其储存容器。

（2）配合比检查：砂的最大粒径、砂的含泥量是否符合有关规定，砂浆配合比中外加剂掺量应通过试验确定，水泥用量、矿粉掺合料的品种及掺量视水泥的种类及砂浆用途而定，并通过试验结果而确定。

（3）砂浆的搅拌时间从投料时起应满足以下要求：①混合砂浆和混凝土抹灰砂浆不得少于 2min；②混凝土灰浆和掺有减水剂的砂浆不得少于 3min；③与有机化学增塑剂混合的砂浆应持续 3～5min。

（4）砂检验报告检查：是否齐全、准确、真实，试验室签字盖章是否齐全；试验数据是否达到规范规定标准值；严禁使用海砂。

（5）原材料和生产条件发生变化时，应根据实际情况及时调整生产配合比。配料计量允许误差如表 1-30 所示。

表 1-30　　　　　　　　　配料计量允许误差　　　　　　　　（%）

| 原材料 | 水泥 | 集料 | 外加剂 | 掺和料 |
|---|---|---|---|---|
| 允许误差 | ±1 | ±2 | ±1 | ±2 |

（6）外加剂产品质量合格证（检测报告）：是否齐全，包括厂别、品种型号、包装、重量、出厂日期、主要性能及成分、适用范围及适宜掺量、性能检验合格证、储存条件及有效期、适用方法及注意事项等应清晰、准确、完整。钢筋混凝土结构用外加剂的检测报告必须有氯化物总含量检测项目。

### 2. 见证取样及方法

（1）砌筑砂浆强度试件：每一检验批且不超过250m³砌体用量的，按类型及强度等级不同，每台搅拌机应至少取样 1 组（3 个试块为 1 组）在砂浆搅拌机出料口随机取样制作砂浆试块。

（2）建筑地面工程砂浆面层强度试件：每一层（或检验批）建筑地面工程至少 1 组。当每一层（或检验批）建筑地面工程面积大于 1000m² 时，每增加 1000m² 应增加 1 组试块，小于 1000m² 按 1000m² 计算。同一施工批次、同一配合比的散水、明沟、踏步、坡道的水泥砂浆强度试块，每 150m 至少 1 组。

（3）预拌砂浆：对同品种、同强度等级的砌筑砂浆，湿拌砂浆为 50m³ 为一个检验批，干混砌筑砂浆以 100t 为一个检验批；不足一个检验批数量时，按一个检验批计。每检验批至少留置 1 组抗压试块。

以上试块均应将砂浆做成 70.7mm×70.7mm×70.7mm 的立方体试块，标准养护 28d。养护条件：温度 20℃±2℃，相对湿度 90% 以上。

## （五）审批/审查意见

经检查，所报砂浆材料的质量证明文件齐全、有效，复试结果合格，符合设计及验收规范要求，同意在本工程中使用。

## （六）附表

砂浆材料供货商资质审查表格式参考建设用砂。对材料供货商资质及材料进场审核时，应运用数字监理平台逐项审查并勾选检查结果，填写修改意见。未应用数字监理平台可采用纸质表单执行。

监理审查记录如表 1-31 所示。

表 1-31　　　　　　　　监理审查记录表（乙供材料进场审查）

工程名称：　　　　　　　　　　　　　　　　　　　　　　　　编号：

| 文件名称 | （××砂浆材料进场报审—报审表编号） | | |
|---|---|---|---|
| 送审单位 | （编制单位全称） | | |
| 序号 | 监理项目部审查标准 | 检查结果 | 修改情况 |
| 1 | 施工项目部自检产品检验记录是否完整、规范 | □合格　□不合格 | |
| | 修改意见： | | |
| 2 | 现场配制材料，施工项目部应进行级配设计与配合比试验，合格后方可使用 | □合格　□不合格 | |
| | 修改意见： | | |
| 3 | 砂浆品种是否符合设计及规范要求 | □合格　□不合格 | |
| | 修改意见： | | |

续表

| 序号 | 监理项目部审查标准 | 检查结果 | 修改情况 |
|---|---|---|---|
| 4 | 出厂砂浆材料中的氧化镁、氯离子、含碱量、石膏品种及掺量、细度等是否合格 | □合格　□不合格 | |
| | 修改意见： | | |
| 5 | 复检报告中砂浆的凝结时间、稠度及单块试件抗压强度值是否符合设计及规范要求 | □合格　□不合格 | |
| | 修改意见： | | |
| 6 | 存在的其他问题 | | |

总/专业监理工程师：＿＿＿＿＿＿＿
日　　　　期：＿＿＿＿年＿＿月＿＿日

| 监理复查意见 | 总/专业监理工程师：＿＿＿＿＿＿＿<br>日　　　　期：＿＿＿＿年＿＿月＿＿日 |
|---|---|

注　本表由监理项目部自行留存，也可作为审查意见反馈给施工项目部。使用过程中可自行增加审查内容。

# 十二、螺栓

## （一）常用螺栓种类

钢结构中使用的连接螺栓一般分为普通螺栓和高强度螺栓两种。

（1）普通螺栓。

变电站常用的普通螺栓有六角螺栓和地脚螺栓。

（2）高强度螺栓。

高强度螺栓按连接形式通常分为摩擦连接、张拉连接和承压连接。其中，摩擦连接是目前广泛采用的基本连接形式。高强度螺栓连接处的摩擦面的处理方法通常有喷砂法、酸洗法、砂轮打磨法和钢丝人工除锈法。

## （二）审查要点

（1）供货商资质报审：

1）供货厂商营业执照；

2）安全生产许可证；

3）企业质量管理体系认证书；

4）开户许可证；

5）机构信用代码证；

6）商标注册证；

7）资信等级证书；

8）国家电网有限公司系统内资格预审合格通知书。

（2）乙供材料进场审查：

1）进场螺栓的清单和施工项目部自检结果；

2）螺栓的质保证明文件（如合格证和质量证明书）；

3）螺栓（复）检测报告，按有关规定进行取样送检，并在检验合格后报监理项目部查验。

## （三）关键指标

（1）普通螺栓：①原材料主要是不锈钢、碳钢；②性能等级为 8.8、5.6、4.8、4.4 及以下。

（2）高强螺栓：①原材料主要合金钢；②性能等级为 8.8、10.9、12.9 及以上（性能等级解释示例："性能等级 8.8"前面第一个"8"表示螺栓最大抗拉强度为 800MPa，后面的".8"表示"0.8"即螺栓屈服强度为 800×0.8＝640MPa）螺栓性能等级是否达到 8.8 是区别普通螺栓和高强螺栓的关键指标。

（3）高强螺栓必检项目包括扭矩系数、保证荷载、抗滑移系数、拉力荷载、抗拉强度、化学成分分析、硬度等。

1）螺栓化学成分。C（碳）：0.17%～0.37%；Si（硅）：0.17%～0.37%；Mn（锰）：0.40%～1.60%；P（磷）：≤0.035%～0.04%；S（硫）：≤0.035%～0.04%；Cu（铜）：0.15%～0.25%；Ti（钛）：0.04%～0.1%；Cr（铬）：0.80%～1.10%；B（硼）：0.0005%～0.004%。

螺栓试件抗拉力试验。抗拉强度：1040～1240MPa；屈服强度≥940MPa；伸长率≥10%；收缩率≥42%。螺栓芯部硬度试验标准值为 HRC33-39。

螺栓楔负载试验。M16（规格）：163～195kN；M20（规格）：255～304kN；M22（规格）：315～376kN；M24（规格）：376～438kN；M27（规格）：477～569kN；M30（规格）：583～696kN。

2）垫圈化学成分。C（碳）：0.42%～0.50%；Si（硅）：0.17%～0.37%；Mn（锰）：0.50%～0.80%；P（磷）：≤0.04%；S（硫）：≤0.04%。垫圈硬度试验标准值为 HRC35-45。

3）螺母化学成分。C（碳）：0.12%～0.50%；Si（硅）：0.17%～0.37%；Mn（锰）：0.50%～1.60%；V（钒）：0.07%～0.12%；B（硼）：0.0005%～0.0035%；P（磷）：≤0.04%；S（硫）：≤0.04%。

螺母保证载荷试验（As×Sp/kN）。M16（规格）：149.2～164.9kN；M20（规格）：225.4～259.7kN；M22（规格）：278.8～321.2kN；M24（规格）：324.8～374.2kN；M27（规格）：422.3～486.5kN；M30（规格）：516.1～594.7kN。螺母硬度试验标准值为

HRC24-32。

4）连接副扭矩系数试验平均标准值：0.110～0.150。

## （四）过程管控

**1. 普通螺栓**

（1）普通螺栓作为永久性连接螺栓时，应符合下列要求：

1）螺栓头和螺母（包括螺栓）下面应放置平垫圈与结构件的表面及垫圈密贴，对上倾斜面的螺栓连接，则应放置斜垫圈垫平，使螺母和螺栓的头部支承面垂直于螺杆。

2）每个螺栓头侧放置的垫圈不应多于两个，螺母侧垫圈不应多于1个，并不得采用大螺母代替垫圈，螺栓拧紧后，外露螺纹不应少于两扣。

3）有防松动要求的螺栓应采用防松动装置的双螺母和弹簧垫圈，或用人工将螺栓外露螺纹凿毛和将螺母与外露螺栓点焊。

4）对于动荷载或者重要部位的螺栓连接应按设计要求放置弹簧垫圈，弹簧垫圈必须设置在螺母一侧。

（2）普通螺栓常用的连接形式有平接连接、搭接连接和T形连接。螺栓排列主要有并列和交错排列两种形式。

（3）普通螺栓的紧固次序应从中间开始，对称向两边进行。螺栓的紧固施工以操作者的手感及连接接头的外形控制为准，对大型接头应采用复拧，即两次紧固方法，保证接头内各个螺栓均匀受力。

（4）永久性普通螺栓紧固质量，可采用锤击法检查，即用0.3kg小锤，一手扶螺栓头（或螺母），另一手用锤敲，要求螺栓头（螺母）不偏移、不颤动、不松动，锤声比较干脆；否则，说明螺栓紧固质量不好，需重新紧固施工。

**2. 高强螺栓**

（1）根据设计抗滑移系数的要求选择处理工艺，抗滑移系数必须满足设计要求，经表面处理后的高强度螺栓连接摩擦面应符合以下规定：

1）连接摩擦面保持干燥、清洁，不应有飞边、毛刺、焊接飞溅物、焊疤、氧化铁皮、污垢等；

2）经处理后的摩擦面采取保护措施，不得在摩擦面上做标记；

3）若摩擦面采用生锈处理方法时，安装前应以细钢丝刷垂直于构件受力方向刷除摩擦面上的浮锈。

（2）高强度大六角头螺栓连接副由1个螺栓、1个螺母和2个垫圈组成，扭剪型高强度螺栓连接副由1个螺栓、1个螺母和1个垫圈组成。

（3）安装环境气温不宜低于－10℃。当摩擦面潮湿或暴露于雨雪中时，停止作业。

（4）高强度螺栓安装时应先使用安装螺栓和冲钉。安装螺栓和冲钉的数量要保证能承受构件的自重和连接校正时外力的作用，规定每个节点安装的最少个数是为了防止连接后构件位置偏移，同时限制冲钉用量。高强度螺栓不得兼作安装螺栓。

（5）高强度螺栓现场安装时应能自由穿入螺栓孔，不得强行穿入。若螺栓不能自由穿入时，可采用铰刀或锉刀修整螺栓孔，不得采用气割扩孔，扩孔数量应征得设计同意，修整后或扩孔后的孔径不应超过 1.2 倍螺栓直径。

（6）高强度螺栓超拧应更换，并废弃换下来的螺栓，不得重复使用，严禁用火焰或电焊切割高强度螺栓梅花头。

（7）高强度螺栓长度应以螺栓连接副终拧后外露 2～3 扣丝为标准计算，应在构件安装精度调整后进行拧紧。扭剪型高强度螺栓终拧检查，以目测尾部梅花头拧断为合格。

（8）高强度大六角头螺栓连接副施拧可采用扭矩法或转角法。同一接头中，高强度螺栓连接副的初拧、复拧、终拧应在 24h 内完成。高强度螺栓连接副初拧、复拧和终拧原则上应以接头刚度较大的部位向约束较小的方向。螺栓群中央向四周的顺序进行。

（9）高强度螺栓和焊接并用的连接节点，当设计文件无规定时，宜按先螺栓紧固后焊接的施工顺序。检查数量：按节点数抽查 10%，但不应少于 10 个节点，被抽查点中梅花头未拧掉的扭剪型高强度螺栓连接副全数进行终拧扭矩检查。

**3．见证取样**

（1）同一性能等级、材料、炉号、螺纹规格、长度（当螺栓长度≤100mm 时，长度相差≤15mm；螺栓长度＞100mm 时，长度相差≤20mm，可视为同一长度）、机械加工、热处理工艺、表面处理工艺的螺栓为同批。

（2）同一性能等级、材料、炉号、螺纹规格、机械加工、热处理工艺、表面处理工艺的螺母为同批。

（3）同一性能等级、材料、炉号、螺纹规格、机械加工、热处理工艺、表面处理工艺的垫圈为同批。

（4）分别由同批螺栓、螺母、垫圈组成的连接副为同批连接副。同批高强度螺栓连接副最大数量为 3000 套。连接副扭矩系数的检验按批抽取 8 套。

（5）现场应检查其是否镀锌，若设计有厚度要求，应按设计要求实施，最薄处不得少于设计值的 85%。

## （五）审批/审查意见

经检查，所报螺栓材料的质量证明文件齐全、有效，复试结果合格，符合设计及验收规范要求，同意在本工程中使用。

## （六）附表

螺栓供货商资质审查表格式参考建设用砂。对材料供货商资质及材料进场审核时，应运用数字监理平台逐项审查并勾选检查结果，填写修改意见。未应用数字监理平台可采用纸质表单执行。

监理审查记录表如表 1-32 所示。

表 1-32 　　　　　　　　　　　　监理审查记录表（乙供材料进场审查）

工程名称：　　　　　　　　　　　　　　　　　　　　　　　　　　　编号：

| 文件名称 | （××螺栓材料进场报审—报审表编号） | | |
|---|---|---|---|
| 送审单位 | （编制单位全称） | | |
| 序号 | 监理项目部审查标准 | 检查结果 | 修改情况 |
| 1 | 施工项目部自检产品检验记录是否完整、规范 | □合格　□不合格 | |
| | 修改意见： | | |
| 2 | 进场螺栓规格型号、数量是否满足设计及规范要求 | □合格　□不合格 | |
| | 修改意见： | | |
| 3 | 钢结构材料冲击韧性检验结果是否符合设计及规范要求 | □合格　□不合格 | |
| | 修改意见： | | |
| 4 | 低合金高强度结构钢检验拉伸试验值、弯曲试验值是否符合设计标准及规范要求 | □合格　□不合格 | |
| | 修改意见： | | |
| 5 | 复检报告中连接副的各种化学成分、机械性能、螺栓楔负载值、螺母保证荷载值、硬度等是否符合设计标准及规范要求 | □合格　□不合格 | |
| | 修改意见： | | |
| 6 | 存在的其他问题 | | |

总/专业监理工程师：＿＿＿＿＿＿

日　　期：＿＿＿＿年＿＿月＿＿日

| 监理复查意见 | |
|---|---|
| | 总/专业监理工程师：＿＿＿＿＿＿　　日　　期：＿＿＿＿年＿＿月＿＿日 |

注　本表由监理项目部自行留存，也可作为审查意见反馈给施工项目部。使用过程中可自行增加审查内容。

# 十三、型钢及加工件

## （一）型钢及加工件基本要求

型钢是一种有一定截面形状和尺寸的条形钢材。按照钢的冶炼质量不同，型钢分为普通型钢和优质型钢。普通型钢按现行金属产品目录又分为大型型钢、中型型钢、小型型钢。普通型钢按其断面形状又可分为工字钢、槽钢、角钢、圆钢等。

大型型钢：大型型钢中工字钢、槽钢、角钢、扁钢都是热轧的，圆钢、方钢、六角钢除热轧外，还有锻制、冷拉等。

工字钢、槽钢、角钢广泛应用于工业建筑和金属结构，如厂房、桥梁、船舶、农机车辆制造、输电铁塔，运输机械，往往配合使用。扁钢在建筑工地中用作桥梁、房架、栅栏等。圆钢、方钢用作各种机械零件、农机配件、工具等。

中型型钢：中型型钢中工、槽、角、圆、扁钢用途与大型型钢相似。

小型型钢：小型型钢中角、圆、方、扁钢加工和用途与大型型钢相似，小直径圆钢常用作建筑钢筋。

以 H 型钢为例，热轧 H 型钢根据不同用途合理分配截面尺寸的高宽比，具有优良的力学性能和优越的使用性能。设计风格灵活、丰富。在梁高相同的情况下，钢结构的开间可比混凝土结构的开间大 50%，从而使建筑布置更加灵活。结构自重轻。与混凝土结构自重相比更轻，结构自重的降低，减少了结构设计内力，可使建筑结构基础处理要求低，施工简便，造价降低。

以热轧 H 型钢为主的钢结构，其结构科学合理，塑性和柔韧性好，结构稳定性高，适用于承受振动和冲击载荷大的建筑结构，抗自然灾害能力强，特别适用于一些多地震发生带的建筑结构。据统计，在世界上发生 7 级以上毁灭性大地震灾害中，以 H 型钢为主的钢结构建筑受害程度最小。增加结构有效使用面积。与混凝土结构相比，钢结构柱截面面积小，从而可增加建筑有效使用面积，视建筑不同形式，能增加有效使用面积 4%～6%。与焊接 H 型钢相比，能明显地省工省料，减少原材料、能源和人工的消耗，残余应力低，外观和表面质量好。便于机械加工、结构连接和安装，还易于拆除和再用。

采用 H 型钢可以有效保护环境，具体表现在 3 个方面：①和混凝土相比，可采用干式施工，产生的噪声小，粉尘少；②由于自重减轻，基础施工取土量少，对土地资源破坏小，此外大量减少混凝土用量，减少开山挖石量，有利于生态环境的保护；③建筑结构使用寿命到期，结构拆除后，产生的固体垃圾量小，废钢资源回收价值高。

以热轧 H 型钢为主的钢结构工业化制作程度高，便于机械制造，集约化生产，精度高，安装方便，质量易于保证，可以建成真正的房屋制作工厂、桥梁制作工厂、工业厂房制作工厂等。发展钢结构，创造和带动了数以百计的新兴产业的发展。

## （二）审查要点

（1）供货商资质报审：

1）供货厂商营业执照；

2）安全生产许可证；

3）企业质量管理体系认证书；

4）开户许可证；

5）机构信用代码证；

6）商标注册证；

7）资信等级证书。

（2）甲供材料进场开箱检查：

1）甲供主要材料、设备/构配件开箱申请表；

2）拟开箱型钢及加工件的清单；

3）型钢及加工件出厂合格证、检验报告及厂家资质。

## （三）关键指标

（1）外观尺寸：平整度±3mm，拼装单元总长度44000mm，允许偏差为±5mm，安装装配孔间隙±0.5mm 以内，断面宽度、高度±3mm。壁厚＜12.5mm 时埋弧焊焊缝余高应≤2mm，壁厚≥12.5 时埋弧焊焊缝余高应≤2.5mm。

（2）力学性能：上屈服强度≥355MPa、抗拉强度470～630MPa、断后伸长率≥20%、冲击功试验温度20℃≥34kV2/J。

（3）化学成分分析。C（碳）：≤0.24%；Si（硅）：≤0.55%；Mn（锰）：≤1.60%；P（磷）：≤0.035%；S（硫）：≤0.035%。CEV≤0.45%。

（4）涂镀层性能：当 2mm≤镀件厚度＜5mm 时，镀层厚度应≥65um；当镀件厚度≥5mm 时，镀层厚度应≥86um。锌层附着性以 4mm 的间隔平行打击 5 点，锌层不凸起、不剥离。锌层均匀性试件经硫酸铜浸蚀不少于 4 次不露铁。

（5）超声波无损检测：检测等级应符合《焊缝无损检测 超声检测 技术、检测等级和评定》（GB/T 11345—2013）标准，验收等级应符合《焊缝无损检测超声检测验收等级》（GB/T 29712—2013）标准。

（6）耐腐蚀性能：盐雾试验判定标准表面外观等级达到 A～D 级，涂层腐蚀评级标准达到一级。

## （四）过程管控

### 1. 型钢的储存

（1）型钢储存时应分别按规格、材质、炉批号（冶炼号）堆放，禁止将不同的规格、材质、炉批号（冶炼号）混杂堆放，每垛型钢前应有明显的管理标牌。

（2）每件型钢（指大规格、小批量或单根），可放在同一架框内，但应在每根的端头处用白色油漆涂写或者用钢字头打印材质标记或追溯号。

**2. 钢管（圆钢）的储存**

（1）钢管（圆钢）储存时应分别按规格、材质堆放，禁止将不同的规格、材质混杂堆放，每垛钢管（圆钢）前应有明显的管理标牌。

（2）每件钢管（圆钢）（指大规格、小批量或单根），可放在同一架框内，但应在每根的端头处用白色油漆涂写或者用钢字头打印材质标记或追溯号。

**3. 见证取样**

所有进场型钢必须进行检验，合格方可投入使用。按以下方法取样加工成试件后，送试验室进行试验检测。

（1）抽样批量、抽样抽取数量和抽取方法。

（2）每批交货的型钢必须附有证明该批型钢符合标准要求和订货合同的质量证明书。按批进行检查和验收。

（3）每批由同一牌号、同一炉罐号、同一等级、同一品种、同一尺寸、同一交货状态、同一进厂时间的钢材组成。每批数量不得大于60t。

（4）每批取试件2个，其中1个拉伸试件，1个冷弯试件。

（5）试件应在外观及尺寸合格的钢材上切取。切取时应防止受热、加工硬化及变形而影响其力学及工艺性能。

**4. 取样方法**

（1）工字钢和槽钢：应从腰高四分之一处沿轧制方向（纵向）切取拉伸、冷弯试件。

（2）角钢和乙字钢：应从腿长的三分之一处切取。

（3）型钢：应从腰高三分之一处切取。

## （五）审批/审查意见

经查，所报模板材料的质量证明文件齐全、有效，检测结果合格，符合设计及验收规范要求，同意在本工程中使用。

## （六）附表

对材料供货商资质、材料进场审核/组织开箱检查时，应运用数字监理平台逐项审查并勾选检查结果，填写修改意见。未应用数字监理平台可采用纸质表单执行。

监理审查记录表如表1-33所示。甲供设备材料开箱检查记录表如表1-34所示。

表 1-33 监理审查记录表（供货商资质审查）

工程名称：                                                    编号：

| 文件名称 | 型钢及加工件（供货商资质报审—报审表编号） | | |
|---|---|---|---|
| 送审单位 | （编制单位全称） | | |
| 序号 | 监理项目部审查标准 | 检查结果 | 修改情况 |
| 1 | 供货厂商营业执照中经营范围是否满足本工程需求，营业期限是否在有效期内 | □合格　□不合格 | |
| | 修改意见： | | |
| 2 | 安全生产许可证中许可范围及有效期是否符合工程要求 | □合格　□不合格 | |
| | 修改意见： | | |
| 3 | 质量管理体系认证证书是否在有效期内，是否有质量管理体系认证标志 | □合格　□不合格 | |
| | 修改意见： | | |
| 4 | 是否符合开户条件，并开立基本存款账户，取得加盖各银行章的开户许可证 | □合格　□不合格 | |
| | 修改意见： | | |
| 5 | 企业资质证书中资质类别及等级是否符合施工要求。是否在有效期内 | □合格　□不合格 | |
| | 修改意见： | | |
| 6 | 是否取得企业信用等级证书及安全生产标准化证书 | □合格　□不合格 | |
| | 修改意见： | | |
| 7 | 出厂型钢及加工件质量检验报告相关指标是否符合规范要求 | □合格　□不合格 | |
| | 修改意见： | | |
| 8 | 存在的其他问题 | | |

总/专业监理工程师：＿＿＿＿＿＿
日　　期：＿＿＿＿年＿＿月＿＿日

| 监理复查意见 | 　

总/专业监理工程师：＿＿＿＿＿＿
日　　期：＿＿＿＿年＿＿月＿＿日 |
|---|---|

注　本表由监理项目部自行留存，也可作为审查意见反馈给施工项目部。使用过程中可自行增加审查内容。

**表 1-34**　　　　　　　　甲供设备材料开箱检查记录表（型钢及加工件）

工程名称：　　　　　　　　　　　　　　　　　　　　　　　　　　　编号：

| 工程名称 | ××工程 | 开箱日期 | 20××年××月××日 |
|---|---|---|---|
| 产品来源 | 甲供 | 合同号 | |
| 产品名称 | ××型钢及加工件 | 合同数量 | |
| 型号规格 | ××根××副，共计××件 | 到货数量 | ××kg |
| 制造厂商 | | 总箱（件）数 | |
| 厂商国别 | 中国 | 到货时间 | 20××年××月××日 |
| 唛头号 | | 存放地点 | |

| 检查内容 | 检查结果 | | | | |
|---|---|---|---|---|---|
| 外包装 | | 缺件登记： | | | |
| 外观检查 | | | | | |
| 铭牌核对 | | | | | |
| 型号核对 | | | | | |

| 文件资料名称 | 检查结果 | 份数 | 接收人 | 日期 | 结论 |
|---|---|---|---|---|---|
| 质保书或合格证 | □有　□无　□不需要 | | | | □齐全　□不齐全 |
| 原产地证书 | □有　□无　□不需要 | | | | □齐全　□不齐全 |
| 装箱清单 | □有　□无　□不需要 | | | | □齐全　□不齐全 |
| 出厂试验报告 | □有　□无　□不需要 | | | | □齐全　□不齐全 |
| 安装使用说明书 | □有　□无　□不需要 | | | | □齐全　□不齐全 |
| 安装图纸及资料 | □有　□无　□不需要 | | | | □齐全　□不齐全 |
| 备品备件 | □有　□无　□不需要 | | | | □齐全　□不齐全 |

开箱检查结论：

　　　　　　　　　　　　　　开箱负责人（签字）：_____日期：____年____月____日

参加开箱单位及人员签字：

业主：　　　　　　　监理：　　　　　　　施工：

物资：　　　　　　　厂家：

注　1．设备材料开箱检查由监理项目部组织，开箱负责人由总监理工程师担任。
　　2．本表一式一份，由施工项目部填报，业主项目部、监理项目部各____份，施工项目部存____份。

# 十四、构支架

## （一）构支架基本类型及材质

（1）变电站构架形式多种多样，主要有高强度多边形钢管 A 字柱构架、钢筋混凝土环形杆 A 字柱构架、高强度变截面多边形单钢管杆、等截面普通钢管 A 字柱构架以及全角钢格构式塔架。

（2）变电站设备支架主要有钢筋混凝土环形杆、正多边形或圆形钢管支架、高频电阻焊直缝钢管支架等几种类型。

## （二）审查要点

（1）乙供供货商资质报审：

1）供货厂商营业执照；

2）安全生产许可证；

3）企业质量管理体系认证书；

4）开户许可证；

5）机构信用代码证；

6）商标注册证；

7）资信等级证书；

8）排污许可证及环境管理体系认证证书。

（2）甲供材料进场审查：

1）甲供材料进场清单（含螺栓清单）和施工项目部材料进场申请单；

2）构支架的产品合格证；

3）材料出厂检测报告。

## （三）关键指标

横梁组装完后要立即检查，法兰间隙、轴线偏差、弯曲度要符合表1-35要求。热镀锌厚度要求值满足表1-36要求。

表1-35　　　　　　　　　法兰间隙、轴线偏差、弯曲度要求值

| 项　　目 | 法兰间隙 | 轴线偏差 | 弯曲度 |
|---|---|---|---|
| 要求值 | ≤2mm | ≤1mm | ≤1‰ L |

注　L为横梁长度。

表1-36　　　　　　　　热镀锌厚度要求值

| 项　　目 | 钢板厚度≥6mm | 3mm≤钢板厚度≤6mm | 1.5mm≤钢板厚度≤3mm |
|---|---|---|---|
| 镀锌厚度要求值 | 平均厚度≥85μm，最薄处不得少于70μm | 平均厚度≥70μm，最薄处不得少于55μm | 平均厚度≥55μm，最薄处不得少于45μm |

## （四）过程管控

（1）现场存放要求。

1）现场运输道路应平整坚实，以防止车辆摇晃时引致构件碰撞、扭曲和变形。运输车辆进入施工现场的道路，应满足构件的运输要求。

2）堆放场地应平整夯实，并设有排水措施，堆放时底板与地面之间有一定的空隙。垫木放置在桁架侧边，板两端（至板端200mm）及跨中位置均应设置垫木且间距不大于

1.6m。垫木应上下对齐。不同板号应分别堆放，堆放高度不宜大于6层。

3）临时存放区域应与其他工种作业区之间设置隔离带或做成封闭式存放区域，尽量避免吊装过程中在其他工种工作区内经过，影响其他工种正常工作。

4）应该设置警示牌及标识牌，与其他工种要有安全作业距离。

5）卸车前需检查吊具是否存在缺陷，是否有开裂，腐蚀严重等问题，且需检查构件是否存在起吊问题。

6）现场卸车时应认真检查吊具与构件是否扣牢，确认无误后方可缓慢起吊，且需检查吊具是否存在严重影响起吊的问题。

7）构件运输过程中，车上应设有专用架，且需有可靠的稳定构件措施；车辆启动应慢，车速应匀，转弯错车时要减速，并且应留意稳定构件措施的状态，需要时在安全的情况下尽快进行加固。

8）堆放时应按吊装顺序、规格、品种等分区配套堆放，不同构件堆放之间宜设宽度为0.8～1.2m的通道，并有良好的排水措施。

9）平放码垛时，底部垫2根100mm×100mm通长木方且支垫位置在构件位置下方，做到上下对齐。

（2）甲供物资开箱检查。

1）设备到货后，由供货商负责与施工项目部对接，严禁由物流公司人员与施工项目部进行移交工作。施工项目部进行签收后，由施工项目部负责保管设备，但不对产品质量负责。

2）施工项目部应及时完善《甲供主要设备（材料/构配件）开箱申请表》，并报监理项目部审核并确认开箱验收时间。

3）开箱验收工作由工程现场监理项目部组织，施工项目部应提前收集所需验收资料。开箱验收合格后如实填写《设备开箱检验记录》表中的相关内容，此套资料工程结束后需要归档。

4）设备移交后，要求施工项目部做好现场成品保护工作。

## （五）审批/审查意见

经查，所报模板材料的质量证明文件齐全、有效，检测结果合格，符合设计及验收规范要求，同意在本工程中使用。

## （六）附表

构支架供货商资质审查表格式参考型钢及加工件。对材料供货商资质、材料进场审核/组织开箱检查时，应运用数字监理平台逐项审查并勾选检查结果，填写修改意见。未应用数字监理平台可采用纸质表单执行。

甲供设备材料开箱检查记录表如表 1-37 所示。

**表 1-37**            甲供设备材料开箱检查记录表（构支架）

工程名称：                                                     编号：

| 工程名称 | ××工程 | 开箱日期 | 20××年××月××日 |
|---|---|---|---|
| 产品来源 | 甲供 | 合同号 | |
| 产品名称 | ××构支架 | 合同数量 | |
| 型号规格 | ××楹××根××副，共计××件 | 到货数量 | ××kg |
| 制造厂商 | | 总箱（件）数 | |
| 厂商国别 | 中国 | 到货时间 | 20××年××月××日 |
| 唛头号 | | 存放地点 | |
| 检查内容 | 检查结果 | | |
| 外包装 | | 缺件登记： | |
| 外观检查 | | | |
| 铭牌核对 | | | |
| 型号核对 | | | |

| 文件资料名称 | 检查结果 | 份数 | 接收人 | 日期 | 结论 |
|---|---|---|---|---|---|
| 质保书或合格证 | □有 □无 □不需要 | | | | □齐全 □不齐全 |
| 原产地证书 | □有 □无 □不需要 | | | | □齐全 □不齐全 |
| 装箱清单 | □有 □无 □不需要 | | | | □齐全 □不齐全 |
| 出厂试验报告 | □有 □无 □不需要 | | | | □齐全 □不齐全 |
| 安装使用说明书 | □有 □无 □不需要 | | | | □齐全 □不齐全 |
| 安装图纸及资料 | □有 □无 □不需要 | | | | □齐全 □不齐全 |
| 备品备件 | □有 □无 □不需要 | | | | □齐全 □不齐全 |

开箱检查结论：

开箱负责人（签字）：_____ 日期：___年___月___日

参加开箱单位及人员签字：

业主：           监理：           施工：

物资：           厂家：

注 1. 设备材料开箱检查由监理项目部组织，开箱负责人由总监理工程师担任。

    2. 本表一式一份，由施工项目部填报，业主项目部、监理项目部各____份，施工项目部存____份。

# 十五、模板

## （一）模板的基本知识及种类

模板工程包括模板和支架系统两大部分。模板质量好坏，直接影响到混凝土成型的质量；支架系统的好坏，直接影响到其他施工的安全。常见模板及特性如下：

（1）胶合板模板。所用胶合板为高耐气候、耐水性的Ⅰ类木胶合板或竹胶合板。优点是自重轻、板幅大、板面平整、施工安装方便简单。

（2）组合钢模板。主要由钢模板、连接体和支撑体3部分组成，优点是轻便灵活、拆装方便、通用性强、周转率高；缺点是接缝多且严密性差，导致混凝土成型后外观质量差。

（3）钢框木（竹）胶合板模板。它是以热轧异形钢为钢框架，以覆面胶合板作板面，并加焊若干钢肋承托面板的一种组合式模板。与组合钢模板比，其特点为自重轻、用钢量小、面积大、模板拼缝少、维修方便。

（4）大模板。它由版面结构、支撑系统、操作平台和附件等组成，是现浇墙、壁结构施工的一种工具式模板。其特点是以建筑物的开间、进深和层高为大模板尺寸，由于面板为钢板组成，其优点是模板整体性能好、抗震性强、无拼缝等；缺点是模板重量大、移动安装需起重机械吊运。

（5）组合铝合金模板。由铝合金带肋面板、端板、主次肋焊接而成，用于现浇混凝土结构施工的一种组合模板。其重量轻、拼缝好、周转快、成型误差小、利于草拆体系应用。但成本较高、强度比钢模板小，目前应用日趋广泛。

（6）早拆模板体系。在模板支架立柱的顶端，采用柱头的特殊构造装置来保证国家现行标准所规定的拆模原则前提下，达到尽早拆除部分模板的体系。优点是部分模板可早拆，加快周转，节约成本。

（7）其他还有滑升模板、爬升模板、飞模、模壳模板、胎模及永久性压型钢板模板和各种配筋的混凝土薄模板。

## （二）审查要点

乙供材料进场及施工前需审查：

1）进场模板的数量和施工项目部自检结果；

2）模板的外观质量（厚度、尺寸等）需满足施工要求；

3）施工项目部编制的模板工程专项施工方案。

## （三）关键指标

（1）模板工程及支撑体系需要编制专项方案的范围：

1）各类工具式模板。滑模、爬模、飞模、隧道模等工程。

2）混凝土模板支撑工程。搭设高度5m及以上；搭设跨度10m及以上；施工总荷载设计值10kN/m² 及以上；集中线荷载设计值15kN/m；高度大于支撑水平投影宽度且相对独立无联系构件的混凝土模板支撑工程。

3）承重支撑体系。用于钢结构安装等满堂支撑体系。

（2）模板工程及支撑体系需要编制专项方案，且必须进行专家论证的范围：

1）各类工具式模板。滑模、爬模、飞模、隧道模等工程。

2）混凝土模板支撑工程。搭设高度 8m 及以上；搭设跨度 18m 及以上；施工总荷载设计值 15kN/m² 及以上；集中线荷载设计值 20kN/m。

3）承重支撑体系。用于钢结构安装等满堂支撑体系，承受单点集中荷载 7kN 以上。

### （四）过程管控

模板工程安全施工要点和要求。

（1）模板及其支架的安装必须严格按照施工技术方案进行，其支架必须有足够的支承面积，底座必须有足够的承载力。模板的木杆、钢管、门架等支架立柱不得混用。模板工程安装高度超过 3.0m，必须搭设脚手架，除操作人员外，脚手架下不得站其他人。

（2）模板安装高度在 2.0m 及以上时，临边作业安全防护应符合国家现行标准《建筑施工高处作业安全技术规范》（JGJ 80—2016）的有关规定。施工人员上下通行必须借助马道、施工电梯或上人扶梯等设施，不允许攀登模板、斜撑杆、拉条或绳索等上下，不允许在高处的墙顶、独立梁或其模板上行走。

（3）作业时，模板和配件不得随意堆放，模板应放平放稳，严防滑落。脚手架或操作平台上临时堆放的模板不宜超过 3 层，脚手架或操作平台上的施工总荷载不得超过其设计值。高处支模作业人员所用工具和连接件应放在箱盒或工具袋中，不得散放在脚手板上，以免坠落伤人。

（4）模板安装时，上下应有人接应，随装随运，严禁抛投。且不得将模板支搭在门窗框上，也不得将脚手板支搭在模板上，并严禁将模板与上料井架及有车辆运行的脚手架或操作平台支成一体。模板的接缝不应漏浆，在浇筑混凝土前，木模板应浇水湿润，但模板内不应有积水，模板与混凝土的接触面应清理干净并涂刷隔离剂，但不得采用影响结构性能或妨碍装饰工程的隔离剂。模板安装应与钢筋安装配合进行，梁柱节点的模板宜在钢筋安装后安装。后浇带的模板及支架应独立设置。

（5）浇筑混凝土前，模板内杂物应清理干净，对清水混凝土工程及装饰混凝土工程，应使用能达到设计效果的模板，用作模板的地坪、胎模等应平整、光洁，不得产生影响构件质量的下沉。裂缝、起砂或起鼓。

（6）对跨度不小于 4m 的现浇钢筋混凝土梁、板，其模板应按设计要求起拱，当设计无具体要求时，起拱高度应为跨度的 1/1000～3/1000；当钢模板高度超过 15m 时，应安设避雷设施，避雷设施的接地电阻不得大于 4Ω。大风地区或大风季节施工，模板应有抗风的临时加固措施。遇大雨、大雾、沙尘、大雪或 6 级以上大风等恶劣天气时，应暂停露天高处作业。6 级以上风力时，应停止高空吊运作业。雨、雪停止后，应及时清除模板和地面上的积水和积雪。

（7）在架空输电线路下方进行模板施工，如果不能停电作业，应采取隔离防护措施。

模板施工中应设专人负责安全检查，发现问题应报告有关人员处理。当遇险情时，应立即停工和采取应急措施；待修复或排除险情后，方可继续施工。

## （五）审批/审查意见

经检查，所报模板材料的质量证明文件及专项施工方案符合设计及验收规范要求，同意在本工程中使用。

## （六）附表

对材料进场审核时，应运用数字监理平台逐项审查并勾选检查结果，填写修改意见。未应用数字监理平台可采用纸质表单执行。

文件审查记录如表 1-38 所示。

表 1-38               文 件 审 查 记 录 表

工程名称：                                       编号：

| 文件名称 | （××模板工程专项方案施工报审—报审表编号） | | |
|---|---|---|---|
| 送审单位 | （编制单位全称） | | |
| 序号 | 监理项目部审查标准 | 检查结果 | 施工项目部反馈意见 |
| 1 | 施工项目部自检产品检验记录是否完整、规范 | □合格 □不合格 | |
| | 修改意见： | | |
| 2 | 进场模板规格型号、数量是否满足设计及规范要求 | □合格 □不合格 | |
| | 修改意见： | | |
| 3 | 模板结构设计与施工说明书中的荷载、计算方法、节点构造和安全措施，设计审批手续是否合格 | □合格 □不合格 | |
| | 修改意见： | | |
| 4 | 参加作业的人员专业技术能力是否满足施工要求 | □合格 □不合格 | |
| | 修改意见： | | |
| 5 | 安全技术交底、安全防护设施和器具是否满足施工条件 | □合格 □不合格 | |
| | 修改意见： | | |
| 6 | 存在的其他问题 | | |
| | 总/专业监理工程师：＿＿＿＿＿＿＿＿＿<br>日　　期：＿＿＿＿年＿＿月＿＿日 | 项目经理：＿＿＿＿＿＿＿＿＿<br>日　　期：＿＿＿＿年＿＿月＿＿日 | |
| 监理复查意见 | 总/专业监理工程师：＿＿＿＿＿＿＿＿＿<br>日　　期：＿＿＿＿年＿＿月＿＿日 | | |

注　本表使用过程中可自行增加内容。本表一式两份，监理、施工项目部各存 1 份。

# 第三节

# 主要施工器械/工器具准入

## 一、准入节点管控表

主要施工器械/工器具准入节点管控表如表 1-39 所示。

表 1-39　　　　　　　　　　主要施工器械/工器具准入节点管控表

| 工艺流程图 | 监理主要工作 | 监理成果 |
| --- | --- | --- |
| 开始<br><br>熟悉图纸及相关规范 | 监理项目部熟悉图纸中主要施工器械的技术参数和质量要求及相关规范,审查施工项目部制定的施工器械/工器具采购计划 | 形成监理项目部管控记录 |
| 审查施工单位报审的施工机械/工器具相关质量证明文件 | 总监理工程师组织,专业监理工程师审查报审的施工机械/工器具资料 | 对"施工机械/工器具报审表"进行审查签署意见 |
| 监理项目部审查施工机械/工器具是否合格并予以签认同意/退场 | 监理项目部对审查合格的乙购施工机械/工器具予以签认同意使用,审查不合格的施工机械/工器具要求施工项目部将其撤出施工现场 | |
| 巡视检查施工过程中施工机械/工器具质量状况 | 监理项目部通过巡视等手段检查施工过程中施工机械/工器具的质量状况 | 填写"平行检查记录表、施工机械/工器具管理台账"等过程管控资料 |
| 继续巡视检查,结束 | 继续开展对进场施工机械/工器具的质量检查 | 填写"平行检查记录表、监理日志"等过程管控资料 |

编制说明:
1. 编制目的:根据标准化工艺流程,列明监理主要工作内容及应及时填写的表单。
2. 编制依据:监理规范及安全、质量管理条例。

## 二、主要施工机械和工器具类型

### (一)施工机械

施工机械主要有小型混凝土/砂浆搅拌机、钢筋调直机、钢筋弯曲机、卷扬机、人工打夯机、空气压缩机、电焊机、切割机、震动棒、磨光机、吊篮等。

## （二）主要工器具

（1）安全工器具：绝缘胶垫、绝缘梯、安全带、安全帽、绝缘靴、绝缘手套、防静电工作服等。

（2）手工工器具：组合工器具、手锤、钢卷、卷尺、扳手、套筒、螺钉刀、钳子（尖嘴钳、电工钳、剥线钳）。

（3）电工工器具：数字万用表、绝缘电阻表、钳形表等。

（4）其他工器具：移动线盘、望远镜、手电筒等。

# 三、审查要点

主要施工机械/工器具入场报审表应附具以下附件，监理人员应结合实物逐一审查、核对。

（1）主要施工机械/工器具的完整清单。

（2）安全锁标定证书。

（3）产品使用说明书。

（4）产品安装合同及安全协议。

（5）安全自检验收表。

# 四、关键指标

（1）主要检验仪器设备精度偏差及校正值符合规范要求。

（2）悬吊平台工作钢丝绳直径不小于 6mm。

（3）主要电气元件应工作正常，固定可靠，带电零部件与机体间的绝缘电阻不宜小于 2MΩ。

（4）质量为 5kg 的钢锤（落锤）自 1m 高处自由落下，冲击安全帽，传递到头模上的力不超过 4.9kN，帽壳不得有碎片脱落。

（5）绝缘手套：低压 5kV 电压等级时工频耐压 2.5kV 试验时间 1min 泄漏电流 ≤2.5mA；高压 12kV 电压等级时工频耐压 8kV 试验时间 1min 泄漏电流 ≤9mA。绝缘鞋：低压 5kV 电压等级时工频耐压 3.5kV 试验时间 1min 泄漏电流 ≤1.1mA；高压 15kV 电压等级时工频耐压 12kV 试验时间 1min 泄漏电流 ≤3.6mA。

（6）围杆安全带、延长绳：静拉力 2205N 持续时间 5min。自锁器、安全绳：静拉力 3300N 持续时间 5min。

## 五、过程管控

（1）要求施工单位对经常使用的安全工器具安排专人进行日常检查，如紧线器、卡线器、钢丝绳、滑车、棕绳、手动葫芦及安全带等需要保证其受力时的可靠性；绝缘手套、绝缘靴、验电笔、令克棒等需要保证导电时的绝缘性能。监理人员巡视、旁站过程中应核查试验（检定）标签。

（2）加强设备状态监测。对使用频率高、易损坏、出故障的设备，应加强跟踪诊断，由事后修理转为事前的视情修理。做好设备故障预测，及时发现问题，及早采取措施，提前修正。

（3）要求施工单位落实岗位责任操作规程挂牌制和班组人员交接班制。做到分层管理，责任到人，定岗到机。

（4）固定式施工机械设备应安装在牢固的基础上，并设立安全操作规程标牌。移动式施工机械设备使用时应处于水平状态，放置平稳。

（5）电动机具外壳接地必须良好，绝缘必须可靠。所有电动机具的电源线，应使用橡皮电缆或动力电缆，电动机具使用时其电源侧（指电源箱内）必须装设漏电断路器、触电保安器装置。

## 六、审批/审查意见

经检查，所报主要施工机械/工器具的数量满足现阶段施工需要，资格证书齐全、有效，同意上述施工机械/工器具进场。

## 七、附表

对主要施工机械/工器具进场审核时，应运用数字监理平台逐项审查并勾选检查结果，填写修改意见。未应用数字监理平台可采用纸质表单执行。

监理审查记录表如表 1-40 所示。

表 1-40　　　　　　　　监理审查记录表（主要施工机械/工器具）

工程名称：　　　　　　　　　　　　　　　　　　　　　　　　　　　　　编号：

| 文件名称 | | （××施工机械和工器具进场报审—报审表编号） | |
|---|---|---|---|
| 送审单位 | | （编制单位全称） | |
| 序号 | 监理项目部审查标准 | 检查结果 | 修改情况 |
| 1 | 施工机械设备检验报告及检验结果 | □合格　□不合格 | |
| | 修改意见： | | |

| 序号 | 监理项目部审查标准 | 检查结果 | 修改情况 |
|---|---|---|---|
| 2 | 电力安全工器具预防性试验报告及检测结果 | □合格　□不合格 | |
| | 修改意见： | | |
| 3 | 劳动防护用品质量检验报告及结果 | □合格　□不合格 | |
| | 修改意见： | | |
| 4 | 参加作业的特种人员专业技术培训成绩是否合格，证件是否在有效期限内 | □合格　□不合格 | |
| | 修改意见： | | |
| 5 | 安全技术交底、安全防护设施和器具是否满足施工条件 | □合格　□不合格 | |
| | 修改意见： | | |
| 6 | 存在的其他问题 | | |

总/专业监理工程师：＿＿＿＿＿＿
日　　　期：＿＿＿＿＿年＿＿月＿＿日

| | |
|---|---|
| 监理复查意见 | 总/专业监理工程师：＿＿＿＿＿＿<br>日　　　期：＿＿＿＿＿年＿＿月＿＿日 |

注　本表由监理项目部自行留存，也可作为审查意见反馈给施工项目部。使用过程中可自行增加审查内容。

# 第四节

# 大中型施工机械准入

## 一、大中型施工机械准入节点管控表

大中型施工机械准入节点管控表如表 1-41 所示。

**表 1-41**　　　　　　　　　大中型施工机械准入节点管控表

| 工艺流程图 | 监理主要工作 | 监 理 成 果 |
|---|---|---|
| 开始 → 熟悉图纸及相关规范 | 监理项目部熟悉图纸中大中型施工机械的技术参数和质量要求及相关规范，审查施工项目部制定的大中型施工机械采购/租赁计划 | 形成监理项目部管控记录 |
| 审查施工单位报审的大中型施工机械相关质量证明文件 | 总监理工程师组织，专业监理工程师审查报审的大中型施工机械相关资料 | 对"大中型施工机械报审表"进行审查签署意见 |
| 监理项目部审查大中型施工机械是否合格并予以签认同意/退场 | 监理项目部对审查合格的大中型施工机械予以签认同意使用，审查不合格的大中型施工机械要求施工项目部将其撤出施工现场 | |
| 巡视检查施工过程中大中型施工机械质量状况 | 监理项目部通过巡视等手段检查施工过程中大中型施工机械的质量状况 | 填写"平行检查记录表、大中型施工机械管理台账"等过程管控资料 |
| 继续巡视检查，结束 | 继续开展对进场大中型施工机械的质量检查 | 填写"平行检查记录表、监理日志"等过程管控资料 |

编制说明：
1. 编制目的：根据标准化工艺流程，列明监理主要工作内容及应及时填写的表单。
2. 编制依据：监理规范及安全、质量管理条例。

# 二、大中型施工机械类型

（1）泵送机械：混凝土输送泵车。

（2）铲土运输机械：铲运机、推土机。

（3）装载机械：装载机、挖掘机械。

（4）压实机械：压路机。

（5）桩工机械：桩机（锤击桩机、静压桩机、旋挖灌注桩机等）。

（6）路面机械：摊铺机。

（7）起重机械：塔式起重机、汽车吊、履带吊、施工电梯等。

（8）凿岩机械：凿岩机。

# 三、审查要点

（1）大中型施工机械设备进场审查。

1）进场设备的数量和施工单位自检结果。

2）设备质保证明文件或产品合格证。

3）进场设备是否与投标承诺一致。

4）机械使用说明书及保养相关资料。

5）租赁机械或乙购设备租赁合同及安全协议。

（2）大中型施工机械设备出场审查。

1）拟出场机械设备的工作完成情况。

2）后续施工是否不再需要使用该机械设备。

## 四、关键指标

（1）静压管桩机停置场地平均地基承载力应不低于 35kPa，作业点与电力供应点距离应控制在 200m 以内，启动电压降不大于额定电压 10%。

（2）在挖机反铲背部焊接吊钩，其吊钩的起重能力≥100kN 时，需采用不小于 30mm 厚钢板满焊焊接方式固定。

（3）常用吊车（汽车、履带起重机）参数见表 1-42。

表 1-42　　　　常用吊车（汽车、履带起重机）参数

| 吊车吨位（T） | 主臂伸长（m） | 主臂起升高度（m） | 最大幅度起重量（T） | 主臂伸长（m） | 主臂起升高度（m） | 最大幅度起重量（T） |
|---|---|---|---|---|---|---|
| 25 | 10.2 | 3.0 | 25.0 | 39.0 | 32.0 | 0.5 |
| 50 | 11.1 | 3.0 | 50.0 | 36.0 | 32.0 | 0.75 |
| 70 | 11.6 | 3.0 | 70.0 | 44.0 | 32.0 | 1.0 |
| 100 | 13.0 | 3.0 | 100.0 | 50.4 | 38.0 | 0.8 |
| 130 | 13.0 | 3.0 | 130.0 | 48.0 | 44.0 | 3.0 |

## 五、过程管控

（1）所租赁或购置的施工机械设备的质量必须符合国家有关标准，并有产品合格证和出厂使用说明书（标明制造厂名称、地址、生产许可证、生产日期、产品性能、安全注意事项等）。

（2）设备整机状况（外观、工况、防护装置正常）、运行状况（运转正常无异常、无渗漏、仪表齐全、计数正常）、技术档案及运行/保养记录完整齐全。

（3）重要的工程机械应在现场进行复检，复检报告应合格，同时也要经常在现场进行检查以保证投入作业的机械设备状态良好。重要的工程机械安全施工注意事项如下。

1）塔吊：①塔吊基础设计须进行设计验算，塔基周边需修筑边坡或排水设施，并与基坑边保持一定安全距离。②塔吊安拆和顶升作业时项目负责人、安全监护人、作业负责人、司索工、信号工、安装拆卸工、司机必须全部在现场到位，顶升作业中，严禁回转臂杆和进行吊装作业。③塔身金属结构与电气设备金属外壳应有可靠的接地装置、接地电阻不得大于4Ω。④塔吊指挥、操作人员必须持证上岗。作业时严格按指挥信号操

作，信号不清或错误，操作人员应拒绝执行。⑤操作人员在进行回转、变幅、行走、吊钩升降等动作前，应检查电源电压（电压变动应为370～400V），送电前启动控制开关应在零位，且应有鸣声示意。⑥塔吊动臂变幅限位器、行走限位器、力矩限位器、吊钩高度限位器及各行程开关等安全保护措施，必须安全完好、灵敏可靠，不得随意调整和拆除。严禁用限位装置代替操动机构。⑦吊装作业不得超负荷和起吊不明质量的物件。⑧忽然停电时，应把所有控制器拨到零位，并断开电源开关，同时采取措施将重物降到地面，严禁起吊重物长时间悬挂空中。⑨起吊物须绑扎平稳、牢固，不得在起吊物上悬物或堆放零星物件。零星物件采用吊笼起吊，严禁塔吊斜拉、斜吊和起吊埋设在地下或凝结在地上的重物。

2）挖机：①挖掘机操作人员必须持证上岗。②施工现场必须有专人负责指挥、监控。③在起重过程中，挖机的大臂下严禁站人，挖掘机施工时应尽量避免在旋转半径范围内有人员停留或行走。④挖机在吊运或下放管子前，要有专业指挥、司索人员进行吊带或钢丝绳的捆绑，确保吊具牢固固定在挖掘机的铲斗上。同时所吊管子或其他物件都必须在挖掘机承受荷载范围。⑤大风、雨雪、大雾等恶劣天气禁止挖掘机进行吊装和下沟作业。⑥施工单位需每隔7d要对挖掘机进行保养，检查各液压系统的工作状态，并补充液压油，对各个传动系统补充润滑油脂，不得有泄压失稳的现象发生。⑦施工作业前对使用的挖掘机和机具、吊具进行安全检查。检查挖掘机大臂和铲斗是否良好、油气路是否畅通、照明和喇叭是否正常、液压传动与应用制动器是否完好等。检查对使用的吊带、钢丝绳、U型环等机具和吊具，确保无破损和性能良好，只有确定完好后方准作业。

3）桩机：①装配前准备工作中首先应合理确定桩机设备的停放位置，根据现场情况，首先要远离河塘、泥浆坑、高压线、软弱土层、周围建筑物等，应按施工组织设计尽量选择在第一根施工的桩位附件堆放停靠。②机械部件装配检查中主要受力结构杆件及行走机构没有裂纹、扭曲变形、严重腐蚀等情况，杆件、锤箱等各位置（高强）螺栓、法兰、销轴等紧固部（扣）件连接必须可靠紧密。③钢丝绳没有断股、严重锈蚀磨损现象，保护油脂涂抹均匀，在吊钩、滑轮等部位应有可靠的防脱钩熔断器、防钢丝绳跳槽等保护装置，严格执行报废标准，及时更换不合格的钢丝绳。④电流（压）表、油压表等控制仪表工作状态需良好，电机、卷扬机等传动部件安全防护罩完好无损，水油控制阀门、电气按钮开关密封良好、启动自如。⑤开工前，施工单位技术人员应向全体（机组操作）施工人员进行安全管理技术交底，配置专业安全管理人员，桩机操作员必须经过岗前严格培训，合格后才能上岗施工，施工期间不得擅离职守，严禁无关人员进入操作（室）岗位。⑥加强现场周边建筑物的安全监测工作，定时检查施工单位沉降观测记录。⑦遇雷雨、6级及以上大风等恶劣天气，必须采取加设缆风绳、放倒机架等措施停稳桩机、关闭电气控制开关，防止倾覆。⑧退场拆卸检查中施工单位应做好拆卸人员安全防护交底工作，无关人员应远离拆卸现场。

4）吊车（汽车起重机）：①吊装和指挥人员必须经过专业培训，持证上岗。②现场专人统一指挥，信号明确。③有完善的吊装方案，划定警戒线，设置安全标志，禁止非施工人员入内。④夜间作业现场要有足够照明，遇到大风（6级及以上）、暴雨、大雾等恶劣天气，必须停止施工。⑤严格执行"十不吊"制度，即：指挥信号不明不吊，超负荷或物体重量不明不吊，歪拉斜吊重物不吊，光线不足、看不清重物和指挥信号不明时不吊，重物下站人不吊，重物埋在地下不吊，重物紧固不牢、绳打结、绳不齐不吊，棱刃物体没有衬垫措施不吊，吊载重物越过人头部不吊，安全装置失灵不吊。⑥现场安全员、吊车司机负责起重机械日常安全检查工作，监理项目部需每周组织1次全面的安全文明施工检查。

5）铲车（装载机）：①整车外观必须整洁完好，油管、水管、排气管及附件无渗漏现象。②转向及制动系统必须灵活可靠，车轮螺栓紧固程度及各轮胎气压达到规定值。③电气线路没有搭铁，接头没有松动现象，喇叭、转向灯、制动灯及仪表盘工作正常。④随车配备的灭火器和安全附件必须数量齐全，完好有效。⑤铲车（装载机）司机应保证在车辆安全性能完好的情况下才能出车，坚持"五不出车，四要停车"。⑥施工单位需定期对铲车（装载机）进行检查、维修、维护保养，并形成书面维修保养表。

# 六、审批/审查意见

（1）进场：经检查，所报拟进场大中型施工机械与投标承诺一致，满足现阶段施工需要，检验、试验报告齐全、合格，同意上述大中型施工机械进场。

（2）出场：经查，所报拟出场大中型施工机械已完成施工工作，后续无施工需要，同意上述大中型施工机械出场。

# 七、附表

对主要施工机械/工器具进场审核时，应运用数字监理平台逐项审查并勾选检查结果，填写修改意见。未应用数字监理平台可采用纸质表单执行。

监理审查记录表如表1-43所示。

表1-43　　　　　　　　监理审查记录表（大中型机械设备）

工程名称：　　　　　　　　　　　　　　　　　　　　　　　编号：

| 文件名称 | ××大中型机械设备进场报审 | | |
|---|---|---|---|
| 送审单位 | （编制单位全称） | | |
| 序号 | 监理项目部审查标准 | 检查结果 | 修改情况 |
| 1 | 供货厂商（租赁公司）营业执照中经营范围是否满足本工程需求，营业期限是否在有效期内 | □合格　□不合格 | |
| | 修改意见： | | |

续表

| 序号 | 监理项目部审查标准 | 检查结果 | 修改情况 |
|---|---|---|---|
| 2 | 安全生产许可证中许可范围及有效期是否符合工程要求 | □合格　□不合格 | |
| | 修改意见： | | |
| 3 | 质量管理体系认证证书是否在有效期内，是否有质量管理体系认证标志 | □合格　□不合格 | |
| | 修改意见： | | |
| 4 | 是否符合开户条件，并开立基本存款账户，取得加盖各银行章的开户许可证 | □合格　□不合格 | |
| | 修改意见： | | |
| 5 | 建筑企业资质证书中资质类别及等级是否符合施工要求。是否在有效期内 | □合格　□不合格 | |
| | 修改意见： | | |
| 6 | 是否取得企业信用等级证书及安全生产标准化证书 | □合格　□不合格 | |
| | 修改意见： | | |
| 7 | 出厂机械设备质量检验报告相关指标是否符合规范要求 | □合格　□不合格 | |
| | 修改意见： | | |
| 8 | 大中型施工机械设备检验报告及试验报告结果是否符合相关要求 | □合格　□不合格 | |
| | 修改意见： | | |
| 9 | 产品合格证中检验章和质检机构章是否齐全 | □合格　□不合格 | |
| | 修改意见： | | |
| 10 | 建筑流动式起重机械委托定期检验报告及结果 | □合格　□不合格 | |
| | 修改意见： | | |
| 11 | 参加作业的特种人员专业技术培训成绩是否合格，证件是否在有效期内 | □合格　□不合格 | |
| | 修改意见： | | |
| 12 | 安全技术交底、安全防护设施和器具是否满足施工条件 | □合格　□不合格 | |
| | 修改意见： | | |
| 13 | 存在的其他问题 | | |

总/专业监理工程师：＿＿＿＿＿＿
日　　　期：＿＿＿＿年＿＿月＿＿日

| 监理复查意见 | 总/专业监理工程师：＿＿＿＿＿＿<br>日　　　期：＿＿＿＿年＿＿月＿＿日 |
|---|---|

注　本表由监理项目部自行留存，也可作为审查意见反馈给施工项目部。使用过程中可自行增加审查内容。

# 第五节

# 试品/试件管控

## 一、钢筋机械连接接头

钢筋机械连接接头是通过钢筋与连接件之间的机械咬合作用或钢筋端面的承压作用，将一根钢筋中的力传递至另一根钢筋的连接方式。

钢筋机械连接接头分为直螺纹钢筋接头、锥螺纹钢筋接头、套筒挤压钢筋接头。根据变电站主要施工工艺，本节重点介绍直螺纹钢筋接头工艺。

### （一）节点管控表

钢筋机械连接接头管控表如表 1-44 所示。

表 1-44　　　　　　　　　　　钢筋机械连接接头管控表

| 工艺流程图 | 监理主要工作 | 监理成果 |
| --- | --- | --- |
| 准备 | 熟悉图纸及机械连接相关规范,掌握工程中使用机械连接接头的部位、规格及接头等级。对作业人员培训情况进行核查 | |
| 钢筋、套筒进场 | 对套筒材料进场进行审核，核对套筒质量证明文件、合格证、形式检验报告应齐全有效 | 填写监理审查记录表，在材料报审表中签署意见 |
| 钢筋断料，端头头切平，丝头加工 | 对丝头加工质量进行检查 | 填写平行检验记录表 |
| 接头工艺检验 | 对接头工艺试件制作进行见证 | 填写见证取样统计表，在工艺检验报告报审表签署意见 |
| 现场接头安装 | 对现场接头安装位置、接头拧紧力矩等进行检查 | 填写平行检验记录表 |
| 现场接头取样检验 | 进行见证取样，并对试验报告进行审查 | 填写见证取样统计表，在试品/试件试验报告报审表签署意见 |
| 质量验收 | 对机械连接接头检验批进行验收 | 填写平行检验记录表，并在检验批中签字 |

编制说明：
1. 编制目的：根据施工工艺流程，列明监理主要工作内容及应及时填写的表单。
2. 编制依据：标准工艺，统一验收表式及质量验评划分表，安全风险管理规程。

## （二）进场及试件报告审查要点

### 1. 连接套筒进场审查

（1）进场机械连接套筒清单和施工单位自检结果：审查机械连接件规格是否与设计要求一致，数量是否满足现场现阶段施工要求。施工自检表中各项检验数据是否记录齐全，自检流程是否完成。

（2）工程所用接头有效型式检验报告；型式检验报告应有接头试件技术参数和接头试件力学性能两个表。型式检验报告有效期为 4 年。

（3）连接件产品设计、接头加工安装要求的相关技术文件。

（4）连接件产品合格证和连接件原材料质量证明书。套筒参数是否与提供的型式检验报告一致。

监理审查签署意见：经审查，所报材料质量证明文件齐全有效，型式检验报告合格有效，符合设计及规范要求，同意在本工程中使用。

### 2. 连接接头工艺检验报告审查

（1）单向拉伸极限抗拉强度和残余变形试验结果是否合格或满足设计要求。试验报告中试验结果评定应合格。

（2）试验报告版面是否符合归档要求。

监理审查签署意见：经审查，该工艺检验试验报告合格，且满足设计要求，同意按此工艺进行施工。

### 3. 连接接头试件报告审查

（1）极限抗拉强度试验结果是否合格或满足设计要求。试验报告中试验结果评定是否合格。

（2）试验报告版面是否符合归档要求。

（3）报告中关键信息是否齐全。如规格、部位等信息。

监理审查签署意见：经审查，该试验报告合格，且满足设计要求，所代表的施工质量合格。

## （三）关键指标

（1）接头极限抗拉强值应符合下列要求：

Ⅰ级接头抗拉试验中若钢筋拉断，极限抗拉强度 $f_{mst}^0$ 应大于等于钢筋母材的极限强度 $f_{stk}$。若连接件拉断，极限抗拉强度 $f_{mst}^0$ 应大于等于 1.1 倍的钢筋母材的极限强度 $f_{stk}$。

Ⅱ级接头极限抗拉强度 $f_{mst}^0$ 应大于等于母材的极限强度 $f_{stk}$。

Ⅲ级接头极限抗拉强度 $f_{mst}^0$ 应大于等于 1.25 倍的钢筋母材屈服强度 $f_{yk}$。

极限抗拉强度 $f_{mst}^0$ 和屈服强度 $f_{yk}$ 值参本章第七节中常用热轧钢筋的品种及强度标

准值。

（2）直螺纹接头最小拧紧扭矩应符合表 1-45 要求：

表 1-45　　　　　　　　　直螺纹接头最小拧紧扭矩

| 钢筋直径（mm） | <16 | 18～20 | 22～25 | 28～32 | 36～40 | 50 |
|---|---|---|---|---|---|---|
| 拧紧扭矩（N·m） | 100 | 200 | 260 | 320 | 360 | 460 |

## （四）过程管控

（1）钢筋丝头现场加工与接头安装应按接头厂家安装技术要求进行，操作工人应经专业培训合格后上岗，人员应稳定。

（2）监理人员在直螺纹钢筋丝头加工完成后应进行检查，应符合下列规定：

1）钢筋端部应采用带锯、砂轮锯或带圆弧形刀片的专用钢筋切断机切平。

2）墩粗头不应有与钢筋轴线相垂直的横向裂纹。

3）钢筋丝头长度应满足产品设计要求，极限偏差应为 $0～2P$（$P$ 为螺距）。

4）钢筋丝头宜满足 6f 级精度要求，应采用专用直螺纹量规检验，通规应能顺利旋入并达到要求的拧入长度，止规旋入不得超过 $3p$（3 个完整丝牙）。各规格的自检数量不应少于 10%，检验合格率不应小于 95%。

（3）直螺纹接头安装时，监理人员按照设计和下列要求，对接头面积百分率进行检查：

1）接头宜设置在结构构件受拉钢筋应力较小部位，高应力部位设置接头时，同一连接区段内三级接头的接头面积百分率不应大于 25%，二级接头的接头面积百分率不应大于 50%，一级接头的接头面积百分率除第 2）条和第 4）条所列情况外，可不受限制。

2）接头宜避开有抗震设防要求的框架的梁端、柱端箍筋加密区；当无法避开时，应采用二级接头或一级接头，且接头面积百分率不应大于 50%。

3）受拉钢筋应力较小部位或纵向受压钢筋，接头面积百分率可不受限制。

4）对直接承受重复荷载的结构构件，接头面积百分率不应大于 50%。

（4）直螺纹接头的安装完成后，监理人员应按照下列要求进行检查：

1）安装接头时可用管钳扳手拧紧，钢筋丝头应在套筒中央位置相互顶紧，标准型、正反丝型、异径型接头安装后的单侧外露螺纹不宜超过 $2p$（2 个完整丝牙）；对无法对顶的其他直螺纹接头，应附加锁紧螺母、顶紧凸台等措施紧固。

2）接头完成后按照同钢筋生产厂、同强度等级、同规格、同类型和同型式接头以 500 个为一个验收批进行检验与验收，不足 500 个也应作为一个验收批。抽取其中 10% 的接头进行拧紧扭矩校核，拧紧扭矩值不合格数超过被校核接头数的 5% 时，应重新拧紧全部接头，直到合格为止。

（5）接头取样及检验规定：

1）一般接头。接头的每一验收批，应在工程结构中随机截取 3 个接头试件做极限抗拉强度试验，按设计要求的接头等级进行评定。现场截取抽样试件后，原接头位置的钢筋可采用同等规格的钢筋进行绑扎搭接连接、焊接或机械连接方法补接。

2）封闭环形钢筋接头、钢筋笼接头、地下连续墙预埋套筒接头、不锈钢钢筋接头、装配式结构构件间的钢筋接头和有疲劳性能要求的接头。在已加工并检验合格的钢筋丝头成品中随机割取钢筋试件，按照安装工艺与进场套筒组装成 3 个接头试件做极限抗拉强度试验。

3）工艺检验接头。接头工艺检验应针对不同钢筋生产厂的钢筋进行，施工过程中更换钢筋生产厂或接头技术提供单位时，应补充进行工艺检验。工艺检验应符合下列规定：检验项目包括单向拉伸极限抗拉强度和残余变形；每种规格钢筋接头试件不应少于 3 根。工艺检验不合格时，应进行工艺参数调整，合格后方可按最终确认的工艺参数进行接头批量加工。

型式检验报告在套筒进场时由供货厂家提供，现场涉及不多，本文不再赘述，如需要现场制作可按照《钢筋机械连接技术规程》（JGJ 107—2016）执行。

## （五）附表

对材料进场审核时，应运用数字监理平台逐项审查并勾选检查结果，填写修改意见。对工艺质量进行平行检验时应逐项检查，并根据系统要求留存影像资料。未应用数字监理平台可采用纸质表单执行。

监理审查记录表如表 1-46 和表 1-47 所示，平行检查记录表如表 1-48 所示。

表 1-46 　　　　　　　　　　监理审查记录表（乙供材料进场审查）

工程名称： 　　　　　　　　　　　　　　　　　　　　　　　　　　　编号：

| 文件名称 | （机械连接接头套筒进场报审—报审表编号） | | |
|---|---|---|---|
| 送审单位 | | | |
| 序号 | 监理项目部审查标准 | 检查结果 | 修改情况 |
| 1 | 审查机械连接件规格是否与设计要求一致，数量是否满足现场现阶段施工要求。资料与现场是否一致 | □合格　□不合格 | |
| | 修改意见： | | |
| 2 | 施工自检表中各项检验数据是否记录齐全，签字是否完成 | □合格　□不合格 | |
| | 修改意见： | | |
| 3 | 审查是否提供工程所用接头的有效型式检验报告；型式检验报告应有接头试件技术参数和接头试件力学性能两个表。型式检验报告有效期为 4 年 | □合格　□不合格 | |
| | 修改意见： | | |

| 序号 | 监理项目部审查标准 | 检查结果 | 修改情况 |
|---|---|---|---|
| 4 | 是否提供了连接件产品设计、接头加工安装要求的相关技术文件 | □合格 □不合格 | |
| | 修改意见： | | |
| 5 | 连接件产品合格证和连接件原材料质量证明书。套筒参数是否与提供的型式检验报告一致 | □合格 □不合格 | |
| | 修改意见： | | |
| 6 | 报审表格式是否正确，签章手续是否完善。报审时间逻辑性是否正确 | □合格 □不合格 | |
| | 修改意见： | | |

总/专业监理工程师：＿＿＿＿＿＿

日　　期：＿＿＿＿年＿＿月＿＿日

| 监理复查意见 | |
|---|---|
| | 总/专业监理工程师：＿＿＿＿＿＿<br>日　　期：＿＿＿＿年＿＿月＿＿日 |

注　本表由监理项目部自行留存，也可作为审查意见反馈给施工项目部。使用过程中可自行增加审查内容。

**表 1-47　　　　监理审查记录表（试品/试件试验报告报验表审查）**

工程名称：　　　　　　　　　　　　　　　　　　　　　　　　编号：

| 文件名称 | （机械接头试验报告报审—报审表编号） |
|---|---|
| 送审单位 | |

| 序号 | 监理项目部审查标准 | 检查结果 | 修改情况 |
|---|---|---|---|
| 1 | 试验结果是否合格或满足设计要求 | □合格 □不合格 | |
| | 修改意见： | | |
| 2 | 报告中关键信息是否齐全。如规格、部位、等信息 | □合格 □不合格 | |
| | 修改意见： | | |
| 3 | 报告中有无明确的结论意见 | □合格 □不合格 | |
| | 修改意见： | | |
| 4 | 试验报告版面是否符合归档要求 | □合格 □不合格 | |
| | 修改意见： | | |
| 5 | 报审表格式是否正确，签章手续是否完善。报审时间逻辑性是否正确 | □合格 □不合格 | |
| | 修改意见： | | |

总/专业监理工程师：＿＿＿＿＿＿

日　　期：＿＿＿＿年＿＿月＿＿日

| 监理复查意见 | |
|---|---|
| | 总/专业监理工程师：＿＿＿＿＿＿<br>日　　期：＿＿＿＿年＿＿月＿＿日 |

注　本表由监理项目部自行留存，也可作为审查意见反馈给施工项目部。使用过程中可自行增加审查内容。

表 1-48                                    平行检查记录表（钢筋机械接头质量）

工程名称：                                                                                 编号：

| 检验对象分类 | | | □设备 | □材料 | □工序 |
|---|---|---|---|---|---|
| 检验对象基本信息 | 设备 | 设备名称 | | 设备型号规格 | |
| | | 生产厂家 | | 安装位置 | |
| | 材料 | 材料名称 | | 材料型号规格 | |
| | | 生产厂家 | | 使用部位 | |
| | 工序 | 工序名称 | 钢筋机械连接接头 | 实施单位 | |
| | | 其他 | 使用部位： | | |

| 序号 | 检 验 项 目 | 质 量 标 准 | 质 量 检 验 结 果 | 备 注 |
|---|---|---|---|---|
| 1 | 钢筋、连接材料的品种、性能、牌号☆ | 钢筋应有质量证明书；连接材料应有产品合格证；钢筋、连接材料质量应符合设计和现行有关标准的规定 | 1. 钢筋质量证明书齐全，□合格 □不合格<br>2. 连接材料应有产品合格证，□合格 □不合格<br>3. 钢筋、连接材料质量符合设计和现行有关标准的规定，□合格 □不合格 | |
| 2 | 钢筋连接接头的力学性能检验☆ | 应符合《钢筋机械连接技术规程》（JGJ 107—2016）的规定 | （此处应填写检测报告编号及结论） | |
| 3 | 型式检验报告 | 工程中应用钢筋机械连接接头时，应由该技术提供单位提交有效的型式检验报告 | 提供的型式检验报告有效，□合格 □不合格 | |
| 4 | 操作工技能 | 从事钢筋机械连接施工的操作工必须经专业培训合格后，才能上岗操作，且人员宜稳定 | 人员经过专业培训，□合格 □不合格 | |
| 5 | 工艺检验 | 钢筋连接工程开始前及施工中，应对每批进场钢筋进行接头工艺检验，其抗拉强度、残余变形应符合现行规程、规范的要求 | 按要求进行了工艺检验，并合格。□合格 □不合格 | |
| 6 | 螺纹接头的拧紧扭矩值 | 钢筋采用机械连接时，螺纹接头应检验拧紧扭矩值，挤压接头应测量压痕直径，检验结果应符合现行行业标准《钢筋机械连接技术规程》（JGJ 107—2016）的相关规定 | 符合设计及规范要求，□合格 □不合格 | |
| 7 | 丝头牙形 | 钢筋端头应切平后加工丝牙，牙形饱满，无断牙、秃牙缺陷，且与牙形规的牙形吻合，牙形表面光洁 | 符合质量标准要求，□合格 □不合格 | |
| 8 | 丝头螺纹长度 | 不应小于1/2套筒长度 | □合格 □不合格 | |
| 9 | 检查钢筋插入套筒深度的钢筋表面标记 | 钢筋端部应有挤压套筒后可检查钢筋插入深度的明显标记，钢筋端头离套筒长度中点不宜超过10mm | □合格 □不合格 | |

续表

| 序号 | 检 验 项 目 | 质 量 标 准 | 质量检验结果 | 备注 |
|------|------------|------------|--------------|------|
| 10 | 直螺纹接头 | 钢筋与连接套的规格一致，外露螺纹不宜超过 $2p$ | □合格 □不合格 | |
| | 检验结论 | | □合格 □不合格 | |
| | 检验仪器及编号 | | | |
| 检验人员 | | | 现场检验日期 | 年 月 日 |
| | | | 报告审查日期 | 年 月 日 |

注 带☆号检查项目为主控项目。

# 二、钢筋焊接接头

钢筋焊接接头根据焊接方式不同，分为电弧焊、电渣压力焊、闪光对焊、气压焊。变电站项目通常使用较多的为电弧焊和电渣压力焊，本节将重点介绍电弧焊和电渣压力焊。

## （一）节点管控表

钢筋焊接接头管控表如表 1-49 所示。

表 1-49　　　　　　　　　　　钢筋焊接接头管控表

| 工艺流程图 | 监理主要工作 | 监 理 成 果 |
|-----------|-------------|-------------|
| 准备 | 熟悉图纸及机械连接相关规范，掌握工程中使用焊接连接接头的部位、规格及接头等级。对焊接人员焊工证进行核查 | |
| 钢筋进场 | 对钢筋原材进场报审进行审查，钢筋质量证明文件应齐全有效，并与设计要求的规格型号一致 | 填写监理审查记录表，在材料报审表中签署意见 |
| 钢筋加工 | 对加工质量进行检查 | 填写平行检验记录表 |
| 接头工艺检验 | 对接头工艺试件制作进行见证 | 填写见证取样统计表 |
| 现场接头焊接 | 对现场接头安装位置、焊接质量等进行检查 | 填写平行检验记录表 |
| 现场接头取样检验 | 进行见证取样，并对试验报告进行审查 | 填写见证取样统计表，在试品/试件检验报告报审表签署意见 |
| 质量验收 | 对焊接接头检验批进行验收 | 填写平行检验记录表，并在检验批中签字 |

编制说明：
1. 编制目的：根据施工工艺流程，列明监理主要工作内容及应及时填写的表单。
2. 编制依据：标准工艺，统一验收表式及质量验评划分表，安全风险管理规程。

## （二）审查要点

**1. 工艺焊接接头检验报告**

（1）拉伸试验结果是否合格或满足设计要求。试验报告中试验结果评定是否合格。

（2）试验报告版面是否符合归档要求。

**2. 焊接接头检验报告**

（1）拉伸试验结果是否合格或满足设计要求。试验报告中试验结果评定是否合格。

（2）试验报告版面是否符合归档要求。

（3）试件所代表的施工质量是否合格。

## （三）关键指标

（1）电弧焊接接头焊接长度规定：单面焊接 $10d$，双面焊接 $5d$/（$d$ 为钢筋直径）。

（2）焊接接头合格判定标准：拉伸试验 3 个试件均断于钢筋母材，抗拉强度大于等于钢筋母材抗拉强度标准值。拉伸试验 2 个断于钢筋母材，另一试件断于焊缝，呈脆性断裂，且抗拉强度大于母材，即焊接接头抗拉强度大于钢筋抗拉强度值。

## （四）过程管控

（1）施工前监理项目部应对钢筋焊接特殊工种进行审核：从事钢筋焊接施工的焊工必须持有钢筋焊工考试合格证，才能按照合格证规定的范围上岗操作。

（2）监理项目部在焊接前要求施工单位对焊接材料进行报审，焊接材料应符合设计要求，如设计无要求，HRB335 钢筋采用 E5003、E4303、E5015、E5015、ER50-X 焊条。HRB400 钢筋采用 E5003、E5015、E5015、ER50-X 焊条。监理项目部应对所报材料的适用性进行审查。

（3）在钢筋工程焊接开工之前参与该项工程施焊的焊工必须进行现场条件下的焊接工艺试验。应经试验合格后，方准于焊接生产。试验结果应符合质量检验与验收时的要求。

（4）钢筋安装时应重点对钢筋接头部位进行检查，钢筋接头布置应设计要求，且同一连接区段不宜大于 50%。同一连接区段为 $35d$ 且不小于 500mm。

（5）现场接头完成后，应对接头外观进行检查：

1）电弧焊接头。焊缝表面应平整，不得有凹陷或焊瘤；焊接接头区域不得有肉眼可见的裂纹；咬边深度、气孔、夹渣等缺陷允许值及接头尺寸的允许偏差。

2）电渣压力焊接头。当钢筋直径为 25mm 及以下时四周焊包凸出钢筋表面的高度不得小于 4mm；当钢筋直径为 28mm 及以上时，不得小于 6mm；钢筋与电极接触处，应无烧伤缺陷；接头处的弯折角度不得大于 2°；接头处的轴线偏移不得大于钢筋直径的 0.1 倍，且不得大于 1mm。

（6）钢筋接头取样规定。监理人员应对接头取样进行见证，取样按照 300 个同牌号同型号接头为一批次随机截取 3 个接头。取样应在现场结构部位进行取样。

（7）钢筋焊接安全规定：在焊接前及焊接过程中，监理人员应随时检查作业人员及现场安全情况，应对下列项目进行检查：焊接操作及配合人员应按规定并结合实际情况穿戴劳动防护用品。焊接工作区域应有有效的防护措施，焊接作业区和焊机周围 6m 以内，严禁堆放装饰材料、油料、木材、氧气瓶、溶解乙炔气瓶、液化石油气瓶等易燃易爆物品。焊机不得受潮和雨淋。

（8）接头适用范围：电弧焊适用于直径 10～40mm 钢筋的焊接接头，电渣压力焊适用于直径 12～32mm 钢筋的焊接接头。电渣压力焊应用于柱、墙等构筑物现浇混凝土结构中竖向受力钢筋的连接。不得用于梁、板等构件中水平钢筋连接。

## （五）附表

对试验报告进行审核时，应运用数字监理平台逐项审查并勾选检查结果，填写修改意见。对工艺质量进行平行检验时应逐项检查，并根据系统要求留存影像资料。未应用数字监理平台可采用纸质表单执行。

平行检查记录表如表 1-50 和表 1-51 所示。

表 1-50　　　　　　　　　　平行检查记录表（钢筋电阻焊接头质量）

工程名称：　　　　　　　　　　　　　　　　　　　　　　　　　　　　编号：

| 检验对象分类 | | | □设备 | □材料 | □工序 |
|---|---|---|---|---|---|
| 检验对象基本信息 | 设备 | 设备名称 | | 设备型号规格 | |
| | | 生产厂家 | | 安装位置 | |
| | 材料 | 材料名称 | | 材料型号规格 | |
| | | 生产厂家 | | 使用部位 | |
| | 工序 | 工序名称 | 钢筋电阻焊接头 | 实施单位 | |
| | | 其他 | 使用部位： | | |

| 序号 | 检验项目 | 质量标准 | 质量检验结果 | 备注 |
|---|---|---|---|---|
| 1 | 钢筋的连接方式 | 钢筋的连接方式应符合设计要求 | □合格　□不合格 | |
| 2 | 焊工技能☆ | 从事钢筋焊接施工的焊工必须持有焊工考试合格证，并应按照合格证规定的范围上岗操作 | □合格　□不合格 | |
| 3 | 钢筋级别☆ | 必须符合设计要求及现行有关标准的规定 | □合格　□不合格 | |

续表

| 序号 | 检 验 项 目 | | 质 量 标 准 | 质量检验结果 | 备 注 |
|---|---|---|---|---|---|
| 4 | 焊剂☆ | | 应有产品合格证,其品种、性能、牌号必须符合设计及现行有关标准的规定 | □合格 □不合格 | |
| 5 | 焊前工艺试验☆ | | 工程焊接开工前,参与该项工程施焊的焊工必须进行现场条件下的焊接工艺试验,应经试验合格,方准于焊接生产 | □合格 □不合格 | |
| 6 | 钢筋焊接接头的力学性能检验☆ | | 必须符合《钢筋焊接及验收规程》(JGJ 18—2012)的规定 | (此处填写检测报告编号及结论) | |
| 7 | 钢筋低温焊接头 | | 应符合《钢筋焊接及验收规程》(JGJ 18—2012)的规定 | □合格 □不合格 | |
| 8 | 钢筋接头的位置 | | 钢筋接头的位置应符合设计和施工方案要求。有抗震设防要求的结构中,梁端、柱端箍筋加密区范围内不应进行钢筋搭接。接头末端至钢筋弯起点的距离不应小于钢筋直径的10倍 | □合格 □不合格 | |
| 9 | 接头焊缝外观质量 | | 焊缝表面应平整,不得有凹陷或焊瘤;焊缝接头区域不得有肉眼可见的裂纹;焊缝余高2～4mm | □合格 □不合格 | |
| 10 | 帮条沿接头中心线的纵向偏移 | | ≤0.3$d$ | | |
| 11 | 帮条焊、搭接焊、与钢板搭接焊 | 焊缝宽度偏差 | +0.1$d$ | | |
| | | 焊缝长度偏差 | −0.3$d$ | | |
| | | 咬边深度 | 0.5mm | | |
| 12 | 在2$d$长焊缝表面上的气孔和夹渣 | | ≤2个 | □合格 □不合格 | |
| | | | ≤6mm | | |
| 13 | 坡口焊、窄间隙焊、熔槽帮条焊 | 在全部焊缝表面上的气孔和杂渣 | ≤2个 | □合格 □不合格 | |
| | | | ≤6mm | | |
| 检验结论 | | | □合格 □不合格 | | |
| 检验仪器及编号 | | | | | |

| 检验人员 | | 现场检验日期 | 年 月 日 |
|---|---|---|---|
| | | 报告审查日期 | 年 月 日 |

注 带☆号检验项目为主控项目。

**表 1-51** **平行检查记录表（钢筋电渣压力焊接头质量）**

工程名称：　　　　　　　　　　　　　　　　　　　　　　　编号：

| 检验对象分类 | | | □设备　　　　　□材料　　　　　□工序 | | |
|---|---|---|---|---|---|
| 检验对象基本信息 | 设备 | 设备名称 | | 设备型号规格 | |
| | | 生产厂家 | | 安装位置 | |
| | 材料 | 材料名称 | | 材料型号规格 | |
| | | 生产厂家 | | 使用部位 | |
| | 工序 | 工序名称 | 钢筋电阻焊接头 | 实施单位 | |
| | | 其他 | 使用部位： | | |

| 序号 | 检 验 项 目 | | 质 量 标 准 | 质量检验结果 | 备注 |
|---|---|---|---|---|---|
| 1 | 焊工技能☆ | | 从事钢筋焊接施工的焊工必须持有焊工考试合格证，并应按照合格证规定的范围上岗操作 | □合格　□不合格 | |
| 2 | 钢筋级别☆ | | 必须符合设计要求及现行有关标准的规定 | □合格　□不合格 | |
| 3 | 焊剂☆ | | 应有产品合格证，其品种、性能、牌号必须符合设计及现行有关标准的规定 | □合格　□不合格 | |
| 4 | 焊前工艺试验☆ | | 工程焊接开工前，参与该项工程施焊的焊工必须进行现场条件下的焊接工艺试验，应经试验合格，方准于焊接生产 | □合格　□不合格 | |
| 5 | 钢筋焊接接头的力学性能检验☆ | | 必须符合《钢筋焊接及验收规程》（JGJ 18—2012）的规定 | （此处填写检测报告编号及结论） | |
| 6 | 钢筋低温焊接头 | | 应符合《钢筋焊接及验收规程》（JGJ 18—2012）的规定 | □合格　□不合格 | |
| 7 | 接头外观质量 | | 焊接头处焊包均匀，无裂纹及明显烧伤 | □合格　□不合格 | |
| 8 | 接头处弯折偏差 | | ≤2 度 | | |
| 9 | 焊包高度 | 钢筋直径≤25mm 时 | ≥4mm | | |
| | | 钢筋直径≥28mm 时 | ≥6mm | | |
| 10 | 在 $2d$ 长焊缝表面上的气孔和夹渣 | | ≤2 个 | □合格　□不合格 | |
| | | | ≤6mm | | |
| 11 | 坡口焊、窄间隙焊、熔槽帮条焊 | 在全部焊缝表面上的气孔和杂渣 | ≤2 个 | □合格　□不合格 | |
| | | | ≤6mm | | |
| 12 | 接头处钢筋轴线偏移 | | 不得大于 1mm | | |
| 检验结论 | | | □合格　□不合格 | | |
| 检验仪器及编号 | | | | | |
| 检验人员 | | | 现场检验日期 | 年　月　日 | |
| | | | 报告审查日期 | 年　月　日 | |

**注**　带☆号检验项目为主控项目。

## 三、混凝土试块

混凝土试块按照用途分为抗压试块、抗渗试块。抗压试块主要检测混凝土立方体抗压强度。抗渗试块主要检测混凝土抗水性能。抗压试块 3 块为 1 组，通常为边长 150mm 的立方体试件。抗渗混凝土 6 块为一组，通常为上口直径 175mm、下口直径 185mm、高 150mm 的圆台形试件。

混凝土强度使用符号 C 与立方体抗压强度标准值（N/mm² ）表示。

混凝土抗渗等级采用符号 P 与抵抗静水压力值表示，等级划分为 P4、P6、P8、P10、P12、＞P12 6 个等级。

### （一）审查要点

**1. 混凝土抗压强度试验报告**

（1）混凝土抗压强度试验结果是否合格或满足设计要求。试验报告中试验结果评定应合格。

（2）试验报告版面是否符合归档要求。

（3）报告中关键信息是否齐全。如规格、部位等信息。

**2. 抗渗试验报告**

（1）混凝土试验结果应满足设计要求。试验报告中试验结果评定应合格。

（2）试验报告版面是否符合归档要求。

（3）报告中关键信息是否齐全。如规格、部位等信息。

### （二）关键指标

混凝土强度值的确定：每组试件的算术平均值作为每组试件的强度值。当 1 组试件中强度最大值或最小值与中间值之差均超过中间值的 15% 时，取中间值作为该组试件的强度代表值。当 1 组试件中强度最大值和最小值与中间值之差均超过中间值的 15% 时，该组试件无效。根据确定的强度值与混凝土强度等级对比，进行判定混凝土强度是否合格。

混凝土抗渗等级确定：以 6 个试件有 4 个试件未出现渗水时的最大水压力乘以 10 进行确定。即：$P = 10H - 1$，其中 $P$ 为抗渗等级，$H$ 为 6 个试件中有 3 个试件渗水时的水压力（MPa）。

### （三）过程管控

（1）监理人员应监督见证试块取样制作过程，应符合下列要求：

1）试块制作应由施工单位质检员或取样员进行。

2）试件制作前试模应清理干净，并涂刷矿物油或隔离剂。

3）取样应在浇筑地点随机抽取，每组 3 个试件应在同一盘或同一车的混凝土中取样。同条件试块应在入模处取样。

4）混凝土取样入试模时应保证混凝土均匀，分两层装入，每次装入应大致相等。每次装入应插捣，并敲击试模侧壁，持续至表面出浆并无明显大气泡溢出。

5）待试块混凝土凝固后进行编号。编号应注明所代表的施工部位，强度等级、浇筑时间。

（2）监理人员要求施工单位按照下列要求频率进行试块留置：

1）普通混凝土抗压试块取样频率。每 100 盘，且不超过 100m³ 同配合比混凝土留置不少于 1 组。当一次连续浇筑同配合比混凝土超过 1000m³ 时，每 200m³ 留置不少于 1 次。

2）大体积混凝土抗压试块取样频率。当 1 次浇筑同配合比不超过 1000m³ 混凝土时，取样不少于 10 组，当超过 1000m³ 时，超出部分每 500m³ 取样 1 组，不足 500m³ 应取样 1 组。

3）灌注桩混凝土抗压取样频率。同一配合比混凝土每浇筑 50m³ 应最少留置 1 组，当混凝土不足 50m³ 时，每连续浇筑 12h 应留置至少 1 组。对单柱单桩每根桩应留置 1 组。

4）混凝土抗渗试块取样频率。同配合比每连续浇筑 500m³ 留置不少于 1 组，且每项工程不少于 2 组。

5）同条件试块留置。同条件试块所对应的结构部位由施工单位和监理共同选定，且取样应均匀分布于工程施工周期内。同一强度等级的同条件养护试块不宜少于 10 组，且不应少于 3 组，每连续两层取样不少于 1 组，每 2000m³ 取样不得少于 1 组。变电站通常建筑物结构需留置同条件试块，重要设备基础视情况留置。

6）试件养护。试件拆模后应立即放入 20±2℃，相对湿度 95%以上的标准养护室进行养护。或在温度为 20±2℃的不流动的 Ca（OH）$_2$ 饱和溶液中养护。通常变电站内均未建立标准养护室。在试块成形后监理人员应要求施工单位在拆模后立即送至检测单位或预拌混凝土厂家标准养护室进行养护。同条件试块养护应与现场结构采取同样的养护方式。

## （四）附表

监理审查记录表（试品/试件试验报告报验表审查）参照表 1-47。

## 四、摩擦面抗滑移系数

高强度螺栓连接中，使连接件摩擦面产生滑动时的外力与垂直于摩擦面的高强度螺栓预拉力之和的比值，为摩擦面抗滑移系数。

钢结构厂家和现场安装单位均应对高强螺栓摩擦面抗滑移系数进行试验和复试。

## （一）审查要点

摩擦面抗滑移系数试验报告：

（1）摩擦面抗滑移系数应符合设计要求，试验报告中试验结果评定应合格。

（2）试验报告版面是否符合归档要求。

（3）报告中关键信息是否齐全。如规格、部位等信息。

## （二）关键指标

不同钢号的钢结构及不同处理方法的构件摩擦面的抗滑移系数 $u$ 值不同，在设计图纸中应标明，具体数值如表 1-52 所示。

表 1-52　　　　　　　　　　摩擦面抗滑移系数 $u$

| 构件接触面处理方式 | 构件的钢号 | | |
|---|---|---|---|
| | Q235 钢 | Q345 钢、Q390 钢 | Q420 钢 |
| 喷砂（丸） | 0.45 | 0.50 | 0.50 |
| 喷砂（丸）后涂无机富锌漆 | 0.30 | 0.40 | 0.40 |
| 喷砂（丸）后生赤锈 | 0.45 | 0.50 | 0.50 |
| 钢丝刷清除浮锈或未经处理的干净轧制表面 | 0.30 | 0.35 | 0.40 |

## （三）过程管控

在钢结构进场材料进场时，监理人员应要求钢结构厂家提供试验试件，试件需与所代表的钢结构构件应为同一材质、同批制作、采用同一摩擦面处理工艺和具有相同的表面状态，并应用同批、同一性能等级的高强度螺栓连接阀，在同一环境条件下存放。

抗滑移系数试验应采用双摩擦面的二栓拼接的拉力试件，如图 1-1 所示。试件钢板的厚度 $t_1$、$t_2$ 应根据钢结构工程中有代表性的板材厚度来确定。

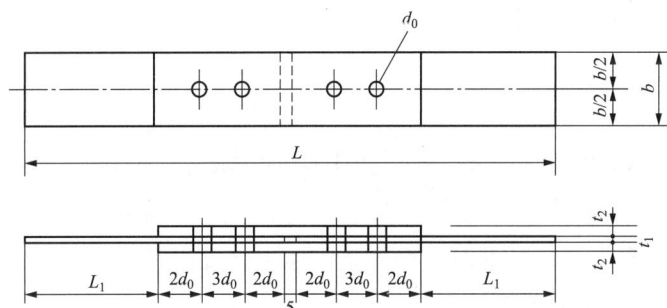

图 1-1　拉力试件

宽度 $b$ 可参照表 1-53。

**表 1-53** 　　　　　　　　　　**试 件 板 的 宽 度** 　　　　　　　（mm）

| 螺栓直径 $d$ | 16 | 20 | 22 | 24 | 27 | 30 |
|---|---|---|---|---|---|---|
| 板宽 $b$ | 100 | 100 | 105 | 110 | 120 | 120 |

$L_1$ 应根据试验机夹具的要求确定。

监理项目部应对试件摩擦面的处理方式进行检查，确定与钢结构结构件为同种处理方式，检查钢板是否平整，检查钻孔是否为同心同轴。

### （四）附表

监理审查记录表（试品/试件试验报告报验表审查）参照表 1-47。

## 五、混凝土配合比

混凝土配合比是指混凝土中各组成材料之间的比例。在配制混凝土时，各材料之间的比例将会对混凝土的各种性能产生一定的影响。配合比的设计应满足结构设计强度、满足施工工作性能要求、满足环境耐久性要求、满足经济性要求。

胶凝材料用量是指每立方混凝土中水泥用量和矿物掺合料用量之和。

砂率是指混凝土中砂的重量占砂石总重量的百分比。

配合比以 1m³ 混凝土中各种材料使用重量表示或采用各种材料用量与水泥用量的比值进行表示。

### （一）审查要点

混凝土配合比设计报告：

（1）配合比报告中各项指标应满足混凝土施工性能要求，强度及其他力学性能及耐久性应能符合设计要求。

（2）配合比中水胶比是否符合设计要求。

（3）试验报告版面是否符合归档要求。

### （二）设计过程

（1）原材料：混凝土配合比设计应采用工程实际采用的原材料，且原材料检验合格。

（2）配置强度确定：根据设计要求的混凝土强度进行确定混凝土配置强度，配置强度≥混凝土设计强度＋1.645×混凝土强度标准差。强度标准差当混凝土≤C20 时取 4.0，当混凝土为 C25～C45 时取 5.0。

（3）水胶比确定：根据配置强度及胶凝材料 28d 胶砂抗压强度值确定混凝土水胶比。

（4）用水量确定：根据计算所得水胶比计算混凝土用水量和外加剂的用量。

（5）砂率及砂石用量确定：根据骨料的技术指标、混凝土性能及施工要求确定砂率，并确定最终的砂、石用量。

（6）试配：在完成配合比计算的基础上，应进行试拌，试拌中计算的水胶比保持不变，通过调整其他参数使性能满足设计和施工要求。提出试拌配合比。

（7）强度试验：按照试拌配合比制作至少一组混凝土试块，按照试拌配合比的基础上水胶比增加和减少 0.05，砂率增加和减少 1%制作两组混凝土试块。标准养护到龄期进行试压。

（8）配合比调整与确定：根据试拌配合比制作的混凝土试块强度线性关系进行配合比调整，并最终确定配合比，完成配合比设计。

（9）当对混凝土性能有特殊要求时或原材料品种质量有显著变化时，应重新设计配合比。

## （三）关键指标

### 1. 混凝土最小胶凝材料用量

混凝土最小胶凝材料用量如表 1-54 所示。

表 1-54　　　　　　　　　　混凝土的最小胶凝材料用量

| 最大水胶比 | 用量（kg/m³） | | |
| --- | --- | --- | --- |
| | 素混凝土 | 钢筋混凝土 | 预应力混凝土 |
| 0.60 | 250 | 280 | 300 |
| 0.55 | 280 | 300 | 300 |
| 0.50 | 320 | 320 | 320 |
| ≤0.45 | 330 | 330 | 330 |

### 2. 粉煤灰最大掺量

当水胶比≤0.4 时胶凝材料中粉煤灰最大掺量：采用硅酸盐水泥时为 45%，普通硅酸盐水泥为 35%。

当水胶比＞0.4 时胶凝材料中粉煤灰最大掺量：采用硅酸盐水泥时为 40%，普通硅酸盐水泥为 30%。

### 3. 砂率

砂率坍落度≤60mm 混凝土的砂率可按照表 1-55 确定，当坍落度＞60mm 时，可在表 1-55 的基础上按坍落度每增大 20mm，砂率增大 1%进行。

表 1-55                                砂      率

| 水胶比 | 卵石最大公称粒径（mm） | | | 卵石最大公称粒径（mm） | | |
| --- | --- | --- | --- | --- | --- | --- |
| | 10.0 | 20.0 | 40.0 | 16.0 | 20.0 | 40.0 |
| 0.40 | 26～32 | 25～31 | 24～30 | 30～35 | 29～34 | 27～32 |
| 0.50 | 30～35 | 29～34 | 28～33 | 33～38 | 32～37 | 30～35 |
| 0.60 | 33～38 | 32～37 | 31～36 | 36～41 | 35～40 | 33～38 |
| 0.70 | 36～41 | 35～40 | 34～39 | 39～44 | 38～43 | 36～41 |

### 4．特别规定

泵送混凝土胶凝材料用量不宜小于 $300kg/m^3$，砂率宜为 35%～45%。

大体积混凝土水胶比不宜＞0.55，用水量不宜＞$175kg/m^3$，砂率宜为 38%～42%。

## （四）典型配合比

表 1-56 为施工过程中较为常见的混凝土配合比，水泥强度等级为 42.5。监理人员在审查配合比报审文件时也可作为参考。

表 1-56                        常 见 混 凝 土 配 合 比

| 混凝土强度 | | 水 | 水泥 | 砂 | 石子 |
| --- | --- | --- | --- | --- | --- |
| C20 | 重量（kg） | 175 | 343 | 621 | 1261 |
| | 比例 | 0.51 | 1 | 1.81 | 3.68 |
| C25 | 重量（kg） | 175 | 398 | 566 | 1261 |
| | 比例 | 0.44 | 1 | 1.42 | 3.17 |
| C30 | 重量（kg） | 175 | 461 | 512 | 1252 |
| | 比例 | 0.38 | 1 | 1.11 | 2.72 |

## （五）附表

对报告进行审核时，应运用数字监理平台逐项审查并勾选检查结果，填写修改意见。未应用数字监理平台可采用纸质表单执行。

监理审查记录表如表 1-57 所示。

**表 1-57**　　　　　　　　　　**监理审查记录表（配合比审查）**

工程名称：　　　　　　　　　　　　　　编号：

| 文件名称 | （砂浆配合比报告报审—报审表编号） | | |
|---|---|---|---|
| 送审单位 | | | |
| 序号 | 监理项目部审查标准 | 检查结果 | 修改情况 |
| 1 | 配合比报告中强度是否满足设计要求 | □合格　□不合格 | |
| | 修改意见： | | |
| 2 | 报告中各项指标是否齐全 | □合格　□不合格 | |
| | 修改意见： | | |
| 3 | 试验报告版面是否符合归档要求 | □合格　□不合格 | |
| | 修改意见： | | |
| 4 | 报审表格式是否正确，签章手续是否完善。报审时间逻辑性是否正确 | □合格　□不合格 | |
| | 修改意见： | | |
| 5 | 存在的其他问题 | | |

总/专业监理工程师：＿＿＿＿＿＿
日　　期：＿＿＿＿年＿＿月＿＿日

| 监理复查意见 | 总/专业监理工程师：＿＿＿＿＿＿<br>日　　期：＿＿＿＿年＿＿月＿＿日 |
|---|---|

注　本表由监理项目部自行留存，也可作为审查意见反馈给施工项目部。使用过程中可自行增加审查内容。

# 六、砂浆配合比

砂浆配合比是指砂浆中各组成材料之间的比例。砂浆配合比应在满足强度、和易性及各项性能要求的情况下，按照水泥用量最低的配合比进行。砂浆按照用途可分为砌筑砂浆和抹灰砂浆。砌筑砂浆按照组成成分不同，可分为水泥砂浆和混凝土砂浆。抹灰砂浆按照掺入材料不同可分为水泥抹灰砂浆、水泥粉煤灰抹灰砂浆、水泥石灰抹灰砂浆、聚合物水泥抹灰砂浆、石膏抹灰砂浆。

## （一）审查要点

砂浆配合比设计报告：
（1）配合比报告中各项指标应满足混凝土施工性能要求，强度符合设计要求。
（2）配合比报告内容应齐全。
（3）试验报告版面是否符合归档要求。

## （二）设计过程

（1）配置强度确定：砌筑水泥砂浆可按照设计强度进行配置。抹灰砂浆和砌筑混合砂浆应根据设计砂浆强度进行确定砂浆配置强度，配置强度≥砂浆设计强度×砂浆强度标准差。强度标准差当施工水平优良的情况下取 1.15，水平一般的情况下取 1.2，水平较差的情况下取 1.25。

（2）试配材料用量：在确定配置强度下，抹灰砂浆试配材料用量可按照《抹灰砂浆技术规程》（JGJ/T 220—2010）进行选用。砌筑水泥砂浆试配材料用量可按照《砌筑砂浆配合比设计规程》（JGJ/T 98—2010）进行选用。砌筑混合砂浆按照配置强度结合水泥强度等级根据规范公式计算水泥用量，然后计算掺合料用量，从而确定试配材料用量。

（3）试配：至少应采用 3 个不同的配合比，其中一个配合比为（2）中选定的配合比，其余两个在此基础上水泥用量增加及减少 10%。应在保证稠度和保水率满足要求的条件下，可将用水量和掺合料做相应调整。砌筑砂浆分别进行表观密度和强度测定。选定试配强度及和易性要求水泥用量最低的配合比作为砂浆的试配配合比。抹灰砂浆分别进行抗压强度、保水率及拉伸粘贴强度测定，选用水泥用量最低的配合比作为试配配合比。

（4）校正：按照确定的试配配合比各种材料用量，按照规范公式计算理论表观密度值，采用实测表观密度值/理论表观密度值计算出校正系数。

（5）配合比确定：当砂浆实测表观密度值与理论表观密度值之差的绝对值不超过理论值的 2%时，可将试配配合比作为砂浆设计配合比。当超过 2%时，应将试配配合比各材料用量乘以校正系数后作为砂浆设计配合比。

## （三）关键指标

（1）砌筑水泥砂浆：表观密度≥1900kg/m$^2$，保水率≥80%，水泥材料用量≥200kg/m$^3$。

（2）砌筑水泥混合砂浆：表观密度≥1800kg/m$^2$，保水率≥84%，水泥及掺合料材料用量≥350kg/m$^3$。

（3）砌筑预拌砂浆：表观密度≥1800kg/m$^2$，保水率≥88%，水泥及掺合料材料用量≥200kg/m。

（4）水泥抹灰砂浆：表观密度≥1900kg/m$^2$，保水率≥82%，拉伸粘贴强度>0.2MPa。

（5）水泥粉煤灰抹灰砂浆：表观密度≥1900kg/m$^2$，保水率≥82%，拉伸粘贴强度>0.15MPa。

（6）水泥石灰抹灰砂浆：表观密度≥1800kg/m$^2$，保水率≥88%，拉伸粘贴强度>0.15MPa。

（7）掺塑化剂水泥抹灰砂浆：表观密度≥1800kg/m$^2$，保水率≥88%，拉伸粘贴强度>0.15MPa，使用时间≤2h。

（8）聚合物水泥抹灰砂浆：保水率≥99%，拉伸粘贴强度>0.3MPa，通常为专业厂家生产的干混砂浆。

（9）石膏抹灰砂浆：拉伸粘贴强度>0.4MPa，通常为专业厂家生产的干混砂浆。

（10）抹灰砂浆稠度：底层 90～110mm，中层 70～90mm，面层 70～80mm。聚合物

水泥抹灰砂浆稠度应为 50～60mm。石膏抹灰砂浆稠度应为 50～70mm。

（11）砌筑砂浆稠度：烧结砖普通砖砌体、粉煤灰砖砌体 90～110mm，混凝土砖砌块、小型混凝土空心砖砌体、灰砂砖砌体 50～70mm，烧结多孔砖砌体、烧结空心砖砌体、轻集料混凝土小型空心砌块砌体、蒸压加气混凝土砌块砌体 60～80mm，石砌体 30～50mm。

## （四）附表

参照表 1-57。

---

# 第六节

# 工 程 测 量 控 制 网

## 一、节点管控表

工程测量控制网节点管控表如表 1-58 所示。

表 1-58　　　　　　　　　　工程测量控制网节点管控表

| 工艺流程图 | 监理主要工作 | 监 理 成 果 |
|---|---|---|
| 准备 | 审查施工测量仪器报审资料 | 审查主要测量计量器具/试验设备检验报审表，形成审查记录表，并在报审表中签署监理意见 |
| 建设单位组织交付控制桩 | 参加建设单位组织的交桩过程 | 填写监理日志 |
| 控制桩复测 | 审查复测结果，并进行核验 | 填写监理审查记录表 |
| 控制桩加固保护 | 检查控制桩加固保护情况 | 填写监理日志 |
| 引测平面、高程控制点 | 监理对引测的点位进行复核检查 | 填写平行检验记录表 |
| 各建构筑物控制点引测 | 对各建构筑物控制点进行复核检查 | 填写平行检验记录表 |
| 完成 | 审查施工报审的工程测量控制网报审表 | 填写文件审查记录表，并在报审表签署意见 |

| 工艺流程图 | 监理主要工作 | 监　理　成　果 |
|---|---|---|

编制说明：
1. 编制目的：根据施工工艺流程，列明监理主要工作内容及应及时填写的表单。
2. 编制依据：标准工艺，统一验收表式及质量验评划分表，安全风险管理规程。

## 二、控制要点

（1）测量仪器应按有关技术标准规定进行检定，并应在检定的有效期使用。仪器设备应进行校准或检验，并向监理报审，专业监理工程师应对所报测量器具进行审核。

（2）测量交桩过程，由建设单位组织，设计、监理、施工单位共同参加，并对基准点、基准线、基准标高进行确认和校测，经确认的交桩资料方可使用（交桩过程由业主召集组织，勘察单位或设计单位实施，实地查看桩位情况，如遇破坏可换别的点位，至少现场应有 3 个可靠点位可以引测，若无法获取点位，应组织专题会议讨论解决，最终交桩结论数据各参与单位共同签字认可）。

（3）控制点应选在建筑场地外围或设计中的净空地带，要便于使用、安全稳定和能长期保存。控制点选定之后，应及时埋设标桩。

（4）工程测量过程应进行质量控制。原始观测数据应现场记录并安全可靠地存储；对观测资料应进行检查校核；当前一工序成果未达到规定的质量要求时，不得转入下一工序。

（5）测量应由专业人员进行，每次测量均应按规定填写测量记录及质量验收记录并报送专业监理工程师复核确认。

（6）建筑物施工控制网点，应根据设计总平面图和施工总布置图布设，应有足够数量的控制网点，对于场地面积小于 $1km^2$ 的工作项目或一般建筑区，可建立二级精度的平面控制网，但不得少于 4 个。

（7）建构筑物施工平面控制网轴线起始点的定位误差不应大于 20mm；两建构筑物间有联动关系时，不应大于 10mm，定位点不得少于 3 个。应符合二级导线的精度要求。

（8）建筑物高程控制水准点可设置在平面控制网的标桩或外围的固定地物上，也可单独埋设；水准点的个数不应少于 2 个。应符合三等水准的精度要求。

（9）控制网点埋设深度应根据地质条件、冻深和场地设计标高确定，采用深埋式和浅埋式两种。每一观测区域内，至少应设置一个深埋式控制网点。

（10）控制网点埋设要求：C20 混凝土现场浇灌，长、宽、高尺寸一般为 250mm×250mm×600mm（突出地面 150mm），标心为直径 25mm、长度为 250mm，控制网点帽头宜用铜或不锈钢制成，如用普通钢代替，应注意防锈。现场控制网应采取保护措施，用半永久的硬质护栏进行保护，防止机械、人员破坏或移动。

## 三、审查要点

### 1. 主要测量计量器具/试验设备检验报审

（1）测量器具检验证明文件是否齐全有效。

（2）检验证书是否清晰。

（3）检验证书上应与现场测量器具一致。

### 2. 工程控制网测量报审

（1）工程控制网测量是否正确。

（2）数据记录是否准确。

## 四、审查意见批语

主要测量计量器具/试验设备检验报审：经审查所报测量器具检定证明齐全有效，满足本工程需求，同意进场使用。

工程控制网测量报审：经审查复核，工程控制网测量正确，数据记录准确，同意使用。

## 五、附表

对测量方案、测量器具进行审核时，应运用数字监理平台逐项审查并勾选检查结果，填写修改意见。对定位放线成果进行平行检验时应逐项检查，并根据系统要求留存影像资料。未应用数字监理平台可采用纸质表单执行。

监理审查记录表如表 1-59 和表 1-60 所示，平行检查记录表如表 1-61 所示。

表 1-59　　　　　　　　监理审查记录表（工程控制网测量报审表）

工程名称：　　　　　　　　　　　　　　　　　　　　　　编号：

| 文件名称 | （工程控制网测量报审—报审表编号） | | |
|---|---|---|---|
| 送审单位 | | | |
| 序号 | 监理项目部审查标准 | 检查结果 | 修改情况 |
| 1 | 工程控制网测量是否正确 | □合格　□不合格 | |
| | 修改意见： | | |
| 2 | 数据记录是否准确 | □合格　□不合格 | |
| | 修改意见： | | |
| 3 | 记录是否真实 | □合格　□不合格 | |
| | 修改意见： | | |

续表

| 序号 | 监理项目部审查标准 | 检查结果 | 修改情况 |
|---|---|---|---|
| 4 | 报审表格式是否正确，签章手续是否完善。报审时间逻辑性是否正确 | □合格　□不合格 | |
| | 修改意见： | | |

总/专业监理工程师：＿＿＿＿＿＿

日　　期：＿＿＿＿年＿＿月＿＿日

| 监理复查意见 | | 总/专业监理工程师：＿＿＿＿＿＿<br><br>日　　期：＿＿＿＿年＿＿月＿＿日 |
|---|---|---|

注　本表由监理项目部自行留存，也可作为审查意见反馈给施工项目部。使用过程中可自行增加审查内容。

**表 1-60**　　　　**监理审查记录表（主要测量计量器具/试验设备检验报审表）**

工程名称：　　　　　　　　　　　　　　　　　　　　　　　　编号：

| 文件名称 | （主要测量计量器具/试验设备检验报审表—报审表编号） |
|---|---|
| 送审单位 | |

| 序号 | 监理项目部审查标准 | 检查结果 | 修改情况 |
|---|---|---|---|
| 1 | 测量器具检定证明应齐全有效 | □合格　□不合格 | |
| | 修改意见： | | |
| 2 | 检定证明中所列仪器应与现场实物一致 | □合格　□不合格 | |
| | 修改意见： | | |
| 3 | 试验报告版面是否符合归档要求 | □合格　□不合格 | |
| | 修改意见： | | |
| 4 | 报审表格式是否正确，签章手续是否完善。报审时间逻辑性是否正确 | □合格　□不合格 | |
| | 修改意见： | | |

总/专业监理工程师：＿＿＿＿＿＿

日　　期：＿＿＿＿年＿＿月＿＿日

| 监理复查意见 | | 总/专业监理工程师：＿＿＿＿＿＿<br><br>日　　期：＿＿＿＿年＿＿月＿＿日 |
|---|---|---|

注　本表由监理项目部自行留存，也可作为审查意见反馈给施工项目部。使用过程中可自行增加审查内容。

**表 1-61**　　　　　　**平行检查记录表（单位工程定位放线）**

工程名称：　　　　　　　　　　　　　　　　　　　　　　　　编号：

| 检验对象分类 | | | □设备　　　　□材料　　　　□工序 | | |
|---|---|---|---|---|---|
| 检验对象基本信息 | 设备 | 设备名称 | | 设备型号规格 | |
| | | 生产厂家 | | 安装位置 | |
| | 材料 | 材料名称 | | 材料型号规格 | |
| | | 生产厂家 | | 使用部位 | |

续表

| 检验对象分类 | | □设备 | □材料 | □工序 | |
|---|---|---|---|---|---|
| 检验对象基本信息 | 工序 | 工序名称 | 单位工程定位放线 | 实施单位 | |
| | | 其他 | 使用部位： | | |
| 序号 | 检 验 项 目 | | 质 量 标 准 | 质量检验结果 | 备 注 |
| 1 | 控制桩测设 | | 根据建（构）筑物的主轴线设控制桩。桩深度应超过冰冻土层。各建（构）筑物不应少于4个 | □合格　□不合格 | |
| 2 | 平面控制桩精度 | | 应符合二级导线的精度要求 | □合格　□不合格 | |
| 3 | 高程控制桩精度 | | 应符合三等水准的精度要求 | □合格　□不合格 | |
| 4 | 全站仪定位精度 | | 应符合现行有关标准的规定 | □合格　□不合格 | |
| 5 | 控制点标志 | | 应符合现行国家及行业有关标准的规定 | □合格　□不合格 | |
| 6 | 控制点标石埋设 | | 应符合现行国家及行业有关标准的规定 | □合格　□不合格 | |
| 7 | 控制点位置 | | 应符合现行国家及行业有关标准的规定 | □合格　□不合格 | |
| 检验结论 | | | □合格　□不合格 | | |
| 检验仪器及编号 | | | | | |
| 检验人员 | | | 检验日期 | ___年__月__日 | |

# 第七节

# 检 测 与 试 验

## 一、检测试验机构审查

### （一）基础知识

**1. 相关名词解释**

检测试验单位：取得相应资质并在其资质范围内从事检测试验工作的单位。

见证检测：检测试验单位在见证人员见证下进行的检测试验活动。

第三方检测试验单位：两个相互联系的主体之外具有法人资格的，以公正、权威的非当事人身份，根据有关法律、标准或合同进行质量检验活动的检测试验单位。

**2. 相关规定**

（1）变电土建工程检测试验应委托具有相应资质的单位进行检测试验。见证取样检测、鉴定检测试验项目应委托第三方检测试验单位进行检测。第三方检测试验单位不得与所检测试验项目相关的设计、施工、监理等单位有隶属或经济利益关系。

（2）承担变电土建工程检测试验任务的检测试验单位应取得计量认证证书和相应的资质等级证书。

（3）检测试验单位必须在其资质规定和技术能力范围内开展检测试验工作。

（4）检测试验单位应配备能满足所开展检测试验项目要求的检测试验人员、设备、仪器、设施及相关标准。

（5）检测试验单位应按国家现行有关管理规定和技术标准，建立健全检测试验质量管理体系，并按管理体系运行。

（6）检测试验单位及其检测试验人员应对检测试验数据和检测试验报告的真实性和准确性负责。

（7）检测试验试样的提供方及其取样人员、见证方及见证人员应对试样的代表性、真实性负责。

（8）由施工单位委托的检测试验单位需将相关资质文件报监理项目部审查，由建设单位委托的检测试验单位相关资质文件或合同在监理项目部备案。

## （二）审查要点

（1）拟委托的试验单位资质等级是否符合业主项目部的要求，是否通过计量认证。

（2）试验资质范围是否包括拟委托试验的项目。

（3）试验设备计量检定证明。

（4）试验人员资质是否符合要求。

## （三）审查/审批意见

经查，拟委托的试验单位的资质等级符合业主项目部要求，已通过计量认证；试验范围包括拟委托试验的项目，实验设备计量检定报告齐全、有效，实验人员资质符合要求，同意在该试验单位进行本工程的试验、检验。

## （四）附表

对试验单位资质进行审核时，应运用数字监理平台逐项审查并勾选检查结果，填写修改意见。未应用数字监理平台可采用纸质表单执行。

监理审查记录表如表 1-62 所示。

表 1-62 　　　　　　　监理审查记录表（试验单位资质审查）

工程名称：　　　　　　　　　　　　　　　　　　　　　　　　　　编号：

| 文件名称 | （试验单位资质报审—报审表编号） | | |
|---|---|---|---|
| 送审单位 | | | |

| 序号 | 监理项目部审查标准 | 检查结果 | 修改情况 |
|---|---|---|---|
| 1 | 试验单位资质附件齐全 | □合格 □不合格 | |
| | 修改意见： | | |
| 2 | 附件：试验单位资质等级及其试验范围满足本工程试验计划要求 | □合格 □不合格 | |
| | 修改意见： | | |
| 3 | 附件：试验设备计量检定证明材料齐全，检定证明在有效期内 | □合格 □不合格 | |
| | 修改意见： | | |
| 4 | 附件：本工程的试验项目及其要求满足本工程试验要求 | □合格 □不合格 | |
| | 修改意见： | | |
| 5 | 附件：试验单位管理制度齐全 | □合格 □不合格 | |
| | 修改意见： | | |
| 6 | 附件：试验单位人员资质齐全，证件在有效期内 | □合格 □不合格 | |
| | 修改意见： | | |
| 7 | 存在的其他问题 | | |

总/专业监理工程师：＿＿＿＿＿＿
日　　期：＿＿＿＿年＿＿月＿＿日

| 监理复查意见 | 总/专业监理工程师：＿＿＿＿＿＿<br>日　　期：＿＿＿＿年＿＿月＿＿日 |
|---|---|

注　本表由监理项目部自行留存，也可作为审查意见反馈给施工项目部。使用过程中可自行增加审查内容。

# 二、地基承载力

## （一）主要检测方法

根据《建筑地基基础工程施工质量验收标准》（GB 50202—2018）规定，目前地基承载力均采用静载试验进行检测。所涵盖的地基类型有素土和灰土地基、砂和砂石地基、土工合成材料地基、粉煤灰地基、注浆地基、砂石桩、高压喷射注浆桩、水泥土搅拌桩、土和灰土挤密桩、水泥粉煤灰碎石桩、夯实水泥土桩、强夯地基、预压地基等。

如果图纸对地基承载力有要求时，监理人员应提出地基承载力检测要求。目前变电站对于换填地基和天然地基普遍很少对地基承载力进行检测,监理人员在施工图会审时,对于此类地基是否需要承载力检测应要求设计予以明确。

## （二）审查要点

地基承载力检测报告:

（1）检测报告中地基承载力是否满足设计要求。

（2）试验报告版面是否符合归档要求。

（3）所代表的施工质量是否合格。

## （三）审查/审批意见

经审查,试验检测报告合格,符合设计要求,所代表的施工质量合格。

## （四）过程管控

（1）静载试验连接片面积规定:平板静载试验采用的连接片尺寸应按设计或有关标准确定。素土和灰土地基、砂和砂石地基、土工合成材料地基、粉煤灰地基、注浆地基、预压地基的静载试验的连接片面积不宜小于 $1.0m^2$;强夯地基静载试验的连接片面积不宜小于 $2.0m^2$。复合地基单桩静载试验的连接片尺寸为应根据设计置换率计算确定。

（2）加载量规定:地基承载力静载试验最大加载量不应小于设计要求的承载力特征值的两倍。

（3）检测数量:设计有要求时按照设计要求进行检测。设计无要求时,素土和灰土地基、砂和砂石地基、土工合成材料地基、粉煤灰地基、注浆地基地基承载力的检验数量每 $300m^2$ 不应少于 1 点,超过 $3000m^2$ 部分每 $500m^2$ 不应少于 1 点。每单位工程不应少于 3 点。复合地基承载力的检验数量不应少于总桩数的 0.5%,且不应少于 3 点。有单桩承载力或桩身强度检验要求时,检验数量不应少于总桩数的 0.5%,且不应少于 3 根。

（4）处理后地基试验过程。

1）在拟试压表面用不超过 20mm 厚的粗、中砂层找平。

2）加荷等级不应少于 8 级,每级加载后,按间隔 10、10、10、15、15min,以后为每隔 0.5h 读一次沉降,当连续 2h 内,每小时的沉降量小于 0.1mm 时,则认为已趋稳定,可加下一级荷载。

3）当出现承连接片周围的土明显的侧向挤出、沉降量急骤增大,荷载-沉降（$p-s$）曲线出现陡降段;承连接片累计沉降量大于宽度和直径的 6%时,可终止加载。对应的前一级荷载可为极限荷载。

4）根据实验数据计算地基承载力特征值。

（5）复合地基试验过程。

1）在承连接片下铺设 100~150mm 厚的粗、中砂。

2）加荷分为 8~12 级，每级加载后均读记承连接片沉降量一次，以后为每隔 0.5h 读记一次沉降，当沉降量小于 0.1mm 时，可加下一级荷载。

3）当达到出现下列现象之一时，可终止试验：

a．沉降量急骤增大，土被挤出或承连接片周围出现隆起；

b．承连接片累计沉降量大于宽度和直径的 6%；

c．最大加载压力大于设计要求的两倍。

4）根据实验结果计算地基承载力特征值。

（6）桩基静载试验。

1）静载定义：桩基静荷载试验法是指在桩顶施加荷载，了解在荷载施加过程中桩土间的作用，最后通过测得 $Q\sim S$ 曲线（即沉降曲线）的特性判别桩的施工质量及确定桩的承载力。

2）适用范围：

a．静荷载试验法适用于检测单桩的竖向抗压承载力。

b．利用静荷载试验法可将桩加载至破坏，为设计提供单桩承载力数据，作为设计依据。

3）过程管控：

a．检测前具备的条件：受检桩的混凝土龄期应达到 28d，或受检桩同条件养护试件强度应达到设计强度要求。

b．桩基检测数量：一般有设计图纸规定，应按照每个施工区域都有桩位。

c．在受检桩选取时，监理人员应优先选取代表性强的桩位，如中间、受力最大、悬挑结构处，同时还应考虑试验位置适应性，方便器材、设备、配重展放等。

d．试验检测前监理人员应检查混凝土桩桩头处理情况，桩头处理与高应变相同，有特殊要求应及时与设计、试验单位协商。

e．使用堆载进行分级加载，每级加载过程维持一段时间，监视桩基沉降量：①每级荷载加载后维持 1h，按 5、10、15、30、45、60min 测读桩顶沉降量，即可施加下一级荷载；对于最后一级荷载，加载后沉降测读方法及稳定标准按慢速荷载法执行；②卸载时每级荷载维持 15min，测读时间为第 5、15min，即可卸下一级荷载。卸载至零后应测读稳定的残余沉降量，维持时间为 2h，测读时间为 5、15、30min，以后每隔 30min 测读一次。③快速维持荷载法的基本依据是快速加载下得到的极限荷载乘以某个修正系数后，可转换成慢速加载时的极限荷载；在设计荷载下，慢速维持荷载法和快速维持荷载法的桩顶下沉量相差不大，有文章认为在 5% 以内。大量试桩资料分析表明快速维持荷载法所得的单桩承载力比慢速维持荷载法高。在上海地区，快速维持荷载法所得的单桩承载力比慢速维持荷载法高一级加荷增量左右，而下沉量要偏小百分之十几。慢速维持荷载法试验时间较长，且不易预估；快速维持荷载法试验时间较短，且易预估。

f. 静载试验还有使用反力装置进行试验的，俗称锚桩法，一般用来测试桩基水平荷载力和竖向抗拔力。

（7）监理工作：监理人员应见证现场检测过程，并应根据现场施工质量情况，选取质量有疑问、重要部位进行检测。

# 三、低应变

低应变是指采用低能量瞬态或稳态方式在桩顶激振，实测桩顶部的速度时程曲线，或在实测桩顶部的速度时程曲线同时实测桩顶部的力时程曲线。通过波动理论的时域分析或频域分析，对桩身完整性进行判定的检测方法。

桩身完整性是指反映桩身截面尺寸相对变化、桩身材料密实性和连续性的综合定性指标。桩身完整性检验是检验桩身的缩颈、夹泥、空洞、断裂等缺陷情况。

适用范围：适用于检测混凝土桩的桩身完整性，判定桩身缺陷的程度及位置。对桩身截面多变且变化幅度较大的灌注桩，应采用其他方法辅助验证低应变法检测的有效性。

## （一）审查要点

低应变法桩身完整性检测报告：

（1）桩身完整性检测结果评价，应给出每根受检桩的桩身完整性类别。

（2）检测报告中工程名称、地点、参建单位、结构形式、设计要求、检测数量，检测日期等信息应齐全。

（3）报告中应有受检桩的检测数据，实测与计算分析曲线、表格和汇总结果。

（4）试验报告版面是否符合归档要求。

（5）所代表的施工质量是否合格。

## （二）审查/审批意见

经审查，试验检测报告符合设计要求，未出现三类及以上桩，所代表的施工质量合格。

## （三）过程管控

（1）检测前具备的条件：检测时，受检桩混凝土强度不应低于设计强度的70%，且不应低于15MPa；应在基坑开挖至基底标高后进行。

（2）桩基检测数量：按照设计要求进行，当设计无要求时工程桩桩身完整性的抽检数量不应少于总桩数的20%，且不应少于10根。每根柱子承台下的桩抽检数量不应少于1根。

（3）检测桩基的选取：在受检桩选取时，监理人员应优先指定下列桩进行检测：

1）施工质量有疑问的桩；

2）局部地基条件出现异常的桩；

3）承载力验收检测时部分选择完整性检测中判定的Ⅲ类桩；

4）设计方认为重要的桩；

5）施工工艺不同的桩；

6）在满足数量的情况下，宜均匀或随机选择。

（4）检测过程：测试参数设定—测量传感器安装和激振操作—信号采集和筛选—检测数据分析与判定。

（5）桩身完整性类别如表 1-63 所示。

表 1-63                                  桩 身 完 整 性 类 别

| 桩身完整性类别 | 分 类 原 则 |
|---|---|
| Ⅰ类桩 | 桩身完整 |
| Ⅱ类桩 | 桩身有轻微缺陷，不会影响桩身结构承载力的正常发挥 |
| Ⅲ类桩 | 桩身有明显缺陷，对桩身结构承载力有影响 |
| Ⅳ类桩 | 桩身存在严重缺陷 |

（6）桩身完整性要求：工程中不应出现Ⅲ类桩、Ⅳ类桩，如检测中发现存在Ⅲ类桩、Ⅳ类桩时，低应变法检测中不能明确桩身完整性类别的桩或Ⅲ类桩，可根据实际情况采用静载法、钻芯法、高应变法、开挖等方法进行验证检测。需将检测报告提交设计进行处理。

## 四、高应变

高应变是指用重锤冲击桩顶，实测桩顶附近或桩顶部的速度和力时程曲线，通过波动理论分析，对单桩竖向抗压承载力和桩身完整性进行判定的检测方法。

适用范围：预制桩和满足高应变法适用范围的灌注桩，可采用高应变法检测单桩竖向抗压承载力；监测预制桩打入时的桩身应力和锤击能量传递比，为选择沉桩工艺参数及桩长提供依据。

不适用高应变检测桩基承载力的情况：对于大直径扩底桩和预估 $Q$-$S$ 曲线具有缓变型特征的大直径灌注桩，不宜采用高应变进行竖向抗压承载力检测。试桩不适用。

### （一）审查要点

高应变桩基检测报告：

（1）工程桩高应变承载力检测报告应给出受检桩的承载力检测值，并评价单桩承载力是否满足设计要求。

（2）高应变检测报告中应包含下列内容：

1）应给出实测的力与速度信号曲线；

2）计算中实际采用的桩身波速值和 $J$ 值；

3）实测曲线拟合法所选用的各单元桩和土的模型参数、拟合曲线、土阻力沿桩身分布图；

4）实测贯入度。

（3）试验报告版面是否符合归档要求。

（4）代表的施工质量是否合格。

## （二）审查/审批意见

经审查，试验检测报告结果符合设计要求，试验报告内容齐全，所代表的施工质量合格。

## （三）过程管控

（1）检测前具备的条件：受检桩的混凝土龄期应达到 28d 或受检桩同条件养护试件强度应达到设计强度要求。

（2）桩基检测数量：按照设计要求进行，当设计无要求时检测数量不宜少于总桩数的 5%，且不得少于 5 根。

（3）在受检桩选取时，监理人员应优先指定下列桩进行检测：

1）施工质量有疑问的桩；

2）局部地基条件出现异常的桩；

3）承载力验收检测时部分选择完整性检测中判定的Ⅲ类桩；

4）设计方认为重要的桩；

5）施工工艺不同的桩；

6）在满足数量的情况下，宜均匀或随机选择。

（4）试验检测前监理人员应检查混凝土桩桩头处理情况，应符合下列要求：

1）混凝土桩应凿掉桩顶部的破碎层以及软弱或不密实的混凝土；

2）桩头顶面应平整，桩头中轴线与桩身上部的中轴线应重合；

3）桩头主筋应全部直通至桩顶混凝土保护层之下，各主筋应在同一高度上；

4）距桩顶 1 倍桩径范围内，宜用厚度为 3～5mm 的钢板围裹或距桩顶 1.5 倍桩径范围内设置箍筋，间距不宜大于 100mm。桩顶应设置钢筋网片 1～2 层，间距 60～100mm；

5）桩头混凝土强度等级宜比桩身混凝土提高 1～2 级，且不得低于 C30；

6）高应变法检测的桩头测点处截面尺寸应与原桩身截面尺寸相同；

7）桩顶应用水平尺找平。

（5）检测过程：检测前准备工作—测试参数设定—现场检验—检测数据分析与判定。

（6）高应变检测专用锤击设备应具有稳固的导向装置。重锤应形状对称，高径（宽）比不得小于1。

（7）采用高应变法进行承载力检测时，重锤的重量与单桩竖向抗压承载力特征值的比值不得小于0.02。

# 五、满水试验（防渗）

变电站内通常消防水池和事故油池为地下结构，有抗渗要求，需按照要求进行满水试验。

试验流程：试验准备→水池注水→水池内水位观测→蒸发量测定→试验结论。

## （一）审查要点

水池满水试验记录：

（1）试验记录中各项数据齐全，且真实。

（2）渗水量计算应准确。

## （二）审查/审批意见

经审查，该试验记录真实有效，试验结果符合设计及规范要求。

## （三）过程管控

（1）试验前监理人员应按照下列要求对池体进行检查：

1）混凝土或砖砌体的砂浆已达到设计强度要求；

2）池内清理洁净，池内外的缺陷修补完毕；

3）现浇钢筋混凝土池体的防水层、防腐层施工之前；

4）装配式预应力混凝土池体施加预应力且锚固端封锚以后，保护层喷涂之前；

5）设计预留孔洞，预埋管口及进出水口等已做临时封堵。

（2）池体注水应按照下列要求进行：

1）向池内注水宜分3次进行，每次注水为设计水深的1/3；

2）对大、中型池体，可先注水至池壁底部施工缝以上，检查底板抗渗质量，当无明显渗漏时再继续注水至第一次注水深度；

3）注水时水位上升速度不宜超过2m/d。相邻两次注水的间隔时间不应小于24h。

（3）水池内水位观测：

1）注水至设计水深 24h 后，开始测读水位测针的初读数；

2）测读水位的初读数与末读数之间的间隔时间应不少于 24h；

3）测定时间必须连续。测定的渗水量符合标准时，须连续测定两次以上；测定的渗水量超过允许标准，而以后的渗水量逐渐减少时，可继续延长观测。延长观测的时间应在渗水量符合标准时止。

（4）蒸发量测定：池体有盖时蒸发量可忽略不计，变电站水池及事故油池均为有盖，可不计算。

（5）渗水量计算：根据水位下降高度计算出渗水量，这除以水池池壁（不含内隔墙）和池底的浸湿面积，得出单位面积渗水量。

（6）渗水量合格标准：钢筋混凝土结构水池渗水量不得超过 2L/（$m^2 \cdot d$）；砌体结构水池渗水量不得超过 3L/（$m^2 \cdot d$）。

# 六、变电站其他现场检测项目

本节对变电站常用的现场检测的试验项目进行了汇总，具体见表 1-64。

表 1-64　　　　　　　　　　　变电站其他现场检测项目

| 类别 | 主要检测项目 | 相　关　规　定 | 引用标准 | 备注 |
|---|---|---|---|---|
| 构钢结焊接 | 1. 外观检查；<br>2. 无损检验 | 1. 检查按每一规格数量的 5%进行抽查，且不应少于 3 个。<br>2. 一级焊缝检测数量：每批同类构件抽查 10%，且不应少于 3 件；被抽查构件中，每一类型焊缝按条数抽查 5%，且不应少于 1 条，每条检查 1 处，总抽查数不应少于 10 处。<br>3. 二、三级焊缝外观质量检测数量：每批同类构件抽查 10%，且不应少于 3 件；被抽查构件中，每一类型焊缝按条数抽查 5%，且不应少于 1 条，每条检查 1 处，总抽查数不应少于 10 处。<br>4. 焊缝尺寸允许偏差检测数量：每批同类构件抽查 10%，且不应少于 3 件；被抽查构件中，每一类型焊缝按条数抽查 5%，且不应少于 1 条，每条检查 1 处，总抽查数不应少于 10 处。<br>5. 焊缝感观检测数量：每批同类构件抽查 10%，且不应少于 3 件；被抽查构件中，每种焊缝按数量各抽查 5%，总抽查处不应少于 5 处 | 《钢结构工程施工质量验收标准》（GB 50205—2020）《钢结构焊接规范》（GB 50661—2011） | 设计要求全焊透焊缝，其内部缺陷的检验应符合下列要求：<br>一级焊缝 100%检验。<br>二级焊缝抽检比例不小于 20%。<br>全透焊的三级焊缝可不进行无损检测 |
| 钢结构涂料涂层厚度 | 涂层厚度检测 | 按构件数抽查 10%，且同类构件不应少于 3 件 | | |
| 混凝土后锚固（植筋、锚栓）现场力学性能检测 | 抗拔承载力 | 1. 锚固质量现场检验抽样时，应以同品种、同规格、同强度等级的锚固件安装与锚固部位基本相同的同类构件为一检验批，并应从每一检验批所含的锚固件中进行抽样。<br>2. 现场破坏性检验宜选择锚固区以外的同条件位置，应取每一检验批锚固件总数的 0.1%且不少于 5 件进行检验。锚固件为植筋且数量不超过 100 件时，可取 3 件进行检验 | 《混凝土结构后锚固技术规程》（JGJ 145—2013） | |

| 类别 | 主要检测项目 | 相 关 规 定 | 引用标准 | 备注 |
|---|---|---|---|---|
| 砌体工程植筋锚固力检测 | 抗拔承载力 | 1. 植筋 W90 根，取样 5 根。<br>2. 植筋 90～150 根，取样 8 根。<br>3. 植筋 151～280 根，取样 13 根。<br>4. 植筋 281～500 根，取样 20 根。<br>5. 501～1200 根，取样 32 根。<br>6. 植筋 1201～3200 根，取样 50 根 | 《砌体结构工程施工质量验收规范》（GB 50203—2011） | |
| 结构实体钢筋混凝土保护层 | 1. 钢筋保护层厚度；<br>2. 钢筋位置 | 1. 对梁类、板类构件，应各抽取构件数量的 2%且不少于 5 个构件进行检验；当有悬挑构件时，抽取的构件中悬挑梁类、板类构件所占比例均不宜小于 50%。<br>2. 对于选定的梁类构件，应对全部纵向受力钢筋的保护层厚度进行检验，对选定的板类构件，应抽取不少于 6 根纵向受力钢筋的保护层厚度进行检验，对每根钢筋，应在有代表性的部位测量 1 点 | 《混凝土结构工程施工质量验收规范》（GB 50204—2015） | 钢筋保护层厚度检验的结构部位，应由监理（建设）、施工等各方根据结构构件的重要性共同选定 |
| 结构实体同条件养护试件 | 抗压强度 | 对混凝土结构工程中的各混凝土强度等级，均应留置同条件养护试件；同一强度等级的同条件养护试件，其留置的数量应根据混凝土工程量和重要性确定，不宜少于 10 组，且不应少于 3 组 | 《混凝土结构工程施工质量验收规范》（GB 50204—2015） | |
| 楼板厚度 | 楼板厚度 | 检查数量：按楼层、结构缝或施工段划分检验批。同一检验批内；对墙和板，按有代表性的自然间抽查 10%，且不少于 3 间。板可按纵、横线划分检查面，抽查 10%，且均不少于 3 面 | 《混凝土结构工程施工质量验收规范》（GB 50204—2015） | |
| 结构混凝土抗压强度现场检测（回弹法、超声回弹综合法） | 结构混凝土抗压强度 | 1. 普通混凝土回弹检测：单个检测适应于单个结构或构件的检测。批量检测适用于在相同的生产工艺条件下，混凝土强度等级相同，原材料、配合比、成型工艺、养护条件基本一致且龄期相近的同类结构或构件。按批进行检测构件，抽检数量不得少于同批构件总数的 30%且构件数量不得少于 10 件。抽检构件时，应随机抽取并使选构件具有代表性。每一结构或构件测区数都不应少于 10 个。<br>2. 对其一方向尺寸小于 4.5m 且另一方向小于 0.3m 的构件，测区数量不应小于 5 个。<br>3. 当结构或构件所采用的材料及其龄期与制定测强曲线所采用的材料及龄期有较大差异时，应用同条件试件或钻取混凝土芯样进行修正，试件或钻芯数量不宜少于 6 个。<br>4. 高强度混凝土回弹检测：对同批构件按批抽样检测时，构件应随机抽样，抽样数量不宜少于同批构件的 30%，且不宜少于 10 件。当检验批中构件数量大于 50 件时，构件抽样数量可按现行国家标准《建筑结构检测技术标准》（GB/T 50344—2019）进行调整，但抽取构件总数不宜少于 10 件，并应按现行国家标准《建筑结构检测技术标准》（GB/T 50344—2019）进行检测批混凝土的强度推定 | 《回弹法检测混凝土抗压强度技术规程》（JGJ/T 23—2011）<br>《高强混凝土强度检测技术规程》（JGJ/T 294—2013） | |

# 第八节

# 施 工 临 时 用 电

## 一、施工临时用电管控表

施工临时用电管控表如表 1-65 所示。

表 1-65　　　　　　　　　施工临时用电管控表

| 工艺流程图 | 监理主要工作 | 监 理 成 果 |
| --- | --- | --- |
| 准备 | 监理人员熟悉现场总平面布置及现场临时设施布置规划,了解现场拟采用的用电设备 | |
| 临时用电专项施工方案报审 | 结合现场实际情况对施工临时用电专项施工方案进行审查 | 填写文件审查记录表。在方案报审表中签署监理意见 |
| 临时用电设施、材料进场 | 对进场的临时用电设施及材料进行检查 | 在施工报审的安全文明设施表中签署意见 |
| 临时用电安装布设 | 检查现场布置及安装情况 | 在重要设施安全检查签证记录中签署核查意见 |
| 临时用电接火 | 旁站临时用电接火 | 填写旁站记录表 |
| 日常管理维护 | 开展日常巡视检查、专项检查 | 下发监理通知单或者检查问题通知单 |
| 拆除 | 拆除前对配电设施带电情况进行检查 | 下发监理通知单或者检查问题通知单 |
| 完成 | | |

编制说明:

1. 编制目的:根据施工工艺流程,列明监理主要工作内容及应及时填写的表单。
2. 编制依据:标准工艺,统一验收表式及质量验评划分表,安全风险管理规程。

## 二、审查要点

(1)方案编制应在工程开工前完成。

（2）方案应由施工项目部项目总工组织编制，施工单位相关职能管理部门审核，施工企业技术负责人批准。文件封面的落款为施工单位名称，加盖施工单位公章。

（3）方案内容应完整，在方案中应有用电设备负荷计算和配电箱布局方案并附有临时用电平面布置图。

（4）方案中应明确所使用的开关、配电箱、电缆等规格型号。

（5）方案中应明确各级配电箱的接线方式。

（6）方案中安全危险点分析或危险源辨识、环境因素识别是否准确、全面。

（7）方案中制定的各项控制措施是否有效，应有针对性。

（8）方案中应有应急处置内容应符合工程实际情况。

## 三、审查/审批意见

经审查，该方案内容完整，用电负荷计算正确，配电箱及电缆布置合理，且可满足用电负荷要求。危险点识别准确，各项控制措施有效有针对性。

## 四、过程管控

### 1. 施工用电布设

（1）监理人员应按照下列要求对使用用电布设进行管控：

1）现场施工用电布置、检修必须由专业电工进行。

2）现场生活区办公区应单独设置配电箱，不应与生产区共用同一级配电箱。

3）配电系统必须按照总平面布置图规划，设置配电柜或总配电箱、分配电箱、开关箱，实行三级配电/两级保护（首级、末级）。配电系统宜三相负荷平衡。

4）总配电箱应设在靠近电源的区域，分配电箱应设在用电设备或负荷相对集中的区域，分配电箱与开关箱的距离不得超过30m；开关箱与其控制的固定式用电设备的水平距离不宜超过5m，距离大于5m时应使用移动式开关箱（或便携式电源盘）；移动式开关箱至固定式开关箱之间的引线长度不得大于30m，且只能用绝缘护套软电缆。

5）剩余电流动作保护器应装设在总配电箱、开关箱靠近负荷的一侧，且不得用于启动电气设备的操作。开关箱中剩余电流动作保护器的额定漏电动作电流不应大于30mA，额定漏电动作时间不应大于0.1s。使用于潮湿或有腐蚀介质场所的剩余电流动作保护器应采用防溅型产品，其额定漏电动作电流不应大于15mA，额定漏电动作时间不应大于0.1s。总配电箱中剩余电流动作保护器的额定漏电动作电流应大于30mA，额定漏电动作时间应大于0.1s，但其额定漏电动作电流与额定漏电动作时间的乘积不应大于30mA·s。

6）各级配电箱必须加锁，配电箱附近应配备消防器材。

7）配电箱周围应有足够两人同时工作的空间和通道，严禁堆放任何妨碍操作及维修工作的物品；不得有灌木、杂草。

8）动力配电箱与照明配电箱宜分别设置。当合并设置为同一配电箱时，动力和照明应分路配电；动力末级配电箱与照明末级配电箱应分设。

9）站内配电线路宜采用直埋电缆敷设，埋设深度不得小于 700mm，并在地面设置明显提示标志，通过道路时应采取保护措施。直埋电缆的接头应设在防水接线盒内。

10）使用的电缆中必须包含全部工作芯线和用作保护中性线或保护线的芯线；需要三相四线制配电的电缆线路必须采用五芯电缆。相线的颜色标记必须符合以下规定：相线 L1（A）黄、L2（B）绿、L3（C）红、N 线淡蓝色、PE 线绿黄双色。任何情况下颜色标记严禁混用和互相代用。

（2）在临时用电布设中，监理应重点检查保护接地或接零，应符合下列要求：

1）在施工现场专用变压器供电的 TN—S 三相五线制系统中，所有电气设备外壳应做保护接零。

2）保护中性线（PE 线）应由配电室（总配电箱）电源侧工作中性线（N 线）或总剩余电流动作保护器电源侧工作中性线（N 线）重复接地处专引一根绿黄相色线作为局部接零保护系统的 PE 线。TN-S 系统中的 PE 线除必须在配电室或总配电箱处做重复接地外，还必须在配电系统的中间处（分配电箱）和末端处（开关箱）做重复接地。

3）在保护中性线（PE 线）每一处重复接地装置的接地电阻值不应大于 4Ω；在工作接地电阻值允许达到 10Ω 的电力系统中，所有重复接地的等效电阻值不应大于 10Ω。配电箱接地电阻必须进行测试，并在电源箱外壳上标明测试人员、仪器型号、测试电阻值。

4）重复接地线必须与保护中性线（PE 线）相连接，严禁与 N 线相连接。PE 线必须采用绿/黄双色绝缘多股铜线，截面≥2.5mm²，手持式电动工具的 PE 线截面≥1.5mm²。

（3）在完成现场临时用电布设后，监理人员应对总配电箱接火进行旁站监理，旁站中应按照下列要求进行监督管控：

1）接火前，应确认高、低压侧有明显的断开点。

2）接火设专人监护，施工人员不得擅自离岗。

3）接火前检查总配电箱接地可靠，防护围栏满足要求。

4）现场有问题应及时暂停，解决后方可进行接火作业。

5）接入、移动或检修用电设备时，必须切断电源并做好安全措施后进行。

6）严格按照停送电顺序操作开关。

7）在台风、暴雨、冰雹等恶劣天气后，应进行专项安全检查和技术维护，合格后方可使用。

（4）完成临时用电布设后，监理人员应组织施工项目部对临时用电进行检查，并要求施工项目部及时报送《重要设施安全检查签证记录》，监理项目部在签证记录中对核查情况予以判定是否合格。

**2. 施工过程中的管理**

在临时用电布设完成后，在施工期间监理人员应对施工用电开展巡视及专项检查。检查中应重点检查下列内容：

（1）检查各级配电箱箱门上锁情况，对于配电箱上锁问题，总、分配电箱应上锁专人管理，末级配电箱应挂锁，方便施工人员操作（紧急情况）。

（2）检查配电箱上责任人、警示标志及箱内接线图是否完好。

（3）检查专业电工对配电箱的检验情况及记录（主要是自查剩余电流动作保护器反应时间、接地保护电阻阻值），专业电工应每月至少一次对配电箱进行一次检验。

（4）检查配电箱周边灭火器配置情况。每个配电箱旁应设置一组灭火器。

（5）检查现场各种用电设备接线及接地情况是否符合要求。每台用电设备应有各自专用的开关，不得使用同一个开关直接控制两台及以上用电设备。

（6）检查各级配电箱外壳接地是否完好。

（7）检查电缆线路绝缘情况是否良好。

（8）检查漏电保护是否正常。

# 五、附表

对临时用电施工方案进行审核时，应运用数字监理平台逐项审查并勾选检查结果，填写修改意见。在接火作业旁站时，根据表格内容逐项检查，并根据系统要求留存影像资料。未应用数字监理平台可采用纸质表单执行。

文件审查记录表如表 1-66 所示，旁站监理记录表如表 1-67 所示。

表 1-66　　　　　　　　文件审查记录表（临时用电专项施工方案）

工程名称：　　　　　　　　　　　　　　　　　　　　　　　　　编号：

| 文件名称 | （写文件全称，××施工方案—报审表编号） | | |
|---|---|---|---|
| 送审单位 | （编制单位全称） | | |
| 序号 | 监理项目部审查标准 | 检查结果 | 施工项目部反馈意见 |
| 1 | 方案的编审批流程是否已按要求履行 | □合格　□不合格 | |
| | 修改意见： | | |
| 2 | 施工方案的编制依据是否已过期 | □合格　□不合格 | |
| | 修改意见： | | |
| 3 | 方案内容是否完整 | □合格　□不合格 | |
| | 修改意见： | | |
| 4 | 所使用的开关、配电箱、电缆等规格型号是否在方案中明确 | □合格　□不合格 | |
| | 修改意见： | | |

续表

| 序号 | 监理项目部审查标准 | 检查结果 | 施工项目部反馈意见 |
|---|---|---|---|
| 5 | 方案中有无用电设备负荷计算和配电箱布局方案,是否有临时用电平面布置图 | □合格 □不合格 | |
| | 修改意见: | | |
| 6 | 方案中应明确各级配电箱的接线方式 | □合格 □不合格 | |
| | 修改意见: | | |
| 7 | 危险点分析或危险源辨识、环境因素识别是否准确、全面 | □合格 □不合格 | |
| | 修改意见: | | |
| 8 | 各项控制措施是否有效,应有针对性 | □合格 □不合格 | |
| | 修改意见: | | |
| 9 | 处置内容应符合工程实际情况 | □合格 □不合格 | |
| | 修改意见: | | |
| 10 | 存在的其他问题 | | |

总/专业监理工程师:_____
日　　期:_____年___月___日

项目经理:_____
日　　期:_____年___月___日

| 监理复查意见 | | |
|---|---|---|

总/专业监理工程师:_____
日　　期:_____年___月___日

注 本表使用过程中可自行增加内容。本表一式两份,监理、施工项目部各存1份。

表1-67　　　　　旁站监理记录表(施工用电系统接火)

| 日期及天气: | | 施工地点: | |
|---|---|---|---|

旁站监理的部位或工序:施工用电系统接火

| 旁站监理开始时间: | | 旁站监理结束时间: | |
|---|---|---|---|

| 作业必备条件 | 1. 现场负责人_____,安全监护人_____,现场作业人员共计_____名。现场电工特殊工种经监理项目部审批合格 | □合格 □不合格 |
|---|---|---|
| | 2. 施工项目部根据风险作业计划,提前开展施工安全风险复测和参加现场勘察 | □合格 □不合格 |
| | 3. 作业人员着装规范、精神状态良好,经安全培训 | □合格 □不合格 |
| | 4. 施工人员对工作分工清楚,布控球能正常使用并已开机 | □合格 □不合格 |
| | 5. 工器具经准入检查,完好,经检查合格有效 | □合格 □不合格 |
| | 6. 各工作岗位人员对施工中可能存在的风险及控制措施清楚 | □合格 □不合格 |
| | 7. 安全文明施工设施符合要求,齐全、完好 | □合格 □不合格 |
| | 8. 施工方案已审批,施工技术交底已完成 | □合格 □不合格 |
| | 9. 其他: | □合格 □不合格 |

续表

| 日期及天气： | | 施工地点： | |
|---|---|---|---|
| 旁站监理的部位或工序：施工用电系统接火 | | | |
| 旁站监理开始时间： | | 旁站监理结束时间： | |

监理情况：
1. 检查现场布置配电设施是否由专业电工组织进行。　　　　　　□是/□否
2. 高处作业应系安全带；梯子上作业时，应有人扶梯。　　　　　□是/□否
3. 配电箱、电缆及相关配件等应绝缘良好是否满足规范要求。　　□是/□否
4. 接火前，检查确认高、低压侧应有明显的断开点。　　　　　　□是/□否
5. 接火设应专人监护，施工人员不得擅自离岗。　　　　　　　　□是/□否
6. 接火前检查总配电箱接地是否可靠，防护围栏是否满足要求。　□是/□否
7. 下一级电源接入电源系统时，检查电源侧是否有明显的断开点。□是/□否
8. 接入、移动或检修用电设备时，检查是否必须切断电源且做好安全措施后进行。□是/□否
9. 检查是否严格按照停送电顺序操作开关。　　　　　　　　　　□是/□否

发现问题：

处理意见：

备注（包括处理结果）

项目监理机构：
旁站监理人员：
日　　　期：

注 1. 本表适用于施工用电系统接火安全旁站。
　　2. 当日作业存在工作票时，应注意检查两票关联性。
　　3. □中符合条件打"√"，不符合条件打"×"，不涉及检查项目打"\"。

---

## 第九节

# 验 收 管 理

## 一、监理验收职责

（1）负责审核工程施工质量验收范围划分表，并按照业主审批的施工质量验收范围划分表组织检验批、分项、分部、单位工程监理验收。

（2）负责组织隐蔽工程及设备材料进场验收，参加中间质量抽查监督（需在中间质量抽查监督前完成监理初检）。

（3）参加竣工预验收、启动验收、环保、水保、档案等专项验收及工程整体竣工验收。

（4）负责对验收、检查发现的问题进行复查，督促整改闭环。

## 二、验收程序与组织

（1）检验批：检验批质量验收应在施工单位自检合格后，报送专业监理工程师验收。由专业监理工程师组织施工单位项目部质检员、班组长等共同验收。

（2）分项工程：分项工程质量验收由专业监理工程师组织施工单位项目总工程师、质检员等有关人员进行验收。

（3）分部工程：分部工程质量验收应由总监理工程师组织施工单位项目经理、项目总工程师等进行验收。勘察、设计单位项目负责人和施工单位技术、质量部门负责人应参加地基与基础分部工程的验收。设计单位项目负责人和施工单位技术、质量部门负责人应参加主体结构、节能分部工程的验收。

（4）单位工程：单位工程完工后，施工单位应组织有关人员进行自检。自检合格后向监理单位提交单位工程验收申请，并将相关资料报送项目监理单位，申请验收。总监理工程师组织单位工程监理验收，存在施工质量问题时，应由施工单位整改。整改完成后，由施工单位向建设管理单位提交单位工程验收申请。建设管理单位收到单位工程验收申请后，应由建设管理单位项目经理组织监理、施工（含分包单位）、设计、勘察等单位项目负责人进行单位工程验收。

（5）甲供设备材料：对于甲供设备材料，由监理项目部组织，业主、施工、物资供应管理、生产厂家等单位相关人员参加，按照国家规范标准、合同要求进行验收、检验，运检单位、档案管理部门根据需要参加。

（6）乙供设备材料：对于施工单位采购的原材料和设备，施工项目部在进行主要材料或构配件、设备采购前，应将拟采购供货的供应商资质证明文件报监理项目部审查，并按合同要求报业主项目部批准。施工项目部应在主要材料或构配件、设备进场后，将有关质量证明文件、复试报告报监理项目部审查。监理项目部应按有关规定对用于工程的材料进行见证取样、平行检验。

（7）隐蔽工程验收：施工项目部在隐蔽前48h通知监理，监理项目部于隐蔽前组织相关人员对隐蔽工程进行验收。地基验槽等重要隐蔽工程的验收应通知建设管理单位、运检单位、勘察、设计单位参加。

## 三、质量验收合格的判定

（1）检验批的质量按主控项目和一般项目验收，检验批质量验收合格应符合下列规定：

1）主控项目的质量经抽样检验均应合格。

2）一般项目的质量经抽样检验合格。正常检验一次抽样的判定和正常检验二次抽样的判定按《建筑工程施工质量验收统一标准》(GB 50300—2013)的规定执行,不合格的抽样点不得存在严重缺陷。

3)具有完整的施工操作依据、质量验收记录。

(2)分项工程质量验收合格应符合下列规定:

1)分项工程所含的检验批质量均应验收合格。

2)分项工程所含检验批的质量验收记录应完整。

(3)分部工程质量验收合格应符合下列规定:

1)子分部和不设子分部的分部工程所含分项工程的质量均应验收合格;设子分部的分部工程所含子分部工程的质量均应验收合格。

2)质量控制资料应完整。

3)有关安全、节能、环境保护和主要使用功能的抽样检验结果应符合有关规定。

4)分部工程观感质量应符合要求;观感质量验收评价为"差"时,应进行返工或整修。

(4)单位工程质量验收合格应符合下列规定:

1)单位工程所含分部工程的质量均应验收合格。

2)质量控制资料应完整。

3)所含分部工程有关安全、节能、环境保护和主要使用功能的检验资料应完整。

4)主要功能项目的抽查结果应符合相关专业质量验收标准的规定。

5)观感质量应符合要求。

# 第二章　场平工程

# 边 坡 监 测

变电站四通一平工程中需要进行监测的通常为边坡工程，本节主要针对边坡工程的监测进行介绍。

边坡监测应由设计提出监测项目和要求，由业主委托有资质的单位进行方案编制和开展监测工作。监测方案需经业主、监理、设计认可后实施。

边坡监测的内容需根据设计的边坡安全等级进行确定。边坡安全等级分为一级、二级和三级。

## 一、节点管控表

边坡监测节点管控表如表 2-1 所示。

表 2-1　　　　　　　　　　　　边坡监测节点管控表

| 工艺流程图 | 监理主要工作 | 监理成果 |
|---|---|---|
| 准备 | 熟悉图中关于边坡监测的相关要求，熟悉规范 | |
| 监测资质备案及检测方案编制 | 要求监测单位相关资质报监理项目部进行备案。对监测方案进行审查 | 填写方案审查记录表 |
| 现场监测点布设 | 根据监测方案及图纸要求，对监测点的布置情况进行检查 | |
| 监测 | 见证监测单位监测过程 | 监理日志中进行记录，并对每次监测进行统计 |
| 出具监测报告 | 及时收集监测报告并审查，审查监测报告完整性，真实性 | 形成审查记录 |
| 完成 | 对所有监测报告整理归档 | |

编制说明：

1. 编制目的：根据施工工艺流程，列明监理主要工作内容及应及时填写的表单。
2. 编制依据：标准工艺，统一验收表式及质量验评划分表，安全风险管理规程。

## 二、安全风险

**1. 边坡监测主要风险**

坍塌、高处坠落。

**2. 控制措施**

（1）监测单位由建设单位委托的第三方有资质的监测，并编制专项监测方案。

（2）应按照规范要求、设计图纸、监测方案进行监测，并有监测记录。

（3）数据异常变化随时汇报，及时采取必要措施，保证边坡及周边环境安全。

（4）监测人员在监测时，应做好安全防护措施，对于在临边开展监测时，需设置安全防护围栏，人员应佩戴安全带。

## 三、边坡监测控制要点

**1. 作业前控制要点**

（1）要求监测单位与观测人员资质在监理项目部备案。

（2）审查监测方案内容是否完整，监测方案中应包含监测项目、监测目的、监测方法、测点布置、监测项目报警值和信息反馈制度等内容。

（3）对照设计文件审查监测方案中所监测的内容及频率是否符合设计要求，如设计文件中无监测内容要求，可根据边坡安全等级按照下列要求进行监测。

1）一级边坡应测项目：坡顶水平位移和垂直位移、地表裂缝、坡顶建（构）筑物变形、降雨及洪水与时间关系、锚杆（索）拉力、支护结构变形、地下水、渗水与降雨关系。

2）一级边坡选测项目：支护结构应力。

3）二级边坡应测项目：坡顶水平位移和垂直位移、地表裂缝、坡顶建（构）筑物变形、降雨及洪水与时间关系。

4）二级边坡选测项目：锚杆（索）拉力、支护结构变形、支护结构应力、地下水及渗水与降雨关系。

5）三级边坡应测项目：坡顶水平位移和垂直位移。

6）三级边坡选测项目：地表裂缝、坡顶建（构）筑物变形、降雨及洪水与时间关系。

**2. 过程控制要点**

（1）监理人员应监督见证监测人员按照下列要求开展边坡监测：

1）坡顶位移观测，应在每一典型边坡段的支护结构顶部设置不少于 3 个监测点的观测网，观测位移量、移动速度和移动方向；

2）锚杆拉力和预应力损失监测，应选择有代表性的锚杆（索），测定锚杆（索）应力和预应力损失；

3）非预应力锚杆的应力监测根数不宜少于锚杆总数 3%，预应力锚索的应力监测根数不宜少于锚索总数的 5%，且均不应少于 3 根；

4）监测工作可根据设计要求、边坡稳定性、周边环境和施工进程等因素进行动态调整；

5）边坡工程施工初期，监测宜每天一次，且应根据地质环境复杂程度、周边建（构）筑物、管线对边坡变形敏感程度、气候条件和监测数据调整监测时间及频率，当出现险情时应加强监测；

6）一级永久性边坡工程竣工后的监测时间不宜少于 2 年；

7）地表位移监测可采用 GPS 法和大地测量法，可辅以电子水准仪进行水准测量。在通视条件较差的环境下，采用 GPS 监测为主；在通视条件较好的情况下采用大地测量法。边坡变形监测与测量精度应符合现行国家标准《工程测量标准》（GB 50026—2020）的有关规定；

8）应采取有效措施监测地表裂缝、位错等变化。监测精度对于岩质边坡分辨率不应低于 0.50mm、对于土质边坡分辨率不应低于 1.00mm。

（2）在边坡工程施工过程中及监测期间，监理人员应及时对现场进行巡视检查，并及时收集监测数据，当遇到下列情况时应及时上报建设单位，并要求施工单位采取相应的应急措施：

1）有软弱外倾结构面的岩土边坡支护结构坡顶有水平位移迹象或支护结构受力裂缝有发展；无外倾结构面的岩质边坡或支护结构构件的最大裂缝宽度达到国家现行相关标准的允许值；土质边坡支护结构坡顶的最大水平位移已大于边坡开挖深 1/500 或 20mm，以及其水平位移速度已连续 3d 大于 2mm/d；

2）土质边坡坡顶邻近建筑物的累计沉降、不均匀沉降或整体倾斜已大于现行国家标准《建筑地基基础设计规范》（GB 50007—2011）规定允许值的 80%，或建筑物的整体倾斜度变化速度已连续 3d 每天大于 0.00008；

3）坡顶邻近建筑物出现新裂缝、原有裂缝有新发展；

4）支护结构中有重要构件出现应力骤增、压屈、断裂、松弛或破坏的迹象；

5）边坡底部或周围岩土体已出现可能导致边坡剪切破坏的迹象或其他可能影响安全的征兆；

6）根据当地工程经验判断已出现其他必须报警的情况。

（3）在每次监测完成后，监理人员应及时要求监测单位提供监测报告，并对监测报告进行审查，监测报告应包含以下内容：

1）边坡工程概况；

2）监测依据；

3）监测项目和要求；

4）监测仪器的型号、规格和标定资料；

5）测点布置图、监测指标时程曲线图；

6）监测数据整理、分析和监测结果评述。

# 四、报告与记录

施工过程中形成的主要成果资料，见表 2-2。作业中引用或产生的报告与记录的表单样例，见本小节附表。

表 2-2　　　　　　　　　施工过程中形成的主要成果资料

| 序号 | 编号 | 名　称 | 填　报 |
|---|---|---|---|
| 1 | JXM3 | 文件审查记录表 | 总监理工程师、专业监理工程师 |

# 五、附表

对方案进行审核时，应运用数字监理平台逐项审查并勾选检查结果，填写修改意见。未应用数字监理平台可采用纸质表单执行。

文件审查记录表如表 2-3 和表 2-4 所示。

表 2-3　　　　　　　　　文件审查记录表（监测方案）

工程名称：　　　　　　　　　　　　　　　　　　　　　　　　　　编号：

| 文件名称 | （写文件全称，××方案—报审表编号） | | |
|---|---|---|---|
| 送审单位 | （编制单位全称） | | |
| 序号 | 监理项目部审查标准 | 检查结果 | 施工项目部反馈意见 |
| 1 | 监测方案的编审批流程是否已按要求履行 | □合格　□不合格 | |
| | 修改意见： | | |
| 2 | 监测方案编制内容是否齐全 | □合格　□不合格 | |
| | 修改意见： | | |
| 3 | 监测项目是否与设计要求一致，或是否符合规范要求 | □合格　□不合格 | |
| | 修改意见： | | |
| 4 | 方案中使用的监测仪器及方式是否符合要求 | □合格　□不合格 | |
| | 修改意见： | | |
| 5 | 监测点位布设是否符合要求 | □合格　□不合格 | |
| | 修改意见： | | |
| 6 | 监测信息反馈制度是否符合工程实际情况 | □合格　□不合格 | |
| | 修改意见： | | |

续表

| 序号 | 监理项目部审查标准 | 检查结果 | 施工项目部反馈意见 |
|---|---|---|---|
| 7 | 监测项目报警值是否明确 | □合格　□不合格 | |
| | 修改意见： | | |
| 8 | 存在的其他问题 | | |

总/专业监理工程师：_____<br>日　　期：_____年___月___日

项目经理：_____<br>日　　期：_____年___月___日

| 监理<br>复查<br>意见 | 　　　　　　　　　　　总/专业监理工程师：_____<br>　　　　　　　　　　　日　　期：_____年___月___日 |
|---|---|

注　本表使用过程中可自行增加内容。本表一式两份，监理、施工项目部各存 1 份。

表 2-4　　　　　　　　　　　**监理审查记录表（监测报告）**

工程名称：　　　　　　　　　　　　　　　　　　　　　　　　　　编号：

| 文件名称 | （写文件全称，××方案—报审表编号） |
|---|---|
| 送审单位 | （编制单位全称） |

| 序号 | 监理项目部审查标准 | 检查结果 | 修改情况 |
|---|---|---|---|
| 1 | 报告内容是否完整 | □合格　□不合格 | |
| | 修改意见： | | |
| 2 | 报告数据是否真实 | □合格　□不合格 | |
| | 修改意见： | | |
| 3 | 监测项目是否与设计要求一致，或是否符合规范要求 | □合格　□不合格 | |
| | 修改意见： | | |
| 4 | 报告中是否有监测结果评述 | □合格　□不合格 | |
| | 修改意见： | | |
| 5 | 报告中监测仪器型号规格与实际使用一致 | □合格　□不合格 | |
| | 修改意见： | | |
| 6 | 存在的其他问题 | | |

总/专业监理工程师：_____<br>日　　期：_____年___月___日

| 监理<br>复查<br>意见 | 　　　　　　　　　　　总/专业监理工程师：_____<br>　　　　　　　　　　　日　　期：_____年___月___日 |
|---|---|

注　本表由监理项目部自行留存，也可作为审查意见反馈给施工项目部。使用过程中可自行增加审查内容。

# 第二节

# 场 地 平 整

变电站场地平整分为初平和终平，通常初平在四通一平阶段完成，终平随土建工程施工阶段逐步完成。本节主要介绍场地初平。

由于爆破工程只在个别地区的变电站使用，多数变电站不涉及，本节只针对爆破工程安全方面进行介绍，其他技术、质量等方面不进行介绍。如有需要按照《土方与爆破工程施工及验收规范》（GB 50201—2012）执行。

## 一、节点管控表

场地平整节点管控表如表 2-5 所示。

表 2-5 场平平整节点管控表

| 工艺流程图 | 监理主要工作 | 监 理 成 果 |
|---|---|---|
| 施工准备 | 审查施工单位人员、机械、材料、施工方案，对现场安全文明布置情况进行检查 | 填写方案审查记录表 |
| 原始地貌复测 | 见证施工单位对原始地貌复测，并与设计图纸进行对比 | |
| 表土清理 | 检查表土清理是否干净 | 填写平行检验记录表 |
| 土石方开挖及回填 | 对土石方开挖及回填质量进行检查 | 填写平行检验记录表 |
| 回填土压实或夯实 | 对回填土压实或夯实情况进行检查 | 填写平行检验记录表 |
| 密实度检测 | 见证密实度检测 | 填写见证取样统计表 |
| 验收 | 专业监理工程师组织检验批及分项工程的验收；总监理工程师组织分部工程的验收。参与建设单位组织的单位工程验收 | 质量验评资料签署意见 |
| 完成 | | |

编制说明：
1. 编制目的：根据施工工艺流程，列明监理主要工作内容及应及时填写的表单。
2. 编制依据：标准工艺，统一验收表式及质量验评划分表，安全风险管理规程。

# 二、安全风险

## 1. 场地平整主要风险

坍塌、机械伤害、爆炸。

## 2. 控制措施

（1）场地平整过程中，监理人员应检查现场应落实下列措施：

1）土石方卸料前，车厢上方无电线或障碍物，四周无人员来往，卸料时，应将车停稳，不得边卸边行驶。举升车厢时，应控制内燃机中速运转，当车厢升到顶点时，应降低内燃机转速，减少车厢振动。

2）回填平整作业场地时，不得用铲斗进行横扫或用铲斗对地面进行压实、挖掘。

3）挖机暂停工作时，挖斗放到地面上，不得悬空。

4）往机动车上装土应待车辆停稳后，确认车厢内无人后方可进行。挖斗不得从机动车驾驶室上方越过。

5）推土机行驶前，严禁有人站在履带或刀片的支架上，机械四周应无障碍物，确认安全后，方可开动。

（2）如现场石方采用爆破，还应采取下列控制措施：

1）需要爆破时，选择具有相关资质的民爆公司实施，签订专业分包合同和安全协议，并报监理、业主审批，公安部门备案。在国家批准的允许经营范围内施工。专项施工方案由民爆公司编制，施工项目部审核，并报监理、业主审批。

2）民爆公司作业人员必须持证上岗，爆破器材符合国家标准，满足现场安全技术要求。

3）导火索使用前作燃速试验。使用时其长度必须保证操作人员能撤至安全区，不得少于 1.2m。爆破前在路口派人安全警戒。爆破点距民房较近的，爆破前通知民房内人员撤离爆破危险区。

4）使用电雷管要在切断电源 5min 后进行现场检查。处理哑炮时严禁从炮孔内掏取炸药和雷管，重新打孔时新孔应与原孔平行，新孔距哑炮孔不得小于 0.3m，距药壶边缘不得小于 0.5m。

5）切割导爆索、导火索用锋利小刀，严禁用剪刀或钢丝钳剪夹。严禁切割接上雷管的导爆索。

6）无盲炮时，必须从最后一响算起经 5min 后方可进入爆破区，有盲炮或炮数不清时，使用火雷管的应在 30min 后可进入现场处理。

7）在民房、电力线附近爆破施工时采取松动爆破或压缩爆破，炮眼上压盖掩护物，并有减少震动波扩散的措施。

8）当天剩余的爆破器材必须点清数量，及时退库。炸药和雷管必须分库存放，雷管应在内有防震软垫的专用箱内存放。

9）坑内点炮时坑上设专人安全监护，坑深超过 1.5m 时坑内应备梯子，保证点炮人员上下坑的安全。

10）划定爆破警戒区，警戒区内不得携带火源，普通雷管起爆时不得携带手机等通信设备。

11）坑模成型后，及时浇灌混凝土，否则采取防止土体塌落的措施。

12）钻孔时持钻人员戴防护手套和防尘面（口）罩、防护眼镜。手不得离开钻把上的风门，更换钻头关闭风门。

13）人工打孔时扶锤人员戴防护手套和防尘罩采取手臂保护措施，打锤人员和扶锤人员密切配合。打锤人不得戴手套，并站在扶钎人的侧面。

## 三、场地平整施工控制要点

### 1. 作业前控制要点

（1）开工前，监理审查施工单位现场项目管理机构的质量管理体系、技术管理体系和质量保证体系，审查施工单位的资质、技术与管理水平、以往的施工业绩、特殊工种人员上岗证书等。

（2）施工机械设备进场前要求施工单位报送相关机械设备资质文件，监理进行审查。

（3）要求施工单位对原始地貌进行复测，将复测的结果与设计图纸进行对比。

（4）审查施工组织设计和施工方案。重点审查施工方案中机械设备投入是否满足施工需求，施工顺序是否合理，方案中应对开挖回填顺序进行明确，做好土方调配，减少重复挖运。

（5）如涉及爆破作业，应对爆破作业专业分包单位资质进行审查，爆破工程的施工企业应有爆破施工企业资质证书、安全生产许可证书及爆破作业许可证书，爆破作业人员应按核定的作业级别、作业范围持证上岗，并审查爆破专项施工方案，方案应进行安全评估，并报经所在地公安部门批准后，方可进行作业。

（6）场地平整工程施工前，应对施工范围内的原始地貌进行测量复核。如与设计图纸有差异，应及时要求设计进行核对，并根据复核结果重新进行上方平衡计算。

（7）如站区内存在弃土，应要求施工单位提前选定弃土场，并同施工、业主单位共同确认取土距离及弃土场是否满足要求。

### 2. 过程控制要点

（1）表土清理应按照设计要求的厚度进行清理。在表土清理完成后，监理人员应对其标高及是否清理干净进行检查，场地不应有淤泥、植被、树根、垃圾等。

（2）在土石方开挖过程中，监理人员应按照下列要求进行监督：

1）土方开挖应从上至下分层分段依次进行，随时注意控制边坡坡度，并在表面上做成一定的流水坡度。当开挖的过程中,发现土质弱于设计要求,土(岩)层外倾于(顺坡)挖方的软弱夹层,应调整坡度或采取加固措施,防止土(岩)体滑坡。

2)在坡地开挖时,挖方上侧不宜堆土;对于临时性堆土,应视挖方边坡处的土质情况、边坡坡度和高度,设计确定堆放的安全距离,确保边坡的稳定。在挖方下侧堆土时,应将土堆表面平整,其高程应低于相邻挖方场地设计标高,保持排水畅通,堆土边坡不宜大于1:1.5。

3)施工区域内临时排水系统应做好规划,土方开挖应处于干作业状态。

4)石方开挖应根据岩石的类别、风化程度和节理发育程度等确定开挖方式。对软地质岩石和强风化岩石,可以采用机械开挖或人工开挖;对于坚硬岩石宜采取爆破开挖;对开挖区周边有防震要求的重要结构或设施的地区进行开挖,宜采用机械和人工开挖或控制爆破。

5)在土石方回填过程中,监理人员应按照下列要求进行监督:

a. 土石方回填前,应根据设计要求和不同质量等级标准来确定施工工艺和方法;如采用外购土方回填,填料应符合设计要求。

b. 土方回填时,应先低处后高处,逐层填筑。填料首先应确定最大干密度和最佳含水量,填料含水量与最佳含水量的偏差控制在±2%范围内。

c. 分层碾压时,厚度应根据压实机具通过试验确定,一般不宜超过300mm,其最大粒径不得超过每层厚度的3/4。

d. 碾压机械压实回填时,一般先静压后振动或先轻后重,并控制行驶速度,平碾和振动碾不宜超过2km/h,羊角碾不宜超过3km/h。每次碾压,机具应从两侧向中央进行,主轮应重叠150mm以上。

e. 采用强夯法施工时,填筑厚度和最大粒径应根据强夯夯击能量大小和施工条件通过试验确定。

f. 土石方回填应填筑压实,且压实系数应满足设计要求。当采用分层回填时,应在下层的压实系数经试验合格后,才能进行上层施工。场地平整工程压实度每层按400~900m$^2$取样1组,每层不少于1组,取样应在每层压实后的下半部。

g. 施工中应防止出现翻浆或弹簧土现象。特别是雨期施工时,应集中力量分段回填碾压,还应加强临时排水设施,回填面应保持一定的流水坡度,避免积水。对于局部翻浆或弹簧土可以采取换填或翻松晾晒等方法处理。在地下水位较高的区域施工时,应设置盲沟疏干地下水。

h. 软土、湿陷性黄土、膨胀土、红黏土、盐渍土等特殊土施工,应由设计单位提出处理方案,施工应符合《土方与爆破工程施工及验收规范》(GB 50201—2012)的规定。

i. 场平工程应尽量避开雨季施工,如确需在雨季施工,工作面不宜过大,应逐段、逐片分期完成。

### 3．检查与验收

依照《变电（换流）站土建工程施工质量验收规范》（Q/GDW 10183—2021）附录B.1 及国家电网有限公司统一验收表式相关要求，结合现场实际情况，场地平整工程通常单独划分为一个单位工程，土石方开挖、土石方回填分别划分为分部工程，总监理工程师组织分部（子分部）工程的验收。单位工程验收由建设管理单位组织，监理参与。

（1）检验批：审核并签认施工检验批资料，填写监理平行检验记录表。

土方施工资料包括土石方开挖、土石方回填、土石方堆放等。

（2）分项工程：由以上同一工序多个检验批汇总，专业监理工程师审核、签认分项工程质量验收记录。

（3）分部工程质量资料：总监组织验收人员审核并签认以下资料。

1）通用部分：①图纸会检、设计变更、洽商记录；②施工方案、作业指导书、技术交底记录；③测量放线记录；④土方堆放评定记录；⑤分项工程质量验收记录；⑥检验批工程质量验收记录；⑦隐蔽工程数码照片。

2）施工专用资料：回填土密实度检测报告。

## 四、报告与记录

施工过程中形成的主要成果资料见表2-6。

表 2-6　　　　　　　　　　施工过程中形成的主要成果资料

| 序号 | 编号 | 名　　称 | 填　　报 |
|---|---|---|---|
| 1 | JXM3 | 文件审查记录表 | 总监理工程师、专业监理工程师 |
| 2 | JJS3 | 施工图预检记录表 | 总监理工程师、专业监理工程师 |
| 3 | JZL3 | 平行检查记录表 | 专业监理工程师 |
| 4 | JXM4 | 监理策划文件报审表 | 细则专业监理工程师编写,总监理工程师审批 |
| 5 | JXM15 | 监理通知单 | 总监理工程师、专业监理工程师 |
| 6 | JZL1 | 见证取样统计表 | 监理员 |
| 7 | JXM15 | 质量、安全活动记录 | 总监理工程师、专业监理工程师 |

## 五、附表

对方案进行审核时，应运用数字监理平台逐项审查并勾选检查结果，填写修改意见。在平行检验时，根据表格内容逐项检查，并根据系统要求留存影像资料。未应用数字监理平台可采用纸质表单执行。

文件审查记录表如表2-7所示，平行检验记录表如表2-8和表2-9所示。

表 2-7 文件审查记录表（场地平整施工方案）

工程名称： 编号：

| 文件名称 | （写文件全称，××施工方案—报审表编号） |
| --- | --- |
| 送审单位 | （编制单位全称） |

| 序号 | 监理项目部审查标准 | 检查结果 | 施工项目部反馈意见 |
| --- | --- | --- | --- |
| 1 | 施工方案的编审批流程是否已按要求履行 | □合格 □不合格 | |
| | 修改意见： | | |
| 2 | 施工方案的编制依据是否已过期 | □合格 □不合格 | |
| | 修改意见： | | |
| 3 | 工程概况中应描述应与现场及设计图纸一致 | □合格 □不合格 | |
| | 修改意见： | | |
| 4 | 施工方案（措施）制定的施工工艺流程应合理，并绘制流程图 | □合格 □不合格 | |
| | 修改意见： | | |
| 5 | 根据各部位施工进度计划及流水段划分进行机械，满足施工进度计划及流水施工的需要 | □合格 □不合格 | |
| | 修改意见： | | |
| 6 | 应明确场平工程技术要求及工艺流程。方案中应对开挖回填顺序进行明确 | □合格 □不合格 | |
| | 修改意见： | | |
| 7 | 施工方案内容应包括安全危险点分析或危险源辨识、环境因素识别应准确、全面 | □合格 □不合格 | |
| | 修改意见： | | |
| 8 | "施工准备"中现场材料、工具设备、安全防护布置是否满足施工需求等 | □合格 □不合格 | |
| | 修改意见： | | |
| 9 | 明确质量标准及验收方法 | □合格 □不合格 | |
| | 修改意见： | | |
| 10 | 存在的其他问题 | | |

总/专业监理工程师：＿＿＿＿＿＿ 项目经理：＿＿＿＿＿＿
日　期：＿＿＿年＿月＿日 日　期：＿＿＿年＿月＿日

| 监理复查意见 | 总/专业监理工程师：＿＿＿＿＿＿ 日　期：＿＿＿年＿月＿日 |
| --- | --- |

注 本表使用过程中可自行增加内容。本表一式两份，监理、施工项目部各存1份。

**表 2-8**　　　　　　　　　平行检验记录表（土石方开挖）

工程名称：　　　　　　　　　　　　　　　　　　　　编号：

| 检验对象分类 | | | □设备 | □材料 | □工序 |
|---|---|---|---|---|---|
| 检验对象基本信息 | 设备 | 设备名称 | | 设备型号规格 | |
| | | 生产厂家 | | 安装位置 | |
| | 材料 | 材料名称 | | 材料型号规格 | |
| | | 生产厂家 | | 使用部位 | |
| | 工序 | 工序名称 | 土石方开挖 | 实施单位 | |
| | | 其他 | 使用部位： | | |

| 序号 | 检验项目 | | 质量标准 | 质量检验结果 | 备注 |
|---|---|---|---|---|---|
| 1 | 基底土性 | | 应符合设计要求 | □合格　□不合格 | |
| 2 | 边坡、表面坡度及坡脚位置 | | 应符合设计要求和现行有关标准的规定。表面坡度设计无要求时，应向排水沟方向做不小于 2%的坡度 | □合格　□不合格 | |
| 3 | 挖方场地平整标高偏差 | 土方人工 | −30～10mm | | |
| | | 土方机械 | ±50mm | | |
| | | 石方 | −300～100mm | | |
| 4 | 分级放坡边坡平台宽度偏差 | | −50～100mm | | |
| 5 | 除最下一层外的分层开挖标高偏差 | | ±50mm | | |
| 6 | 挖方场地平整表面平整度 | 土方人工 | ≤20mm | | |
| | | 土方机械 | ≤50mm | | |
| | | 石方 | ≤100mm | | |
| 检验结论 | | | □合格　□不合格 | | |
| 检验仪器及编号 | | | 经纬仪：　　　　　　　水准仪：<br>钢卷尺： | | |
| 检验人员 | | | 检验日期 | | 年　月　日 |

表 2-9 平行检验记录表（土方回填）

工程名称： 编号：

| 检验对象分类 | | | □设备 | □材料 | | □工序 | |
|---|---|---|---|---|---|---|---|
| 检验对象基本信息 | 设备 | 设备名称 | | | 设备型号规格 | | |
| | | 生产厂家 | | | 安装位置 | | |
| | 材料 | 材料名称 | | | 材料型号规格 | | |
| | | 生产厂家 | | | 使用部位 | | |
| | 工序 | 工序名称 | 土方回填 | | 实施单位 | | |
| | | 其他 | 使用部位： | | | | |

| 序号 | 检验项目 | | 质量标准 | 质量检验结果 | 备注 |
|---|---|---|---|---|---|
| 1 | 基底处理 | | 必须符合设计要求和现行有关标准的规定 | □合格 □不合格 | |
| 2 | 分层压实系数☆ | | 土方回填应填筑压实，且压实系数必须满足设计要求。当采用分层回填时，应在下层的压实系数经试验合格后，才能进行上层施工 | □合格 □不合格 | |
| 3 | 边坡坡度 | | 应符合设计要求和现行有关标准及施工技术措施规定 | □合格 □不合格 | |
| 4 | 标高偏差场地平整 | 人工 | ±20mm | | |
| | | 机械 | ±50mm | | |
| 5 | 回填土料 | | 应符合设计要求 | □合格 □不合格 | |
| 6 | 分层厚度及含水量 | | 应符合设计要求 | □合格 □不合格 | |
| 7 | 表面平整度 | 人工 | ≤20mm | | |
| | | 机械 | ≤30mm | | |
| 检验结论 | | | □合格 □不合格 | | |
| 检验仪器及编号 | | 经纬仪： 钢卷尺： | | 水准仪： | |
| 检验人员 | | | 检验日期 | 年 月 日 | |

注 带☆号检验项目为主控项目。

---

## 第三节

# 重 力 式 挡 墙

重力式挡土墙是依靠自身重力使边坡保持稳定的支护结构。重力式挡墙材料可使用浆砌块石、条石、毛石混凝土或素混凝土。重力式挡墙适用于坡顶无重要构筑物、土质边坡高度≤10m、岩质边坡高度≤12m 的边坡支护。土方开挖后边坡稳定较差时不应采用。

# 一、节点管控表

重力式挡墙节点管控表如表 2-10 所示。

表 2-10　　　　　　　　　　重力式挡墙节点管控表

| 工艺流程图 | 监理主要工作 | 监 理 成 果 |
|---|---|---|
| 施工准备 | 审查施工单位人员、机械、材料、施工方案,对现场安全文明布置情况进行检查 | 根据管控要点逐一审查/检查,填写文件审查记录表 |
| 测量放线 | 对定位放线成果进行复核 | 复核结果填写平行检验记录表 |
| 基槽开挖 | 对基槽开挖过程进行巡视检查 | 填写平行检验记录表 |
| 地基处理 | 对地基处理施工质量进行抽检 | 填写平行检验记录表 |
| 挡墙墙身施工 | 对墙身施工质量进行检查 | 填写平行检验记录表或旁站记录表 |
| 反滤层施工 | 对反滤层施工质量进行检查 | 填写平行检验记录表 |
| 墙背回填 | 对墙背回填土质量进行检查 | 填写平行检验记录表 |
| 质量验收 | 专业监理工程师组织检验批及分项工程的验收 | 质量验评资料签署意见 |

编制说明:
1. 编制目的:根据施工工艺流程,列明监理主要工作内容及应及时填写的表单。
2. 编制依据:标准工艺,统一验收表式及质量验评划分表,安全风险管理规程。

# 二、安全风险

## 1. 重力式挡土墙主要风险

触电、高处坠落、物体打击。

## 2. 控制措施

(1)采用块石挡土墙时,卸料车辆应停稳后方可卸料,待车厢完全复位后方可行走。向低地卸料时,后轮与边沿距离不得小于 1m,防止坍塌造成翻车。

(2)块石挡墙施工时,两人抬运块石时,应注意块石平稳,以防落石伤人。往基槽、基坑内运石料时不得乱丢，应使用溜槽或吊运，卸料时下方不得有人，整个作业过程设专人统一指挥。

（3）修整石料应在地面操作并戴防护镜，严禁两人对面操作。

（4）作业过程中所用脚手架、跳板等安全防护设施必须符合规定。

（5）各种电动机具必须按规定接零接地，并设置单一开关；遇有临时停电或停工休息时，必须拉闸加锁。

（6）分段施工的挡墙，施工完成后的挡墙临空面应设置防护栏杆，并悬挂警示标牌。

（7）高空作业人员应配备防坠落装备，并正确使用。

# 三、挡土墙施工控制要点

## 1. 作业前控制要点

（1）审查施工方案。要求施工单位在施工前报送施工方案。施工方案经监理审查批准后，应严格执行。

（2）施工机械设备进场前要求施工单位报送相关机械设备资质文件，监理进行审查。

（3）石砌体材料已完成进场报审。石砌体采用的石材应质地坚实，无裂纹和无明显风化剥落；石材表面的泥垢、水锈等杂质，砌筑前应清除干净。块石、条石的强度等级不应低于 MU30。

（4）混凝土供货商资质需经监理审核，业主批准。所使用混凝土强度等级不应低于C15。砂浆强度等级不应低于 M5.0，砂浆所使用原材料经检验合格并报审。相关要求见第一章内容。

（5）现场技术人员已对施工人员进行书面技术交底。

## 2. 过程控制要点

（1）基槽开挖：

1）按技术人员在原地面放样的基槽开挖线点位，撒白灰标志开挖轮廓线。完成后监理人员应对点位进行复核检验。

2）施工前应检查平面位置、标高、边坡坡率、降排水系统，施工中应检验开挖的平面尺寸、标高、坡率、水位等。

（2）地基处理。开挖完成后进行人工基底平整，清除基坑内浮土，修整底部横纵坡满足设计要求，采用小型夯机夯实基底。对于承载力不足的软弱层应挖除并换填碎石垫层，分层整平夯实，在基底较低一侧设置临时排水沟和集水坑，地基处理执行设计图要求。

（3）基槽验收。勘察、设计、监理、施工、建设等各方相关人员应共同参加验槽。应重点对基坑标高，尺寸及土质情况进行检查。

（4）石砌体挡墙施工时，监理人员应按照下列要求进行检查监督：

1）第一皮石块应坐浆，并将大面向下；砌筑料石基础的第一皮石块应用丁砌层坐浆砌筑。

2）毛石砌体的第一皮及转角处、交接处和洞口处，应用较大的平毛石砌筑。每个楼层（包括基础）砌体的最上一皮，宜选用较大的毛石砌筑。

3）砌筑时，对石块间存在的较大的缝隙，应先向缝内填灌砂浆并捣实，然后用小石块嵌填，不得先填小石块后填灌砂浆，石块间不得出现无砂浆相互接触现象。

4）砂浆饱满度不应低于 80%。

5）每砌 3～4 皮为一个分层高度，每个分层高度应将顶层石块砌平。

6）挡墙应分层错缝砌筑，墙体砌筑时不应有垂直通缝，两个分层高度间分层处的错缝不得小于 80mm。外露面应用 M7.5 砂浆勾缝。毛石砌体外露面的灰缝厚度不宜大于 40mm；毛料石和粗料石的灰缝厚度不宜大于 20mm；细料石的灰缝厚度不宜大于 5mm。

（5）混凝土挡墙施工时，监理人员应按照下列要求进行检查监督：

1）混凝土挡墙基础应按挡土墙分段，整段进行一次性浇灌。

2）墙身混凝土一次浇筑高度不宜大于 4m，混凝土挡墙与基础的结合面应进行施工缝处理，浇灌墙身混凝土前，应在结合面上刷一层 20～30mm 厚与混凝土配合比相同的水泥砂浆，混凝土浇灌完成后，应及时洒水养护，养护时间不应少于 7d。

3）混凝土的相关质量控制，参照第一章内容执行。

4）毛石混凝土挡墙应按照设计比例在混凝土浇筑时掺入毛石，掺入量应不大于 25%。毛石不应大于浇筑尺寸的 1/3，且不大于 300mm。

5）毛石混凝土浇筑前应先铺设一层 8～15cm 厚混凝土打底，然后铺设毛石，毛石间距不小于 100mm，距离模板距离不小于 150mm。铺设完成后进行混凝土浇筑逐层开展，至顶层，毛石至挡墙顶部应保证有不小于 150mm 的混凝土覆盖层。

（6）挡墙应按照设计要求设置泄水孔，泄水孔应符合下列要求：

1）泄水孔应在每米高度上间隔 2m 左右设置一个泄水孔；其最下一排的出水口应高于地面或排水沟设计水位顶面，且不应小于 200mm；泄水孔应梅花布置。泄水孔宜采用 110mmPVC 管，并向外 5%放坡。

2）在泄水孔进水侧应设置反滤层或反滤包；反滤层厚度不应小于 500mm，反滤包尺寸不应小于 500mm×500mm×500mm，反滤层和反滤包的顶部和底部应设厚度不小于 300mm 的黏土隔水层。

（7）伸缩缝及沉降缝的设置应符合下列要求：

1）条石、块石挡墙伸缩缝宜为 20～25m 设置一道，混凝土挡墙伸缩缝宜 10～15m 设置一道。挡墙高度突变处及与其他建（构）筑物连接处也应设置伸缩缝。

2）在地基岩土性状变化处应设置沉降缝。

3）沉降缝、伸缩缝的缝宽宜为 20～30mm，缝中应填塞沥青麻筋或其他有弹性的防水材料，填塞深度不应小于 150mm。

（8）墙背回填土应符合下列要求：

1）墙背填料应优先选择抗剪强度高和透水性较强的填料。当采用黏性土作填料时，宜掺入适量的砂砾或碎石。不应采用淤泥质土、耕植土、膨胀性黏土等软弱有害的岩土体作为填料。

2）墙后填土应分层夯实，选料及其密实度均应满足设计要求，填料回填应在砌体或混凝土强度达到设计强度的 75%以上后进行。

3）当填方挡墙墙后地面的横坡坡度大于 1:6 时，应进行地面粗糙处理后再填土。

**3．检查与验收**

依照《变电（换流）站土建工程施工质量验收规范》（Q/GDW 10183—2021）附录 B.1 及国家电网有限公司统一验收表式相关要求，重力式挡土墙为围墙及大门（包括站外护坡、排洪沟）单位工程中围墙基础及排水沟分部工程中的子分部工程。以上验收程序均为专业监理工程师组织检验批及分项工程的验收，总监理工程师组织分部（子分部）工程的验收。

（1）检验批：审核并签认施工检验批资料，填写监理平行检验记录表。

挡墙施工资料包括垫层、挡土墙模板、挡土墙混凝土和石砌体等。

（2）分项工程：由以上同一工序多个检验批汇总，专业监理工程师审核、签认分项工程质量验收记录。

（3）分部工程质量资料：总监组织验收人员审核并签认以下资料。

1）通用部分：①图纸会检、设计变更、洽商记录；②一般施工方案、作业指导书、技术交底记录；③测量放线记录；④隐蔽工程验收记录；⑤混凝土评定记录；⑥分项工程质量验收记录；⑦检验批工程质量验收记录；⑧试件制作数码照片；⑨隐蔽工程数码照片。

2）施工专用资料：①原材料出厂合格证及进场检（试）验报告；②混凝土配合比试验报告；③混凝土试件的试验报告；④原材料进场；⑤混凝土强度统计。

# 四、报告与记录

施工过程中形成的主要成果资料见表 2-11。

表 2-11　　　　　　　　施工过程中形成的主要成果资料

| 序号 | 编号 | 名　称 | 填　报 |
|---|---|---|---|
| 1 | JXM3 | 文件审查记录表 | 总监理工程师、专业监理工程师 |
| 2 | JJS3 | 施工图预检记录表 | 总监理工程师、专业监理工程师 |
| 3 | JZL3 | 平行检查记录表 | 专业监理工程师 |
| 4 | JXM4 | 监理策划文件报审表 | 细则专业监理工程师编写,总监理工程师审批 |

| 序号 | 编号 | 名　　称 | 填　　报 |
|---|---|---|---|
| 5 | JXM15 | 监理通知单 | 总监理工程师、专业监理工程师 |
| 6 | JZL1 | 见证取样统计表 | 监理员 |
| 7 | JXM15 | 质量、安全活动记录 | 总监理工程师、专业监理工程师 |

# 五、附表

　　对方案进行审核时，应运用数字监理平台逐项审查并勾选检查结果，填写修改意见。在平行检验及质量旁站时，根据表格内容逐项检查，并根据系统要求留存影像资料。未应用数字监理平台可采用纸质表单执行。

　　文件审查记录表如表 2-12 所示，旁站监理记录表如表 2-13 所示，平行检验记录表如表 2-14 和表 2-15 所示。

表 2-12　　　　　　　　　　　　文件审查记录表（挡墙施工方案）

工程名称：　　　　　　　　　　　　　　　　　　　　　　　　　　　　　编号：

| 文件名称 | （写文件全称，××施工方案—报审表编号） | | |
|---|---|---|---|
| 送审单位 | （编制单位全称） | | |
| 序号 | 监理项目部审查标准 | 检查结果 | 施工项目部反馈意见 |
| 1 | 施工方案的编审批流程是否已按要求履行 | □合格　□不合格 | |
| | 修改意见： | | |
| 2 | 施工方案的编制依据是否已过期 | □合格　□不合格 | |
| | 修改意见： | | |
| 3 | 工程概况中应描述应与现场及设计图纸一致，应详细描述挡墙的具体尺寸及形式 | □合格　□不合格 | |
| | 修改意见： | | |
| 4 | 施工方案（措施）制定的施工工艺流程应合理，并绘制流程图 | □合格　□不合格 | |
| | 修改意见： | | |
| 5 | 挡墙分段施工时，分段是否合理，是否满足施工需求 | □合格　□不合格 | |
| | 修改意见： | | |
| 6 | 方案中各项保证措施是否有针对性，现场是否有可操作性 | □合格　□不合格 | |
| | 修改意见： | | |
| 7 | 施工方案内容应包括安全危险点分析或危险源辨识、环境因素识别应准确、全面 | □合格　□不合格 | |
| | 修改意见： | | |

续表

| 序号 | 监理项目部审查标准 | 检查结果 | 施工项目部反馈意见 |
|---|---|---|---|
| 8 | "施工准备"中现场材料、工具设备、安全防护布置是否满足施工需求等 | □合格　□不合格 | |
| | 修改意见： | | |
| 9 | 明确质量标准及验收方法 | □合格　□不合格 | |
| | 修改意见： | | |
| 10 | 存在的其他问题 | | |

总/专业监理工程师：＿＿＿＿＿＿＿　　　　项目经理：＿＿＿＿＿＿＿＿

日　　期：＿＿＿＿年＿＿月＿＿日　　　　日　　期：＿＿＿＿年＿＿月＿＿日

| 监理复查意见 | 总/专业监理工程师：＿＿＿＿＿＿＿<br>日　　期：＿＿＿＿年＿＿月＿＿日 |
|---|---|

注　本表使用过程中可自行增加内容。本表一式两份，监理、施工项目部各存 1 份。

**表 2-13**　　　　**旁站监理记录表（混凝土挡墙或毛石混凝土挡墙浇筑）**

工程名称：　　　　　　　　　　　　　　　　　　　　　　　编号：

| 日期及天气： | 施工地点：××区域 |
|---|---|
| 旁站监理的部位或工序： | ××部位挡墙混凝土浇筑 |
| 旁站监理开始时间： | 旁站监理结束时间： |

施工情况：

| | | |
|---|---|---|
| 作业必备条件 | 1．现场负责人 ＿＿＿＿＿＿，安全监护人＿＿＿＿＿，现场作业人员共计＿＿＿名。现场电工、焊工等特殊工种经监理项目部审批合格 | □合格　□不合格 |
| | 2．主要施工器具 _(填写名称及数量)_、机械设备 _(填写名称及数量)_ ，经监理项目部审批合格 | □合格　□不合格 |
| | 3．现场布置、施工器具、检测工具、仪器数量及状态满足使用需求。<br>材料：□预拌混凝土，核查开盘鉴定结果（原材料证明文件、配合比报告、开盘鉴定报告）符合设计及规范要求。<br>□自拌混凝土，原材料及配合比已审查合格。<br>□毛石，原材料已审查合格 | □合格　□不合格 |
| | 4．检查作业票及每日站班会规范，工作内容、人员与现场一致；施工方案审批、交底已完成 | □合格　□不合格 |
| | 5．安全文明施工设施及个人防护用品配置符合要求 | □合格　□不合格 |
| | 6．其他： | |

监理情况：
1．模板内侧清理干净，支护牢固，表面平整且拼接缝严密。采取有效脱模措施。　　　　□合格　□不合格
2．自拌混凝土应核查配合比执行情况，符合配合比掺量。　　　　　　　　　　　　　　□合格　□不合格
3．混凝土运输、输送情况：　□泵送　□吊车配备料斗　□升降设备配备小车输送　□小车及人力输送
4．混凝土运送频率符合浇筑的连续性，且抵达现场的混凝土未超过初凝时间。　　　　　□合格　□不合格
5．浇筑方式及顺序：

续表

| 日期及天气： | | 施工地点：××区域 | |
|---|---|---|---|
| 旁站监理的部位或工序： | | ××部位挡墙混凝土浇筑 | |
| 旁站监理开始时间： | | 旁站监理结束时间： | |

施工情况：

6．混凝土特性控制：混凝土浇筑过程中应严格控制水胶比。每班日或每个浇筑面，混凝土坍落度应至少检查2次，坍落度设计值_____。实测值：（1）_____，（2）_____。

7．混凝土振捣：振捣棒应快插慢拔，交错前进。振捣棒移动距离在300～500mm，每次振捣时间控制范围为20～30s，以混凝土表面水泥浆和混凝土不再沉陷为判别依据。　　　　　　□合格　□不合格

8．试块留置：标准养护试块组数：_____，同条件试块组数：_____。

9．本次浇筑方量_____m³。

10．毛石掺入是否按照设计规定比例掺入（无设计要求时掺入量应≤25%）。　□合格　□不合格

11．毛石不应大于浇筑尺寸的1/3，且≤300mm。　　　　　　　　　　□合格　□不合格

12．毛石铺设是否满足要求。　　　　　　　　　　　　　　　　　□合格　□不合格

13．浇筑过程中泄水孔不得遗漏，埋设位置应符合设计及规范要求。　□合格　□不合格

14．混凝土养护：□洒　水　□覆　盖　□喷涂养护剂　□其　他。

15．及时采集、整理数码照片资料

发现问题：

处理意见：

备注（包括处理结果）

项目监理机构：
旁站监理人员：
日　　　期：

注　1．本表适用于一般基础浇筑质量旁站。
　　2．当日作业存在工作票时，应注意检查两票关联性。
　　3．□中符合条件打"√"，不符合条件打"×"，不涉及检查项目打"\"。

表2-14　　　　　　　　平行检验记录表（石砌体挡墙）

工程名称：　　　　　　　　　　　　　　　　　　　　　　　编号：

| 检验对象分类 | | | □设备　　　　□材料　　　　□工序 | | | |
|---|---|---|---|---|---|---|
| 检验对象基本信息 | 设备 | 设备名称 | | 设备型号规格 | | |
| | | 生产厂家 | | 安装位置 | | |
| | 材料 | 材料名称 | | 材料型号规格 | | |
| | | 生产厂家 | | 使用部位 | | |
| | 工序 | 工序名称 | 石砌体挡墙 | 实施单位 | | |
| | | 其他 | 使用部位： | | | |
| 序号 | 检验项目 | | 质量标准 | | 质量检验结果 | 备注 |
| 1 | 石材强度等级☆ | | 应符合设计要求和现行有关标准的规定 | | □合格　□不合格 | |
| 2 | 砂浆品种、强度等级☆ | | 应符合设计要求和现行有关标准的规定 | | （此处应填写报告编号及结论） | |

续表

| 序号 | 检验项目 | | 质量标准 | 质量检验结果 | 备注 |
|---|---|---|---|---|---|
| 3 | 挡土墙的泄水孔与疏水层设置☆ | | 应符合设计要求。当设计无规定时，施工应符合下列规定：泄水孔应均匀设置，在每米高度上间隔 2m 左右设置一个泄水孔；泄水孔与土体间铺设长宽各为 300mm、厚 200mm 的卵石或碎石作疏水层 | □合格　□不合格 | |
| 4 | 砌体留槎 | 转角处 | 不允许留槎 | □合格　□不合格 | |
| | | 交接处 | 不能同时砌筑时应留斜槎 | □合格　□不合格 | |
| 5 | 勾缝 | | 灰缝密实，黏结牢固，墙面洁净，缝条光洁、整齐，清晰美观 | □合格　□不合格 | |
| 6 | 砂浆饱满度 | | ≥80% | □合格　□不合格 | |
| 7 | 组砌形式 | | 内外搭砌、上下错缝，拉接石、丁砌石交错设置；毛石墙拉接石每 $0.7m^2$ 墙面至少 1 块 | □合格　□不合格 | |
| 8 | 砌体灰缝厚度 | | 灰缝厚度应均匀。毛石砌体外露面的灰缝厚度不宜大于 40mm，毛料石和粗料石的灰缝厚度不宜大于 20mm，细料石砌体的灰缝厚度不宜大于 5mm | □合格　□不合格 | |
| 9 | 轴线位置 | | ≤20mm | | |
| 10 | 垂直度 | | ≤20mm | | |
| 11 | 顶面标高偏差 | | ±25mm | | |
| 12 | 砌体厚度 | | 0～30mm | | |
| 13 | 表面平整度 | | ≤20mm | | |
| 检验结论 | | | □合格　□不合格 | | |
| 检验仪器及编号 | | | 经纬仪：　　　　　　　　　　　水准仪：<br>钢卷尺： | | |

| 检验人员 | | 现场检验日期 | 年　月　日 |
|---|---|---|---|
| | | 检测报告审查日期 | 年　月　日 |

注　带☆号检验项目为主控项目。

表 2-15　　　　　　　　　　　平行检验记录表（混凝土挡墙）

工程名称：　　　　　　　　　　　　　　　　　　　　　　　　编号：

| 检验对象分类 | | | □设备　　　　□材料　　　　□工序 | | |
|---|---|---|---|---|---|
| 检验对象基本信息 | 设备 | 设备名称 | | 设备型号规格 | |
| | | 生产厂家 | | 安装位置 | |
| | 材料 | 材料名称 | | 材料型号规格 | |
| | | 生产厂家 | | 使用部位 | |
| | 工序 | 工序名称 | 混凝土挡墙 | 实施单位 | |
| | | 其他 | 使用部位： | | |
| 序号 | 检验项目 | | 质量标准 | 质量检验结果 | 备注 |
| 1 | 混凝土强度 | | 设计值： | （此处填写结论及检测报告编号） | |

续表

| 序号 | 检验项目 | 质量标准 | 质量检验结果 | 备注 |
|---|---|---|---|---|
| 2 | 轴线位置 | ≤15mm | | |
| 3 | 外观质量 | 现浇结构的外观质量不应有严重缺陷。对已经出现的严重缺陷，应由施工单位提出技术处理方案，并经监理单位认可后进行处理；对裂缝或连接部位的严重缺陷及其他影响结构安全的严重缺陷，技术处理方案尚应经设计单位的认可。对经处理的部位应重新验收 | □合格　□不合格 | |
| 4 | 现浇混凝土尺寸偏差 | 现浇结构不应有影响结构性能或使用功能的尺寸偏差。混凝土设备基础不应有影响结构性能和设备安装的尺寸偏差。对超过尺寸允许偏差且影响结构性能或安装、使用功能的部位，应由施工单位提出技术处理方案，并经监理、设计单位认可后进行处理。对经处理的部位应重新验收 | □合格　□不合格 | |
| 5 | 基础顶面标高 | ±15mm | | |
| 6 | 平整度 | ±10mm | | |
| 7 | 尺寸 | −10～15mm | | |
| 8 | 外观质量一般缺陷 | 现浇结构的外观质量不宜有一般缺陷。对已经出现的一般缺陷，应由施工单位按技术处理方案进行处理。对经处理的部位应重新验收 | □合格　□不合格 | |
| 9 | 毛石挡墙中毛石掺量 | 符合设计要求 | □合格　□不合格 | |
| 检验结论 | | □合格　□不合格 | | |
| 检验仪器及编号 | | 经纬仪：　　　　　　　水准仪：<br>钢卷尺： | | |
| 检验人员 | | 现场检验日期 | 年　月　日 | |
| | | 检测报告审查日期 | 年　月　日 | |

# 第四节

# 坡面防护与绿化

变电站通常使用的护坡有砌石护坡、混凝土预制块护坡、植被护坡、喷锚护坡。

## 一、节点管控表

砌石护坡、现浇混凝土护坡、混凝土预制块护坡节点管控表如表 2-16 所示。

表 2-16　　　　砌石护坡、现浇混凝土护坡、混凝土预制块护坡节点管控表

| 工艺流程图 | 监理主要工作 | 监 理 成 果 |
|---|---|---|
| 施工准备 | 审查施工单位人员、机械、材料、施工方案,对现场安全文明布置情况进行检查 | 根据管控要点逐一审查/检查,填写文件审查记录表 |
| 测量放线 | 施工单位三级自检后,对定位放线成果进行复核 | 复核结果填写平行检验记录表 |
| 边坡修整 | 对边坡修整过程进行质量巡检 | 填写平行检验记录表 |
| 坡面施工 | 对边坡施工质量进行抽检 | 填写平行检验记录表 |
| 质量验收 | 专业监理工程师组织检验批及分项工程的验收 | 填写平行检验记录表 |

编制说明:
1. 编制目的:根据施工工艺流程,列明监理主要工作内容及应及时填写的表单。
2. 编制依据:标准工艺,统一验收表式及质量验评计划分表,安全风险管理规程。

骨架植被护坡节点管控表如表 2-17 所示。

表 2-17　　　　　　　　　骨架植被护坡节点管控表

| 工艺流程图 | 监理主要工作 | 监 理 成 果 |
|---|---|---|
| 施工准备 | 审查施工单位人员、机械、材料、施工方案,对现场安全文明布置情况进行检查 | 根据管控要点逐一审查/检查,填写文件审查记录表 |
| 测量放线 | 施工单位三级自检后,对定位放线成果进行复核 | 复核结果填写平行检验记录表 |
| 边坡修整 | 对边坡修整过程进行质量巡检 | 填写平行检验记录表 |
| 骨架施工 | 对边坡施工质量进行抽检 | 填写平行检验记录表 |
| 骨架间回填土 | 对骨架填土质量进行检查 | 填写平行检验记录表 |
| 坡面植被施工 | 检查植被施工质量 | 填写平行检验记录表 |
| 质量验收 | 专业监理工程师组织检验批及分项工程的验收 | 填写平行检验记录表 |

编制说明:
1. 编制目的:根据施工工艺流程,列明监理主要工作内容及应及时填写的表单。
2. 编制依据:标准工艺,统一验收表式及质量验评计划分表,安全风险管理规程。

喷锚护坡节点管控表如表 2-18 所示。

表 2-18 　　　　　　　　　　　喷锚护坡节点管控表

| 工艺流程图 | 监理主要工作 | 监 理 成 果 |
|---|---|---|
| 施工准备 | 审查施工单位人员、机械、材料、施工方案，对现场安全文明布置情况进行检查 | 根据管控要点逐一审查/检查，填写文件审查记录表 |
| 测量放线 | 施工单位三级自检后，对定位放线成果进行复核 | 复核结果填写平行检验记录表 |
| 边坡修整 | 对边坡修整过程进行质量巡检 | 填写平行检验记录表 |
| 锚杆施工 | 对锚杆施工质量进行检查验收 | 填写平行检验记录表 |
| 挂网施工 | 对挂网质量进行检查验收 | 填写平行检验记录表 |
| 喷浆 | 见证喷浆质量 | 填写平行检验记录表 |
| 质量验收 | 专业监理工程师组织检验批及分项工程的验收 | 填写平行检验记录表 |

编制说明：
1. 编制目的：根据施工工艺流程，列明监理主要工作内容及应及时填写的表单。
2. 编制依据：标准工艺，统一验收表式及质量验评划分表，安全风险管理规程。

## 二、安全风险

### 1. 坡面防护与绿化主要风险

触电、高处坠落、机械伤害。

### 2. 控制措施

（1）采用挖掘机配合施工时，挖掘机械工作位置要平坦，工作前履带要制动，回转时不能从汽车驾驶室上部通过，同时汽车未停稳不得装车。

（2）边坡坡面上作业时，应坡顶设置锚固杆，每隔约 4～5m 垂直设置安全绳，作业人员系好安全绳后方可进行坡面支护施工，防止人员坠落。

（3）浆砌片石运送采用人员搬运方式搬运至坡面，坡面上片石应放置在事先挖好的沟槽内，且放置片石不宜过多，防止石块滚落，应随用随搬。

（4）浆砌片石砌筑过程中应注意下方人员，垂直下方不得有交叉作业，砌筑废料禁止向下方抛掷。

（5）各种电动机具必须按规定接零接地，并设置单一开关；遇有临时停电或停工休息时,必须拉闸加锁。

（6）坡面防护工程施工应采取必要的安全防护措施,如挂设安全防护拦截网,施工时禁止上下层交叉作业。

# 三、坡面防护与绿化施工控制要点

## 1. 作业前控制要点

（1）监理实施细则已编审完成,并履行安全、质量、技术控制要点的交底。

（2）施工方案已报审,并经过审批,施工方案应有针对性,方案编制合理可行。

（3）本作业相关的施工图已进行交底、会检;每个分项工程必须分级进行施工技术交底。技术交底内容要充实,具有针对性和指导性,全体参加施工的人员都要参加交底并签名,形成书面交底记录。

（4）本作业的施工人力和机械已进场,施工组织已落实到位。

（5）物资材料准备能满足本作业连续施工需要。

（6）各种材料施工材料需完成进场报审。

（7）边坡坡面防护工程应在稳定边坡上设置。对欠稳定的或存在不良地质因素的边坡,应先进行边坡治理后进行坡面防护与绿化。

## 2. 过程控制要点

（1）砌石和混凝土预制块护坡等砌体护坡适用于坡度缓于 1:1 的易风化的岩石和土质挖方边坡,在施工过程中,监理人员应按照下列要求进行检查。

（2）石料强度等级不应低于 MU30,浆砌块石、片石、卵石护坡的厚度不宜小于250mm。

（3）预制块的混凝土强度等级不应低于 C20,厚度不小于 150mm。

（4）铺砌层下应设置碎石或砂砾垫层,厚度不宜小于 100mm。

（5）砌筑砂浆强度等级不应低于 M5.0,在严寒地区和地震地区或水下部分的砌筑砂浆强度等级不应低于 M7.5。

（6）砌体护坡应设置伸缩缝和泄水孔。

（7）砌体护坡伸缩缝间距宜为 20～25m、缝宽 20～30mm;在地基性状和护坡高度变化处应设沉降缝,沉降缝与伸缩缝宜合并设置;缝中应填塞沥青麻筋或其他有弹性的防水材料,填塞进深不应小于 150mm;在拐角处应采取适当地加强构造措施。

（8）砌体护坡施工前应将坡面整平;在铺设混凝土预制块前,对局部坑洞处应预先采用混凝土或浆砌片石填补平整。

（9）浆砌块石、片石、卵石护坡应采取坐浆法施工,预制块应错缝砌筑;护坡面应平顺,并与相邻坡面顺接。

（10）砂浆初凝后,应立即进行养护;砂浆终凝前,砌块应覆盖。

（11）植被护坡监理人员应按照下列要求进行检查：

1）施工前应对边坡进行修整，清除边坡上的危石及不密实的松土。坡面应无危石、松土及坑洼。

2）骨架所使用材料强度应满足设计要求，混凝土强度应大于 C25，石砌体浆砌片石骨架采用 7.5 号水泥砂浆砌筑，片石强度不低于 30MPa。

3）骨架平面位置及尺寸应符合设计图纸要求，骨架与边坡水平线呈 45℃，左右互相垂直铺设，方格间距符合设计要求。

4）骨架内回填土应密实，表层土应为黏性土等适宜种植的土。

5）种草施工，草籽应撒布均匀，同时做好保护措施。

6）铺设草皮块与块之间应保留 5mm 的间隙。

7）客土喷播施工所喷播植草混合料中植生土、土壤稳定剂、水泥、肥料、混合草籽和水等的配合比应根据边坡坡率、地质情况和当地气候条件确定，混合草籽用量每 1000m² 不宜少于 25kg；在气温低于 12℃时不宜喷播作业。

（12）喷锚护坡监理人员应按照下列要求进行检查：

1）锚杆及防护网规格、间距应符合设计要求，锚杆完成后，应进行拉拔力检测，拉拔力平均值应大于设计值，最小值应不小于设计值的 0.9 倍。

2）喷护前应采取措施对泉水、渗水进行处置，并按设计要求设置泄水孔，排、防积水。

3）施工作业前应进行试喷，选择合适的水灰比和喷射压力；喷射顺序应自下而上进行。

4）砂浆或混凝土初凝后，应立即开始养护，喷浆养护期不应少于 5d，喷射混凝土养护期不应少于 7d。

5）应及时对喷浆或混凝土层顶部进行封闭处理。

**3. 检查与验收**

依照《变电（换流）站土建工程施工质量验收规范》（Q/GDW 10183—2021）附录 B.1 及国家电网有限公司统一验收表式相关要求，坡面防护与绿化为围墙及大门（包括站外护坡、排洪沟）主体分部工程中的子分部工程。以上验收程序均为专业监理工程师组织检验批及分项工程的验收，总监理工程师组织分部（子分部）工程的验收。

（1）检验批：审核并签认施工检验批资料，填写监理平行检验记录表。

坡面防护与绿化施工资料包括砌石护坡、现浇混凝土护坡、混凝土预制块护坡、植被护坡和锚喷护坡等。

（2）分项工程：由以上同一工序多个检验批汇总，专业监理工程师审核、签认分项工程质量验收记录。

（3）分部工程质量资料：总监组织验收人员审核并签认以下资料。

1）通用部分：①图纸会检、设计变更、洽商记录；②一般施工方案、作业指导书、技术交底记录；③测量放线记录；④隐蔽工程验收记录；⑤砂浆评定记录；⑥分项工程质量验收记录；⑦检验批工程质量验收记录；⑧试件制作数码照片；⑨隐蔽工程数码照片。

2）施工专用资料（护坡结构）：①原材料出厂合格证及进场检（试）验报告；②砂浆配合比试验报告；③砌筑砂浆试件的试验报告；④锚杆拉拔试验检测记录、⑤砂浆强度统计；⑥混凝土强度报告。

# 四、报告与记录

施工过程中形成的主要成果资料见表 2-19。

表 2-19　　　　　　　　　施工过程中形成的主要成果资料

| 序号 | 编号 | 名　　称 | 填　　报 |
|---|---|---|---|
| 1 | JXM3 | 文件审查记录表 | 总监理工程师、专业监理工程师 |
| 2 | JJS3 | 施工图预检记录表 | 总监理工程师、专业监理工程师 |
| 3 | JZL3 | 平行检查记录表 | 专业监理工程师 |
| 4 | JXM4 | 监理策划文件报审表 | 细则专业监理工程师编写，总监理工程师审批 |
| 5 | JXM15 | 监理通知单 | 总监理工程师、专业监理工程师 |
| 6 | JZL1 | 见证取样统计表 | 监理员 |
| 7 | JXM15 | 质量、安全活动记录 | 总监理工程师、专业监理工程师 |

# 五、附表

对施工方案进行审核时，应运用数字监理平台逐项审查并勾选检查结果，填写修改意见。在平行检验及质量旁站时，根据表格内容逐项检查，并根据系统要求留存影像资料。未应用数字监理平台可采用纸质表单执行。

平行检查记录表如表 2-20～表 2-22 所示。

表 2-20　　　　　　　　　平行检查记录表（砌石护坡工程）

工程名称：　　　　　　　　　　　　　　　　　　　　　　编号：

| 检验对象分类 | | | □设备　　　　　□材料　　　　　□工序 | | | |
|---|---|---|---|---|---|---|
| 检验对象基本信息 | 设备 | 设备名称 | | 设备型号规格 | | |
| | | 生产厂家 | | 安装位置 | | |
| | 材料 | 材料名称 | | 材料型号规格 | | |
| | | 生产厂家 | | 使用部位 | | |
| | 工序 | 工序名称 | | 实施单位 | | |
| | | 其他 | 使用部位： | | | |
| 序号 | 检验项目 | | 质量标准 | | 质量检验结果 | 备注 |
| 1 | 石料规格和质量 | | 应符合设计要求和现行有关标准的规定 | | □合格　□不合格 | |

| 序号 | 检验项目 | | 质量标准 | 质量检验结果 | 备注 |
|---|---|---|---|---|---|
| 2 | 砂浆强度 | | 应符合设计要求和现行有关标准的规定 | （此处填写结论及报告编号） | |
| 3 | 砂浆配合比 | | 应符合设计要求 | □合格 □不合格 | |
| 4 | 地基质量 | | 应符合设计要求 | □合格 □不合格 | |
| 5 | 墙背填料 | | 应符合设计和施工规范 | □合格 □不合格 | |
| 6 | 沉降缝、泄水孔布置 | | 应符合设计要求和现行有关标准的规定，沉降缝整齐垂直，上下贯通，泄水孔坡度向外，无堵塞现象 | □合格 □不合格 | |
| 7 | 砌筑质量 | | 砌块要分层错缝，浆砌时坐浆挤紧，嵌缝后砂浆饱满，无空洞现象；干砌时不松动、叠砌和浮塞；砌体坚实牢固，边缘顺直，无脱落现象 | □合格 □不合格 | |
| 8 | 填缝材料及填缝质量 | | 填缝材料应符合设计要求和现行有关标准规定，填缝要求饱满 | □合格 □不合格 | |
| 9 | 顶面高程偏差 | 浆砌 | ±15mm | | |
| 10 | | 干砌 | ±30mm | | |
| 11 | 坡度 | | 应符合设计要求 | | |
| 12 | 底面高程偏差 | | ±50mm | | |
| 13 | 厚度偏差 | 浆砌 | ±30mm | | |
| 14 | | 干砌 | ±50mm | | |
| 15 | 表面平整度 | 料石 | 10mm | | |
| 16 | | 块石 | 20mm | | |
| 17 | | 干砌 | 50mm | | |
| 18 | 缝宽 | | 无宽度在15mm以上、长度在0.5m以上的连续缝 | | |
| 19 | 勾缝 | | 勾缝平顺、缝宽均匀，无裂缝和脱落现象 | | |
| 20 | 砂浆饱满度 | | ≥80% | | |
| 检验结论 | | | □合格 □不合格 | | |
| 检验仪器及编号 | | | 经纬仪： 水准仪：<br>钢卷尺： | | |
| 检验人员 | | | 现场检验日期 | 年 月 日 | |
| | | | 检测报告审查日期 | 年 月 日 | |

143

**表 2-21**　　　　　　　　　**平行检验记录表（锚喷护坡工程）**

工程名称：　　　　　　　　　　　　　　　　　　　　　　　　编号：

| 检验对象分类 | | | □设备 | | □材料 | □工序 |
|---|---|---|---|---|---|---|
| 检验对象基本信息 | 设备 | 设备名称 | | 设备型号规格 | | |
| | | 生产厂家 | | 安装位置 | | |
| | 材料 | 材料名称 | | 材料型号规格 | | |
| | | 生产厂家 | | 使用部位 | | |
| | 工序 | 工序名称 | | 实施单位 | | |
| | | 其他 | 使用部位： | | | |

| 序号 | 检 验 项 目 | 质 量 标 准 | 质量检验结果 | 备 注 |
|---|---|---|---|---|
| 1 | 混凝土强度及试件取样留置☆ | 必须符合设计要求和现行有关标准的规定 | （此处填写结论及报告编号） | |
| 2 | 锚杆拔力 | 平均值≥设计值，最小值≥0.9 设计值 | （此处填写结论及报告编号） | |
| 3 | 喷层厚度 | 平均厚≥设计厚，检查点的 60%≥设计厚，最小厚度≥0.5 设计值，且≥60mm | □合格　□不合格 | |
| 4 | 钢筋外观及安装质量 | 钢筋应无锈，钢筋网与锚杆或其他锚固装置连接牢固，喷射时钢筋不得晃动 | □合格　□不合格 | |
| 5 | 钢筋网铺设，喷头施工 | 钢筋网应在岩面喷射一层混凝土后铺设，喷头与待喷面垂直，混凝土应密实 | □合格　□不合格 | |
| 6 | 岩面排水设施及处理 | 喷射前做好排水设施，对个别漏水孔洞的缝隙应采取堵水措施，确保支护质量 | □合格　□不合格 | |
| 7 | 钢筋与锚杆及混凝土面质量 | 不允许钢筋与锚杆外露，不允许混凝土开裂脱落 | □合格　□不合格 | |
| 8 | 混凝土表面外观 | 表面密实，光滑整齐 | □合格　□不合格 | |
| | 检验结论 | | | |
| | 检验仪器及编号 | 经纬仪：　　　　　　　　　水准仪：<br>钢卷尺： | | |
| 检验人员 | | 现场检验日期 | 年　　　月　　　日 | |
| | | 检测报告审查日期 | 年　　　月　　　日 | |

注　带☆号检验项目为主控项目。

**表 2-22**　　　　　　　　　**平行检验记录表（植被护坡工程）**

工程名称：　　　　　　　　　　　　　　　　　　　　　　　　编号：

| 检验对象分类 | | | □设备 | | □材料 | □工序 |
|---|---|---|---|---|---|---|
| 检验对象基本信息 | 设备 | 设备名称 | | 设备型号规格 | | |
| | | 生产厂家 | | 安装位置 | | |
| | 材料 | 材料名称 | | 材料型号规格 | | |
| | | 生产厂家 | | 使用部位 | | |
| | 工序 | 工序名称 | | 实施单位 | | |
| | | 其他 | 使用部位： | | | |

续表

| 序号 | 检 验 项 目 | 质 量 标 准 | 质量检验结果 | 备注 |
|---|---|---|---|---|
| 1 | 坡面要求 | 坡面无危石、松土、填补坑凹 | □合格 □不合格 | |
| 2 | 骨架平面位置 | 符合设计要求 | □合格 □不合格 | |
| 3 | 骨架施工质量 | 骨架与边坡水平线呈 45℃，左右互相垂直铺设，方格间距符合设计要求 | □合格 □不合格 | |
| 4 | 骨架内回填土 | 回填土密实，表层土为潮湿的黏性土 | □合格 □不合格 | |
| 5 | 草皮铺设 | 草皮块与块之间应保留 5mm 的间隙 | □合格 □不合格 | |
| 6 | 草皮养护 | 每天都进行洒水，每次洒水量以保持土壤湿润为原则 | □合格 □不合格 | |
| 7 | 边坡坡度 | 符合设计要求 | □合格 □不合格 | |
| 检验结论 | | | | |
| 检验仪器及编号 | | 经纬仪：　　　　　　　　　　　　水准仪：<br>钢卷尺： | | |
| 检验人员 | | 检验日期 | | 年　月　日 |

# 第三章　地基与基础

# 桩 基 工 程

根据桩基工程施工工艺的不同，变电工程中的桩基工程主要分为人工挖孔桩、钻孔灌注桩（回转钻成孔灌注桩、冲击成孔灌注桩）及预应力混凝土管桩等多种类型。本节主要以变电工程常见的人工挖孔桩、钻孔灌注桩（回转钻成孔灌注桩、冲击成孔灌注桩）及预应力混凝土管桩进行介绍。

## 一、人工挖孔灌注桩

### （一）节点管控表

桩基工程施工节点管控表如表 3-1 所示。

表 3-1　　　　　　　　桩基工程施工节点管控表（人工挖孔灌注桩）

| 工艺流程图 | 监理主要工作 | 监理成果 |
|---|---|---|
| 施工准备 | 审查施工单位人员、机械、材料、施工方案，对现场安全文明布置情况进行检查 | 根据管控要点逐一审查/检查，填写文件审查记录表 |
| 测量放线 | 见证测量过程并核对测量结果 | 填写平行检验记录表 |
| 首节护壁施工 | 对护壁施工过程进行旁站 | 填写监理旁站记录表、平行检验记录表 |
| 桩孔定位检查 | 施工单位三级自检后，对定位放线成果进行复核 | 复核结果填写平行检验记录表 |
| 安装防护、照明、起吊、送风等设施 | 巡检验收 | |
| 第二节桩孔开挖 | 对桩孔开挖施工过程进行旁站 | 填写监理旁站记录表、平行检验记录表 |
| 第二节护壁施工 | 对护壁施工过程进行旁站 | 填写监理旁站记录表、平行检验记录表 |
| 第N节桩孔开挖、护壁施工 | 对护壁施工过程进行旁站 | 填写监理旁站记录表、平行检验记录表 |

| 工艺流程图 | 监理主要工作 | 监 理 成 果 |
|---|---|---|
| 开挖桩底扩大层 | 检查桩底及扩大头质量 | 填写监理旁站记录表、平行检验记录表 |
| 终孔检查验收 | 检查成孔质量 | 填写平行检验记录表 |
| 钢筋笼下沉、安装 | 检查钢筋笼质量及安装情况 | 填写平行检验记录表 |
| 浇筑桩身混凝土 | 检查桩身混凝土浇筑,安全、质量旁站 | 填写监理旁站记录表、平行检验记录表 |
| 桩基检测、环境处理 | 现场检测,查看检测报告 | 填写平行检验记录表,查看检测报告 |
| 地脚螺栓(插入角钢)找正 | 检查地脚螺栓安装及纠偏 | 填写平行检验记录表 |
| 质量验收 | 专业监理工程师组织检验批及分项工程的验收;总监理工程师组织分部工程的验收 | 填写平行检验记录表、质量问题处理台账、工程验收统计表 |

编制说明:

1. 编制目的:根据施工工艺流程,列明监理主要工作内容及应及时填写的表单。

2. 编制依据:标准工艺,统一验收表式及质量评判分表,安全风险管理规程。

## (二)主要安全风险

### 1. 主要风险类型

高处坠落、物体打击、机械伤害、中毒、窒息、坍塌、触电。

### 2. 控制措施

(1)开挖第一节及护壁时:

1)必须设置孔洞盖板、安全围栏、安全标志牌,并设专人监护。

2)开挖桩孔应从上到下逐层进行,每节筒深不得超过 1m,先挖中间部分的土方,然后向周边扩挖。

3)挖出的土方,应随出随运。如需暂时堆放,监理应注意土方堆放位置,应堆放在孔口边 1m 以外,且堆高度不得超过 1m。

4)人员孔下施工时长不得超过 2h,应及时督促轮换施工。

(2)架设垂直运输系统时:

1)架设垂直运输支架要求搭设稳定、牢固。

2)吊运土不要满装,使用的电动葫芦、吊笼等工器具时,监理应注意检查是否配有自动卡紧保险装置。电动葫芦使用前必须检验其安全起吊能力。

（3）支模、护壁时：

1）人工挖孔采用混凝土护壁时，监理应对护壁进行验收。第一圈护壁要做成沿口圈，沿口宽度大于护壁外径 300mm，口沿处高出地面 100mm 以上，孔内护壁应满足强度要求，孔底末端护壁应有可靠防滑壁措施。

2）对沉积粉土、粉质黏土、黏土等较好的土层，人工挖扩桩孔不采用混凝土扩壁时，必须使用工具式的安全防护笼进行施工，防护笼每节长度不超过 2m。防护笼总长度要达到扩孔交界处，孔口必须做沿口混凝土护圈。

（4）逐层往下循环作业坑深小于等于 15m 时：

1）孔深达到 2m 时，利用提升设备运土，监理应要求桩孔内人员佩戴安全帽，并要求现场规范设置供作业人员上下基坑的安全通道（梯子）。

2）吊桶离开孔上方 1.5m 时，推动活动安全盖板，掩蔽孔口，防止卸土的土块、石块等杂物坠落孔内伤人。

3）当地下渗水量不大时，随挖随将泥水用吊桶运出。当地下渗水量较大时，先在桩孔底挖集水坑，用高程水泵沉入抽水，边降水边挖土。

4）每日开工前，监理必须检测井下有无有毒、有害气体，并要求现场有足够的安全防护措施。

5）桩深大于 5m 时，宜用风机或风扇向孔内送风不少于 5min，排除孔内浑浊空气。桩深大于 10m 时，井底应设照明，且照明必须采用 12V 以下电源，戴罩防水安全灯具；应设专门向井下送风的设备，且孔内电缆必须有防磨损、防潮、防断等保护措施。

6）在孔内上下递送工具物品时，严禁抛掷，严防孔口的物件落入桩孔内。

7）现场应配备有害气体检测装置，下孔施工原则应为"先通风，再检测，后施工"的顺序。

（5）人工开挖桩埋深超出 15m：

可参考"（4）逐层往下循环作业坑深小于等于 15m 时"的相关内容，但应注意以下几点。

1）必须采取强制通风措施。

2）将桩孔挖至设计深度，清除虚土，检查土质情况，桩底应支承在设计所规定的持力层上。

（6）底盘扩底基坑清理：

1）开工前必须检测井下有无有毒、有害气体，并应有足够的安全防护措施。

2）人工挖扩桩孔（含清孔、验孔），凡下孔作业人员均需戴安全帽，腰系安全绳，必须从专用爬梯上下，严禁沿孔壁或乘运土设施上下。

3）坑模成型后，监理应要求施工单位及时浇灌混凝土，否则应采取防止土体塌落的措施。

（7）钢筋笼制作与吊放：

1）起吊安放钢筋笼时，施工单位应设置专人指挥。先将钢筋笼运送到吊臂下方，吊车司机平稳起吊，设人拉好方向控制绳，严禁斜吊。

2）吊运过程中吊车臂下严禁站人和通行，并设置作业警戒区域及警示标志。

（8）混凝土作业，预控风险：机械伤害、物体打击。

1）桩孔料筒口前设限位装置，手推车不得用力过猛和撒把。

2）导管两侧 1m 范围内不得站人，以防导管摆动伤人；导管出料口正前方 30m 内禁止站人，放置泵内空气压出骨料伤人。

3）重点关注的问题：桩基施工机械应按照起重机械检查其相关资料并与现场实物进行核对；钢筋现场焊接施工作业时，必须由持证焊工作业；机械油库建在现场的情况，应执行危险品库的相关规定保持 10m 安全距离。

## （三）人工挖孔桩控制要点

### 1. 作业前控制要点

（1）本作业的施工人员和机械已进场，特殊工种作业人员满足施工需要，特殊工种（测工）应持证上岗，必须具有相关单位颁发的有效资格证，且报审的资格证书应与持证人一致；所有参加施工的人员必须经过岗前培训，并经考试合格的方可进入施工现场。

（2）本作业的计量器具、仪表经法定单位检定合格，且在有效期内。

其他应备工器具有：

1）卷扬机和提土桶，用于材料和弃土的垂直运输。

2）护壁钢模板。

3）潜水泵。

4）气体检测仪、鼓风机、空气压缩机和送风管。

5）镐、锹、土筐等挖运工具；若遇到硬土或岩石，尚需风镐、潜孔钻。

6）插捣工具，用于插捣护壁砼。

7）应急软爬梯。

8）照明灯、对讲机等。

（3）物资材料准备能满足本作业连续施工需要。混凝土采用自拌时，砂、石应有复试报告，水泥应有出厂合格证及复试报告；钢筋质量控制要点见通用部分；预拌混凝土质量控制见通用部分。

（4）本作业相关的施工图已进行交底、会检，相关的施工方案、作业指导书已制定并审查合格；每个分项工程必须分级进行施工技术交底。技术交底内容应充实，具有针对性和指导性，全体参加施工的人员都要参加交底并签名，形成书面交底记录。

（5）现场具备安全文明施工条件。

（6）监理实施细则已编审完成，并履行安全、质量、技术控制要点的交底。

（7）检查现场安全文明施工标准化落实情况：

1）作业现场布置应符合《输变电工程建设安全文明施工规程》的要求。

2）按照输变电工程安全文明施工设施配置标准，购置、制作、统一的安全文明施工标准化设施；安全围栏必须设置相应的安全警示标志。

3）根据施工环境和不同施工作业要求是否已为施工人员配备合格的个人安全防护用品。

4）落实环境保护和水土保持措施，检查文明施工、绿色施工、安全文明施工设施的配置。

5）桩基施工前，查看地质结构、土质，并与地勘报告核对，如遇地质条件与设计图纸不适应时，可能影响施工安全的，必须及时向设计单位反映，以便设计复核或修改设计。

**2．过程控制要点**

（1）定位放线。

1）根据设计图纸，对施工单位进行轴线放样及复测成果进行复核。

2）临近带电体作业时，在施工前应详细调查施工过程中人员、设备与带电体的相对位置，严格控制与带电体的安全距离。

（2）桩孔的开挖及护壁施工。

1）严格要求施工单位按照已审核通过的专项施工方案进行施工。

2）开挖桩孔应从上到下逐层进行，先挖中间部分的土方，然后扩及周边，有效地控制开挖的截面尺寸。

3）为防止桩孔壁坍方，确保安全施工，孔桩每节开挖后应立即要求施工单位进行护壁施工。有设计要求或地质情况较差的地段，需要做护壁配筋的，一定要进行护壁配筋。

4）桩孔护壁应在绑筋、支模完成后立即浇筑混凝土。护壁混凝土一般采用细石混凝土，混凝土强度根据设计要求确定，坍落度控制在 30～50mm，确保孔壁稳定性。护壁混凝土采用人工浇筑，捣固钎或振捣器捣实。

5）成孔以后，监理必须对桩身直径，孔底标高，桩位中心线，护壁垂直度等进行验收，合格方可进入下道工序。

6）每深挖一节，监理即用垂球、钢卷尺检查坑的方位和深度；要始终保持基坑竖直，桩位允许偏差±5mm，垂直度允许偏差 0.5%。

7）基坑内挖出的土方严禁堆放在距坑口 1m 范围内，以免影响施工和造成坑壁受压引起坍塌。

8）浇筑第二节护壁混凝土时，上下节护壁重叠处混凝土应捣固密实。拆模后发现护壁有蜂窝、漏水现象时，监理应要求施工单位及时补强。

9）护壁砼达到一定强度后（常温下24h）便可拆模，再开挖下一段土方，然后继续支模灌注混凝土，如此循环，直到挖至设计要求的深度。

10）每节桩孔护壁做好以后，将桩位轴线，和标高测设在护壁上口，然后，用十字线对中，吊线坠向井底投设，以半径尺杆检查孔壁的垂直度，孔深必须以基准点为依据逐根引测。保证桩孔轴线位置、标高、截面尺寸满足设计要求。

11）提土用的绳与桶（箩筐）要绑扎牢固，经常检查绳的磨损情况，有磨损时要施工单位及时更换。

12）扩底前宜在孔底中心位置先钉设控制桩。边扩底开挖边控制扩底侧向深度，直至达到设计值；当孔底土质可能塌方时，可在浇制混凝土前进行扩底挖方，避免扩底后长时间放置而塌方。

13）扩底部分开挖：挖扩底桩应先挖扩底部位桩身的圆柱体，再按扩底部位的尺寸、形状自上而下削土扩充，扩底部分可不浇筑护壁。终孔后应清理护壁上的淤泥和孔底残渣、积水；孔底不应积水，必要时应用水泥砂浆或混凝土封底。

14）基坑清理应在混凝土浇制前完成，并应由监理在现场检查合格并签字确认后才能进入下一道工序。检查成孔净空尺寸不小于设计要求的基础尺寸，成孔深度及扩底尺寸的允许偏差值满足规范要求。

15）为防止土壁坍落及流砂事故。在开挖过程中，为防止土壁坍落及流砂，可减少每节护壁的高度或采用钢护筒，待穿过松软土层和流沙层后，再按一般的方法边挖边灌注混凝土护壁。开挖流砂现象严重的桩孔可采用井点降水法。

（3）钢筋笼的安装及混凝土浇筑。

1）钢筋笼必须要经过质检员和监理检查验收后方可沉放（检查长度、主筋数量、规格，箍筋、主筋、加强筋间距、焊接和制作质量）。

2）如分段沉放，钢筋笼焊接必须饱满，钢筋搭接长度必须符合设计及规范要求（单面焊10$D$、双面焊5$D$）、接头错位必须符合规范要求（同一截面接头必须有50%错开且上下距离大于50cm）；焊渣必须清理干净。

3）沉放到位后要采取措施固定，以免钢筋笼上浮。

4）桩身混凝土必须通过溜槽下料，当落距超过2m时，应采用串筒向桩孔内浇筑混凝土，串筒末端距孔底高度不宜大于2m，也可采用导管泵送。

5）人工挖孔桩基础在混凝土达到强度要求后，应对桩基进行检测，检测数量应满足要求。

**3. 检查与验收**

依照《变电（换流）站土建工程施工质量验收规范》（Q/GDW 10183—2021）附录B.1 及国家电网有限公司统一验收表式相关要求，桩基工程为单位工程中地基与基础分部工程中的子分部工程，人工挖孔桩为分项工程。以上验收程序均为专业监理工程师组织检验批及分项工程的验收，总监理工程师组织分部（子分部）工程的验收。

（1）检验批：审核并签认施工检验批资料，填写监理平行检验记录表。

应签认以下检验批：桩孔开挖、钢筋笼制作及安装、混凝土浇筑。

（2）分项工程：由以上同一工序多个检验批汇总，专业监理工程师审核、签认分项工程质量验收记录。

（3）分部工程质量资料：总监组织验收人员审核并签认以下资料。

1）通用部分：①图纸会检、设计变更、洽商记录；②一般施工方案、作业指导书、技术交底记录；③测量放线记录；④隐蔽工程验收记录；⑤评定记录；⑥分项工程质量验收记录；⑦检验批工程质量验收记录；⑧试件制作数码照片；⑨隐蔽工程数码照片；⑩新技术论证、备案及施工记录。

2）桩基工程施工专用资料（灌注桩）：①自拌混凝土原材料合格证及进场检（试）验报告或预拌混凝土合格证（出厂检验报告）及进场坍落度记录；②钢筋材质及焊接接头的试验报告；③混凝土原材料及混凝土试件的试验报告；④混凝土配合比试验报告；⑤混凝土工程施工记录；⑥试件制作数码照片；⑦桩基检测报告。

# 二、钻孔灌注桩

回转钻成孔灌注桩适用于变电站工程中的黏性土、粉土、砂土、填土、碎石土及风化岩层等土层。

冲击成孔灌注桩宜用于黏性土、粉土、砂土、填土、碎石土及风化岩层。除上述地质情况外，还能穿透旧基础、建筑垃圾填土或大孤石等障碍物。

## （一）节点管控表

桩基工程施工节点管控表如表 3-2 所示。

表 3-2　　　　桩基工程施工节点管控表（回转钻/冲击成孔灌注桩）

| 工艺流程图 | 监理主要工作 | 监理成果 |
|---|---|---|
| 施工准备 | 审查施工单位人员、机械、材料、施工方案，对现场安全文明布置情况进行检查 | 根据管控要点逐一审查/检查，填写文件审查记录表 |
| 建泥浆池 | 巡检验收 | |

续表

| 工艺流程图 | 监理主要工作 | 监 理 成 果 |
|---|---|---|
| 测量放线 | 见证测量过程并核对测量结果 | 填写平行检验记录表 |
| 埋设护筒 | 巡检验收 | 填写平行检验记录表 |
| 钻孔 | 检查桩孔施工情况，安全、质量旁站 | 填写监理旁站记录表、平行检验记录表 |
| 清孔 | 检查桩孔施工情况及清理情况 | 填写平行检验记录表 |
| 放置钢筋笼 | 检查钢筋笼质量及安装情况 | 填写平行检验记录表 |
| 浇筑混凝土 | 检查桩身混凝土浇筑，安全、质量旁站 | 填写监理旁站记录表、平行检验记录表 |
| 桩头清理 | 检查桩头清理情况 | 填写平行检验记录表 |
| 质量验收 | 专业监理工程师组织检验批及分项工程的验收；总监理工程师组织分部工程的验收 | 填写平行检验记录表、质量问题处理台账、工程验收统计表 |

编制说明：
1. 编制目的：根据施工工艺流程，列明监理主要工作内容及应及时填写的表单。
2. 编制依据：标准工艺，统一验收表式及质量验评划分表，安全风险管理规程。

## （二）主要安全风险

### 1. 主要风险类型

机械伤害、物体打击、其他伤害及坍塌。

### 2. 控制措施

（1）埋设护筒时：

1）护筒应按规定埋设，以防塌孔和机械设备倾倒。

2）护筒有变形或断裂现象，立即停止坑内作业，处理完毕后方可继续施工。

（2）桩机就位和钻进操作：

1）桩机就位，井架由专人负责支戗杆，打拉线，以保证井架的稳定。

2）发电机、配电箱、桩机等用电设备应有可靠接地。

（3）冲孔操作和清孔及换浆：

1）冲孔时应随时注意钻架安定平稳，钻机和冲击锤机运转时不得进行检修。

2）泥浆池必须设围栏，将泥浆池、已浇筑桩围栏好并挂上警示标志。

（4）钢筋笼制作与吊放：

1）展开盘圆钢筋时，要两端卡牢，防止回弹伤人。圆盘钢筋放入圈架后，如发现有螺丝或钢筋脱架，必须停机处理。进行调直工作时，不允许无关人员站在机械附近，特别是当料盘上钢筋快完时，要严防钢筋端头打人。

2）起吊安放钢筋笼时，施工单位应设置专人指挥。先将钢筋笼运送到吊臂下方，吊车司机平稳起吊，设人拉好方向控制绳，严禁斜吊。

3）吊运过程中吊车臂下严禁站人和通行，并设置作业警戒区域及警示标志。向孔内下钢筋笼时，应慢速下笼，到位固定，严禁人下孔摘吊绳。

（5）导管安装与下放及混凝土灌注：

1）导管安装与下放时，施工人员应听从统一指挥，吊杆下面不准站人，导管在起吊过程中要有人用绳索牵引，使导管能按预想的方向或位置移动。

2）采用泵送混凝土时，导管两侧 1m 范围内不得站人；导管出料口正前方 30m 内禁止站人。

## （三）钻孔灌注桩控制要点

### 1. 作业前控制要点

（1）本作业的施工人员和机械已进场，特殊工种作业人员满足施工需要，特殊工种（测工）应持证上岗，必须具有相关单位颁发的有效资格证，且报审的资格证书应与持证人一致；所有参加施工的人员必须经过岗前培训，并经考试合格的方可进入施工现场。

（2）本作业的计量器具、仪表经法定单位检定合格，且在有效期内。

（3）物资材料准备能满足本作业连续施工需要。混凝土采用自拌时，砂、石应有复试报告，水泥应有出厂合格证及复试报告；钢筋质量控制要点见通用部分；预拌混凝土质量控制见通用部分。

（4）本作业相关的施工图已进行交底、会检，相关的施工方案、作业指导书已制定并审查合格；每个分项工程必须分级进行施工技术交底。技术交底内容应充实，具有针对性和指导性，全体参加施工的人员都要参加交底并签名，形成书面交底记录。

（5）监理应现场检查施工机械是否配备泥浆制备设施及其循环系统，且必须有泥浆处理措施；泥浆制备的能力应大于钻孔时的泥浆需求量，每台套钻机的泥浆储备量不应小于单桩体积。

（6）钻（冲）孔应严格按设计中的环境保护措施做好防护，减少作业面以外的破坏，以保护自然植被及环境。监理应检查现场是否合理设置制浆池、泥浆池、沉淀池；废弃的浆、渣是能否进行有效处理；施工完毕，要求施工单位采取恢复植被的措施。

（7）泥浆池的设置应符合安全文明施工标准化的要求，周围设高 1.2m 安全防护栏，挂设警示标识牌；夜间设红色警示灯，防止行人和附近居民闯入而发生意外事故。

（8）检查护筒埋设，护筒设置应符合下列规定：

1）护筒的中心与桩位中心的偏差应控制在 50mm 以内，护筒与孔壁间的缝隙应用黏土填实。

2）埋入土中的深度不宜小于 1.0～1.5m，其高度尚应满足孔内泥浆面高度的要求；受水位涨落影响或水下施工的钻孔灌注桩，孔护筒应加高加深，必要时应打入不透水层；在成孔时，应保持泥浆液面高出地下水位 1.5m 以上。

（9）钻（冲）机定位后，应进行复检，钻头与桩位点偏差不得大于 20mm，开孔时下钻速度应缓慢；钻进过程中，不宜反转或提升。

（10）钻机支架必须牢固，护筒支设必须有足够的水压，对地质条件要掌握，注意观察钻机周围的土质变化。

**2. 施工过程控制要点**

（1）回转钻成孔灌注桩。

1）定位放线。

a．根据设计图纸，对施工单位进行轴线放样及复测成果进行复核。

b．临近带电体作业时，在施工前应详细调查施工过程中人员、设备与带电体的相对位置，严格控制与带电体的安全距离。

2）护筒埋设。钻机就位前，先平整场地，铺好枕木并用水平尺校正。在桩位埋设 4～8mm 厚钢板护筒，内径比孔口大 100～200mm，埋深 1.0～1.5m 且进入稳定土层，同时挖好水源坑、排泥槽、泥浆池等。

3）钻孔。

a．钻进时如土质情况良好，可采取清水钻进，或加入红黏土或膨润土泥浆护壁。施工时应维持钻孔内泥浆液面高于地下水位 0.5m。

b．钻进时应根据土层情况加压，开始应轻压力、慢转速，逐步转入正常。

c．钻进程序，根据场地、桩距和进度情况，可采用单机跳打、单机双打、双机双打法等。具体施工方法应严格按照审核批准的施工方案执行。

4）清孔。桩孔钻完，对孔深和桩端土质进行验收，并填写相关记录。成孔后尺寸应符合下列规定：

a．孔径的负偏差不得大于 50mm。

b．孔垂直度应小于桩长 1%。

c．孔深不应小于设计深度，孔底沉渣厚度应小于 50～100mm。

验收合格后应用空气压缩机洗井，直至井内沉渣厚度小于 50mm（对端承桩）或 150mm（对摩擦桩）。

5）钢筋笼。

a．清孔后吊放钢筋笼，吊装完成后进行隐蔽工程验收，检查确认钢筋顶端的高度，合格后浇筑混凝土。

b．钢筋笼接头宜采用焊接或机械接头，接头应相互错开，错开距离为 35 倍的主筋直径，在同一截面内的钢筋接头不得超过主筋总数的 50%。

c．监理应检查钢筋笼制作允许偏差：主筋间距±10mm，长度±100mm，箍筋间距±20mm，钢筋笼直径±10mm。主筋保护层厚度不应小于 30mm，水下灌注桩主筋保护层厚度不应小于 50mm，水下混凝土成桩保护层允许偏差±20mm。

d．钢筋笼吊装完毕后，监理应进行孔位、孔径、垂直度、孔深，沉渣厚度等检验，合格后方可灌注混凝土。

6）混凝土浇筑。

a．开始灌注混凝土时，管底至孔底的距离宜为 300～500mm。第一次初灌量要足够大，使导管一次埋入混凝土面以下 0.8m 以上，在浇筑中导管埋入混凝土面宜为 2～6m。

b．混凝土浇筑应连续进行，随浇随拔管，中途停歇时间，一般不超过 15min。在整个浇灌过程中，导管在混凝土中埋深应有 2～6m，上升速度不应低于 2m/h。

c．混凝土强度等级应符合设计及规范要求。混凝土应具有良好的和易性，坍落度宜为 180～220mm。

d．超灌高度宜高于设计桩顶标高 0.8～1.0m，实际操作时要保证在设计桩顶标高面的混凝土强度达到设计强度，充盈系数≥1.0。

e．灌注桩混凝土强度检验的试件应在施工现场随机抽取，每浇筑 $50m^3$ 必须至少留置 1 组试件；当混凝土浇筑量不足 $50m^3$ 时，每连续浇筑 12h 必须至少留置 1 组试件。对单柱单桩，每根桩应至少留置 1 组试件。监理应对混凝土浇筑、坍落度试验及试块制作过程进行旁站，并填写旁站记录。

f．施工后应对桩身完整性、混凝土强度及承载力进行检验，检验方法和检验数量应符合设计及规范要求。

（2）冲击成孔灌注桩。

1）测量放线。由测量人员根据给定控制点测量桩位，并用标桩标定准确，同时根据平面布置图挖好水源坑、排泥槽、泥浆池等。

2）护筒设置。护筒应采用钢板制作，埋设应准确、稳定。护筒中心与桩位中心偏差不得大于 50mm，内径比钻头直径大 200mm，垂直度偏差不宜大于 1/100，上部开设 1～2

个溢浆孔，根据土质情况埋深 1.0～1.5m 且进入稳定土层。

3）钻孔。

a. 钻机就位前，先平整场地，就位后水平校正钻机，必须平整、稳固，确保在成孔过程中不发生倾斜和偏移。

b. 在成孔前以及过程中应定期检查钢丝绳、卡扣及转向装置，冲击时应控制钢丝绳放松量。

c. 大直径桩孔可分级成孔，开孔时，应低锤密击，成孔至护筒下 3～4m 后正常冲击；当表土为淤泥、细砂等软弱土层时，可加黏土块夹小片石反复冲击造壁，孔内泥浆面应保持稳定；成孔施工持力层应按每 100～300mm 清孔取样，非桩端持力层应按每 300～500mm 清孔取样。

d. 成孔过程中应及时排除废渣，排渣可采用泥浆循环或淘渣筒。淘渣筒每钻进 0.5～1.0m 应淘渣一次，淘渣后应及时补充孔内泥浆。

4）钢筋笼放置。

a. 钢筋笼的原材料质量证明文件应齐全，现场复试合格。钢筋笼接头宜采用焊接或机械接头，接头应相互错开。监理应检查钢筋笼制作允许偏差：主筋间距±10mm，长度±100mm，箍筋间距±20mm，钢筋笼直径±10mm。

b. 搬运和吊装钢筋笼时，应防止变形，安放应对准空位，避免碰撞孔壁和自由落下，就位后应立即固定。

5）混凝土浇筑。

a. 钢筋笼吊装完毕后，应安置导管或气泵管二次清孔，监理应检查孔位、孔径、垂直度、孔深、沉渣厚度（端承桩≤50mm；摩擦桩≤100mm；抗拔、抗水平桩≤200mm）等检验，合格后方可灌注混凝土。

b. 开始灌注混凝土时，导管底部至孔底的距离宜为300～500mm，导管一次埋入混凝土灌注面以下不应少于0.8m；导管埋入混凝土深度宜为2～6m，严禁将导管提出混凝土灌注面。

c. 混凝土强度等级应按比设计强度提高等级配置，坍落度宜为180～220mm。

d. 灌斗容量应满足混凝土初灌量的要求；最后一次灌注量，超灌高度宜为0.8～1.0m，充盈系数不小于1.0，也不宜大于1.3。

e. 每灌注 50m³ 必须有 1 组试件，小于 50m³ 的桩，每根桩必须有 1 组试件，每组应有 3 个试件，同组试件应取自同车混凝土。监理应对混凝土浇筑、坍落度试验及试块制作过程进行旁站，并填写旁站记录。

f. 废弃的泥浆、废渣应另行处理，不应污染环境。

g. 施工后应对桩位、桩径、桩顶标高进行检查，并绘制桩位偏差图。

**3.检查与验收**

依照《变电（换流）站土建工程施工质量验收规范》（Q/GDW 10183—2021）附录B.1 及国家电网有限公司统一验收表式相关要求，桩基工程为单位工程中地基与基础分部工程中的子分部工程，人工挖孔桩、钻孔灌注桩及钢筋混凝土预制桩为分项工程。以上验收程序均为专业监理工程师组织检验批及分项工程的验收，总监理工程师组织分部（子分部）工程的验收。

施工后应对桩身完整性、混凝土强度及承载力进行检验，检验方法和检验数量应符合设计及规范要求。

（1）检验批：审核并签认施工检验批资料，填写监理平行检验记录表。

钻孔灌注桩包括钻孔施工、钢筋原材料、钢筋笼加工及安装、混凝土原材料及配合比、混凝土施工。

（2）分项工程：由以上同一工序多个检验批汇总，专业监理工程师审核、签认分项工程质量验收记录。

（3）分部工程质量资料：总监组织验收人员审核并签认以下资料。

1）通用部分：①图纸会检、设计变更、洽商记录；②一般施工方案、作业指导书、技术交底记录；③测量放线记录；④隐蔽工程验收记录；⑤评定记录；⑥分项工程质量验收记录；⑦检验批工程质量验收记录；⑧试件制作数码照片；⑨隐蔽工程数码照片；⑩新技术论证、备案及施工记录。

2）桩基工程施工专用资料：

灌注桩：①自拌混凝土原材料合格证及进场检（试）验报告或预拌混凝土合格证（出厂检验报告）及进场坍落度记录；②钢筋材质及焊接接头的试验报告；③混凝土原材料及混凝土试件的试验报告；④混凝土配合比试验报告；⑤混凝土工程施工记录；⑥试件制作数码照片；⑦桩基检测报告。

# 三、预应力混凝土管桩

本节适用于变电站工程中黏性土、粉土、砂土、碎石类土层以及持力层为强风化岩层、密实的砂层（或卵石层）等土层应用，但不适用于石灰岩、含孤石和障碍物多、有坚硬夹层的岩土层中应用。

## （一）节点管控表

桩基工程施工节点管控表如表3-3所示。

表 3-3 桩基工程施工节点管控表（预应力混凝土管桩）

| 工艺流程图 | 监理主要工作 | 监理成果 |
|---|---|---|
| 施工准备 | 审查施工单位人员、机械、材料、施工方案，对现场安全文明布置情况进行检查 | 根据管控要点逐一审查/检查，填写文件审查记录表 |
| 测量放线 | 见证测量过程并核对测量结果 | 复核结果填写平行检验记录表 |
| 桩机就位 | 检查桩位控制点位情况 | 填写平行检验记录表 |
| 吊装 | 检查吊装过程进行安全旁站 | 填写安全旁站记录表 |
| 桩身对中调直 | 巡检验收 | 填写平行检验记录表 |
| 锤击/静压沉桩 | 对压桩过程进行监理旁站 | 填写监理旁站记录表、平行检验记录表 |
| 送桩 | 检查送桩施工过程情况 | 填写平行检验记录表 |
| 终止沉桩 | 检查是否到达终压标准 | 填写平行检验记录表 |
| 接桩（截桩） | 见证 | 填写平行检验记录表 |
| 质量验收 | 专业监理工程师组织检验批及分项工程的验收；总监理工程师组织分部工程的验收 | 填写平行检验记录表、质量问题处理台账、工程验收统计表 |

编制说明：
1．编制目的：根据施工工艺流程，列明监理主要工作内容及应及时填写的表单。
2．编制依据：标准工艺，统一验收表式及质量验评划分表，安全风险管理规程。

## （二）主要安全风险

### 1．主要风险类型

机械伤害、触电、起重伤害、物体打击、触电及起重伤害。

### 2．控制措施

（1）桩机进场安装时，预控风险：机械伤害、触电、起重伤害。

1）装配区域应设置围栏和安全标志。无关人员不得在设备装配现场逗留。

2）桩机安装前应检查机械设备配件、辅助施工设备是否齐全，机械、液压、传动系统应保证良好润滑。

（2）桩基施工，预控风险：机械伤害、触电、起重伤害。

1）桩机在运行中不得进行检修、清扫或调整。检修、清扫、调整或工作中断时，应断开电源。电气设备与电动工器具的转动部分应装设保护罩。

2）桩机作业时，严禁吊桩、吊锤、回转、行走、沉孔、压桩等两种及以上的机械动作。

3）桩机在桩位间移动或停止时，必须将桩锤落至最低位置，并不宜压在已经完工的桩（顶）位上，且应远离其他施工机械。

4）机架较高的桩机移动时，应采取防止倾覆的应急措施。遇雷雨、六级及以上大风等恶劣天气应停止作业，并采取加设揽风绳、放倒机架等措施；休息或停止作业时应断开电源。

（3）桩基连接与焊接。

1）吊运桩范围内，不得进行其他作业，人员不得逗留。

2）钢管桩的切割操作人员应佩戴防护面罩、电焊手套、工作帽、滤膜防尘口罩和隔音耳罩，并站在上风处操作。

（4）桩机拆卸，预控风险：起重伤害、物体打击、触电。

1）切断桩机电源。

2）在拆卸区域设置围栏和安全标志。

3）按设备使用手册规定顺序制定拆卸具体步骤。

## （三）预应力管桩施工控制要点

### 1. 作业前控制要点

（1）本作业的施工人员和机械已进场，特殊工种作业人员满足施工需要，特殊工种（测工）应持证上岗，必须具有相关单位颁发的有效资格证，且报审的资格证书应与持证人一致；所有参加施工的人员必须经过岗前培训，并经考试合格的方可进入施工现场。

（2）本作业的计量器具、仪表经法定单位检定合格，且在有效期内。

（3）物资材料准备能满足本作业连续施工需要。出厂运输时，管桩的强度必须达到设计强度的 100%。采用高压蒸气养护的管桩应在高压蒸养后，在常温下静停 1d 后方可沉桩。

（4）本作业相关的施工图已进行交底、会检，相关的施工方案、作业指导书已制定并审查合格；每个分项工程必须分级进行施工技术交底。技术交底内容应充实，具有针对性和指导性，全体参加施工的人员都要参加交底并签名，形成书面交底记录。

（5）预应力管桩的叠层堆放应符合下列规定：

1）外径为 500～600mm 的桩不宜大于 5 层，外径为 300～400mm 的桩不宜大于 8 层，堆叠的层数还应满足地基承载力的要求。

2）最下层应设两支点，支点垫木应选用木枋。

3）垫木与吊点应保持在同一横断面上。

**2．施工过程控制要点**

（1）测量放线。沉桩前，施工单位按照桩位布置图测量定位，设置标高控制点和轴线控制网，监理对测量结果进行核对并填写相关记录。

（2）底桩就位。

1）底桩就位前，应在桩身上划出单位长度标记，以便观察桩的入土深度及记录每米沉桩击数。

2）桩基施工前坚持复测、沉桩过程中监测和沉桩后实测的原则，保证沉桩桩位准确。

（3）沉桩。

1）锤击沉桩宜采取低锤轻击或重锤低打，同时注意保持底桩垂直，在锤击沉桩的全过程中应注意防止桩受到偏心锤打，以免桩受弯受扭造成桩身受到破坏。

2）在桩入土过程中监理应注意对桩身垂直度进行观测。

（4）沉桩控制标准。

锤击桩：

1）终止沉桩应注意以桩端标高控制为主，贯入度控制为辅，当桩端达到坚硬、硬塑的黏性土，中密以上粉土、砂土、碎石类土及风化岩时，可以贯入度控制为主，桩端标高控制为辅。

2）当贯入度已达到设计要求而桩端标高未达到时，可以继续锤击 3 阵，按每阵 10 击的贯入度不大于设计规定的数值予以确认，必要时施工控制贯入度应通过试验与设计协商确定。

静压桩：

1）静压桩终压的控制标准应符合下列规定：静压桩应以标高为主，压力为辅。

2）静压桩终压标准可结合现场试验结果确定。终压连续复压次数应根据桩长及地质条件等因素确定，对于入土深度大于或等于 8m 的桩，复压次数可为 2～3 次，对于入土深度小于 8m 的桩，复压次数可为 3～5 次。稳压桩压力不应小于终压力，稳定压桩的时间宜为 5～10s。

3）静力压桩时应符合下列规定：

a．桩机上的吊机在进行吊桩、喂桩的过程中，压桩机严禁行走和调整；

b．喂桩时，应避开夹具与空心桩桩身两侧合缝位置的接触；

c．第一节桩插入地面 0.5～1.0m 时，应调整桩的垂直度偏差不得大于 1/300；

d．压桩过程中应控制桩身的垂直度偏差不大于 1/200；

e.压桩过程中要认真记录桩入土深度和压力表读数关系，以判断桩的质量及承载力。

（5）接桩。接桩时，应注意入土部分桩段的桩头宜高出地面 1.0m，不宜在桩端进入硬土层时停顿或接桩。焊接接桩应符合下列规定：

1）上下节桩接头端板表面应清洁干净。

2）焊接宜沿桩四周对称进行，坡口、厚度应符合设计要求，不应有夹渣、气孔等缺陷。

3）桩接头焊好后应进行外观检查，检查合格后必须经自然冷却，方可继续沉桩，严禁浇水冷却，或不冷却就开始沉桩。

4）雨天焊接时，应采取防雨措施。

5）电焊接桩允许偏差：外径≥700mm的桩上下节桩错口≤3mm，外径＜700mm的桩上下节桩错口≤2mm；焊缝咬边深度≤0.5mm；焊缝加强层高度偏差≤2mm；焊缝加强层宽度偏差≤2mm；焊缝电焊质量外观无气孔、无焊瘤、无裂缝；焊缝探伤检验符合设计要求；上下节平面偏差≤10mm。

（6）送桩应满足下列规定：

1）送桩器应与桩的外形相匹配，并应有足够的强度、刚度和耐冲击性，送桩器长度应满足送桩深度的要求。

2）送桩器上下两端面应平整，且与送桩器中心轴线相垂直。

3）送桩作业时，送桩器与桩头之间应设置1～2层衬垫，衬垫经锤击压实后的厚度不宜小于60mm。静压桩送桩器的横截面外轮廓形状与所压桩相一致。

**3. 检查与验收**

依照《变电（换流）站土建工程施工质量验收规范》（Q/GDW 10183—2021）附录B.1及国家电网有限公司统一验收表式相关要求，桩基工程为单位工程中地基与基础分部工程中的子分部工程，预应力混凝土管桩为分项工程。以上验收程序均为专业监理工程师组织检验批及分项工程的验收，总监理工程师组织分部（子分部）工程的验收。

（1）检验批：审核并签认施工检验批资料，填写监理平行检验记录表。

预应力混凝土管桩包括施工检验批。

（2）分项工程：由以上同一工序多个检验批汇总，专业监理工程师审核、签认分项工程质量验收记录。

（3）分部工程质量资料：总监组织验收人员审核并签认以下资料。

1）通用部分：①图纸会检、设计变更、洽商记录；②一般施工方案、作业指导书、技术交底记录；③测量放线记录；④隐蔽工程验收记录；⑤分项工程质量验收记录；⑥检验批工程质量验收记录；⑦隐蔽工程数码照片；⑧新技术论证、备案及施工记录。

2）桩基工程施工专用资料：①产品检验报告、产品合格证；②施工记录；③桩基检测报告。

# 四、桩基检测

根据《建筑基桩检测技术规范》（JGJ 106—2014），目前桩基检测的主要方法有静载试验、钻芯法、低应变法、高应变法、声波透射法等几种。

（1）人工挖孔桩成桩质量检测方法有 3 种：钻芯法、低应变法和声波透射法。

（2）钻孔灌注桩成桩质量的检测方法有 5 种：钻芯法、静载法、低应变法、高应变法和声波透射法。

其中，桩身完整性检测现在主要的方法是低应变法及声波透射法等；承载力检测的主要方法是静载法及高应变法；混凝土强度检测的主要方法是钻芯法。

（3）预应力管桩成桩质量的检测方法有 3 种，包括低应变法、高应变法和静载法。

（4）使用锚桩法进行静载试验的，应预先选好桩号即受力桩布置合理，桩头应预先做好处理，切除钢筋时注意预留足够的搭接长度；大应变检测应提前选定试桩号，并注意浇筑标高应超出设计标高，并安装保护筒。锚桩法静载图如图 3-1 所示。

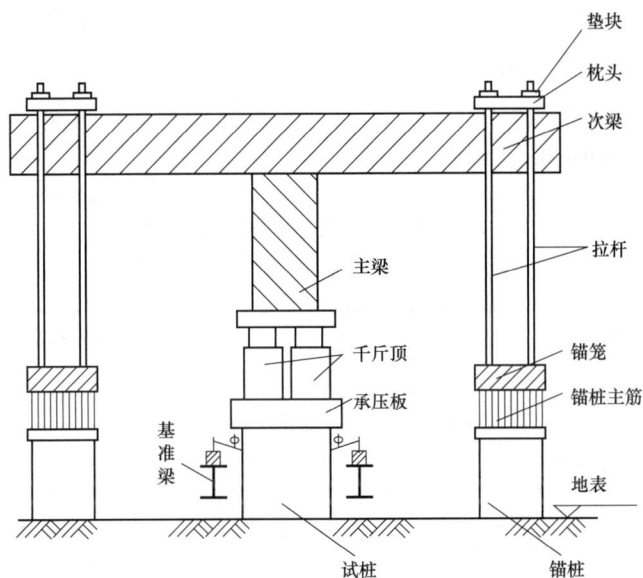

图 3-1 锚桩法静载图

# 五、报告与记录

施工过程中形成的主要成果资料见表 3-4。作业中引用或产生的报告与记录的表单样例，见本节附表。

表 3-4 施工过程中形成的主要成果资料

| 序号 | 编号 | 名 称 | 填 报 |
|---|---|---|---|
| 1 | JXM3 | 文件审查记录表 | 总监理工程师、专业监理工程师 |
| 2 | JJS3 | 施工图预检记录表 | 总监理工程师、专业监理工程师 |
| 3 | JZL3 | 平行检查记录表 | 专业监理工程师 |
| 4 | JXM9 | 旁站监理记录表 | 专业监理工程师、监理员 |

| 序号 | 编号 | 名　称 | 填　报 |
|---|---|---|---|
| 5 | JXM4 | 监理策划文件报审表 | 细则专业监理工程师编写，总监理工程师审批 |
| 6 | JXM15 | 监理通知单 | 总监理工程师、专业监理工程师 |
| 7 | JZL1 | 见证取样统计表 | 监理员 |
| 8 | JXM15 | 质量、安全活动记录 | 总监理工程师、专业监理工程师、安监 |

# 六、附表

对施工方案进行审核时，应运用数字监理平台逐项审查并勾选检查结果，填写修改意见。在平行检验、监理旁站时应逐项检查，并根据系统要求留存影像资料。未应用数字监理平台可采用纸质表单执行。

文件审查记录表如表 3-5 所示，平行检验记录表如表 3-6 和表 3-7 所示，旁站监理记录表如表 3-8～表 3-10 所示。

表 3-5　　　　　　　　　　　文件审查记录表（桩基工程施工方案）

工程名称：　　　　　　　　　　　　　　　　　　　　　　　　编号：

| 文件名称 | （写文件全称，××施工方案—报审表编号） | | |
|---|---|---|---|
| 送审单位 | （编制单位全称） | | |
| 序号 | 监理项目部审查标准 | 检查结果 | 施工项目部反馈意见 |
| 1 | 施工方案的编审批流程是否已按要求履行 | □合格　□不合格 | |
| | 修改意见： | | |
| 2 | 施工方案的编制依据是否已过期 | □合格　□不合格 | |
| | 修改意见： | | |
| 3 | 工程概况中应描述图纸中桩的型式、规格、尺寸、数量、桩位布置及接桩方式等重要技术参数和质量标准要求 | □合格　□不合格 | |
| | 修改意见： | | |
| 4 | 施工方案（措施）制定的施工工艺流程应合理，并绘制流程图。施工方法应得当，有先进性，不得使用国家严厉禁止的施工工艺、建筑材料及施工机械等，并有利于保证工程质量、安全、进度的相关措施 | □合格　□不合格 | |
| | 修改意见： | | |
| 5 | 根据各部位施工进度计划及流水段划分进行劳动力安排，根据各作业区域桩基工程量，确定各施工部位所需工人数量及分工，施工人员配备必须满足施工进度计划及流水施工的需要 | □合格　□不合格 | |
| | 修改意见： | | |

续表

| 序号 | 监理项目部审查标准 | 检查结果 | 施工项目部反馈意见 |
|---|---|---|---|
| 6 | 应明确桩基施工的相关技术要求,包括桩基施工的顺序、成孔的工艺流程、混凝土浇筑的方法及技术要求、钢筋笼的技术要求、预制桩的吊桩、接桩等技术要求 | □合格　□不合格 | |
| | 修改意见: | | |
| 7 | 施工方案内容应包括安全危险点分析或危险源辨识、环境因素识别是否准确、全面,明确 | □合格　□不合格 | |
| | 修改意见: | | |
| 8 | "施工准备"中现场材料、工具设备、安全防护布置等 | □合格　□不合格 | |
| | 修改意见: | | |
| 9 | 明确桩基工程的质量标准及验收方法 | □合格　□不合格 | |
| | 修改意见: | | |
| 10 | 对施工质量通病制定防治措施,应有保障强制性条文执行和标准工艺应用的说明 | □合格　□不合格 | |
| | 修改意见: | | |
| | 总/专业监理工程师:＿＿＿＿＿＿<br>日　　期:＿＿＿＿年＿＿月＿＿日 | | 项目经理:＿＿＿＿＿＿＿＿<br>日　　期:＿＿＿＿＿年＿＿月＿＿日 |
| 监理复查意见 | | | 总/专业监理工程师:＿＿＿＿＿＿<br>日　　期:＿＿＿＿年＿＿月＿＿日 |

注　本表使用过程中可自行增加内容。本表一式两份,监理、施工项目部各存 1 份。

表 3-6　　　　　　　　　　人工挖孔桩验槽平行检验记录表

工程名称:　　　　　　　　　　　　　　　　　　　　　　　　　编号:

| 基础名称 | 人工挖孔桩 |
|---|---|
| 桩位编号 | ××号桩 |
| 施工单位 | |

检 查 内 容 记 录

| 检查项目 | 质量标准 | 质量检验结果 | 桩身各土层地质构造示意 |
|---|---|---|---|
| 桩顶标高 | −50～30mm | 例:实测值为 0.75m,高于设计标高 25mm,符合《变电(换流)站土建工程施工质量验收标准》(Q/GDW 10183—2021)要求 | |

检 查 内 容 记 录

| 检查项目 | 质量标准 | 质量检验结果 | 桩身各土层地质构造示意 |
|---|---|---|---|
| 桩孔径 $d$ | 偏差≥0mm | 例：实测尺寸810mm，符合设计要求 | 桩顶标高　桩孔径<br><br>孔深<br><br>桩底标高　桩低扩孔<br><br>桩底持力层要求、孔底土岩性 |
| 桩端进入持力层深度 | 不小于设计值 | 例：桩端进入持力层深度实测值为100mm，符合设计文件要求 | |
| 桩底扩孔 $D$ | 不小于设计值 | 例：实测尺寸××mm，符合设计要求 | |
| 桩底持力层要求 | 满足设计要求 | 例：桩底持力层为4-2层，与设计文件要求一致 | |
| 桩位允差 | ≤50＋0.005$H$（桩长） | 例：以桩长8m为例，实测值为80mm，符合《变电（换流）站土建工程施工质量验收标准》（Q/GDW 10183—2021）要求 | |
| 桩孔垂直度 | ≤1/200 | 例：以桩长8m为例，实测值为30mm，符合《变电（换流）站土建工程施工质量验收标准》（Q/GDW 10183—2021）要求 | |
| 桩底标高（m） | 不小于设计值（例：设计值为−8m） | 例：桩底标高实测值为−8m，符合设计要求 | |
| 检查情况及检查结论 | 1．挖土深度是否至设计标高，桩底标高为××m；该地基土质为第××层土；是/否与勘探报告相符。<br>2．桩端进入持力层深度、孔深及孔底土岩性是/否达到设计要求。<br>3．轴线位置及桩径尺寸均符合设计图纸要求。<br>4．有/未遇到古坟、软土、洞穴等槽底局部异常；如有填写继续处理意见。<br>如无问题则填写同意验收，进行下道工序施工 | | |
| 检验结论 | | | |
| 检验仪器及编号 | 经纬仪：　　　　　　　　　　　　水准仪：<br>钢卷尺： | | |
| 检验人员 | | 检验日期 | 年　　　月　　　日 |

注　1．本桩位置详桩位自编号平面图。

　　2．本表为验槽平行检验数据记录表，可与《隐蔽工程验收记录》配合使用。

**表 3-7**　　　　　　　　　　平行检查记录表（沉管灌注桩）

工程名称：　　　　　　　　　　　　　　　　　　　　　　　　　　编号：

| 检验对象分类 | | | □设备　　　　　□材料　　　　　□工序 | | |
|---|---|---|---|---|---|
| 检验对象基本信息 | 设备 | 设备名称 | | 设备型号规格 | |
| | | 生产厂家 | | 安装位置 | |
| | 材料 | 材料名称 | | 材料型号规格 | |
| | | 生产厂家 | | 使用部位 | |
| | 工序 | 工序名称 | 水泥土搅拌桩 | 实施单位 | |
| | | 其他 | 使用部位： | | |

| 序号 | 检 验 项 目 | 质 量 标 准 | 质量检验结果 | 备注 |
|---|---|---|---|---|
| 1 | 承载力 | 不小于设计值 | （此处填写试验报告编号及结论） | |
| 2 | 混凝土强度 | 不小于设计值 | （此处填写试验报告编号及结论） | |
| 3 | 桩长 | 不小于设计值 | 施工中量钻杆或套管长度，施工后钻芯法或低应变法检测 | |
| 4 | 桩身完整性 | — | （此处填写试验报告编号及结论） | |
| 5 | 桩径 | ≥0mm | 用钢尺量 | |
| 6 | 混凝土坍落度 | 80～100mm | | |
| 7 | 垂直度 | ≤1/100 | | |
| 8 | 提升速度 | 应符合设计要求 | □合格　□不合格 | |
| 9 | 下沉速度 | 应符合设计要求 | □合格　□不合格 | |
| 10 | 桩位 | $D<500mm$，$\leqslant 70+0.01H$ | | |
| | | $D\geqslant 500mm$，$\leqslant 100+0.01H$ | | |
| 11 | 拔管速度 | 1.2～1.5mm | | |
| 12 | 桩顶标高 | －50～50mm | | |
| 13 | 钢筋笼笼顶标高 | ±100mm | | |
| 检验结论 | | □合格　　□不合格 | | |
| 检验仪器及编号 | | 经纬仪：　　　　　　　　　　　水准仪：<br>钢卷尺： | | |
| 检验人员 | | 现场检验日期 | 年　月　日 | |
| | | 报告审查日期 | 年　月　日 | |

表 3-8 旁站监理记录表（钻孔灌注桩混凝土浇筑）

工程名称： 编号：

| 日期及天气： | 施工地点：××区域 |
|---|---|

旁站监理的部位或工序：

| 旁站监理开始时间： | 旁站监理结束时间： |
|---|---|

施工情况：

| 作业必备条件 | 1．现场负责人 _____，安全监护人_____，现场作业人员共计____名。现场电工、焊工等特殊工种经监理项目部审批合格 | □合格 □不合格 |
|---|---|---|
| | 2．主要施工器具（填写名称及数量）、机械设备（填写名称及数量）经监理项目部审批合格 | □合格 □不合格 |
| | 3．材料：□预拌混凝土，核查开盘鉴定结果（原材料证明文件、配合比报告、开盘鉴定报告）符合设计及规范要求。 □自拌混凝土，原材料及配合比已审查合格 | □合格 □不合格 |
| | 4．检查作业票及每日站班会规范，工作内容、人员与现场对应；施工方案审批、交底已完成 | □合格 □不合格 |
| | 5．安全文明施工设施及个人防护用品配置符合要求 | □合格 □不合格 |
| | 6．其他： | |

监理情况：

1．对钢筋笼进行了检查验收合格后才准许起吊作业。 □合格 □不合格

2．钢筋笼总长度：_____，钢筋接头形式：_____，钢筋焊接长度：_____，直螺纹套筒连接螺丝长度：_____。

3．现场进场吊车型号及车牌：_____。

4．采用吊车起吊钢筋笼时，先将钢筋笼运送到吊臂下方，吊车司机平稳起吊，设人拉好方向控制绳，严禁斜吊。 □合格 □不合格

5．起吊安放钢筋笼时，施工人员必须听从统一指挥，吊杆下面不准站人。 □合格 □不合格

6．向孔内下钢筋笼时，两人在笼侧面协助找正，对准孔口慢速下笼、到位固定，人员不得下孔。 □合格 □不合格

7．坑口边缘 1m 以内不得堆放材料和工具。 □合格 □不合格

8．导管安装与下放时，施工人员听从统一指挥，吊杆下面不准站人，导管在起吊过程中要有人用绳索溜着，使导管能按预想的方向或位置移动，应放到孔底，核对导管长度及孔深，后提起 0.3～0.5m。□合格 □不合格

9．采用泵送混凝土时，导管两侧 1m 范围内不得站人；导管出料口正前方 30m 内禁止站人。支脚应支撑在水平坚实的地面。支脚底部应与路面边缘保持一定的安全距离。泵起动时，人员禁止进入末端软管可能摇摆触及的危险区域。 □合格 □不合格

10．用手推车运送混凝土时，倒料平台口应设挡车措施。倒料时不得撒把。 □合格 □不合格

11．首批混凝土方量应满足导管埋深超过 1m。（具体方量应根据桩径进行计算） □合格 □不合格

12．浇筑过程中导管不得提出混凝土面，且在混凝土中的埋深控制在 2～6m。 □合格 □不合格

13．灌注桩基础施工需要连续进行，夜间现场施工应在不同的角度设置足够的灯光亮度，保证现场施工过程中的安全。 □合格 □不合格

14．拌制的骨料干净不含土、树叶。 □合格 □不合格

15．混凝土一次浇筑成型。 □合格 □不合格

16．强调执行：基础混凝土中严禁掺入氯盐。 □已执行□未执行

17．及时采集、整理数码照片资料。

18．监理对浇筑全过程进行了旁站，记录数据如下：

□预拌混凝土：

混凝土设计强度：_____，到货混凝土强度：_____，共浇筑_____m³，开盘鉴定等资料齐全□，采用同条件养护□/标养□，混凝土配合比：_____。

□自拌混凝土：

混凝土设计强度：_____，共浇筑_____m³，混凝土配合比：_____，搅拌机每盘出料：_____m³，混凝土每盘换算值：_____。

续表

| 日期及天气： | | 施工地点：××区域 | |
|---|---|---|---|
| 旁站监理的部位或工序： | | | |
| 旁站监理开始时间： | | 旁站监理结束时间： | |
| 施工情况： | | | |
| 19. 留置标准养护混凝土试块共计_____组，留置同条件养护混凝土试块共计_____组。<br>20. 坍落度值：_____ | | | |
| 发现问题： | | | |
| 处理意见： | | | |
| 备注（包括处理结果） | | | |
| 项目监理机构：<br>旁站监理人员：<br>日　　　　期： | | | |

注　1. 本表适用于一般基础浇筑质量旁站。

　　2. 当日作业存在工作票时，应注意检查两票关联性。

　　3. □中符合条件打"√"，不符合条件打"×"，不涉及检查项目打"\"。

表 3-9　　　　　　　　旁站监理记录表（锤击式预应力管桩）

工程名称：　　　　　　　　　　　　　　　记录编号：

| 施 工 单 位 | | | 施 工 日 期 | | 年　月　日 | |
|---|---|---|---|---|---|---|
| 管 桩 编 号 | | 设计桩径（mm） | | | 设计桩长（m） | |
| 管 桩 配 置 | | | 设计桩顶标高<br>（m） | | | |
| 管 桩 质 量 | | 桩位复核 | | | 实际桩顶标高（m） | |
| 桩插入时垂直度偏差 | | 入土稳定后<br>是否调整 | | | | |

每节管桩桩身长度及沉桩所需的锤击数

| 节　序 | 桩　长（m） | 锤 击 数（击） |
|---|---|---|
| 第 1 节 | | |
| 第 2 节 | | |
| 第 3 节 | | |
| 第 4 节 | | |
| 第 5 节 | | |

最后锤击 3 阵，每阵 10 击的贯入度

| 阵　序 | 第 1 阵 | 第 2 阵 | 第 3 阵 |
|---|---|---|---|
| 贯入度（mm） | | | |

续表

接桩方法为焊接法，桩身焊接质量及电焊停歇时间

| 焊 接 部 位 | 焊渣是否清除干净 | 上下节平面偏差（mm）＜10 | 节点弯曲矢高＜1/1000L | 电焊停歇时间（min）＞1.0 |
|---|---|---|---|---|
| 第 1、2 节焊接 | | | | |
| 第 2、3 节焊接 | | | | |
| 第 3、4 节焊接 | | | | |
| 第 4、5 节焊接 | | | | |
| 打桩过程中桩架的垂直度、桩身的垂直度 | | 桩顶及桩身是否被击碎、开裂 | | |

项目监理机构：
旁站监理人员：
日　　　　期：

**表 3-10** 　　　　　　　　　**旁站监理记录表（静压式预应力管桩）**

工程名称：　　　　　　　　　　　　　　　　　　　　　　　　　　编号：

| 日期及气候：　　　　　　　　年　月　日<br>天气：　　气温：　　℃ | 工程地点： |
|---|---|

旁站监理的部位或工序：　　　　　静压＿＿＿管桩

| 旁站监理开始时间： | 旁站监理结束时间： |
|---|---|

施工和监理情况：

| 桩型 | 桩号 | 配桩长度 | 静压时间段 | 焊接冷却时间 | 入土深度 | 终压力 | 复压三次 | 备注 |
|---|---|---|---|---|---|---|---|---|
| | | | | | | | | |
| | | | | | | | | |
| | | | | | | | | |
| | | | | | | | | |

发现问题：

处理意见：

备注：

项目监理机构：
旁站监理人员：
日　　　　期：

# 第二节

# 复 合 地 基

## 一、水泥土搅拌桩复合地基

水泥搅拌桩是指软基处理的一种有效形式，是一种将水泥作为固化剂的主剂，利用搅拌桩机将水泥喷入土体并充分搅拌，使水泥与土发生一系列物理化学反应从而提高地基承载力的方式。

### （一）节点管控表

水泥土搅拌桩复合地基施工节点管控表如表 3-11 所示。

表 3-11　　　　　　　水泥土搅拌桩复合地基施工节点管控表

| 工艺流程图 | 监理主要工作 | 简要描述 |
|---|---|---|
| 施工准备 | 审查施工单位人员、机械、材料、施工方案，对现场安全文明布置情况进行检查 | 根据管控要点逐一审查/检查，填写文件审查记录表 |
| 测量放线 | 施工单位自检后，对测量成果进行复核 | 确认复核结果，填写平行检验记录表 |
| 施工机械就位 | 检查桩位控制点位情况 | 填写平行检验记录表 |
| 桩位下沉搅拌 | 复核桩位点，并对施工过程进行旁站 | 填写监理旁站记录表 |
| 喷浆搅拌提升 | 对施工过程进行旁站 | 填写监理旁站记录表 |
| 重复下沉搅拌 | 监理旁站 | 填写监理旁站记录表、平行检验记录表 |
| 成桩 | 监理旁站 | 填写监理旁站记录表、平行检验记录表 |
| 质量验收 | 专业监理工程师组织检验批及分项工程的验收；总监理工程师组织分部工程的验收 | 填写平行检验记录表、质量问题处理台账、工程验收统计表 |

编制说明：
1. 编制目的：根据施工工艺流程，列明监理主要工作内容及应及时填写的表单。
2. 编制依据：标准工艺，统一验收表式及质量验评划分表，安全风险管理规程。

## （二）主要安全风险

### 1. 安全风险

高处坠落，物体打击、机械伤害、触电。

### 2. 安全控制措施

（1）桩机就位时，预控风险：物体打击、高处坠落。

1）安装钻机场地应平整，清除孔位及周围的石块等障碍物，查勘地下管网情况。

2）桩机安装高度应与周边高压线等保持足够的安全距离。

3）安装前监理、施工单位对桩机的各部件，钢丝绳、安全装置等进行全面的检查，确保安装部件无变形。

（2）桩基施工时，预控风险：机械伤害、触电。

1）桩机运转时，不得进行检修、清扫或调整。严禁人员站立在钻头的正前方或受力钢丝绳的内侧。

2）工作中断时，应断开电源。电气设备与电动工器具的转动部分必须装设保护罩。

3）如遇桩机振动、摆动幅度过大、异响、钻杆与导向轨槽道有停顿、卡阻现象等应暂停作业，排除故障后方可重新开钻。

4）移动桩位时，应保持桩机行走中垂直平稳，采取铺垫枕木、加设临时固定绳索防倾覆等措施。

5）遇雷雨、五级及以上大风等恶劣天气应停止作业，并采取加设揽风绳等措施。

（3）桩机拆卸时，预控风险物体打击、触电。

1）应切断桩机电源。

2）在拆卸区域设置围栏和安全标志。

3）按设备使用手册规定顺序制定拆卸具体步骤，拆卸、吊运中应注意保护桩机设备，不得野蛮操作。

注：桩机安拆过程为吊装施工，相应吊装机械应按安全规定检查资料及现场实物，存在登高作业的应按照高处作业要求进行管控。

## （三）水泥土搅拌桩控制要点

### 1. 作业前控制要点

（1）本作业的施工人员和机械已进场，特殊工种作业人员满足施工需要；所有参加施工的人员必须经过岗前培训，并经考试合格的方可进入施工现场。

（2）本作业的计量器具、仪表经法定单位检定合格，且在有效期内；种类、数量是否满足工程施工需要。

（3）物资材料准备能满足本作业连续施工需要：

1）应检查水泥及外掺剂的质量，水泥、外加剂应有出厂合格证及复试报告等质量证明文件。

2）水泥搅拌桩施工机械必须具备良好及稳定的性能，开钻之前应由监理工程师和施工项目部组织检查搅拌机工作性能，符合要求后方可开钻；水泥搅拌桩施工机械应配备电脑记录仪及打印设备，并对各种计量设备进行检定或校准，以便了解和控制水泥浆用量及喷浆均匀程度。

（4）本作业相关的施工图已进行交底、会检，相关作业指导书已制定并审查合格；每个分项工程必须分级进行施工技术交底。技术交底内容应充实，具有针对性和指导性，全体参加施工的人员都要参加交底并签名，形成书面交底记录。

（5）现场具备安全文明施工条件。

（6）监理实施细则已编审完成，并履行安全、质量、技术控制要点的交底。

（7）检查现场安全文明施工标准化落实情况：

1）作业现场布置应符合《输变电工程建设安全文明施工规程》（Q/GDW 10250—2021）的要求。

2）施工项目部应结合实际情况，按标准化要求为工程现场配置相应的安全设施。

3）按照输变电工程安全文明施工设施配置标准，购置、制作、统一的安全文明施工标准化设施；安全围栏必须设置相应的安全警示标志。

4）根据施工环境和不同施工作业要求是否已为施工人员配备合格的个人安全防护用品。

5）落实环境保护和水土保持措施，检查文明施工、绿色施工、安全文明施工设施的配置。

**2．施工过程控制要点**

（1）定位放线。依桩位布置图测量放样，标定出桩位，应经过技术复核确保定位准确，监理人员进行轴线定位验收。

（2）桩机就位。将深层搅拌机移动到指定位置，对准桩位，检查桩位偏差不得大于50mm，并应使搅拌机保持水平，导向架垂直。

（3）桩位下沉搅拌。

1）下沉预搅拌：启动搅拌电机，放松起重机钢丝绳，用卷扬机将搅拌机下放，使搅拌机沿导向架搅拌切土下沉，为了使土体充分破碎，应控制搅拌机的电流、电压和预搅下沉速度。

2）水泥浆制备：待深层搅拌机下沉到一定深度时，即开始按设计确定的配合比拌制水泥浆，待压浆前将水泥浆倒入集料斗中。

（4）喷浆搅拌提升。

深层搅拌头下沉到设计深度后，启动灰浆泵将水泥浆从搅拌机中心管不断压入地基中，边喷浆边搅拌，直至提出地面完成一次搅拌过程。提升深层搅拌机时严格按设计确定的提升速度，一般以 0.5m/min 的均匀速度提升。

（5）重复下沉搅拌。

重复上述操作，为使软土和水泥浆搅拌均匀，可再次将搅拌机边旋车边沉入土中，至设计加固深度后再将搅拌机提升地面，即完成一根柱状加固体。

（6）成桩。

当一施工段成桩完成后，应及时进行清洗。应将全部管路中残存的水泥浆及黏附在搅拌头的软土清洗干净。

（7）需要注意的问题。

1）对每根成型的搅拌桩质量检查重点是水泥用量、水泥浆拌制的罐数、压浆过程中是否有断浆现象、喷浆搅拌提升时间以及复搅次数。

2）为了确保桩体每米掺量以及水泥浆用量达到设计要求，每台机械均应配备电脑记录仪。同时现场应配备水泥浆比重测定仪，以备监理工程师和施工项目部质检人员随时抽查检验水泥浆水灰比是否满足设计要求。

3）为保证水泥搅拌桩桩端、桩顶及桩身质量，第一次提钻喷浆时应在桩底部停留30s，进行磨桩端，余浆上提过程中全部喷入桩体，且在桩顶部位进行磨桩头，停留时间为 30s。

4）施工中发现喷浆量不足，应按监理工程师要求整桩复搅，复喷的喷浆量不小于设计用量。如遇停电、机械故障原因，喷浆中断时应及时记录中断深度。在 12h 内采取补喷处理措施，并将补喷情况填报于施工记录内。

5）监理人员应查看施工人员填写的施工原始记录，记录内容应包括：①施工桩号、施工日期、天气情况；②喷浆深度、停浆标高；③灰浆泵压力、管道压力；④钻机转速；⑤钻进速度、提升速度；⑥浆液流量；⑦每米喷浆量和外掺剂用量；⑧复搅深度。

**3. 检查与验收**

依照《变电（换流）站土建工程施工质量验收规范》（Q/GDW 10183—2021）附录 B.1 及国家电网有限公司统一验收表式相关要求，地基处理为单位工程中地基与基础分部工程中的子分部工程，水泥土搅拌桩为分项工程。以上验收程序均为专业监理工程师组织检验批及分项工程的验收，总监理工程师组织分部（子分部）工程的验收。

（1）检验批：审核并签认施工检验批资料，填写监理平行检验记录表。

水泥土搅拌桩：根据图纸上的单元及部位划分，或者把搅拌桩编号后按桩号进行报验。

（2）分项工程：由以上同一工序多个检验批汇总，专业监理工程师审核、签认分项工程质量验收记录。

（3）分部工程质量资料：总监组织验收人员审核并签认以下资料。

1）通用部分：①图纸会检、设计变更、洽商记录；②一般施工方案、作业指导书、技术交底记录；③测量放线记录；④配合比试验报告、试件的试验报告；⑤隐蔽工程验收记录；⑥检验批工程质量验收记录；⑦分项工程质量验收记录；⑧隐蔽工程数码照片；⑨新技术论证、备案及施工记录。

2）地基处理施工专用资料（水泥土搅拌桩）：①水泥合格证及进场检（试）验报告、复试报告；②施工记录；③检测报告。

根据《建筑地基处理技术规范》（JGJ 79—2012），目前水泥土搅拌桩检测的主要方法有轻便触探法、钻芯取样法及载荷试验（包括复合地基载荷试验和单桩载荷试验）等几种。

（1）轻便触探法。

成桩 7d 可采用轻便能探法检验桩体质量。用轻便触探器所带勺钻，在桩体中心钻孔取样，观察颜色是否一致，检查小型土搅拌均匀程度、根据轻便触探击数与水泥土强度的关系，检查桩体强度能否达到设计要求，轻便能探法的深度一般不大于 4m。

（2）钻芯取样法。

水泥生产工艺流程成桩完成，对竖向承载的水泥土在 90d 后、横向承载的水泥土在 28d 后，用钻芯取样的方法检查桩体完整性，搅拌均匀程度，桩体强度、桩体垂直度。钻芯取样频率为 1%～1.5%。

（3）竖向承载水泥土搅拌桩复合地基竣工验收时，承载力检验应采用复合地基载荷试验和单桩载荷试验。

1）载荷试验必须在桩身强度满足试验荷载条件时，并宜在成桩 28d 后进行。

2）验收检测检验数量为桩总数的 0.5%～1%，其中每单项工程单桩复合地基载荷试验的数量不应少于 3 根（多头搅拌为 3 组），其余可进行单桩静载荷试验或单桩、多桩复合地基载荷试验。

## （四）报告与记录

施工过程中形成的主要成果资料见表 3-12。作业中引用或产生的报告与记录的表单样例，见本小节附表。

表 3-12　　　　　　　　施工过程中形成的主要成果资料

| 序号 | 编号 | 名　称 | 填　报 |
| --- | --- | --- | --- |
| 1 | JXM3 | 文件审查记录表 | 总监理工程师、专业监理工程师 |
| 2 | JJS3 | 施工图预检记录表 | 总监理工程师、专业监理工程师 |
| 3 | JZL3 | 平行检查记录表 | 专业监理工程师 |
| 4 | JXM9 | 旁站监理记录表 | 专业监理工程师、监理员 |

| 序号 | 编号 | 名　称 | 填　报 |
|---|---|---|---|
| 5 | JXM4 | 监理策划文件报审表 | 细则由专业监理工程师编写，总监理工程师批准 |
| 6 | JXM15 | 监理通知单 | 总监理工程师、专业监理工程师 |
| 7 | JZL1 | 见证取样统计表 | 监理员 |
| 8 | JXM15 | 质量、安全活动记录 | 总监理工程师、专业监理工程师、安监 |

## （五）附表

对施工方案进行审核时，应运用数字监理平台逐项审查并勾选检查结果，填写修改意见。在平行检验及质量旁站时，根据表格内容逐项检查，并根据系统要求留存影像资料。未应用数字监理平台可采用纸质表单执行。

文件审查记录表如表 3-13 所示，平行检查记录表如表 3-14 所示，旁站监理记录表如表 3-15 所示。

**表 3-13　　　　　　　　　　文件审查记录表（桩基工程施工方案）**

工程名称：　　　　　　　　　　　　　　　　　　　　　　　　　　　　编号：

| 文件名称 | （写文件全称，××施工方案—报审表编号） | | |
|---|---|---|---|
| 送审单位 | （编制单位全称） | | |
| 序号 | 监理项目部审查标准 | 检查结果 | 施工项目部反馈意见 |
| 1 | 施工方案的编审批流程是否已按要求履行 | □合格　□不合格 | |
| | 修改意见： | | |
| 2 | 施工方案的编制依据是否已过期 | □合格　□不合格 | |
| | 修改意见： | | |
| 3 | 工程概况中应描述图纸中桩的型式、规格、尺寸、数量及桩位布置等重要技术参数和质量标准要求 | □合格　□不合格 | |
| | 修改意见： | | |
| 4 | 施工方案（措施）制定的施工工艺流程应合理，并绘制流程图。施工方法应得当，有先进性，不得使用国家严厉禁止的施工工艺、建筑材料及施工机械等，并有利于保证工程质量、安全、进度的相关措施 | □合格　□不合格 | |
| | 修改意见： | | |
| 5 | 根据各部位施工进度计划及流水段划分进行劳动力安排，根据各单位工程桩基工程量，确定所需工人数量及分工，施工人员配备必须满足施工进度计划及流水施工的需要 | □合格　□不合格 | |
| | 修改意见： | | |
| 6 | 应明确桩基的相关技术要求，包括桩的工艺流程、施工方法及技术要求等 | □合格　□不合格 | |
| | 修改意见： | | |

续表

| 序号 | 监理项目部审查标准 | 检查结果 | 施工项目部反馈意见 |
|---|---|---|---|
| 7 | 施工方案内容应包括安全危险点分析或危险源辨识、环境因素识别是否准确、全面，明确 | □合格 □不合格 | |
| | 修改意见： | | |
| 8 | "施工准备"中现场材料、工具设备、安全防护布置等 | □合格 □不合格 | |
| | 修改意见： | | |
| 9 | 明确桩基工程的质量标准及验收方法 | □合格 □不合格 | |
| | 修改意见： | | |
| 10 | 对施工质量通病制定防治措施，应有保障强制性条文执行和标准工艺应用的说明 | □合格 □不合格 | |
| | 修改意见： | | |
| 11 | 存在的其他问题 | | |
| | 总/专业监理工程师：＿＿＿＿＿＿<br>日　　期：＿＿＿＿年＿＿月＿＿日 | | 项目经理：＿＿＿＿＿＿＿＿<br>日　期：＿＿＿＿年＿月＿日 |
| 监理复查意见 | | | 总/专业监理工程师：＿＿＿＿＿＿<br>日　　期：＿＿＿＿年＿月＿日 |

注　本表使用过程中可自行增加内容。本表一式两份，监理、施工项目部各存 1 份。

表 3-14　　　　　　　　平行检查记录表（水泥土搅拌桩）

工程名称：　　　　　　　　　　　　　　　　　　　　　编号：

| 检验对象分类 | | | □设备 | □材料 | | □工序 | |
|---|---|---|---|---|---|---|---|
| 检验对象基本信息 | 设备 | 设备名称 | | | 设备型号规格 | | |
| | | 生产厂家 | | | 安装位置 | | |
| | 材料 | 材料名称 | | | 材料型号规格 | | |
| | | 生产厂家 | | | 使用部位 | | |
| | 工序 | 工序名称 | 水泥土搅拌桩 | | 实施单位 | | |
| | | 其他 | 使用部位： | | | | |

| 序号 | 检验项目 | 质量标准 | 质量检验结果 | 备注 |
|---|---|---|---|---|
| 1 | 复合地基承载力 | 不小于设计值 | （此处填写报告编号及结论） | |
| 2 | 单桩承载力 | 不小于设计值 | （此处填写报告编号及结论） | |
| 3 | 水泥用量 | 不小于设计值 | | |
| 4 | 搅拌叶回转直径 | $\pm 20mm$ | | |
| 5 | 桩长 | 不小于设计值 | | |
| 6 | 桩身强度 | 应符合设计要求 | （此处填写报告编号及结论） | |

续表

| 序号 | 检 验 项 目 | 质 量 标 准 | 质量检验结果 | 备注 |
|---|---|---|---|---|
| 7 | 水胶比 | 应符合设计要求 | 实际用水量与水泥等胶凝材料的重量比 | |
| 8 | 提升速度 | 应符合设计要求 | 测机头上升距离及时间 | |
| 9 | 下沉速度 | 应符合设计要求 | 测机头下沉距离及时间 | |
| 10 | 桩位 | 条基边桩沿轴线 | | |
| | | 垂直轴线 | | |
| | | 其他情况 | | |
| 11 | 桩顶标高 | ±200mm | | |
| 12 | 导向架垂直度 | ≤1/150 | | |
| 检验结论 | | □合格　□不合格 | | |
| 检验仪器及编号 | | 经纬仪：<br>钢卷尺： | 水准仪： | |
| 检验人员 | | 现场检验日期 | 年　月　日 | |
| | | 报告审查日期 | 年　月　日 | |

表 3-15　　　　　　　　　　　旁站监理记录表（水泥土搅拌桩）

施工单位：　　　钻机型号：　　　水泥标号及批号：　　　场地标高：　　　流量表读数：
搅拌头转速：　　水泥产地名称：　　气温：　　　　压力计读数：

| 序号 | 桩位编号 | 桩长（m） | 端面面积（m²） | 工作时间 | | | 下沉搅拌 | | 提升搅拌 | | 水泥用量 | 试块编号 | 水泥掺入量 | 水灰比 |
|---|---|---|---|---|---|---|---|---|---|---|---|---|---|---|
| | | | | 起 | 止 | 计 | 时间（分） | 深度（m） | 时间（分） | 深度（m） | | | | |
| | | | | | | | | | | | | | | |
| | | | | | | | | | | | | | | |
| | | | | | | | | | | | | | | |
| | | | | | | | | | | | | | | |
| | | | | | | | | | | | | | | |
| | | | | | | | | | | | | | | |
| | | | | | | | | | | | | | | |
| | | | | | | | | | | | | | | |
| | | | | | | | | | | | | | | |
| | | | | | | | | | | | | | | |
| | | | | | | | | | | | | | | |
| | | | | | | | | | | | | | | |
| | | | | | | | | | | | | | | |
| | | | | | | | | | | | | | | |
| | | | | | | | | | | | | | | |
| | | | | | | | | | | | | | | |
| | | | | | | | | | | | | | | |
| | | | | | | | | | | | | | | |

旁站监理：　　年　月　日　　　　　　　　　总监（负责人）：　　年　月　日

## 二、高压喷射注浆复合地基

适用于变电站工程中处理淤泥、淤泥质土、流塑、软塑或可塑黏性土、粉土、黄土、素填土和碎石土等地基，但对含有较多大粒径块石、坚硬黏性土、大量植物根基或含过多有机质的土以及地下水流过大、喷射浆液无法在注浆管周围凝聚的情况下，不宜采用。

### （一）节点管控表

高压喷射注浆复合地基施工节点管控表如表 3-16 所示。

表 3-16　　　　　高压喷射注浆复合地基施工节点管控表

| 工艺流程图 | 监理主要工作 | 简要描述 |
|---|---|---|
| 施工准备 | 审查施工单位人员、机械、材料、施工方案，对现场安全文明布置情况进行检查 | 根据管控要点逐一审查/检查，填写文件审查记录表 |
| 测量放线 | 施工单位自检后，监理对测量成果进行复核 | 复核结果填写平行检验记录表 |
| 钻机就位 | 对桩位点位进行复核 | 复核结果填写平行检验记录表 |
| 钻杆垂直调整 | 巡视检查 | |
| 钻孔 | 对施工过程进行监理旁站 | 填写监理旁站记录表 |
| 插管、试喷 | 对施工过程进行监理旁站 | 填写监理旁站记录表 |
| 旋喷注浆作业 | 对施工过程进行监理旁站 | 填写监理旁站记录表 |
| 拔管冲洗 | 巡视检查 | |
| 质量验收 | 专业监理工程师组织检验批及分项工程的验收；总监理工程师组织分部工程的验收 | 填写平行检验记录表、质量问题处理台账、工程验收统计表 |

编制说明：
1. 编制目的：根据施工工艺流程，列明监理主要工作内容及应及时填写的表单。
2. 编制依据：标准工艺，统一验收表式及质量验评划分表，安全风险管理规程。

### （二）主要安全风险

#### 1. 安全风险

高处坠落，物体打击、机械伤害、触电、其他伤害。

### 2. 安全控制措施

（1）桩机就位：

1）安装钻机场地平整，清除孔位及周围的石块等障碍物。安装前检查钻杆及各部件，确保安装部件无变形。

2）安装钻杆时，应从动力头开始，逐节往下安装。不得将所需长度的钻杆在地面上全部接好后一次起吊安装。

3）高处作业须系好安全带，并在桅杆上固定牢固。

4）钻机运转时，电工要监护作业，防止电缆线缠入钻杆。

5）清除钻杆和螺旋叶片上的泥土，清除螺旋片泥土要用铁锹进行，严禁用手清除。

（2）喷射注浆和提升拔管：

1）启动压浆泵前检查高压胶管，发现破损应立即更换。高压胶管不能超过压力范围使用，使用时弯曲应不小于规定的弯曲半径，防止高压管爆炸伤人。

2）高压注浆时，高压射流的破坏力较强，浆液应过滤，使颗粒不大于喷嘴直径，高压泵必须有安全装置，当超过允许泵压后应能及时停止工作。

3）作业中电缆应由专人负责收放。如遇卡钻，应立即切断电源。

4）高压注浆时，作业人员不得在注浆管 3m 范围内停留。

5）泥浆池必须设围栏，将泥浆池、已浇注桩围栏好并挂上警示标志，防止人员掉入泥浆池中。

6）需拆卸注浆管，应先停止提升和回转，并停止送浆，然后逐渐减少风量和水量，至停机。

## （三）高压喷射注浆施工工序过程控制要点

### 1. 作业前控制要点

（1）本作业的施工人员和机械已进场，特殊工种作业人员满足施工需要；所有参加施工的人员必须经过岗前培训，并经考试合格的方可进入施工现场。

（2）本作业的计量器具、仪表经法定单位检定合格，且在有效期内；种类、数量是否满足工程施工需要。

（3）物资材料准备能满足本作业连续施工需要：

1）高压喷射注浆所采用的水泥品种和标号，应根据环境和工程需要确定，一般情况下，宜采用强度等级为 42.5 级的普通硅酸盐水泥，水泥应有出厂合格证及复试报告，并报监理项目部审核。

2）搅拌水泥浆所用的水，应符合《混凝土用水标准》（附条文说明）JGJ 63—2006 的规定并附有水质检测报告。

3）高压喷射注浆一般使用纯水泥浆液。在特殊地质条件下或有特殊要求时，根据工程需要，通过现场注浆试验论证可使用不同类型浆液，如水泥砂浆等。

4）根据需要可在水泥浆液加入粉细砂、粉煤灰、早强剂、速凝剂、水玻璃等外加剂。添加的外加剂应有出厂合格证等材质证明文件，并报监理项目部审核。

（4）本作业相关的施工图已进行交底、会检，相关作业指导书已制定并审查合格；每个分项工程必须分级进行施工技术交底，技术交底内容应充实，具有针对性和指导性，全体参加施工的人员都要参加交底并签名，形成书面交底记录。

（5）检查现场安全文明施工标准化落实情况：

1）作业现场布置应符合《输变电工程建设安全文明施工规程》（Q/GDW 10250—2021）的要求。

2）施工项目部应结合实际情况，按标准化要求为工程现场配置相应的安全设施。

3）按照输变电工程安全文明施工设施配置标准，购置、制作、统一的安全文明施工标准化设施；安全围栏必须设置相应的安全警示标志。

4）根据施工环境和不同施工作业要求是否已为施工人员配备合格的个人安全防护用品。

5）落实环境保护和水土保持措施，检查文明施工、绿色施工，安全文明施工设施的配置。

**2. 施工过程控制要点**

（1）测量放线：根据设计的施工图和坐标网点测量放出施工轴线。

（2）确定孔位：在施工轴线上确定孔位，编上桩号、序号，依据基准点进行测量各孔口地面高程。

（3）钻机造孔：可采用泥浆护壁回转钻进、冲击套管钻进和冲击回转跟管钻进等方法。

1）钻机主钻杆对准孔位，用水平尺测量机体水平、立轴垂直，钻机要垫平稳固。

2）造孔每钻进 5m 用水平尺测量机身水平和立轴垂直 1 次，以保证钻孔垂直。

3）钻进过程中随时注意地层变化，对孔深、塌孔、漏浆等情况详细记录。

4）终孔后将孔内残留岩芯和岩粉捞取置换干净，换入新的泥浆，保证高喷顺利下管。

5）孔深达到设计深度后，进行孔内测斜，孔深小于 30m 时，孔斜率不大于 1%。

（4）下喷射管：钻孔经验收合格后，方可进行高压喷射注浆，将喷管插入地层预定的深度，先进行清水试喷压，到设备和管路情况正常后，才可开始高压喷射注浆作业。

（5）搅拌制浆：搅拌机的转速和拌合能力应分别与所搅拌浆液类型和灌浆泵的排浆量相适应，并应能保证均匀、连续地拌制浆液。浆液的密度应符合设计要求。保证高压喷射注浆连续供浆需量。

（6）喷射注浆：高压喷射注浆法为自下而上连续作业。喷头可分单嘴、双嘴和多嘴。

1）喷射注浆时设备开动顺序：先空载启动空气压缩机，待运转正常后，再空载启动高压泵，并同时向孔内送风和水，使风量和泵压正常后，即可将注浆的吸浆管移至储浆桶，开始注浆。待水泥浆的前锋已流出喷头并在孔口返浆后，再开始提升注浆管，自下而上喷射注浆。

2）喷射时，用仪表控制压力、流量和风量。当分别达到预定的数值时，再逐渐提升注浆管。

3）喷射注浆中需拆卸注浆管时，应先停止提升、回转和送浆，然后逐渐减少风量和水量，最后停机。拆卸完毕继续喷射注浆时，开机顺序遵守前面的规定，同时，喷射管分段提升的搭接长度不小于 0.5m，以防喷射体脱节。

4）喷射注浆结束后，对喷射体顶部浆液析水收缩出现凹穴，应及时用水泥浆补灌。

（7）拔管：喷射注浆达到设计深度后，可停风、停水而继续用注浆泵注浆，待水泥浆从孔口返出后，即可停止注浆，然后将注浆泵的吸水管移至清水箱，抽吸一定量的清水将注浆泵和注浆管路中浆液顶出，然后停泵。拔管要迅速，不可久留孔中。

（8）卸下注浆管后，应立即用清水将各通道冲洗干净，并拧下堵头。注浆泵、送浆管路和浆液搅拌机等都要用清水清洗干净。压气管路和高压泵管也要分别送风、送水冲洗干净。

（9）清洗结束：每一孔的高压喷射注浆完成后，应及时清洗灌浆泵和输浆管路，防止清洗不及时、不彻底浆液在输浆管路中沉淀结块，堵塞输浆管路和喷嘴，影响下一孔的施工。

**3．检测控制要点**

根据《建筑地基处理技术规范》（JGJ 79—2012），目前高压喷射注浆检测的主要采用开挖检查、取芯（常规取芯或软取芯）、标准贯入试验、动力触探载荷试验等方法进行检验。

（1）检验点应布置在下列部位：

1）有代表性的桩位。

2）施工中出现异常情况的部位。

3）地基情况复杂、可能对高压喷射注浆质量产生影响的部位。

（2）检验点的数量为施工孔数的 2%，并不应少于 5 点。

（3）质量检验宜在高压喷射注浆结束 28d 后进行。

（4）载荷试验必须在桩身强度满足试验条件时，并宜在成桩 28d 后进行。检验数量为桩总数的 0.5%～1%，且每项单体工程不应少于 3 点。

**4．检查与验收**

依照《变电（换流）站土建工程施工质量验收规范》（Q/GDW 10183—2021）附录B.1 及国家电网有限公司统一验收表式相关要求，地基处理为单位工程中地基与基础分部工程中的子分部工程，高压喷射注浆为分项工程。以上验收程序均为专业监理工程师组织检验批及分项工程的验收，总监理工程师组织分部（子分部）工程的验收。

（1）检验批：审核并签认施工检验批资料，填写监理平行检验记录表。

高压喷射注浆：根据图纸上的单元及部位划分，或者把搅拌桩编号后按桩号进行报验。

（2）分项工程：由以上同一工序多个检验批汇总，专业监理工程师审核、签认分项工程质量验收记录。

（3）分部工程质量资料：总监组织验收人员审核并签认以下资料。

1）通用部分：①图纸会检、设计变更、洽商记录；②一般施工方案、作业指导书、技术交底记录；③测量放线记录；④分项工程质量验收记录；⑤检验批工程质量验收记录；⑥新技术论证、备案及施工记录。

2）地基处理施工专用资料（高压喷射注浆）：①水泥合格证及进场检（试）验报告、复试报告；②施工记录；③检测报告。

## （四）报告与记录

施工过程中形成的主要成果资料见表 3-17。作业中引用或产生的报告与记录的表单样例，见本小节附表。

表 3-17　　　　　　　　　　　　施工过程中形成的主要成果资料

| 序号 | 编号 | 名　称 | 填　报 |
|---|---|---|---|
| 1 | JXM3 | 文件审查记录表 | 总监理工程师、专业监理工程师 |
| 2 | JJS3 | 施工图预检记录表 | 总监理工程师、专业监理工程师 |
| 3 | JZL3 | 平行检查记录表 | 专业监理工程师 |
| 4 | JXM9 | 旁站监理记录表 | 专业监理工程师、监理员 |
| 5 | JXM4 | 监理策划文件报审表 | 细则专业监理工程师编写,总监理工程师审批 |
| 6 | JXM15 | 监理通知单 | 总监理工程师、专业监理工程师 |
| 7 | JZL1 | 见证取样统计表 | 监理员 |
| 8 | JXM15 | 质量、安全活动记录 | 总监理工程师、专业监理工程师、安监 |

## （五）附表

对施工方案进行审核时，应运用数字监理平台逐项审查并勾选检查结果，填写修改意见。在平行检验时，根据表格内容逐项检查，并根据系统要求留存影像资料。未应用数字监理平台可采用纸质表单执行。

文件审查记录表如表 3-18 所示，平行检查记录表如表 3-19 所示。

表 3-18　　　　　　　　　　文件审查记录表（××工程施工方案）

工程名称：　　　　　　　　　　　　　　　　　　　　　　　　　编号：

| 文件名称 | （写文件全称，××施工方案—报审表编号） | | |
|---|---|---|---|
| 送审单位 | （编制单位全称） | | |
| 序号 | 监理项目部审查标准 | 检查结果 | 施工项目部反馈意见 |
| 1 | 施工方案的编审批流程是否已按要求履行 | □合格　□不合格 | |
| | 修改意见： | | |
| 2 | 施工方案的编制依据是否已过期 | □合格　□不合格 | |
| | 修改意见： | | |
| 3 | 工程概况中应描述图纸中桩的型式、规格、尺寸、数量及桩位布置等重要技术参数和质量标准要求 | □合格　□不合格 | |
| | 修改意见： | | |
| 4 | 施工方案（措施）制定的施工工艺流程应合理，并绘制流程图。施工方法应得当，有先进性，不得使用国家严厉禁止的施工工艺、建筑材料及施工机械等，并有利于保证工程质量、安全、进度的相关措施 | □合格　□不合格 | |
| | 修改意见： | | |
| 5 | 根据各部位施工进度计划及流水段划分进行劳动力安排，根据各单位工程桩基工程量，确定所需工人数量及分工，施工人员配备必须满足施工进度计划及流水施工的需要 | □合格　□不合格 | |
| | 修改意见： | | |
| 6 | 应明确桩基的相关技术要求，包括桩的工艺流程、施工方法及技术要求等 | □合格　□不合格 | |
| | 修改意见： | | |
| 7 | 施工方案内容应包括安全危险点分析或危险源辨识、环境因素识别是否准确、全面，明确 | □合格　□不合格 | |
| | 修改意见： | | |
| 8 | "施工准备"中现场材料、工具设备、安全防护布置等 | □合格　□不合格 | |
| | 修改意见： | | |
| 9 | 明确桩基工程的质量标准及验收方法 | □合格　□不合格 | |
| | 修改意见： | | |
| 10 | 对施工质量通病制定防治措施，应有保障强制性条文执行和标准工艺应用的说明 | □合格　□不合格 | |
| | 修改意见： | | |
| 11 | 存在的其他问题 | | |

总/专业监理工程师：＿＿＿＿＿＿＿＿　　　　　　　项目经理：＿＿＿＿＿＿＿＿
日　　期：＿＿＿＿年＿＿月＿＿日　　　　　　　日　　期：＿＿＿＿年＿＿月＿＿日

| 监理复查意见 | 总/专业监理工程师：＿＿＿＿＿＿＿＿<br>日　　期：＿＿＿＿年＿＿月＿＿日 |
|---|---|

　注　本表使用过程中可自行增加内容。本表一式两份，监理、施工项目部各存1份。

**表 3-19**　　　　　　　　**平行检查记录表（高压喷射注浆复合地基）**

工程名称：　　　　　　　　　　　　　　　　　　　　　　　编号：

| 检验对象分类 | | | □设备　　　　　□材料　　　　　□工序 | | | |
|---|---|---|---|---|---|---|
| 检验对象基本信息 | 设备 | 设备名称 | | 设备型号规格 | | |
| | | 生产厂家 | | 安装位置 | | |
| | 材料 | 材料名称 | | 材料型号规格 | | |
| | | 生产厂家 | | 使用部位 | | |
| | 工序 | 工序名称 | 高压喷射注浆 | 实施单位 | | |
| | | 其他 | 使用部位： | | | |

| 序号 | 检验项目 | 质量标准 | 质量检验结果 | 备注 |
|---|---|---|---|---|
| 1 | 复合地基承载力 | 不小于设计值 | （此处填写报告编号及结论） | |
| 2 | 单桩承载力 | 不小于设计值 | （此处填写报告编号及结论） | |
| 3 | 水泥用量 | 不小于设计值 | 查看流量表 | |
| 4 | 桩长 | 不小于设计值 | 测钻杆长度 | |
| 5 | 桩身强度 | 不小于设计值 | （此处填写报告编号及结论） | |
| 6 | 水胶比 | 应符合设计要求 | | |
| 7 | 钻孔位置 | ≤50mm | | |
| 8 | 钻孔垂直度 | ≤1/100 | | |
| 9 | 桩位 | ≤0.2$D$ | | |
| 10 | 桩径 | ≥−50mm | | |
| 11 | 桩顶标高 | 不小于设计值 | | |
| 12 | 喷射压力 | 应符合设计要求 | | |
| 13 | 提升速度 | 应符合设计要求 | | |
| 14 | 旋转速度 | 应符合设计要求 | | |

| 检验结论 | □合格　　□不合格 | | |
|---|---|---|---|
| 检验仪器及编号 | 经纬仪：　　　　　　　　　　　水准仪：<br>钢卷尺： | | |
| 检验人员 | | 现场检验日期 | 年　月　日 |
| | | 报告审查日期 | 年　月　日 |

第三节

# 基　　础

## 一、一般基础

### （一）节点管控表

一般基础施工节点管控表如表 3-20 所示。

表 3-20　　　　　　　　　　　一般基础施工节点管控表

| 工艺流程图 | 监理主要工作 | 监理成果 |
|---|---|---|
| 施工准备 | 图纸会检已完成，审查施工单位人员、机械、材料、施工方案，对现场安全文明布置情况进行检查 | 根据管控要点逐一审查/检查，填写文件审查记录表 |
| 定位放线 | 施工单位自检后，对定位放线成果进行复核 | 复核结果填写平行检验记录表 |
| 基坑开挖 | 对基坑开挖施工过程进行检查 | 填写监理旁站记录表、平行检验记录表 |
| 地基验槽 | 对基坑土质、截面尺寸、标高等进行隐蔽验收 | 复核结果填写地基验槽记录，平行检验记录表 |
| 基础垫层施工 | 停工待检 | 填写平行检验记录表 |
| 钢筋绑扎 | 停工待检 | 填写平行检验记录表 |
| 模板安装 | 停工待检 | 填写平行检验记录表 |
| 混凝土浇筑 | 监理旁站 | 填写监理旁站记录表、平行检验记录表 |
| 养护拆模 | 巡检验收 | 填写平行检验记录表 |
| 质量验收 | 专业监理工程师组织检验批及分项工程的验收；总监理工程师组织分部工程的验收 | 填写平行检验记录表、质量问题处理台账、工程验收统计表 |

| 工艺流程图 | 监理主要工作 | 监 理 成 果 |
| --- | --- | --- |

编制说明：

1．编制目的：根据施工工艺流程，列明监理主要工作内容及应及时填写的表单。

2．编制依据：标准工艺，统一验收表式及质量验评划分表，安全风险管理规程。

## （二）主要安全风险及控制措施

### 1．安全风险

坍塌、其他伤害、高处坠落，物体打击、机械伤害、触电。

### 2．控制措施

（1）基坑开挖时，预控风险：坍塌。

1）基坑底部应做好井点降水或集中排水措施，并按照设计要求进行放坡，若因环境原因无法放坡时，必须做好支护措施。

2）土方开挖中，现场监护及施工人员必须随时观测基坑周边土质，观测到基坑边缘有裂缝和渗水等异常时，监理立即要求施工单位停止作业并进行处置。

（2）模板施工时，预控风险：物体打击、其他伤害及坍塌。

1）作业人员上下基坑时，监理要求施工单位应设置可靠的扶梯，作业人员不得在基坑内休息。

2）施工作业人员不得将材料和工器具直接扔入坑内。

3）模板的支撑牢固，并对称布置，高出坑口的加高立柱模板应有防止倾覆的措施；模板采用木方加固时，绑扎后需处理铁丝末端。

4）作业人员在架子上进行搭设作业时，监理应检查，其上不得进行单人装设较重构配件和其他易发生失衡、脱手、碰撞、滑跌等不安全的作业。

5）支撑架搭设区域地基回填土必须夯实。

（3）钢筋施工时，预控风险：物体打击、其他伤害。

1）施工人员正确使用个人安全防护用品。

2）在下钢筋时设置控制绳，控制钢筋的方向。

（4）混凝土施工时，预控风险：物体打击、机械伤害及触电。

1）无漏电保护器的作业现场，禁止浇制施工；发电机、搅拌机、振动棒等单独设开关或插座，并装设剩余电流动作保护器，金属外壳要接地，搅拌机、电源线架空。

2）机电设备使用前进行全面检查，确认机电装置完整、绝缘良好、接地可靠。

3）施工过程中，监理人员应对脚手架或作业平台、基坑边坡、安全防护设施等进行专项检查，发现问题应及时处理。必要时应签发监理通知单或工程暂停令。

4）基坑口搭设卸料平台，平台平整牢固，用手推车运送混凝土时，平台出料口应设挡车措施,倒料时严禁撒把。

5)卸料时前台下料人员协助卸料,基坑内不得有人;前台下料作业要坑上坑下协作进行,严禁将混凝土直接翻入基础内。

6)振捣器操作人员戴绝缘手套、穿绝缘靴,在高处作业时,设专人监护。移动振捣器或暂停作业时,先关闭电动机,再切断电源。

7)采用预拌混凝土浇筑基础遵守下列规定:①运输混凝土前确认运输路况、停车位、泵送方式等符合运送规定和条件;②运送中将滑斗放置牢固,防止摆动,避免伤及行人或影响其他车辆正常运行;③在检查、调整、修理输送管道或液压传动部分时,应使发动机和液压泵在零压力的状况下进行;④使用泵车施工的吊臂下不得站人、支腿必须全部打开支撑牢固,罐车行驶速度不得超过 5km/h。

8)拆除模板自上而下进行,集中堆放拆下的模板,及时拔掉或打弯木模板外露的铁钉。

9)基础养护人员不得在模板支撑上或在易塌落的坑边走动。使用刷涂过氯乙烯塑料薄膜养护基础时,应有防火、防毒措施。

10)采用炭炉保温、养护时,棚内配置足够的消防器材,作业人员进棚作业前,采取通风措施,防止一氧化碳中毒。

## (三)一般基础工序过程控制要点

### 1. 作业前控制要点

(1)本作业的施工人员和机械已进场,特殊工种作业人员满足施工需要;所有参加施工的人员必须经过岗前培训,并经考试合格的方可进入施工现场。

(2)本作业的计量器具、仪表经法定单位检定合格,且在有效期内。

(3)物资材料准备能满足本作业连续施工需要;应检查水泥及外掺剂的质量,水泥、外加剂应有出厂合格证及复试报告等质量证明文件。

(4)本作业相关的施工图已进行交底、会检,相关的作业指导书已制定并审查合格。每个分项工程必须分级进行施工技术交底,技术交底内容应充实,具有针对性和指导性,全体参加施工的人员都要参加交底并签名,形成书面交底记录。

(5)施工单位风险勘查、实地踏勘工作已完成,现场具备安全文明施工条件。

(6)施工方案或作业指导书文件已经审查合格,监理实施细则已编审完成,并履行安全、质量、技术控制要点的交底。

(7)现场安全文明施工标准化已落实到位:

1)作业现场布置应符合《输变电工程建设安全文明施工规程》(Q/GDW 10250—2021)的要求。

2)施工项目部应结合实际情况,按标准化要求为工程现场配置相应的安全设施。

3）现场应购置、制作、统一的安全文明施工标准化设施，安全围栏、临时盖板、脚手架等设施必须设置相应的安全警示标志。

4）根据施工环境和不同施工作业要求必须为施工人员配备合格的个人安全防护用品。

5）现场要落实环境保护和水土保持措施，检查绿色施工、环境保护和水土保持设施的配置。

6）基坑开挖前，监理应查看地质结构、土质，并与地勘报告核对，如遇地质条件与所配基础不相适应时，可能影响基础安全的，必须及时向设计单位反映，以便设计复核或修改设计。

**2．施工过程控制要点**

（1）基础开挖及基坑支护。

1）土方开挖过程中，施工项目部应按经批准的项目管理实施规划、一般（专项）施工方案按章作业。当发现作业不符合设计或施工技术规程、规范要求时，应及时调整或修订施工措施计划，报经监理项目部批准后执行。

2）土方开挖施工过程中，应注意做好测量工作：

a．根据设计图纸和施工控制网点进行测量放线，监理对测量结果进行复核；

b．在施工过程中，监理和施工单位要及时观测、检查基底、边坡及基顶变形情况；

c．监理单位应收集地形、断面资料以及用来计量开挖工作量的控制网点资料；

d．监理单位应要求施工项目部提供工程各阶段和完工后的土方测量资料；

e．开挖至基底应预留200～300mm土层人工清理，避免超挖扰动地基持力层，若确实扰动持力层，应立即停止开挖，通知设计单位、地勘单位查看，确定处理方案。

3）开挖过程中发现工程地质、水文地质条件变化或其他实际条件与设计条件不符时，施工项目部应及时将有关资料报送监理项目部，由监理项目部核转业主及设计单位，供设计变更参考。

4）当开挖过程中发生边坡滑坡，或有观测资料表明边坡处于危险状态时，施工项目部应采取以下措施：

a．及时向监理工程师报告并采取相应防范措施，防止事故和事态范围的扩大和延伸；

b．记录事故或事态的发生、发展过程和处理经过，并及时报监理项目部；

c．会同业主、设计、勘察、监理工程师查明原因，及时提出处理措施报监理项目部审批后执行。

5）在土方开挖施工过程中，施工项目部若出现以下情况时，监理项目部有权采取相应措施予以制止：

a．不按批准的施工措施计划施工；

b．违反国家有关技术规范、规程和劳动保护条例施工；

c．不按规定的路线、区域出渣、弃渣；

d．出现重大安全、质量事故等情况；

e．其他违反工程承建合同文件的情况。

6）监理工程师有权采用口头警告、书面违规警告，直至返工、停工整改等方式予以制止。由此而造成的一切经济损失和合同责任，均由施工项目部承担。

（2）地基验槽。

1）验槽时必备的资料和条件：

a．勘察、设计、建设、监理及施工单位的项目和技术质量负责人员到场；

b．基础施工图和结构总说明；

c．详勘阶段的岩土工程勘察报告；

d．开挖完毕，槽底无浮土、松土，条件良好的基槽。

2）验槽时主要检查内容：

a．检查基槽的位置、尺寸、深度是否与设计图纸相符；

b．检查槽壁、槽底土质的类型和均匀程度，看是否有异常土质存在，核对基坑土质和地下水情况是否与勘查报告相符；

c．检查基槽中是否有旧建筑、古井、古墓、洞穴、地下掩埋物、地下人防工程等；

d．检查基槽边坡外缘与附近建筑物的距离，基坑开挖是否对建筑物的稳定产生影响；

e．检查核实分析钎探资料，对存在异常处进行复核检查。（注：地基钎探是一种土层探测施工工艺，将标志刻度的标准直径钢钎，采用机械或人工的方式，使用标定重量的击锤，垂直击打进入地基土层；根据钢钎进入待探测地基土层所需的击锤数，探测土层内隐蔽构造情况或粗略估算土层的容许承载力）。

（3）垫层。

1）基坑土方开挖、地基处理完毕，并经过地基验槽验收合格。

2）垫层模板一般采用 10cm 高木模，背楞用 $\phi$20 钢筋 $L=50cm$ 打入土中支撑模板。垫层厚度过大时，采用组合钢模，背楞用感钢管支撑。

3）每个基础垫层混凝土一次连续浇筑完成，如确有间歇按规定留置施工缝，混凝土的浇筑时间不超过 2h。

4）混凝土振捣密实后，表面用大刮杆细致刮平表面，并用木抹子搓平，然后用铁抹子收毛光，为防止表面出现裂缝，终凝前再抹压二次。

5）混凝土垫层浇筑完后及时洒水养护，保持湿润。

6）混凝土的强度达不到 1.2MPa 以上不得在其上人或进行下道工序施工。

（4）钢筋安装。

1）原材料的控制。

a．钢筋进场报审时，监理工程师应将钢筋出厂质保资料与钢筋炉批号铭牌相对照，看是否相符。注意每一捆钢筋均要有铭牌，还要注意出厂质保资料应与现场材料一致，否则不予同意进场。

b．钢筋进场后，应按同一牌号、同一规格、同一炉号、每批重量不大于 60t 取一组。

2）钢筋加工的控制。

a．受力钢筋的弯钩和弯折应符合下列规定：Ⅰ级钢筋末端应做 180°弯钩，其弯弧内直径不应小于钢筋直径的 2.5 倍，弯钩的弯后平直部分长度不应小于钢筋直径的 3 倍。当设计要求末端作 135°弯钩时，Ⅱ级和Ⅲ级钢筋的弯弧内直径不应小于钢筋直径的 4 倍，弯钩的弯后平直部分长度应符合设计要求。钢筋作不大于 90°的弯折时，弯折处的弯弧内直径不应小于钢筋直径的 5 倍。

b．箍筋加工的控制：箍筋的末端应作弯钩，除了注意检查弯钩的弯弧内直径外，还应注意弯钩的弯后平直部分长度应符合设计要求，如设计无具体要求，一般结构不宜小于 $5d$；对有抗震设防要求的，不应小于 $10d$（$d$ 为箍筋直径）。对有抗震设防要求的结构，箍筋弯钩的弯折角度应为 135°。当钢筋调直采用冷拉方法时，应严格控制冷拉率，对 HPB235 级钢筋的冷拉率不宜大于 4%；HRB335 级、HRB400 级和 RRH400 级钢筋的冷拉率不宜大于 1%。在钢筋加工过程中，如果发现钢筋脆断或力学性能显著不正常等现象时，监理工程师应特别关注，并对该批钢筋进行化学成分检验或其他专项检验。

3）钢筋连接的控制。

钢筋连接方式主要有绑扎搭接、焊接、机械连接 3 种方式，其中主要以焊接为主。

a．钢筋焊接过程控制：

试焊工程必须在正式焊接前，参与该项施焊的焊工应进行现场条件下的试焊，并经试验合格后，方可正式生产。试验结果应符合质量检验与验收时的要求。该条款为强制性条文，作为监理工程师应督促施工单位严格执行。

设置焊接接头位置时应注意：钢筋的接头宜设置在受力较小处。同一纵向受力钢筋不宜设置两个或两个以上接头。接头末端至钢筋弯起点的距离不应小于钢筋直径的 10 倍。在同一构件内的接头宜互相错开。同一连接区段内，纵向受力钢筋的接头面积百分率应符合设计要求；当设计无具体要求时，应符合下列规定：受拉区不宜大于 50%；接头不宜设置在有抗震设防要求的框架梁端、柱端的箍筋加密区；直接承受动力荷载的结构件中，不宜采用焊接接头。

b．焊接操作的控制：

电弧焊包括帮条焊、搭接焊、剖口焊、窄间隙焊和熔槽帮条焊 5 种接头形式，焊接时，监理应注意检查以下几点：根据钢筋牌号、直径、接头形式和焊接位置，正确选择焊条、焊接工艺和焊接参数；焊接时，不得烧伤主筋；焊接地线与钢筋应接触紧密；焊接过程中应及时清渣，焊缝表面光滑，焊缝余高应平缓过渡，弧坑应填满；检查焊接高度是否达到设计要求；检查焊接件是否有夹渣、气泡等缺陷，如果缺陷严重，应取样试验，合格后方可安装并要求改善焊接工艺，消除不良现象。

根据《钢筋焊接及验收规程》（JGJ 18—2012）的相关要求：钢筋牌号 HRB335、HRB400、RRB400 焊缝型式单面焊\帮条长度≥10d；焊缝型式双面焊/帮条长度≥5d。搭接焊时，宜采用双面焊，当不能进行双面焊时，方可采用单面焊。搭接长度如下：HPB300 焊缝型式单面焊\帮条长度≥8d；焊缝型式双面焊\帮条长度≥4d；HPB235、HRB335、HRBF335、HRB400、HRBF400、HRB500、HRBF500、RRB400 焊缝型式单面焊/帮条长度≥10d，焊缝型式双面焊/帮条长度≥5d；焊缝宽度不得小于钢筋直径的 0.6 倍，焊缝厚度不得小于钢筋直径的 0.35 倍。

c. 焊接接头的质量检验与验收：

钢筋焊接接头应按检验批进行质量检验与验收，监理工程师检查重点包括外观检查和力学性能检验。力学性能检验应在接头外观检查合格后，在现场随机抽取试件进行试验，试验合格后方可同意安装。钢筋安装完成后，应认真检查同一连接区段内，纵向受力钢筋的接头面百分率是否符合要求，这是焊接最容易出现问题的地方，应重点检查。在焊接过程中，如果发现焊接性能不良时，监理工程师应特别注意，并要求对该批钢筋进行化学成分检验或其他专项检验。钢筋安装前，必须根据有关规范要求按验收批在现场随机截取 3 个接头试件作抗拉强度试验（在监理人员见证下，随机取样）。试验合格后，方可同意安装。对于抽检不合格的接头验收批，应由建设单位会同设计单位等有关方研究后提出处理方案。

d. 钢筋安装的控制：

钢筋安装是钢筋分项工程质量控制的重点。钢筋安装时，受力钢筋的品种、级别、规格和数量必须符合设计要求，监理工程师重点关注以下方面：钢筋的规格、级别、钢筋的牌号及数量是否符合设计要求。钢筋安装现场验收内容：钢筋的分布，间距，钢筋的位置与数量是否符合设计要求；选用的钢筋连接方式（绑扎、焊接、机械连接）是否符合设计和规程规范要求；接头的位置和数量，焊接长度及接头面积百分比是否符合设计和规程规范要求；钢筋的锚固长度是否符合设计和规程规范要求；钢筋加密区的长度是否符合设计和规程规范要求；保护层垫块的厚度、数量、布置位置及固定方式是否满足施工要求。基础纵向受力钢筋、箍筋的混凝土保护层厚度允许偏差±10mm，柱、梁的允许偏差±5mm。

e. 模板安装：

基础模板安装控制要点：模板安装和浇筑混凝土时，应对模板及其支架进行观察和维护。发生异常情况时，应按施工方案及时进行处理。

模板安装应满足下列要求：模板的接缝不漏浆，浇筑混凝土前木模板应浇水湿润，但模板内不应有积水；模板与混凝土的接触面应清理干净并涂刷隔离剂，但不得采用影响结构性能或妨碍装饰工程施工的隔离剂，在涂刷模板隔离剂时，不得沾污钢筋和混凝土接槎处；浇筑混凝土前，模板内的杂物应清理干净。

固定在模板上的预埋件、预留孔洞均不得遗漏，且应安装牢固。安装偏差见表 3-21。

表 3-21　　　　　　　　　　　预埋件和预留孔洞的允许偏差

| 项　目　名　称 | | 允许偏差（mm） |
| --- | --- | --- |
| 预埋钢板中心线位置 | | 3 |
| 预埋管、预留孔中心线位置 | | 3 |
| 插筋 | 中心线位置 | 5 |
| | 外露长度 | +10，0 |
| 预埋螺栓 | 中心线位置 | 2 |
| | 外露长度 | +10，0 |
| 预留洞 | 中心线位置 | 10 |
| | 尺寸 | +10，0 |

注　检查中心线位置时，应沿纵、横两个方向量测，并取其中的较大值。

现浇结构模板安装的偏差应符合表 3-22 的要求。在同一检验批内，对梁、柱和独立基础，应抽查构件数量的 10%，且不少于 3 件。

表 3-22　　　　　　　　　现浇结构模板安装的允许偏差及检验方法

| 项　　目 | | 允许偏差（mm） | 检验方法 |
| --- | --- | --- | --- |
| 轴线位置 | | 5 | 钢尺检查 |
| 底模上表面标高 | | ±5 | 水准仪或拉线、钢尺检查 |
| 截面内部尺寸 | 基础 | ±10 | 钢尺检查 |
| | 柱、墙、梁 | +4，−5 | 钢尺检查 |
| 相邻两板表面高低差 | | 2 | 钢尺检查 |
| 表面平整度 | | 5 | 2m 靠尺和塞尺检查 |

注　检查轴线位置时，应沿纵、横两个方向量测，并取其中的较大值。

侧模拆除时的混凝土强度应能保证其表面及棱角不受损伤。

模板拆除前必须有混凝土同条件报告，监理工程师应对报告结果进行核查，在强度达到规定要求后方可进行拆模审批和模板拆除工作。

其他注意事项：

阶梯形独立基础：支模顺序由下至上逐层向上安装，先安装底层阶梯模板，用斜撑和水平撑钉牢撑稳；核对模板墨线及标高，配合绑扎钢筋及垫块，再进行上一阶模板安装，重新核对墨线各部位尺寸，并把斜撑、水平支撑以及拉杆加以钉紧、撑牢，最后检查拉杆是否稳固，校核基础模板几何尺寸及轴线位置。

杯型独立基础：与阶梯形独立基础相似，不同的是杯型独立基础增加了一个中心杯芯模，杯口上大下小斜度按工程设计要求制作，芯模安装前应钉成整体，轿杠钉于两侧，中心杯芯模完成后要全面校核中心轴线和标高。杯型独立基础应防止中心线不准、杯口模板位移、混凝土浇筑时芯模浮起、拆模时芯模拆不出的现象。杯型独立基础处理：杯型独立基础底部一般留有 50mm 厚的细石混凝土找平层，将杯底混凝土振实，再浇筑杯口四周的混凝土。基础浇筑完毕后，将杯底冒出的少量混凝土及时掏出，使其杯口模板下口平齐。混凝土终凝前，将杯口模板取出，并将杯口内侧表面凿毛。

条形基础模板：侧板和端头板制成后，应先在基槽底弹出中心线、基础边线，再把侧板和头板对准边线和中心线，用水平仪测校正侧板顶面水平，检测无误后，用斜撑、水平撑及拉撑钉牢。要防止出现沿基础通长方向模板上口不直，宽度不够，下口陷入混凝土内的现象。

4）工作平台搭设。

a. 操作平台应由专业技术人员按现行的相应规范进行设计，计算书及图纸应编入项目管理实施规划。

b. 操作平台可用 $\phi$（48～51）×3.5mm 钢管以扣件连接，亦可采用门架式或承插式钢管脚手架部件，按使用要求进行组装；台面应满铺 3cm 厚的木板或竹笆。

c. 操作平台四周必须按临边作业要求设置防护栏杆，高度不小于 1.1m，并应布置登高扶梯，相应护栏、扶梯边缘应设置 180mm 高踢脚板。

d. 操作平台亦可采用钢板等材料进行定制，但应保证其拥有足够的强度。

5）预埋件埋设（杯口处理）。

a. 焊缝检查：重点检查焊缝外观应平滑规则，不允许出现裂缝、未熔合、未焊透和咬边等缺陷。

b. 结构尺寸检查：重点检查埋件尺寸、构件厚度、锚爪长度等。

c. 喷砂除锈：重点检查表面是否平整、清洁、干燥，有无起砂、起壳、裂缝。

d. 防腐：重点检查是否有涂料流坠、漆膜表面粗糙、漆膜表面起皱、干漆膜不光亮、颜色不均匀、涂料表面起粉、漆膜表面起粒、漆膜表面丝状纹、漆膜起泡、漆膜开裂脱皮、漆膜透底等。

e. 规格、型号、数量：重点检查现场安装的预埋件规格、型号、数量是否与图纸一致。

f. 位置、标高尺寸测定：重点检查预埋件是否按模板图进行验收，是否使用钢尺、水准仪、经纬仪等仪器设备进行平面定位、标高定位。检查预埋件中心线位置时，应沿纵、横两个方向测，并取其中的较大值。

g. 固定方式：预埋件上钻孔，用 $\phi$6～8 螺栓将预埋件固定在模板上，施工时应按图纸尺寸预先钻孔。螺栓数量根据铁件大小而定，螺母埋在混凝土内，螺杆可拧出重复使用。将预埋件焊在钢筋上焊接固定，焊接时将预埋件外露面紧贴模板，锚脚与钢筋焊接。严禁与预应力筋焊接，焊接中不得咬伤钢筋。安装固定，将预埋件用铁丝绑扎、角钢支架等形式安装在结构钢筋上，预埋件加工时应尽量使锚脚长度同结构尺寸一致，防止预埋件位移。

（5）普通混凝土。

1）原材料控制要点：相关要求见第一章 通用部分。

2）签署混凝土浇筑令：监理工程师在钢筋工程、模板工程、水电工程以及混凝土浇筑准备验收等方面认可后，签署混凝土浇筑令，同意浇筑混凝土。

3）普通混凝土浇筑的监理控制要点：混凝土浇筑前要核对钢筋的种类、规格、数量、位置、接头以及预埋件的数量，确认准确无误后，把模板上的垃圾、泥土等杂物及钢筋上的油污等清除干净，并在模板上浇水湿润，做好隐蔽工程验收记录后，方可浇筑。浇筑混凝土时，应注意防止混凝土的分层离析，浇筑时其自由倾落高度一般不超过 2m，在竖向结构中浇筑高度不得超过 3m，否则应采用串筒、溜管等下料。混凝土应连续浇筑，如需间隔，其间隔时间应尽可能缩短，并应在混凝土初凝前，将次层混凝土浇筑完毕。间隔时间超过规定必须设置施工缝。

4）普通混凝土养护的监理控制要点：混凝土浇筑完毕后，应在 12h 内加以覆盖和浇水，使混凝土保持足够的湿润状态，并派专人管理。浇水养护周期不少于 7d，掺有缓凝剂和抗渗混凝土不得少于 14d。已拆模的结构，应在混凝土达到设计强度后，才允许承受全部计算荷载，其上不得堆放过量的建筑材料。

5）外观尺寸检查：几何尺寸及标高等项目检查：现浇结构截面尺寸允许偏差－10～15mm，轴线位置允许偏差独立基础 10mm，整体基础 15mm。外观检查：主要检查新浇混凝土表面是否有缺棱掉角、表面裂缝、起沙、蜂窝、麻面、烂根、漏筋等质量通病现象。汇总检查的结果：明确合格项和不合格项，如有不合格项则下发监理通知单，要求施工单位整改闭环。

（6）大体积混凝土。

大体积混凝土：混凝土结构物实体尺寸不小于 1m 的体量混凝土，或预计会因胶凝材料水化引起的温度变化和收缩导致有害裂缝产生的混凝土。

大体积混凝土主要控制点：

1）大体积混凝土施工应编制专项施工方案。

2）大体积混凝土的设计强度等级宜为 C25～C40，并可采用混凝土 60d 或 90d 的强度作为混凝土配合比设计、混凝土强度评定及工程验收的依据。

3）大体积混凝土温控宜符合下列规定：

a．混凝土浇筑体在入模温度基础上的升温值不宜大于 50℃；

b．混凝土浇筑体的里表温差（不含混凝土收缩的当量温度）不宜大于 25℃；

c．混凝土浇筑体的降温速率不宜大于 2.0℃/d；

d．混凝土表面与大气温差不宜大于 20℃。

4）针对水泥原材料，监理工程师应对水泥品种、强度等级、出厂日期等进行检查，并应对其强度、安定性、凝结时间、水化热等性能指标及其他必要的性能指标进行复检。同时大体积混凝土对原材料、配合比、制备及运输要求及其质量，应符合下列规定：

a．所用水泥应符合现行国家标准《通用硅酸盐水泥》（GB 175—2007）的有关规定，当采用其他品种时，其性能指标必须符合国家现行有关标准的规定；

b．应选用中、低热硅酸盐水泥或低热矿渣硅酸盐水泥，大体积混凝土施工所用水泥其 3d 的水化热不宜大于 240kJ/kg，7d 的水化热不宜大于 270kJ/kg；

c．当混凝土有抗渗指标要求时，所用水泥的铝酸三钙含量不宜大于 8%；

d．所用水泥在搅拌站的入机温度不宜大于 60℃。

5）大体积混凝土的浇筑。

a．大体积混凝土的浇筑方法可采用分层连续或推移式连续浇筑，泵送时分层厚度一般为 300～500mm，混凝土浇筑应在前层混凝土初凝前将次层混凝土浇筑完毕。初凝时间应通过试验确定，如果超过初凝时间应按施工缝处理。

b．大体积混凝土分层施工时，水平施工缝处理方法：清除表面浮浆，软弱层及松动的石子，使粗骨料均匀露出；在上层混凝土浇筑前，应用压力水冲洗混凝土表面的污物，但不得有积水；对非泵送及低流动性混凝土，在浇筑上层混凝土时，应采取接浆措施，并应使新旧混凝土紧密结合。

大体积混凝土浇筑面应及时进行二次抹压处理，在混凝土终凝前 1～2h 进行多次抹压处理并及时用塑料薄膜覆盖，有效避免混凝土表面水分过快散失出现干缩裂缝。必要时，在混凝土表层可配制抗裂钢筋。

大体积混凝土感温探头埋设位置一般为上中下层，布点应均匀不留死角，浇筑前应检查感温探头的安装情况，过程中按照方案频率检查测温，做好记录。

（7）混凝土养护。

1）混凝土养护方法主要分为标准养护和自然养护两种。其中标准养护是指气温保持（20±3）℃，相对湿度保持 90% 以上条件下进行养护，时间 28d。自然养护应遵循以下要求：

a．在浇筑完成初凝后进行覆盖或养护；

b．混凝土强度 1.2N/mm$^2$ 后，开始允许操作人员行走、安装模板和支架。

2）目前变电站基础最常用的是覆盖浇水养护和铺膜养护。

a．覆盖浇水养护应注意以下要点：

初凝后可以覆盖，终凝后开始浇水。常以麻袋片、草席、竹帘、锯末、砂、炉渣等进行覆盖。浇水次数以保证覆盖物经常湿润为准。用硅酸盐水泥、普通水泥、矿渣水泥拌制的混凝土，在正温条件下，浇水养护时间不少于 7d。掺用缓凝型外加剂，或有抗渗要求的混凝土，浇水养护时间不少于 14d。外界气温低于 5℃，按冬季施工处理。

b．铺膜养护是综合自然养护、喷膜养护、太阳能养护而成的一种简易有效的养护方法，适用于各种现浇或预制混凝土工程。这种养护方法装置简单，薄膜可以代替麻袋等覆盖物，能重复使用、能提高早期强度，比自然养护可缩短一半时间。

（8）回填处理。

1）基槽内垃圾杂物等应清理干净，将回落的松散土、砂浆、石子等清理干净。

2）监理工程师应查验回填土的含水率是否在控制范围内，如含水率偏高可采用翻松、晾晒或均匀掺入干土等措施；如遇回填土的含水率偏低，可采用预先洒水润湿等措施。

3）回填土应分层铺摊和夯实。每层铺土厚度根据土质、密实度要求和机具性能确定。

4）每层回填土虚铺厚度不宜大于 300mm，推土机将土推至基槽后，人工将虚土耙平；虚铺土高度按柱上所注标高拉线控制。

5）施工现场应有监理人员、专业测量员设立控制线进行随工测量，凡高出允许偏差的地方，应及时依线铲平；凡低于规定调和的地方应补土夯实。

6）回填土过程中，发现大块、碎砖块等应立即清除，大块粒径不得大于 150mm。铺填大土块应分散开，并逐层夯压密实。

7）距结构 500mm 范围内采用人工进行夯压，避免机械碰撞结构，使结构外观质量受损。

8）回填过程中建（构）筑物两侧同时进行回填，防止因结构受力不均致使结构坍塌或变形；回填过程中要有专人负责，严格控制质量。

**3．检查与验收**

依照《变电（换流）站土建工程施工质量验收规范》（Q/GDW 10183—2021）附录 B.1 及国家电网有限公司统一验收表式相关要求，建筑混凝土基础及设备基础为单位工程中地基与基础分部工程中的子分部工程，垫层、模板、基础钢筋、混凝土、二次灌浆及混凝土防腐为分项工程。以上验收程序均为专业监理工程师组织检验批及分项工程的验收，总监理工程师组织分部（子分部）工程的验收。

（1）检验批：审核并签认施工检验批资料，填写监理平行检验记录表。

（2）分项工程：由以上同一工序多个检验批汇总，专业监理工程师审核、签认分项工程质量验收记录。

（3）分部工程质量资料：总监理工程师组织验收人员审核并签认以下资料。

1）通用部分：①图纸会检、设计变更、洽商记录；②一般施工方案、作业指导书、技术交底记录；③测量放线记录及沉降观测测量记录；④隐蔽工程验收记录；⑤评定记录；⑥分项工程质量验收记录；⑦检验批工程质量验收记录；⑧试件制作数码照片；

⑨隐蔽工程数码照片；⑩新技术论证、备案及施工记录。

2）混凝土基础施工专用资料：①自拌混凝土原材料合格证及进场检（试）验报告或预拌混凝土合格证（出厂检验报告）及进场坍落度记录；②钢筋材质及焊接（机械连接）接头的试验报告；③混凝土原材料及混凝土试件的试验报告；④混凝土现浇结构实体检验记录、检测报告；⑤混凝土配合比试验报告；⑥混凝土工程施工记录；⑦混凝土强度统计；⑧评定记录；⑨材料进场检验、坍落度检测、试件制作数码照片。

## （四）报告与记录

施工过程中形成的主要成果资料见表 3-23。作业中引用或产生的报告与记录的表单样例，见本小节附表。

表 3-23　　　　　　　　　施工过程中形成的主要成果资料

| 序号 | 编号 | 名　称 | 填　报 |
|---|---|---|---|
| 1 | JXM3 | 文件审查记录表 | 总监理工程师、专业监理工程师 |
| 2 | JJS3 | 施工图预检记录表 | 总监理工程师、专业监理工程师 |
| 3 | JZL3 | 平行检查记录表 | 专业监理工程师 |
| 4 | JXM9 | 旁站监理记录表 | 专业监理工程师、监理员 |
| 5 | JXM4 | 监理策划文件报审表 | 细则专业监理工程师编写,总监理工程师审批 |
| 6 | JXM15 | 监理通知单 | 总监理工程师、专业监理工程师 |
| 7 | JZL1 | 见证取样统计表 | 监理员 |
| 8 | JXM15 | 质量、安全活动记录 | 总监理工程师、专业监理工程师、安监 |

## （五）附表

对施工方案进行审核时，应运用数字监理平台逐项审查并勾选检查结果，填写修改意见。在平行检验及质量旁站时，根据表格内容逐项检查，并根据系统要求留存影像资料。未应用数字监理平台可采用纸质表单执行。

文件审查记录表如表 3-24 所示。

表 3-24　　　　　　　　文件审查记录表（一般基础工程施工方案）

工程名称：　　　　　　　　　　　　　　　　　　　　　　　　　　编号：

| 文件名称 | | （写文件全称，××施工方案—报审表编号） | |
|---|---|---|---|
| 送审单位 | | （编制单位全称） | |
| 序号 | 监理项目部审查标准 | 检查结果 | 施工项目部反馈意见 |
| 1 | 施工方案的编审批流程是否已按要求履行 | □合格　□不合格 | |
| | 修改意见： | | |

续表

| 序号 | 监理项目部审查标准 | 检查结果 | 施工项目部反馈意见 |
|---|---|---|---|
| 2 | 施工方案的编制依据是否已过期 | □合格 □不合格 | |
| | 修改意见： | | |
| 3 | 工程概况中应描述图纸中基础的型式、截面尺寸、数量及布置等重要技术参数和质量标准要求 | □合格 □不合格 | |
| | 修改意见： | | |
| 4 | 施工方案（措施）制定的施工工艺流程应合理，并绘制流程图。施工方法应得当，有先进性，不得使用国家严厉禁止的施工工艺、建筑材料及施工机械等，并有利于保证工程质量、安全、进度的相关措施 | □合格 □不合格 | |
| | 修改意见： | | |
| 5 | 根据各部位施工进度计划及流水段划分进行劳动力安排，施工人员配备必须满足施工进度计划及流水施工的需要 | □合格 □不合格 | |
| | 修改意见： | | |
| 6 | 应明确基础的相关技术要求，包括钢筋、模板、混凝土浇筑、养护和回填土方等工序的施工方法及技术要求 | □合格 □不合格 | |
| | 修改意见： | | |
| 7 | 施工方案内容应包括安全危险点分析或危险源辨识、环境因素识别是否准确、全面，明确 | □合格 □不合格 | |
| | 修改意见： | | |
| 8 | "施工准备"中现场材料、工具设备、安全防护布置等 | □合格 □不合格 | |
| | 修改意见： | | |
| 9 | 明确原材料的质量标准及验收方法，包括预拌混凝土的标号、强度要求及检验方法，水泥、砂、外加剂的品种要求；预埋件规格、截面尺寸、制作工艺及安装精度等进行检查 | □合格 □不合格 | |
| | 修改意见： | | |
| 10 | 对施工质量通病制定防治措施，应有保障强制性条文执行和标准工艺应用的说明 | □合格 □不合格 | |
| | 修改意见： | | |
| 11 | 存在其他问题 | | |

总/专业监理工程师：_____
日　期：____年__月__日

项目经理：_____
日　期：____年__月__日

监理复查意见

总/专业监理工程师：_____
日　期：____年__月__日

注　本表使用过程中可自行增加内容。本表一式两份，监理、施工项目部各存1份。

# 二、筏板基础

筏板基础一般适用于建筑物荷载较大、地基承载力较弱的建、构筑物基础，如综合楼、主控楼、地下室等结构。筏板基础分为平板式筏基和梁板式筏基，平板式筏基支持局部加厚筏板类型；梁板式筏基支持肋梁上平及下平两种形式。一般说来地基承载力不均匀或者地基软弱的时候用筏板型基础。

## （一）节点管控表

筏板基础施工节点管控表如表 3-25 所示。

表 3-25　　　　　　　　　　筏板基础施工节点管控表

| 工艺流程图 | 监理主要工作 | 监理成果 |
|---|---|---|
| 施工准备 | 审查施工单位人员、机械、材料、施工方案，对现场安全文明布置情况进行检查 | 根据管控要点逐一审查/检查，填写文件审查记录表 |
| 测量放线 | 见证测量过程并核对测量结果 | 填写平行检验记录表 |
| 基坑开挖 | 对基坑开挖施工过程进行旁站 | 填写监理旁站记录表、平行检验记录表 |
| 地基验槽 | 对基坑土质、截面尺寸、标高等进行隐蔽验收 | 复核结果填写平行检验记录表 |
| 基础垫层施工 | 停工待检 | 填写平行检验记录表 |
| 钢筋绑扎 | 停工待检 | 填写平行检验记录表 |
| 模板安装 | 停工待检 | 填写平行检验记录表 |
| 混凝土浇筑 | 监理旁站 | 填写监理旁站记录表、平行检验记录表 |
| 养护拆模 | 巡检验收 | 填写平行检验记录表 |
| 质量验收 | 专业监理工程师组织检验批及分项工程的验收；总监理工程师组织分部工程的验收 | 填写平行检验记录表、质量问题处理台账、工程验收统计表 |

编制说明：
1. 编制目的：根据施工工艺流程，列明监理主要工作内容及应及时填写的表单。
2. 编制依据：标准工艺，统一验收表式及质量评划分表，安全风险管理规程。

## （二）主要安全风险

### 1. 安全风险

坍塌、其他伤害、高处坠落、物体打击、机械伤害、触电。

### 2. 控制措施

参考一般基础相关内容。

## （三）筏板基础施工工序过程控制要点

### 1. 作业前控制要点

参考一般基础相关内容

### 2. 施工过程控制要点

（1）土方开挖。

可参考一般基础相关内容。

（2）钢筋加工。

可参考一般基础相关内容。

（3）钢筋工程。

1）底板钢筋开始绑扎之前，基础底线必须验收完毕，特别在柱插筋位置、梁或墙边线等位置线，应用油漆在墨线边及交角位置画出不小于 50mm 宽，150mm 长标记。厚度大于 1m 的底板，在上层钢筋绑完后，应由放线组用油漆二次确认插筋位置线。

2）基础纵向受力钢筋、箍筋的混凝土保护层厚度允许偏差±10mm，柱、梁的允许偏差±5mm。

3）底板钢筋施工时，先铺作业面内的底筋，然后再铺上层筋。

4）板筋钢筋绑扎时，要先在模板上画线，绑完下筋后，垫好垫块和马镫，再绑扎上筋，浇筑混凝土时，随时修整板筋。

5）控制垫块的布设。在技术交底中进一步明确垫块的绑扎位置。垫块使用前必须经过认真挑选，注明规格及使用部位，垫块间距为 1 块/1m²，绑扎时要逐一检查，确保安装牢固。

6）混凝土浇筑过程中，派专人负责及时调整钢筋的位置，纠正浇筑混凝土所产生的钢筋位移，及时清理粘在钢筋上的砂浆。

（4）模板工程。

1）钢筋绑扎及相关专业施工完成后经过自检合格再安装模板，筏板基础一般采用复合木工板分段拼装，水平支撑用木方、木楔等材料支在四周基坑侧壁上。

2）基础模板安装完成后，清除模板内杂物，并浇水湿润，堵严板缝及孔洞，并重点检查模板拉、支杆件紧固情况。经由施工班组级自检、施工项目部级专检，合格后由施工项目部报监理项目部验收，合格后方可浇筑筏板混凝土。

（5）混凝土养护。

混凝土浇筑、养护及土方回填控制要点可参考一般基础相关内容。

### 3．检查与验收

检查验收内容详见一般基础相关内容。

## （四）报告与记录

施工过程中形成的主要成果资料见表 3-26。作业中引用或产生的报告与记录的表单样例，见本小节附表。

表 3-26　　　　　　　　　施工过程中形成的主要成果资料

| 序号 | 编号 | 名　称 | 填　报 |
|---|---|---|---|
| 1 | JXM3 | 文件审查记录表 | 总监理工程师、专业监理工程师 |
| 2 | JJS3 | 施工图预检记录表 | 总监理工程师、专业监理工程师 |
| 3 | JZL3 | 平行检查记录表 | 专业监理工程师 |
| 4 | JXM9 | 旁站记录表 | 专业监理工程师或监理员 |
| 5 | JXM4 | 监理策划文件报审表 | 细则由专业监理工程师编写，总监批准 |
| 6 | JXM15 | 监理通知单 | 总监理工程师、专业监理工程师 |
| 7 | JZL1 | 见证取样统计表 | 专业监理工程师或监理员 |
| 8 | JXM15 | 质量、安全活动记录 | 总监理工程师、专业监理工程师 |

## （五）附表

筏板基础工程施工方案审查记录如表 3-27 所示。对施工方案进行审核时，应运用数字监理平台逐项审查并勾选检查结果，填写修改意见。在平行检验及质量旁站时，根据表格内容逐项检查，并根据系统要求留存影像资料。未应用数字监理平台可采用纸质表单执行。

旁站监理记录表如表 3-28 所示，平行检验记录表如表 3-29～表 3-33 所示。

表 3-27　　　　　　　　文件审查记录表（筏板基础工程施工方案）

工程名称：　　　　　　　　　　　　　　　　　　　　　　　　　　　　编号：

| 文件名称 | | （写文件全称，××施工方案—报审表编号） | |
|---|---|---|---|
| 送审单位 | | （编制单位全称） | |
| 序号 | 监理项目部审查标准 | 检查结果 | 施工项目部反馈意见 |
| 1 | 施工方案的编审批流程是否已按要求履行 | □合格　□不合格 | |
| | 修改意见： | | |
| 2 | 施工方案的编制依据是否已过期 | □合格　□不合格 | |
| | 修改意见： | | |

续表

| 序号 | 监理项目部审查标准 | 检查结果 | 施工项目部反馈意见 |
|---|---|---|---|
| 3 | 工程概况中应描述图纸中基础的型式、截面尺寸、数量及布置等重要技术参数和质量标准要求 | □合格　□不合格 | |
| | 修改意见： | | |
| 4 | 施工方案（措施）制定的施工工艺流程应合理，并绘制流程图。施工方法应得当，有先进性，不得使用国家严厉禁止的施工工艺、建筑材料及施工机械等，并有利于保证工程质量、安全、进度的相关措施 | □合格　□不合格 | |
| | 修改意见： | | |
| 5 | 根据各部位施工进度计划及流水段划分进行劳动力安排，施工人员配备必须满足施工进度计划及流水施工的需要 | □合格　□不合格 | |
| | 修改意见： | | |
| 6 | 应明确基础的相关技术要求，包括钢筋、模板、混凝土浇筑、养护和回填土方等工序的施工方法及技术要求 | □合格　□不合格 | |
| | 修改意见： | | |
| 7 | 施工方案内容应包括安全危险点分析或危险源辨识、环境因素识别是否准确、全面，明确 | □合格　□不合格 | |
| | 修改意见： | | |
| 8 | "施工准备"中现场材料、工具设备、安全防护布置等 | □合格　□不合格 | |
| | 修改意见： | | |
| 9 | 明确原材料的质量标准及验收方法，包括预拌混凝土的标号、强度要求及检验方法，水泥、砂、外加剂的品种要求；预埋件规格、截面尺寸、制作工艺及安装精度等进行检查 | □合格　□不合格 | |
| | 修改意见： | | |
| 10 | 对施工质量通病制定防治措施，应有保障强制性条文执行和标准工艺应用的说明 | □合格　□不合格 | |
| | 修改意见： | | |
| 11 | 如果涉及大体积混凝土施工，应编制大体积混凝土专项施工方案，应对混凝土原材料的选用、配合比的试配、混凝土的浇筑方式及养护措施、温控措施、测温方式及测温点的布置、告警及处置方式进行详细说明 | □合格　□不合格 | |
| | 修改意见： | | |
| 12 | 存在其他问题 | | |

总/专业监理工程师：＿＿＿＿＿＿＿
日　　期：＿＿＿＿年＿＿月＿＿日

项目经理：＿＿＿＿＿＿＿＿
日　　期：＿＿＿＿年＿＿月＿＿日

| 监理复查意见 | 总/专业监理工程师：＿＿＿＿＿＿＿<br>日　　期：＿＿＿＿年＿＿月＿＿日 |
|---|---|

注　本表使用过程中可自行增加内容。本表一式两份，监理、施工项目部各存1份。

表 3-28                         旁站监理记录表（筏板基础混凝土浇筑）

工程名称：                                          编号：

| 日期及天气： | 施工地点：××区域 |
|---|---|
| 旁站监理的部位或工序： | |
| 旁站监理开始时间： | 旁站监理结束时间： |

施工情况：

| 作业必备条件 | 1. 现场负责人 _____，安全监护人_____，现场作业人员共计____名。现场电工、焊工等特殊工种经监理项目部审批合格 | □合格 □不合格 |
|---|---|---|
| | 2. 主要施工器具（填写名称及数量）、机械设备（填写名称及数量）经监理项目部审批合格 | □合格 □不合格 |
| | 3. 材料：□预拌混凝土，核查开盘鉴定结果（原材料证明文件、配合比报告、开盘鉴定报告）符合设计及规范要求。<br>□自拌混凝土；原材料及配合比已审查合格 | □合格 □不合格 |
| | 4. 检查作业票及每日站班会规范，工作内容、人员与现场对应；施工方案审批、交底已完成 | □合格 □不合格 |
| | 5. 安全文明施工设施及个人防护用品配置符合要求 | □合格 □不合格 |
| | 6. 其他： | |

监理情况：

1. 混凝土强度等级：_____，配合比编号：_____。
2. 混凝土高处倾落的自由高度是否超过 2m。            是□ / 否□
防离析措施：_____。
3. 振捣方法：（紧插慢拔，振捣点位布置呈梅花形，振捣间距≤500mm）是否符合要求。
                                                □合格 □不合格
4. 监理对浇筑全过程进行了旁站，记录数据如下：
□预拌混凝土：
混凝土设计强度：_____，到货混凝土强度_____，共浇筑_____m³，采用同条件养护□/标养□，混凝土配合比：_____。
□自拌混凝土：
混凝土设计强度：_____，共浇筑_____m³，混凝土配合比：_____，搅拌机每盘出料：_____m³。
5. 混凝土开盘鉴定是否符合实际要求。是□ / 否□ 开盘鉴定等资料齐全。    是□ / 否□
6. 混凝土出仓至进仓时间是否超过初凝时间。                是□ / 否□
7. 混凝土坍落度测试：_____mm，_____mm，_____mm。
8. 检查构件截面尺寸变化和模板加固情况：_____。
9. 留置标准养护混凝土试块共计_____组，留置同条件养护混凝土试块共计_____组。
10. 筏板基础施工需要连续进行，夜间现场施工应在不同的角度设置足够的灯光亮度，保证现场施工过程的安全。                           □合格 □不合格
11. 拌制的骨料干净不含土、树叶。                   □合格 □不合格
12. 是否采用大体积混凝土方式施工，是□ / 否□。如果是，记录情况如下：
是否按审批合格的大体积混凝土施工专项方案组织施工。       □合格 □不合格
检查混凝土配合比是否严格按照要求的比例称重。         □合格 □不合格
检查坍落度是否按要求达到设计的要求。               □合格 □不合格
检查水平施工缝处理是否按照审批合格的大体积混凝土施工专项方案进行。  □合格 □不合格
检查施工单位是否按照规定设置测温点、做好测温工作。       □合格 □不合格
13. 强调执行：基础混凝土中严禁掺入氯盐。           □已执行□未执行
14. 及时采集、整理数码照片资料。
15. 其他问题

续表

| 日期及天气： | 施工地点： ××区域 |
|---|---|
| 旁站监理的部位或工序： | |
| 旁站监理开始时间： | 旁站监理结束时间： |
| 施工情况： | |
| 发现问题： | |
| 处理意见： | |
| 备注（包括处理结果） | |

项目监理机构：
旁站监理人员：
日　　　期：

注 1. 本表适用于筏板基础浇筑质量旁站。

2. 当日作业存在工作票时，应注意检查两票关联性。

3. □中符合条件打"√"，不符合条件打"×"，不涉及检查项目打"\"。

表 3-29　　　　　　　　平行检验记录表（土方开挖）

工程名称：　　　　　　　　　　　　　　　　　　　　编号：

| 检验对象分类 | | | □设备 | □材料 | □工序 | |
|---|---|---|---|---|---|---|
| 检验对象基本信息 | 设备 | 设备名称 | | 设备型号规格 | | |
| | | 生产厂家 | | 安装位置 | | |
| | 材料 | 材料名称 | | 材料型号规格 | | |
| | | 生产厂家 | | 使用部位 | | |
| | 工序 | 工序名称 | | 实施单位 | | |
| | | 其他 | 使用部位： | | | |

| 序号 | 检 验 项 目 | | | 质 量 标 准 | 质 量 检 验 结 果 | 备注 |
|---|---|---|---|---|---|---|
| 1 | 基底土性 | | | 应符合设计要求 | □合格　□不合格 | |
| 2 | 边坡、表面坡度及坡脚位置 | | | 应符合设计要求和现行有关标准的规定。表面坡度设计无要求时，应向排水沟方向做不小于 2%的坡度 | □合格　□不合格 | |
| 3 | 标高偏差 | 柱基、基坑、基槽 | | −50～0mm | | |
| | | 挖方场地平整 | 人工 | −30～10mm | | |
| | | | 机械 | ±50mm | | |
| | | 管沟 | | −50～0mm | | |
| | | 地（路）面基层 | | −20～0mm | | |

续表

| 序号 | 检 验 项 目 | | | 质 量 标 准 | 质量检验结果 | 备注 |
|---|---|---|---|---|---|---|
| 4 | 长度、宽度（由设计中心线向两边量）偏差 | 柱基、基坑、基槽 | | 0～20mm | | |
| | | 挖方场地平整 | 人工 | 0～20mm | | |
| | | | 机械 | 0～50mm | | |
| | | 管沟 | | 0～50mm | | |
| 5 | 分级放坡边坡平台宽度偏差 | | | −50～100mm | | |
| 6 | 除最下一层外的分层开挖标高偏差 | | | ±50mm | | |
| 7 | 表面平整度 | 柱基、基坑、基槽 | | ≤20m | | |
| | | 挖方场地平整 | 人工 | ≤20m | | |
| | | | 机械 | ≤50m | | |
| | | 管沟 | | ≤20m | | |
| | | 地（路）面基层 | | ≤20m | | |
| 检验结论 | | | | □合格 □不合格 | | |
| 检验仪器及编号 | | | | 经纬仪： 钢卷尺： | 水准仪： | |
| 检验人员 | | | | 检验日期 | 年 月 日 | |

表 3-30　　　　　　平行检验记录表（土方回填）

工程名称：　　　　　　　　　　　　　　　　　编号：

| 检验对象分类 | | | □设备 | □材料 | □工序 | |
|---|---|---|---|---|---|---|
| 检验对象基本信息 | 设备 | 设备名称 | | 设备型号规格 | | |
| | | 生产厂家 | | 安装位置 | | |
| | 材料 | 材料名称 | | 材料型号规格 | | |
| | | 生产厂家 | | 使用部位 | | |
| | 工序 | 工序名称 | | 实施单位 | | |
| | | 其他 | 使用部位： | | | |

| 序号 | 检 验 项 目 | 质 量 标 准 | 质量检验结果 | 备注 |
|---|---|---|---|---|
| 1 | 基底处理 | 必须符合设计要求和现行有关标准的规定 | □合格　□不合格 | |
| 2 | 分层压实系数☆ | 土方回填应填筑压实，且压实系数必须满足设计要求。当采用分层回填时，应在下层的压实系数经试验合格后，才能进行上层施工 | | |

续表

| 序号 | 检 验 项 目 | | | 质 量 标 准 | 质量检验结果 | 备注 |
|---|---|---|---|---|---|---|
| 3 | 边坡坡度 | | | 应符合设计要求和现行有关标准及施工技术措施规定 | | |
| 4 | 标高偏差 | 柱基、基坑、基槽 | | −20～0mm | | |
| | | 填方场地平整 | 人工 | ±20mm | | |
| | | | 机械 | ±50mm | | |
| | | 管沟 | | −40～0mm | | |
| | | 地（路）面基层 | | −40～0mm | | |
| 5 | 回填土料 | | | 应符合设计要求 | □合格　□不合格 | |
| 6 | 分层厚度及含水量 | | | 应符合设计要求 | □合格　□不合格 | |
| 7 | 表面平整度 | 柱基、基坑、基槽 | | ≤20mm | | |
| | | 填方场地平整 | 人工 | ≤20mm | | |
| | | | 机械 | ≤30mm | | |
| | | 管沟 | | ≤20mm | | |
| | | 地（路）面基层 | | ≤20mm | | |
| 检验结论 | | | | □合格　□不合格 | | |
| 检验仪器及编号 | | | | 经纬仪：　　　　　水准仪：<br>钢卷尺： | | |
| 检验人员 | | | | 检验日期 | 年　月　日 | |

注　带☆号检验项目为主控项目。

表 3-31　　　　　　　　平行检验记录表（基础模板安装）

工程名称：　　　　　　　　　　　　　　　　　　　　　　　　　　　　　　　编号：

| 检验对象分类 | | | □设备 | □材料 | □工序 |
|---|---|---|---|---|---|
| 检验对象基本信息 | 设备 | 设备名称 | | 设备型号规格 | |
| | | 生产厂家 | | 安装位置 | |
| | 材料 | 材料名称 | | 材料型号规格 | |
| | | 生产厂家 | | 使用部位 | |
| | 工序 | 工序名称 | | 实施单位 | |
| | | 其他 | 使用部位： | | |

| 序号 | 检验项目 | 质量标准 | 质量检验结果 | 备注 |
|---|---|---|---|---|
| 1 | 模板及其支架☆ | 应根据工程结构形式、荷载大小、地基土类别、施工设备和材料供应等条件设计；应具有足够的承载能力、刚度和稳定性，能可靠地承受浇筑混凝土的重力、侧压力以及施工荷载 | □合格　□不合格 | |
| 2 | 隔离剂 | 在涂刷模板隔离剂时，不得沾污钢筋和混凝土接槎处 | □合格　□不合格 | |
| 3 | 预埋件制作质量 | 预埋件制作质量应符合设计及规范的规定 | □合格　□不合格 | |

| 序号 | 检验项目 | 质量标准 | 质量检验结果 | 备注 |
|---|---|---|---|---|
| 4 | 预埋件、预留孔 | 齐全、正确、固定 | □合格 □不合格 | |
| 5 | 模板安装 | 1. 模板的接缝不应漏浆；在浇筑混凝土前，木模板应浇水湿润，但模板内不应有积水；<br>2. 模板与混凝土的接触面应清理干净并涂刷隔离剂，但不应采用影响结构性能的隔离剂；<br>3. 浇筑混凝土前，模板内的杂物应清理干净；<br>4. 对清水混凝土工程，应使用能达到设计效果的模板 | □合格 □不合格 | |
| 6 | 平面外形尺寸偏差 | ±10mm | | |
| 7 | 垂直偏差 | ≤10mm | | |
| 8 | 相邻两板面高低差 | ≤2mm | | |
| 9 | 预埋件中心位移 | ≤5mm | | |
| 10 | 预埋件与模板的间隙 | 紧贴 | □合格 □不合格 | |
| 11 | 轴线位移 | ≤500kV 配电装置，≤5mm；<br>>500kV 配电装置，≤10mm | | |
| 12 | 标高偏差 | 杯形基础的杯底，-20～-10mm；<br>其他基础模板，-5～0mm | | |
| 检验结论 | | □合格 □不合格 | | |
| 检验仪器及编号 | | 经纬仪： 水准仪：<br>钢卷尺： | | |
| 检验人员 | | 检验日期 | 年 月 日 | |

注 带☆号检验项目为主控项目。

表 3-32  平行检验记录表（钢筋及预埋件安装）

工程名称：　　　　　　　　　　　　　　　　　　　　　　　编号：

| 检验对象分类 | | | □材料 | □工序 | |
|---|---|---|---|---|---|
| 检验对象 | 材料 | 材料名称 | | 材料型号规格 | |
| | | 生产厂家 | | 使用部位 | |
| | 工序 | 工序名称 | | 实施单位 | |
| | | 其他 | | | |

| 序号 | 检 验 项 目 | 质 量 标 准 | 质量检验结果 | 备 注 |
|---|---|---|---|---|
| 1 | 受力钢筋保护层厚度 | 受力钢筋保护层厚度的合格点率应达到 90%及以上，且不得超过本表数值 1.5 倍的偏差 | | |
| 2 | 钢筋网长、宽偏差 | ±10mm | | |
| 3 | 钢筋网眼尺寸 | ±20mm | | |
| 4 | 纵向受力钢筋、箍筋的混凝土保护层厚度 | ±10mm | | |
| 5 | 预埋件中心线位置 | ≤5mm | | |

续表

| 序号 | 检 验 项 目 | 质 量 标 准 | 质量检验结果 | 备 注 |
|---|---|---|---|---|
| 6 | 预埋件水平高差 | 0～3mm | | |
| 7 | 插筋中心线位置 | ≤5mm | | |
| 8 | 插筋外露长度 | 0～10mm | | |
| 检验结论 | | □合格　□不合格 | | |
| 检验仪器及编号 | | 经纬仪：　　　　　　　　　水准仪：<br>钢卷尺： | | |
| 检验人员 | | 检验日期 | 年　月　日 | |

表 3-33　　　　　平行检验记录表（现浇混凝土结构外观及尺寸偏差）

工程名称：　　　　　　　　　　　　　　　　　　　　　　　　　　编号：

| 检验对象分类 | | | □材料 | □工序 | |
|---|---|---|---|---|---|
| 检验<br>对象 | 材料 | 材料名称 | | 材料型号规格 | |
| | | 生产厂家 | | 使用部位 | |
| | 工序 | 工序名称 | | 实施单位 | |
| | | 其他 | | | |
| 序号 | 检 验 项 目 | | 质 量 标 准 | 质量检验结果 | 备 注 |
| 1 | 质量验收 | | 1. 现浇结构质量验收应在拆模后、混凝土表面未作修整和装饰前进行，并应作出记录；<br>2. 已经隐蔽的不可直接观察和量测的内容，可检查隐蔽工程验收记录；<br>3. 修整或返工的结构构件或部位应有实施前后的文字及图像记录 | □合格　□不合格 | |
| 2 | 外观质量 | | 严重缺陷与一般缺陷划分应符合《混凝土结构工程施工质量验收规范》（GB 50204—2015）的规定。现浇结构的外观不应有严重缺陷。对已经出现的严重缺陷，应由施工单位提出技术处理方案，并经监理单位认可后进行处理；对裂缝或连接部位的严重缺陷及其他影响结构安全的严重缺陷，技术处理方案尚应经设计单位认可。对经处理的部位应重新验收 | □合格　□不合格 | |
| 3 | 尺寸允许偏差 | | 不应有影响结构性能或使用功能的尺寸偏差。对超过尺寸允许偏差且影响结构性能或安装、使用功能的部位，应由施工单位提出技术处理方案，并经监理、设计单位认可后进行处理。对经处理的部位应重新检查验收 | □合格　□不合格 | |
| 4 | 整体基础位移 | | ≤15mm | | |
| 5 | 独立基础位移 | | ≤10mm | | |
| 6 | 杯形基础杯底<br>标高偏差 | | −10～0mm | | |
| 7 | 其他基础顶面<br>标高偏差 | | ±10mm | | |

| 序号 | 检 验 项 目 | 质 量 标 准 | 质量检验结果 | 备 注 |
|---|---|---|---|---|
| 8 | 基础截面尺寸 | −10～15mm | | |
| 9 | 表面平整度 | ≤8mm | | |
| 10 | 预留孔截面尺寸偏差 | −5～10mm | | |
| 11 | 预留洞、孔中心线位置 | ≤15mm | | |
| 12 | 预埋板 | ≤10mm | | |
| 13 | 预埋螺栓 | ≤5mm | | |
| 检验结论 | | □合格　□不合格 | | |
| 检验仪器及编号 | | 经纬仪：　　　　　　　水准仪：<br>钢卷尺： | | |
| 检验人员 | | 检验日期 | | 年　月　日 |

# 三、设备承台及二次浇筑

## （一）节点管控表

设备承台施工节点管控表如表 3-34 所示。

表 3-34　　　　　　　设备承台施工节点管控表

| 工艺流程图 | 监理主要工作 | 监 理 成 果 |
|---|---|---|
| 施工准备 | 审查施工单位人员、机械、材料、施工方案，对现场安全文明布置情况进行检查 | 根据管控要点逐一审查/检查，填写文件审查记录表 |
| 基坑开挖 | 对基坑开挖施工过程进行旁站 | 填写监理旁站记录表、平行检验记录表 |
| 钢筋绑扎 | 停工待检 | 填写平行检验记录表 |
| 模板安装 | 停工待检 | 填写平行检验记录表 |
| 混凝土浇筑 | 监理旁站 | 填写监理旁站记录表 |
| 养护拆模 | 巡检验收 | 填写平行检验记录表 |
| 质量验收 | 专业监理工程师组织检验批及分项工程的验收；总监理工程师组织分部工程的验收 | 填写平行检验记录表、质量问题处理台账、工程验收统计表 |

编制说明：
1. 编制目的：根据施工工艺流程，列明监理主要工作内容及应及时填写的表单。
2. 编制依据：标准工艺，统一验收表式及质量验评划分表，安全风险管理规程。

## （二）主要安全风险

### 1. 安全风险

坍塌、其他伤害、高处坠落、物体打击、机械伤害、触电。

### 2. 控制措施

参考一般基础相关内容。

## （三）设备承台及二次浇筑施工过程控制要点

### 1. 作业前控制要点

详见一般基础相关内容。

### 2. 施工过程控制要点

（1）施工缝处理。

1）凿毛处理。对施工缝实施凿毛处理，首先要将杂物彻底清理，例如浮尘、浮浆等，而且要凿掉施工缝面层的弱层混凝土，要让石头外露，凿除松散结构。

2）施工缝清理。凿毛成功后，则可以借助刷子来清除施工缝处的杂物，例如挂浆、碎渣等，可以借助水体来清洗杂物，同样要在确保施工缝湿润下，不存留过多的水分。

（2）钢筋安装及模板制作。

详见一般基础相关内容。

（3）模板安装。

1）放线：①测量在垫层上放出承台四角点，并测出四角点标高，便于调平模板下口。②木工依据测量放出四角点，用墨斗弹出承台轮廓线，并在垫层混凝土上承台轮廓线内侧钉入水泥钉，便于模板就位。

2）模板安装：①应先立长边模板，人工将基础模板就位，再用撬棍对模板进行微调，确保模板底口与承台边线一致，用钢管斜撑在模板后面，临时加固。②加固模板时，要先检测模板垂直度，钢卷尺检测模板内空对角线，满足要求后拧紧钢管对拉螺杆。模板安装完成后，测量检验校正模板标高及平面位置。③模板堵缝。模板底口空隙可调制水泥砂浆堵塞，接缝处可用双面胶粘贴，模板上因穿对拉螺杆而留下空隙先套一段 PVC 管，再用海绵堵塞。

（4）预埋件埋设。

参考一般基础相关内容。

（5）普通混凝土。

常规措施参考一般基础相关内容。

1）预埋铁件下出现混凝土空鼓的原因：①混凝土浇筑时在铁件与混凝土之间捣实不密实。②混凝土水灰比和坍落度过大，混凝土干缩后在铁件和混凝之间形成空隙。③浇筑方法不当，使得预埋件背面的混凝土气泡和泌水无法排出，形成空鼓。

2）混凝土空鼓的预防措施：①预埋铁件背面的混凝土应该仔细振捣并辅以人工捣实。水平预埋铁件下面的混凝土应用赶浆法浇筑，由一侧下料振捣，另一侧挤出，并辅以人工横向插捣，使其达到密实、无气泡为止。②预埋铁件背面的混凝土应该采用较干硬性混凝土浇筑，以减少干缩。③水平预埋铁件应在钢板上钻 1~2 个排气孔，利于气泡和泌水的排出。

3）混凝土空鼓的治理措施：①如在浇筑时发现空鼓，应该立即将未凝结的混凝土挖出，重新填充混凝土并插捣，使其饱满密实。②如在混凝土硬化后发现空鼓，可以在钢板外侧凿 2~3 个小孔，用二次压浆法压灌饱满。

（6）回填处理。

1）将基槽内垃圾杂物等清理干净，将回落的松散土、砂浆、石子等清理干净。

2）检验回填土的含水率是否在控制范围内，如含水率偏高可采用翻松、晾晒或均匀掺入干土等措施；如遇回填土的含水率偏低，可采用预先洒水润湿等措施。

3）分层铺填厚度可取 200~300mm，发现大块、碎砖块等应立即清除，大块粒径不得大于 150mm。铺填大土块应分散开，并逐层夯压密实。

4）距结构 500mm 范围内采用人工进行夯压，避免机械碰撞结构，使结构外观质量受损。

**3. 检查与验收**

检查验收内容详见一般基础相关内容。

## （四）报告与记录

施工过程中形成的主要成果资料见表 3-35。作业中引用或产生的报告与记录的表单样例，见本小节附表。

表 3-35 施工过程中形成的主要成果资料

| 序号 | 编号 | 名 称 | 填 报 |
|---|---|---|---|
| 1 | JXM3 | 文件审查记录表 | 总监理工程师、专业监理工程师 |
| 2 | JJS3 | 施工图预检记录表 | 总监理工程师、专业监理工程师 |
| 3 | JZL3 | 平行检查记录表 | 专业监理工程师 |
| 4 | JXM9 | 旁站记录表 | 专业监理工程师或监理员 |
| 5 | JXM4 | 监理策划文件报审表 | 细则由专业监理工程师编写，总监批准 |
| 6 | JXM15 | 监理通知单 | 总监理工程师、专业监理工程师 |
| 7 | JZL1 | 见证取样统计表 | 专业监理工程师或监理员 |
| 8 | JXM15 | 质量、安全活动记录 | 总监理工程师、专业监理工程师 |

## （五）附表

检查验收内容详见筏板基础附表。对施工方案进行审核时，应运用数字监理平台逐项审查并勾选检查结果，填写修改意见。在平行检验及质量旁站时，根据表格内容逐项检查，并根据系统要求留存影像资料。未应用数字监理平台可采用纸质表单执行。

平行检验记录表如表 3-36～表 3-38 所示。

表 3-36　　　　　　　　　　平行检验记录表（模板安装）

工程名称：　　　　　　　　　　　　　　　　　　　　　　　编号：

| 检验对象分类 | | | □设备 | | □材料 | | □工序 | |
|---|---|---|---|---|---|---|---|---|
| 检验对象基本信息 | 设备 | 设备名称 | | | 设备型号规格 | | | |
| | | 生产厂家 | | | 安装位置 | | | |
| | 材料 | 材料名称 | | | 材料型号规格 | | | |
| | | 生产厂家 | | | 使用部位 | | | |
| | 工序 | 工序名称 | | | 实施单位 | | | |
| | | 其他 | 使用部位： | | | | | |

| 序号 | 检验项目 | 质量标准 | 质量检验结果 | 备注 |
|---|---|---|---|---|
| 1 | 模板及其支架☆ | 应根据工程结构形式、荷载大小、地基土类别、施工设备和材料供应等条件设计；应具有足够的承载能力、刚度和稳定性，能可靠地承受浇筑混凝土的重力、侧压力以及施工荷载 | □合格　□不合格 | |
| 2 | 隔离剂 | 在涂刷模板隔离剂时，不得沾污钢筋和混凝土接槎处 | □合格　□不合格 | |
| 3 | 预埋件制作质量 | 预埋件制作质量应符合设计及规范的规定 | □合格　□不合格 | |
| 4 | 预埋件、预留孔 | 齐全、正确、固定 | □合格　□不合格 | |
| 5 | 模板安装 | 1. 模板的接缝不应漏浆；在浇筑混凝土前，木模板应浇水湿润，但模板内不应有积水；<br>2. 模板与混凝土的接触面应清理干净并涂刷隔离剂，但不应采用影响结构性能的隔离剂；<br>3. 浇筑混凝土前，模板内的杂物应清理干净；<br>4. 对清水混凝土工程，应使用能达到设计效果的模板 | □合格　□不合格 | |
| 6 | 平面外形尺寸偏差 | ±10mm | | |
| 7 | 垂直偏差 | ≤10mm | | |
| 8 | 相邻两板面高低差 | ≤2mm | | |
| 9 | 预埋件中心位移 | ≤5mm | | |
| 10 | 预埋件与模板的间隙 | 紧贴 | | |

续表

| 序号 | 检 验 项 目 | 质 量 标 准 | 质量检验结果 | 备注 |
|---|---|---|---|---|
| 11 | 轴线位移 | ≤500kV 配电装置，≤5mm；<br>＞500kV 配电装置，≤10mm | | |
| 12 | 标高偏差 | 杯形基础的杯底，−20～−10mm；<br>其他基础模板，−5～0mm | | |
| | 检验结论 | | □合格　□不合格 | |
| | 检验仪器及编号 | 经纬仪：<br>钢卷尺： | 水准仪： | |
| 检验人员 | | 检验日期 | | 年　月　日 |

注　带☆号检验项目为主控项目。

表 3-37　　　　　　　　平行检验记录表（预埋件制作及检验）

工程名称：　　　　　　　　　　　　　　　　　　　　　　　　　　编号：

| 检验对象分类 | | | □设备 | | □材料 | | □工序 |
|---|---|---|---|---|---|---|---|
| 检验对象基本信息 | 设备 | 设备名称 | | | 设备型号规格 | | |
| | | 生产厂家 | | | 安装位置 | | |
| | 材料 | 材料名称 | | | 材料型号规格 | | |
| | | 生产厂家 | | | 使用部位 | | |
| | 工序 | 工序名称 | | | 实施单位 | | |
| | | 其他 | 使用部位： | | | | |

| 序号 | 检 验 项 目 | 质 量 标 准 | 质量检验结果 | 备注 |
|---|---|---|---|---|
| 1 | 焊工技能☆ | 从事钢筋焊接施工的焊工必须持有焊工考试合格证，并应按照合格证规定的范围上岗操作 | □合格　□不合格 | |
| 2 | 钢材品种和质量☆ | 预埋件钢板应有质量证明书，其质量应符合设计要求和现行有关标准的规定 | □合格　□不合格 | |
| 3 | 焊条、焊剂的品种、性能、 牌号☆ | 应有质量证明书，其质量应符合设计要求和国家现行相关标准的规定 | □合格　□不合格 | |
| 4 | 钢筋级别☆ | 符合设计要求和现行有关标准规定 | □合格　□不合格 | |
| 5 | 焊前工艺试验☆ | 工程焊接开工前，参与该项工程施焊的焊工必须进行现场条件下的焊接工艺试验，应经试验合格，方准于焊接生产 | （此处填写报告编号及结论） | |
| 6 | 钢筋焊接接头的力学性能检验☆ | 符合《钢筋焊接及验收规程》（JGJ 18—2012）的规定 | （此处填写报告编号及结论） | |
| 7 | 预埋件的型号 | 符合设计要求和现行有关标准规定 | □合格　□不合格 | |
| 8 | 钢筋相对钢板的角度偏差 | ≤2mm | | |
| 9 | 钢筋间距偏差 | ±3mm | | |
| 10 | 穿孔塞焊 | 符合《钢筋焊接及验收规程》（JGJ 18—2012）的规定 | □合格　□不合格 | |
| 11 | 钢材品种和质量☆ | 钢材应有质量证明书，其质量应符合设计要求和现行有关标准的规定 | □合格　□不合格 | |

续表

| 序号 | 检 验 项 目 | 质 量 标 准 | 质量检验结果 | 备注 |
|---|---|---|---|---|
| 12 | 钢板外观质量 | 表面应无焊痕、明显凹陷和损伤 | □合格　□不合格 | |
| 13 | 接头焊缝外观质量 | 焊缝表面不得有气孔、夹渣和肉眼可见的裂纹；咬边深度≤0.5mm | □合格　□不合格 | |
| 14 | 钢板平整偏差 | ≤3mm | | |
| 15 | 型钢埋件挠曲 | ≤1/1000 型钢埋件长度，且≤5mm | | |
| 16 | 预埋件尺寸偏差 | −5～10mm | | |
| 检验结论 | | □合格　□不合格 | | |
| 检验仪器及编号 | | 经纬仪：　　　　　　　　　　水准仪：<br>钢卷尺： | | |
| 检验人员 | | 现场检验日期 | | 年　　月　　日 |
| | | 报告审查日期 | | 年　　月　　日 |

注　带☆号检验项目为主控项目。

表 3-38　　　　　　　　　　　平行检验记录表（钢筋及预埋件安装）

工程名称：　　　　　　　　　　　　　　　　　　　　　　　　　　　编号：

| 检验对象分类 | | | □材料 | | □工序 | |
|---|---|---|---|---|---|---|
| 检验对象 | 材料 | 材料名称 | | 材料型号规格 | | |
| | | 生产厂家 | | 使用部位 | | |
| | 工序 | 工序名称 | | 实施单位 | | |
| | | 其他 | | | | |
| 序号 | 检 验 项 目 | | 质 量 标 准 | | 质量检验结果 | 备 注 |
| 1 | 受力钢筋保护层厚度 | | 受力钢筋保护层厚度的合格点率应达到90%及以上，且不得超过本表数值 1.5 倍的偏差 | | | |
| 2 | 钢筋网长、宽偏差 | | ±10mm | | | |
| 3 | 钢筋网眼尺寸 | | ±20mm | | | |
| 4 | 纵向受力钢筋、箍筋的混凝土保护层厚度 | | ±10mm | | | |
| 5 | 预埋件中心线位置 | | ≤5mm | | | |
| 6 | 预埋件水平高差 | | 0～3mm | | | |
| 7 | 插筋中心线位置 | | ≤5mm | | | |
| 8 | 插筋外露长度 | | 0～10mm | | | |
| 检验结论 | | | □合格　□不合格 | | | |
| 检验仪器及编号 | | | 经纬仪：　　　　　　　　水准仪：<br>钢卷尺： | | | |
| 检验人员 | | | 检验日期 | | 年　　月　　日 | |

# 第四节

# 地 下 构 筑 物

根据使用用途不同,本节内容主要针对地下泵房、消防水池、事故油池等混凝土结构。

## 一、节点管控表

地下构筑物节点管控表如表 3-39 所示。

表 3-39                                    地下构筑物节点管控表

| 工艺流程图 | 监 理 主 要 工 作 | 监 理 成 果 |
|---|---|---|
| 施工准备 | 审查施工单位人员、机械、材料、施工方案,对现场安全文明布置情况进行检查 | 根据管控要点逐一审查/检查,填写文件审查记录表 |
| 施工测量 | 检查、核查测量成果及保护设施 | 复核结果,签署工程控制网测量报审表意见 |
| 基坑支护 | 对基坑支护施工开展停工待检监理检查 | 填写平行检验记录表(基坑支护) |
| 土方开挖 | 对基坑开挖过程进行安全/质量巡视,并对开挖完成的基坑开展验槽 | 填写安全旁站记录表、平行检验记录表、签署验槽记录 |
| 地下结构 | 对模板安装、钢筋制作安装质量开展停工待检监理检查,对混凝土施工质量开展监理旁站;拆模后,对地下结构进行观感检查 | 平行检验记录表(地下结构模板安装)、平行检验记录表(钢筋安装)填写质量旁站记录表(混凝土浇筑) |
| 地下防水 | 对地下防水施工质量开展监理旁站 | 填写质量旁站记录表(防水工程) |
| 回填 | 对土方回填施工质量开展停工待检监理检查 | 填写平行检验记录表(土方回填) |
| 质量验收 | 专业监理工程师组织检验批及分项工程的验收;总监理工程师组织分部工程的验收 | 填写平行检验记录表(混凝土外观)、质量问题处理台账、工程验收统计表 |

编制说明:
1. 编制目的:根据施工工艺流程,列明监理主要工作内容及应及时填写的表单。
2. 编制依据:标准工艺,统一验收表式及质量验评划分表,安全风险管理规程。

## 二、主要安全风险

**1．地下结构施工主要风险**

物体打击、机械伤害、触电、坍塌、火灾。

**2．安全控制措施**

（1）基坑支护。

1）施工现场作业区域、应设置施工围栏和安全标志。

2）钢板桩要堆放在便于施工的地方，堆放高度不应超过 2m。

3）插拔钢板桩作业必须设专人指挥，所有人员必须统一指挥，指挥人员严禁违章指挥。

4）钢支撑提升离基座 100mm 时应停下检查。检查起重系统的稳定性、制动器的可靠性、物件的平稳性、绑扎的牢固性，确认无误后方可继续起吊。

5）钢支撑梁作业时应设置可靠的防坠落措施。

6）切割焊和吊运过程中工作区严禁过人，拆除的零部件严禁随意抛落，避免伤人。使用氧气、乙炔时，两瓶间距不得小于 5m，气瓶与明火及火花散落点的距离不得小于 10m。在焊接、切割点 5m 范围内，应清除易燃易爆物品，确实无法清除时，必须采取可靠的防护隔离措施。

7）支撑拆除时，应配备相应的钢丝绳及相关保护措施以防伤人，焊钳与线应连接牢固，龙头线不得搭在易爆及带有热源的物体上，电焊机必须"一机、一闸、一漏、一箱"，并装有随机开关，焊外壳必须有良好的接地。

（2）土方开挖。

1）在开挖基坑时，必须集水坑等排水措施，以免基坑积水。

2）一般土质条件下弃土堆底至基坑顶边距离≥1m，弃土堆高≤1.5m，垂直坑壁边坡条件下弃土堆底至基坑顶边距离≥3m，软土场地的基坑边则不应在基坑边堆土。

3）土方开挖中，现场监护及施工人员必须随时观测基坑周边土质，观测到基坑边缘有裂缝和渗水等异常时，立即停止作业并报告班组负责人，待处置完成合格再开始作业。

4）人机配合开挖和清理基坑底余土时，设专人指挥和监护。规范设置供作业人员上下基坑的安全通道（梯子）。

5）挖土区域设警戒线，各种机械、车辆严禁在开挖的基础边缘 2m 内行驶、停放。机械开挖采用"一机一指挥"，有两台挖掘机同时作业时，保持一定的安全距离，在挖掘机旋转范围内，不允许有其他作业。开挖施工区域夜间应挂警示灯。

6）开挖过程中，如遇有大雨及以上雨情时，做好防止深坑坠落和塌方措施后，迅速撤离作业现场。

7）基坑四周必须设置 1.2m 高的护栏，并悬挂安全警示标志，围栏离坑边不得小于 0.8m。

（3）地下结构。

按第四章 主体结构相关内容执行。

（4）地下防水。

1）采用热熔法施工防水层时使用的燃具或喷灯点燃时严禁对着人进行。

2）施工现场、存放防水卷材和黏结剂的仓库严禁烟火，并配置充足有效的消防器材；作业人员向喷灯内加油时，必须灭火后添加，并添加适量，避免因过多而溢油发生火灾。

3）防水卷材和黏结剂多数属易燃品，存放的仓库内严禁烟火。材料黏结剂桶要随用随封盖，以防溶剂挥发过快或造成环境污染。

4）在事故油池、消防水池等有限空间作业时，应坚持"先通风、再检测、后作业"的原则，在确认有限空间内气体合格后，方可开始施工。施工过程中应保持通风良好，并根据现场实际情况进行实时检测并做好记录。

# 三、地下结构施工控制要点

## 1. 作业前控制要点

（1）本作业的施工人员和机械已进场，特殊工种作业人员满足施工需要。

（2）本作业的计量器具、仪表经法定单位检定合格，且在有效期内。

（3）物资材料准备能满足本作业连续施工需要。

1）支护结构：对进场的拉森钢板桩的品种、规格、外观和尺寸等进行检查验收，检查复核产品出厂合格证、有关技术参数、资料及相关的出厂性能检验报告。

2）混凝土结构：模板应采用表面平整、加工紧密、有一定刚度的多层胶合板；钢筋质量控制要点见通用部分；预拌混凝土质量控制见通用部分。

3）防水材料：材料应有产品合格证书和性能检测报告，材料的品种、规格、性能等必须符合国家现行产品标准和设计要求；对进场的防水材料进行抽样检测。

（4）本作业相关的施工图已进行交底、会检，相关的作业指导书已制定并审查合格；每个分项工程必须分级进行施工技术交底。技术交底内容应充实，具有针对性和指导性，全体参加施工的人员都要参加交底并签名，形成书面交底记录。

（5）现场具备安全文明施工条件。

（6）监理实施细则已编审完成，并履行安全、质量、技术控制要点的交底。

## 2. 过程控制要点

（1）定位放线：根据变电站施工设置的建筑测量定位方格网基准点或施工完毕的基础，采用经纬仪、拉线、尺量、定出基准线。监理技术人员复核控制轴线位置、标高偏差。

（2）基坑支护。

1）钢板桩打入前进行验收，弯曲、损坏的钢板桩不得使用。

2）打桩时，检查桩体弯曲度、长度，锁口不应缺损和变形，齿槽咬合程度。

3）拉森钢板桩施工第一次施打出整个线形，全部线形施打完成后进行第二次复施。检查桩顶标高。

4）冠梁连接应牢固，与围护墙体之间的空隙应填充密实。

（3）基槽开挖：依据设计及规程规范要求，基槽土方开挖至基础设计标高，开挖完成后，由相关人员（业主单位、监理单位、设计勘察单位、施工单位）进行验槽，并做好记录；若地质与设计文件不符，应由施工单位上报联系单给监理单位，监理单位确认情况后转呈业主单位，并通知设计勘察单位进行处理。

（4）地下结构。

1）模板安装：

a．安装模板时，应进行测量放线，并应采取保证模板位置准确的定位措施。检查、复核测放轴线。

b．模板及支架的安装质量，检查支架杆件的直径和壁厚，及连接件的质量，应满足承载力、刚度和整体稳固性要求；检查模板接头位置安装质量，接缝都应严密，避免漏浆。

c．模板安装应保证混凝土结构构件各部分形状、尺寸和相对位置准确。检查地下结构模板（板、墙柱、梁）平面尺寸偏差、剪力墙墙厚偏差并复核模板的垂直、水平度，垂直度应≤6mm，平整度应≤5mm；检查板顶及底板标高，标高误差应控制在±5mm 以内。

d．剪力墙模板对拉螺栓的规格、间距应符合施工方案要求；检查对拉螺杆止水板焊接是否严密、牢固；两端应有木垫块。

e．对止水钢板安装检查，止水钢板应平整、尺寸准确，表面铁锈、油污应清理干净，不得有砂眼、钉孔；接头应按其厚度分别采用折叠咬接或搭接，搭接长度不得小于 20mm，咬接或搭接应采用双面焊，应注意避开防水套管。

f．模板板内部清理和隔离剂的涂刷质量，检查模板内不得有碎屑等杂物，隔离剂不得漏刷和污染钢筋。

g．预留孔、洞、预留埋件的平面位置及标高，按照图纸及规范进行认真复核，并与水、电安装图纸对照，确保不遗漏。

2）钢筋安装。

a．钢筋加工安装，监理巡视。巡视检查钢筋型号、规格、尺寸、表面质量是否符合设计、规范要求。

b．钢筋机械连接、焊接，监理见证。当受力钢筋采用机械连接接头或焊接接头时，设置在同一构件内的接头宜相互错开。

c. 梁、墙柱节点钢筋隐蔽前，对该部位钢筋进行过程检查验收。检查受力钢筋的牌号、规格、数量必须符合设计要求；钢筋应安装牢固，表面清洁，受力钢筋的安装位置、连接方式、接头位置、锚固方式等应符合设计、相关规范及图集要求；迎水面钢筋保护层厚度≥50mm，受力钢筋保护层厚度的合格点率应达到 90%及以上，钢筋保护层垫块颜色应与混凝土表面颜色接近，位置、间距应准确，垫块宜梅花形布置。检查受力钢筋间距偏差应在±10mm 之间、排距偏差应在±5mm 之间，保护层厚度偏差应在±10mm 之间。

d. 预埋件规格、数量、位置应符合设计要求，固定牢靠，透气孔设置到位；预埋件中心位移偏差应≤5mm，水平高差应在＋3～0mm 之间。

3）混凝土。

a. 监理人员对墙柱、梁板混凝土浇筑施工进行旁站，应严格控制下料高度，当浇筑混凝土的自由倾落高度超过 2m 时，应使用串筒、溜槽等工具进行浇筑，防止离析，振捣时间不得过长。

b. 墙板水平施工缝的位置宜设在底板与墙壁连接的斜托上部及墙壁与顶板连接的斜托下部，墙壁上不允许设垂直施工缝。剪力墙、柱接缝应采用与混凝土配比相同的砂浆进行接浆，厚度 5～10cm。旁站过程中应注意浇筑间歇不得超过混凝土初凝时间，浇捣上层混凝土时振动棒应插入下层 5cm。

c. 地下室底板浇混凝土时，积水应排干净。应检查膨胀加强带部位混凝土标号是否符合要求。

d. 监理旁站时应见证混凝土试块制作过程，确保标养、同条件试块制作数量、质量符合规范要求。具体要求见第一章通用部分。

e. 混凝土浇筑施工完成后，要检查混凝土面层收头的工作，防止表面收缩裂缝的产生；混凝土浇筑结束后 12h 内应进行养护，养护时间不少于 7d，梁、板浇构件应浇水养护，浇水次数应能保持砼处于湿润状态。

f. 模板拆除应确认拆除时间、顺序，采取先支的后拆、后支的先拆，先拆非承重模板、后拆承重模板的顺序，并应从上而下进行拆除。拆除侧模时应保证构件的表面及棱角不受损伤。底模及支架应在混凝土强度达到设计要求后再拆除，拆除的模板和支架应分散堆放并及时清运。剪力墙模板拆除后，应凿除木垫块，割去对拉螺栓，用掺有膨胀剂的水泥砂浆补密实。

4）地下防水。

按第四章第五节屋面工程中过程控制要点第 2 条规定执行。

5）土方回填。

a. 土方回填时，应先低处后高处，逐层采用打夯机填筑。检查分层厚度应控制在 200～250mm 及压实遍数应控制在 3～4 遍；宜对称、均衡地进行土方回填。

b．基础外墙有防水要求的，应在外墙防水施工完毕且验收合格后方可回填，防水层外侧宜设置保护层。回填较深的基坑，土方回填应采用滑槽入坑的方法控制降落高度和速度，避免成品破坏。

**3．检查与验收**

依照《变电（换流）站土建工程施工质量验收规范》（Q/GDW 10183—2021）附录B.1及国家电网有限公司统一验收表式相关要求，地下结构为泵房地下结构、消防水池、事故油池中地基与基础的分部工程。以上验收程序均为专业监理工程师组织检验批及分项工程的验收，总监理工程师组织分部（子分部）工程的验收。

（1）检验批：审核并签署施工检验批资料，填写监理平行检验记录表。包括：①施工测量、基坑支护；②土方开挖回填；③垫层；④地下结构模板安装、拆除；⑤地下结构，地下钢筋加工、钢筋安装；⑥混凝土拌合物、混凝土施工、混凝土结构外观及尺寸偏差。

（2）分项工程：由以上同一工序多个检验批汇总，专业监理工程师审核、签认分项工程质量验收记录。

（3）分部工程质量资料：总监组织验收人员审核并签认以下资料。

1）通用部分：①图纸会检、设计变更、洽商记录；②一般施工方案、作业指导书、技术交底记录；③测量放线记录及沉降观测测量记录；④隐蔽工程验收记录；⑤混凝土评定记录；⑥分项工程质量验收记录；⑦检验批工程质量验收记录；⑧试件制作数码照片；⑨隐蔽工程数码照片；⑩新技术论证、备案及施工记录。

2）施工专用资料（现浇结构）：①预拌混凝土合格证（出厂检验报告）及进场坍落度记录；②钢筋材质及焊接（机械连接）接头的试验报告；③混凝土原材料及混凝土试件的试验报告；④混凝土现浇结构实体检验记录、检测报告；⑤混凝土配合比试验报告；⑥混凝土工程施工记录；⑦混凝土强度统计、评定记录；⑧材料进场检验、试件制作数码照片；⑨防水材料出厂合格证及进场检（试）验报告。

# 四、报告与记录

施工过程中形成的主要监理资料见表3-40。作业中引用或产生的报告与记录的表单样例，见本小节附表。

表 3-40 施工过程中形成的主要监理资料

| 序号 | 编号 | 名 称 | 填 报 |
|---|---|---|---|
| 1 | JXM3 | 文件审查记录表 | 总监理工程师、专业监理工程师 |
| 2 | JJS3 | 施工图预检记录表 | 总监理工程师、专业监理工程师 |
| 3 | JZL3 | 平行检查记录表 | 专业监理工程师 |
| 4 | JXM9 | 旁站记录表 | 专业监理工程师或监理员 |
| 5 | JXM4 | 监理策划文件报审表 | 细则由专业监理工程师编写，总监理工程师批准 |

| 序号 | 编号 | 名　称 | 填　报 |
|---|---|---|---|
| 6 | JXM15 | 监理通知单 | 总监理工程师、专业监理工程师 |
| 7 | JZL1 | 见证取样统计表 | 专业监理工程师或监理员 |
| 8 | JXM15 | 质量、安全活动记录 | 总监理工程师、专业监理工程师 |

# 五、附表

对施工方案进行审核时，应运用数字监理平台逐项审查并勾选检查结果，填写修改意见。在平行检验及质量旁站时，根据表格内容逐项检查，并根据系统要求留存影像资料。未应用数字监理平台可采用纸质表单执行。

文件审查记录表如表 3-41 所示。平行检查记录表如表 3-42～表 3-45 所示。旁站监理记录表如表 3-46 和表 3-47 所示。

表 3-41　　　　　　　　　文件审查记录表（地下结构工程施工方案）

工程名称：　　　　　　　　　　　　　　　　　　　　　　　　　　　　编号：

| 文件名称 | （写文件全称，××施工方案—报审表编号） | | |
|---|---|---|---|
| 送审单位 | （编制单位全称） | | |
| 序号 | 监理项目部审查标准 | 检查结果 | 施工项目部反馈意见 |
| 1 | 施工方案的编审批流程是否已按要求履行 | □合格　□不合格 | |
| | 修改意见： | | |
| 2 | 施工方案的编制依据是否已过期 | □合格　□不合格 | |
| | 修改意见： | | |
| 3 | 工程概况中应描述图纸中地下工程规格、尺寸等重要技术参数和质量标准要求 | □合格　□不合格 | |
| | 修改意见： | | |
| 4 | 施工方案（措施）制定的施工工艺流程应合理，并绘制流程图。不得使用国家严厉禁止的施工工艺、建筑材料及施工机械 | □合格　□不合格 | |
| | 修改意见： | | |
| 5 | 根据各部位施工进度计划及流水段划分进行劳动力安排，满足施工进度计划及流水施工的需要 | □合格　□不合格 | |
| | 修改意见： | | |
| 6 | 应明确地下工程的相关技术要求，包括现浇、防水的工艺流程、支护等技术要求 | □合格　□不合格 | |
| | 修改意见： | | |
| 7 | 施工方案内容应包括安全危险点分析或危险源辨识、环境因素识别应准确、全面 | □合格　□不合格 | |
| | 修改意见： | | |

续表

| 序号 | 监理项目部审查标准 | 检查结果 | 施工项目部反馈意见 |
|---|---|---|---|
| 8 | "施工准备"中现场材料、工具设备、安全防护布置是否满足施工需求等 | □合格　□不合格 | |
| | 修改意见: | | |
| 9 | 明确质量标准及验收方法,包括砖砌电缆沟砖的品种、强度要求、外观质量要求及检验方法,水泥、砂、外加剂的品种要求;现浇式电缆沟钢筋、混凝土;预制式电缆沟预制件规格、强度质量进行检查 | □合格　□不合格 | |
| | 修改意见: | | |
| 10 | 对施工质量通病制定防治措施,应有保障强制性条文执行和标准工艺应用的说明 | □合格　□不合格 | |
| | 修改意见: | | |
| 11 | 存在的其他问题 | | |

| 总/专业监理工程师:＿＿＿＿＿＿＿＿＿日　　　　期:＿＿＿＿＿年＿＿月＿＿日 | 项目经理:＿＿＿＿＿＿＿＿＿日　　　　期:＿＿＿＿＿年　月　日 |
|---|---|
| 监理复查意见 | 总/专业监理工程师:＿＿＿＿＿＿＿＿＿日　　　　期:＿＿＿＿＿年＿＿月＿＿日 |

注　本表使用过程中可自行增加内容。本表一式两份,监理、施工项目部各存 1 份。

表 3-42　　　　　　　　　平行检查记录表(基坑支护)

工程名称:　　　　　　　　　　　　　　　　　　　　　　　　　编号:

| 检验对象分类 | | | □设备 | □材料 | □工序 |
|---|---|---|---|---|---|
| 检验对象基本信息 | 设备 | 设备名称 | | 设备型号规格 | |
| | | 生产厂家 | | 安装位置 | |
| | 材料 | 材料名称 | ×× | 材料型号规格 | ×× |
| | | 生产厂家 | | 使用部位 | ××基坑 |
| | 工序 | 工序名称 | 拉森钢板桩施工 | 实施单位 | |
| | | 其他 | 使用部位: | | |

| 序号 | 检验项目 | 质量标准 | 质量检验结果 | 备注 |
|---|---|---|---|---|
| 1 | 桩长☆ | 不小于设计值 | 桩长:＿＿＿＿＿＿＿＿＿＿mm,□合格　□不合格 | |
| 2 | 桩身弯曲度☆ | ≤2%设计桩长 | 弯曲度:＿＿＿＿＿＿＿＿＿,□合格　□不合格 | |
| 3 | 桩顶标高☆ | ±100mm | | |
| 4 | 沉桩垂直度☆ | ≤1/100 | | |
| 5 | 齿槽平直度及光滑度 | 无电焊渣或毛刺 | □合格　□不合格 | |
| 6 | 轴线位置 | ±100mm | | |
| 7 | 齿槽咬合程度 | 紧密 | □合格　□不合格 | |
| 检验结论 | | | □合格　□不合格 | |
| 检验仪器及编号 | | 经纬仪:　　　　　水准仪:　　　　　钢卷尺: | | |
| 检验人员 | | | 检验日期　　　　　年　月　日 | |

注　带☆号检验项目为主控项目。

**表 3-43**　　　　　　　　　　平行检查记录表（地下结构模板）

工程名称：　　　　　　　　　　　　　　　　　　　　　编号：

| 检验对象分类 | | | □设备　　　　　□材料　　　　　□工序 | | |
|---|---|---|---|---|---|
| 检验对象基本信息 | 设备 | 设备名称 | | 设备型号规格 | |
| | | 生产厂家 | | 安装位置 | |
| | 材料 | 材料名称 | | 材料型号规格 | |
| | | 生产厂家 | | 使用部位 | |
| | 工序 | 工序名称 | | 实施单位 | |
| | | 其他 | 使用部位： | | |

| 序号 | 检 验 项 目 | 质 量 标 准 | 质量检验结果 | 备注 |
|---|---|---|---|---|
| 1 | 模板及其支架☆ | 模板及其支架应按照批准的施工方案进行搭设。模板及其支架所用材料应合格 | □合格　　□不合格 | |
| 2 | 上、下层支架的支柱☆ | 应对准，并铺设垫板 | □合格　　□不合格 | |
| 3 | 模板安装要求 | 1. 模板的接缝严密浆，木模板应浇水湿润，但板内不应有积水；<br>2. 模板与混凝土的接触面应清理干净；<br>3. 模板内的杂物应清理干净；<br>4. 对清水混凝土及装饰混凝土工程，应使用能达到设计效果的模板 | □合格　　□不合格 | |
| 4 | 避免隔离剂玷污 | 不得沾污钢筋和混凝土接槎处 | 隔离剂为：_____<br>□是□否沾污钢筋和混凝土接槎处 | |
| 5 | 止水带安装 | 应平整、尺寸准确，表面铁锈、油污应清理干净，不得有砂眼、钉孔；接头应按其厚度分别采用折叠咬接或搭接；搭接长度不得小于 20mm，咬接或搭接应采用双面焊 | □合格　　□不合格 | |
| 6 | 起拱 L≥4m | 《混凝土结构工程施工规范》（GB 50666—2011）4.4.6：全跨长的 1/1000～3/1000 | 实测值：<br>□合格　　□不合格 | |
| 7 | 埋件、孔洞 | 齐全、正确、牢固 | | |
| 8 | 平面尺寸偏差（混凝土底板、墙体长度、宽或直径） | ±10mm | | □板底<br>□墙壁 |
| 9 | 中心线位移 | ≤5mm | | |
| 10 | 标高偏差　板底标高偏差 | ±10mm | | □板底<br>□板顶 |
| | 板顶标高偏差 | ±5mm | | |
| 11 | 墙壁厚度偏差 | −3～5mm | | |
| 12 | 墙壁全高垂直偏差 | ≤5mm | | |
| 13 | 模板表面平整度 | ≤5mm | | |

续表

| 序号 | 检 验 项 目 | | 质 量 标 准 | 质量检验结果 | 备注 |
|---|---|---|---|---|---|
| 14 | 预埋件、预留孔允许偏差 | 中心线位置 | 3mm | | |
| 检验结论 | | | □合格　□不合格 | | |
| 检验仪器及编号 | | 经纬仪：　　　　水准仪：　　　　钢卷尺： | | | |
| 检验人员 | | | 检验日期 | 年　月　日 | |

**注** 带☆号检验项目为主控项目。

表 3-44　　　　　平行检查记录表（地下结构钢筋）

工程名称：　　　　　　　　　　　　　　　　　　　　　编号：

| 检验对象分类 | | | □设备　　　　□材料　　　　□工序 | | |
|---|---|---|---|---|---|
| 检验对象基本信息 | 设备 | 设备名称 | | 设备型号规格 | |
| | | 生产厂家 | | 安装位置 | |
| | 材料 | 材料名称 | | 材料型号规格 | |
| | | 生产厂家 | | 使用部位 | |
| | 工序 | 工序名称 | | 实施单位 | |
| | 其他 | 使用部位： | | | |

| 序号 | 检 验 项 目 | | 质 量 标 准 | 质量检验结果 | 备注 |
|---|---|---|---|---|---|
| 1 | 纵向受力钢筋的连接方式及接头质量☆ | | 应符合设计要求和现行国家有关标准的规定 | □合格　□不合格 | |
| 2 | 钢筋的牌号、规格和数量☆ | | 受力钢筋的牌号、规格和数量应符合设计要求 | □合格　□不合格 | |
| 3 | 接头位置和数量 | | 宜设在受力较小处且符合设计要求：<br>1. 同一纵向受力钢筋不宜设置两个或两个以上接头；<br>2. 接头末端至钢筋弯起点距离不应小于钢筋直径的10倍 | □合格　□不合格 | |
| 4 | 钢筋骨架绑扎 | 变形 | 不应有 | □合格　□不合格 | |
| | | 缺扣和松扣 | 不大于10%，且不应集中 | □合格　□不合格 | |
| 5 | 焊接（机械连接）接头外观质量检查 | | 《钢筋焊接及验收规程》（JGJ 18—2012）5.5.2：<br>1. 焊缝表面应平整，不得有凹陷或焊瘤；<br>2. 接头处无裂纹；<br>3. 咬边深度、气孔、夹渣等缺陷允许偏差应符合《钢筋焊接及验收规程》（JGJ 18—2012）第5.5.2条规定 | □合格　□不合格 | |
| | | | 符合《钢筋机械连接技术规程》（JGJ 107—2016）第6.3.1条规定 | 外露螺纹最多为：＿＿＿牙<br>实测拧紧扭矩为：＿＿＿ | |

227

续表

| 序号 | 检 验 项 目 | | 质 量 标 准 | 质量检验结果 | 备注 |
|---|---|---|---|---|---|
| 6 | 受力钢筋焊接（机械连接）接头设置 | | 应符合设计要求。当设计无要求时，在连接区段长度内（35倍的较小直径纵向受力钢筋），且不小于500mm范围内，接头面积百分率应符合《混凝土结构工程施工质量验收规范》（GB 50204—2015）的规定 | □合格　□不合格 | |
| 7 | 绑扎搭接接头的设置 | | 接头中钢筋的横向净距不应小于钢筋直径，且不应小于25mm。搭接长度应符合现行有关标准规定。连接区段长度（1.3倍搭接长度）内，接头面积百分率：<br>1. 对梁类、板类及墙类构件，不宜超过25%；<br>2. 基础筏板，不宜超过50%；<br>3. 对柱类构件，不宜超过50%；<br>4. 确有必要，对梁内构件不宜大于50% | □合格　□不合格 | |
| 8 | 箍筋配置及偏差 | | 梁、柱类构件的纵向受力钢筋搭接长度范围内箍筋的设置应符合设计要求；当设计无具体要求时应符合《混凝土结构工程施工质量验收规范》（GB 50204—2015）的规定 | □合格　□不合格<br>偏差值：_____ | |
| 9 | 受力钢筋 | 间距偏差 | ±10mm | | |
| | | 保护层偏差 | ±5mm | | |
| 10 | 受力钢筋长度偏差 | | ±10mm | | |
| 检验结论 | | | □合格　□不合格 | | |
| 检验仪器及编号 | | 经纬仪： | 水准仪： | 钢卷尺： | |
| 检验人员 | | | 检验日期 | 年　月　日 | |

注　带☆号检验项目为主控项目。

表3-45　　　　　　　平行检查记录表（地下结构外观）

工程名称：　　　　　　　　　　　　　　　　　　　　　　编号：

| 检验对象分类 | | | □设备　　　　□材料　　　　□工序 | | | |
|---|---|---|---|---|---|---|
| 检验对象基本信息 | 设备 | 设备名称 | | 设备型号规格 | | |
| | | 生产厂家 | | 安装位置 | | |
| | 材料 | 材料名称 | | 材料型号规格 | | |
| | | 生产厂家 | | 使用部位 | | |
| | 工序 | 工序名称 | | 实施单位 | | |
| | | 其他 | 使用部位： | | | |
| 序号 | 检验项目 | | 质 量 标 准 | 质量检验结果 | | 备注 |
| 1 | 外观质量☆ | | 不应有严重缺陷 | □合格　□不合格 | | |

续表

| 序号 | 检验项目 | 质 量 标 准 | 质量检验结果 | 备注 |
|------|----------|-------------|--------------|------|
| 2 | 尺寸偏差☆ | 不应有影响结构性能和使用功能的尺寸偏差。混凝土设备基础不应有影响结构性能和设备安装的尺寸偏差 | □合格　□不合格 | |
| 3 | 外观质量 | 不宜有一般缺陷 | □合格　□不合格 | |
| 4 | 轴线位移 | ≤10mm | | |
| 5 | 垂直度 | ≤8mm | | |
| 6 | 标高偏差 | ±10mm | | |
| 7 | 截面尺寸偏差 | −5～8mm | | |
| 8 | 表面平整度 | ≤8mm | | |
| 检验结论 | | □合格　□不合格 | | |
| 检验仪器及编号 | | 经纬仪：　　　　　水准仪：　　　　　钢卷尺： | | |
| 检验人员 | | 检验日期 | 年　　月　　日 | |

注　带☆号检验项目为主控项目。

表 3-46　　　　　　　　　旁站监理记录表（混凝土浇筑）

| 工程名称： | | 编号： |
|---|---|---|

| 日期及天气： | 施工地点：××区域 |
|---|---|

| 旁站监理的部位或工序： | ××部位混凝土浇筑 |
|---|---|

| 旁站监理开始时间： | 旁站监理结束时间： |
|---|---|

施工情况：

| 作业必备条件 | 1. 现场负责人 _____，安全监护人_____，现场作业人员共计____名。现场电工、焊工等特殊工种经监理项目部审批合格 | □合格　□不合格 |
|---|---|---|
| | 2. 主要施工器具（填写名称及数量）、机械设备（填写名称及数量）经监理项目部审批合格 | □合格　□不合格 |
| | 3. 材料：□预拌混凝土，核查开盘鉴定结果（原材料证明文件、配合比报告、开盘鉴定报告）符合设计及规范要求。<br>□自拌混凝土，原材料及配合比已审查合格 | □合格　□不合格 |
| | 4. 检查作业票及每日站班会规范，工作内容、人员与现场对应；施工方案审批、交底已完成 | □合格　□不合格 |
| | 5. 安全文明施工设施及个人防护用品配置符合要求 | □合格　□不合格 |
| | 6. 其他： | |

监理情况：
1. 模板内侧清理干净，支护牢固，表面平整且拼接缝严密。采取有效脱模措施。　□符合　□不符合
2. 自拌混凝土应核查配合比执行情况，□是/□否符合配合比掺量。
3. 混凝土运输、输送情况：□泵送　□吊车配备料斗　□升降设备配备小车输送　□小车及人力输送
4. 混凝土运送频率符合浇筑的连续性，且抵达现场的混凝土□是/□否未超过初凝时间。

续表

| 日期及天气： | 施工地点：××区域 |
|---|---|
| 旁站监理的部位或工序： | ××部位混凝土浇筑 |
| 旁站监理开始时间： | 旁站监理结束时间： |

施工情况：

5．浇筑方式及顺序：

6．混凝土特性控制：混凝土浇筑过程中应严格控制水胶比。每班日或每个浇筑面，混凝土坍落度应至少检查2次，坍落度设计值_____。实测值：（1）_____，（2）_____。

7．混凝土振捣：振捣棒应快插慢拔，交错前进。振捣棒移动距离在300～500mm，每次振捣时间控制范围为20～30s，以混凝土表面水泥浆和混凝土不再沉陷为判别依据。　　　　　　　　　　□合格　□不合格

8．试块留置：标准养护试块组数：_____，同条件试块组数：_____。

9．本次浇筑方量_____m³。

10．混凝土养护：□洒水　□覆盖　□喷涂养护剂　□其他_____。

11．强调执行：基础混凝土中严禁掺入氯盐。　　□已执行　　□未执行

12．及时采集、整理数码照片资料

发现问题：

处理意见：

备注（包括处理结果）

项目监理机构：

旁站监理人员：

日　　　　期：

注　1．本表适用于一般基础浇筑质量旁站。

　　2．当日作业存在工作票时，应注意检查两票关联性。

　　3．□中符合条件打"√"，不符合条件打"×"，不涉及检查项目打"\"。

表 3-47　　　　　　　　　旁站监理记录表（防水工程）

工程名称：　　　　　　　　　　　　　　　　　　　　　　　　编号：

| 日期及天气： | 施工地点：××区域 |
|---|---|
| 旁站监理的部位或工序： | ××部位防水施工 |
| 旁站监理开始时间： | 旁站监理结束时间： |

施工情况：

| | | |
|---|---|---|
| 作业必备条件 | 1．现场负责人_____，安全监护人_____，现场作业人员共计____名。现场电工、焊工等特殊工种经监理项目部审批合格 | □合格　□不合格 |
| | 2．主要施工器具（填写名称及数量）、机械设备（填写名称及数量）经监理项目部审批合格 | □合格　□不合格 |
| | 3．材料：防水及粘贴材料_____（材料名称及规格）_____□是 □否已通过进场报审 | □合格　□不合格 |
| | 4．检查作业票及每日站班会规范，工作内容、人员与现场对应；施工方案审批、交底已完成 | □合格　□不合格 |
| | 5．安全文明施工设施及个人防护用品配置符合要求 | □合格　□不合格 |
| | 6．其他： | |

续表

| 日期及天气： | 施工地点：××区域 |
|---|---|
| 旁站监理的部位或工序： | ××部位防水施工 |
| 旁站监理开始时间： | 旁站监理结束时间： |

施工情况：

监理情况：

1. 现场检查防水卷材的材质为_____，卷材厚度为_____mm，防水卷材粘贴层数为_____层。

2. 基层：□是 □否验收合格，基层应坚实、平整、干净，无孔隙、起砂和裂缝。

　　□冷粘 □热粘 □热熔 □自粘铺贴施工

3. 防水层施工前，检查基层施工质量，穿墙管施工、阴阳角等细部□是 □否处理到位。

4. 铺贴卷材应先铺平面，后铺立面，交接处应交叉搭接。□合格 □不合格

5. 同一层相邻两幅卷材短边搭接缝应错开，实测短边搭接缝错开间距_____mm；上下层卷材长边搭接缝应错开，实测长边搭接缝错开间距_____mm。

6. 地下室的立面与平面转角处（阴角），卷材的搭接缝应留在底板的平面上，且距离立面应不小于600mm。□是 □否

7. 卷材搭接缝、卷材的收头、管道包裹及异型部位等，均属于防水的薄弱环节，□是 □否采用密封膏密封。

8. 防水卷材面层 □是/□否敷设保护层。

9. 及时采集、整理数码照片资料，强化施工质量过程控制

发现问题：

处理意见：

备注（包括处理结果）

项目监理机构：

旁站监理人员：

日　　期：

　　注 1．本表适用于一般基础浇筑质量旁站。

　　　　2．当日作业存在工作票时，应注意检查两票关联性。

　　　　3．□中符合条件打"√"，不符合条件打"×"，不涉及检查项目打"\"。

# 第四章　主体结构

# 混 凝 土 工 程

根据施工部位不同，本节内容主要针对配电装置楼、警卫室等混凝土结构。

## 一、节点管控表

混凝土结构工程节点管控表如表 4-1 所示。

表 4-1                   混凝土结构工程节点管控表

| 工艺流程图 | 监理主要工作 | 监理成果 |
|---|---|---|
| 施工准备 | 审查施工单位人员、机械、材料、施工方案，对现场安全文明布置情况进行检查 | 根据管控要点逐一审查/检查，填写文件审查记录表 |
| 定位放线 | 施工单位三级自检后，对定位放线成果进行复核 | 检查、核查测量成果，签署工程控制网测量报审表意见 |
| 钢筋绑扎、管线预埋 | 对钢筋制作安装、管线预埋开展停工待检，隐蔽验收 | 平行检验记录表（钢筋安装），签署隐蔽工程验收记录表 |
| 支架搭设 | 对模板支架系统安全旁站（危大工程） | 填写安全旁站记录 |
| 模板制作、安装 | 模板安装质量开展停工待检监理检查 | 平行检验记录表（混凝土结构模板安装） |
| 混凝土浇筑与养护 | 对混凝土施工质量开展监理旁站 | 填写质量旁站记录表（混凝土浇筑） |
| 模板拆除 | 拆模后，对混凝土结构进行观感检查 | 填写平行检验记录表（混凝土外观） |
| 质量验收 | 专业监理工程师组织检验批及分项工程的验收；总监理工程师组织分部工程的验收 | 质量问题处理台账、工程验收统计表 |

编制说明：
1. 编制目的：根据施工工艺流程，列明监理主要工作内容及应及时填写的表单。
2. 编制依据：标准工艺，统一验收表式及质量验评划分表，安全风险管理规程。

## 二、主要安全风险

### （一）主要风险类型

触电火灾、高处坠落、物体打击、机械伤害。

## （二）主要预控措施

### 1.钢筋施工

（1）作业前必须检查机械设备、作业环境、照明设施等，并试运行符合安全要求。作业人员必须经安全培训考试合格，上岗作业。

（2）脚手架上不得集中码放钢筋，随用随转。

（3）操作人员必须熟悉钢筋机械的构造性能和用途，并应按照清洁、调整、紧固、防腐、润滑的要求，维修保养机械。

（4）机械运行中停电时，应立即切断电源。收工时应按顺序停机、拉闸、锁好闸箱门、清理作业场所。电路故障必须由专业电工排除，严禁非电工接、拆、修电气设备。

（5）操作人员作业时必须扎紧袖口、理好衣角、扣好衣扣、严禁戴手套。

（6）机械明齿轮、皮带轮等高速运转部分，必须安装防护罩或防护板。

（7）电动机械的电闸箱必须按规定安装剩余电流动作保护器，并应灵敏有效。

（8）工作完毕后，应用工具将铁屑、钢筋头清除，严禁用手擦抹或嘴吹。切好的钢材、半成品必须按规格码放整齐。

（9）在高处（2m或2m以上）、深坑绑扎钢筋和安装钢筋骨架，必须搭设脚手架或操作平台，临边应搭设防护栏杆。

（10）绑扎立柱和墙体钢筋时，不得站在钢筋骨架上或攀登骨架上下。

（11）绑扎在建施工工程的圈梁、挑梁、挑檐、外墙和边柱等钢筋时，应站在脚手架或操作平台上作业。无脚手架必须搭设水平安全网。悬空大梁钢筋的绑扎，必须站在满铺脚手板或操作平台上操作。

（12）钢筋骨架安装，下方严禁站人，必须待骨架降落至楼地面1m以内方准靠近，就位支撑好，方可摘钩。

（13）绑扎和安装钢筋，不得将工具、箍筋或短钢筋随意放在脚手架或模板上。

（14）在高处楼层上拉钢筋或钢筋调向时，必须事先观察运行上方或周围附近是否有高压线，严防碰触。

（15）使用钢筋调直机应遵守以下规定：

1）调直机安装必须平稳，料架料槽应平直，对准导向筒、调直筒和下刀切孔的中心线。电机必须设可靠接零保护。

2）按调直钢筋的直径，选用调直块及速度。调直短于2m或直径大于9mm的钢筋应低速进行。

3）在调直块未固定，防护罩未盖好前不得穿入钢筋。作业中严禁打开防护罩及调整间隙。严禁戴手套操作。

4）喂料前应将不直的料头切去，导向筒前应装一根1m长的钢管，钢筋必须先通过钢管再送入调直机前端的导孔内。当钢筋穿入后，手与压辊必须保持一定距离。

5）机械上不准搁置工具、物件，避免振动落入机体。

6）圆盘钢筋放入放圈架上要平稳，螺丝或钢筋脱架时，必须停机处理。

7）已调直的钢筋，必须按规格、根数分成小捆，散乱钢筋应随时清理堆放整齐。

（16）使用钢筋切断机应遵守以下规定：

1）操作前必须检查切断机刀口，确定安装正确，刀片无裂纹，刀架螺栓紧固，防护罩牢靠，然后手扳动皮带轮检查齿轮啮合间隙，调整刀刃间隙，空运转正常后再进行操作。

2）钢筋切断应在调直后进行，断料时要握紧钢筋。多根钢筋一次切断时，总截面积应在规定范围内。

3）切断钢筋，手与刀口的距离不得小于 15cm。断短料手握端小于 40cm 时，应用套管或夹具将钢筋短头压住或夹住，严禁用手直接送料。

4）机械运转中严禁用手直接清除刀口附近的断头和杂物。在钢筋摆动范围内和刀口附近，非操作人员不得停留。

5）发现机械运转异常、刀片歪斜等，应立即停机检修。

（17）使用钢筋弯曲机应遵守以下规定：

1）工作台和弯曲工作盘台应保持水平，操作前应检查芯轴、成型轴、挡铁轴、可变挡架有无裂纹或损坏，防护罩牢固可靠，经空运转确认正常后，方可作业。

2）操作时要熟悉倒顺开关控制工作盘旋转的方向，钢筋放置要和挡架、工作盘旋转方向相配合，不得放反。

3）改变工作盘旋转方向时必须在停机后进行，即从正转一停一反转，不得直接从正转一反转或从反转一正转。

4）弯曲机运转中严禁更换芯轴、成型轴和变换角度及调速，严禁在运转时加油或清扫。

5）弯曲钢筋时，严禁超过该机对钢筋直径、根数及机械转速的规定。

6）严禁在弯曲钢筋的作业半径内和机身不设固定销的一侧站人。弯曲好的钢筋应堆放整齐，弯钩不得朝上。

（18）钢筋冷拉应遵守以下规定：

1）根据冷拉钢筋的直径选择卷扬机。卷扬机出绳应经封闭式导向滑轮和被拉钢筋方向成直角。卷扬机的位置必须使操作人员能见到全部冷拉场地，距冷拉中线不得少于5m。

2）冷拉场地两端地锚以外应设置警戒区，装设防护挡板及警告标志，严禁非生产人员在冷拉线两端停留，跨越或触动冷拉钢筋。操作人员作业时必须离开冷拉钢筋 2m 以外。

3）用配重控制的设备必须与滑轮匹配，并有指示起落的记号或设专人指挥。配重框提起的高度应限制在离地面300mm以内。配重架四周应设栏杆及警告标志。

4）作业前应检查冷拉夹具夹齿是否完好，滑轮、拖拉小跑车应润滑灵活，拉钩、地锚及防护装置应齐全牢靠。确认后方可操作。

5）每班冷拉完毕，必须将钢筋整理平直，不得相互乱压和单头挑出，未拉盘筋的引头应盘住，机具拉力部分均应放松。

6）导向滑轮不得使用开口滑轮。维修或停机，必须切断电源，锁好箱门。

**2. 模板工程施工**

（1）使用的工具不得乱放。地面作业时应随时放入工具箱，高处作业应放入工具袋内。

（2）作业时使用的铁钉，不得含在嘴中。

（3）作业前应检查所使用的工具，如手柄有无松动、断裂等，手持电动工具的剩余电流动作保护器应试机检查，合格后方可使用。操作时戴绝缘手套。

（4）使用手锯时，锯条必须调紧适度，下班时要放松，以防再使用时锯条突然爆断伤人。

（5）模板工程作业高度在2m和2m以上时，必须设置安全防护设施。

（6）操作人员登高必须走人行梯道，严禁利用模板支撑攀登上下，不得在墙顶、梁及其他高处狭窄且无防护的模板面上行走。

（7）模板的立柱顶撑必须设牢固的拉杆，不得与门窗等不牢靠和临时物件相连接。模板安装过程中，不得间歇，柱头、搭头、立柱顶撑、拉杆等必须安装牢固成整体后，作业人员才允许离开。

（8）组装立柱模板时，四周必须设牢固支撑，支设梁模应搭设临时操作平台，不得站在柱模上操作和在梁底模上行走和立侧模。

（9）拆模的顺序和方法。应按照先支后拆、后支先拆的顺序；先拆非承重模板，后拆承重的模板及支撑；在拆除用小钢模板支撑的顶板模板时，严禁将支柱全部拆除后，一次性拉拽拆除。已拆活动的模板，必须一次连续拆除完，方可停歇，严禁留下安全隐患。

（10）拆模作业时，必须设警戒区，严禁下方有人进入。拆模作业人员必须站在平稳牢固可靠的地方，保持自身平衡，不得猛撬，以防失稳坠落。

（11）严禁用吊车直接吊除没有撬松动的模板，吊运大型整体模板时必须拴结牢固，且吊点平衡，吊装、运大钢模时必须用卡环连接，就位后必须拉接牢固方可卸除吊环。

（12）注意模板存在危大工程的情况（模板工程采用滑模、爬模、大模板等；水平混凝土构件模板支撑系统及特殊结构模板工程）应督促施工单位采取专家论证方式确定方案，并严格按照方案内容执行。

### 3．混凝土工程施工

（1）浇灌混凝土使用的溜槽节间必须连接牢靠，操作部位应设护身栏杆，不得直接站在溜放槽帮上操作。

（2）浇灌高度 2m 以上的框架梁、柱混凝土应搭设操作平台，不得站在模板或支撑上操作。不得直接在钢筋上踩踏、行走。

（3）浇灌圈梁、雨篷、阳台应设置安全防护设施。

（4）使用输送泵输送混凝土时，应由 2 人以上人员牵引布料杆。管道接头、安全阀、管架等必须安装牢固，输送前应试送，检修时必须卸压。

（5）混凝土振捣器使用前必须经电工检验确认合格后方可使用。开关箱内必须装设剩余电流动作保护器，插座插头应完好无损，电源线不得破皮漏电；操作者必须穿绝缘鞋（胶鞋），戴绝缘手套。

（6）使用覆盖物养护混凝土时，预留孔洞必须按规定设牢固盖板或围栏，并设安全标志。

（7）用软管浇水养护时，应将水管接头连接牢固，移动皮管不得猛拽，不得倒行拉移皮管。

（8）覆盖物养护材料使用完毕后，必须及时清理并存放到指定地点，码放整齐。

# 三、钢筋混凝土工程控制要点

## （一）作业前控制要点

（1）监理人员、资料、设施已准备完成，监理实施细则已编审完成。

（2）本作业的施工人员和机械已进场，特殊工种作业人员能满足施工需要。

（3）本作业的计量器具、仪表经法定单位检定合格。

（4）物资材料准备能满足本作业连续施工的需要。

（5）所用的钢筋、混凝土应有产品合格证书和性能检测报告，材料的品种、规格、性能等必须符合国家现行产品标准和设计要求；对进场的钢筋、混凝土等材料进行抽样检测。

**注意**：原材料检测报告中应含有氯离子检测参数，最大氯离子含量为 0.06%。

（6）相关施工方案已制定，经监理项目部审查合格并批准。

（7）核实是否已经组织设计交底和施工图会检，并签发了设计交底纪要和施工图会检纪要。

（8）进行安全巡视检查，现场是否具备安全文明施工条件，重点检查现场安全文明施工措施落实情况。

（9）对龙门架（井字架）、上下屋面的安全通道及工作平台进行检查，并进行安全检查签证。

## （二）过程控制要点

### 1. 钢筋施工

（1）监理人员应对钢筋加工过程进行巡视检查。主要检查钢筋规格、型号、间距、尺寸、搭接长度、接头质量及表面质量等是否符合设计及规范要求。

（2）钢筋机械连接、焊接，监理见证。当受力钢筋采用机械连接接头或焊接接头时，设置在同一构件内的接头宜相互错开。

（3）梁、柱节点钢筋隐蔽前，对该部位钢筋进行过程检查验收，对该部位钢筋隐蔽进行验收。检查受力钢筋的牌号、规格、数量必须符合设计要求；钢筋应安装牢固，表面清洁，受力钢筋的安装位置、连接方式、接头位置、锚固方式等应符合设计、相关规范及图集要求；受力钢筋保护层厚度的合格点率应达到 90% 及以上，钢筋保护层垫块颜色应与混凝土表面颜色接近，位置、间距应准确，垫块宜梅花形布置。检查受力钢筋间距偏差应在 ±10mm 之间、排距偏差应在 ±5mm 之间，保护层厚度偏差应在 ±10mm 之间。

（4）检查预埋件规格、数量、位置应符合设计要求，固定牢靠，透气孔设置到位；预埋件中心位移偏差应 ≤5mm，水平高差应在 +3～0mm 之间。

（5）针对直螺纹连接的钢筋，应按照相关规定控制其搭接和检测数据，直螺纹接头分为 3 级（Ⅰ级：接头抗拉强度不小于被连接钢筋实际抗拉强度或 1.10 倍钢筋抗拉强度标准值，并具有高延性及反复拉压性能；Ⅱ级：接头抗拉强度不小于被连接钢筋抗拉强度标准值，并具有高延性及反复拉压性能；Ⅲ级：接头抗拉强度不小于被连接钢筋屈服强度标准值的 1.35 倍，并具有一定的延性及反复拉压性能。接头百分率不同：Ⅰ级接头的接头百分率没有规定限制范围；Ⅱ级接头的接头百分率不能大于其 50%。Ⅲ级接头的接头百分率在同一连接区段内不能超过其 25%）应注意直螺纹连接接头与通常焊接、搭接接头不同，现场还应配备通止规工具测量螺纹丝扣长度是否符合标准。

### 2. 模板工程

（1）模板工程应按审批通过的模板工程施工方案进行施工，危大工程的模板工程应按专家论证通过的专项施工方案进行施工。在浇筑混凝土前，应对模板工程进行验收。模板安装和浇筑混凝土时，应随时检查和维护模板及其支架，发现异常情况时，应按施工技术方案及时进行处理。

（2）模板轴线放线时，应设标高标记，并设限位措施，确保标高尺寸准确。支模时应拉水平通线，设竖向垂直度控制线，确保横平竖直，位置正确。

（3）模板应刨光直拼，模板中心线应准确；模板厚度应一致，搁栅面应平整，搁栅木料要有足够强度和刚度。墙模板的穿墙螺栓直径、间距和垫块规格应符合设计要求。

（4）柱子支模前必须先校正钢筋位置。成排柱支模时应先立两端柱模，在底部弹出通线，定出位置并兜方找中，校正与复核位置无误后，顶部拉通线，再立中间柱模。柱箍间距按柱截面大小及高度决定，一般控制在 500～1000cm，根据柱距选用剪刀撑、水平撑及四面斜撑撑牢，保证柱模板位置准确梁模板上口应设临时撑头，侧模下口应贴紧底模或墙面，斜撑与上口钉牢，保持上口呈直线；深梁应根据梁的高度及核算的荷载及侧压力适当以横挡梁柱节点连接处一般下料尺寸略缩短，采用边模包底模，拼缝应严密，支撑牢靠，及时错位并采取有效、可靠措施予以纠正预埋件、预留孔模板清理固定在模板上的预埋件、预留孔和预留洞，应按图纸逐个核对其质量、数量、位置，不得遗漏，并应安装牢固模板与混凝土的接触面应清理干净并涂刷隔离剂，严禁隔离剂沾污钢筋和混凝土接槎处浇筑混凝土前，模板内的杂物应清理干净。

（5）模板的地坪、胎膜等应保持平整光洁，不得产生下沉、裂缝、起砂或起鼓等现象。支架的立柱底部应铺设合适的垫板，支承在疏松土质时，基土必须经过夯实，并应通过计算，确定其有效支承面积，并应有可靠的排水措施。

（6）立柱与立柱之间的带锥销横杆，应用锤子敲紧，防止立柱失稳，支撑完毕应设专人检查。

（7）安装现浇结构的上层模板及其支架时，下层楼板应具有承受上层荷载的承载能力或加设支架支撑，确保有足够的刚度和稳定性；多层楼盖下层支架系统的立柱应安装在同一垂直线上。

（8）超过 3m 高度的大型模板的侧模应留门子板；模板应留清扫口。浇筑混凝土高度应控制在允许范围内，浇筑时应均匀、对称下料，避免局部侧压力过大造成胀模。控制模板起拱高度，消除在施工中因结构自重、施工荷载作用引起的挠度。对跨度不小于4m 的现浇钢筋混凝土梁、板，其模板应按设计要求起拱；当设计无具体要求时，起拱高度宜为跨度的 1/1000～3/1000。

（9）模板及其支架的拆除时间和顺序应事先在施工技术方案中确定，拆模必须按拆模顺序进行，一般是后支的先拆，先支的后拆；先拆非承重部分，后拆承重部分。重大复杂的模板拆除，按专门制定的拆模方案执行。

（10）现浇楼板采用早拆模施工时，经理论计算复核后将大跨度楼板改成支模形式为小跨度楼板（跨度≤2m），当浇筑的楼板混凝土实际强度达到 50%的设计强度标准值，可拆除模板，保留支架，严禁调换支架。模板拆除应在混凝土养护达到足够的强度，现场应根据同条件养护试件报告强度确定拆除模板的时间，无报告必须禁止施工单位操作。

（11）拆除时应先清理脚手架上的垃圾杂物，再拆除连接杆件，经检查安全可靠后可按顺序拆除。拆除时要有统一指挥、专人看护，设置警戒区，防止交叉作业，拆下物品及时清运、整修、保养后张法预应力结构构件，侧模宜在预应力张拉前拆除；底模及支架的拆除应按施工技术方案，当无具体要求时，应在结构构件建立预应力之后拆除。

（12）后浇带模板的拆除和支顶方法应按施工技术方案执行。

（13）柱子支模：应重点检查断面尺寸、垂直度、柱身抗侧压力的紧固情况。

（14）梁模板支撑：应重点检查断面尺寸、根据跨度大小的适度起拱，采取防止梁底模下沉的措施，如在基土上支模，土要夯实，防水浸，加垫板。若梁的高度较大，则还应对侧模板考虑防混凝土侧压力的措施，如加对穿螺栓进行拉结等。避免底模支撑不实，拆除模板后出现鱼腹式的下曲现象。

（15）楼模板支护：应重点检查竖向支撑的间距，防止模板下沉而造成板面成锅底形；还应重点关注板缝的拼缝密合情况，避免漏浆情况。

（16）墙模板固定：应重点检查竖向垂直度，充分考虑混凝土的侧压力；根部要固定好，防止胀模或局部鼓肚。

（17）楼梯模板变形：应重点关注底部支撑方向，应垂直梯段斜向模板，支护牢固防止支点滑移，避免发生梯段变形和弯曲，防止踏步侧板下沉。

**3. 混凝土施工**

（1）预拌混凝土原材料计量时，应使用重量计量方法，不应使用体积计量，到搅拌站进行检查时，首先检查有无计量设备，计量时是否方便，计量器具是否经过校验。

（2）泵送商品混凝土。

1）混凝土搅拌站应严格按混凝土浇筑申请单上的配合比进行拌制，并现场随时抽测坍落度，若达不到要求将作退回处理，并按照见证取样要求见证试块制作。

2）预拌混凝土坍落度：在输送商品混凝土的过程中，如发现混凝土的坍落度过小喂料困难时，可向搅拌筒内加入与混凝土内水灰相同的水泥浆，经充分搅拌后再喂料。在任何情况下都不得向混凝土拌合物中加水以增大其坍落度。

3）混凝土浇筑的布料点宜接近浇筑位置，应采取减少混凝土下料冲击的措施，浇筑时宜先浇筑竖向结构构件，后浇筑水平结构构件；浇筑区域结构平面有高差时，宜先浇筑低区部分再浇筑高区部分。

4）墙柱、梁板混凝土浇筑施工旁站，振捣时间不得过长，浇筑墙板混凝土时，应严格控制下料高度，当浇筑混凝土的自由倾落高度超过 2m 时，应使用串筒、溜槽等工具进行浇筑，防止砼离析。

5）对板、柱、梁混凝土保护层设置等隐蔽工程进行停工待检验收，保护层垫块应按梅花形设置。

6）见证结构混凝土试块制作过程，标养、同条件抗压试块制作数、质量应符合规范要求。具体要求见第一章通用部分。

7）混凝土浇筑施工完成后，检查混凝土面层收头的工作，防止表面收缩裂缝的产生；混凝土浇筑结束后 12h 内应进行养护，养护时间不少于 7d，梁、板浇构件应浇水养护，浇水次数应能保持混凝土处于湿润状态。

8）模板拆除时，应采取先支的后拆、后支的先拆，先拆非承重模板、后拆承重模板的顺序，并应从上而下进行拆除。拆除侧模时应保证构件的表面及棱角不受损伤；底模及支架应在混凝土强度达到设计要求后再拆除，拆除的模板和支架应分散堆放并及时清运；剪力墙模板拆除后，应凿除木垫块，割去对拉螺栓，用掺有膨胀剂的水泥砂浆补密实。

9）模板拆除后对混凝土结构的轴线位置、垂直度、标高、截面尺寸、表面平整度等进行平行检验。

10）混凝土浇筑完毕后，应按施工技术方案及时采取有效的养护措施。

11）现浇结构分项工程检验批质量验收实测项目有轴线位置、垂直度、标高、截面尺寸、表面平整度等。

## （三）检查与验收

依照《变电（换流）站土建工程施工质量验收规范》（Q/GDW 10183—2021）附录B.1 及国家电网有限公司统一验收表式相关要求，混凝土结构为主控楼、辅助用房的主体分部工程。以上验收程序均为专业监理工程师组织检验批及分项工程的验收，总监理工程师组织分部（子分部）工程的验收。

（1）检验批：审核并签署施工检验批资料，填写监理平行检验记录表。包括施工测量模板安装、拆除；钢筋加工、钢筋安装；混凝土拌合物、混凝土施工、混凝土结构外观及尺寸偏差。

（2）分项工程：由以上同一工序多个检验批汇总，专业监理工程师审核、签认分项工程质量验收记录。

（3）分部工程质量资料：总监组织验收人员审核并签认以下资料。

1）通用部分：①图纸会检、设计变更、洽商记录；②一般施工方案、作业指导书、技术交底记录；③测量放线记录及沉降观测测量记录；④隐蔽工程验收记录；⑤混凝土评定记录；⑥分项工程质量验收记录；⑦检验批工程质量验收记录；⑧试件制作数码照片；⑨隐蔽工程数码照片；⑩新技术论证、备案及施工记录。

2）施工专用资料（现浇结构）：①预拌混凝土合格证（出厂检验报告）及进场坍落度记录；②钢筋材质及焊接（机械连接）接头的试验报告；③混凝土原材料及混凝土试件的试验报告；④混凝土现浇结构实体检验记录、检测报告；⑤混凝土配合比试验报告；⑥混凝土工程施工记录；⑦混凝土强度统计、评定记录；⑧材料进场检验、试件制作数码照片；⑨防水材料出厂合格证及进场检（试）验报告。

# 四、报告与记录

施工过程中形成的主要成果资料见表 4-2。作业中引用或产生的报告与记录的表单

样例，见本小节附表。

表 4-2 施工过程中形成的主要成果资料

| 序号 | 编号 | 名 称 | 填 报 |
|---|---|---|---|
| 1 | JXM3 | 文件审查记录表 | 总监理工程师 |
| 2 | JJS3 | 施工图预检记录表 | 总监理工程师、专业监理工程师 |
| 3 | JZL3 | 平行检查记录表 | 专业监理工程师 |
| 4 | JXM4 | 监理策划文件报审表 | 细则专业监理工程师编写，总监审批 |
| 5 | JXM15 | 监理通知单 | 总监理工程师、专业监理工程师 |
| 6 | JZL1 | 见证取样统计表 | 监理员 |
| 7 | JXM15 | 质量、安全活动记录 | 总监理工程师、专业监理工程师 |
| 8 | JXM9 | 旁站记录 | 监理员 |
| 9 | — | 隐蔽验收记录 | 专业监理工程师审核 |

# 五、附表

对施工方案进行审核时，应运用数字监理平台逐项审查并勾选检查结果，填写修改意见。在平行检验及质量旁站时，根据表格内容逐项检查，并根据系统要求留存影像资料。未应用数字监理平台可采用纸质表单执行。

文件审查记录表见表 4-3～表 4-5，旁站监理记录表见表 4-6 和表 4-7，平行检验记录表见表 4-8～表 4-10。

表 4-3 文件审查记录表（模板工程及支撑体系施工方案）

工程名称： 　　　　　　　　　　　　　　　　　　　　　　编号：

| 文件名称 | （写文件全称，××施工方案—报审表编号） | | |
|---|---|---|---|
| 送审单位 | （编制单位全称） | | |
| 序号 | 监理项目部审查标准 | 检查结果 | 施工项目部反馈意见 |
| 1 | 施工方案的编审批流程是否已按要求履行 | □合格 □不合格 | |
| | 修改意见： | | |
| 2 | 施工方案的编制依据是否已过期 | □合格 □不合格 | |
| | 修改意见： | | |
| 3 | 施工方案编制内容是否完整，应包括施工项目所含全部内容，方案章节、计算书及相关图纸、条文内容应具体，并有针对性、可行性 | □合格 □不合格 | |
| | 修改意见： | | |

续表

| 序号 | 监理项目部审查标准 | 检查结果 | 施工项目部反馈意见 |
|---|---|---|---|
| 4 | 施工方案（措施）制定的施工工艺流程应合理，并绘制流程图。施工方法应得当，有先进性，不得使用国家严厉禁止的施工工艺、建筑材料及施工机械等，并有利于保证工程质量、安全、进度的相关措施 | □合格　□不合格 | |
| | 修改意见： | | |
| 5 | "主要技术参数"应完整，包括各结构构件模板和钢管支撑系统的技术参数，如经计算得出的模板与方木的规格、尺寸，方木的间距，对拉螺栓的规格、直径、间距等数据及钢管支撑系统的钢管立杆的纵横间距、水平杆的间距、扫地杆的间距、斜杆与剪刀撑的布置等数据，连墙杆的设置等基本参数 | □合格　□不合格 | |
| | 修改意见： | | |
| 6 | "施工组织及计划"中施工管理人员、施工队伍配备、特种作业人员应满足进度计划要求，材料/设备计划（包括模板、方木、钢管、扣件等材料及主要大型施工机械进出时间）应满足进度需求 | □合格　□不合格 | |
| | 修改意见： | | |
| 7 | 施工方案内容应包括安全危险点分析或危险源辨识、环境因素识别是否准确、全面，明确模板制作、安装、拆除过程及支撑系统安装、拆除过程中施工安全保证和措施是否有效 | □合格　□不合格 | |
| | 修改意见： | | |
| 8 | "施工准备"中应有"施工平面布置图"，主要包括现场材料、工具设备、安全防护布置等 | □合格　□不合格 | |
| | 修改意见： | | |
| 9 | 明确施工质量控制要点及相关措施，对施工质量通病制定防治措施，应有保障强制性条文执行和标准工艺应用的说明 | □合格　□不合格 | |
| | 修改意见： | | |
| 10 | 其他： | | |
| | 总/专业监理工程师：＿＿＿＿＿＿＿<br>日　　期：＿＿＿＿年＿＿月＿＿日 | | 项目经理：＿＿＿＿＿＿＿<br>日　　期：＿＿＿＿年＿＿月＿＿日 |
| 监理复查意见 | | | 总/专业监理工程师：＿＿＿＿＿＿＿<br>日　　期：＿＿＿＿年＿＿月＿＿日 |

　　**注**　本表使用过程中可自行增加内容。本表一式两份，监理、施工项目部各存 1 份。

表 4-4 文件审查记录表（钢筋工程施工方案）

工程名称： 编号：

| 文件名称 | （写文件全称，××施工方案—报审表编号） | | |
|---|---|---|---|
| 送审单位 | （编制单位全称） | | |

| 序号 | 监理项目部审查标准 | 检查结果 | | 施工项目部反馈意见 |
|---|---|---|---|---|
| 1 | 施工方案的编审批流程是否已按要求履行 | □合格 | □不合格 | |
| | 修改意见： | | | |
| 2 | 施工方案的编制依据是否已过期 | □合格 | □不合格 | |
| | 修改意见： | | | |
| 3 | 施工方案编制内容是否完整，应包括施工项目所含全部内容，方案章节、计算书及相关图纸、条文内容应具体，并有针对性、可行性 | □合格 | □不合格 | |
| | 修改意见： | | | |
| 4 | 施工方案（措施）制定的施工工艺流程应合理，施工方法和工艺中应明确钢筋的加工与连接、检验标准的技术要点，应包含除锈、调直、切断、弯曲成形的方法及设备 | □合格 | □不合格 | |
| | 修改意见： | | | |
| 5 | "主要技术参数"应完整，应重点说明主要构件断面尺寸、钢筋类别、接头及钢筋分布 | □合格 | □不合格 | |
| | 修改意见： | | | |
| 6 | 施工安排中应包括钢筋施工的目标、施工部位及工期安排，钢筋加工场地的布置，钢筋试验安排 | □合格 | □不合格 | |
| | 修改意见： | | | |
| 7 | 施工方案内容应包括安全危险点分析或危险源辨识、环境因素识别是否准确、全面，措施是否有效 | □合格 | □不合格 | |
| | 修改意见： | | | |
| 8 | 钢筋安装方法和顺序应参照验收规范、工艺标准及设计要求进行详细描述，尽量配图说明。明确施工质量控制要点及相关措施，对施工质量通病制定防治措施，应有保障强制性条文执行和标准工艺应用的说明 | □合格 | □不合格 | |
| | 修改意见： | | | |
| 9 | 存在的其他问题： | | | |

总/专业监理工程师：＿＿＿＿＿＿　　　　　　项目经理：＿＿＿＿＿＿
日　　期：＿＿＿＿年＿＿月＿＿日　　　　日　　期：＿＿＿＿年＿＿月＿＿日

| 监理复查意见 | |
|---|---|
| | 总/专业监理工程师：＿＿＿＿＿＿ 日　　期：＿＿＿＿年＿＿月＿＿日 |

注　本表使用过程中可自行增加内容。本表一式两份，监理、施工项目部各存 1 份。

表 4-5　　　　　　　　　　　文件审查记录表（混凝土工程施工方案）

工程名称：　　　　　　　　　　　　　　　　　　　　　　　　　　　　编号：

| 文件名称 | （写文件全称，××施工方案—报审表编号） | | |
| --- | --- | --- | --- |
| 送审单位 | （编制单位全称） | | |
| 序号 | 监理项目部审查标准 | 检查结果 | 施工项目部反馈意见 |
| 1 | 施工方案的编审批流程是否已按要求履行 | □合格　□不合格 | |
| | 修改意见： | | |
| 2 | 施工方案的编制依据是否已过期 | □合格　□不合格 | |
| | 修改意见： | | |
| 3 | 施工方案编制内容是否完整，应包括施工项目所含全部内容，方案章节、计算书及相关图纸、条文内容应具体，并有针对性、可行性 | □合格　□不合格 | |
| | 修改意见： | | |
| 4 | 施工方案（措施）制定的施工工艺流程应合理，施工方法和工艺包括流水段的划分、混凝土的拌制、混凝土的运输、混凝土的浇筑、混凝土的养护的相关要求 | □合格　□不合格 | |
| | 修改意见： | | |
| 5 | "主要技术参数"应完整，应重点说明混凝土分项工程施工有关的内容，包括混凝土强度等级、主要构件断面尺寸、变形缝、后浇带等 | □合格　□不合格 | |
| | 修改意见： | | |
| 6 | 大体积混凝土施工应重点描述砂、石料和拌和用水的降温、入模温度控制的技术措施与浇筑过程的控制措施、养护过程测温的控制措施、深层裂缝或贯穿裂缝的控制措施 | □合格　□不合格 | |
| | 修改意见： | | |
| 7 | 施工方案内容应包括安全危险点分析或危险源辨识、环境因素识别是否准确、全面，措施是否有效 | □合格　□不合格 | |
| | 修改意见： | | |
| 8 | 质量要求：<br>1. 包括混凝土的质量验收方法、允许偏差和检验方法；<br>2. 包括混凝土施工质量通病制定防治措施，应有保障强制性条文执行和标准工艺应用的说明 | □合格　□不合格 | |
| | 修改意见： | | |
| 9 | 存在的其他问题： | | |

总/专业监理工程师：＿＿＿＿＿＿＿　　　　　　项目经理：＿＿＿＿＿＿＿＿＿

日　　期：＿＿＿＿年＿＿月＿＿日　　　　　　日　　期：＿＿＿＿年＿＿月＿＿日

| 监理复查意见 | 总/专业监理工程师：＿＿＿＿＿＿＿<br>日　　期：＿＿＿＿年＿＿月＿＿日 |
| --- | --- |

**注**　本表使用过程中可自行增加内容。本表一式两份，监理、施工项目部各存 1 份。

表 4-6 旁站监理记录表（混凝土浇筑）

工程名称： 编号：

| 日期及天气： | 施工地点：××区域 |
|---|---|

| 旁站监理的部位或工序： | ××部位混凝土浇筑 |
|---|---|

| 旁站监理开始时间： | 旁站监理结束时间： |
|---|---|

施工情况：

| | | |
|---|---|---|
| 作业必备条件 | 1. 现场负责人 _____，安全监护人_____，现场作业人员共计____名。现场电工、焊工等特殊工种经监理项目部审批合格 | □合格 □不合格 |
| | 2. 主要施工器具（填写名称及数量）、机械设备（填写名称及数量） 经监理项目部审批合格 | □合格 □不合格 |
| | 3. 材料：□预拌混凝土，核查开盘鉴定结果（原材料证明文件、配合比报告、开盘鉴定报告）符合设计及规范要求。□自拌混凝土；原材料及配合比已审查合格 | □合格 □不合格 |
| | 4. 检查作业票及每日站班会规范，工作内容、人员与现场对应；施工方案审批、交底已完成 | □合格 □不合格 |
| | 5. 安全文明施工设施及个人防护用品配置符合要求 | □合格 □不合格 |
| | 6. 其他： | |

监理情况：

1. 模板内侧清理干净，支护牢固，表面平整且拼接缝严密。采取有效脱模措施。 □合格 □不合格
2. 自拌混凝土应核查配合比执行情况，□是/□否符合配合比掺量。
3. 混凝土运输、输送情况： □泵送 □吊车配备料斗 □升降设备配备小车输送 □小车及人力输送
4. 混凝土运送频率符合浇筑的连续性，且抵达现场的混凝土 □是/□否未超过初凝时间。
5. 浇筑方式及顺序：
6. 混凝土特性控制：混凝土浇筑过程中应严格控制水胶比。每班日或每个浇筑面，混凝土坍落度应至少检查2次，坍落度设计值_____。实测值：（1）_____，（2）_____。
7. 混凝土振捣：振捣棒应快插慢拔，交错前进。振捣棒移动距离在 300～500mm，每次振捣时间控制范围为20～30s，以混凝土表面水泥浆和混凝土不再沉陷为判别依据。 □合格 □不合格
8. 试块留置：标准养护试块组数：_____，同条件试块组数：_____。
9. 本次浇筑方量：_____m³。
10. 混凝土养护：□洒 水 □覆 盖 □喷涂养护剂 □其 他_____
11. 强调执行：基础混凝土中严禁掺入氯盐。 □已执行 □未执行
12. 及时采集、整理数码照片资料

发现问题：

处理意见：

备注（包括处理结果）

项目监理机构：
旁站监理人员：
日 期：

注 1. 本表适用于一般基础浇筑质量旁站。

2. 当日作业存在工作票时，应注意检查两票关联性。

3. □中符合条件打"√"，不符合条件打"×"，不涉及检查项目打"\"。

表 4-7　　　　　　安全旁站监理记录表（扣件式钢管支撑高大模板搭设）

工程名称：　　　　　　　　　　　　　　　　　　　　　　　　编号：

| 日期及天气： | 施工地点：××区域 |
|---|---|
| 旁站监理的部位或工序： | ××部位模板支撑架搭设 |
| 旁站监理开始时间： | 旁站监理结束时间： |

施工情况：

| | | |
|---|---|---|
| 作业必备条件 | 1．现场负责人 _____，安全监护人_____，现场作业人员共计____名。现场架子工特殊工种 □是/□否 经监理项目部审批合格 | □合格　□不合格 |
| | 2．主要施工器具（填写名称及数量）、机械设备（填写名称及数量）经监理项目部审批合格 | □合格　□不合格 |
| | 3．专项方案已组织专家进行论证审查，并形成书面的专家组审查意见 | □合格　□不合格 |
| | 4．检查作业票及每日站班会规范，工作内容、人员与现场对应；施工方案审批、交底已完成 | □合格　□不合格 |
| | 5．安全文明施工设施及个人防护用品配置符合要求 | □合格　□不合格 |
| | 6．支撑体系搭设前，施工单位已按照专项方案进行放样布点，底座、立杆定位准确 | □合格　□不合格 |
| | 7．其他： | |

监理情况：

1．所用钢管外径 48mm，壁厚不得小于 3mm。钢管应有产品合格证、质量检验报告，钢管表面平直光滑，弯曲、压扁、锈蚀严重及打孔的钢管不得使用。钢管必须涂防锈漆。　　　　□合格　□不合格

2．支撑架体搭设场地平整坚实无杂物，排水畅通，无出现地基积水现象。　　□合格　□不合格

3．每根立杆底部有设置底座。底座下应设置长度不少于 2 跨、宽度不小于 150mm、厚度不小于 50mm 的木垫板或仰铺 12～16 号槽钢。　　　　　　　　　　　　　　　　　　□合格　□不合格

4．梁模板支撑立杆采用单根立杆时，立杆应设在梁模板中心线处，其偏心距不应大于 25mm。
　　　　　　　　　　　　　　　　　　　　　　　　　　　　　　　　　　□合格　□不合格

5．立杆接长必须对接，严禁搭接。立杆步距不超过 1.5m。　　　　　　□合格　□不合格

6．立杆顶部有采用可调顶托受力，且顶托距离最上面一道水平杆不宜超过 300mm。当超过 300mm 时，有采取可靠措施固定。　　　　　　　　　　　　　　　　　　　　　　□合格　□不合格

7．架体有连续设置纵、横向扫地杆和水平杆，纵向扫地杆采用直角扣件固定在距底座上皮不大于 200mm 处的立杆上，横向扫地杆采用直角扣件固定在紧靠纵向扫地杆下方的立杆上。　　□合格　□不合格

8．架体四边与中间沿纵、横向全高全长从两端开始每隔四排立杆有设置一道剪刀撑，并随立杆、纵横向水平杆同步搭设。剪刀撑斜杆与地面倾角应在 45°～60°之间。　　　　　　□是　□否

9．模板支撑体系杆件不得与外脚手架、卸料平台等连接，混凝土输送管不得固定在支撑架体上。
　　　　　　　　　　　　　　　　　　　　　　　　　　　　　　　　　　□合格　□不合格

10．高大模板支撑体系搭设过程中应合理分散堆放，不应造成堆载过多集中。　□合格　□不合格

11．支撑体系搭设过程和完毕后，施工单位已采用扭力扳手对扣件螺栓拧紧扭力矩进行检查并形成记录。
　　　　　　　　　　　　　　　　　　　　　　　　　　　　　　　　　　□合格　□不合格

12．架体搭设完成后有进行验收并形成书面验收意见，施工单位技术负责人已到场参与验收，验收合格后方可使用。　　　　　　　　　　　　　　　　　　　　　　　　　　　　□合格　□不合格

发现问题：

处理意见：

备注（包括处理结果）

项目监理机构：
旁站监理人员：
日　　　　期：

注　1．本表适用于扣件式高大模板搭设。

　　2．当日作业存在工作票时，应注意检查两票关联性。

　　3．□中符合条件打"√"，不符合条件打"×"，不涉及检查项目打"\"。

表 4-8 平行检验记录表（模板安装）

工程名称： 编号：

| 检验对象分类 | | | □材料 | □工序 | |
|---|---|---|---|---|---|
| 检验对象 | 材料 | 材料名称 | | 材料型号规格 | |
| | | 生产厂家 | | 使用部位 | |
| | 工序 | 工序名称 | 模板安装 | 实施单位 | |
| | | 其他 | | | |
| 序号 | 检 验 项 目 | | 质 量 标 准 | 质量检验结果 | 备注 |
| 1 | 模板及其支架☆ | | 应根据工程结构形式、荷载大小、地基土类别、施工设备和材料供应等条件进行设计。模板及其支架应具有足够的承载能力、刚度和稳定性，能可靠地承受浇筑混凝土的重量、侧压力以及施工荷载 | □合格 □不合格 | |
| 2 | 上、下层支架的立柱 | | 安装现浇结构的上层模板及其支架时，下层楼板应具有承受上层荷载的承载能力，或加设支架；上、下层支架的立柱应对准，并铺设垫板 | □合格 □不合格 | |
| 3 | 隔离剂 | | 不得沾污钢筋和混凝土接槎处 | □合格 □不合格 | |
| 4 | 模板安装的一般要求 | | 1. 模板的接缝严密浆，木模板应浇水湿润，但模板内不应有积水；<br>2. 模板与混凝土的接触面应清理干净并涂刷隔离剂；<br>3. 模板内的杂物应清理干净；<br>4. 对清水混凝土及装饰混凝土工程，应使用能达到设计效果的模板 | □合格 □不合格 | |
| 5 | 用作模板地坪、胎膜质量 | | 应平整光洁，不得产生影响结构质量的下沉、裂缝、起砂或起鼓 | □合格 □不合格 | |
| 6 | 模板起拱高度 | | 应为全跨长的 1/1000～3/1000 | □合格 □不合格 | |
| 7 | 预留孔 | | 应齐全、正确、牢固 | □合格 □不合格 | |
| 8 | 轴线位移 | | ≤5mm | | |
| 9 | 标高偏差 | | ±5mm | | |
| 10 | 截面尺寸偏差 | | ±10mm | | |
| 11 | 垂直度 | | ≤6mm | | |
| 12 | 相邻两板表面高低差 | | ≤2mm | | |
| 13 | 表面平整度 | | ≤5mm | | |
| 检验结论 | | | □合格 □不合格 | | |
| 检验仪器及编号 | | | 经纬仪： 水准仪： 钢卷尺： | | |
| 检验人员 | | | 检验日期 | 年 月 日 | |

注 带☆号检验项目为主控项目。

表 4-9 　　　　　　　　　　　　平行检验记录表（钢筋）

工程名称：　　　　　　　　　　　　　　　　　　　　　　　编号：

| 检验对象分类 | | | □材料 | □工序 | |
|---|---|---|---|---|---|
| 检验对象 | 材料 | 材料名称 | | 材料型号规格 | |
| | | 生产厂家 | | 使用部位 | |
| | 工序 | 工序名称 | 钢筋安装 | 实施单位 | |
| | | 其他 | | 武汉华源电力集团有限公司 | |
| 序号 | 检 验 项 目 | | 质 量 标 准 | 质量检验结果 | 备注 |
| 1 | 受力钢筋的品种、级别、规格和数量 | | 必须符合设计要求 | | |
| 2 | 纵向受力钢筋连接方式 | | 应符合设计要求和现行有关标准的规定 | | |
| 3 | 焊接接头的质量 | | 应符合《电力建设施工质量验收规程》（DL/T 5210.1—2021）附录 C 的相关规定 | （此处填写报告编号及结论） | |
| 4 | 箍筋配置 | | 在梁、柱类构件的纵向受力钢筋搭接长度范围内，应按设计要求配置箍筋。当设计无具体要求时应符合标准《混凝土结构工程施工质量验收规范》（GB 50204—2015）的规定 | | |
| 5 | 接头位置和数量 | | 宜设在受力较小处。同一纵向受力钢筋不宜设置两个或两个以上接头；接头末端至钢筋弯起点距离不应小于钢筋直径的 10 倍 | | |
| 6 | 受力钢筋焊接接头设置 | | 宜相互错开。在连接区段长度为 35 倍 d 且不小于 500mm 范围内，接头面积百分率应符合国家规范《混凝土结构工程施工质量验收规范》（GB 50204—2015）的规定 | | |
| 7 | 绑扎搭接接头 | | 同一构件中相邻纵向受力钢筋的绑扎搭接接头宜相互错开。接头中钢筋的横向净距不应小于钢筋直径，且不应小于 25mm。搭接长度应符合标准的规定；连接区段 1.3$L$ 长度内，接头面积百分率：（1）对梁类、板类及墙类构件，不宜大于 25%；（2）对柱类构件，不宜大于 50%；（3）当工程中确有必要增大接头面积百分率时，对梁类构件不宜大于 50%，对其他构件，可根据实际情况放宽 | | |
| 8 | 受力钢筋 | 间距偏差 | ±10mm | | |
| 9 | | 排距偏差 | ±5mm | | |
| 10 | | 保护层厚度偏差 | 基础：±10mm；柱、梁±5mm；板±3mm | | |
| 11 | 箍筋、横向钢筋间距偏差 | | ±20mm | | |
| 12 | 钢筋弯起点位移 | | ≤20mm | | |
| 13 | 预埋件 | 中心位移 | ≤5mm | | |
| | | 水平高差 | 0～3mm | | |
| 检验结论 | | | □合格　□不合格 | | |
| 检验仪器及编号 | | 经纬仪：　　水准仪：　　钢卷尺： | | | |
| 检验人员 | | | 现场检验日期 | 年　月　日 | |
| | | | 报告审查日期 | 年　月　日 | |

表 4-10                                                     平行检验记录表（混凝土）

工程名称：                                                                                      编号：

| 检验对象分类 | | | □材料 | □工序 | |
|---|---|---|---|---|---|
| 检验对象 | 材料 | 材料名称 | | 材料型号规格 | |
| | | 生产厂家 | | 使用部位 | |
| | 工序 | 工序名称 | | 实施单位 | |
| | | 其他 | 混凝土外观检查 | 武汉华源电力 | |

| 序号 | 检 验 项 目 | 质 量 标 准 | 质 量 检 验 结 果 | 备注 |
|---|---|---|---|---|
| 1 | 外观质量☆ | 不应有严重缺陷 | | |
| 2 | 尺寸偏差☆ | 混凝土设备基础不应有影响结构性能和设备安装的尺寸偏差 | | |
| 3 | 外观质量 | 不宜有一般缺陷 | | |
| 4 | 轴线位移 | ≤10mm | | |
| 5 | 垂直度 | ≤8mm | | |
| 6 | 标高偏差 | ±10mm | | |
| 7 | 截面尺寸偏差 | -5~8mm | | |
| 8 | 表面平整度 | ≤8mm | | |
| 检验结论 | | □合格　□不合格 | | |
| 检验仪器及编号 | | 经纬仪：　　　水准仪：　　　钢卷尺： | | |
| 检验人员 | | 检验日期 | | 年　月　日 |

注　带☆号检验项目为主控项目。

# 第二节

# 钢　结　构

## 一、节点管控表

钢结构工程节点管控表如表 4-11 所示。

表 4-11 钢结构工程节点管控表

| 工艺流程图 | 监理主要工作 | 监理成果 |
|---|---|---|
| 施工准备 | 审查施工单位、人员、机械、专项施工方案，对现场安全防护设施、安全风险管控措施的落实情况进行检查 | 根据管控要点逐一审查/检查，填写文件审查记录表 |
| 构、配件进场 | 对进场的构件、配件、材料进行质量验收，对高强度螺栓的紧固轴力、摩擦面抗滑移系数、焊接材料等需复试的进行见证取样。焊接前做好焊接工艺检测或焊接工艺评定 | 构、配件报审的质量证明文件，填写平行检验记录表、见证取样统计表 |
| 基础及预埋螺栓验收 | 基础及预埋螺栓验收 | 填写平行检验记录表 |
| 钢结构安装 | 对高强度螺栓连接、钢构件安装焊接、钢构件组装、钢构件（单层、多层）安装等进行质量检查。实施全程安全旁站监理 | 填写平行检验记录表、安全旁站监理记录 |
| 主体实物检测 | 钢结构主体实物第三方检测 | 检测报告报审表 |
| 柱脚二次混凝土浇筑 | 二次浇筑混凝土试块见证取样 | 填写见证取样统计表 |
| 钢构件安装 | 对钢构件（墙架、檩条）安装、钢构件（钢梯、平台及栏杆）等进行质量检查 | 填写平行检验记录表、安全旁站监理记录 |
| 防火涂料施工 | 防火涂料的粘结强度、抗压强度进场见证取样，防火涂料涂装质量检查 | 填写平行检验记录表、见证取样统计表 |
| 压型金属板安装 | 对压型金属板安装进行质量检查 | 填写平行检验记录表 |
| 质量验收 | 专业监理工程师组织检验批及分项工程的验收；总监理工程师组织分部工程的验收 | 填写平行检验记录表、质量问题处理台账、工程验收统计表 |

编制说明：
1. 编制目的：根据施工工艺流程，列明监理主要工作内容及应及时填写的表单。
2. 编制依据：标准工艺，统一验收表式及质量验评划分表，安全风险管理规程。

# 二、主要安全风险

## （一）钢结构主要风险

（1）地面加工/组装安全风险为起重伤害、高处坠落。

（2）钢结构安装主要安全风险为起重伤害、高处坠落。

（3）檩条及墙板安装主要安全风险为起重伤害、高处坠落、物体打击。

（4）防火涂料涂装主要安全风险为高处坠落、机械伤害、物体打击。

## （二）控制措施

（1）钢结构地面加工、组装控制措施。

1）在焊接或切割地点周围 5m 范围内清除易燃、易爆物，并配备足够的灭火器材。

2）切割机、电焊机等有单独的电源控制装置，外壳必须接地可靠，焊机的保护接地线应直接从接地极处引接，其接地电阻不得大于 4Ω，不得多台串联接地。焊机不得受潮或雨淋。

3）电动机械或电动工具必须做到"一机一闸一保护"。移动式电动机械必须使用绝缘护套软电缆，必须做好外壳保护接地。暂停工作时，应切断电源。使用手持式电动工具时，必须按规定使用绝缘防护用品。

4）起重机械与起重工器具必须经过计算选定，吊装作业必须在起重机械的额定起重量范围内进行，用于吊装的钢丝绳、吊装带、卸扣、吊钩等吊具应经过安全检验合格后方可使用，并应在其额定许用荷载范围内使用。吊点位置必须经过计算现场指定。吊点处要有对吊绳的防护措施，防止吊绳卡断。待构件就位点上方 200～300mm 稳定后，作业人员方可进入作业点。

5）起吊前检查起重设备及其安全装置。吊装过程中设专人指挥，吊臂及吊物下严禁站人或有人经过。在吊件上拴以牢固的牵引绳，落钩时，防止吊物局部着地引起吊绳偏斜，吊物未固定好，严禁松钩。

6）构件吊离地面约 100mm 时应暂停起吊并进行全面检查，确认无误后方可继续起吊。严禁以设备、管道、脚手架等作为起吊重物的承力点。

7）起重工作区域内应设警戒线，无关人员不得停留或通过。在伸臂及吊物的下方，严禁任何人员通过或逗留。

8）绑牢起吊物，吊钩悬挂点与吊物的重心在同一垂直线上，吊钩钢丝绳保持垂直，严禁偏拉斜吊。

9）起重作业中，如遇有六级及以上大风或雷暴、冰雹、大雪等恶劣天气时，停止起重和露天高处作业。

（2）钢结构吊装控制措施。

1）钢结构基础部分经过验收合格，地脚螺栓与钢结构地脚板校核无误，满足钢结构安装安全技术要求，方可开始吊装作业。吊装作业前，钢结构立柱吊点位置必须经过计算并现场指定。临时拉线绑扎应靠近牛腿等节点位置，吊点绳和临时拉线必须由专业起重工绑扎并用卡扣紧固。并对起重机限位器、限速器、制动器、支脚与吊臂液压系统进行安全检查，并空载试运转。

2）吊装区域必须规范设置警戒区域，悬挂警告牌，设专人监护，严禁非作业人员进入。吊装过程中设专人指挥，吊臂及吊物下严禁站人或有人经过。

3）汽车起重机不准吊重行驶或不打支腿就吊重。在打支腿时，支腿伸出放平后，即关闭支腿开关，如地面松软不平，应修整地面，垫放枕木。起重机各项措施检查安全可靠后再进行起重作业。起吊物应绑牢，并有防止倾倒措施。吊钩悬挂点应与吊物的重心在同一垂直线上，吊钩钢丝绳应保持垂直，严禁偏拉斜吊。落钩时，应防止吊物局部着地引起吊绳偏斜，吊物未固定好，严禁松钩。

4）起重工作区域内无关人员不得停留或通过。在伸臂及吊物的下方，严禁任何人员通过或逗留。

5）起吊前应检查起重设备及其安全装置；重物吊离地面约 100mm 时应暂停起吊并进行全面检查，确认良好后方可正式起吊。起重机吊运重物时应走吊运通道，严禁从有人停留场所上空越过；对起吊的重物进行加工、清扫等工作时，应采取可靠的支承措施，并通知起重机操作人员。吊起的重物不得在空中长时间停留。

6）两台及以上起重机抬吊情况下，绑扎时应根据各台起重机的允许起重量按比例分配负荷。

7）当钢结构立柱吊起后与地脚螺栓对接的过程中，作业人员注意不要将手扶在地脚螺栓处，避免构架突然落下将手压伤。

8）钢柱标高、轴线调整完成，临时拉线固定并做好临时接地之后，再开始登杆作业，摘除吊钩。当天吊装完成的钢结构，必须完成柱脚螺栓的紧固。临时拉线在梁、柱安装就位、校正形成空间稳定单元（至少有 2 根轴线的柱、梁）后方可拆除。

9）横梁吊装前，应根据吊装需要的平衡要求，经计算并现场指定吊点位置，吊点处要有对吊绳的防护措施，防止吊绳卡断。待横梁距就位点上方 200～300mm 稳定后，作业人员方可进入作业点。横梁就位时，应使用尖扳手定位，禁止用手指触摸螺栓固定孔。横梁就位后，应及时用螺栓固定。

10）高处作业人员进行攀爬柱、体钢结构连接作业时必须使用提前设置的垂直攀登自锁器。在横梁上行走时，必须使用提前设置的水平安全绳。在转移作业位置时不得失去保护。所用的工具和材料放在工具袋内或用绳索拴在牢固的构件上，较大的工具系有保险绳。上下传递物件使用绳索，不得抛掷。在环境、交通许可的条件下应优先选用高处作业平台车进行梁、柱安装作业，减少作业人员攀爬柱、在横梁上行走作业。

11）起重作业中，如遇有六级及以上大风或雷暴、冰雹、大雪等恶劣天气时，停止起重和露天高处作业。

（3）装配式厂房安装控制措施。

1）汽车起重机不准吊重行驶或不打支腿就吊重。在打支腿时，支腿伸出放平后即关闭支腿开关，如地面松软不平，应修整地面，垫放枕木。对起重机限位器、限速器、制动器、支脚与吊臂液压系统进行安全检查，并空载试运转。起重机各项措施检查安全可靠后再进行起重作业。

2）起重工作区域内无关人员不得停留或通过。在伸臂及吊物的下方，严禁任何人员通过或逗留。

3）起吊物应绑牢，并有防止倾倒措施。吊钩悬挂点应与吊物的重心在同一垂直线上，吊钩钢丝绳应保持垂直，严禁偏拉斜吊。吊索（千斤绳）的夹角一般不大于 90°，最大不得超过 120°，起重机吊臂的最大仰角不得超过制造厂铭牌规定。重物吊离地面约 100mm 时应暂停起吊并进行全面检查，确认良好后方可正式起吊。起重机吊运重物时应走吊运通道，严禁从有人停留场所上空越过；对起吊的重物进行加工、清扫等工作时，应采取可靠的支承措施，并通知起重机操作人员。吊起的重物不得在空中长时间停留。落钩时，应防止吊物局部着地引起吊绳偏斜，吊物未固定好，严禁松钩。

4）两台及以上起重机抬吊情况下，绑扎时应根据各台起重机的允许起重量按比例分配负荷（构件重量不得超过两台起重机额定起重量总和的 75%，单台起重机的负荷不得超过额定起重量的 80%）。

5）在抬吊过程中，各台起重机的吊钩钢丝绳应保持垂直，升降行走应保持同步各台起重机所承受的载荷，不得超过各自的允许起重量。

6）高处作业人员必须正确佩戴安全带，并确保高挂低用，禁止平挂或低挂高用。

7）在屋面板铺设前，确保屋面板下满铺安全网。

8）每天吊至楼层或屋面上的构件未安装完成时，应采取牢靠的临时固定措施。

9）压型钢板表面有水、冰、霜或雪时，应及时清除，并应采取相应的防滑保护措施。

（4）檩条及墙板安装控制措施。

1）电焊机应安放在干燥的地方，应有防雨防潮措施。其外壳接地或接零必须可靠牢固，不可多台串联接地或接零。

2）每台电焊机电源必须有单独的控制装置，电焊机一次侧电源线长度不应大于 5m，二次线电缆长度不应大于 30m。

3）严禁将电缆管、电缆外皮或吊车轨道等作为电焊地线，也不得采用金属构件或结构钢筋代替电焊地线。在采用屏蔽电缆的变电站内施焊时，必须用专用地线且应接在焊件上或在接地点 5m 范围内进行施焊。

4）在焊接或切割地点周围 5m 范围内清除易燃、易爆物，并配备足够的灭火器材。

5）机械切割采用专用切割机，操作严格按照操作规程进行。

6）高处作业人员必须使用提前设置的垂直攀登自锁器，正确使用安全带并穿防滑鞋、使用的工具及安装用的零部件，放在随身佩带的工具袋内，不可随便向下丢掷。

7）5 级（含）以上大风应停止起重吊装作业和露天高处作业；6 级以上强风天气必须停止塔式起重机的吊装作业；遇雨、雪、雾天气及风力大于 4 级时不得进行拆除作业。

（5）防火涂料涂装控制措施。

1）在脚手架上进行涂饰作业前应检查脚手架是否牢固，在悬吊设施上进行涂饰作业前应检查固定端是否牢固，悬索是否结实可靠。

2）作业人员应着安全防护服，戴密闭式护目镜和口罩。

3）电动工具清理墙面时，应注意风向和操作方向，防止眼睛沾污受伤，刮腻子和滚涂涂料作业时，尽量保持作业面与视线在同一高度，避免仰头作业。

4）作业过程中所用的梯子不得搁在楼梯或斜坡上作业。使用的工具性脚手架、跳板等材料必须符合规定，搭设应稳固。脚手板跨度不得大于 2m，材料堆放不得过于集中，同一跨度内作业不得超过两人。

5）在室内光线照射不充足的地方作业及夜间作业时，必须保证工作面内有足够的照明，夜间在楼梯间过道和转角处必须设置照明。

6）机械喷浆的作业人员应佩戴防护用品。压力表，安全阀应灵敏可靠。输浆管各部接口应拧紧卡牢，管路应避免弯折。输浆作业应严格按照规定的压力进行。发生超压或管道堵塞时，应在停机泄压后方可进行检修。

7）涂刷作业中应采取通风措施，作业人员如感头痛、恶心、胸闷或心悸时，应立即停止作业并采取救护措施。仰面粉刷应采取防止粉末等侵入眼内的防护措施。

8）防火涂料使用后应及时封存，废料应及时清理。不得在室内用有机溶剂清洗工器具。溶剂性防火涂料作业时，应按规定佩戴劳保用品，若皮肤沾上涂料应及时使用相应溶剂棉纱擦拭，再用肥皂和清水洗净。

# 三、钢结构施工控制要点

## （一）作业前控制要点

（1）审查特殊工种作业人员：特殊工种作业人员是否具备从业资格。严禁无证人员进场作业。检查特种作业人员是否配备齐全，是否满足现场施工需要，主要包括吊车司机、吊装指挥工、起重工、焊工、电工和登高作业等人员的资格证，杜绝无证操作。

（2）审查进场起重机及工器具：起重机械数量、型号是否与方案一致。审查起重机械各项性能定检报告，不合格的起重机械严禁进场作业。对进场的工器具进行全面检查，包括钢丝吊绳、吊装带、卸扣、吊钩、葫芦等试验报告和实物完好情况进行检查。

（3）审查进场主要原材料、构件、零部件的供货商资质，对原材料、构件、零部件质量证明文件审核是否合格，需要复试的材料严格见证取样制度。具体要求详见通用部分。

（4）施工方案审查：相关内容详见附表（施工方案审查记录）。

（5）施工现场及环境检查：场地已平整，排水通畅，临时施工道路坚固畅通、临时用电已布设完毕。安全防护设施及安全措施已落实到位。

（6）相关的施工图已进行交底、会检，全体参加施工的人员都要参加交底并签名，形成书面交底记录。

（7）监理实施细则已编审完成，并履行安全、质量、技术控制要点的交底。

## （二）施工过程控制要点

### 1. 材料堆放

（1）构件进场后，应按施工方案要求位置堆放，避免二次搬运。

（2）钢构件堆放的场地应平整、坚实、无积水，钢构件按种类、型号、安装顺序分区堆放，钢构件的底层垫木应有足够的支撑面，相同型号的钢构件叠放时，各层钢构件的支点在同一直线上，以防止钢结构变形压坏。

（3）构件的堆放高度，应考虑堆放处地面的承压力和构件的总重量以及构件的刚度及稳定性的要求。一般柱子不应超过 2 层，梁不超过 3 层。

（4）构件堆放要保持平稳，底部应放置垫木。成堆堆放的构件应以垫木隔开，垫木厚度应高于吊环高度，构件之间的垫木要在同一条垂直线上，且厚度要相等。

（5）堆放构件的垫木，应能承受上部构件的重量。

（6）构件堆放应有一定的挂钩绑扎间距，堆放时，相邻构件之间的间距不小于 200mm。

### 2. 钢结构预拼装及地面组装

（1）钢结构预拼装。

1）预拼装场地应平整、坚实；预拼装所用的临时支承架、支承凳或平台应经测量准确定位，并应符合工艺文件要求。重型构件预拼装所用的临时支承结构应进行结构安全验算。

2）构件应在自由状态下进行预拼装。

3）构件预拼装应按设计图的控制尺寸定位，对有预起拱、焊接收缩等的预拼装构件，应按预起拱值或收缩量的大小对尺寸定位进行调整。

4）当多层板叠采用高强度螺栓或普通螺栓连接时，宜先使用不少于螺栓孔总数 10%的冲钉定位，再采用临时螺栓紧固。临时螺栓在一组孔内不得少于螺栓孔数量的 20%，且不应少于 2 个；预拼装时应使板层密贴。螺栓孔应采用试孔器进行检查，并应符合下列规定：

a. 当采用比孔公称直径小 1.0mm 的试孔器检查时，每组孔的通过率不应小于 85%；

b. 当采用比螺栓公称直径大 0.3mm 的试孔器检查时，通过率应为 100%；

5）钢结构预拼装质量标准及检验方法详细见《变电（换流）站土建工程施工质量验收规范》（Q/GDW 10183—2021）中 6.12 钢结构工程表 108。

（2）构件组装。

1）构件组装宜在组装平台、组装支承架或专用设备上进行，组装平台及组装支承架应有足够的强度和刚度，并应便于构件的装卸、定位。在组装平台或组装支承架上宜画出构件的中心线、端面位置线、轮廓线和标高线等基准线。

2）构件组装间隙应符合设计和工艺文件要求，当设计和工艺文件无规定时，组装间隙不宜大于 2.0mm。

3）焊接构件组装时应预设焊接收缩量，并应对各部件进行合理的焊接收缩量分配。重要或复杂构件宜通过工艺性试验确定焊接收缩量。

4）设计要求起拱的构件，应在组装时按规定的起拱值进行起拱，起拱允许偏差为起拱值的 0%～10%，且不应大于 10mm。设计未要求但施工工艺要求起拱的构件，起拱允许偏差不应大于起拱值的 ±10%，且不应大于 ±10mm。

5）桁架结构组装时，杆件轴线交点偏移不应大于 3mm。

6）吊车梁和吊车桁架组装、焊接完成后不应允许下挠。吊车梁的下翼缘和重要受力构件的受拉面不得焊接工装夹具、临时定位板、临时连接板等。

7）拆除临时工装夹具、临时定位板、临时连接板等，严禁用锤击落，应在距离构件表面 3～5mm 处采用气割切除，对残留的焊疤应打磨平整，且不得损伤母材。

8）构件端部铣平后顶紧接触面应有 75% 以上的面积密贴，应用 0.3mm 的塞尺检查，其塞入面积应小于 25%，边缘最大间隙不应大于 0.8mm。

9）构件组装质量标准及检验方法详细见《变电（换流）站土建工程施工质量验收规范》（Q/GDW 10183—2021）中 6.12 钢结构工程表 101-107。

**3. 紧固件连接**

（1）普通紧固件连接。

1）普通螺栓可采用普通扳手紧固，螺栓紧固应使被连接件接触面、螺栓头和螺母与构件表面密贴。普通螺栓紧固应从中间开始，对称向两边进行，大型接头宜采用复拧。

2）普通螺栓作为永久性连接螺栓时，紧固连接应符合下列规定：

a. 螺栓头和螺母侧应分别放置平垫圈，螺栓头侧放置的垫圈不应多于 2 个，螺母侧放置的垫圈不应多于 1 个；

b. 承受动力荷载或重要部位的螺栓连接，设计有防松动要求时，应采取有防松动装置的螺母或弹簧垫圈，弹簧垫圈应放置在螺母侧；

c. 对工字钢、槽钢等有斜面的螺栓连接，宜采用斜垫圈；

d. 同一个连接接头螺栓数量不应少于 2 个；

e. 螺栓紧固后外露螺纹不应少于 2 扣，紧固质量检验可采用锤敲检验。

3）连接薄钢板采用的拉铆钉、自攻钉、射钉等，其规格尺寸应与被连接钢板相匹配，其间距、边距等应符合设计文件的要求。钢拉铆钉和自攻螺钉的钉头部分应靠在较薄的板件一侧。自攻螺钉、钢拉铆钉、射钉等与连接钢板应紧固密贴，外观应排列整齐。

4）射钉施工时，穿透深度不应小于 10.0mm。

5）普通紧固件连接质量标准及检验方法详细见《变电（换流）站土建工程施工质量验收规范》（Q/GDW 10183—2021）中 6.12 钢结构工程表 98。

（2）高强度螺栓连接。

1）高强度大六角头螺栓连接副应由一个螺栓、一个螺母和两个垫圈组成，扭剪型高强度螺栓连接副应由一个螺栓、一个螺母和一个垫圈组成，使用组合应符合表4-12的规定。

表 4-12　　　　　　　　　　　　高强度螺栓连接使用组合

| 螺　栓 | 螺　母 | 垫　圈 |
|---|---|---|
| 10.9S | 10H | （35~45）HRC |
| 8.8S | 8H | （35~45）HRC |

2）高强度螺栓安装时应先使用安装螺栓和冲钉。在每个节点上穿入的安装螺栓和冲钉数量，应根据安装过程所承受的荷载计算确定，并应符合下列规定：

a．不应少于安装孔总数的1/3；

b．安装螺栓不应少于2个；

c．冲钉穿入数量不宜多于安装螺栓数量的30%；

d．不得用高强度螺栓兼做安装螺栓。

3）高强度螺栓应在构件安装精度调整后进行拧紧。高强度螺栓安装应符合下列规定：

a．扭剪型高强度螺栓安装时，螺母带圆台面的一侧应朝向垫圈有倒角的一侧；

b．大六角头高强度螺栓安装时，螺栓头下垫圈有倒角的一侧应朝向螺栓头，螺母带圆台面的一侧应朝向垫圈有倒角的一侧。

4）高强度螺栓现场安装时应能自由穿入螺栓孔，不得强行穿入。螺栓不能自由穿入时，可采用铰刀或锉刀修整螺栓孔，不得采用气割扩孔，扩孔数量应征得设计单位同意，修整后或扩孔后的孔径不应超过螺栓直径的1.2倍。

5）高强度大六角头螺栓连接副施拧可采用扭矩法或转角法，施工时应符合下列规定：

a．施工用的扭矩扳手使用前应进行校正，其扭矩相对误差不得大于±5%，校正用的扭矩扳手，其扭矩相对误差不得大于±3%；

b．施拧时，应在螺母上施加扭矩；

c．施拧应分为初拧和终拧，大型节点应在初拧和终拧间增加复拧。

6）扭剪型高强度螺栓连接副应采用专用电动扳手施拧，施工时应符合下列规定：

a．施拧应分为初拧和终拧，大型节点宜在初拧和终拧间增加复拧；

b．终拧应以拧掉螺栓尾部梅花头为准；

c．初拧或复拧后应对螺母涂画颜色标记。

7）高强度螺栓连接节点螺栓群初拧、复拧和终拧，应采用合理的施拧顺序。施拧顺序详见《钢结构高强度螺栓连接技术规程》（JGJ 82—2011）中6.4.17条。

8）高强度螺栓和焊接混用的连接节点，当设计文件无规定时，宜按先螺栓紧固后焊接的施工顺序。

9）高强度螺栓连接副的保管时间不应超过 6 个月。当保管时间超过 6 个月后使用时，必须按要求重新进行扭矩系数或紧固轴力试验，检验合格后，方可使用。

10）高强度螺栓连接质量标准及检验方法详细见《变电（换流）站土建工程施工质量验收规范》（Q/GDW 10183—2021）中 6.12 钢结构工程表 99。

**4．焊接连接**

（1）焊接工艺评定及方案。

施工单位首次采用的钢材、焊接材料、焊接方法、接头形式、焊接位置、焊后热处理等各种参数及参数的组合，应在钢结构制作及安装前进行焊接工艺评定试验。焊接工艺评定试验方法和要求，以及免予工艺评定的限制条件，应符合现行国家标准《钢结构焊接规范》（GB 50661—2011）的有关规定。

焊接施工前，施工单位应以合格的焊接工艺评定结果或采用符合免除工艺评定条件为依据，编制焊接工艺文件时应包括下列内容：焊接方法或焊接方法的组合；母材的规格、牌号、厚度及覆盖范围；填充金属的规格、类别和型号；焊接接头形式、坡口形式、尺寸及其允许偏差；焊接位置；焊接电源的种类和极性；清根处理；焊接工艺参数（焊接电流、焊接电压、焊接速度、焊层和焊道分布）；预热温度及道间温度范围；焊后消除应力处理工艺；其他必要的规定。

（2）焊接作业条件。

焊接时，作业区环境温度、相对湿度和风速等应符合下列规定，当超出本规定且必须进行焊接时，应编制专项方案：

1）作业环境温度不应低于－10℃。

2）焊接作业区的相对湿度不应大于 90%。

3）当手工电弧焊和自保护药芯焊丝电弧焊时，焊接作业区最大风速不应超过 8m/s。当气体保护电弧焊时，焊接作业区最大风速不应超过 2m/s。

4）现场高空焊接作业应搭设稳固的操作平台和防护棚。

5）焊接前，应采用钢丝刷、砂轮等工具清除待焊处表面的氧化皮、铁锈、油污等杂物，焊缝坡口宜按现行国家标准《钢结构焊接规范》（GB 50661—2011）的有关规定进行检查。

6）焊接作业应按工艺评定的焊接工艺参数进行。

7）当焊接作业环境温度低于 0℃且不低于－10℃时，应采取加热或防护措施，应将焊接接头和焊接表面各方向大于或等于钢板厚度的 2 倍且不小于 100mm 范围内的母材，加热到规定的最低预热温度且不低于 20℃后再施焊。

（3）定位焊。

1）定位焊焊缝的厚度不应小于 3mm，不宜超过设计焊缝厚度的 2/3；长度不宜小于

40mm 和接头中较薄部件厚度的 4 倍；间距宜为 300～600mm。

2）定位焊缝与正式焊缝应具有相同的焊接工艺和焊接质量要求。多道定位焊焊缝的端部应为阶梯状。采用钢衬垫板的焊接接头，定位焊宜在接头坡口内进行。定位焊焊接时预热温度宜高于正式施焊预热温度 20～50℃。

（4）引弧板、引出板和衬垫板。

当引弧板、引出板和衬垫板为钢材时，应选用屈服强度不大于被焊钢材标称强度的钢材，且焊接性应相近。

焊接接头的端部应设置焊缝引弧板、引出板。焊条电弧焊和气体保护电弧焊焊缝引出长度应大于 25mm，埋弧焊缝引出长度应大于 80mm。焊接完成并完全冷却后，可采用火焰切割、碳弧气刨或机械等方法除去引弧板、引出板，并应修磨平整，严禁用锤击落。

钢衬垫板应与接头母材密贴连接，其间隙不应大于 1.5mm，并应与焊缝充分熔合。手工电弧焊和气体保护电弧焊时，钢衬垫板厚度不应小于 4mm；埋弧焊接时，钢衬垫板厚度不应小于 6mm；电渣焊时钢衬垫板厚度不应小于 25mm。

（5）预热和道间温度控制。

预热和道间温度控制宜采用电加热、火焰加热和红外线加热等加热方法，并应采用专用的测温仪器测量。预热的加热区域应在焊接坡口两侧，宽度应为焊件施焊处板厚的 1.5 倍以上，且不应小于 100mm。温度测量点，当为非封闭空间构件时，宜在焊件受热面的背面，离焊接坡口两侧不小于 75mm 处；当为封闭空间构件时，宜在正面离焊接坡口两侧不小于 100mm 处。

焊接接头的预热温度和道间温度，应符合现行国家标准《钢结构焊接规范》（GB 50661—2011）的有关规定；当工艺选用的预热温度低于现行国家标准《钢结构焊接规范》（GB 50661—2011）的有关规定时，应通过工艺评定试验确定。

（6）焊接变形的控制。

采用的焊接工艺和焊接顺序应使构件的变形和收缩最小，可采用下列控制变形的焊接顺序：

1）对接接头、T 形接头和十字接头，在构件放置条件允许或易于翻转的情况下，宜双面对称焊接；有对称截面的构件，宜对称于构件中性轴焊接；有对称连接杆件的节点，宜对称于节点轴线同时对称焊接。

2）非对称双面坡口焊缝，宜先焊深坡口侧部分焊缝，然后焊满浅坡口侧，最后完成深坡口侧焊缝。特厚板宜增加轮流对称焊接的循环次数。

3）长焊缝宜采用分段退焊法、跳焊法收缩余量或预置反变形方法控制收缩和变形，收缩余量和反变形值宜通过计算或试验确定。

4）构件装配焊接时，应先焊收缩量较大的接头、后焊收缩量较小的接头，接头应在拘束较小的状态下焊接。

（7）焊后消除应力处理。

1）设计文件或合同文件对焊后消除应力有要求时，需经疲劳验算的结构中承受拉应力的对接接头或焊缝密集的节点或构件，宜采用电加热器局部退火和加热炉整体退火等方法进行消除应力处理；仅为稳定结构尺寸时，可采用振动法消除应力。

2）焊后热处理应符合现行行业标准《碳钢、低合金钢焊接构件 焊后热处理方法》（JB/T 6046—1992）的有关规定。当采用电加热器对焊接构件进行局部消除应力热处理时，应符合下列规定：使用配有温度自动控制仪的加热设备，其加热、测温、控温性能应符合使用要求；构件焊缝每侧面加热板（带）的宽度应至少为钢板厚度的 3 倍，且不应小于 200mm；加热板（带）以外构件两侧宜用保温材料覆盖。

3）用锤击法消除中间焊层应力时，应使用圆头手锤或小型振动工具进行，不应对根部焊缝、盖面焊缝或焊缝坡口边缘的母材进行锤击。

4）采用振动法消除应力时，振动时效工艺参数选择及技术要求，应符合现行行业标准《焊接构件振动时效工艺 参数选择及技术要求》（JB/T 10375—2002）的有关规定。

（8）焊接接头。

1）全熔透和部分熔透焊接。

T 形接头、十字接头、角接接头等要求全熔透的对接和角接组合焊缝，其加强角焊缝的焊脚尺寸不应小于 $t/4$，设计有疲劳验算要求的吊车梁或类似构件的腹板与上翼缘连接焊缝的焊脚尺寸应为 $t/2$，且不应大于 10mm（$T$ 为钢板厚度）。焊脚尺寸的允许偏差为 0～4mm。

全熔透坡口焊缝对接接头的焊缝余高，应符合表 4-13 的规定。

表 4-13　　　　　　　　　　　对接接头的焊缝余高　　　　　　　　　　（mm）

| 设计要求焊缝等级 | 焊缝宽度 | 焊缝余高 |
|---|---|---|
| 一、二级焊缝 | ＜20 | 0～3 |
| | ≥20 | 0～4 |
| 三级焊缝 | ＜20 | 0～3.5 |
| | ≥20 | 0～5 |

全熔透双面坡口焊缝可采用不等厚的坡口深度，较浅坡口深度不应小于接头厚度的 1/4。

部分熔透焊接应保证设计文件要求的有效焊缝厚度。T 形接头和角接接头中部分熔透坡口焊缝与角焊缝构成的组合焊缝，其加强角焊缝的焊脚尺寸应为接头中最薄板厚的 1/4，且不应超过 10mm。

2）角焊缝接头。

由角焊缝连接的部件应密贴，根部间隙不宜超过 2mm；当接头的根部间隙超过 2mm 时，角焊缝的焊脚尺寸应根据根部间隙值增加，但最大不应超过 5mm。

当角焊缝的端部在构件上时，转角处宜连续包角焊，起弧和熄弧点距焊缝端部宜大于 10.0mm；当角焊缝端部不设置引弧和引出板的连续焊缝，起熄弧点距焊缝端部宜大于 10.0mm，弧坑应填满。

间断角焊缝每焊段的最小长度不应小于 40mm，焊段之间的最大间距不应超过较薄焊件厚度的 24 倍，且不应大于 300mm。

3）栓钉焊。

栓钉应采用专用焊接设备进行施焊。首次栓钉焊接时，应进行焊接工艺评定试验，并应确定焊接工艺参数。

每班焊接作业前，应至少试焊 3 个栓钉，并应检查合格后再正式施焊。

当受条件限制而不能采用专用设备焊接时，栓钉可采用焊条电弧焊和气体保护电弧焊焊接，并应按相应的工艺参数施焊，其焊缝尺寸应通过计算确定。

焊接接头质量标准及检验方法详见《变电（换流）站土建工程施工质量验收规范》（Q/GDW 10183—2021）中 6.12 钢结构工程表 96、表 97。

**5. 钢结构安装**

（1）基础、支承面和预埋件。

1）钢结构安装前应对建筑物的定位轴线、基础轴线和标高、地脚螺栓位置等进行检查，并应办理交接验收。当基础工程分批进行交接时，每次交接验收不应少于一个安装单元的柱基基础，并应符合下列规定：

a．基础混凝土强度应达到设计要求；

b．基础周围回填夯实应完毕；

c．基础的轴线标志和标高基准点应准确、齐全。

2）基础顶面直接作为柱的支承面、基础顶面预埋钢板（或支座）作为柱的支承面时，其支承面、地脚螺栓（锚栓）的允许偏差应符合表 4-14 的规定。

表 4-14 支承面、地脚螺栓（锚栓）的允许偏差 （mm）

| 项 目 | | 允许偏差 |
|---|---|---|
| 支承面 | 标高 | ±3 |
| | 水平度 | 1/1000 |
| 地脚螺栓（锚栓） | 螺栓中心偏移 | $d \leqslant 30$ 时，$0 \sim 1.2d$<br>$d > 30$ 时，$0 \sim 1d$ |
| | 螺栓露出长度 | $0 \sim 30$ |
| | 螺纹长度 | |
| | 预留孔中心偏移 | 10 |

注 $d$ 为螺栓直径。

3）钢柱脚采用钢垫板作支承时，应符合下列规定：

a. 钢垫板面积应根据混凝土抗压强度、柱脚底板承受的荷载和地脚螺栓（锚栓）的紧固拉力计算确定；

b. 垫板应设置在靠近地脚螺栓（锚栓）的柱脚底板加劲板或柱肢下，每根地脚螺栓（锚栓）侧应设 1 组～2 组垫板，每组垫板不得多于 5 块；

c. 垫板与基础面和柱底面的接触应平整、紧密；当采用成对斜垫板时，其叠合长度不应小于垫板长度的 2/3；

d. 柱底二次浇灌混凝土前垫板间应焊接固定。

（2）构件安装。

1）钢柱安装应符合下列规定：

a. 柱脚安装时，锚栓宜使用导入器或护套。

b. 首节钢柱安装后应及时进行垂直度、标高和轴线位置校正，钢柱的垂直度可采用经纬仪或线锤测量；校正合格后钢柱应可靠固定，并应进行柱底二次灌浆，灌浆前应清除柱底板与基础面间杂物。

c. 首节以上的钢柱定位轴线应从地面控制轴线直接引上，不得从下层柱的轴线引上；钢柱校正垂直度时，应确定钢梁接头焊接的收缩量，并应预留焊缝收缩变形值。

d. 倾斜钢柱可采用三维坐标测量法进行测校，也可采用柱顶投影点结合标高进行测校，校正合格后宜采用刚性支撑固定。

e. 钢柱标高、轴线调整完成，临时拉线固定并做好临时接地之后，再开始登杆作业，摘除吊钩。当天吊装完成的钢结构，必须完成柱脚螺栓的紧固。临时拉线在梁、柱安装就位、校正形成空间稳定单元（至少有 2 根轴线的柱、梁）后方可拆除。

2）钢梁安装应符合下列规定：

a. 钢梁宜采用两点起吊；当单根钢梁长度大于 21m，采用两点吊装不能满足构件强度和变形要求时，宜设置 3～4 个吊装点吊装或采用平衡梁吊装，吊点位置应通过计算确定。

b. 钢梁可采用一机一吊的方式吊装，就位后应立即临时固定连接。

c. 钢梁面的标高及两端高差可采用水准仪与标尺进行测量，校正完成后应进行永久性连接。

d. 横梁吊装前，应根据吊装需要的平衡要求，经计算并现场指定吊点位置，吊点处要有对吊绳的防护措施，防止吊绳卡断。待横梁距就位点上方 200～300mm 稳定后，作业人员方可进入作业点。横梁就位时，应使用尖扳手定位，禁止用手指触摸螺栓固定孔。横梁就位后，应及时用螺栓固定。

（3）支撑安装应符合下列规定：

1）交叉支撑宜按从下到上的顺序组合吊装。

2）无特殊规定时，支撑构件的校正宜在相邻结构校正固定后进行。

3）屈曲约束支撑应按设计文件和产品说明书的要求进行安装。

4）桁架（屋架）安装应在钢柱校正合格后进行，并应符合下列规定：

a. 钢桁架（屋架）可采用整榀或分段安装；

b. 钢桁架（屋架）应在起扳和吊装过程中防止产生变形；

c. 单榀钢桁架（屋架）安装时应采用缆绳或刚性支撑增加侧向临时约束。

（4）柱脚二次细石混凝土浇筑。

1）浇筑前，必须对柱子垂直度进行复查，超过允许偏差的应予纠正。

2）支撑面为基础预埋螺栓类型：将柱脚钢板下螺母事先调整好标高，再在基础与钢板间灌注细石混凝土。浇筑工作应在柱校正合格后立即进行。

3）支撑面为杯口类型：灌浆前应将杯壁凿毛、杯口内的垃圾全部清除干净，同时应用水湿润杯壁。杯口灌浆一般分两次进行。第一次灌至铁楔的下部且不少于杯口深度2/3，待混凝土强度达到设计值的25%以上时，再取出铁楔进行二次灌浆。

（5）单层钢结构安装。

1）单跨结构宜从跨端一侧向另一侧、中间向两端或两端向中间的顺序进行吊装。多跨结构，宜先吊主跨、后吊副跨；当有多台起重设备共同作业时，也可多跨同时吊装。

2）单层钢结构在安装过程中，应及时安装临时柱间支撑或稳定缆绳，应在形成空间结构稳定体系后再扩展安装。单层钢结构安装过程中形成的临时空间结构稳定体系应能承受结构自重、风荷载、雪荷载、施工荷载以及吊装过程中冲击荷载的作用。

（6）多层钢结构安装。

1）多层钢结构安装校正应依据基准柱进行，并应符合下列规定：

a. 基准柱应能够控制建筑物的平面尺寸并便于其他柱的校正，宜选择角柱为基准柱；

b. 钢柱校正宜采用合适的测量仪器和校正工具；

c. 基准柱应校正完毕后，再对其他柱进行校正。

2）多层钢结构安装时，楼层标高可采用相对标高或设计标高进行控制，并应符合下列规定：

a. 当采用设计标高控制时，应以每节柱为单位进行柱标高调整，并应使每节柱的标高符合设计的要求。

b. 建筑物总高度的允许偏差和同一层内各节柱的柱顶高度差，应符合现行国家标准《钢结构工程施工质量验收标准》（GB 50205—2020）的有关规定。

c. 一节柱一般有2～3层梁，原则上横向构件由上向下逐层安装，由于上部和周边都于自由状态，易于安装和控制质量。通常在钢结构安装操作中，同一列柱的钢梁从中间跨开始对称地向两端扩展安装，同一跨钢梁，先安上层梁再装中下层梁。

d. 柱与柱节点和梁与柱节点的连接，原则上对称施工，互相协调。对于焊接连接，一般可以先焊一节柱的顶层梁，再从下向上焊接各层梁与柱的节点。混合连接一般为先栓后焊的工艺，螺栓连接从中心轴开始，对称拧固。

（7）檩条、墙架构安装。

1）檩条、墙架构安装必须在主要构件安装后才能安装固定，否则主要构件不得承受设计荷载。

2）构件应编号、分类集中或分散堆放，均应有专人保管，严防损坏、散失，吊装前应检查合格后方能使用。

3）构件安装如有困难时，不得随意切割构件，应查找原因。确需切割的，应经技术人员同意，并采取补强措施。

4）檩条、墙架构件应满足设计要求并符合规范的规定。运输、堆放和吊装等造成的钢构件变形及涂层脱落，应进行矫正和修补。

5）檩条两端相对高差或与设计标高偏差不应大于 5mm。檩条直线度偏差不应大于 L/250，且不应大于 10mm。

6）钢构件安装质量标准及检验方法详见《变电（换流）站土建工程施工质量验收规范》（Q/GDW 10183—2021）中 6.12 钢结构工程表 109～表 113。

（8）压型金属板。

1）压型金属板安装前，应绘制各楼层压型金属板铺设的排板图；图中应包含压型金属板的规格、尺寸和数量，与主体结构的支承构造和连接详图，以及封边挡板等内容。

2）压型金属板安装前，应在支承结构上标出压型金属板的位置线。铺放时，相邻压型金属板端部的波形槽口应对准。

3）压型金属板应采用专用吊具装卸和转运，严禁直接采用钢丝绳绑扎吊装。

4）压型金属板与主体结构（钢梁）的锚固支承长度应符合设计要求，且不应小于 50mm；端部锚固可采用点焊、贴角焊或射钉连接，设置位置应符合设计要求。

5）转运至楼面的压型金属板应当天安装和连接完毕，当有剩余时应固定在钢梁上或转移到地面堆场。

6）支承压型金属板的钢梁表面应保持清洁，压型金属板与钢梁顶面的间隙应控制在 1mm 以内。

7）安装边模封口板时，应与压型金属板波距对齐，偏差不大于 3mm。

8）压型金属板安装应平整、顺直，板面不得有施工残留物和污物。

9）压型金属板需预留设备孔洞时，应在混凝土浇筑完毕后使用等离子切割或空心钻开孔，不得采用火焰切割。

10）设计文件要求在施工阶段设置临时支承时，应在混凝土浇筑前设置临时支承，待浇筑的混凝土强度达到规定强度后方可拆除。混凝土浇筑时应避免在压型金属板上集中堆载。

11）压型金属板安装质量标准及检验方法详细见《变电（换流）站土建工程施工质量验收规范》（Q/GDW 10183—2021）中 6.12 钢结构工程表 114。

（9）防火涂装。

1）基层表面应无油污、灰尘和泥沙等污垢，且防锈层应完整、底漆无漏刷。构件连接处的缝隙应采用防火涂料或其他防火材料填平。

2）选用的防火涂料应符合设计文件和国家现行有关标准的规定，具有抗冲击能力和黏结强度，不应腐蚀钢材。

3）防火涂料可按产品说明书要求在现场进行搅拌或调配。当天配置的涂料应在产品说明书规定的时间内用完。

4）厚涂型防火涂料，属于下列情况之一时，宜在涂层内设置与构件相连的钢丝网或其他相应的措施：

a．承受冲击、振动荷载的钢梁；

b．涂层厚度大于或等于 40mm 的钢梁和桁架；

c．涂料黏结强度小于或等于 0.05MPa 的构件；

d．钢板墙和腹板高度超过 1.5m 的钢梁。

5）防火涂料施工可采用喷涂、抹涂或滚涂等方法。

6）防火涂料涂装施工应分层施工，应在上层涂层干燥或固化后，再进行下道涂层施工。

7）厚涂型防火涂料有下列情况之一时，应重新喷涂或补涂：

a．涂层干燥固化不良，黏结不牢或粉化、脱落；

b．钢结构接头和转角处的涂层有明显凹陷；

c．涂层厚度小于设计规定厚度的 85%；

d．涂层厚度未达到设计规定厚度，且涂层连续长度超过 1m。

8）薄涂型防火涂料面层涂装施工应符合下列规定：

a．面层应在底层涂装干燥后开始涂装；

b．面层涂装应颜色均匀、一致，接槎应平整。

9）防火涂料涂装质量标准及检验方法详见《变电（换流）站土建工程施工质量验收规范》（Q/GDW 10183—2021）中 6.12 钢结构工程表 116。

## （三）检查与验收阶段

依照变电（换流）站土建工程施工质量验收规范》（Q/GDW 10183—2021）附录 B.1（续）及国家电网有限公司统一验收表式相关要求，钢结构为主体结构分部工程中子分部工程，包含钢结构焊接，紧固件连接，钢结构零、部件加工，钢构件组装及预拼装，单层钢结构安装，压型金属板，防腐涂料涂装，防火涂料涂装等钢分项工程。以上验收程序均为专业监理工程师组织检验批及分项工程的验收,总监理工程师组织分部(子分部)工程的验收。

(1)检验批:审核并签认施工检验批资料,填写监理平行检验记录表。

包含钢结构焊接,紧固件连接,钢结构零、部件加工,钢构件组装及预拼装,单层钢结构安装,压型金属板,防腐涂料涂装,防火涂料涂装。

(2)分项工程:由以上同一工序多个检验批汇总,专业监理工程师审核、签认分项工程质量验收记录。

(3)分部工程质量资料:总监组织验收人员审核并签认以下资料。

1)通用部分:①图纸会检、设计变更、洽商记录;②专项施工方案、作业指导书、技术交底记录;③测量放线记录及沉降观测测量记录;④隐蔽工程验收记录;⑤分项工程质量验收记录;⑥检验批工程质量验收记录;⑦试件制作数码照片;⑧隐蔽工程数码照片;⑨新技术论证、备案及施工记录。

2)钢结构专用资料:①原材料出厂合格证及进场检(试)验报告;②构件、配件、高强度螺栓连接副、防火涂料等制成品出厂证件;③高强度螺栓连接副的扭矩系数或轴力及摩擦面的抗滑移系数复试报告;④钢结构实体检测报告;⑤防火涂料粘结强度、抗压强度复试报告;⑥装配式结构吊装记录。

# 四、报告与记录

施工过程中形成的主要成果资料见表4-15。作业中引用或产生的报告与记录的表单样例,见本小节附表。

表4-15　　　　　　　　　　　施工过程中形成的主要成果资料

| 序号 | 编号 | 名　称 | 填　报 |
|---|---|---|---|
| 1 | JXM3 | 文件审查记录表 | 总监理工程师、专业监理工程师 |
| 2 | JJS3 | 施工图预检记录表 | 总监理工程师、专业监理工程师 |
| 3 | JXM4 | 监理策划文件报审表 | 细则专业监理工程师编写,总监理工程师审批 |
| 4 | JXM15 | 监理通知单 | 总监理工程师、专业监理工程师 |
| 5 | JZL2 | 设备材料开箱检查记录表 | 总监理工程师 |
| 6 | JZL3 | 平行检查记录表 | 专业监理工程师 |
| 7 | JXM9 | 旁站监理记录表 | 安全监理工程师 |
| 8 | JZL4 | 质量问题及处理台账 | 专业监理工程师 |
| 9 | JXM15 | 质量、安全活动记录 | 总监理工程师、专业监理工程师 |
| 10 | JZL1 | 见证取样统计表 | 专业监理工程师或监理员 |

注　钢结构分部工程由总监理工程师组织分部工程验收签认质量监理评估报告。

# 五、附表

对施工方案进行审核时，应运用数字监理平台逐项审查并勾选检查结果，填写修改意见。在平行检验及质量旁站时，根据表格内容逐项检查，并根据系统要求留存影像资料。未应用数字监理平台可采用纸质表单执行。

文件审查记录表如表 4-16 所示，平行检验记录表如表 4-17～表 4-24 所示，旁站监理记录表如表 4-25 所示。

表 4-16                    文件审查记录表（钢结构工程施工方案）

工程名称：                                                       编号：

| 文件名称 | （写文件全称，××施工方案—报审表编号） |
|---|---|
| 送审单位 | （编制单位全称） |

| 序号 | 监理项目部审查标准 | 检查结果 | 施工项目部反馈意见 |
|---|---|---|---|
| 1 | 施工方案的编制依据是否齐全、准确，是否已过期 | □合格　□不合格 | |
| | 修改意见： | | |
| 2 | 施工方案内容齐全、完整，钢结构的结构形式、柱与梁连接的方式、钢结构、配件型号、规格、数量。防火涂料的品种、性能 | □合格　□不合格 | |
| | 修改意见： | | |
| 3 | 制定的施工工艺流程应合理，并绘制流程图。施工方法应得当，有先进性，并有利于保证工程质量、安全、进度的相关措施 | □合格　□不合格 | |
| | 修改意见： | | |
| 4 | 起重机载荷、梁柱吊点确定应进行安全计算 | □合格　□不合格 | |
| | 修改意见： | | |
| 5 | 安全危险点分析或危险源辨识、环境因素识别是否准确、全面。风险控制措施应切实可行、针对性强 | □合格　□不合格 | |
| | 修改意见： | | |
| 6 | 质量保证措施应切实可行、针对性强。应有质量验收标准 | □合格　□不合格 | |
| | 修改意见： | | |
| 7 | 防火涂料涂装应明确涂装程序、厚度、防火等级等注意点 | □合格　□不合格 | |
| | 修改意见： | | |
| 8 | 起重机选择应综合考虑各区域布设位置、吊装量、距离和高度，并对照起重性能表 | □合格　□不合格 | |
| | 修改意见： | | |

续表

| 序号 | 监理项目部审查标准 | 检查结果 | 施工项目部反馈意见 |
|---|---|---|---|
| 9 | 吊绳的选择应根据吊装重量及吊点位置合理选用。并应在其额定许用荷载范围内使用 | □合格 □不合格 | |
| | 修改意见： | | |
| 10 | 存在的其他问题 | | |

总/专业监理工程师：＿＿＿＿＿＿＿＿  项目经理：＿＿＿＿＿＿＿＿＿
日 期：＿＿＿＿年＿＿月＿＿日  日 期：＿＿＿＿年＿＿月＿＿日

| 监理复查意见 | 总/专业监理工程师：＿＿＿＿＿＿＿＿＿＿<br>日 期：＿＿＿＿年＿＿月＿＿日 |
|---|---|

注 本表使用过程中可自行增加内容。本表一式两份，监理、施工项目部各存 1 份。

表 4-17 平行检验记录表（钢结构安装焊接）

工程名称： 编号：

| 检验对象分类 | | | □材料 | | □工序 | |
|---|---|---|---|---|---|---|
| 检验对象基本信息 | 材料 | 材料名称 | | 材料型号规格 | | |
| | | 生产厂家 | | 使用部位 | | |
| | 工序 | 工序名称 | 钢结构安装焊接 | 实施单位 | | |
| | | 其他 | | | | |

| 序号 | 检验项目 | 控制标准 | 检验结果 | 备注 |
|---|---|---|---|---|
| 1 | 焊接材料进场☆ | 焊接材料的品种、规格、性能应符合国家现行标准的规定并满足设计要求。焊接材料进场时，应按国家现行标准的规定抽取试件且应进行化学成分和力学性能检验，检验结果应符合国家现行标准的规定 | □合格 □不合格 | |
| 2 | 焊接材料与母材的匹配☆ | 应符合设计文件的要求及国家现行标准的规定。焊接材料在使用前，应按其产品说明书及焊接工艺文件的规定进行烘焙和存放 | □合格 □不合格 | |
| 3 | 焊工☆ | 持证焊工必须在其焊工合格证书规定的认可范围内施焊，严禁无证焊工施焊 | □合格 □不合格 | |
| 4 | 焊接工艺评定☆ | 施工单位应按《钢结构焊接规范》（GB 50661—2011）的规定进行焊接工艺评定，根据评定报告确定焊接工艺，编写焊接工艺规程并进行全过程质量控制 | （此处填写检测报告编号及结论） | |
| 5 | 设计要求的一、二级焊缝内部缺陷☆ | 应进行内部缺陷的无损检测，一、二级焊缝的质量等级和检测要求应符合《钢结构工程施工质量验收标准》（GB 50205—2020）的规定 | （此处填写检测报告编号及结论） | |

续表

| 序号 | 检 验 项 目 | | | 控 制 标 准 | | 检 验 结 果 | 备注 |
|---|---|---|---|---|---|---|---|
| 6 | 焊条外观质量 | | | 不应有药皮脱落、焊芯生锈等缺陷；焊剂不应受潮结块 | | □合格 □不合格 | |
| 7 | 无疲劳验算要求钢结构焊缝外观质量要求 | 焊缝外观质量 | | 焊缝不得有裂纹缺陷，一级、二级焊缝不得有电弧擦伤、表面夹渣、表面气孔等缺陷，且一级焊缝不得有未焊满、根部收缩、咬边、接头不良等缺陷 | | □合格 □不合格 | |
| | | 未焊满 | 二级 | ≤0.2+0.02$t$，且≤1mm | 每100mm长度焊缝内缺陷总长≤25mm | | |
| | | | 三级 | ≤0.2+0.04$t$，且≤2mm | | | |
| | | 根部收缩 | 二级 | ≤0.2+0.02$t$，且≤1mm，长度不限 | | | |
| | | | 三级 | ≤0.2+0.04$t$，且≤2mm，长度不限 | | | |
| | | 咬边 | 二级 | ≤0.05$t$且≤0.5mm；连续长度≤100mm，且焊缝两侧咬边总长≤10%焊缝全长 | | | |
| | | | 三级 | ≤0.1$t$且≤1mm；长度不限 | | | |
| | | 电弧擦伤 | 三级 | 允许存在个别 | | | |
| | | 接头不良 | 二级 | 缺口深度≤0.05$t$，且≤0.5mm | 每1000mm长度焊缝内不应超过1处 | | |
| | | | 三级 | 缺口深度≤0.1$t$，且≤1.0mm | | | |
| | | 表面夹渣 | 三级 | 深≤0.2$t$，长≤0.5$t$，且≤20mm | | | |
| | | 表面气孔 | 三级 | 每50mm焊缝长度允许直径<0.4$t$且≤3mm数量2个，孔距≥6倍孔径 | | | |
| 8 | 无疲劳验算要求的钢结构焊缝外观尺寸允许偏差 | 对接焊缝余高 | $B<$20mm 一、二级 | 0～3mm | | | |
| | | | 三级 | 0～3.5mm | | | |
| | | | $B≥$20mm 一、二级 | 0～4mm | | | |
| | | | 二级 | 0～5mm | | | |
| | | 对接焊缝错边 | 一、二级 | <0.1$t$，且≤2mm | | | |
| | | | 三级 | <0.15$t$，且≤3mm | | | |
| | 检验结论 | | | | | | |
| | 检验仪器及编号 | | | 焊缝量规： 放大镜： 钢卷尺： | | | |
| 检验人员 | | | | 现场检验日期 | | 年 月 日 | |
| | | | | 报告审查日期 | | 年 月 日 | |

**注** 带☆号检验项目为主控项目，$t$为厚度。

表 4-18　　　　　　　　　　平行检验记录表（焊钉焊接）

工程名称：　　　　　　　　　　　　　　　　　　编号：

| 检验对象分类 | | | □材料 | □工序 | |
|---|---|---|---|---|---|
| 检验对象基本信息 | 材料 | 材料名称 | | 材料型号规格 | |
| | | 生产厂家 | | 使用部位 | |
| | 工序 | 工序名称 | 焊钉焊接 | 实施单位 | |
| | | 其他 | | | |

| 序号 | 检验项目 | | | 控制标准 | 检验结果 | 备注 |
|---|---|---|---|---|---|---|
| 1 | 焊接材料进场☆ | | | 焊接材料的品种、规格、性能应符合国家现行标准的规定并满足设计要求。焊接材料进场时，应按国家现行标准的规定抽取试件且应进行化学成分和力学性能检验，检验结果应符合国家现行标准的规定 | □合格　□不合格 | |
| 2 | 焊接工艺评定☆ | | | 施工单位对其采用的栓钉和钢材焊接应进行焊接工艺评定，其结果应满足设计要求并符合国家现行标准的规定。栓钉焊接瓷环保存时应有防潮措施，受潮的焊接瓷环使用前应在120～150℃范围内烘焙1～2h | （此处填写实验报告编号及结论） | |
| 3 | 焊后弯曲试验☆ | | | 栓钉焊接接头外观质量检验合格后进行打弯抽样检查，焊缝和热影响区不得有肉眼可见的裂纹 | （此处填写实验报告编号及结论） | |
| 4 | 焊钉及焊接瓷环的规格、尺寸 | | | 焊钉及焊接瓷环的规格、尺寸及允许偏差应符合国家现行标准的规定 | □合格　□不合格 | |
| 5 | 焊钉材料进场 | | | 施工单位应按《电弧螺栓焊用圆柱焊钉》（GB/T 10433—2002）的规定，对焊钉的机械性能和焊接性能进行复验，复验结果应符合国家现行标准的规定并能满足设计要求 | （此处填写实验报告编号及结论） | |
| 6 | 栓钉焊接接头外观检验 | 焊缝外形尺寸 | | 360°范围内焊缝饱满拉弧式栓钉焊：焊缝高≥1mm，焊缝宽≥0.5mm。电弧焊：最小焊脚尺寸应符合本表的规定 | □合格　□不合格 | |
| | | 焊缝缺陷 | | 无气孔、夹渣、裂纹等缺陷 | | |
| | | 焊缝咬边 | | 咬边深度≤0.5mm，且最大长度不得大于1倍的栓钉直径 | | |
| | | 栓钉焊后倾斜角度 | | 倾斜角度偏差≤5° | | |
| 7 | 采用电弧焊方法的栓钉焊接接头最小焊脚尺寸 | 栓钉直径 | 10、13 | ≤6mm | | |
| | | | 16、19、22 | ≤8mm | | |
| | | | 25 | ≤10mm | | |
| | 检验结论 | | | | | |
| | 检验仪器及编号 | | 焊缝量规： | 放大镜： | 钢卷尺： | |
| 检验人员 | | | 现场检验日期 | | 年　月　日 | |
| | | | 报告审查日期 | | 年　月　日 | |

注　带☆号检验项目为主控项目。

表 4-19　　　　　　　　　　　平行检验记录表（高强度螺栓连接）

工程名称：　　　　　　　　　　　　　　　　　　　编号：

| 检验对象分类 | | | □材料　　　　　□工序 | | |
|---|---|---|---|---|---|
| 检验对象基本信息 | 材料 | 材料名称 | | 材料型号规格 | |
| | | 生产厂家 | | 使用部位 | |
| | 工序 | 工序名称 | 高强度螺栓连接 | 实施单位 | |
| | | 其他 | | | |
| 序号 | 检 验 项 目 | | 控 制 标 准 | 检验结果 | 备注 |
| 1 | 钢结构连接用高强度螺栓连接副的品种、规格、性能☆ | | 应符合国家现行标准的规定并满足设计要求。高强度大六角头螺栓连接副应随箱带有扭矩系数检验报告，扭剪型高强度螺栓连接副应随箱带有紧固轴力（预拉力）检验报告。高强度大六角头螺栓连接副和扭剪型高强度螺栓连接副进场时，应按国家现行标准的规定抽取试件且应分别进行扭矩系数和紧固轴力（预拉力）检验，检验结果应符合国家现行标准的规定 | □合格　□不合格 | |
| 2 | 扭矩系数或轴力复验☆ | | 高强大六角头螺栓连接副应复验其扭矩系数，扭剪型高强度螺栓连接副应复验其紧固轴力，其检验结果应符合《钢结构工程施工质量验收标准》（GB 50205—2020）的规定 | （此处填写实验报告编号及结论） | |
| 3 | 摩擦面的抗滑移系数试验和复验☆ | | 钢结构制作和安装单位应分别进行高强度螺栓连接摩擦面（含涂层摩擦面）的抗滑移系数试验和复验，现场处理的构件摩擦面应单独进行摩擦面抗滑移系数试验，其结果应满足设计要求 | （此处填写实验报告编号及结论） | |
| 4 | 尚强度螺栓连接副终拧☆ | | 高强度螺栓连接副应在终拧完成 1h 后、48h 内进行终拧质量检查，检查结果应符合相《钢结构工程施工质量验收标准》（GB 50205—2020）规定 | □合格　□不合格 | |
| 5 | 扭剪型高强度螺栓连接副终拧☆ | | 对于扭剪型高强度螺栓连接副，除因构造原因无法使用专用扳手拧掉梅花头者外，螺栓尾部梅花头拧断为终拧结束。未在终拧中拧掉梅花头的螺栓数不应大于该节点螺栓数的5%，对所有梅花头未拧掉的扭剪型高强度螺栓连接副应采用扭矩法或转角法进行终拧并做标记，且按《变电（换流）站土建工程施工质量验收规范》（Q/GDW 10183—2021）6.12.4规定进行终拧质量检查 | □合格　□不合格 | |
| 6 | 高强度螺栓连接副的施拧顺序和初拧、复拧扭矩☆ | | 应符合设计要求和《钢结构高强度螺栓连接技术规程》（JGJ 82—2021）的规定 | 检查施工记录结果 □合格　□不合格 | |
| 7 | 连接摩擦面 | | 应保持干燥、整洁，不应有飞边、毛刺、焊接飞溅物、焊疤、氧化铁皮、污垢等，除设计要求外摩擦面不应涂漆 | □合格　□不合格 | |

续表

| 序号 | 检 验 项 目 | | 控 制 标 准 | 检验结果 | 备注 |
|---|---|---|---|---|---|
| 8 | 连接外观质量 | 螺纹外露 | 2～3丝 | | |
| | | 螺纹外露1扣或4扣 | ≤10% | | |
| 9 | 扩孔 | | 高强度螺栓应能自由穿入螺栓孔,当不能自由穿入时,应用锉刀修正。修孔数量不应超过该节点螺栓数量的25%,扩孔后的孔径不应超过1.2$d$ | | |
| 检验结论 | | | □合格 □不合格 | | |
| 检验仪器及编号 | | | 扭矩扳手: 钢卷尺: | | |
| 检验人员 | | | 现场检验日期 | 年 月 日 | |
| | | | 报告审查日期 | 年 月 日 | |

注 带☆号检验项目为主控项目。

表 4-20 平行检验记录表(墙架、檩条安装)

工程名称: 编号:

| 检验对象基本信息 | 检验对象分类 | | □材料 □工序 | | | |
|---|---|---|---|---|---|---|
| | 材料 | 材料名称 | | 材料型号规格 | | |
| | | 生产厂家 | | 使用部位 | | |
| | 工序 | 工序名称 | 钢构件(墙架、檩条)安装 | 实施单位 | | |
| | | 其他 | | | | |

| 序号 | 检 验 项 目 | | 控 制 标 准 | 检验结果 | 备注 |
|---|---|---|---|---|---|
| 1 | 钢构件☆ | | 应符合设计要求并符合《钢结构工程施工质量验收标准》(GB 50205—2020)的规定,运输、堆放和吊装等造成变形及涂层脱落,应进行矫正和修补 | □合格 □不合格 | |
| 2 | 消能减震钢支撑的性能指标☆ | | 应满足设计要求 | 检查检测报告 □合格 □不合格 | |
| 3 | 顶紧接触面☆ | | 设计要求顶紧的构件或节点、钢柱现场拼接接头接触面不应少于70%密贴,且边缘最大间隙不应大于0.8mm | □合格 □不合格 | |
| 4 | 结构表面 | | 应干净,结构主要表面不应有疤痕、泥沙等污垢 | □合格 □不合格 | |
| 5 | 墙架立柱 | 中心线对定位轴线的偏移 | ≤10mm | | |
| | | 垂直度 | 不大于$H_5$/1000,且不大于10mm | | |
| | | 弯曲矢高 | 不大于$H_5$/1000,且不大于15mm | | |

续表

| 序号 | 检验项目 | | 控制标准 | 检验结果 | 备注 |
|---|---|---|---|---|---|
| 6 | 抗风桁架 | 水平偏差 | $\leq h_1/250$，且$\leq 15mm$ | | |
| | | 垂直偏差 | $\leq h_1/250$，且$\leq 15mm$ | | |
| | | 弦杆在相邻节间不平度 | $\leq l_2/1000$，且$\leq 5mm$ | | |
| 7 | 檩条、墙梁的间距 | | $\pm 5mm$ | | |
| 8 | 檩条的弯曲矢高 | | $\leq L_3/750$，且$\leq 12mm$ | | |
| 9 | 墙梁的弯曲矢高 | | $\leq L_3/750$，且$\leq 10mm$ | | |
| 10 | 檩条两端相对高差或与设计标高偏差 | | $\leq 5mm$ | | |
| 11 | 檩条直线度偏差 | | $\leq L_3/250$，且$\leq 10mm$ | | |
| 12 | 墙面檩条外侧平面任一点对墙轴线距离与设计偏差 | | $\leq 5mm$ | | |
| 检验结论 | | | □合格　□不合格 | | |
| 检验仪器及编号 | | 经纬仪：　　水准仪：　　钢卷尺： | | | |
| 检验人员 | | | 检验日期 | 年　月　日 | |

注　带☆号检验项目为主控项目。

表 4-21　　　　平行检验记录表（压型金属钢板）

工程名称：　　　　　　　　　　　　　　　　　编号：

| 检验对象分类 | | | □材料　　　　□工序 | |
|---|---|---|---|---|
| 检验对象基本信息 | 材料 | 材料名称 | 材料型号规格 | |
| | | 生产厂家 | 使用部位 | |
| | 工序 | 工序名称 | 压型金属钢板安装 | 实施单位 |
| | | 其他 | | |

| 序号 | 检验项目 | 控制标准 | 检验结果 | 备注 |
|---|---|---|---|---|
| 1 | 金属压型板及其原材料（基板、涂层板）的品种、规格、性能☆ | 应符合国家现行产品标准和设计要求 | □合格　□不合格 | |
| 2 | 泛水板、包角板、屋脊盖板及制造泛水板、包角板、屋脊盖板所采用的原材料，其品种、规格、性能等☆ | 符合国家现行产品标准的规定并满足设计要求 | □合格　□不合格 | |
| 3 | 压型金属板用固定支架的材质、规格尺寸、表面质量等☆ | 应符合国家现行产品标准的规定并满足设计要求 | □合格　□不合格 | |
| 4 | 压型金属板用橡胶垫、密封胶及其他材料，其品种、规格、性能等☆ | 应符合国家现行产品标准的规定并满足设计要求 | □合格　□不合格 | |
| 5 | 基板质量☆ | 不应有裂纹，涂、镀层不应有目视可见的裂纹、剥落、擦痕及颜色不匀等缺陷 | □合格　□不合格 | |

| 序号 | 检 验 项 目 | 控 制 标 准 | 检验结果 | 备注 |
|---|---|---|---|---|
| 6 | 压型金属板、泛水板等安装☆ | 压型金属板、泛水板、包角板和屋脊盖板等应固定可靠、牢固，防腐涂料涂刷和密封材料敷设应完好，连接件数量、规格、间距应满足设计要求并符合国家现行标准的规定 | □合格　□不合格 | |
| 7 | 扣合型和咬合型压型金属板板肋与连接☆ | 扣合型和咬合型压型金属板板肋应扣合、咬合牢固，板肋无开裂、脱落现象 | □合格　□不合格 | |
| 8 | 连接压型金属板、泛水板采用的自攻螺钉、铆钉、射钉其规格尺寸及间距、边距等☆ | 应符合设计要求并符合国家现行标准的规定 | □合格　□不合格 | |
| 9 | 压型金属板搭接长度☆ | 墙面压型金属板的长度方向连接采用搭接连接时，搭接端应设置在支承构件（如檩条、墙梁等）上，并应与支承构件有可靠连接。当采用螺钉或铆钉固定搭接时，搭接部位应设置防水密封胶带。压型金属板长度方向的搭接长度应满足设计要求，且当采用焊接搭接时，压型金属板搭接长度不宜小于50mm；当采用直接搭接时，墙面内层板不宜小于80mm，墙面外层板不宜小于120mm | □合格　□不合格 | |
| 10 | 压型金属板造型☆ | 压型金属板墙面的造型和立面分格应满足设计要求 | □合格　□不合格 | |
| 11 | 固定支架安装☆ | 固定支架数量、间距应符合设计要求，紧固件固定应牢固、可靠 | □合格　□不合格 | |
| 12 | 连接构造☆ | 变形缝、屋脊、檐口、山墙、穿透构件、天窗周边、门窗洞口、转角等部位的连接构造应满足设计要求并符合国家现行标准规定 | □合格　□不合格 | |
| 13 | 搭接及节点☆ | 压型金属板搭接部位、各连接节点部位应密封完整、连续，防水满足设计要求 | □合格　□不合格 | |
| 14 | 压型金属板精度 | 压型金属板的规格尺寸及允许偏差、表面质量、涂层质量等应符合国家现行产品标准的规定并满足设计要求 | □合格　□不合格 | |
| 15 | 压型金属板用固定支架 | 压型金属板用固定支架应无变形，表面平整光滑，无裂纹、损伤、锈蚀 | □合格　□不合格 | |
| 16 | 压型金属板用紧固件 | 表明应无损伤、锈蚀 | □合格　□不合格 | |
| 17 | 压型金属板用橡胶垫、密封胶及其他特殊材料、外观质量 | 应满足其产品标准要求，包装完好 | □合格　□不合格 | |
| 18 | 压型金属板表面质量 | 压型金属板成型后，板面应平直，无明显翘曲；表面应清洁，无油污、无明显划痕、磕伤等。切面应平直，切面整齐，板边无明显翘角、凹凸与波浪形，且不应有皱褶 | □合格　□不合格 | |
| 19 | 压型金属板安装外观 | 压型金属板安装应平整、顺直，板面不应有施工残留物和污物。檐口和墙面下端应呈直线，不应有未经处理的孔洞 | □合格　□不合格 | |

续表

| 序号 | 检验项目 | | 控制标准 | 检验结果 | 备注 |
|---|---|---|---|---|---|
| 20 | 压型金属板连接外观 | | 连接压型金属板、泛水板、包角板采用的自攻螺钉、铆钉、射钉等与被连接板应紧固密贴，外观排列整齐 | □合格 □不合格 | |
| 21 | 墙面压型金属板安装精度 | 竖排板的墙板波纹线相对地面的垂直度 | $H/800$，且≤25mm | | |
| | | 横排板的墙板波纹线与檐口的平行度 | ≤12mm | | |
| | | 墙板包角板相对地面的垂直度 | $H/800$，且≤25mm | | |
| | | 相邻两块压型金属板的下端错位 | ≤6mm | | |
| 22 | 固定支架安装外观 | | 固定支架安装后应无松动、破损、变形，表面无杂物 | □合格 □不合格 | |
| 23 | 构造节点安装外观 | | 变形缝、檐口、山墙、穿透构件、天窗周边、门窗洞口、转角等部位的连接构造应满足设计要求并符合国家现行标准规定 | □合格 □不合格 | |
| 检验结论 | | | □合格 □不合格 | | |
| 检验仪器及编号 | | 经纬仪： | 水准仪： | 钢卷尺： | |
| 检验人员 | | 检验日期 | | 年 月 日 | |

**注** 带☆号检验项目为主控项目。

**表 4-22** 平行检验记录表［钢构件（单层）安装］

工程名称：                                                          编号：

| 检验对象分类 | | | □材料 ☑工序 | | |
|---|---|---|---|---|---|
| 检验对象基本信息 | 材料 | 材料名称 | | 材料型号规格 | |
| | | 生产厂家 | | 使用部位 | |
| | 工序 | 工序名称 | 钢构件（单层）安装 | 实施单位 | |
| | | 其他 | | | |

| 序号 | 检验项目 | 控制标准 | 检验结果 | 备注 |
|---|---|---|---|---|
| 1 | 基础和地脚螺栓（锚栓）☆ | 符合设计要求或《钢结构工程施工质量验收标准》（GB 50205—2020）的规定 | 检查建筑物定位轴线、基础上柱的定位轴线和标高，支承面、地脚螺栓位置及尺寸，杯口尺寸。<br>□合格 □不合格 | |
| 2 | 钢构件☆ | 应符合设计要求并符合《钢结构工程施工质量验收标准》（GB 50205—2020）的规定，运输、堆放和吊装等造成变形及涂层脱落，应进行矫正和修补 | □合格 □不合格 | |

续表

| 序号 | 检 验 项 目 | | | 控 制 标 准 | 检验结果 | 备注 |
|---|---|---|---|---|---|---|
| 3 | 顶紧接触面☆ | | | 设计要求顶紧的构件或节点、钢柱现场拼接接头接触面不应少于70%密贴，且边缘最大间隙不应大于0.8mm | □合格 □不合格 | |
| 4 | 主体结构☆ | 整体立面偏移 | | $\leq H_5/1000$，且$\leq 25$mm | | |
| | | 整体平面弯曲 | | $\leq L_2/1500$，且$\leq 50$mm | | |
| 5 | 屋（托）架、桁架、梁垂直度及侧向弯曲矢高☆ | 跨中的垂直度 | | $\leq h_1/250$，且$\leq 15$mm | | |
| | | 侧向弯曲矢高 | $L_2\leq 30$m | $\leq L_2/1000$，且$\leq 10$mm | | |
| | | | 30m<$L_2\leq 60$m | $\leq L_2/1000$，且$\leq 30$mm | | |
| | | | $L_2> 60$m | $\leq L_2/1000$，且$\leq 50$mm | | |
| 6 | 构件节点对接偏差☆ | | | 符合《钢结构工程施工质量验收标准》（GB 50205—2020）的规定 | 检查构件截面对接位置，构件轴线空间位置，构件对接处截面平面度偏差<br><br>□合格 □不合格 | |
| 7 | 钢桁架、梁支座中心对定位轴线的偏差 | | | $\leq 10$mm | | |
| 8 | 钢柱安装精度 | 柱脚底座中心线对定位轴线的偏移 | | $\leq 5$mm | | |
| | | 柱子定位轴线 | | $\leq 1$mm | | |
| | | 柱基准点标高偏差 | 有吊车梁的柱 | $-5\sim 3$mm | | |
| | | | 无吊车梁的柱 | $-8\sim 5$mm | | |
| | | 弯曲矢高 | | $\leq H_5/1200$，且$\leq 15$mm | | |
| | | 柱轴线垂直度（单层） | | $\leq H_5/1000$，且$\leq 25$mm | | |
| | | 钢柱安装偏差 | | $\leq 3$mm | | |
| | | 各柱顶高度差 | | $\leq 5$mm | | |
| 9 | 钢梁安装精度 | 同一根梁两端顶面的高差 | | $L_2/1000$，且$\leq 10$mm | | |
| | | 主梁与次梁上表面的高差 | | $\pm 2$mm | | |
| 10 | 构件轴线空间位置偏差 | | | $\leq 10$mm | | |
| 11 | 节点中心空间位置偏差 | | | $\leq 15$mm | | |
| 12 | 结构表面 | | | 应干净，不应有疤痕、泥沙等污垢 | □合格 □不合格 | |
| 检验结论 | | | | □合格 □不合格 | | |
| 检验仪器及编号 | | | 经纬仪： | 水准仪： | 钢卷尺： | |
| 检验人员 | | | | 检验日期 | 年 月 日 | |

注 带☆号检验项目为主控项目。

表 4-23 　　　　　　　　平行检验记录表［钢构件（多层）安装］

工程名称：　　　　　　　　　　　　　　　　　　　　　　编号：

| 检验对象分类 | | | □材料 | □工序 | |
|---|---|---|---|---|---|
| 检验对象基本信息 | 材料 | 材料名称 | | 材料型号规格 | |
| | | 生产厂家 | | 使用部位 | |
| | 工序 | 工序名称 | 钢构件（多层）安装 | 实施单位 | |
| | | 其他 | | | |

| 序号 | 检 验 项 目 | | | 控 制 标 准 | 检 验 结 果 | 备注 |
|---|---|---|---|---|---|---|
| 1 | 基础和地脚螺栓（锚栓）☆ | | | 符合设计要求或《钢结构工程施工质量验收标准》（GB 50205—2020）的规定 | 检查建筑物定位轴线、基础上柱的定位轴线和标高，支承面、地脚螺栓位置及尺寸，杯口尺寸。<br>□合格　□不合格 | |
| 2 | 钢构件☆ | | | 应符合设计要求并符合《钢结构工程施工质量验收标准》（GB 50205—2020）的规定，运输、堆放和吊装等造成变形及涂层脱落，应进行矫正和修补 | □合格　□不合格 | |
| 3 | 顶紧接触面☆ | | | 设计要求顶紧的构件或节点、钢柱现场拼接接头接触面不应少于70%密贴，且边缘最大间隙不应大于0.8mm | □合格　□不合格 | |
| 4 | 主体结构☆ | 整体立面偏移 | | $\leqslant H_5/2500+10$，且$\leqslant 30$mm | | |
| | | 整体平面弯曲 | | $\leqslant L_2/1500$，且$\leqslant 50$mm | | |
| 5 | 屋（托）架、桁架、梁垂直度及侧向弯曲矢高☆ | 跨中的垂直度 | | $\leqslant h_1/250$，且$\leqslant 15$mm | | |
| | | 侧向弯曲矢高 | $L_2\leqslant 30$m | $\leqslant L_2/1000$，且$\leqslant 10$mm | | |
| | | | $30$m$<L_2\leqslant 60$m | $\leqslant L_2/1000$，且$\leqslant 30$mm | | |
| | | | $L_2>60$m | $\leqslant L_2/1000$，且$\leqslant 50$mm | | |
| 6 | 构件节点对接偏差☆ | | | 符合《钢结构工程施工质量验收标准》（GB 50205—2020）的规定 | 检查构件截面对接位置，构件轴线空间位置，构件对接处截面平面度偏差。<br>□合格　□不合格 | |
| 7 | 同一层标高偏差☆ | | | 同一结构层或同一设计标高异型构件标高允许偏差应$\leqslant 5$mm | | |
| 8 | 钢柱安装精度☆ | 柱脚底座中心线对定位轴线的偏移 | | $\leqslant 5$mm | | |
| | | 柱子定位轴线 | | $\leqslant 1$mm | | |

| 序号 | 检 验 项 目 | | 控 制 标 准 | 检验结果 | 备注 |
|---|---|---|---|---|---|
| 8 | 钢柱安装精度☆ | 柱基准点标高偏差 有吊车梁的柱 | −5～3mm | | |
| | | 无吊车梁的柱 | −8～5mm | | |
| | | 弯曲矢高 | ≤$H_5$/1200，且≤15mm | | |
| | | 柱轴线垂直度 单层柱 | ≤$H_5$/1000，且≤25mm | | |
| | | 多层柱 单节柱 | ≤$H_5$/1000，且≤10mm | | |
| | | 柱全高 | ≤35mm | | |
| | | 钢柱安装偏差 | ≤3mm | | |
| | | 同一层各柱顶高度差 | ≤5mm | | |
| 9 | 钢梁安装精度 | 同一根梁两端顶面的高差 | $L_2$/1000，且≤10mm | | |
| | | 主梁与次梁上表面的高差 | ±2mm | | |
| 10 | 钢桁架、梁支座中心对定位轴线的偏差 | | ≤10mm | | |
| 11 | 主体结构总高度 | 用相对标高控制安装 | $±\sum(Δ_h+Δ_z+Δ_w)$ | | |
| | | 用设计标高控制安装 | $+H_4$/1000，且≤30mm<br>$−H_4$/1000，且≤−30mm | | |
| 12 | 构件轴线空间位置偏差 | | ≤10mm | | |
| 13 | 节点中心空间位置偏差 | | ≤15mm | | |
| 14 | 构件对接处截面的平面度偏差 | 截面边长 l≤3m | ≤2mm | | |
| | | 截面边长 l>3m | ≤截面边长 l/1500 | | |
| 15 | 结构表面 | | 应干净，不应有疤痕、泥沙等污垢 | □合格　□不合格 | |
| 检验结论 | | | □合格　□不合格 | | |
| 检验仪器及编号 | | | 经纬仪：　　　水准仪：　　　钢卷尺： | | |
| 检验人员 | | | 检验日期 | 年　月　日 | |

注　带☆号检验项目为主控项目。

表 4-24　　　　　　　　　　平行检验记录表（防火涂料涂装）

工程名称：　　　　　　　　　　　　　　　　　　　　　　　编号：

| 检验对象分类 | | | □材料　　　　　□工序 | | |
|---|---|---|---|---|---|
| 检验对象基本信息 | 材料 | 材料名称 | | 材料型号规格 | |
| | | 生产厂家 | | 使用部位 | |
| | 工序 | 工序名称 | 防火涂料涂装 | 实施单位 | |
| | | 其他 | | | |

| 序号 | 检 验 项 目 | 控 制 标 准 | 检验结果 | 备注 |
|---|---|---|---|---|
| 1 | 产品进场☆ | 钢结构防火涂料的品种和技术性能应满足设计要求，并应经法定的检测机构检测，检测结果应符合国家现行标准的规定 | 检查质量证明文件结果<br>□合格　□不合格 | |
| 2 | 涂装基层验收☆ | 防火涂料涂装前，钢材表面防腐涂装质量应满足设计要求并符合《钢结构工程施工质量验收标准》（GB 50205—2020）的规定 | □合格　□不合格 | |
| 3 | 强度试验☆ | 防火涂料粘结强度、抗压强度应符合《钢结构防火涂料》（GB 14907—2018）的规定 | 复试报告编号<br>□合格　□不合格 | |
| 4 | 涂层厚度☆ | 膨胀型（超薄型、薄涂型）防火涂料、厚涂型防火涂料的涂层厚度及隔热性能应满足国家现行标准有关耐火极限的要求，且不应小于−200μm。当采用厚涂型防火涂料涂装时，80%及以上涂层面积应满足国家现行标准有关耐火极限的要求，且最薄度不应低于设计要求的85% | □合格　□不合格 | |
| 5 | 表面裂纹☆ | 超薄型防火涂料涂层表面不应出现裂纹；薄涂型防火涂料涂层表面裂纹宽度不应大于 0.5mm；厚涂型防火涂料涂层表面裂纹宽度不应大于 1.0mm | □合格　□不合格 | |
| 6 | 防火涂料的型号、名称、颜色及有效期 | 应与其质量证明文件相符。开启后，不应存在结皮、结块、凝胶等现象 | □合格　□不合格 | |
| 7 | 基层表面 | 不应有油污、灰尘和泥砂等污垢 | □合格　□不合格 | |
| 8 | 涂层表面质量 | 防火涂料不应有误涂、漏涂，涂层应闭合，无脱层、空鼓、明显凹陷、粉化松散和浮浆、乳突等缺陷 | □合格　□不合格 | |
| 检验结论 | | □合格　　□不合格 | | |
| 检验仪器及编号 | | 厚度测量仪：　　　　钢卷尺： | | |
| 检验人员 | | 检验日期 | 年　月　日 | |

注　带☆号检验项目为主控项目。

表 4-25　　　　　　　　　旁站监理记录表（钢结构吊装）

工程名称：　　　　　　　　　　　　　　　　　　　　　　　编号：

| 日期及天气： | 施工地点：××区域 |
| --- | --- |
| 旁站监理的部位或工序：钢结构吊装 | |
| 旁站监理开始时间： | 旁站监理结束时间： |

施工情况：

| 作业必备条件 | 1．现场负责人_____，安全监护人_____，现场作业人员共计名_____。现场电工、焊工等特殊工种经监理项目部审批合格 | □合格　□不合格 |
| --- | --- | --- |
| | 2．主要施工器具（填写名称、型号及数量）、机械设备（填写名称、型号及数量）经监理项目部审批合格 | □合格　□不合格 |
| | 3．材料：钢结构构件、配件、部件、高强度螺栓、防火涂料、焊接材料等已报监理审查合格符合设计及规范要求 | □合格　□不合格 |
| | 4．检查作业票及每日站班会规范，工作内容、人员与现场对应；施工方案审批、交底已完成 | □合格　□不合格 |
| | 5．安全文明施工设施及个人防护用品配置符合要求 | □合格　□不合格 |
| | 6．其他： | |

监理情况：

1．吊装区域必须规范设置警戒区域，悬挂警告牌，设专人监护，严禁非作业人员进入。吊装过程中设专人指挥，吊臂及吊物下严禁站人或有人经过。　　　　是□　否□

2．汽车起重机不准超重行驶或不打支腿就吊重。在打支腿时，支腿伸出放平后，即关闭支腿开关，如地面松软不平，应修整地面，垫放枕木。起重机各项措施检查安全可靠后再进行起重作业。起吊物应绑牢，并有防止倾倒措施。吊钩悬挂点应与吊物的重心在同一垂直线上，吊钩钢丝绳应保持垂直，严禁偏拉斜吊。落钩时，应防止吊物局部着地引起吊绳偏斜，吊物未固定好，严禁松钩。　　　　是□　否□

3．起重工作区域内无关人员不得停留或通过。在伸臂及吊物的下方，严禁任何人员通过或逗留。　　　　是□　否□

4．起吊前应检查起重设备及其安全装置；重物吊离地面约100mm时应暂停起吊并进行全面检查，确认良好后方可正式起吊。起重机吊运重物时应走吊运通道，严禁从有人停留场所上空越过；对起吊的重物进行加工、清扫等工作时，应采取可靠的支承措施，并通知起重机操作人员。吊起的重物不得在空中长时间停留。　　　　是□　否□

5．起重设备、吊索具和其他起重工具的工作负荷，超过铭牌规定。　　　　是□　否□

6．钢柱标高、轴线调整完成，临时拉线固定并做好临时接地之后，再开始登杆作业，摘除吊钩。当天吊装完成的钢结构，必须完成柱脚螺栓的紧固。否则，不得拆除临时拉线。　　　　是□　否□

7．横梁吊装前，吊点位置是否与施工方案一致。　　　　是□　否□

8．吊点处要有对吊绳的防护措施，防止吊绳卡断。待横梁距就位点上方200～300mm稳定后，作业人员方可进入作业点。横梁就位时，应使用尖扳手定位，禁止用手指触摸螺栓固定孔。横梁就位后，应及时用螺栓固定。　　　　是□　否□

9．高处作业人员进行攀爬柱、体钢结构连接作业时必须使用提前设置的垂直攀登自锁器。在横梁上行走时，必须使用提前设置的水平安全绳。在转移作业位置时不得失去保护。　　　　是□　否□

10．所用的工具和材料放在工具袋内或用绳索拴在牢固的构件上，较大的工具系有保险绳。上下传递物件使用绳索，不得抛掷。　　　　是□　否□

11．强调执行：吊装作业必须在起重机械的额定起重量范围内进行，用于吊装的钢丝绳、吊装带、卸扣、吊钩等吊具应经过安全检验合格后方可使用，并应在其额定许用荷载范围内使用。　　　□已执行　□未执行

12．及时采集、整理数码照片资料

发现问题：

处理意见：

备注（包括处理结果）

项目监理机构：
旁站监理人员：
日　　　期：

注　1．本表适用于钢结构吊装安全监理旁站。

2．当日作业存在工作票时，应注意检查两票关联性。

3．□中符合条件打"√"，不符合条件打"×"，不涉及检查项目打"\"。

# 第三节

# 构 支 架 吊 装

## 一、构支架吊装节点管控表

构支架吊装节点管控表如表 4-26 所示。

表 4-26                                   构支架吊装节点管控表

| 工艺流程图 | 监理主要工作 | 监理成果 |
|---|---|---|
| 施工准备 | 审查施工单位人员、机械、材料、施工方案，对现场安全文明布置情况进行检查；材料设备进场 | 填写文件审查记录表；填写设备材料开箱检查记录表 |
| 基础尺寸复核，构支架加工件验收<br>构支架构架组装 | 基础尺寸复核，构支架组装检查验收 | 专业监理工程师复核结果填写平行检验记录表 |
| 构支架吊装（组吊） | 构支架吊装监理旁站 | 填写旁站监理记录 |
| 找正<br>防腐处理<br>泄水孔灌浆 | 找正、防腐处理及泄水孔质量检验 | 专业监理工程师填写平行检验记录表 |
| 质量验收 | 子分部工程质量验收 | 总监理工程师组织分部工程验收审核并签认施工分部工程报审资料 |

编制说明：
1. 编制目的：根据施工工艺流程，列明监理主要工作内容及应及时填写的表单。
2. 编制依据：标准工艺，统一验收表式及质量验评划分表，安全风险管理规程，监理工作标准化指导手册。

## 二、主要安全风险

### （一）构支架吊装主要风险

起重伤害、高处坠落。

## （二）控制措施

（1）吊装前检查机械索具、夹具吊环、钢丝绳等是否完好并符合已审定方案的要求，并进行试吊。

（2）构件吊卸在工程结构楼面时，严禁超负荷堆放；（钢管）构支架现场堆放时，高度不得超过 3 层，堆放场地应平整坚硬，杆段下面多点支垫，两侧应掩牢。

（3）架构吊点位置必须经过计算现场指定。临时拉线绑扎应靠近杆头，吊点绳和临时拉线须由专业起重工绑扎并用卡扣紧固。

（4）起吊中，对起吊的重物进行加工、清扫等工作时，应采取可靠的支承措施，并通知起重机操作人员。当构架吊起后与地脚螺栓对接的过程中，作业人员注意不要将手扶在地脚螺栓处，避免构架突然落下将手压伤。

（5）落钩时，防止吊物局部着地引起吊绳偏斜，吊物未固定好，严禁松钩。构架标高、轴线调整完成，杆根部及临时拉线固定并做好临时接地之后，再开始登杆作业，摘除吊钩。混凝土强度达不到要求时，严禁拆除楔子和临时拉线。

（6）登杆作业前需完成标高、轴线调整，并固定临时拉线且做好临时接地。

（7）作业人员攀爬型杆时，必须使用垂直攀登自锁器。

（8）已吊装就位的构件（砼柱、构支架等）要用木楔及风绳进行临时固定，就位后及时进行二次灌浆，未达到规定强度前，不得拆除临时固定措施。

（9）完成吊装的构架柱应立即安装临时接地，一榀构架至少应有两个接地点。

# 三、构支架吊装控制要点

## （一）吊装前控制要点

（1）本作业的施工人员和机械已进场，特殊工种作业人员持证作业且满足施工需要。作业人员已进行安全风险交底，掌握当日工作危险点及预控措施。

（2）施工机械吊车型号、规格与施工方案报审型号、规格一致。作业人员安全防护用品[安全帽/安全带/安全绳/双钩/速差自控器（防坠器）/攀登绳/攀登自锁器等]外观及使用性能完好；各部件完整无缺失；配置数量满足人员使用需求；张贴检验合格标识。大型组装吊装设备进场安装后，应由专业部门检验合格并出具报告后方可使用。

（3）物资材料准备能满足本作业连续施工需要，查验螺栓、构支架类型及材质是否符合设计要求，核对甲供材料进场清单（含螺栓清单）和施工单位材料进场申请单、构支架的产品合格证、材料出厂检测报告（可依据第一章通用章节内容）。构支架开箱验收应由监理单位组织，施工填报表格，业主、运行、厂家、物资公司、施工参加（某些工程技术监督和设备监造人员也应参加）。构支架应重点检查焊接质量、镀锌层厚度、孔洞尺寸等，发现问题应及时协调解决。

（4）构支架专项方案编制、审批已完成，方案中应有受力计算过程结果，技术交底已开展（监理需参加）。全体施工的人员都参加交底并签名，形成书面交底记录。

（5）吊装区域实行封闭管理且具备安全文明施工条件，安全标志标牌醒目有效。起重机架设区域的地面承载力是否满足安全起吊要求，相关措施是否到位。

## （二）过程控制要点

### 1. 预埋件安装基础及预埋件安装

参考第三章　地基与基础　第三节　基础相关内容。

### 2. 存放及地面组装

（1）构架运到现场后，检查构架有无变形、脱锌及破损、开裂现象，检查规格型号与设计图纸是否一致。检查高强螺栓有无合格证并抽样进行拉力试验。监理过程中应在现场对材料进行进场验收（核对材料的规格、型号、数量、外观等参数），进场验收合格后同意材料进场，材料进场后监理见证取样。

（2）将略有变形的构架用千斤顶进行校直，误差不大于钢管长度的千分之一，现场若无条件，可运生产厂家校直。各法兰面的飞边、毛刺、锌渣等应清除掉。

（3）按厂家预装记号或设计图纸的规格尺寸进行分组，测量组装后尺寸是否符合图纸要求。

（4）选择基础附近较平的地面铺设枕木，枕木不宜铺设过高，以 1～3 层为宜，为保证构架弯曲度，各排枕木顶部应在同一水平线上。

（5）构架组装时把构架按顺序排列在枕木上，从人字杆顶部开始组装，组装时要先把所有螺栓全部都穿入螺孔，注意构架根开符合设计要求后，在不影响以后组装时才能拧紧，并且要均匀拧紧，防止钢管倾斜，先把内螺母拧紧完后再套入第二颗螺母拧紧。拧紧螺栓应分两次，即初拧和终拧。

（6）根据设计图纸安装爬梯及避雷针，爬梯安装时要注意组件的方向，各抱箍的距离应复核设计图纸要求，每格梯子的间距要基本一致，避雷针安装后要在针尖处挂明显标志，以免路人经过碰上受伤。

（7）横梁组装时根据图纸及厂家预装编号进行。横梁根据设计要求预拱，防止吊装时难以就位。螺栓穿孔时不得气割扩孔。拧紧顺序应由中央向两边顺序拧紧，拧紧分为初拧和终拧。

（8）横梁组装完后要立即检查法兰面的间隙、轴线偏差、弯曲度、螺栓的紧固力矩与设计要求。

（9）对于组装中出现的脱锌部位要进行喷镀处理。需要喷锌的部位要打磨干净，直至露出金属光泽，不能残留油污及任何杂质。

**说明：**构架、横梁及避雷针吊装为监理主要安全旁站点，监理工作要求可依据《国家电网有限公司监理项目部标准化手册变电工程分册》中 4.4 安全旁站要点。

**3．找正**

柱的校正过程中采用两台经纬仪同时在相互垂直的两个面上检测。校正时从中间轴线向两边校正，每次经纬仪的放置位置应做好记号，避免造成误差。监理过程中应使用经纬仪、水准仪与钢尺进行复核。

**4．泄水孔灌浆**

无封顶板的构支架应设置泄水孔，泄水孔内应采用灌浆料或细石混凝土灌注，灌浆高度应略高于泄水孔下口保证泄水通畅。管内底部灌入细石混凝土时不得高于溢水口。监理应通过观测法进行检查，并检查灌浆料的配合比及施工记录。

## （三）检查与验收

依照《变电（换流）站土建工程施工质量验收规范》（Q/GDW 10183—2021）附录B.1（续）及国家电网有限公司统一验收表式相关要求，构支架制作安装（组吊）为单位工程屋外配电装置构筑物中主体结构分部工程中的子分部工程。

（1）检验批、分项工程验收：专业监理工程师组织审核并签认施工检验批及分项工程报审资料，填写监理平行检验记录表。

（2）分部工程验收：总监理工程师组织分部工程验收审核并签认施工分部工程报审资料。

（3）单位工程预验收：总监理工程师组织单位工程预验收并签认单位工程质量验收报告，同时组织编制屋外配电装置构筑物工程质量评估报告。

# 四、报告与记录

施工过程中形成的主要成果资料见表 4-27。

表 4-27　　　　　　　　施工过程中形成的主要成果资料

| 序号 | 编号 | 名　称 | 填　报 |
|---|---|---|---|
| 1 | JXM3 | 文件审查记录表 | 总监理工程师、专业监理工程师 |
| 2 | JXM9 | 旁站监理记录表 | 安全监理工程师 |
| 3 | JZL3 | 平行检查记录表 | 专业监理工程师 |

# 五、附表

对施工方案进行审核时，应运用数字监理平台逐项审查并勾选检查结果，填写修改意见。在平行检验及安全旁站时，根据表格内容逐项检查，并根据系统要求留存影像资料。未应用数字监理平台可采用纸质表单执行。

文件审查记录表如表4-28所示，平行检查记录表如表4-29和表4-30所示，旁站监理记录表如表4-31所示。

表4-28 文件审查记录表（构支架吊装施工方案）

工程名称： 编号：

| 文件名称 | （写文件全称，××施工方案—报审表编号） | | |
|---|---|---|---|
| 送审单位 | （编制单位全称） | | |
| 序号 | 监理项目部审查标准 | 检查结果 | 施工项目部反馈意见 |
| 1 | 施工方案的编制依据是否已过期 | □合格 □不合格 | |
| | 修改意见： | | |
| 2 | 施工方案中描述清楚构支架的结构形式、各区域构支架规模及构件规格、数量、质量 | □合格 □不合格 | |
| | 修改意见： | | |
| 3 | 技术措施应包含施工准备、构件装卸及堆放、构件组装、涂料喷涂、吊装、校正、成品保护、临时接地等内容 | □合格 □不合格 | |
| | （1）施工准备工作应清楚描述到货验收相关要求、场地（基础）交安相关要求 | □合格 □不合格 | |
| | （2）构件装卸及堆放应清楚描述构件装卸吊装过程中的要点及构件堆放要求 | □合格 □不合格 | |
| | （3）构支架组装应清楚描述各种结构形式的构件组装方式、预拱度、螺栓紧固要求等要点 | □合格 □不合格 | |
| | （4）涂料喷涂应明确喷涂程序、厚度、防火要求等注意点 | □合格 □不合格 | |
| | （5）起吊工具选择应综合考虑各区域布设位置、吊装量、距离和高度，并对照起重性能表 | □合格 □不合格 | |
| | （6）吊绳的选择应根据吊装重量及吊点位置合理选用 | □合格 □不合格 | |
| | （7）描述吊装完成后的地脚螺栓紧固工作、构架校正、灌浆等工作并列出相关数据 | □合格 □不合格 | |
| | （8）明确成品保护、临时接地工作 | □合格 □不合格 | |
| | 修改意见： | | |

总/专业监理工程师：_____ 项目经理：_____
日 期：____年___月___日 日 期：____年___月___日

监理复查意见

总/专业监理工程师：_____
日 期：_____年___月___日

注 本表使用过程中可自行增加内容。本表一式两份，监理、施工项目部各存1份。

表 4-29　　　　　　　　　平行检查记录表（构支架组装）

工程名称　　　　　　　　　　　　　　　　　　　　　　　　编号：

| 检验对象分类 | | | □材料　　　　　□工序 | | |
|---|---|---|---|---|---|
| 检验对象 | 材料 | 材料名称 | 材料型号规格 | | |
| | | 生产厂家 | 使用部位 | | |
| | 工序 | 工序名称 | 实施单位 | | |
| | | 其他 | 使用部位： | | |

| 序号 | 验收项目 | 设计要求及规范规定 | 质量检验结果 | 备注 |
|---|---|---|---|---|
| 1 | 构支架地面组装☆ | 地面组装前应对高强度螺栓连接副按要求进行批次检验，并应符合现行国家标准《紧固件机械性能　螺栓、螺钉和螺柱》（GB/T 3098.1—2010）和《紧固件机械性能　螺母》（GB/T 3098.2—2015）的有关规定 | （此处填写检测报告编号及结论） | |
| | | 构支架地面组装前应仔细检查构件编号及基础编号，并应根据吊装总平面布置图进行排杆 | □合格　□不合格 | |
| | | 构件的支垫处应夯实，每段杆应根据构件长度和重量设置支点 | □合格　□不合格 | |
| | | 排杆后应对变形的构件进行校正；应检查法兰盘的平整度并处理影响法兰接触的附着物 | □合格　□不合格 | |
| 2 | 构件位置☆ | 组装前应仔细检查各构件的位置正确，连接质量应符合现行国家标准《钢结构工程施工质量验收标准》（GB 50205—2020）的有关规定 | □合格　□不合格 | |
| 3 | 钢柱的安装顺序☆ | 钢柱组装时应先主材后腹杆，法兰螺栓应由下向上、由里向外穿，法兰螺栓穿向应一致，法兰应垂直于钢管中心线，接触面应相互平行 | □合格　□不合格 | |
| 4 | 钢梁组装☆ | 应遵循先下弦后上弦、先主材后腹杆的组装程序；钢梁应按设计的预拱量进行起拱；螺栓穿向应一致，水平面应由下向上、垂直面由里向外穿 | □合格　□不合格 | |
| 5 | 法兰螺栓紧固☆ | 应按圆周分布角对称拧紧；节点螺栓应按从中心到边缘的顺序对称拧紧；螺栓的紧固扭矩应符合设计及相关规范要求 | □合格　□不合格 | |
| 6 | 组装完成后复核☆ | 组装后，应检查结构尺寸和螺栓规格，对高强螺栓应按技术要求逐个检查 | □合格　□不合格 | |
| 7 | 钢爬梯、地线柱等构件☆ | 应按构架透视图位置正确安装于构架杆体上，并应注意位置朝向 | □合格　□不合格 | |
| 8 | 设备支架安装顺序☆ | 设备支架可先地面组装，地面组装应先主材后腹杆，螺栓穿向应由里向外，组装后对支架几何尺寸进行检查，并应符合要求后再紧固螺栓 | □合格　□不合格 | |

续表

| 序号 | 验收项目 | 设计要求及规范规定 | | | 质量检验结果 | 备注 |
|---|---|---|---|---|---|---|
| 9 | 焊接连接☆ | 采用焊接连接时，应符合设计要求及《电子工程防静电设计规范》（GB 50611—2010）的有关规定 | | | □合格 □不合格 | |
| 10 | 焊缝质量☆ | 焊缝质量应达到设计要求 | | | □合格 □不合格 | |
| 11 | 构支架组装的允许偏差☆ | 构架柱 | 弯曲失高偏差 | ≤$H$/1500 且 ≤10mm | | |
| | | | 根开偏差 | ≤10mm | | |
| | | | 长度偏差 | ±5mm | | |
| | | | 柱顶板平整度偏差 | ≤3mm | | |
| | | 支架 | 弯曲失高偏差 | ≤$H$/1200 且 ≤10mm | | |
| | | | 长度偏差 | ±5mm | | |
| | | | 断面尺寸偏差 | ±3mm | | |
| | | | 安装螺孔中心距偏差 | −10～5mm | | |
| | | 梁 | 侧向弯曲失高 | ≤$L$/1000 且 ≤20mm | | |
| | | | 预拱值偏差 设计要求起拱 | ±$L$/1000 | | |
| | | | 预拱值偏差 设计未要求起拱 | 0～$L$/2000 | | |
| | | | 钢梁挂线板相间距离偏差 | ≤8mm | | |

| 检验结论 | | □合格 □不合格 | |
|---|---|---|---|
| 检验仪器及编号 | | 厚度测量仪： 钢卷尺： | |
| 检验人员 | | 现场检验日期 | 年 月 日 |
| | | 报告审查日期 | 年 月 日 |

注 带☆号检验项目为主控项目。

表 4-30　　　　　　　　　　平行检查记录表（构支架吊装）

工程名称　　　　　　　　　　　　　　　　　　　　　　　编号：

| 检验对象分类 | | | □材料 □工序 | | |
|---|---|---|---|---|---|
| 检验对象 | 材料 | 材料名称 | | 材料型号规格 | |
| | | 生产厂家 | | 使用部位 | |
| | 工序 | 工序名称 | | 实施单位 | |
| | | 其他 | | | |
| 序号 | 检验项目 | 设计要求及规范规定 | | 检查记录 | 检查结果 |
| 1 | 构支架吊装外部条件 | 构支架吊装应在晴朗且无六级以上大风、无雷雨、无雪、无浓雾的天气下进行 | | □合格 □不合格 | |

| 序号 | 检验项目 | 设计要求及规范规定 | | | 检查记录 | 检查结果 |
|---|---|---|---|---|---|---|
| 2 | 吊点位置和数量 | 应根据构架的结构、重量及长度等选择确定 | | | □合格　□不合格 | |
| 3 | 吊装时保护措施 | 吊装时应采取保护措施，不得对构件镀锌层造成碰伤和磨损 | | | □合格　□不合格 | |
| 4 | 吊装过程中监测 | 起吊过程中应随时注意观察构架柱各杆件的变形情况，发现异常时应停止吊装，并应及时处理 | | | □合格　□不合格 | |
| 5 | 吊装完成后校正及固定 | 构支架组立后，应在纵横轴线上校正中心及垂直度，临时固定应牢固可靠 | | | □合格　□不合格 | |
| 6 | 接地安装 | 构架柱组立后，必须立即做好临时接地 | | | □合格　□不合格 | |
| 7 | 临时拉线安装 | 构支架组力后，必须立即打牢构架柱的临时拉线，拉线大小应根据吊物的重量选定 | | | □合格　□不合格 | |
| 8 | 地锚安装 | 地锚宜采用水平埋设，其埋入深度应根据地锚的受力大小和土质确定 | | | □合格　□不合格 | |
| 9 | 吊装顺序 | 两基构架吊装应固定完好后再吊装横梁，其连接螺栓的安装方向应统一，拧紧后宜露出2～3扣，螺栓扭矩标准值应符合设计规定 | | | □合格　□不合格 | |
| 10 | 校正顺序 | 构架的整体校正应在纵横轴线上同时进行校正，校正时宜从中间轴线向两边校正 | | | □合格　□不合格 | |
| 11 | 二次灌浆 | 待构架整体校正结束后，再进行混凝土灌浆 | | | □合格　□不合格 | |
| 12 | 拆除临时拉线 | 基础灌浆强度达到设计混凝土强度75%，且钢梁及节点上所有紧固件都复紧后方可拆除临时拉线 | | | □合格　□不合格 | |
| 13 | 构支架吊装组力偏差 | 构架柱 | 整体垂直度 | $\leq H/1000$ 且 $\leq 25mm$ | | |
| | | | 中心线对基础轴线偏移 | ±5mm | | |
| | | | 柱杆弯曲失高偏差 | $\leq H/1200$ 且 $\leq 20mm$ | | |
| | | 支架 | 整体垂直度 | $\leq H/1000$ 且 $\leq 10mm$ | | |
| | | | 中心线对基础轴线偏移 | ±10mm | | |
| | | | 支架顶标高偏差 | ±5mm | | |
| | | | 弯曲失高偏差 | $\leq H/1200$ 且 $\leq 10mm$ | | |
| | | 梁 | 预拱值偏差 设计要求起拱 | ±L/1000 | | |
| | | | 设计未要求起拱 | 0～L/2000 | | |

| 检查结论 | □合格 □不合格 | |
|---|---|---|
| 检测仪器及编号 | 厚度测量仪: | 钢卷尺: |
| 检验人员 | 现场检验日期 | 年 月 日 |

表 4-31 　　　　　　　　　　旁站监理记录表（构架、横梁吊装）

| 工程名称: | | 编号: |
|---|---|---|
| 日期及天气: | 施工地点:××区域 | |
| 旁站监理的部位或工序: | 构架、横梁吊装 | |
| 旁站监理开始时间: | 旁站监理结束时间: | |

施工情况:

| 作业必备条件 | 1. 现场负责人，安全监护人，现场作业人员共计名。现场电工、焊工等特殊工种经监理项目部审批合格 | □合格 □不合格 |
|---|---|---|
| | 2. 主要施工器具（填写名称及数量）、机械设备（填写名称及数量）经监理项目部审批合格 | □合格 □不合格 |
| | 3. 材料:□构支架、高强螺栓（产品合格证；出厂检测报告）符合设计及规范要求 | □合格 □不合格 |
| | 4. 检查作业票及每日站班会规范，工作内容、人员与现场对应；施工方案审批、交底已完成 | □合格 □不合格 |
| | 5. 安全文明施工设施及个人防护用品配置符合要求 | □合格 □不合格 |
| | 6. 其他: | |

监理情况:
1. 施工前检查吊装结构件编号，吊装顺序及安装位置是否与施工方案一致。　　　　　□合格 □不合格
2. 钢支构支座是否弹出轴线、安装线，标高是否符合设计要求。　　　　　　　　　□合格 □不合格
3. 构支架安装完成后构架柱、支架、横梁组装偏差值是否符合设计要求。　　　　　□合格 □不合格
4. 焊接连接、焊缝质量是否符合设计要求。　　　　　　　　　　　　　　　　　□合格 □不合格
5. 螺栓节点的安装及紧固力（初拧、终拧）是否符合设计要求。　　　　　　　　□合格 □不合格
6. 柱脚二次灌浆:材料的合格证、检测报告、使用说明等是否齐全。强度等级
是否符合设计要求（必要时可通过第三方检测）。　　　　　　　　　　　　　　□合格 □不合格
7. 及时采集、整理数码照片资料　　　　　　　　　　　　　　　　　　　　　□合格 □不合格

发现问题:

处理意见:

备注（包括处理结果）

项目监理机构:
旁站监理人员:
日　　　　期:

注 1. 当日作业存在工作票时，应注意检查两票关联性。
　　2. □中符合条件打"√"，不符合条件打"×"。

# 第四节

# 砌 体 结 构

## 一、节点管控表

砌体结构节点管控表如表 4-32 所示。

表 4-32　　　　　　　　　　　砌体结构节点管控表

| 工艺流程图 | 监理主要工作 | 监理成果 |
|---|---|---|
| 施工准备 | 审查施工单位人员、机械、材料、施工方案,对现场安全文明布置情况进行检查 | 根据管控要点逐一审查/检查,填写文件审查记录表 |
| 砖、砌块浇水湿润 | 对砖、砌体浇水湿润施工质量开展停工待检监理检查 | 复核结果填写平行检验记录表 |
| 轴线、标高技术复核 | 施工单位三级自检后,对轴线放线成果进行复核 | 填写平行检验记录表 |
| 砂浆拌合 | 对砂浆拌制的质量见证取样 | 填写见证取样统计表 |
| 砌砖 | 对砌砖质量开展停工待检监理检查 | 填写平行检验记录表 |
| 水、电管道、预留洞口、预埋件复核 | 对砌体内预埋的水电管道、预留孔洞、预埋件标高、位置进行复核 | 复核结果填写平行检验记录表 |
| 与混凝土梁、柱部位堵封 | 对梁底接触面部位堵封巡视检查 | 填写平行检验记录表 |
| 墙面清理 | 对墙面外观开展停工待检监理检查 | 填写平行检验记录表 |
| 质量验收 | 专业监理工程师组织检验批及分项工程的验收;总监理工程师组织分部工程的验收 | 填写平行检验记录表 / 填写平行检验记录表、质量问题处理台账、工程验收统计表 |

编制说明:
1. 编制目的:根据施工工艺流程,列明监理主要工作内容及应及时填写的表单。
2. 编制依据:标准工艺,统一验收表式及质量验评划分表,安全风险管理规程。

## 二、主要安全风险

### 1. 砌体施工主要风险

高处坠落、物体打击。

### 2. 控制措施

（1）材料转运。

吊运砖、砂浆的料斗不能装得过满，吊臂下方不得有人员行走或停留。严禁抛掷材料、工器具。

（2）主体填充墙砌筑。

1）作业人员严禁站在墙身上进行砌砖、勾缝、检查大角垂直度及清扫墙面等作业或在墙身上行走。

2）采用门型脚手架上下榀门架的组装必须设置连接棒和锁臂。在脚手架的操作层上必须连续满铺与门架配套的挂钩式钢脚手板。当操作层高度大于等于 2m 时，应布设防护栏杆。脚手架上堆料量不准超过荷载，侧放时不得超过 3 层。同一块脚手板上的操作人员不超过 2 人；不准用不稳固的工具或物体在脚手板上垫高操作，同一垂直面内上下交叉作业时，必须设安全隔板，作业面应设置挡脚板。

3）作业人员在高处作业时严禁在高处砍砖，必须使用七分头、半砖时，宜在地面切割后运送到使用部位。砌筑用的脚手架在施工未完成时，严禁随意拆除支撑或挪动脚手板。

4）作业人员在操作完成或下班时应将脚手板上及墙上的碎砖、砂浆清扫干净后再离开，施工作业应做到工完、料尽、场地清。

## 三、砌体施工控制要点

### 1. 作业前控制要点

（1）本作业的施工人员和机械已进场。

（2）本作业的计量器具、仪表经法定单位检定合格，且在有效期内。

（3）物资材料准备能满足本作业连续施工需要；砖、砂浆控制措施详见第一章 通用部分。

（4）本作业相关的施工图已进行交底、会检，相关的作业指导书已制定并审查合格；每个分项工程必须分级进行施工技术交底。技术交底内容应充实，具有针对性和指导性，全体参加施工的人员都要参加交底并签名，形成书面交底记录。

（5）现场具备安全文明施工条件，高处作业面场地相对封闭。

（6）监理实施细则已编审完成，并履行安全、质量、技术控制要点的交底。

**2．过程控制要点**

（1）定位放线，监理复测。弹线后核查墙体轴线位置、标高偏差及门洞位置偏差。

（2）检查填充墙与承重墙、柱、梁的连接钢筋，当采用化学植筋的连接方式时，应进行实体检测；填充墙砌体留置的拉接钢筋位置应沿框架柱高每隔 500mm（加气砌块因模数可为 600mm）配置 2 根 $\phi6$ 拉结筋，伸入填充墙内长度，不应小于墙内 1m。

（3）检查组砌方法、灰缝大小等。

1）砌筑过程需拉线控制垂直度和水平偏差。

2）构造柱与墙体的连接处应砌成马牙槎，从柱脚开始先退后进，缩进长度 ≥50mm。

3）砂浆配合比应挂牌明示，砂、水泥材料应过磅经监理确认后批量制作。砂浆应在 3h 内使用完毕；超过 30℃时，应在 2h 内使用完毕。砖砌体灰缝宽度通常为 8～12mm，水平灰缝的砂浆饱满度不得小于 80%，砌筑方式根据墙体宽度确定；严禁用水冲浆灌缝。加气混凝土砌块水平灰缝厚度 ≤15mm，垂直灰缝宽度 ≤20mm。

4）加气混凝土砌筑时，应上下错缝，搭接长度不宜小于砌块长度的 1/3，并不应小于 150mm；如不能满足时，在水平灰缝中设置 2 根 $\phi6$ 钢筋或 $\phi4$ 钢筋网片加强，加强筋的长度不应小于 500mm。

（4）检查砌体内预埋的水电管道、预留孔洞、预埋件的标高、位置以及埋设方式。设计要求的洞口、管道、槽沟和预埋件等应于砌筑时正确留出或预埋。门窗洞处设计无要求时，应设置 2 根 $\phi6$ 钢筋现浇过梁，过梁伸出两边洞口长度均不小于 500mm，过梁高度不小于 240mm。

（5）检查构造柱、圈梁、过梁、腰梁、雨棚配筋、位置、尺寸等；构造柱与圈梁必须连接且箍筋加密，梁上、下加密区间均不小于 450mm 或 1/6 层高，箍筋间距不大于 100mm，绑扎搭接接头长度范围内箍筋间距不应大于 100mm。

（6）填充墙顶部与承重主体结构之间的空隙部位，应在填充墙砌筑 14d 后进行砌筑。

（7）当施工中出现下列情况时，可采用非破损和微破损检验方法对砂浆和砌体强度进行原位检测，以判定砂浆强度：

1）砂浆试块缺乏代表性或试块数量不足。

2）对砂浆试块的试验结果有怀疑或有争议。

3）砂浆试块的试验结果，已判定不能满足设计要求，需要确定砂浆或砌体强度。

（8）加强安全质量的巡查工作，及时发施工中的问题，发现问题，及时签发监理通知单。

**3．检查与验收**

依照《变电（换流）站土建工程施工质量验收规范》（Q/GDW 10183—2021）附录 B.1 及国家电网有限公司统一验收表式相关要求，砌体结构为主控楼（联合楼）主体分部工程中的子分部工程和消防系统建、构筑物主体分部工程中的子分部工程。以上验收程序均为专业监理工程师组织检验批及分项工程的验收，总监理工程师组织分部（子分部）工程的验收。

（1）检验批：审核并签认施工检验批资料，填写监理平行检验记录表。

砌体结构施工资料：砖砌体、配筋砌体、填充墙砌体。

（2）分项工程：由以上同一工序多个检验批汇总，专业监理工程师审核、签认分项工程质量验收记录。

（3）分部工程质量资料：总监组织验收人员审核并签认以下资料。

1）通用部分：①图纸会检、设计变更、洽商记录；②一般施工方案、作业指导书、技术交底记录；③测量放线记录；④隐蔽工程验收记录；⑤砂浆评定记录；⑥分项工程质量验收记录；⑦检验批工程质量验收记录；⑧试件制作数码照片；⑨隐蔽工程数码照片。

2）施工专用资料（砌体结构）：①原材料出厂合格证及进场检（试）验报告；②砂浆配合比试验报告；③砌筑砂浆试件的试验报告；④砌体垂直度检测记录；⑤砂浆强度统计。

## 四、报告与记录

施工过程中形成的主要成果资料见表4-33。作业中引用或产生的报告与记录的表单样例，见本小节附表。

表 4-33　　　　　　　　　施工过程中形成的主要成果资料

| 序号 | 编号 | 名　称 | 填　报 |
|---|---|---|---|
| 1 | JXM3 | 文件审查记录表 | 总监理工程师 |
| 2 | JJS3 | 施工图预检记录表 | 总监理工程师、专业监理工程师 |
| 3 | JZL3 | 平行检查记录表 | 专业监理工程师 |
| 4 | JXM4 | 监理策划文件报审表 | 细则专业监理工程师编写,总监理工程师审批 |
| 5 | JXM15 | 监理通知单 | 总监理工程师、专业监理工程师 |
| 6 | JZL1 | 见证取样统计表 | 监理员 |
| 7 | JXM15 | 质量、安全活动记录 | 总监理工程师、专业监理工程师 |

## 五、附表

对施工方案进行审核时，应运用数字监理平台逐项审查并勾选检查结果，填写修改意见。在平行检验时，根据表格内容逐项检查，并根据系统要求留存影像资料。未应用数字监理平台可采用纸质表单执行。

文件审查记录表如表4-34所示，平行检查记录表如表4-35和表4-36所示。

表 4-34 　　　　　　　　文件审查记录表（砌体工程施工方案）

工程名称：　　　　　　　　　　　　　　　　　　　　　　　　　　　　编号：

| 文件名称 | | （写文件全称，××施工方案—报审表编号） | |
|---|---|---|---|
| 送审单位 | | （编制单位全称） | |
| 序号 | 监理项目部审查标准 | 检查结果 | 施工项目部反馈意见 |
| 1 | 施工方案的编制依据是否已过期 | □合格　□不合格 | |
| | 修改意见： | | |
| 2 | 工程概况中应描述图纸中砌体砌筑设计的内容，包括建筑物层数与结构形式、砌体原材料要求、砌体厚度、构造柱、圈梁、墙体拉结要求 | □合格　□不合格 | |
| | 修改意见： | | |
| 3 | 施工方案（措施）制定的施工工艺流程应合理，并绘制流程图。施工方法应得当，有先进性，不得使用国家严厉禁止的施工工艺、建筑材料及施工机械等，并有利于保证工程质量、安全、进度的相关措施 | □合格　□不合格 | |
| | 修改意见： | | |
| 4 | 根据各部位施工进度计划及流水段划分进行劳动力安排，根据各阶段砌筑工程量，确定各施工部位所需工人数量及分工，必须满足施工进度计划及流水施工的需要 | □合格　□不合格 | |
| | 修改意见： | | |
| 5 | 应明确砌筑时的相关技术要求，包括砌筑的工艺流程、湿砖的方法及技术要求、砂浆搅拌的技术要求、构造柱及圈梁设置位置、钢筋拉结要求等 | □合格　□不合格 | |
| | 修改意见： | | |
| 6 | 施工方案内容应包括安全危险点分析或危险源辨识、环境因素识别是否准确、全面，明确 | □合格　□不合格 | |
| | 修改意见： | | |
| 7 | "施工准备"中现场材料、工具设备、安全防护布置等 | □合格　□不合格 | |
| | 修改意见： | | |
| 8 | 明确砌体原材料的质量标准及验收方法，包括砖的品种、强度要求、外观质量要求及检验方法，水泥、砂、外加剂的品种要求、质量要求及检验方法、灰缝 | □合格　□不合格 | |
| | 修改意见： | | |
| 9 | 对施工质量通病制定防治措施，应有保障强制性条文执行和标准工艺应用的说明 | □合格　□不合格 | |
| | 修改意见： | | |

　　　　　　　　总/专业监理工程师：＿＿＿＿＿＿＿＿　　　　　　　项目经理：＿＿＿＿＿＿＿＿＿
　　　　　　　　日　　期：＿＿＿＿年＿＿月＿＿日　　　　　　　　日　　期：＿＿＿＿年＿＿月＿＿日

| 监理复查意见 | 总/专业监理工程师：＿＿＿＿＿＿＿＿<br>日　　期：＿＿＿＿年＿＿月＿＿日 |
|---|---|

　　注　本表使用过程中可自行增加内容。本表一式两份，监理、施工项目部各存 1 份。

表 4-35　　　　　　　　　　平行检查记录表（填充墙砌体工程）

工程名称：　　　　　　　　　　　　　　　　　　　　　　　　　　编号：

| 检验对象分类 | | | □设备 | □材料 | □工序 |
|---|---|---|---|---|---|
| 检验对象基本信息 | 设备 | 设备名称 | | 设备型号规格 | |
| | | 生产厂家 | | 安装位置 | |
| | 材料 | 材料名称 | | 材料型号规格 | |
| | | 生产厂家 | | 使用部位 | |
| | 工序 | 工序名称 | | 实施单位 | |
| | | 其他 | 使用部位： | | |

| 序号 | 检 验 项 目 | 质 量 标 准 | 质量检验结果 | 备注 |
|---|---|---|---|---|
| 1 | 块材强度等级 | 应符合设计要求和现行有关标准的规定 | 砌体类型：_____；<br>强度：_____ | |
| 2 | 加气混凝土砌块的产品龄期和含水率 | 加气混凝土砌块的产品龄期不应小于28d，含水率按现行标准执行 | 产品龄期为：____天；<br>含水率：_____ | |
| 3 | 砂浆强度等级 | 砂浆的强度等级应符合设计要求 | 砂浆试块留置组数：_____；<br>砂浆强度等级： | |
| 4 | 填充墙砌体与主体结构的连接 | 应与主体结构可靠连接，其连接构造应符合设计要求，未经设计同意，不得随意改变连接构造方法。每一填充墙与柱的拉结筋的位置超过一皮块体高度的数量不得多于一处 | □合格　□不合格 | |
| 5 | 植筋实体检测 | 填充墙与承重墙、柱、梁的连接钢筋，当采用化学植筋的连接方式时，应进行实体检测。锚固钢筋拉拔试验的轴向受拉非破坏承载力检验值应为6.0kN。抽检钢筋在检验值作用下基材应无裂缝、钢筋无滑移或观裂损现象；持荷2min期间荷载值降低不大于5% | 植筋连接□合格　□不合格<br>实体检测□合格　□不合格 | |
| 6 | 无混砌现象 | 蒸压加气混凝土砌块砌体和轻骨料混凝土小型空心砌块砌体不应与其他块材混砌 | □是　□否　有混砌情况 | |
| 7 | 拉结钢筋或网片的位置、长度 | 填充墙留置的拉结钢筋或网片的位置应与块体皮数相符合。拉结钢筋或网片应置于灰缝中，埋置长度应符合设计要求，竖向位置偏差不应超过1皮高度，拉结钢筋不得使用膨胀螺栓，不得折弯压入砖缝 | 填充墙拉结筋位置、数量、长度□是　□否符合设计规定 | |
| 8 | 错缝搭砌 | 填充墙砌筑时应错缝搭砌，蒸压加气混凝土砌块搭砌长度不应小于砌块长度的1/3；轻骨料混凝土小型空心砌块搭砌长度不应小于90mm；竖向通缝不应大于2皮 | 搭砌长度：_____；<br>□是　□否有通缝情况 | |
| 9 | 灰缝厚度和宽度 | 灰缝厚度和宽度应正确。烧结空心砖、轻骨料混凝土小型空心砌块的砌体灰缝应为8～12mm；蒸压加气混凝土砌块砌体当采用水泥砂浆、水泥混合砂浆或蒸压加气混凝土砌块砌筑砂浆时，水平灰缝厚度和竖向灰缝宽度不应超过15mm；当蒸压加气混凝土砌块砌体采用蒸压加气混凝土砌块黏结砂浆时，水平灰缝厚度和竖向灰缝宽度宜为3～4mm | 灰缝厚度：_____；<br>灰缝宽度：_____ | |

续表

| 序号 | 检　验　项　目 | | 质　量　标　准 | 质量检验结果 | 备注 |
|---|---|---|---|---|---|
| 10 | 梁底砌法 | | 应符合设计要求。设计无要求时，填充墙砌至接近梁、板底时，应留一定空隙，待填充墙砌完并应至少间隔15d后，再将其补砌挤紧 | 填充墙与主体结构的空隙部位施工，在填充墙砌筑＿＿＿d后进行 | |
| 11 | 轴线位移 | | ≤10mm | | |
| 12 | 垂直度（每层） | ≤3m | ≤5mm | | |
| | | ＞3m | ≤10mm | | |
| 13 | 砂浆饱满度 | | ≥80% | | |
| 14 | 表面平整度 | | ≤8mm | | |
| 15 | 门窗洞口高度、宽度偏差 | | ±5mm | | |
| 16 | 外墙上、下窗口偏移 | | ≤20mm | | |
| 17 | 预留洞口 | 中心位移 | ≤10mm | | |
| | | 截面内部尺寸偏差 | 0～10mm | | |
| 检验结论 | | | □合格　□不合格 | | |
| 检验仪器及编号 | | | 经纬仪：　　　水准仪：　　　钢卷尺：　　　百格网： | | |
| 检验人员 | | | 现场检验日期 | 年　月　日 | |
| | | | 报告审查日期 | 年　月　日 | |

表 4-36　　　　　　平行检查记录表（砖砌体工程）

工程名称：　　　　　　　　　　　　　　　　　　编号：

| 检验对象分类 | | | □设备　　　□材料　　　□工序 | | |
|---|---|---|---|---|---|
| 检验对象基本信息 | 设备 | 设备名称 | | 设备型号规格 | |
| | | 生产厂家 | | 安装位置 | |
| | 材料 | 材料名称 | | 材料型号规格 | |
| | | 生产厂家 | | 使用部位 | |
| | 工序 | 工序名称 | | 实施单位 | |
| | | 其他 | | | |

| 序号 | 检　验　项　目 | 质　量　标　准 | 质量检验结果 | 备注 |
|---|---|---|---|---|
| 1 | 砖强度等级、规格☆ | 应符合设计要求和现行有关标准的规定 | 砌体类型：＿＿＿＿＿；强度：＿＿＿＿＿ | |
| 2 | 砂浆强度等级 | 砂浆的强度等级应符合设计要求 | 砂浆试块留置组数：＿＿＿；砂浆强度等级：＿＿＿＿ | |
| 3 | 斜槎留置☆ | 在抗震设防烈度为8度及以上地区，对不能同时砌筑而又必须留的临时间断处应砌成斜槎，普通砖砌体斜槎水平投影长度不小高度的2/3，多孔砖砌体的斜槎长高比不应小于1/2。斜槎高度不得超过一步脚手架的高度 | 斜槎留置情况简述 | |
| 4 | 转角、交接处☆ | 砖砌体的转角处和交接处应同时砌筑，严禁无可靠措施的内外墙分砌施工 | □合格　□不合格 | |

续表

| 序号 | 检验项目 | | 质量标准 | 质量检验结果 | 备注 |
|---|---|---|---|---|---|
| 5 | 直槎拉结钢筋及接槎处理 | | 应符合设计要求和《砌体结构工程施工质量验收规范》（GB 50203—2011）的有关规定：非抗震设防及抗震设防烈度为6度、7度地区的临时间断处，当不能留斜槎时，除转角处外，可留直槎，但直槎应做成凸槎，且应加设拉结钢筋，拉结钢筋应符合下列规定：（1）每120mm墙厚放置1$\phi$6拉结钢筋（120mm厚墙应放置2$\phi$6拉结钢筋）；（2）间距沿墙高不应超过500mm，且竖向间距偏差不应超过100mm；（3）埋入长度从留槎处算起每边均不应小于500mm，对抗震设防烈度6度、7度的地区，不应小于1000mm；（4）末端应有90°弯钩 | 接槎留置情况简述 | |
| 6 | 砂浆饱满度 | 墙体水平灰缝 | ≥80% | 竖向灰缝□是□否有瞎缝、透明缝和假缝；水平灰缝砂浆饱满度实测值为：＿＿＿＿＿＿＿；砖柱水平灰缝和竖向灰缝饱满度实测值为：＿＿＿＿＿＿＿ | |
| | | 砖柱水平灰缝和竖向灰缝 | ≥90% | | |
| 7 | 水平灰缝厚度和竖向灰缝宽度 | | 砖砌体的灰缝应横平竖直，厚薄均匀，水平灰缝厚度及竖向灰缝宽度宜为10mm，但不应小于8mm，也不应大于12mm | 灰缝厚度：＿＿＿＿＿＿＿；灰缝宽度：＿＿＿＿＿＿＿ | |
| 8 | 轴线位移 | | ≤10mm | | |
| 9 | 垂直度 | 每层 | ≤5mm | | |
| | | 全高　≤10m | ≤10mm | | |
| | | 　　　＞10m | ≤20mm | | |
| 10 | 基础、墙、柱顶面标高 | | ±15mm | | |
| 11 | 表面平整度 | 清水墙、柱 | ≤5mm | | |
| | | 混水墙、柱、基础 | ≤8mm | | |
| 12 | 门窗洞口高、宽（后塞口） | | ±5mm | | |
| 13 | 外墙上下窗口偏移 | | ≤20mm | | |
| 14 | 水平灰缝平直度 | 清水墙 | ≤7mm | | |
| | | 混水墙 | ≤10mm | | |
| 15 | 清水墙游丁走缝 | | ≤20mm | | |
| 16 | 水平灰缝厚度偏差（10皮砖累计） | | ±8mm | | |
| 17 | 预留洞 | 中心位移 | ≤10mm | | |
| | | 截面内部尺寸偏差 | 0～10mm | | |
| 检验结论 | | | □合格　□不合格 | | |
| 检验仪器及编号 | | 经纬仪：　　　　　水准仪：　　　　　钢卷尺：　　　　　百格网： | | | |
| 检验人员 | | 现场检验日期 | | 年　月　日 | |
| | | 报告审查日期 | | 年　月　日 | |

注　带☆号检验项目为主控项目。

## 第五节

# 屋　面　工　程

## 一、节点管控表

按照形式划分，屋面可分为正置式屋面、倒置式屋面、架空屋面、蓄水屋面和种植屋面。变电站通常使用正置式屋面和倒置式屋面，其他形式屋面使用较少。正置式屋面保温层布置在防水层下，控制要点与倒置式屋面一致，因此，本文主要以倒置式屋面为例进行介绍。屋面工程节点管控表如表 4-37 所示。

表 4-37　　　　　　　　　　　　屋面工程节点管控表

| 工艺流程图 | 监理主要工作 | 监理成果 |
| --- | --- | --- |
| 施工准备 | 审核开工条件，审查施工单位人员、机械、材料、施工方案，对现场安全文明布置情况进行检查 | 根据管控要点逐一审查/检查，填写审查记录表 |
| 找平层施工 | 施工单位三级自检后，对找平层进行复核 | 复核结果填写平行检验记录表 |
| 防水层施工 | 1. 对施工过程进行质量旁站。对屋面细部构造进行检查，施工单位三级自检后屋面防水层进行验收。<br>2. 防水层施工质量检查达标后，必须进行防水功能的现场淋水（屋面）或蓄水（楼地面）闭水试验，经24h 后进行观察检查 | 填写旁站记录表、平行检验记录表 |
| 保温层施工 | 施工单位三级自检后，对屋面保温层进行验收 | 填写平行检验记录表 |
| 屋面面层施工<br>结束 | 1. 专业监理工程师组织分项工程的验收。<br>2. 总监理工程师组织分部工程的验收 | 签认分项、分部质量验收记录 |

编制说明：
1. 编制目的：根据施工工艺流程，列明监理主要工作内容及应及时填写的表单。
2. 编制依据：标准工艺，统一验收表式及质量验评划分表，安全风险管理规程。

## 二、主要安全风险

### 1. 屋面施工主要风险

触电、火灾、高处坠落。

**2．控制措施**

（1）防水层施工。

1）采用热熔法施工屋面防水层时使用的燃具或喷灯点燃时严禁对着人进行，采用动火施工时应配备相应灭火器等防护措施。

2）施工现场、存放防水卷材和黏结剂的仓库严禁烟火，并配置充足有效的消防器材；作业人员向喷灯内加油时，必须灭火后添加，并添加适量，避免因过多而溢油发生火灾。

3）防水卷材和黏结剂多数属易燃品，存放的仓库内严禁烟火。材料黏结剂桶要随用随封盖，以防溶剂挥发过快或造成环境污染。

4）屋面材料运输若采用汽车吊等起重机械应做好相应安全措施。

5）临边作业应做好相应防护措施，屋面临边脚手架应高出作业面一步以上。

（2）屋面保温层施工。

1）若采用预制砼隔热板，铺贴时碎片不得向下抛扔，切割时应戴防护镜。

2）采用挤塑隔热板，应做好固定，防止碎片飞扬，并做好防火措施。

3）采用使用切割机、电钻、砂轮等手持电动工具，必须装有剩余电流动作保护器，机器转动部分应有防护罩，作业前应试机检查，作业时应戴绝缘手套。

4）临边作业应做好相应防护措施。

# 三、屋面工程施工控制要点

**1．作业前控制要点**

（1）本作业的施工人员和机械已进场，作业人员满足施工需要。

（2）本作业的计量器具、仪表经法定单位检定合格，且在有效期内。

（3）物资材料准备能满足本作业连续施工的需要。屋面工程所用的防水、保温材料应有产品合格证书和性能检测报告，材料的品种、规格、性能等必须符合国家现行产品标准和设计要求；对进场的防水材料、保温隔热等材料进行抽样检测。

（4）本作业相关的施工图已进行交底、会检，相关的作业指导书已制定并审查合格；每个分项工程必须分级进行施工技术交底。技术交底内容应充实，具有针对性和指导性，全体参加施工的人员都要参加交底并签名，形成书面交底记录。

（5）现场具备安全文明施工条件。

（6）监理实施细则已编审完成，并履行安全、质量、技术控制要点的交底。

（7）对上下屋面的安全通道及工作平台进行检查，并进行安全检查签证，垂直运输设备必须经过相关部门检查认证，提供书面认证材料方可使用。

**2．过程控制要点**

（1）屋面找平层施工。

1）检查找平层所用材料的质量及配合比，应符合设计要求。

2）检查找平层的排水坡度是否正确；找平层表面质量、分隔缝间距、缝宽、缝内填充材料应符合设计文件要求。卷材防水层的基层与突出屋面结构的交接处，以及基层的转角处，找平层应做成圆弧形，且应整齐平顺。

3）屋面找平层应抹平、压光，不得有酥松、起砂、起皮现象；对表面平整度偏差进行检查，应≤5mm。

（2）防水涂膜施工（旁站）。

1）检查涂料防水层的基层条件质量，基层应牢固洁净、平整，不得有空鼓、松动、起砂和脱皮现象，基层阴阳角处应做成圆弧形。

2）检查涂料防水层施工质量，与基层应黏结牢固，表面平整，涂刷均匀，不得有流淌、皱折、鼓泡、露胎体和翘边等缺陷。

3）抽查涂料防水层的厚度。其平均厚度应符合设计要求，最小厚度不得小于设计厚度的80%。

4）检查侧墙涂料防水层的保护层与防水层黏结情况，应结合紧密，黏结牢固，厚度均匀一致。

（3）防水卷材施工（旁站）。

检查卷材铺贴方向：先低跨，后高跨；同等高度，先远后近；同一立面，从低向高处开始铺贴。

1）检查卷材防水层在天沟、檐沟、檐口、水落口、泛水、变形缝和伸出屋面管道的防水构造应符合设计要求。

2）打底涂：基面清理干净验收合格后，将专用基层处理剂均匀涂刷在基层表面，涂刷时按一个方向进行，厚薄均匀，不漏底、不堆积，晾放至指触不粘。

3）弹线、试铺：在底涂上按实际搭接面积弹出粘贴控制线，严格按粘贴控制线试铺及实际粘铺卷材，以确保卷材搭接宽度在80～100mm（卷材上有标志）。根据现场特点，确定弹线密度，以便确保卷材粘贴顺直，不会因累积误差而出现粘贴歪斜的现象。表面应平整，不得有扭曲、皱折和翘边等缺陷；收头应与基层黏结并固定牢固，位置正确，封闭严密；卷材防水层的铺贴方向应正确，卷材搭接宽度的允许偏差为10mm。

4）阴阳角及管口部位的处理：阴阳角处须用砂浆做成50mm的圆角，增设防水附加层一道，附加层中设有玻纤布一道。管口与基面交接处，抹好找平层后，预留凹槽，嵌填密封材料，再给管道四周除锈、打光，管口部位的四周500mm范围内设防水附加层，确保全面达到防水效果。

（4）细部构造施工（檐口、天沟、水落口、变形缝、女儿墙、管道、屋面出入口、设施基座）。

1）检查檐口的排水坡度应符合设计要求；檐口800mm范围内的卷材应满粘；檐口

部位不得有渗漏和积水现象；檐口端部应抹聚合物水泥砂浆，其下端应做成鹰嘴或滴水槽。

2）检查檐沟、天沟防水构造、附加层铺设、排水坡度应符合设计要求；沟内不得有渗漏和积水现象；檐沟防水层应由沟底翻上至外侧顶部，卷材收头应用金属压条钉压固定，并应用密封材料封严，涂膜收头应用防水涂料多遍涂刷；檐口、沟外侧顶部及侧面均应抹聚合物水泥砂浆，其下端应做成鹰嘴或滴水槽。

3）检查水落口杯上口的标高应设置在沟底的最低处；水落口处不得有渗漏和积水现象。防水层及附加层伸入水落口杯内≥50mm，并应黏结牢固；周围直径500mm范围内的坡度不应小于5%，水落口周围的附加层铺设应符合设计要求。

4）检查检查变形缝处的泛水高度及附加层铺设，应符合设计要求，等高变形缝顶部宜加扣混凝土或金属盖板。混凝土盖板的接缝应用密封材料封严；金属盖板应铺钉牢固，搭接缝应顺流水方向，并做好防锈处理；高低跨变形缝在高跨墙面上的防水卷材封盖和金属盖板，应用金属压条钉压固定，并应用密封材料封严。

5）检查女儿墙的压顶向内排水坡度不应小于5%，压顶内侧下端应做成鹰嘴或滴水槽；泛水高度及附加层铺设应符合设计要求；卷材应满粘，卷材收头应用金属压条钉压固定，并应用密封材料封严；涂膜应直接涂刷至压顶下，涂膜收头应用防水涂料多遍涂刷。

6）检查伸出屋面管道的泛水高度及附加层铺设，应符合设计要求；周围的找平层应抹出高度不小于30mm的排水坡；卷材防水层收头应用金属箍固定，并应用密封材料封严；涂膜防水层收头应用防水涂料多遍涂刷；根部不得有渗漏和积水现象。

7）屋面出入口的防水构造应符合设计要求，出入口处不得有渗漏和积水现象；屋面垂直出入口防水层收头应压在压顶圈下，附加层铺设应符合设计要求；屋面水平出入口防水层收头应压在混凝土踏步下，附加层铺设和护墙应符合设计要求；屋面出入口的泛水高度不应小于250mm。

8）巡视检查设施基座与结构层相连时，防水层应包裹设施基座的上部设施基座直接放置在防水层上时，设施基座下部应增设附加层设施基座处不得有渗漏和积水现象。

（5）保温层施工（旁站）。

1）检查穿孔结构的管根在保温层施工前，是否用细石混凝土塞堵密实。

2）对施工过程进行旁站。旁站的主要内容有干燥松散保温材料的施工配比、坡度、分层厚度及压实程度是否符合设计文件和标准要求；板状材料应紧贴基层，铺平垫稳，板材缝隙是否采用同类材料嵌填密实。

3）检查保温层铺设（采用干铺法）是否正确：先铺找平层，按要求设置分格缝。然后铺设保温板，在保温板的四角用水泥砂浆作为贴胶剂，将保温板与找平层黏结牢固，铺垫稳、板间缝隙用水泥浆嵌填密实。

4）保温板不应破碎、缺角，铺设时遇有缺角破碎不齐的，是否锯平拼接使用。

5）为保证保温层的平整，在铺设保温层之前，检查是否将板底垫实找平。不易填塞的立缝、边角破损处，宜用同类保温板块的碎末填实、填平，严禁用砂浆填平。

（6）保护层施工。

1）检查上人屋面采用的块体材料、细石混凝土等材料或不上人屋面采用的浅色涂料、矿物粒料、水泥砂浆等材料是否符合设计文件要求。

2）检查块材分格缝纵横间距不大于 6m，缝宽为 20mm；水泥砂浆分格面积为 $1m^2$；细石混凝土分格缝纵横间距不应大于 3m，缝宽为 20mm。并应用密封材料嵌填。

（7）施工环境要求。

屋面施工应尽量选择合适的环境，总体气温控制在 5℃～35℃之间，避开潮湿、大风、雨雪等天气，应等候基面完全干燥后才可施工。

**3．检查与验收**

依照《变电（换流）站土建工程施工质量验收规范》（Q/GDW 10183—2021）附录 B.1 及国家电网有限公司统一验收表式相关要求，屋面工程为主控楼（联合楼）分部工程。以上验收程序均为专业监理工程师组织检验批及分项工程的验收，总监理工程师组织分部（子分部）工程的验收。

（1）检验批：审核并签认施工检验批资料，监理以平行检验方法对防水层质量进行全面检查验收，对不符合要求的部位经责令整改复查合格后，方允许进行淋水和闭水检验并安排实施工作。填写监理平行检验记录表。

（2）分项工程：由以上同一工序多个检验批汇总，专业监理工程师审核、签认分项工程质量验收记录。

（3）分部工程质量资料：总监组织验收人员审核并签认以下资料。

1）通用部分：①图纸会检、设计变更、洽商记录；②一般施工方案、作业指导书、技术交底记录；③隐蔽工程验收记录；④分项工程质量验收记录；⑤检验批工程质量验收记录；⑥试件制作数码照片；⑦隐蔽工程数码照片；⑧新技术论证、备案及施工记录。

2）屋面施工专用资料：①原材料出厂合格证及进场检（试）验报告；②构件、配件、制成品出厂合格证；③屋面（雨篷）雨期观察、淋水、蓄水试验记录、保温层厚度测试记录；④细石混凝土、防水涂料、密封材料配合比试验报告；⑤混凝土原材料及混凝土试件的试验报告；⑥基层、细部做法、附加层及隔离层施工记录；⑦混凝土工程施工记录；⑧混凝土强度统计、评定记录。

# 四、报告与记录

施工过程中形成的主要成果资料见表 4-38。作业中引用或产生的报告与记录的表单

样例，见本小节附表。

表 4-38 施工过程中形成的主要成果资料

| 序号 | 编号 | 名 称 | 填 报 |
|------|------|------|------|
| 1 | JXM3 | 文件审查记录表 | 总监理工程师 |
| 2 | JZL3 | 平行检查记录表 | 专业监理工程师 |
| 3 | JXM4 | 监理策划文件报审表 | 细则专业监理工程师编写，总监理工程师审批 |
| 4 | JXM15 | 监理通知单 | 总监理工程师、专业监理工程师 |
| 5 | JZL1 | 见证取样统计表 | 监理员 |
| 6 | JXM15 | 质量、安全活动记录 | 总监理工程师、专业监理工程师 |
| 7 | JXM9 | 旁站记录 | 专业监理工程师 |
| 8 | — | 屋面淋水（蓄水）实验记录 | 专业监理工程师审核 |

# 五、附表

对施工方案进行审核时，应运用数字监理平台逐项审查并勾选检查结果，填写修改意见。在平行检验及旁站时，根据表格内容逐项检查，并根据系统要求留存影像资料。未应用数字监理平台可采用纸质表单执行。

文件审查记录表如表 4-39 和表 4-40 所示，平行检查记录表如表 4-41 所示，旁站监理记录表如表 4-42 和表 4-43 所示。

表 4-39 文件审查记录表（屋面工程施工方案）

工程名称： 编号：

| 文件名称 | （写文件全称，××施工方案—报审表编号） | | |
|------|------|------|------|
| 送审单位 | （编制单位全称） | | |
| 序号 | 监理项目部审查标准 | 检查结果 | 施工项目部反馈意见 |
| 1 | 施工方案的编审批流程是否已按要求履行 | □合格 □不合格 | |
| | 修改意见： | | |
| 2 | 施工方案的编制依据是否已过期 | □合格 □不合格 | |
| | 修改意见： | | |
| 3 | 工程概况中应包括建筑屋面防水施工部位的概况分析，防水施工的具体部位、面积、选用的防水材料类型、防水等级、设防要求等 | □合格 □不合格 | |
| | 修改意见： | | |

| 序号 | 监理项目部审查标准 | 检查结果 | 施工项目部反馈意见 |
|---|---|---|---|
| 4 | 采用该种类型防水施工所采用的施工方法及技术要求，包括施工顺序、施工工艺及各工序施工操作方法要点、细部构造要求、特殊部位的处理、主要防水材料的性能和配合比，特别是"四新"的应用技术要求。在对防水施工各工序操作要点进行描述和对细部构造要求说明时，应尽量做到图文并茂，形象直观 | □合格　□不合格 | |
| | 修改意见： | | |
| 5 | 根据各部位施工进度计划及流水段划分进行劳动力安排，必须满足施工进度计划及流水施工的需要 | □合格　□不合格 | |
| | 修改意见： | | |
| 6 | 应说明防水层施工的环境条件和气候要求。应明确防水层蓄水试验方法和技术要求 | □合格　□不合格 | |
| | 修改意见： | | |
| 7 | 应根据防水材料的特性和防水层施工的特点制定安全生产保证措施，明确防水工程施工中的各种安全注意事项 | □合格　□不合格 | |
| | 修改意见： | | |
| 8 | 针对防水卷材的成品保护制定具体的、有针对性的保护措施 | □合格　□不合格 | |
| | 修改意见： | | |
| 9 | 现场文明施工和环境保护措施应包括防水材料堆放、保管要求，废弃物质存放与处理等 | □合格　□不合格 | |
| | 修改意见： | | |
| 10 | 应明确质量标准及验收方法 | □合格　□不合格 | |
| | 修改意见： | | |
| 11 | 存在的其他问题 | | |

　　　　总/专业监理工程师：＿＿＿＿＿＿＿＿
　　　　日　　期：＿＿＿＿年＿＿月＿＿日

　　　　项目经理：＿＿＿＿＿＿＿＿
　　　　日　　期：＿＿＿＿年＿＿月＿＿日

| 监理复查意见 | 　　　　总/专业监理工程师：＿＿＿＿＿＿＿＿<br>　　　　日　　期：＿＿＿＿年＿＿月＿＿日 |
|---|---|

　　注　本表使用过程中可自行增加内容。本表一式两份，监理、施工项目部各存1份。

表 4-40　　　　　　文件审查记录表（屋面保温施工方案）

工程名称：　　　　　　　　　　　　　　　　　　　　编号：

| 文件名称 | （写文件全称，××施工方案—报审表编号） | | |
|---|---|---|---|
| 送审单位 | （编制单位全称） | | |
| 序号 | 监理项目部审查标准 | 检查结果 | 施工项目部反馈意见 |
| 1 | 施工方案的编审批流程是否已按要求履行 | □合格　□不合格 | |
| | 修改意见： | | |
| 2 | 施工方案的编制依据是否已过期 | □合格　□不合格 | |
| | 修改意见： | | |
| 3 | 工程概况中应包括建筑屋面保温施工的概况分析，保温施工的具体部位、面积、选用的保温材料类型、设防要求等 | □合格　□不合格 | |
| | 修改意见： | | |
| 4 | 采用该种类型保温施工所采用的施工方法及技术要求，包括施工顺序、施工工艺及各工序施工操作方法要点、细部构造要求、特殊部位的处理，应尽量做到图文并茂，形象直观 | □合格　□不合格 | |
| | 修改意见： | | |
| 5 | 根据各部位施工进度计划及流水段划分进行劳动力安排，必须满足施工进度计划及流水施工的需要 | □合格　□不合格 | |
| | 修改意见： | | |
| 6 | 应根据保温材料的特性制定安全生产保证措施，明确施工中的各种安全注意事项，重点是操作时的安全。应包括操作时的人身安全、高空作业要求、劳动保护和防护措施；易燃材料的存放与使用规定 | □合格　□不合格 | |
| | 修改意见： | | |
| 7 | 针对成品保护制定具体的、有针对性的保护措施，保证质量措施，施工过程中质量控制、检查与验收等方面 | □合格　□不合格 | |
| | 修改意见： | | |
| 8 | 现场文明施工和环境保护措施应包括防水材料堆放、保管要求，废弃物质存放与处理等 | □合格　□不合格 | |
| | 修改意见： | | |
| 9 | 存在的其他问题 | | |

总/专业监理工程师：＿＿＿＿＿　　　　　　项目经理：＿＿＿＿＿
日　期：＿＿＿年＿月＿日　　　　　　日　期：＿＿＿年＿月＿日

| 监理复查意见 | 总/专业监理工程师：＿＿＿＿＿＿<br>日　期：＿＿＿年＿月＿日 |
|---|---|

注　本表使用过程中可自行增加内容。本表一式两份，监理、施工项目部各存1份。

表 4-41　　　平行检查记录表（屋面防水找平、隔气、隔离工程检查记录表）

工程名称：　　　　　　　　　　　　　　　　　　　　　　　　　编号：

| 检验对象分类 | | | □设备　　　　□材料　　　　□工序 | | |
|---|---|---|---|---|---|
| 检验对象基本信息 | 设备 | 设备名称 | | 设备型号规格 | |
| | | 生产厂家 | | 安装位置 | |
| | 材料 | 材料名称 | | 材料型号规格 | |
| | | 生产厂家 | | 使用部位 | |
| | 工序 | 工序名称 | | 实施单位 | |
| | | 其他 | | | |

| 序号 | 检验项目 | | 质量标准 | 质量检验结果 | 备注 |
|---|---|---|---|---|---|
| 1 | 找平及找坡层 | 找平及找坡层材料 | 必须符合设计要求，且已通过原材料报审检查 | □合格　□不合格 | |
| 2 | | 找平及找坡层坡度 | 应符合设计要求 | □合格　□不合格 | |
| 3 | 隔气层 | 隔气层材料及设置位置 | 应符合设计要求，且已通过原材料报审检查 | □合格　□不合格 | |
| 4 | | 隔气层外观 | 隔气层外观不得有破损现象 | □合格　□不合格 | |
| 5 | 隔离层 | 隔离层材料及配合比 | 应符合设计要求，且已通过原材料报审检查 | □合格　□不合格 | |
| 6 | | 隔离层外观 | 隔离层不得有破损和漏铺现象 | □合格　□不合格 | |
| 7 | 找平层、找坡层 | 找平层、找坡层外观 | 不得有酥松、起砂、起皮现象 | □合格　□不合格 | |
| 8 | | 防水卷材基层及突出屋面结构交接处，以及屋面转角外，找平层的处置 | 找平层应做成圆弧形，且整齐平顺 | □合格　□不合格 | |
| 9 | | 找平层的分格缝 | 应符合设计要求。若设计无要求，按间距≤6m，缝宽5～20mm控制 | 分缝间距实测值 | |
| 10 | 隔气层 | 卷材隔气层铺设及粘贴 | 卷材隔气层铺设应平整、接缝粘贴牢固、密封严密，不得有扭曲、皱折和起泡 | □合格　□不合格 | |
| 11 | | 涂膜隔汽层粘结及表面质量 | 涂膜隔汽层应粘结牢固、表面平整、涂布均匀，不得有堆积、起泡、露底缺陷 | □合格　□不合格 | |
| 12 | 隔离层 | 采用塑料膜、土工布、卷材 | 应铺设平整、搭接宽度≥50mm，不得有皱折 | 搭接宽度实测值 | |
| 13 | | 采用低强度砂浆 | 表面应压实、平整、不得有起壳、起砂现象 | □合格　□不合格 | |
| 检验结论 | | | □合格　□不合格 | | |
| 检验仪器及编号 | | 钢卷尺： | | | |
| 检验人员 | | | 检验日期 | | 年　月　日 |

**表 4-42**　　　　　　　　　**旁站监理记录表（屋面防水）**

工程名称：　　　　　　　　　　　　　　　　　　　　　　　　　　　　编号：

| 日期及天气： | 施工地点：××区域 |
|---|---|
| 旁站监理的部位或工序： | 屋面防水施工 |
| 旁站监理开始时间： | 旁站监理结束时间： |

施工情况：

| | | |
|---|---|---|
| 作业必备条件 | 1．现场负责人 _____，安全监护人_____，现场作业人员共计____名。现场电工、焊工等特殊工种经监理项目部审批合格 | □合格　□不合格 |
| | 2．主要施工器具（填写名称及数量）、机械设备（填写名称及数量）　经监理项目部审批合格 | □合格　□不合格 |
| | 3．材料：防水及粘贴材料（材料名称及规格）已通过进场报审 | □合格　□不合格 |
| | 4．检查作业票及每日站班会规范，工作内容、人员与现场对应；施工方案审批、交底已完成 | □合格　□不合格 |
| | 5．安全文明施工设施及个人防护用品配置符合要求 | □合格　□不合格 |
| | 6．其他： | |

监理情况：
1．现场检查防水卷材的材质为_____，卷材厚度为_____mm，防水卷材粘贴层数为_____层。
2．基层验收合格，基层应坚实、平整、干净，无孔隙、起砂和裂缝。　　　□合格　□不合格
3．□冷粘　□热粘　□热熔　　□自粘铺贴施工
4．防水层施工前，检查基层施工质量，水落口周围等细部处理到位。　　　□合格　□不合格
5．由屋面最低标高向上铺贴；檐沟、天沟处，顺檐沟、天沟方向铺贴，搭接缝顺流水方向；卷材宜平行屋脊
铺贴，上下层卷材相互垂直铺贴。　　　　　　　　　　　　　　　　　　□合格　□不合格
6．同一层相邻两幅卷材短边搭接缝应错开，实测短边搭接缝错开间距_____mm；上下层卷材长边搭接缝
应错开，实测长边搭接缝错开间距_____mm。
7．符合设计要求：防水卷材上使用聚乙烯丙纶防水卷材和聚合物。　　　□合格　□不合格
8．防水卷材面层敷设砂浆保护层。　　　　　　　　　　　　　　　　　　□合格　□不合格
9．保护层施工材料及方法是否与设计一致。　　　　　　　　　　　　　　□合格　□不合格
10．及时采集、整理数码照片资料，强化施工质量过程控制

发现问题：

处理意见：

备注（包括处理结果）

项目监理机构：
旁站监理人员：
日　　　期：

注　1．本表适用于质量旁站。

　　2．当日作业存在工作票时，应注意检查两票关联性。

　　3．□中符合条件打"√"，不符合条件打"×"，不涉及检查项目打"\"。

表 4-43　　　　　　　　　　旁站监理记录表（屋面保温）

工程名称：　　　　　　　　　　　　　　　　　　　　　　　　　编号：

| 日期及天气： | 施工地点：××区域 |
|---|---|
| 旁站监理的部位或工序： | 屋面防水施工 |
| 旁站监理开始时间： | 旁站监理结束时间： |

施工情况：

| | | |
|---|---|---|
| 作业必备条件 | 1．现场负责人＿＿＿＿，安全监护人＿＿＿＿，现场作业人员共计＿＿名。现场电工、焊工等特殊工种经监理项目部审批合格 | □合格　□不合格 |
| | 2．主要施工器具（填写名称及数量）、机械设备（填写名称及数量）经监理项目部审批合格 | □合格　□不合格 |
| | 3．材料：保温及粘贴材料（材料名称及规格）已通过进场报审 | □合格　□不合格 |
| | 4．检查作业票及每日站班会规范，工作内容、人员与现场对应；施工方案审批、交底已完成 | □合格　□不合格 |
| | 5．安全文明施工设施及个人防护用品配置符合要求 | □合格　□不合格 |
| | 6．其他： | |

监理情况：

1．基层□是　□否验收合格，基层应平整、干燥、干净。

2．抽测保温板（保温粒料）的厚度＿＿＿＿mm，与设计□符合　□不符合。

3．铺设方法□干铺法　□黏结法　□机械固定法。保温材料应紧靠在基层表面上，并应铺平垫稳，□是　□否符合要求。

4．相邻板块应错缝拼接，板间缝隙应采用同类材料嵌填密实，□是　□否符合要求。

5．现场随机抽测保温板铺贴接缝和平整度＿＿＿＿处，数值分别为＿＿＿＿＿＿。

6．及时采集、整理数码照片资料，强化施工质量过程控制

发现问题：

处理意见：

备注（包括处理结果）

项目监理机构：

旁站监理人员：

日　　　　期：

# 第五章　屋（内）外附属设施

# 电　缆　沟

根据电缆沟施工工艺的不同，电缆沟可分为砌砖式电缆沟、现浇式电缆沟、预制式电缆沟。

## 一、节点管控表

砌砖式电缆沟、现浇式电缆沟、预制式电缆沟的节点管控表分别如表 5-1～表 5-3 所示。

表 5-1 　　　　　　　　　　砖砌式电缆沟节点管控表

| 工艺流程图 | 监理主要工作 | 监理成果 |
|---|---|---|
| 施工准备 | 审查施工单位人员、机械、材料、施工方案，对现场安全文明布置情况进行检查 | 根据管控要点逐一审查/检查，填写文件审查记录表 |
| 定位放线 | 施工单位三级自检后，对定位放线成果进行复核 | 复核结果填写平行检验记录表 |
| 基槽开挖 | 对基坑开挖过程进行安全/质量巡视，并对开挖完成的基坑开展验槽 | 填写平行检验记录表 |
| 底板施工 | 对底板施工质量进行抽检 | 填写平行检验记录表 |
| 沟壁砌筑★ | 对沟壁砌筑质量开展停工待检监理检查 | 填写平行检验记录表 |
| 变形缝处理★ | 对变形缝处理质量开展停工待检监理检查 | 填写平行检验记录表 |
| 土方回填 | 对土方回填施工质量开展监理旁站 | 填写平行检验记录表 |
| 压顶安装★ | 对压顶安装施工质量开展停工待检监理检查 | 填写平行检验记录表 |
| 沟壁抹灰★ | 对沟壁抹灰施工质量开展停工待检监理检查 | 填写平行检验记录表 |
| 沟底施工 | 对沟道找平层施工质量开展停工待检监理检查 | 填写平行检验记录表 |
| 质量验收 | 专业监理工程师组织检验批及分项工程的验收；总监理工程师组织分部工程的验收 | 填写平行检验记录表、质量问题处理台账、工程验收统计表 |

| 工艺流程图 | 监理主要工作 | 监理成果 |
|---|---|---|

编制说明：
1. 编制目的：根据施工工艺流程，列明监理主要工作内容及应及时填写的表单。
2. 编制依据：标准工艺，统一验收表式及质量验评划分表，安全风险管理规程。

**表 5-2　　　　　　　　　　现浇式电缆沟节点管控表**

| 工艺流程图 | 监理主要工作 | 监理成果 |
|---|---|---|
| 施工准备 | 审查施工单位人员、机械、材料、施工方案，对现场安全文明布置情况进行检查 | 根据管控要点逐一审查/检查，填写文件审查记录表 |
| 定位放线 | 施工单位三级自检后，对定位放线成果进行复核 | 复核结果填写平行检验记录表 |
| 基槽开挖 | 对基坑开挖过程进行安全/质量巡检，并对开挖完成的基坑开展验槽 | 填写安全旁站记录表、平行检验记录表 |
| 垫层施工 | 对垫层施工质量进行抽检 | 填写平行检验记录表 |
| 沟道钢筋绑扎、支护模板 | 对钢筋制作安装、模板支护安装质量开展停工待检监理检查 | 填写平行检验记录表 |
| 沟道混凝土 | 对混凝土浇筑施工质量开展监理旁站 | 填写旁站记录表 |
| 沟道模板拆除 | 脱模后，对现浇电缆沟进行观感检查 | 填写平行检验记录表 |
| 变形缝处理 | 对变形缝施工质量开展停工待检监理检查 | 填写平行检验记录表 |
| 土方回填 | 对土方回填施工质量开展停工待检监理检查 | 填写平行检验记录表 |
| 沟道找平层施工 | 对沟道找平层施工质量开展停工待检监理检查 | 填写平行检验记录表 |
| 质量验收 | 专业监理工程师组织检验批及分项工程的验收；总监理工程师组织分部工程的验收 | 填写平行检验记录表、质量问题处理台账、工程验收统计表 |

编制说明：
1. 编制目的：根据施工工艺流程，列明监理主要工作内容及应及时填写的表单。
2. 编制依据：标准工艺，统一验收表式及质量验评划分表，安全风险管理规程。

表 5-3　　　　　　　　　　　　　　预制式电缆沟节点管控表

| 工艺流程图 | 监理主要工作 | 监 理 成 果 |
|---|---|---|
| 施工准备 | 审查施工单位人员、机械、材料、施工方案，对现场安全文明布置情况进行检查 | 根据管控要点逐一审查/检查，填写文件审查记录表 |
| 预制构件材料及堆放场地准备 | 对预制构件材料及堆放进行监理检查 | 填写平行检验记录表 |
| 定位放线、基坑开挖 | 施工单位三级自检后，对定位放线、开挖尺寸进行复核 | 填写平行检验记录表 |
| 铺设水泥砂垫层找平基底 | 对铺设的水泥砂浆找平基底进行监理检查 | 填写平行检验记录表 |
| 吊车吊装预制电缆沟 | 对吊装预制电缆沟进行旁站检查 | 填写安全旁站记录 |
| 预制电缆沟结构件调平 | 对预制电缆沟结构件调平开展质量开展停工待检监理检查 | 填写平行检验记录表 |
| 预制电缆沟外侧灌浆 | 对预制电缆沟外侧灌浆质量开展停工待检监理检查 | 填写平行检验记录表 |
| 排水坡道调整 | 对排水坡道调整施工质量开展监理旁站 | 填写平行检验记录表 |
| 沟道内伸缩缝处理 | 对伸缩缝施工质量开展停工待检监理检查 | 填写平行检验记录表 |
| 质量验收 | 专业监理工程师组织检验批及分项工程的验收；总监理工程师组织分部工程的验收 | 填写平行检验记录表、质量问题处理台账、工程验收统计表 |

编制说明：
1. 编制目的：根据施工工艺流程，列明监理主要工作内容及应及时填写的表单。
2. 编制依据：标准工艺，统一验收表式及质量验评划分表，安全风险管理规程。

# 二、主要安全风险

## 1. 电缆沟施工主要风险

物体打击、机械伤害、触电、其他伤害。

## 2. 控制措施

（1）电缆沟基槽开挖。

1）当使用机械挖槽时，指挥人员应在机械臂工作半径以外，并应设专人监护。根据土质及电缆沟深度放坡，电缆沟基槽两侧设排水沟或集水井，开挖过程中或敞露期间应防止沟壁塌方。

2）挖方作业时，相邻人员应保持一定间距，防止相互磕碰，所用工具完整、牢固。挖出的土应堆放在距坑边 1m 以外，其高度不得超过 1.5m。

3）沟槽边应设遮栏和警示牌，防止人员不慎坠入。

4）开挖过程中遇不明物体应暂停施工及时上报。

（2）砌筑。

1）基槽边材料堆放高度不超过 1.5m，距离基槽边缘不小于 1m。

2）砌筑时材料应轻拿轻放，防止砸伤人员。

（3）钢筋绑扎。

1）在运行变电站中，作业人员应严防钢筋与任何带电体保持一定的安全距离。

2）钢筋绑扎过程中，绑扎人员应注意配合，相互间保持一定工作距离。

3）钢筋夜间绑扎时，场区应有足够的照明，并安排专人监护，在工作结束时，监护人应清点人数。

（4）模板安装。

1）模板应在平坦地面处整齐堆放，堆放高度不超过 1.5m，距离基槽边缘不小于 1m。

2）在向沟内搬运时，上下人员应配合一致，防止模板倾倒产生砸伤事故。

3）模板加固过程中，支点加固牢固、可靠，所用的木方无裂痕、腐朽，所有钉头均砸平，模板螺杆需逐一紧固。

（5）混凝土浇筑。

1）下料及振捣施工人员严禁站在沟壁模板和支撑条上。

2）振捣施工作业人员应穿绝缘鞋、戴绝缘手套，不得将开启的振捣器放在模板或支撑上。

3）振动器搬动或暂停，必须切断电源。不得将运行中的振动器放在模板、脚手架或未凝固的混凝土上。

4）手推车运送混凝土时，装料不得过满，卸料时，不得用力过猛和双手放把。用翻斗车运送混凝土时，不得搭乘人员。采用泵送混凝土时，泵送设备支腿应支承在水平坚实的地面上，且应垫枕木或钢板，接地线径、连接方式及埋深均符合规范要求。

（6）拆模。拆除模板时应选择稳妥可靠的立足点。拆下的模板、木方应整齐堆放，及时运走，朝天钉应及时拔除或打弯。

（7）预制式电缆沟安装。

1）预制件底部设垫木堆放，单层堆放，距离基坑（槽）边缘不小于 1m，堆放场地相对封闭。

2）预制件场内运输时，应先将运输通道清理干净，并注意脚下有无障碍。

3）严格执行十不吊，吊车支地稳固，接地线径、埋深满足要求，吊物离地 100mm 时检查起吊系统的受力及紧固情况。吊装作业区域内，非作业人员严禁进入；吊运预制构件时，构件下方严禁站人，预制构件距地面 1m 以内方准作业人员靠近，就位固定后方可脱钩。

# 三、电缆沟施工控制要点

## 1. 作业前控制要点

（1）本作业的施工人员和机械已进场，特殊工种作业人员满足施工需要。

（2）本作业的计量器具、仪表经法定单位检定合格，且在有效期内。

（3）物资材料准备能满足本作业连续施工需要。

1）砖砌式电缆沟：砂浆采用自拌，砂应有复试报告，水泥应有出厂合格证及复试报告；砖采用机制砖，应有出厂合格证及复试报告、砂浆实验室配合比报告符合设计要求。

2）现浇式电缆沟：混凝土采用自拌，砂、石应有复试报告，水泥应有出厂合格证及复试报告；模板应采用表面平整、加工紧密、有一定刚度的多层胶合板；钢筋质量控制要点见通用部分；预拌混凝土质量控制见通用部分。

3）预制式电缆沟：预制式电缆沟构件应进行外观及资料（出厂合格证、外检报告、养护记录）检查。

（4）本作业相关的施工图已进行交底、会检，相关的作业指导书已制定并审查合格；每个分项工程必须分级进行施工技术交底。技术交底内容应充实，具有针对性和指导性，全体参加施工的人员都要参加交底并签名，形成书面交底记录。

（5）现场具备安全文明施工条件。

（6）监理实施细则已编审完成，并履行安全、质量、技术控制要点的交底。

## 2. 过程控制要点

（1）定位放线。根据变电站施工设置的建筑测量定位方格网基准点或施工完毕的基础，采用经纬仪、拉线、尺量、定出电缆沟的基准线。监理技术人员复核电缆沟轴线位置、标高偏差。

（2）基槽开挖。依据设计及规程规范要求，基槽土方开挖至电缆沟沟底基础设计标高，电缆沟壁应根据土质要求及电缆沟深度选择合适的放坡比例，以防止沟壁坍塌。开挖完成后，组织相关人员（业主单位、监理单位、设计勘察单位、施工单位）进行验槽，并做好记录；若地质与设计文件不符，要求施工单位及时上报。

（3）浇筑混凝土垫层。基底原土夯实，放设电缆沟垫层模板边线以及坡度线，根据边线及坡度线安装模板，并采用水准仪跟踪测定模板标高。基础较宽时，在基槽中间部分设置水平控制桩。

（4）砖砌式电缆沟施工控制：

1）在垫层弹线后采用水泥砂浆砌筑。砂浆采用机械搅拌，应在 3h 内使用完毕；超过 30℃时，应在 2h 内使用完毕。灰缝宽度通常为 8～12mm，砌体水平灰缝的砂浆饱满度不得小于 80%。砌筑方式根据沟道宽度确定，具体砌筑方式如图 5-1 所示。

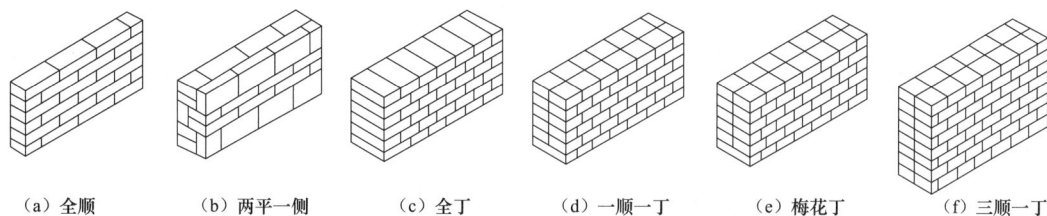

|  (a) 全顺 | (b) 两平一侧 | (c) 全丁 | (d) 一顺一丁 | (e) 梅花丁 | (f) 三顺一丁 |

图 5-1  砌筑方式

2）对砖、砂浆进行见证取样，具体方法、代表批量见通用部分。

3）砌筑过程需拉线控制垂直度和水平偏差，铺浆长度不超过 750mm，气温超过 30℃时铺浆长度不超过 500mm，砂浆不得直接倾倒在地面。对不能同时砌筑而又必须留置的临时间断处应砌成斜槎，斜槎水平投影长度不小于高度的 2/3。

4）砌体砌筑时需确定电缆支架固定螺栓位置，通常沿电缆沟壁浇筑两道细石混凝土带（宽同沟壁，高 100mm）或安装预制混凝土块（带埋件），便于电缆支架固定。

5）伸缩缝间距执行设计要求，完成嵌缝施工后，进行土方回填。

6）压顶标高在每段两端以电缆沟轴线和标高为准，坐浆找平后先各安装一块，以此为准沿上口两边拉线，安装其余压顶，分段安装，每段长度不大于 20m。

7）粉刷必须分层进行，严禁一遍成活。室外温度低于 5℃时，不宜进行室外粉刷。

（5）现浇式电缆沟施工控制：

1）垫层弹线确定沟壁位置，模板采用钢管、螺杆加固；钢管竖、横杆间距不大于 600mm，螺杆紧固牢靠，模板接缝用双面胶带挤压严密。

2）施工缝的钢筋搭接：直线接头，错开率以设计文件要求为准，钢筋的绑扎搭接长度不小于 35$D$，焊接搭接长度采用单面焊不小于 10$D$，双面焊不小于 5$D$；转弯接头，同一平面错开间隔不小于 10$D$；原则上施工缝留置于变形缝处，止水措施按设计要求执行。

3）沟道混凝土两侧应同时浇筑，振捣时振捣棒应快插慢拔，交错前进。振捣棒移动距离一般在 300～500mm，每次振捣时间一般控制范围为 20～30s，以混凝土表面水泥浆和混凝土沉陷为判别依据。用橡皮锤敲击外侧模板，以防止倒角处气泡产生。根据浇筑方量随机取样，见证施工项目部制作相应数量的混凝土试块。

4）跟踪测量控制混凝土沟壁顶标高，表面用铁抹子原浆压光。

5）电缆沟内排水沟截面直径符合设计要求。排水走向正确，横、纵坡放坡系数满足设计要求。预留集水井（坑）位置正确，加装篦子，防止杂物堵塞排水口，并与站区排水主网连接，复核排水管两端标高，确保排水走向正确。

（6）预制式电缆沟施工：

1）材料堆放。设立材料堆放区，构件底部要设垫木并垫平实，单层堆放。盖板堆放时，每5块盖板用木方加以分隔。

2）结构件安装。电缆沟构件安装前应再次核查构件养护期，构件应轻挪轻放，防止造成破损。安放平稳后，利用千斤顶和钢垫片进行调整，确保每节电缆沟企口连接紧密，轴线和标高无误，减少累积误差。

如标准节、预留孔洞处涉及二次灌浆，现场监理人员需要管控水泥掺量及灌浆压力。

3）伸缩缝处理。处理方式与现浇电缆沟一致。

4）沟底找坡及集水坑处理。根据电缆沟预排情况埋设排水管，复核两端标高。其他处理方式与现浇电缆沟一致。

5）电缆沟压顶与盖板防震、防响处理。现浇电缆沟和装配式电缆沟沟壁两侧压顶上分别设置一道凹槽，用于装设橡胶条，防止盖板震动和异响。

**3. 检查与验收**

依照《变电（换流）站土建工程施工质量验收规范》（Q/GDW 10183—2021）附录B.1及国家电网有限公司统一验收表式相关要求，室内电缆沟为主控楼（联合楼）地基与基础分部工程中的子分部工程，室外电缆沟为屋外配电装置构筑物中的分部工程。以上验收程序均为专业监理工程师组织检验批及分项工程的验收，总监理工程师组织分部（子分部）工程的验收。

（1）检验批：审核并签认施工检验批资料，填写监理平行检验记录表。

1）通用部分：垫层、土方回填沟道、预制盖板安装。

2）电缆沟施工专用资料。

a. 砖砌结构：砖砌沟道砌筑、一般抹灰；

b. 现浇结构：沟道模板安装、沟道模板拆除、钢筋加工、沟道钢筋安装、混凝土原材料及配合比、混凝土浇筑施工、沟道混凝土结构外观及尺寸偏差；

c. 装配式结构：装配式结构预制构件、装配式结构安装与连接。

（2）分项工程：由以上同一工序多个检验批汇总，专业监理工程师审核、签认分项工程质量验收记录。

（3）分部工程质量资料：总监组织验收人员审核并签认以下资料。

1）通用部分：①图纸会检、设计变更、洽商记录；②一般施工方案、作业指导书、技术交底记录；③测量放线记录及沉降观测测量记录；④隐蔽工程验收记录；⑤分项工程质量验收记录；⑥检验批工程质量验收记录；⑦试件制作数码照片；⑧隐蔽工程数码照片；⑨新技术论证、备案及施工记录。

2）电缆沟施工专用资料。

a．砖砌结构：①原材料出厂合格证及进场检（试）验报告；②砂浆配合比试验报告、③砌筑砂浆试件的试验报告；④砌体垂直度检测记录；⑤砂浆强度统计。

b．现浇结构：①自拌混凝土原材料合格证及进场检（试）验报告或预拌混凝土合格证（出厂检验报告）及进场坍落度记录；②钢筋材质及焊接（机械连接）接头的试验报告；③混凝土原材料及混凝土试件的试验报告；④混凝土现浇结构实体检验记录、检测报告；⑤混凝土配合比试验报告；⑥混凝土工程施工记录；⑦混凝土强度统计；⑧材料进场检验、试件制作数码照片。

c．预制结构：①预制构配件出厂合格证及进场检（试）验报告；②装配式结构吊装记录。

# 四、报告与记录

施工过程中形成的主要监理资料见表5-4。作业中引用或产生的报告与记录的表单样例，见本小节附表。

表 5-4　　　　　　　　　　施工过程中形成的主要监理资料

| 序号 | 编号 | 名　称 | 填　报 |
|---|---|---|---|
| 1 | JXM3 | 文件审查记录表 | 总监理工程师、专业监理工程师 |
| 2 | JJS3 | 施工图预检记录表 | 总监理工程师、专业监理工程师 |
| 3 | JZL3 | 平行检查记录表 | 专业监理工程师 |
| 4 | JXM9 | 旁站记录表 | 专业监理工程师或监理员 |
| 5 | JXM4 | 监理策划文件报审表 | 细则由专业监理工程师编写，总监理工程师批准 |
| 6 | JXM15 | 监理通知单 | 总监理工程师、专业监理工程师 |
| 7 | JZL1 | 见证取样统计表 | 专业监理工程师或监理员 |
| 8 | JXM15 | 质量、安全活动记录 | 总监理工程师、专业监理工程师 |

# 五、附表

对施工方案进行审核时，应运用数字监理平台逐项审查并勾选检查结果，填写修改意见。在平行检验及安全旁站时，根据表格内容逐项检查，并根据系统要求留存影像资料。未应用数字监理平台可采用纸质表单执行。

文件审查记录表如表5-5所示，平行检查记录表如表5-6～表5-12所示，旁站监理记录表如表5-13所示。

表 5-5                **文件审查记录表（电缆沟工程施工方案）**

工程名称：                                                      编号：

| 文件名称 | | （写文件全称××施工方案—报审表编号） | |
|---|---|---|---|
| 送审单位 | | （编制单位全称） | |
| 序号 | 监理项目部审查标准 | 检查结果 | 施工项目部反馈意见 |
| 1 | 施工方案的编审批流程是否已按要求履行 | □合格 □不合格 | |
| | 修改意见： | | |
| 2 | 施工方案的编制依据是否已过期 | □合格 □不合格 | |
| | 修改意见： | | |
| 3 | 工程概况中应描述图纸中电缆沟规格、尺寸等重要技术参数和质量标准要求 | □合格 □不合格 | |
| | 修改意见： | | |
| 4 | 施工方案（措施）制定的施工工艺流程应合理，并绘制流程图。不得使用国家严厉禁止的施工工艺、建筑材料及施工机械 | □合格 □不合格 | |
| | 修改意见： | | |
| 5 | 根据各部位施工进度计划及流水段划分进行劳动力安排，满足施工进度计划及流水施工的需要 | □合格 □不合格 | |
| | 修改意见： | | |
| 6 | 应明确电缆沟的相关技术要求，包括砌筑、现浇、预制的工艺流程、放坡、排水等技术要求 | □合格 □不合格 | |
| | 修改意见： | | |
| 7 | 施工方案内容应包括安全危险点分析或危险源辨识、环境因素识别应准确、全面 | □合格 □不合格 | |
| | 修改意见： | | |
| 8 | "施工准备"中现场材料、工具设备、安全防护布置是否满足施工需求等 | □合格 □不合格 | |
| | 修改意见： | | |
| 9 | 明确质量标准及验收方法，包括砖砌电缆沟砖的品种、强度要求、外观质量要求及检验方法，水泥、砂、外加剂的品种要求；现浇式电缆沟钢筋、混凝土；预制式电缆沟预制件规格、强度质量进行检查 | □合格 □不合格 | |
| | 修改意见： | | |
| 10 | 对施工质量通病制定防治措施，应有保障强制性条文执行和标准工艺应用的说明 | □合格 □不合格 | |
| | 修改意见： | | |
| 11 | 存在的其他问题 | | |

总/专业监理工程师：＿＿＿＿＿＿＿＿            项目经理：＿＿＿＿＿＿＿＿＿＿
日     期：＿＿＿＿年＿＿月＿＿日           日     期：＿＿＿＿年＿＿月＿＿日

| 监理复查意见 | |
|---|---|
| | 总/专业监理工程师：＿＿＿＿＿＿＿＿<br>日     期：＿＿＿＿年＿＿月＿＿日 |

注   本表使用过程中可自行增加内容。本表一式两份，监理、施工项目部各存 1 份。

表 5-6　　　　　　　　　平行检查记录表（砖砌式电缆沟工程）

工程名称：　　　　　　　　　　　　　　　　　　　　　　　　　　编号：

| 检验对象分类 | | | □设备　　□材料　　□工序 | | | |
|---|---|---|---|---|---|---|
| 检验对象基本信息 | 设备 | 设备名称 | | 设备型号规格 | | |
| | | 生产厂家 | | 安装位置 | | |
| | 材料 | 材料名称 | | 材料型号规格 | | |
| | | 生产厂家 | | 使用部位 | | |
| | 工序 | 工序名称 | 电缆沟砌体 | 实施单位 | | |
| | | 其他 | 使用部位： | | | |
| 序号 | 检 验 项 目 | | 质 量 标 准 | 质量检验结果 | | 备注 |
| 1 | 砖的强度等级☆ | | 应符合设计要求 | （此处填写检测报告编号及结论） | | |
| 2 | 砂浆的强度等级☆ | | 应符合设计要求 | （此处填写检测报告编号及结论） | | |
| 3 | 砌体留槎☆ | | 对不能同时砌筑而又应留置的临时间断处应砌成斜槎，斜槎水平投影长度不小高度的 2/3 | □合格　□不合格 | | |
| 4 | 冬期施工措施☆ | | 应符合设计要求和现行有关标准的规定 | □合格　□不合格 | | |
| 5 | 砌体砂浆饱满度☆ | | 砌体灰缝的砂浆饱满度不得小于80% | □合格　□不合格 | | |
| 6 | 砌体上下错缝☆ | | 砌体中长度每 300mm 范围内 4～6 皮砖的通缝小于或等于 3 处，且不在同一面墙体上 | □合格　□不合格 | | |
| 7 | 砌体接槎☆ | | 接槎处表面清理干净，浇水湿润，并填实砂浆，保持灰缝平直，竖向灰缝不得出现透明缝、瞎缝和假缝 | □合格　□不合格 | | |
| 8 | 沟道上口平直☆ | | 顺直 | □合格　□不合格 | | |
| 9 | 沟道排水☆ | | 沟面严密，无明显进水；沟底排水畅通，无明显积水 | □合格　□不合格 | | |
| 10 | 沟面过水沟☆ | | 应符合设计要求，平直、美观 | □合格　□不合格 | | |
| 11 | 变形缝留置☆ | | 变形缝间距应符合设计要求 | □合格　□不合格 | | |
| | | | 变形缝填缝材料应符合设计要求 | □合格　□不合格 | | |
| 12 | 沟道轴线位移 | | ≤20mm | | | |
| 13 | 沟道顶面标高 | | −10～0mm | | | |
| 14 | 沟道底面标高 | | ±5mm | | | |
| 15 | 沟道截面尺寸 | | ±15mm | | | |
| 16 | 沟道壁厚 | | ±5mm | | | |
| 17 | 沟内侧平整度 | | ≤8mm | | | |
| 18 | 变形缝宽度 | | ±5mm | | | |

续表

| 序号 | 检 验 项 目 | | 质 量 标 准 | 质量检验结果 | 备注 |
|---|---|---|---|---|---|
| 19 | 预留孔洞及预埋件 | 中心位移 | ≤15mm | | |
| 20 | | 倾斜度 | 2% | | |
| 21 | 沟道底面坡度偏差 | | 设计坡度的±10% | | |
| 22 | 沟底排水管口标高偏差 | | −20~10mm | | |
| 检验结论 | | | □合格 □不合格 | | |
| 检验仪器及编号 | | 经纬仪: 水准仪: 钢卷尺: 百格网: 靠尺: | | | |
| 检验人员 | | | 检验日期 | 年 月 日 | |

注 带☆号检验项目为主控项目。

表 5-7　　　　　　　平行检查记录表（现浇式电缆沟工程）

工程名称：　　　　　　　　　　　　　　　　　　　　　　　　　编号：

| 检验对象分类 | | | □设备　　□材料　　□工序 | | |
|---|---|---|---|---|---|
| 检验对象基本信息 | 设备 | 设备名称 | | 设备型号规格 | |
| | | 生产厂家 | | 安装位置 | |
| | 材料 | 材料名称 | | 材料型号规格 | |
| | | 生产厂家 | | 使用部位 | |
| | 工序 | 工序名称 | 现浇式电缆沟模板安装 | 实施单位 | |
| | | 其他 | 使用部位： | | |

| 序号 | 检 验 项 目 | 质 量 标 准 | 质量检验结果 | 备注 |
|---|---|---|---|---|
| 1 | 模板及其支架☆ | 应根据工程结构形式、荷载大小、地基土类别、施工设备和材料供应等条件进行设计。应具有足够的承载能力、刚度和稳定性，能可靠地承受浇筑混凝土的重力、侧压力以及施工荷载 | □合格　□不合格 | |
| 2 | 模板板面质量、隔离剂及支撑☆ | 模板板面应干净,隔离剂应涂刷均匀。模板间的拼缝应平整、严密，模板支撑应设置正确 | □合格　□不合格 | |
| 3 | 支架竖杆和竖向模板安装在土层上时 | 支架竖杆和竖向模板安装在土层上时，应符合下列规定：<br>1. 土层应坚实、平整，其承载力或密实度应符合施工方案的要求；<br>2. 应有防水、排水措施；对冻胀性土，应有预防冻融措施；<br>3. 支架竖杆下应有底座或垫板 | □合格　□不合格 | |
| 4 | 各类埋件、变形缝、止水带☆ | 正确、齐全并安装牢固，埋件制作、安装应符合 6.11.8 的相关规定 | □合格　□不合格 | |
| 5 | 模板安装要求 | 模板的拼接缝处应有防漏浆措施，木模板应浇水湿润，但模板内不应有积水；模板与混凝土的接触面应清理干净并涂刷隔离剂；模板内的杂物应清理干净；使用能达到设计效果的模板 | □合格　□不合格 | |

| 序号 | 检验项目 | | 质量标准 | 质量检验结果 | 备注 |
|---|---|---|---|---|---|
| 6 | 沟道中心及端部位移 | | ±10mm | | |
| 7 | 沟道顶面标高偏差 | | −10～0mm | | |
| 8 | 沟道底面坡度偏差 | | ±10%的计坡度 | | |
| 9 | 沟壁截面尺寸偏差 | | ±15mm | | |
| 10 | 沟道厚度偏差 | | −5～3mm | | |
| 11 | 预留孔洞 | 中心线位移 | ≤8mm | | |
| | | 水平高差 | ≤3mm | | |
| 检验结论 | | | □合格 □不合格 | | |
| 检验仪器及编号 | | 经纬仪： | 水准仪： | 钢卷尺： | |
| 检验人员 | | | 检验日期 | 年 月 日 | |

注 带☆号检验项目为主控项目。

**表 5-8** 平行检查记录表（现浇式电缆沟工程）

工程名称： 编号：

| 检验对象分类 | | | □设备 □材料 □工序 | | |
|---|---|---|---|---|---|
| 检验对象基本信息 | 设备 | 设备名称 | | 设备型号规格 | |
| | | 生产厂家 | | 安装位置 | |
| | 材料 | 材料名称 | | 材料型号规格 | |
| | | 生产厂家 | | 使用部位 | |
| | 工序 | 工序名称 | 现浇式电缆沟钢筋安装 | 实施单位 | |
| | | 其他 | 使用部位： | | |

| 序号 | 检验项目 | | 质量标准 | 质量检验结果 | 备注 |
|---|---|---|---|---|---|
| 1 | 受力钢筋和牌号、规格和数量☆ | | 应符合设计要求 | □合格 □不合格 | |
| 2 | 受力钢筋的安装位置、锚固方式☆ | | 应符合设计要求 | □合格 □不合格 | |
| 3 | 绑扎钢筋网 | 长、宽 | ±10mm | | |
| | | 网眼尺寸 | ±20mm | | |
| 4 | 绑扎钢筋骨架 | 长 | ±10mm | | |
| | | 宽、高 | ±5mm | | |
| 5 | 纵向受力钢筋 | 锚固长度 | −20mm | | |
| | | 间距 | ±10mm | | |
| | | 排距 | ±5mm | | |
| 6 | 保护层厚度 | 基础 | ±10mm | | |
| 7 | 绑扎箍筋、横向钢筋间距 | | ±20mm | | |

| 序号 | 检 验 项 目 | | 质 量 标 准 | 质量检验结果 | 备注 |
|---|---|---|---|---|---|
| 8 | 钢筋弯起点位置 | | 20mm | | |
| 9 | 预埋件 | 中心线位置 | 5mm | | |
| | | 水平高差 | 0～3mm | | |
| 检验结论 | | | □合格　□不合格 | | |
| 检验仪器及编号 | | 经纬仪： | 水准仪： | 钢卷尺： | |
| 检验人员 | | | 检验日期 | 年　月　日 | |

注　带☆号检验项目为主控项目。

表 5-9　　　　　　　　　平行检查记录表（现浇式电缆沟工程）

工程名称：　　　　　　　　　　　　　　　　　　　　　　　　编号：

| 检验对象分类 | | | □设备　　□材料　　□工序 | | |
|---|---|---|---|---|---|
| 检验对象基本信息 | 设备 | 设备名称 | | 设备型号规格 | |
| | | 生产厂家 | | 安装位置 | |
| | 材料 | 材料名称 | | 材料型号规格 | |
| | | 生产厂家 | | 使用部位 | |
| | 工序 | 工序名称 | 现浇式电缆沟外观尺寸检查 | 实施单位 | |
| | | 其他 | 使用部位： | | |

| 序号 | 检 验 项 目 | | 质 量 标 准 | 质量检验结果 | 备注 |
|---|---|---|---|---|---|
| 1 | 外观质量☆ | | 不应有严重缺陷。对已经出现的严重缺陷，应由施工单位按技术处理方案进行处理，并重新检查验收 | □合格　□不合格 | |
| 2 | 不应有严重缺陷☆ | | 不应有影响结构性能和使用功能的尺寸偏差。对超过尺寸允许偏差且影响结构性能和安装、使用功能的部位，应由施工单位按技术处理方案进行处理，并重新检查验收 | □合格　□不合格 | |
| 3 | 变形缝☆ | | 变形缝间距应符合设计要求 | □合格　□不合格 | |
| | | | 变形缝填缝材料应符合设计要求 | □合格　□不合格 | |
| 4 | 外观质量 | 颜色 | 颜色基本一致，无明显色差 | □合格　□不合格 | |
| | | 修补 | 基本无修补痕迹 | □合格　□不合格 | |
| | | 气泡 | 最大直径不大于 8mm，深度不大于2mm，每平方米气泡面积不大于20cm² | □合格　□不合格 | |
| | | 裂缝 | 宽度小于 0.2mm，且长度不大于1000mm | □合格　□不合格 | |
| | | 光洁度 | 无漏浆、流淌及冲刷痕迹，无油迹、墨迹及锈斑，无粉化物 | □合格　□不合格 | |
| 5 | 沟道中心位移 | | ±20mm | | |
| 6 | 变形缝宽度 | | ±5mm | | |

续表

| 序号 | 检 验 项 目 | 质 量 标 准 | 质量检验结果 | 备注 |
|---|---|---|---|---|
| 7 | 沟道顶面标高偏差 | －10～0mm | | |
| 8 | 沟道底面标高偏差 | ±5mm | | |
| 9 | 沟道底面坡度偏差 | ±10%设计坡度 | □合格　□不合格 | |
| 10 | 沟底排水管口标高 | －20～20mm | | |
| 11 | 沟道截面尺寸偏差 | ±20mm | | |
| 12 | 沟壁厚度偏差 | ±5mm | | |
| 13 | 预留孔、洞中心线位移 | ≤15mm | | |
| 14 | 拆模后预埋件质量 | 《变电（换流）站土建工程施工质量验收规范》（Q/GDW 10183—2021）第6.11.8 的规定 | □合格　□不合格 | |
| 15 | 沟壁顶部企口间净距偏差 | ＋15～0mm | | |
| 16 | 沟道盖板搁置面平整度 | ≤5mm | | |
| 检验结论 | | □合格　□不合格 | | |
| 检验仪器及编号 | 经纬仪： | 水准仪： | 钢卷尺： | |
| 检验人员 | | 检验日期 | 年　月　日 | |

注　带☆号检验项目为主控项目。

表 5-10　　　　　　平行检查记录表（装配式电缆沟工程）

工程名称：　　　　　　　　　　　　　　　　　　　　　　编号：

| 检验对象分类 | | | □设备　　　□材料　　　□工序 | | |
|---|---|---|---|---|---|
| 检验对象基本信息 | 设备 | 设备名称 | | 设备型号规格 | |
| | | 生产厂家 | | 安装位置 | |
| | 材料 | 材料名称 | | 材料型号规格 | |
| | | 生产厂家 | | 使用部位 | |
| | 工序 | 工序名称 | 装配式结构预制构件 | 实施单位 | |
| | | 其他 | 使用部位： | | |

| 序号 | 检 验 项 目 | 质 量 标 准 | 质量检验结果 | 备注 |
|---|---|---|---|---|
| 1 | 预制构件质量检验☆ | 质量证明文件齐全且符合设计的要求 | □合格　□不合格 | |
| 2 | 预制构件进场结构性能检验☆ | 专业企业生产的预制构件进场时，预制构件结构性能检验应符合下列规定：<br>1. 结构性能检验应符合国家现行有关标准的有关规定及设计的要求，检验要求和试验方法应符合国家规范要求。<br>2. 钢筋混凝土构件和允许出现裂缝的预应力混凝土构件应进行承载力、挠度和裂缝宽度检验；不允许出现裂缝的预应力混凝土构件应进行承载力、挠度和抗裂检验。 | □合格　□不合格 | |

续表

| 序号 | 检 验 项 目 | | | 质 量 标 准 | 质量检验结果 | 备注 |
|---|---|---|---|---|---|---|
| 2 | 预制构件进场结构性能检验☆ | | | 3．对大型构件及有可靠应用经验的构件，可只进行裂缝宽度、抗裂和挠度检验。<br>4．对进场时不做结构性能检验的预制构件，应采取下列措施：<br>1）施工单位或监理单位代表应驻厂监督生产过程；<br>2）当无驻厂监督时，预制构件进场时应对其主要受力钢筋数量、规格、间距、保护层厚度及混凝土强度等进行实体检验 | □合格　□不合格 | |
| 3 | 预制构件外观质量☆ | | | 预制构件的外观质量不应有严重缺陷，且不应有影响结构性能和安装、使用功能的尺寸偏差 | □合格　□不合格 | |
| 4 | 预制构件材料质量规格数量☆ | | | 预制构件上的预埋件、预留插筋、预埋管线等的材料质量、规格和数量以及预留孔、预留洞的数量应符合设计要求 | □合格　□不合格 | |
| 5 | 构件标识☆ | | | 预制构件应有标识 | □合格　□不合格 | |
| 6 | 外观质量一般缺陷☆ | | | 预制构件的外观质量不应有一般缺陷 | □合格　□不合格 | |
| 7 | 预制构件的允许偏差 | 长度 | | ±5mm | | |
| | | 宽度高（厚）度 | | ±5mm | | |
| | | 表面平整度 | | 5mm | | |
| | | 预留洞 | 中心线位置 | 10mm | | |
| | | | 洞口尺寸、深度 | ±10mm | | |
| 8 | 预制构件的粗糙面的质量 | | | 应符合设计要求 | □合格　□不合格 | |
| 检验结论 | | | | □合格　□不合格 | | |
| 检验仪器及编号 | | | 经纬仪： | 水准仪： | 钢卷尺： | |
| 检验人员 | | | | 检验日期 | 年　月　日 | |

注　带☆号检验项目为主控项目。

表 5-11　　　　　　　　　平行检查记录表（装配式电缆沟工程）

工程名称：　　　　　　　　　　　　　　　　　　　　　　　　编号：

| 检验对象分类 | | | □设备 | □材料 | □工序 |
|---|---|---|---|---|---|
| 检验对象基本信息 | 设备 | 设备名称 | | 设备型号规格 | |
| | | 生产厂家 | | 安装位置 | |
| | 材料 | 材料名称 | | 材料型号规格 | |
| | | 生产厂家 | | 使用部位 | |
| | 工序 | 工序名称 | 装配式结构安装与连接 | 实施单位 | |
| | | 其他 | 使用部位： | | |

续表

| 序号 | 检 验 项 目 | 质 量 标 准 | 质量检验结果 | 备注 |
|---|---|---|---|---|
| 1 | 预制构件临时固定措施 | 应符合施工方案的要求 | □合格　□不合格 | |
| 2 | 装配式结构施工后，其外观质量 | 不应有严重缺陷，且不应有影响结构性能和安装、使用功能的尺寸偏差 | □合格　□不合格 | |
| 3 | 预制构件轴线位置 | 5mm | | |
| 4 | 预制构件标高 | ±5mm | | |
| 5 | 相邻构件平整度 | 5mm | | |
| 6 | 预制构件接缝宽度 | ±5mm | | |
| 检验结论 | | □合格　□不合格 | | |
| 检验仪器及编号 | 经纬仪：　　　水准仪：　　　钢卷尺： | | | |
| 检验人员 | | 检验日期 | 年　月　日 | |

表 5-12　　　　　平行检查记录表（电缆沟预制盖板安装工程）

工程名称：　　　　　　　　　　　　　　　　　　　编号：

| 检验对象分类 | | | □设备　　□材料　　□工序 | | |
|---|---|---|---|---|---|
| 检验对象基本信息 | 设备 | 设备名称 | | 设备型号规格 | |
| | | 生产厂家 | | 安装位置 | |
| | 材料 | 材料名称 | | 材料型号规格 | |
| | | 生产厂家 | | 使用部位 | |
| | 工序 | 工序名称 | 预制盖板安装 | 实施单位 | |
| | | 其他 | 使用部位： | | |

| 序号 | 检 验 项 目 | 质 量 标 准 | 质量检验结果 | 备注 |
|---|---|---|---|---|
| 1 | 盖板型号和质量☆ | 必须符合设计要求及有关现行标准规定 | □合格　□不合格 | |
| 2 | 盖板外观质量☆ | 表面应平整，无扭曲、变形，色泽均匀 | □合格　□不合格 | |
| 3 | 盖板安装☆ | 平稳、顺直 | □合格　□不合格 | |
| 4 | 表面平整 | ≤5mm | | |
| 检验结论 | | □合格　□不合格 | | |
| 检验仪器及编号 | 经纬仪：　　　水准仪：　　　钢卷尺： | | | |
| 检验人员 | | 检验日期 | 年　月　日 | |

注　带☆号检验项目为主控项目。

表 5-13　　　　　　　　旁站监理记录表（现浇式电缆沟混凝土浇筑）

工程名称：　　　　　　　　　　　　　　　　　　　　　　　　　　编号：

| 日期及天气： | 施工地点：××区域 |
|---|---|

旁站监理的部位或工序：现浇式电缆沟混凝土浇筑

| 旁站监理开始时间： | 旁站监理结束时间： |
|---|---|

施工情况：

| | | |
|---|---|---|
| 作业必备条件 | 1．现场负责人 _____，安全监护人_____，现场作业人员共计____名。现场电工、焊工等特殊工种经监理项目部审批合格 | □合格　□不合格 |
| | 2．主要施工器具（填写名称及数量）、机械设备（填写名称及数量）经监理项目部审批合格 | □合格　□不合格 |
| | 3．材料：□预拌混凝土，核查开盘鉴定结果（原材料证明文件、配合比报告、开盘鉴定报告）符合设计及规范要求。<br>□自拌混凝土，原材料及配合比已审查合格 | □合格　□不合格 |
| | 4．检查作业票及每日站班会规范，工作内容、人员与现场对应；施工方案审批、交底已完成 | □合格　□不合格 |
| | 5．安全文明施工设施及个人防护用品配置符合要求 | □合格　□不合格 |
| | 6．其他： | |

监理情况：

1．模板内侧清理干净，支护牢固，表面平整且拼接缝严密。采取有效脱模措施。　□合格　□不合格

2．自拌混凝土应核查配合比执行情况，符合配合比掺量。　　　　　　　　　　□合格　□不合格

3．混凝土运输、输送情况：　□泵送　　□吊车配备料斗　　□升降设备配备小车输送　　□小车及人力输送

4．混凝土运送频率符合浇筑的连续性，且抵达现场的混凝土未超过初凝时间。　□合格　□不合格

5．浇筑方式及顺序：

6．混凝土特性控制：混凝土浇筑过程中应严格控制水胶比。每班日或每个浇筑面，混凝土坍落度应至少检查 2 次，坍落度设计值_____。实测值：（1）_____，（2）_____。

7．混凝土振捣：振捣棒应快插慢拔，交错前进。振捣棒移动距离在 300～500mm，每次振捣时间控制范围为 20～30s，以混凝土表面水泥浆和混凝土不再沉陷为判别依据。　　　　　　　□合格　□不合格

8．试块留置：标准养护试块组数：_____，同条件试块组数：_____。

9．本次浇筑方量_____ m³。

10．混凝土养护：□洒　水　　□覆　盖　　□喷涂养护剂　　□其　他_____。

11．强调执行：基础混凝土中严禁掺入氯盐。　　　　　　　　　　　□已执行　□未执行

12．及时采集、整理数码照片资料

发现问题：

处理意见：

备注（包括处理结果）

项目监理机构：

旁站监理人员：

日　　　　期：

注　1．本表适用于一般基础浇筑质量旁站。

　　2．当日作业存在工作票时，应注意检查两票关联性。

　　3．□中符合条件打"√"，不符合条件打"×"，不涉及检查项目打"\"。

# 第二节

# 围 墙 与 大 门

根据围墙及大门施工工艺的不同,围墙与大门分为装配式围墙、砖砌式围墙、大门。

## 一、节点管控表

装配式围墙、砌砖式围墙、大门的节点管控表分别如表 5-14～表 5-16 所示。

表 5-14                              装配式围墙节点管控表

| 工艺流程图 | 监理主要工作 | 监理成果 |
| --- | --- | --- |
| 施工准备 | 审查施工单位人员、机械、材料、施工方案,对现场安全文明布置情况进行检查 | 根据管控要点逐一审查/检查,填写文件审查记录表 |
| 定位放线 | 施工单位三级自检后,对定位放线成果进行复核 | 复核结果填写平行检验记录表 |
| 基槽开挖、垫层施工 | 对基坑开挖过程进行安全质量巡检,并对开挖完成的基坑开展验槽 | 填写安全旁站记录表、平行检验记录表 |
| 围墙基础、预埋铁板 | 对围墙基础施工质量开展平行检验,对混凝土浇筑开展监理旁站 | 填写旁站记录表、平行检验记录 |
| 抗风柱吊装及校正 | 对钢柱安装及校正质量开展停工待检监理检查 | 填写平行检验记录表 |
| 墙板吊装及校正 | 对复合材料墙板安装及校正质量开展停工待检监理检查 | 填写平行检验记录表 |
| 压顶及柱帽安装 | 对围墙压顶及柱帽安装质量开展停工待检监理检查 | 填写平行检验记录表 |
| 打胶、压条及包边 | 对围墙接缝打胶、压条质量开展停工待检监理检查 | 填写平行检验记录表 |
| 质量验收 | 专业监理工程师组织检验批及分项工程的验收;总监理工程师组织分部工程的验收 | 填写平行检验记录表、质量问题处理台账、工程验收统计表 |

编制说明:
1. 编制目的:根据施工工艺流程,列明监理主要工作内容及应及时填写的表单。
2. 编制依据:标准工艺,统一验收表式及质量验评划分表,安全风险管理规程。

表 5-15 砖砌式围墙节点管控表

| 工艺流程图 | 监理主要工作 | 简 要 描 述 |
|---|---|---|
| 施工准备 | 审查施工单位人员、机械、材料、施工方案，对现场安全文明布置情况进行检查 | 根据管控要点逐一审查/检查，填写文件审查记录表 |
| 定位放线 | 施工单位三级自检后，对定位放线成果进行复核 | 复核结果填写平行检验记录表 |
| 基槽开挖、垫层施工 | 对基坑开挖过程进行安全质量巡检，并对开挖完成的基坑开展验槽 | 填写安全旁站记录表、平行检验记录表 |
| 围墙基础、预埋插筋 | 对围墙基础施工质量开展平行检验，对混凝土浇筑开展监理旁站 | 填写旁站记录表、平行检验记录 |
| 墙体砌筑及粉刷 | 对围墙砌筑和粉刷施工质量分别开展停工待检监理检查 | 填写平行检验记录表 |
| 变形缝处理 | 对围墙变形缝施工质量开展停工待检监理检查 | 填写平行检验记录表 |
| 浇筑压顶 | 对围墙浇筑压顶施工质量开展停工待检监理检查 | 填写平行检验记录表 |
| 墙体抹灰 | 对围墙抹灰施工质量开展停工待检监理检查 | 填写平行检验记录表 |
| 质量验收 | 专业监理工程师组织检验批及分项工程的验收；总监理工程师组织分部工程的验收 | 填写平行检验记录表、质量问题处理台账、工程验收统计表 |

编制说明：
1. 编制目的：根据施工工艺流程，列明监理主要工作内容及应及时填写的表单。
2. 编制依据：标准工艺，统一验收表式及质量验评划分表，安全风险管理规程。

表 5-16 大门安装节点管控表

| 工艺流程图 | 监理主要工作 | 简 要 描 述 |
|---|---|---|
| 施工准备★ | 审查施工单位人员、机械、材料、施工方案，对现场安全文明布置情况进行检查 | 根据管控要点逐一审查/检查，填写文件审查记录表 |
| 大门进场验收★ | 对成品大门进场开展监理检查 | 填写平行检验记录表 |
| 大门轨道安装★ | 对大门轨道安装质量进行监理检查 | 填写平行检验记录表 |
| 大门及遥控箱安装★ | 对大门及遥控箱安装质量进行监理检查 | 填写平行检验记录表 |
| 大门接线及调试★ | 对大门接线及调试安装质量进行监理检查 | 填写平行检验记录表 |
| 接地★ | 对大门接地安装质量进行监理检查 | 填写平行检验记录表 |
| 质量验收 | 专业监理工程师组织检验批及分项工程的验收；总监理工程师组织分部工程的验收 | 填写平行检验记录表、监理初检报告 |

续表

| 工艺流程图 | 监理主要工作 | 简　要　描　述 |
|---|---|---|

编制说明：

1．编制目的：根据施工工艺流程，列明监理主要工作内容及应及时填写的表单。

2．编制依据：标准工艺，统一验收表式及质量验评划分表，安全风险管理规程。

## 二、主要安全风险

**1．施工主要风险类型**

触电、物体打击、机械伤害、坍塌、火灾。

**2．控制措施**

（1）围墙基槽开挖。

1）当使用机械挖槽时，指挥人员应在机械臂工作半径以外，并应设专人监护。根据土质及围墙条形基础深度放坡，围墙条形基础基槽两侧设排水沟或集水井，开挖过程中或敞露期间应防止沟壁塌方。

2）挖方作业时，相邻人员应保持一定间距，防止相互磕碰，所用工具完整、牢固。挖出的土应堆放在距坑边 1m 以外，其高度不得超过 1.5m。

3）沟槽边应设遮栏和警示牌，防止人员不慎坠入。

4）开挖过程中遇不明物体应暂停施工及时上报。

（2）围墙砌筑。

1）基槽边材料堆放高度不超过 1.5m，距离基槽边缘不小于 1m。

2）砌筑时材料应轻拿轻放，防止砸伤人员。

（3）钢筋绑扎。

1）在运行变电站中，作业人员应严防钢筋与任何带电体保持一定的安全距离。

2）钢筋绑扎过程中，绑扎人员应注意配合，相互间保持一定工作距离。

3）钢筋夜间绑扎时，场区应有足够的照明，并安排专人监护，在工作结束时，监护人应清点人数。

4）焊机必须可靠接地，焊机与钳口电源线应可靠接地，焊接作业面应设置消防器材。

（4）模板安装。

1）模板应在平坦地面处整齐堆放，堆放高度不超过 1.5m，距离基槽边缘不小于 1m。

2）在向沟内搬运时，上下人员应配合一致，防止模板倾倒产生砸伤事故。

3）模板加固过程中，支点加固牢固、可靠，所用的木方无裂痕、腐朽，所有钉头均砸平，模板螺杆需逐一紧固。

（5）混凝土浇筑。

1）下料及振捣施工人员严禁站在沟壁模板和支撑条上。

2）振捣施工作业人员应穿绝缘鞋、戴绝缘手套，不得将开启的振捣器放在模板或支撑上。

3）振动器搬动或暂停，必须切断电源。不得将运行中的振动器放在模板、脚手架或未凝固的混凝土上。

4）手推车运送混凝土时，装料不得过满，卸料时，不得用力过猛和双手放把。用翻斗车运送混凝土时，不得搭乘人员。采用泵送混凝土时，泵送设备支腿应支承在水平坚实的地面上，且应垫枕木或钢板，接地线径、连接方式及埋深均符合规范要求。

（6）拆模。除模板时应选择稳妥可靠的立足点。拆下的模板、木方应整齐堆放，及时运走，朝天钉应及时拔除或打弯。

（7）预制构件存放及安装。

1）预制件底部设垫木堆放，堆放小于 5 层，每层使用木方分隔，距离基坑（槽）边缘不小于 1m，堆放场地相对封闭。

2）预制件场内运输时，应先将运输通道清理干净，并注意脚下有无障碍。

3）严格执行十不吊，吊车支地稳固，接地线径、埋深满足要求，吊物离地 100mm 时检查起吊系统的受力及紧固情况。吊装作业区域内，非作业人员严禁进入；吊运预制构件时，构件下方严禁站人，预制构件距地面 1m 以内方准作业人员靠近，就位固定后方可脱钩。

（8）围墙砌筑。

严禁作业人员站在墙身上作业或在墙身上行走。采用门型脚手架上下榀门架，其架体安装及落位必须稳定，且在操作层必须满铺与门架配套的挂钩式钢脚手板，同一块脚手板上的操作人员不超过 2 人。作业高度大于等于 2m 时，应布设防护栏杆。脚手板上堆料量不应过载，侧放堆层数量不大于 3 层，并设置挡脚板。同一垂直面内上下交叉作业时，必须设安全隔板，作业面应设置挡脚板。

# 三、围墙及大门控制要点

### 1. 作业前控制要点

（1）本作业的施工人员和机械已进场，特殊工种作业人员满足施工需要。

（2）本作业的计量器具、仪表经法定单位检定合格，且在有效期内。

（3）物资材料准备能满足本作业连续施工需要。

1）围墙基础：混凝土采用自拌，砂、石应有复试报告，水泥应有出厂合格证及复试报告；模板应采用表面平整、加工紧密、有一定刚度的多层胶合板；钢筋质量控制要点见通用部分；预拌混凝土质量控制见通用部分。

2）砖砌式围墙：砂浆采用自拌，砂应有复试报告，水泥应有出厂合格证及复试报告；砖采用机制砖，应有出厂合格证及复试报告、砂浆实验室配合比报告符合设计要求。

3）装配式围墙：装配式围墙构件应进行外观及资料（出厂合格证、外检报告、养护记录）检查。

4）大门：大门及应进行外观（焊接、防腐及漆面整体喷涂质量）及资料（生产单位资质、出厂合格证、材质检验报告等）检查。

（4）本作业相关的施工图已进行交底、会检，相关的作业指导书已制定并审查合格，每个分项工程必须分级进行施工技术交底。技术交底内容应充实，具有针对性和指导性，全体参加施工的人员都要参加交底并签名，形成书面交底记录。

（5）现场具备安全文明施工条件。

（6）监理实施细则已编审完成，并履行安全、质量、技术控制要点的交底。

**2. 过程控制要点**

（1）定位放线。根据变电站施工设置的建筑测量定位方格网基准点或施工完毕的基础，采用经纬仪、拉线、尺量、定出围墙的基准线。监理技术人员复核围墙及大门轴线位置、标高偏差、抗风柱垂直度及间距。

（2）基槽开挖。依据设计及规程规范要求，基槽土方开挖至围墙沟底基础设计标高，围墙基槽应根据土质要求及围墙基槽深度放坡，围墙基槽两侧设排水沟及集水井，以防止沟壁坍塌。开挖完成后，组织相关人员（业主单位、监理单位、设计勘察单位、施工单位）进行验槽，并做好记录。若地质与设计文件不符，要求施工及时上报。

（3）浇筑混凝土垫层。基底原土夯实，放设围墙基槽垫层模板边线以及坡度线，根据边线及坡度线安装模板，并采用水准仪跟踪测定模板标高。基础较宽时，在基槽中间部分设置水平控制桩。

（4）围墙基础过程控制要点。

1）检查钢筋规格、尺寸、安装间距、绑扎质量、连接方式、接头错开率是否符合设计文件要求。

2）模板安装严密，在模板内按照设计间距及排水管径留置排水管，两端封堵严密；模板支护牢靠，并设有防跑模及埋管移位措施。

3）混凝土振捣时振捣棒应快插慢拔，交错前进。振捣棒移动距离一般在 300～500mm，每次振捣时间一般控制范围为 20～30s，以混凝土表面水泥浆和混凝土沉陷为判别依据。用橡皮锤敲击外侧模板，以防止倒角处气泡产生；基础上有插肋钢筋或预埋铁板时，应固定好其位置。根据浇筑方量随机取样，见证施工项目部制作相应数量的混凝土试块。

4）基础混凝土浇筑完后，外露表面应在浇筑完成后覆膜并 12h 内保湿养护；侧面模板应在混凝土终凝后拆除，拆除时不得采用大锤砸或撬棍乱撬；回填前应及时清理基槽内的杂物和积水，检查预留管道反滤层设置，回填质量应符合设计要求。

（5）装配式围墙过程控制要点。

装配式围墙构件二次转运时，应保持墙板、压顶水平、立柱垂直，轻挪轻放，防止凹槽边角在吊装过程中破损。每根抗风柱安装时，应控制轴线、标高及安装垂直度；每块墙板与纵向轴向必须平行，确保整体墙面顺直。安装过程中控制柱、板累计误差，确保板、柱间拼接缝及压顶安装平稳、顺直。

（6）砖砌式围墙过程控制要点。

砌体施工工艺详见第四章第二节砌体结构。

（7）大门安装过程控制要点。

轨道应调直调平，采用钢筋马凳加固控制，浇筑混凝土时控制轨道出基面高度。将门卡焊接到预埋件上，并进行防腐处理。控制箱及轨道通常采用热镀锌扁钢与主接地网不同干线 2 点连接，引线采用黄绿相间标识。大门安装位置正确，运行开、闭 5 次，查看电机转动齿轮与大门传动齿轮接触情况，应无脱齿、跳齿现象；大门运行时无刮擦、无异响、无脱轨现象。

**3．检查与验收**

依照《变电（换流）站土建工程施工质量验收规范》（Q/GDW 10183—2021）附录B.1 及国家电网有限公司统一验收表式相关要求，围墙及大门为围墙及大门（包括站外护坡、排洪沟）单位工程中的子单位工程。以上验收程序均为专业监理工程师组织检验批及分项工程的验收，总监理工程师组织分部（子分部）工程的验收。总监理工程师组织单位（子单位）工程预验收后，将申请单提交业主项目部申请单位工程验收。

（1）检验批：审核并签认施工检验批资料，填写监理平行检验记录表。

围墙及大门施工资料：

1）围墙基础：沟道模板安装、沟道模板拆除、钢筋加工、沟道钢筋安装、混凝土原材料及配合比、混凝土施工、沟道混凝土结构外观及尺寸偏差；

2）砖砌结构：砖砌沟道砌筑、一般抹灰；

3）装配式结构：装配式结构预制构件、装配式结构安装与连接；

4）大门安装：大门安装。

（2）分项工程：由以上同一工序多个检验批汇总，专业监理工程师审核、签认分项工程质量验收记录。

（3）分部工程质量资料：总监组织验收人员审核并签认以下资料。

1）通用部分：①图纸会检、设计变更、洽商记录；②一般施工方案、作业指导书、技术交底记录；③测量放线记录；④隐蔽工程验收记录；⑤分项工程质量验收记录；⑥检验批工程质量验收记录；⑦隐蔽工程数码照片。

2）围墙及大门施工专用资料：

a．围墙基础：①自拌混凝土原材料合格证及进场检（试）验报告或预拌混凝土合格证（出厂检验报告）及进场坍落度记录；②钢筋材质及焊接（机械连接）接头的试验报告；③混凝土试块试件制作数码照片；④混凝土原材料及混凝土试件的试验报告；⑤混凝土现浇结构实体检验记录、检测报告；⑥混凝土配合比试验报告；⑦混凝土工程施工记录；⑧混凝土强度统计；⑨材料进场检验、试件制作数码照片。

b．砖砌围墙：①原材料出厂合格证及进场检（试）验报告；②砂浆配合比试验报告；③砂浆试件制作数码照片；④砌筑砂浆试件的试验报告；⑤砌体垂直度检测记录；⑥砂浆强度统计；⑦现浇式抗风柱参照条形基础专用资料。

c．预制结构：①预制构配件出厂合格证及进场检（试）验报告；②装配式结构吊装记录。

d．大门安装：①原材料、设备出厂合格证书、技术文件及进场检（试）验报告、配件；②制成品出厂合格证及进场检（试）验报告；③系统功能测定及设备调试记录；④设备和系统检测报告；⑤报警装置联动系统测试记录；⑥系统安装施工记录。

（4）单位（子单位）工程：总监理工程师组织分部工程验收和单位（子单位）工程预验收，将申请单提交业主项目部申请单位工程验收。

# 四、报告与记录

施工过程中形成的主要成果资料见表 5-17。作业中引用或产生的报告与记录的表单样例，见本小节附表。

表 5-17　　　　　　　　　　　施工过程中形成的主要成果资料

| 序号 | 编号 | 名　称 | 填　报 |
|---|---|---|---|
| 1 | JXM3 | 文件审查记录表 | 总监理工程师、专业监理工程师 |
| 2 | JJS3 | 施工图预检记录表 | 总监理工程师、专业监理工程师 |
| 3 | JZL3 | 平行检查记录表 | 专业监理工程师 |
| 4 | JXM9 | 旁站记录表 | 监理员 |
| 5 | JXM4 | 监理策划文件报审表 | 细则专业监理工程师编写，总监批准 |
| 6 | JXM15 | 监理通知单 | 总监理工程师、专业监理工程师 |
| 7 | JZL1 | 见证取样统计表 | 监理员 |
| 8 | JXM15 | 质量、安全活动记录 | 总监理工程师、专业监理工程师 |

# 五、附表

对施工方案进行审核时，应运用数字监理平台逐项审查并勾选检查结果，填写修改意见。在平行检验及安全旁站时，根据表格内容逐项检查，并根据系统要求留存影像资料。未应用数字监理平台可采用纸质表单执行。

文件审查记录表如表 5-18 所示，平行检查记录表如表 5-19～表 5-26 所示，旁站监理记录表如表 5-27 所示。

**表 5-18 文件审查记录表（条形基础/砖砌式/装配式围墙、大门工程施工方案）**

工程名称： 编号：

| 文件名称 | （写文件全称，××施工方案—报审表编号） | | |
|---|---|---|---|
| 送审单位 | （编制单位全称） | | |
| 序号 | 监理项目部审查标准 | 检查结果 | 施工项目部反馈意见 |
| 1 | 施工方案的编审批流程是否已按要求履行 | □合格 □不合格 | |
| | 修改意见： | | |
| 2 | 施工方案的编制依据是否已过期 | □合格 □不合格 | |
| | 修改意见： | | |
| 3 | 工程概况中应描述图纸中条形基础钢筋等级、钢筋规格、混凝土强度等；砖砌式围墙砂浆强度等级、砖强度要求；装配式围墙抗风柱、墙板、压顶、柱帽规格、尺寸、强度；大门规格、尺寸等重要技术参数和质量标准要求 | □合格 □不合格 | |
| | 修改意见： | | |
| 4 | 施工方案（措施）制定的施工工艺流程应合理，并绘制流程图。不得使用国家严厉禁止的施工工艺、建筑材料及施工机械 | □合格 □不合格 | |
| | 修改意见： | | |
| 5 | 根据各部位施工进度计划及流水段划分进行劳动力安排，满足施工进度计划及流水施工的需要 | □合格 □不合格 | |
| | 修改意见： | | |
| 6 | 应明确围墙及大门安装的相关技术要求，包括钢筋、模板安装要求、混凝土强度、围墙抗风柱垂直度、标高、轴线，墙板拼缝严密，压顶安装平整、顺直；砖砌式围墙等技术要求及工艺流程 | □合格 □不合格 | |
| | 修改意见： | | |
| 7 | 施工方案内容应包括安全危险点分析或危险源辨识、环境因素识别应准确、全面 | □合格 □不合格 | |
| | 修改意见： | | |
| 8 | "施工准备"中现场材料、工具设备、安全防护布置是否满足施工需求等 | □合格 □不合格 | |
| | 修改意见： | | |
| 9 | 明确质量标准及验收方法，包括砖的品种、强度要求、外观质量要求及检验方法，水泥、砂、外加剂的品种要求；围墙抗风柱、墙板、压顶、柱帽材料的要求 | □合格 □不合格 | |
| | 修改意见： | | |
| 10 | 对施工质量通病制定防治措施，应有保障强制性条文执行和标准工艺应用的说明 | □合格 □不合格 | |
| | 修改意见： | | |
| 11 | 存在的其他问题 | | |

总/专业监理工程师：_____  项目经理：_____
日　期：____年__月__日　　日　期：____年__月__日

| 监理复查意见 | 总/专业监理工程师：_____ 日　期：____年__月__日 |
|---|---|

注 本表使用过程中可自行增加内容。本表一式两份，监理、施工项目部各存 1 份。

表 5-19 平行检查记录表（围墙条形基础工程）

| 检验对象分类 | | | □设备 | □材料 | □工序 |
|---|---|---|---|---|---|
| 检验对象基本信息 | 设备 | 设备名称 | | 设备型号规格 | |
| | | 生产厂家 | | 安装位置 | |
| | 材料 | 材料名称 | | 材料型号规格 | |
| | | 生产厂家 | | 使用部位 | |
| | 工序 | 工序名称 | 围墙条形基础模板安装 | 实施单位 | |
| | | 其他 | 使用部位： | | |

| 序号 | 检 验 项 目 | | 质 量 标 准 | 质量检验结果 | 备注 |
|---|---|---|---|---|---|
| 1 | 模板及其支架☆ | | 应根据工程结构形式、荷载大小、地基土类别、施工设备和材料供应等条件进行设计。应具有足够的承载能力、刚度和稳定性，能可靠地承受浇筑混凝土的重力、侧压力以及施工荷载 | □合格　□不合格 | |
| 2 | 模板板面质量、隔离剂及支撑 | | 模板板面应干净，隔离剂应涂刷均匀。模板间的拼缝应平整、严密，模板支撑应设置正确 | □合格　□不合格 | |
| 3 | 预埋件的安装 | | 固定在模板上的预埋件和预留孔洞不得遗漏，且应安装牢固。预埋件和预留孔洞的位置应满足设计和施工方案的要求，当设计无具体要求时，其位置偏差应符合本表 | □合格　□不合格 | |
| | 预埋件中心位置 | | ≤3mm | | |
| | 插筋 | 中心线位置 | ≤5mm | | |
| | | 外漏长度 | 0～10mm | | |
| 4 | 模板安装要求 | | 1．模板的拼接缝处应有防漏浆措施，木模板应浇；<br>2．水湿润，但模板内不应有积水；<br>3．模板与混凝土的接触面应清理干净并涂刷；隔离剂；<br>4．模板内的杂物应清理干净；<br>5．使用能达到设计效果的模板 | □合格　□不合格 | |
| 5 | 基础顶面标高偏差 | | ≤5mm | | |
| 检验结论 | | | □合格　□不合格 | | |
| 检验仪器及编号 | | 经纬仪： | 水准仪： | 钢卷尺： | |
| 检验人员 | | | 检验日期 | 年　月　日 | |

注　带☆号检验项目为主控项目。

**表 5-20** 平行检查记录表（围墙条形基础工程）

工程名称： 　　　　　　　　　　　　　　　　　　　　　　　　　　　　　编号：

| | | 检验对象分类 | □设备 | | □材料 | □工序 | |
|---|---|---|---|---|---|---|---|
| 检验对象基本信息 | 设备 | 设备名称 | | 设备型号规格 | | | |
| | | 生产厂家 | | 安装位置 | | | |
| | 材料 | 材料名称 | | 材料型号规格 | | | |
| | | 生产厂家 | | 使用部位 | | | |
| | 工序 | 工序名称 | 围墙条形基础钢筋制安 | 实施单位 | | | |
| | | 其他 | 使用部位： | | | | |

| 序号 | 检验项目 | | 质量标准 | 质量检验结果 | 备注 |
|---|---|---|---|---|---|
| 1 | 钢筋的品种、级别、规格和数量☆ | | 应符合设计要求 | □合格 □不合格 | |
| 2 | 纵向受力钢筋的连接方式 | | 应符合设计要求 | □合格 □不合格 | |
| 3 | 焊接接头的力学性能 | | 按《变电（换流）站土建工程施工质量验收规范》（Q/GDW 10183—2021）6.11.7 的规定 | （此处填写报告编号及结论） | |
| 4 | 接头位置和数量 | | 1．宜设在受力较小处；<br>2．纵向受力钢筋不宜设置两个或两个以上接头；<br>3．末端至钢筋弯起点距离不应小于钢筋直径的 10 倍 | □合格 □不合格 | |
| 5 | 混凝土特殊要求 | 钢筋表面质量 | 钢筋表面应清洁无浮锈 | □合格 □不合格 | |
| | | 钢筋绑扎 | 每个钢筋交叉点均应绑扎，绑扎钢丝不得少于两圈，钢筋绑扎钢螺纹和尾端应弯向构件截面内侧 | □合格 □不合格 | |
| | | 钢筋保护层垫块 | 钢筋保护层垫块颜色应与混凝土表面颜色接近，位置、间距应准确，垫块宜梅花形布置 | □合格 □不合格 | |
| | | 钢筋保护 | 钢筋绑扎后应有防雨水冲淋等措施 | □合格 □不合格 | |
| 6 | 接头外观质量 | | 按《变电（换流）站土建工程施工质量验收规范》（Q/GDW 10183—2021）6.11.7 的规定 | □合格 □不合格 | |
| 7 | 受力钢筋接头设置 | | 同一构件内的接头宜相互错开，同一连接区段内，纵向受力钢筋的接头面积百分率应符合设计要求及现行有关标准的规定 | □合格 □不合格 | |
| 8 | 绑扎搭接接头 | | 同一构件中相邻纵向受力钢筋的绑扎搭接接头宜相互错开。绑扎搭接接头中钢筋的横向净距不应小于钢筋直径，且不应小于 25mm。同一连接区段内，纵向受拉钢筋搭接接头面积百分率应符合设计要求及现行有关标准的规定 | □合格 □不合格 | |
| 9 | 钢筋长度偏差 | | ±20mm | | |
| 10 | 钢筋弯起点位置偏差 | | ±20mm | | |
| 11 | 钢筋间距偏差 | | ±20mm | | |
| 12 | 保护层厚度偏差 | | ±5mm | | |
| | 检验结论 | | | □合格 □不合格 | |
| | 检验仪器及编号 | | 经纬仪： 　　水准仪： 　　钢卷尺： | | |
| 检验人员 | | | | 检验日期 | 年 月 日 |

**注** 带☆号检验项目为主控项目。

表 5-21 平行检查记录表（围墙条形基础工程）

工程名称： 编号：

| 检验对象分类 | | | □设备 | □材料 | □工序 | |
|---|---|---|---|---|---|---|
| 检验对象基本信息 | 设备 | 设备名称 | | 设备型号规格 | | |
| | | 生产厂家 | | 安装位置 | | |
| | 材料 | 材料名称 | | 材料型号规格 | | |
| | | 生产厂家 | | 使用部位 | | |
| | 工序 | 工序名称 | 围墙条形基础外观尺寸检查 | 实施单位 | | |
| | | 其他 | 使用部位： | | | |

| 序号 | 检 验 项 目 | | 质 量 标 准 | 质量检验结果 | 备注 |
|---|---|---|---|---|---|
| 1 | 外观质量 | | 不应有严重缺陷。对已经出现的严重缺陷，应由施工单位按技术处理方案进行处理，并重新检查验收 | □合格 □不合格 | |
| 2 | 不应有严重缺陷 | | 不应有影响结构性能和使用功能的尺寸偏差。对超过尺寸允许偏差且影响结构性能和安装、使用功能的部位，应由施工单位按技术处理方案进行处理，并重新检查验收 | □合格 □不合格 | |
| 3 | 变形缝 | | 变形缝间距应符合设计要求 | □合格 □不合格 | |
| | | | 变形缝填缝材料应符合设计要求 | □合格 □不合格 | |
| 4 | 外观质量 | 颜色 | 颜色基本一致，无明显色差 | □合格 □不合格 | |
| | | 修补 | 基本无修补痕迹 | □合格 □不合格 | |
| | | 气泡 | 最大直径不大于 8mm，深度不大于 2mm，每平方米气泡面积不大于 20cm² | □合格 □不合格 | |
| | | 裂缝 | 宽度小于 0.2mm，且长度不大于 1000mm | □合格 □不合格 | |
| | | 光洁度 | 无漏浆、流淌及冲刷痕迹，无油迹、墨迹及锈斑，无粉化物 | □合格 □不合格 | |
| 5 | 变形缝宽度 | | ±5mm | | |
| 6 | 顶面标高偏差 | | −10～0mm | | |
| 7 | 截面尺寸偏差 | | ±20mm | | |
| 8 | 拆模后预埋件质量 | | 按《变电（换流）站土建工程施工质量验收规范》（Q/GDW 10183—2021）第 6.11.8 的规定 | □合格 □不合格 | |
| 检验结论 | | | □合格 □不合格 | | |
| 检验仪器及编号 | | | 经纬仪： 水准仪： 钢卷尺： | | |
| 检验人员 | | | 检验日期 年 月 日 | | |

表 5-22 　　　　　　　　　　　平行检查记录表（装配式围墙工程）

工程名称：　　　　　　　　　　　　　　　　　　　　　　　　　　　　编号：

| 检验对象分类 | | | □设备 | □材料 | □工序 | |
|---|---|---|---|---|---|---|
| 检验对象基本信息 | 设备 | 设备名称 | | 设备型号规格 | | |
| | | 生产厂家 | | 安装位置 | | |
| | 材料 | 材料名称 | | 材料型号规格 | | |
| | | 生产厂家 | | 使用部位 | | |
| | 工序 | 工序名称 | 装配式结构预制构件 | 实施单位 | | |
| | | 其他 | | 使用部位： | | |

| 序号 | 检 验 项 目 | | 质 量 标 准 | 质量检验结果 | 备注 |
|---|---|---|---|---|---|
| 1 | 预制构件质量检验☆ | | 质量证明文件齐全且符合设计的要求 | □合格　□不合格 | |
| 2 | 预制构件进场结构性能检验☆ | | 专业企业生产的预制构件进场时，预制构件结构性能检验应符合下列规定：<br>1. 结构性能检验应符合国家现行有关标准的有关规定及设计的要求，检验要求和试验方法应符合国家规范要求。<br>2. 钢筋混凝土构件和允许出现裂缝的预应力混凝土构件应进行承载力、挠度和裂缝宽度检验；不允许出现裂缝的预应力混凝土构件应进行承载力、挠度和抗裂检验。<br>3. 对大型构件及有可靠应用经验的构件，可只进行裂缝宽度、抗裂和挠度检验。<br>4 对进场时不做结构性能检验的预制构件，应采取下列措施：<br>（1）施工单位或监理单位代表应驻厂监督生产过程；<br>（2）当无驻厂监督时，预制构件进场时应对其主要受力钢筋数量、规格、间距、保护层厚度及混凝土强度等进行实体检验 | □合格　□不合格 | |
| 3 | 预制构件外观质量☆ | | 预制构件的外观质量不应有严重缺陷，且不应有影响结构性能和安装、使用功能的尺寸偏差 | □合格　□不合格 | |
| 4 | 预制构件材料质量规格数量☆ | | 预制构件上的预埋件、预留插筋、预埋管线等的材料质量、规格和数量以及预留孔、预留洞的数量应符合设计要求 | □合格　□不合格 | |
| 5 | 构件标识☆ | | 预制构件应有标识 | □合格　□不合格 | |
| 6 | 外观质量一般缺陷☆ | | 预制构件的外观质量不应有一般缺陷 | □合格　□不合格 | |
| 7 | 预制构件的允许偏差 | 长度 | ±5mm | | |
| | | 宽度高（厚）度 | ±4mm | | |
| | | 表面平整度 | 3mm | | |
| | | 侧向弯曲 | $L/1000$ 且 ≤20mm | | |
| | | 翘曲 | $L/1000$ | | |
| | | 对角线 | 5mm | | |

续表

| 序号 | 检 验 项 目 | | 质 量 标 准 | 质量检验结果 | 备注 |
|---|---|---|---|---|---|
| 7 | 预制构件的允许偏差 | 预留洞 中心线位置 | 10mm | | |
| | | 洞口尺寸、深度 | ±10mm | | |
| 8 | 预制构件的粗糙面的质量 | | 应符合设计要求 | □合格 □不合格 | |
| 检验结论 | | | | □合格 □不合格 | |
| 检验仪器及编号 | | 经纬仪： | 水准仪： | 钢卷尺： | |
| 检验人员 | | | 检验日期 | 年 月 日 | |

注 带☆号检验项目为主控项目。

表 5-23　　　　　　　　平行检查记录表（装配式围墙工程）

工程名称：　　　　　　　　　　　　　　　　　　　　　　编号：

| 检验对象分类 | | | □设备 | □材料 | □工序 |
|---|---|---|---|---|---|
| 检验对象基本信息 | 设备 | 设备名称 | | 设备型号规格 | |
| | | 生产厂家 | | 安装位置 | |
| | 材料 | 材料名称 | | 材料型号规格 | |
| | | 生产厂家 | | 使用部位 | |
| | 工序 | 工序名称 | 装配式结构安装与连接 | 实施单位 | |
| | | 其他 | | 使用部位： | |

| 序号 | 检 验 项 目 | 质 量 标 准 | 质量检验结果 | 备注 |
|---|---|---|---|---|
| 1 | 预制构件临时固定措施 | 应符合施工方案的要求 | □合格 □不合格 | |
| 2 | 预制构件采用焊接、螺栓连接等连接方式时，其材料性能及施工质量 | 应符合国家现行标准《钢结构工程施工质量验收标准》（GB 50205—2020）和《钢筋焊接及验收规程》（JGJ 18—2012）的相关规定 | □合格 □不合格 | |
| 3 | 装配式结构施工后，其外观质量 | 不应有严重缺陷，且不应有影响结构性能和安装、使用功能的尺寸偏差 | □合格 □不合格 | |
| 4 | 预制构件轴线位置 | 5mm | | |
| 5 | 预制构件标高 | ±5mm | | |
| 6 | 构件垂直度 | 5mm | | |
| 7 | 相邻构件平整度 | 5mm | | |
| | 支座、支垫中心位置 | 10mm | | |
| 8 | 预制构件接缝宽度 | ±5mm | | |
| 检验结论 | | □合格 □不合格 | | |
| 检验仪器及编号 | 经纬仪： | 水准仪： | 钢卷尺： | |
| 检验人员 | | 检验日期 | 年 月 日 | |

表 5-24 平行检查记录表（砖砌体工程）

工程名称： 编号：

| 检验对象分类 | | | □设备 | □材料 | □工序 | |
|---|---|---|---|---|---|---|
| 检验对象基本信息 | 设备 | 设备名称 | | 设备型号规格 | | |
| | | 生产厂家 | | 安装位置 | | |
| | 材料 | 材料名称 | | 材料型号规格 | | |
| | | 生产厂家 | | 使用部位 | | |
| | 工序 | 工序名称 | 围墙砌体施工 | 实施单位 | | |
| | | 其他 | 使用部位： | | | |

| 序号 | 检验项目 | | 质量标准 | 质量检验结果 | 备注 |
|---|---|---|---|---|---|
| 1 | 砖强度等级、规格☆ | | 应符合设计要求和现行有关标准的规定 | 砌体类型_____；强度_____ | |
| 2 | 砂浆强度等级 | | 砂浆的强度等级应符合设计要求 | 砂浆试块留置组数：____；砂浆强度等级：_____ | |
| 3 | 斜槎留置☆ | | 在抗震设防烈度为 8 度及以上地区，对不能同时砌筑而又必须留置的临时间断处应砌成斜槎，普通砖砌体斜槎水平投影长度不小高度的 2/3，多孔砖砌体的斜槎长高比不应小于 1/2。斜槎高度不得超过一步脚手架的高度 | 斜槎留置情况简述： | |
| 4 | 直槎拉结钢筋及接槎处理 | | 应符合设计要求和《砌体结构工程施工质量验收规范》（GB 50203—2011）的有关规定：非抗震设防及抗震设防烈度为 6 度、7 度地区的临时间断处，当不能留斜槎时，除转角处外，可留直槎，但直槎应做成凸槎，且应加设拉结钢筋，拉结钢筋应符合下列规定：（1）每 120mm 墙厚放置 1φ6 拉结钢筋（120mm 厚墙应放置 2φ6 拉结钢筋）；（2）间距沿墙高不应超过 500mm，且竖向间距偏差不应超过 100mm；（3）埋入长度从留槎处算起每边均不应小于 500mm，对抗震设防烈度 6 度、7 度的地区，不应小于 1000mm；（4）末端应有 90°弯钩 | 斜槎留置情况简述： | |
| 5 | 砂浆饱满度 | 墙体水平灰缝 | ≥80% | 1. 竖向灰缝□是□否有瞎缝、透明缝和假缝；2. 水平灰缝砂浆饱满度实测值为：_____；3. 砖柱水平灰缝和竖向灰;缝饱满度实测值为：__ | |
| | | 砖柱水平灰缝和竖向灰缝 | ≥90% | | |
| 6 | 水平灰缝厚度和竖向灰缝宽度 | | 砖砌体的灰缝应横平竖直，厚薄均匀，水平灰缝厚度及竖向灰缝宽度宜为 10mm，但不应小于 8mm，也不应大于 12mm | 1. 灰缝厚度：_____；2. 灰缝宽度：_____ | |

续表

| 序号 | 检验项目 | | 质量标准 | 质量检验结果 | 备注 |
|---|---|---|---|---|---|
| 7 | 轴线位移 | | ≤10mm | 实测数据：_____ | |
| 8 | 垂直度 | ≤10m | ≤10mm | 实测数据：_____ | |
| 9 | 基础、墙、柱顶面标高 | | ±15mm | | |
| 10 | 表面平整度 | 混水墙、柱 | ≤8mm | | |
| 11 | 水平灰缝平直度 | 混水墙 | ≤10mm | | |
| 12 | 水平灰缝厚度偏差（10皮砖累计） | | ±8mm | | |
| | 检验结论 | | | | |
| | 检验仪器及编号 | | 经纬仪： 水准仪： 钢卷尺： | | |
| | 检验人员 | | | 检验日期 年 月 日 | |

注 带☆号检验项目为主控项目。

表5-25　　　　　　　　平行检查记录表（大门工程）

工程名称：　　　　　　　　　　　　　　　　　　　　　　编号：

| 检验对象分类 | | | □设备 | □材料 | □工序 |
|---|---|---|---|---|---|
| 检验对象基本信息 | 设备 | 设备名称 | | 设备型号规格 | |
| | | 生产厂家 | | 安装位置 | |
| | 材料 | 材料名称 | | 材料型号规格 | |
| | | 生产厂家 | | 使用部位 | |
| | 工序 | 工序名称 | 轨道安装 | 实施单位 | |
| | | 其他 | 使用部位： | | |

| 序号 | 检验项目 | 质量标准 | 质量检验结果 | 备注 |
|---|---|---|---|---|
| 1 | 钢轨规格、型号☆ | 符合设计要求 | 检查出厂合格证书 □合格 □不合格 | |
| 2 | 钢轨焊接☆ | 钢轨焊接工艺应经过现场实地样品焊接以及工艺评定认可后方可施工 | □合格 □不合格 | |
| 3 | 轨道轴线 | 2m范围内小于1mm | | |
| 4 | 钢轨标高 | ±3mm | | |
| 5 | 轨道两钢轨间标高 | 1mm | | |
| 6 | 轨道两钢轨间间距 | 3mm | | |

续表

| 序号 | 检 验 项 目 | 质 量 标 准 | 质量检验结果 | 备注 |
|---|---|---|---|---|
| 7 | 钢轨对接间距 | 5mm | | |
| 8 | 钢轨交叉处轨道空隙 | ±1mm | | |
| | 检验结论 | □合格 □不合格 | | |
| | 检验仪器及编号 | 经纬仪: 水准仪: 钢卷尺: | | |
| | 检验人员 | | 检验日期 | 年 月 日 |

注 带☆号检验项目为主控项目。

表 5-26 平行检查记录表（大门工程）

工程名称: 　　　　　　　　　　　　　　　　　　　　　编号:

| 检验对象分类 | | | □设备 | □材料 | □工序 |
|---|---|---|---|---|---|
| 检验对象基本信息 | 设备 | 设备名称 | | 设备型号规格 | |
| | | 生产厂家 | | 安装位置 | |
| | 材料 | 材料名称 | | 材料型号规格 | |
| | | 生产厂家 | | 使用部位 | |
| | 工序 | 工序名称 | 大门安装 | 实施单位 | |
| | | 其他 | 使用部位: | | |

| 序号 | 检 验 项 目 | | 质 量 标 准 | 质量检验结果 | 备注 |
|---|---|---|---|---|---|
| 1 | 产品质量和性能☆ | | 大门的品种、类型、规格、尺寸、性能、开启方向、安装位置、连接方式应符合设计要求及国家现行标准的有关规定 | □合格 □不合格 | |
| 2 | 防腐处理☆ | | 防腐处理应符合设计要求 | □合格 □不合格 | |
| 3 | 大门安装☆ | | 安装应牢固、开关灵活，预埋件及锚固件的数量、位置、埋设方式、连接方式应符合设计要求 | □合格 □不合格 | |
| 4 | 大门配件☆ | | 安装应牢固，位置应正确，功能应满足使用要求 | □合格 □不合格 | |
| 5 | 表面质量☆ | | 表面应洁净、平整、光滑、色泽一致，应无锈蚀、擦伤、划痕和碰伤。漆膜或保护层应连续。型材的表面处理应符合设计要求及国家现行标准的有关规定 | □合格 □不合格 | |
| 6 | 电动装置☆ | | 电动装置的功能应符合设计要求 | □合格 □不合格 | |
| 7 | 电动门切断电源后应能手动开启，手动开启力允许值 | 推拉自动门 | ≤100mm（门扇边梃着力点） | | |
| | 检验结论 | | □合格 □不合格 | | |
| | 检验仪器及编号 | | 经纬仪: 水准仪: 钢卷尺: | | |
| | 检验人员 | | | 检验日期 | 年 月 日 |

注 带☆号检验项目为主控项目。

表 5-27 旁站监理记录表（围墙条形基础混凝土浇筑）

工程名称： 编号：

| 日期及天气： | 施工地点：××区域 |
|---|---|
| 旁站监理的部位或工序： | 围墙条形基础混凝土浇筑 |
| 旁站监理开始时间： | 旁站监理结束时间： |

施工情况：

| | | |
|---|---|---|
| 作业必备条件 | 1. 现场负责人 _____，安全监护人_____，现场作业人员共计____名。现场电工、焊工等特殊工种经监理项目部审批合格 | □合格 □不合格 |
| | 2. 主要施工器具（填写名称及数量）、机械设备 （填写名称及数量）经监理项目部审批合格 | □合格 □不合格 |
| | 3. 材料：□预拌混凝土，核查开盘鉴定结果（原材料证明文件、配合比报告、开盘鉴定报告）符合设计及规范要求。<br>□自拌混凝土，原材料及配合比已审查合格 | □合格 □不合格 |
| | 4. 检查作业票及每日站班会规范，工作内容、人员与现场对应；施工方案审批、交底已完成 | □合格 □不合格 |
| | 5. 安全文明施工设施及个人防护用品配置符合要求 | □合格 □不合格 |
| | 6. 其他： | |

监理情况：
1. 模板内侧清理干净，支护牢固，表面平整且拼接缝严密。采取有效脱模措施。　□合格　□不合格
2. 自拌混凝土应核查配合比执行情况，符合配合比掺量。　□合格　□不合格
3. 混凝土运输、输送情况：　□泵送　□吊车配备料斗　□升降设备配备小车输送　□小车及人力输送
4. 混凝土运送频率符合浇筑的连续性，且抵达现场的混凝土未超过初凝时间。　□合格　□不合格
5. 浇筑方式及顺序：
6. 混凝土特性控制：混凝土浇筑过程中应严格控制水胶比。每班日或每个浇筑面，混凝土坍落度应至少检查2次，坍落度设计值_____。实测值：（1）_____，（2）_____。
7. 混凝土振捣：振捣棒应快插慢拔，交错前进。振捣棒移动距离在300～500mm，每次振捣时间控制范围为20～30s，以混凝土表面水泥浆和混凝土不再沉陷为判别依据。　□合格　□不合格
8. 试块留置：标准养护试块组数：_____，同条件试块组数：_____。
9. 本次浇筑方量_____ m³。
10. 混凝土养护：□洒水　□覆盖　□喷涂养护剂　□其他_____。
11. 强调执行：基础混凝土中严禁掺入氯盐。　□已执行　□未执行
12. 及时采集、整理数码照片资料

发现问题：

处理意见：

备注（包括处理结果）

项目监理机构：
旁站监理人员：
日 期：

注 1. 本表适用于一般基础浇筑质量旁站。

2. 当日作业存在工作票时，应注意检查两票关联性。

3. □中符合条件打"√"，不符合条件打"×"，不涉及检查项目打"\"。

# 第三节

# 站 区 排 水 系 统

## 一、节点管控表

排水系统节点管控表如表 5-28 所示。

表 5-28　　　　　　　　　　排水系统节点管控表

| 工 艺 流 程 | 监理主要工作 | 监 理 成 果 |
|---|---|---|
| 施工准备 | 审查施工单位人员、机械、材料、施工方案，定位放线、标高复测，对现场安全文明布置情况进行检查 | 根据管控要点逐一审查/检查，填写文件审查记录表 |
| 沟槽开挖及垫层施工 | 对基坑开挖过程进行安全巡检，并对开挖完成的基坑开展验槽，对垫层施工质量进行旁站检查 | 填写安全巡视记录、验槽记录和监理旁站记录 |
| 检查井砌筑（混凝土）及管道接口施工 | 施工单位自检后，监理进行质量检查 | 填写平行检验记录表 |
| 管道及附件安装 | 管道及附件安装过程监理巡视检查 | 填写平行检验记录表 |
| 管道系统防腐及密闭试验 | 隐蔽管道在隐蔽前做强度和严密性试验，监理进行旁站 | 管道系统强度试验做好质量检查记录，填写监理检查记录表 |
| 通水及通球试验 | 监理人员现场见证试验全过程 | 检查试验结果，填写平行检验记录表 |
| 回填 | 隐蔽工程施工，监理进行旁站 | 填写土方回填监理旁站记录表 |
| 盖板安装 | 施工单位自检后，进行复核 | 复核结果填写平行检验记录表 |
| 质量验收 | 总监理工程师组织分部工程验收和单位（子单位）工程预验收 | 填写平行检验记录表、质量问题处理台账、工程验收统计表 |

编制说明：
1. 编制目的：根据施工工艺流程，列明监理主要工作内容及应及时填写的表单。
2. 编制依据：标准工艺，统一验收表式及质量验评划分表，安全风险管理规程。

## 二、主要安全风险

**1. 主要风险类型**

坠落、物体打击、机械伤害、触电。

**2. 控制措施**

（1）基坑开挖。

1）当使用机械挖槽时，指挥人员应在机械臂工作半径以外，并应设专人监护，开挖过程中或敞露期间应防止沟壁塌方。

2）沟槽边应设遮栏和警示牌，防止人员不慎坠入。

3）开挖过程中遇不明物体应暂停施工及时上报。

（2）检查井砌筑（混凝土）。

1）基槽边材料堆放高度小于1.5m，距离基槽边缘大于1m。

2）砌筑时材料应轻拿轻放，防止砸伤人员。

3）作业人员在操作完成或下班时应将地面碎砖、砂浆清扫干净后再离开，并及时用盖板将洞口封闭，施工作业应做到工完、料尽、场地清。

4）混凝土检查井施工应按照混凝土、钢筋、模板操作规程执行，遵守其安全风险管理规定。

（3）材料吊装。

严格执行"十不吊"，吊车支地稳固，接地线径、埋深满足要求，吊物离地100mm时检查起吊系统的受力及紧固情况。吊装作业区域内，非作业人员严禁进入；吊运预制构件时，构件下方严禁站人，预制构件距地面1m以内方准作业人员靠近，就位固定后方可脱钩。

（4）管材切割。

严格遵守电焊气割"十不准"，各种电气设备，配电箱及电动机具的电源应由专职电工安拆。施工电源应有触电保安装置，电源应布置在安全地带，并有可靠的接地。

## 三、排水工程质量监控检查要点

**1. 作业前控制要点**

（1）本作业的施工人员和机械已进场。

（2）本作业的计量器具、仪表经法定单位检定合格，且在有效期内。

（3）物资材料准备能满足本作业连续施工的需要。

1）原材料进场要求：检查进场水泥砂浆、砂、水泥、砖、管材、构配件质量，见证水泥砂浆、砂、水泥、砖取样送检；砂浆采用自拌，砂应有复试报告，水泥应有出厂合格证及复试报告；砖采用机制砖，应有出厂合格证及复试报告、砂浆实验室配合比报告符合设计要求。

2）U-PVC 排水管、混凝土水泥管材料进场及存放要求：检查管材规格、型号、壁厚是否符合设计要求；检查管材的出厂合格证书等资料是否齐全。管材堆放宜选择使用方便、平整、坚实的场地，堆放时必须垫稳，堆放高度不宜超过 1.5m。

3）高密度双壁波纹管进场及存放要求：审查管材的出厂合格证及送检力学报告等资料；管材要求外观一致，内壁光滑，管身不得有裂缝，管口不得有破损、裂口、变形等缺陷。堆放高度不宜超过 1.5m。

4）盖板进场及堆放要求：盖板采用预制盖板时，运送进场后定点堆放，存放场地平整，压实，堆放齐整，每 5 块盖板用木方加以分隔。堆放高度根据板重量不超过4 层。

（4）本作业相关的施工图已进行交底、会检，相关的作业指导书已制定并审查合格。

（5）进行安全巡视检查，检查安全文明施工状况。

**2. 过程控制要点**

（1）定位放线：采用经纬仪、拉线、尺量、定出排水沟的基准线，监理技术人员复核排水沟轴线位置、标高偏差。

（2）基槽开挖：机械开挖应控制开挖深度，沟槽底土方预留 0.2～0.3m 厚土层。人工开挖应控制人与人之间施工距离，确保开挖时不发生相撞；开挖完成后，组织相关人员（业主单位、监理单位、设计勘察单位、施工单位）进行验槽，并做好记录；若地质与设计文件不符，要求施工及时上报。

（3）浇筑混凝土垫层：基底原土夯实，放设排水沟垫层模板边线以及坡度线，根据边线及坡度线安装模板，并采用水准仪跟踪测定模板标高，值得注意的是排水系统靠标高控制导引水流，所以垫层标高应严格控制，不得超灌超过标高。

（4）检查井和雨水箅子砌筑。

1）检查井在雨水口连接管施工前预留孔洞位置正确，标高无误。

2）砌筑时，铺浆应饱满，上下砌块应错缝砌筑，并随时检测直径尺寸，当四面收口，每层收进不应大于 30mm，当偏心收口时，每层收进不应大于 50mm。内壁抹面应分层压实，外壁应采用水泥砂浆搓缝挤压密实。混凝土检查井应参照钢筋混凝土相关规程执行，并遵守本书中混凝土的监理操作流程。

3）检查井及排水口砌筑至设计标高后，应及时浇筑或安装顶板、井圈、盖好井盖。

4）预埋件安装正确牢固，井框与井口位置吻合，埋入部分应去除油污，且不得涂漆。

注意：爬梯应采用定制材料（方形材料），不得使用带肋钢筋制作。

（5）管道安装。

1）管道承插接头应牢固、平整，密实，管群整体外观顺直。

2）管内清洁、光滑，无毛刺、石块、泥浆等杂物。

3）各预留洞口的位置准确，管道坡度正确。

4）部分设计或图集中对管道底部、两边都有填砂或灌浆要求，应严格按照设计资料执行，确保管道无沉降隐患。

（6）通水及通球试验。

从上部检查井灌水，试验水头为试验上游管顶加 1m，时间不少于 30min，管接口无渗漏、排水通畅无堵塞现象为合格。

（7）回填土。

1）应根据设计要求检查回填土的种类、密实度、施工的方法。

2）回填土时应检查基坑底内是否清理干净，回填必须清理到基底标高，不允许有任何杂物。检查井应达到一定强度后，才能进行回填土施工。

3）检验回填土的质量，回填土一般选用含水量在 10%左右的干净黏性土。

4）回填土应分层回填，蛙式打夯机每层铺土厚度为 200～250mm，人工夯实时不大于 200mm，每层至少夯击 3 遍，要求一夯压半夯。严禁土虚铺过厚、夯实不够。

（8）盖板。

1）盖板安装基座平整，标高符合设计要求。

2）盖板应安装平顺，不晃动。

**3. 检查与验收**

依照《变电（换流）站土建工程施工质量验收规范》（Q/GDW 10183—2021）附录B.1 及国家电网有限公司统一验收表式相关要求，排水系统工程为室外给排水及雨污水系统建、构筑物的子单位工程。

（1）检验批：审核并签认施工检验批资料，填写监理平行检验记录表。

1）通用部分：垫层、土方回填、盖板安装。

2）施工专用资料：排水管沟及井池工程检验批质量验收记录；排水管道安装检验批质量验收记录。

（2）分项工程：由以上同一工序多个检验批汇总，专业监理工程师审核、签认分项工程质量验收记录。

（3）分部工程：总监组织验收人员审核并签认以下资料。

1）通用部分：①图纸会检、设计变更、洽商记录；②一般施工方案、作业指导书、技术交底记录；③测量放线记录；④隐蔽工程验收记录；⑤观感质量检测评定记录；⑥分项工程质量验收记录；⑦检验批工程质量验收记录；⑧隐蔽工程数码照片。

2）施工专用资料：①通水、通球试验记录；②原材料出厂合格证及进场检（试）验报告；③砂浆配合比试验报告；④砌筑砂浆试件的试验报告、砌体垂直度检测记录；⑤砂浆强度统计。

（4）单位（子单位）工程：总监理工程师组织分部工程验收和单位（子单位）工程预验收，将申请单提交给业主项目部申请单位工程验收。

# 四、报告与记录

施工过程中形成的主要成果资料见表 5-29。作业中引用或产生的报告与记录的表单样例，见本小节附表。

表 5-29　　　　　　　　施工过程中形成的主要成果资料

| 序号 | 编号 | 名　称 | 填　报 |
|---|---|---|---|
| 1 | JXM3 | 文件审查记录表 | 总监理工程师、专业监理工程师 |
| 2 | JJS3 | 施工图预检记录表 | 总监理工程师、专业监理工程师 |
| 3 | JZL3 | 平行检查记录表 | 专业监理工程师 |
| 4 | JXM4 | 监理策划文件报审表 | 细则专业监理工程师编写，总监理工程师审批 |
| 5 | JXM15 | 监理通知单 | 总监理工程师、专业监理工程师 |
| 6 | JZL1 | 见证取样统计表 | 专业监理工程师或监理员 |
| 7 | JXM9 | 旁站记录 | 专业监理工程师、监理员 |
| 8 | JXM15 | 质量、安全活动记录 | 总监理工程师、专业监理工程师 |
| 9 | | 通水及通球实验记录 | 专业监理工程师审查 |

# 五、附表

对施工方案进行审核时，应运用数字监理平台逐项审查并勾选检查结果，填写修改意见。在平行检验及旁站时，根据表格内容逐项检查，并根据系统要求留存影像资料。未应用数字监理平台可采用纸质表单执行。

文件审查记录表如表 5-30 所示，平行检验记录表如表 5-31 和表 5-32 所示，旁站监理记录表如表 5-33 所示。

表 5-30　　　　　　　　文件审查记录表（排水工程施工方案）

工程名称：　　　　　　　　　　　　　　　　　　　　　　　　　编号：

| 文件名称 | （写文件全称，××施工方案—报审表编号） | | |
|---|---|---|---|
| 送审单位 | （编制单位全称） | | |
| 序号 | 监理项目部审查标准 | 检查结果 | 施工项目部反馈意见 |
| 1 | 施工方案的编审批流程是否已按要求履行 | □合格　□不合格 | |
| | 修改意见： | | |
| 2 | 施工方案的编制依据是否已过期 | □合格　□不合格 | |
| | 修改意见： | | |

续表

| 序号 | 监理项目部审查标准 | 检查结果 | 施工项目部反馈意见 |
|---|---|---|---|
| 3 | 工程概况中应包括站区排水施工部位的概况分析，排水施工的具体部位、面积，选用的管材规格、型号等相关特殊要求等 | □合格 □不合格 | |
| | 修改意见： | | |
| 4 | 施工方案（措施）制定的施工工艺流程应合理，并绘制流程图。不得使用国家严厉禁止的施工工艺、建筑材料及施工机械 | □合格 □不合格 | |
| | 修改意见： | | |
| 5 | 根据各部位施工进度计划及流水段划分进行劳动力安排，满足施工进度计划及流水施工的需要 | □合格 □不合格 | |
| | 修改意见： | | |
| 6 | 应说明排水施工的环境条件和气候要求。应明确排水施工完成后，通水试验和通球试验方法和技术要求 | □合格 □不合格 | |
| | 修改意见： | | |
| 7 | 施工方案内容应包括安全危险点分析或危险源辨识、环境因素识别应准确、全面 | □合格 □不合格 | |
| | 修改意见： | | |
| 8 | "施工准备"中现场材料、工具设备、安全防护布置是否满足施工需求等 | □合格 □不合格 | |
| | 修改意见： | | |
| 9 | 明确质量标准及验收方法，针对砌筑的成品保护制定具体的、有针对性的保护措施，保证质量措施应包括专业施工队伍选择、材料检验、排水施工过程中质量控制、检查与验收等方面 | □合格 □不合格 | |
| | 修改意见： | | |
| 10 | 对施工质量通病制定防治措施，应有保障强制性条文执行和标准工艺应用的说明 | □合格 □不合格 | |
| | 修改意见： | | |
| 11 | 存在的其他问题： | | |

总/专业监理工程师：＿＿＿＿＿＿＿＿
日　　期：＿＿＿＿＿年＿＿月＿＿日

项目经理：＿＿＿＿＿＿＿＿＿
日　　期：＿＿＿＿＿年＿＿月＿＿日

| 监理复查意见 | 总/专业监理工程师：＿＿＿＿＿＿＿＿<br>日　　期：＿＿＿＿＿年＿＿月＿＿日 |
|---|---|

注　本表使用过程中可自行增加内容。本表一式两份，监理、施工项目部各存1份。

表 5-31 平行检验记录表（管道安装）

工程名称： 编号：

| 检验对象分类 | | | □设备 □材料 □工序 | | |
|---|---|---|---|---|---|
| 检验对象基本信息 | 设备 | 设备名称 | | 设备型号规格 | |
| | | 生产厂家 | | 安装位置 | |
| | 材料 | 材料名称 | | 材料型号规格 | |
| | | 生产厂家 | | 使用部位 | |
| | 工序 | 工序名称 | 排水管道安装 | 实施单位 | |
| | | 其他 | 使用部位： | | |

| 序号 | 检 验 项 目 | 质 量 标 准 | 质量检验结果 | 备注 |
|---|---|---|---|---|
| 1 | 排水管道的坡度☆ | 排水管道管沟开挖必须按设计排水坡度控制好标高，严禁无坡或倒坡 | □合格 □不合格 | |
| 2 | 表面质量 | 管沟的基底应是原土层，或是夯实的回填土 | □合格 □不合格 | |
| 3 | 承口方向 | 排水管采用承插式时，承插接口的承口方向与水流方向相反 | □合格 □不合格 | |
| 4 | 弯头连接 | 应采用45°三通和45°弯头连接，并应在垂直管段顶部设置清扫口 | □合格 □不合格 | |
| 5 | 混凝土管抹带接口 | 排水管采用对接的混凝土管或钢筋混凝土管时，对接时必须采用钢丝网抹带。管道就位前，在管底下方先用水泥砂浆座浆，将钢丝网抹压牢固，钢丝网不得外露 | □合格 □不合格 | |
| 6 | 铸铁管抹带接口 | 排水管采用铸铁管时，其接口采用水泥捻口，油麻填塞应密实，接口水泥应密实饱满，接口面凹入承口边缘且深度不得大于2mm | □合格 □不合格 | |
| 7 | 灌水及通水试验☆ | 排水管道安装完毕，在管道埋设前必须做灌水试验和通水试验，排水应通畅，无堵塞，管接口无渗漏 | □合格 □不合格 | |
| 检验结论 | | | □合格 □不合格 | |
| 检验仪器及编号 | | 经纬仪： 钢卷尺： | 水准仪： | |
| 检验人员 | | | 检验日期 | 年 月 日 |

注 带☆号检验项目为主控项目。

表 5-32 　　　　　　　　平行检验记录表（检查井）

工程名称： 　　　　　　　　　　　　　　　　　　　　编号：

| 检验对象分类 | | | □设备 | □材料 | □工序 |
|---|---|---|---|---|---|
| 检验对象基本信息 | 设备 | 设备名称 | | 设备型号规格 | |
| | | 生产厂家 | | 安装位置 | |
| | 材料 | 材料名称 | | 材料型号规格 | |
| | | 生产厂家 | | 使用部位 | |
| | 工序 | 工序名称 | 检查井 | 实施单位 | |
| | | 其他 | | | |

| 序号 | 检验项目 | 质量标准 | | 质量检验结果 | 备注 |
|---|---|---|---|---|---|
| 1 | 砖和砂浆的强度等级 | 砖和砂浆强度等级应符合设计要求和国家现行标准的有关规定 | | □合格 □不合格 | |
| 2 | 砌体留槎 | 对不能同时砌筑而又应留置的临时间断处应砌成斜槎，斜槎水平投影长度不小于高度的2/3 | | □合格 □不合格 | |
| 3 | 砌筑砂浆饱满度 | 砌筑水平灰缝的砂浆饱满度不得小于80% | | □合格 □不合格 | |
| 4 | 砌筑上下错缝 | 砌筑中长度每300mm范围内4～6皮砖的通缝小于或等于3处，且不在同一面墙体上 | | □合格 □不合格 | |
| 5 | 砌筑接槎 | 接槎处表面清理干净，浇水湿润，并填实砂浆，保持灰缝平直，竖向灰缝不得出现透明缝、瞎缝和假缝 | | □合格 □不合格 | |
| 6 | 变形缝留置 | 变形缝间距和填缝材料应符合设计要求 | | □合格 □不合格 | |
| 7 | 预留孔洞 | 中心线位移 | ≤8mm | | |
| | | 水平高差 | ≤3mm | | |
| 8 | 收口 | 四面收口 | ≤30mm | | |
| | | 偏心收口 | ≤50mm | | |
| 检验结论 | | □合格 □不合格 | | | |
| 检验仪器及编号 | | 经纬仪： | 钢卷尺： | 水准仪： | |
| 检验人员 | | | 检验日期 | 年 月 日 | |

表 5-33　　　　　　　　　　旁站监理记录表（回填土）

工程名称：　　　　　　　　　　　　　　　　　　　　　　　　　　　编号：

| 日期及天气： | 施工地点：××区域 |
|---|---|

旁站监理的部位或工序：站区排水管道回填土

| 旁站监理开始时间： | 旁站监理结束时间： |
|---|---|

施工情况：

| | | |
|---|---|---|
| 作业必备条件 | 1. 现场负责人＿＿＿＿＿＿＿＿，安全监护人＿＿＿＿＿＿＿＿，现场作业人员共计＿＿＿＿＿名 | □合格　□不合格 |
| | 2. 主要施工器具（填写名称及数量）、机械设备（填写名称及数量）经监理项目部审批合格 | □合格　□不合格 |
| | 3. 回填材料：（填写名称）＿＿＿＿＿ | □合格　□不合格 |
| | 4. 检查作业票及每日站班会规范，工作内容、人员与现场对应；施工方案审批、交底已完成 | □合格　□不合格 |
| | 5. 安全文明施工设施及个人防护用品配置符合要求 | □合格　□不合格 |
| | 6. 其他： | |

监理情况：
1. 检查基底垃圾、积水的清理情况，要求回填前清理垃圾，抽除积水。　□合格　□不合格
2. 检查回填土的质量，包括土质、含水率。　□合格　□不合格
3. 回填土必须按规定分层夯实。　□合格　□不合格
4. 现场随机抽测土方回填压实系数＿＿＿＿处，压实系数值分为＿＿＿＿＿＿＿。
5. 安全措施。□安全措施落实良好□安全措施落实情况较差。
6. 及时采集、整理数码照片资料

发现问题：


处理意见：


备注（包括处理结果）


项目监理机构：

旁站监理人员：

日　　　　期：

注　1. 本表适用于土方回填质量旁站。

　　2. 当日作业存在工作票时，应注意检查两票关联性。

　　3. □中符合条件打"√"，不符合条件打"×"，不涉及检查项目打"\"。

# 第四节

# 主变压器防火墙

根据防火墙施工工艺的不同，主要分为装配式防火墙和现浇混凝土防火墙。

## 一、节点管控表

装配式防火墙和现浇混凝土防火墙的节点管控表分别如表 5-34 和表 5-35 所示。

表 5-34　　　　　　　　　　　　　装配式防火墙节点管控表

| 工艺流程图 | 监理主要工作 | 监理成果 |
|---|---|---|
| 施工准备 | 审查施工单位人员、机械、材料、施工方案，对现场安全文明布置情况进行检查 | 根据管控要点逐一审查/检查，填写文件审查记录表 |
| 测量放线、基础施工 | 施工单位三级自检后，对定位放线成果进行复核，对基坑开挖过程进行安全/质量巡视，并对开挖完成的基坑开展验槽 | 复核结果填写平行检验记录表 |
| 柱安装 | 进行安装后质量检查 | 填写平行检验记录表 |
| 二次浇筑 | 对浇筑过程进行旁站 | 填写监理旁站记录表 |
| 墙板安装 | 进行安装后质量、外观检查 | 填写平行检验记录表 |
| 顶梁浇筑 | 对浇筑过程进行旁站 | 填写监理旁站记录表 |
| 质量验收 | 专业监理工程师组织检验批及分项工程的验收；总监理工程师组织分部工程的验收 | 填写平行检验记录表、质量问题处理台账、工程验收统计表 |

编制说明：
1. 编制目的：根据施工工艺流程，列明监理主要工作内容以及应及时填写的表单。
2. 编制依据：标准工艺，统一验收表式及质量验评划分表，安全风险管理规程。

**表 5-35** 现浇混凝土防火墙节点管控表

| 工艺流程图 | 监理主要工作 | 监 理 成 果 |
|---|---|---|
| **施工准备** | 审查施工单位人员、机械、材料、施工方案，对现场安全文明布置情况进行检查 | 根据管控要点逐一审查/检查，填写文件审查记录表 |
| **测量放线、土方开挖** | 施工单位三级自检后，对定位放线成果进行复核，对基坑开挖过程进行安全/质量巡视，并对开挖完成的基坑开展验槽 | 复核结果填写质量检查记录表 |
| **基础施工** | 基础施工后进行质量检查 | 填写平行检验记录表 |
| **回填土施工** | 对土方回填施工质量开展监理旁站 | 填写平行检验记录表 |
| **墙体施工** | 对钢筋安装、模板安装质量开展停工待检监理检查 | 填写平行检验记录表 |
| | 对浇筑过程进行旁站 | 填写监理旁站记录表 |
| | 进行脱模后质量、外观检查 | 填写平行检验记录表 |
| **质量验收** | 饰面施工后质量、外观检查 | 填写平行检验记录表 |
| | 专业监理工程师组织检验批及分项工程的验收；总监理工程师组织分部工程的验收 | 填写平行检验记录表、质量问题处理台账、工程验收统计表 |

编制说明：
1. 编制目的：根据施工工艺流程，列明监理主要工作内容以及应及时填写的表单。
2. 编制依据：标准工艺，统一验收表式及质量验评划分表，安全风险管理规程。

# 二、主要安全风险

## 1. 主变压器防火墙施工主要风险

高处坠落、伤害、坍塌、物体打击、触电。

## 2. 控制措施

（1）基础开挖。

1）当使用机械挖土时，指挥人员应在机械臂工作半径以外，并应设专人监护。根据土质及基础开挖深度放坡，基坑两侧设排水沟或集水井，开挖过程中或敞露期间应防止坑壁塌方。

2）挖方作业时，相邻人员应保持一定间距，防止相互磕碰，所用工具完整、牢固。挖出的土应堆放在距坑边 1m 以外，其高度不得超过 1.5m。

3）基坑边应设遮栏和警示牌，防止人员不慎坠入。

4）开挖过程中遇不明物体应暂停施工及时上报。

（2）脚手架搭拆。

1）架子工必须持证上岗，操作时必须佩戴好安全帽、系安全带、穿防滑鞋。

2）脚手架搭设时需进行接地处理，外侧应搭设密目网应按规定在外排立杆的里侧设置密目式安全立网，作业层下设置水平兜网，搭设中的扫地杆、连接点、搭接、对接、剪刀撑满足构造要。

3）搭拆作业时，当遇有六级以上强风和雨、雾、雪天气时，应当立即停止搭拆作业活动。

4）作业层上的施工荷载应满足设计要求，不得超载，不得将模板支架、泵送混凝土和砂浆输送管等固定在脚手架上，严禁悬挂起重设备。

（3）钢筋绑扎。

1）在运行变电站中，作业人员应确保钢筋与任何带电体保持一定的安全距离。

2）钢筋绑扎过程中，绑扎人员应注意配合，相互间保持一定工作距离。

3）钢筋夜间绑扎时，场区应有足够的照明，并安排专人监护，在工作结束时，监护人应清点人数。

（4）模板安装。

1）模板应在平坦地面处整齐堆放，堆放高度不超过 1.5m，距离基槽边缘不小于 1m。

2）在向坑内搬运时，上下人员应配合一致，防止模板倾倒产生砸伤事故。

3）模板加固过程中，支点加固牢固、可靠，所用的木方无裂痕、腐朽，所有钉头均砸平，模板螺杆需逐一紧固。

（5）混凝土浇筑。

1）下料及振捣施工人员严禁站在沟壁模板和支撑条上。

2）振捣施工作业人员应穿绝缘鞋、戴绝缘手套，在高空作业时，要有专人监护。

3）振动器搬动或暂停，必须切断电源。不得将运行中的振动器放在模板、脚手架或未凝固的混凝土上。

4）手推车运送混凝土时，装料不得过满，卸料时，不得用力过猛和双手放把。用翻斗车运送混凝土时，不得搭乘人员；采用泵送混凝土时，泵送设备支腿应支承在水平坚实的地面上，且应垫枕木或钢板，接地线径、连接方式及埋深均符合规范要求。

（6）拆模。

拆除模板时应选择稳妥可靠的立足点。拆下的模板、木方应整齐堆放，及时运走，朝天钉应及时拔除或打弯。

（7）吊装。

1）吊车必须支撑平稳，接地线径、连接方式及埋深均符合规范要求。设专人指挥，吊臂及吊物下严禁站人或有人经过。

2）起重作业中，如遇有六级及以上大风或雷暴、冰雹、大雪等恶劣天气时，停止起重和露天高处作业。

# 三、主变压器防火墙施工控制要点

### 1. 作业前控制要点

（1）本作业的施工人员和机械已进场，特殊工种作业人员满足施工需要。

（2）本作业的计量器具、仪表经法定单位检定合格，且在有效期内。

（3）物资材料准备能满足本作业连续施工需要，查验钢筋、预制件、预埋螺栓、砂浆等原材料出厂合格证明并进行见证取样，混凝土配合比试验报告合格。

（4）本作业相关的施工图已进行交底、会检，相关的作业指导书已制定并审查合格；每个分项工程必须分级进行施工技术交底。技术交底内容要充实，具有针对性和指导性，全体参加施工的人员都要参加交底并签名，形成书面交底记录。

（5）现场具备安全文明施工条件。

### 2. 过程控制要点

（1）基础施工。

详见第三章第三节相关内容。

（2）装配式防火墙施工控制。

1）防火墙预制件入场验收：装配式防火墙在入场安装前按清单验收，构件数量、尺寸等不符要求及时更正，残缺、损坏等不合格及时返厂。

2）预制件存放：进场构件应分类堆放，堆放场地平整坚实，构件底部设垫木，堆放平稳。构件堆放高度不应超过 1m。

3）柱安装：在柱安装后要进行垂直度、标高和轴线位置检查。

4）二次浇筑：在浇筑过程中对浇筑点进行旁站，注浆应连续进行而不中断并尽可能缩短注浆时间，浇筑、养护完成后对混凝土强度进行检查，构件连接处浇混凝土的强度应符合设计要求。

5）墙板安装：墙板与墙板之间应合缝，且每条缝要均匀，不能宽窄不一，采用专业填缝剂处理；墙板应垂直、平整，不应有裂缝或缺损。

6）顶梁施工：严格检查和验收模板拼缝、模板的固定及支撑，防止跑模。在浇筑过程中对浇筑点进行旁站，浇筑、养护完成后对混凝土强度进行检查，柱头及顶梁连接处浇混凝土的强度应符合设计要求。

7）预埋件：防火墙预埋件位置要求精确，防止出现预埋件不平、歪斜、内陷以及构架无法安装等质量问题，验收应与混凝土面平齐，观感良好。

（3）现浇混凝土防火墙施工控制。分段浇筑模式参考第四章第一节相关控制要点。

### 3. 检查与验收

依照《变电（换流）站土建工程施工质量验收规范》（Q/GDW 10183—2021）附录

B.1 及国家电网有限公司统一验收表式相关要求，主变压器防火墙为主变压器基础及构支架（包括区域配电装置）地基与基础和主体结构分部工程中的子分部工程。以上验收程序均为专业监理工程师组织检验批及分项工程的验收，总监理工程师组织分部（子分部）工程的验收。

（1）检验批：审核并签认施工检验批资料，填写监理平行检验记录表。

1）通用部分：垫层、土方回填。

2）防火墙施工专用资料：

a．现浇结构：墙体模板安装、墙体模板拆除、钢筋加工、钢筋安装、混凝土原材料及配合比、混凝土施工、混凝土结构外观及尺寸偏差；

b．装配式结构：装配式结构预制构件、装配式结构安装与连接。

（2）分项工程：由以上同一工序多个检验批汇总，专业监理工程师审核、签认分项工程质量验收记录。

（3）分部工程质量资料：总监组织验收人员审核并签认以下资料。

1）通用部分：①图纸会检、设计变更、洽商记录；②一般施工方案、作业指导书、技术交底记录；③测量放线记录及沉降观测测量记录；④隐蔽工程验收记录；⑤评定记录；⑥分项工程质量验收记录；⑦检验批工程质量验收记录；⑧试件制作数码照片；⑨隐蔽工程数码照片。

2）防火墙施工专用资料：

a．现浇结构：①自拌混凝土原材料合格证及进场检（试）验报告或预拌混凝土合格证（出厂检验报告）及进场坍落度记录；②钢筋材质及焊接（机械连接）接头的试验报告；③混凝土原材料及混凝土试件的试验报告；④混凝土现浇结构实体检验记录、检测报告；⑤混凝土配合比试验报告；⑥混凝土工程施工记录；⑦混凝土强度统计、评定记录；⑧材料进场检验、试件制作数码照片。

b．预制结构：①预制构配件出厂合格证及进场检（试）验报告；②装配式结构吊装记录。

## 四、报告与记录

施工过程中形成的主要成果资料见表5-36。作业中引用或产生的报告与记录的表单样例，见本小节附表。

表5-36 施工过程中形成的主要成果资料

| 序号 | 编号 | 名 称 | 填 报 |
|---|---|---|---|
| 1 | JXM3 | 文件审查记录表 | 总监理工程师 |
| 2 | JXM9 | 旁站记录 | 专业监理工程师 |

| 序号 | 编号 | 名　称 | 填　报 |
|---|---|---|---|
| 3 | JZL3 | 平行检查记录表 | 专业监理工程师 |
| 4 | JZL1 | 见证取样统计表 | 监理员 |

# 五、附表

对施工方案进行审核时，应运用数字监理平台逐项审查并勾选检查结果，填写修改意见。在平行检验及旁站时，根据表格内容逐项检查，并根据系统要求留存影像资料。未应用数字监理平台可采用纸质表单执行。

**1.** 钢筋混凝土部分平行检验记录

参考第三章第三节及第四章第一节相关内容。

**2.** 装配式墙板平行检验

参考第五章第二节相关内容。

**3.** 监理旁站记录

参考第五章第二节相关内容。

**4.** 文件审查记录表

文件审查记录表如表 5-37 所示。

表 5-37　　　　　　　　　　文件审查记录表（防火墙）

工程名称：　　　　　　　　　　　　　　　　　　　　　　　　编号：

| 文件名称 | （写文件全称，××施工方案—报审表编号） | | |
|---|---|---|---|
| 送审单位 | （编制单位全称） | | |
| 序号 | 监理项目部审查标准 | 检查结果 | 施工项目部反馈意见 |
| 1 | 施工方案的编审批流程是否已按要求履行 | □合格　□不合格 | |
| | 修改意见： | | |
| 2 | 施工方案的编制依据是否已过期 | □合格　□不合格 | |
| | 修改意见： | | |
| 3 | 工程概况中应描述图纸中防火墙规格、尺寸等重要技术参数和质量标准要求 | □合格　□不合格 | |
| | 修改意见： | | |
| 4 | 施工方案（措施）制定的施工工艺流程应合理，并绘制流程图。不得使用国家严厉禁止的施工工艺、建筑材料及施工机械 | □合格　□不合格 | |
| | 修改意见： | | |

续表

| 序号 | 监理项目部审查标准 | 检查结果 | 施工项目部反馈意见 |
|---|---|---|---|
| 5 | 根据各部位施工进度计划及流水段划分进行劳动力安排，满足施工进度计划及流水施工的需要 | □合格 □不合格 | |
| | 修改意见： | | |
| 6 | 应明确防火墙的相关技术要求，包括现浇、预制的工艺流程等技术要求 | □合格 □不合格 | |
| | 修改意见： | | |
| 7 | 施工方案内容应包括安全危险点分析或危险源辨识、环境因素识别应准确、全面 | □合格 □不合格 | |
| | 修改意见： | | |
| 8 | "施工准备"中现场材料、工具设备、安全防护布置是否满足施工需求等 | □合格 □不合格 | |
| | 修改意见： | | |
| 9 | 明确质量标准及验收方法，包括外观质量要求及检验方法，现浇式防火墙钢筋、混凝土；预制式防火墙预制件规格、强度质量进行检查 | □合格 □不合格 | |
| | 修改意见： | | |
| 10 | 对施工质量通病制定防治措施，应有保障强制性条文执行和标准工艺应用的说明 | □合格 □不合格 | |
| | 修改意见： | | |
| 11 | 存在的其他问题 | | |

总/专业监理工程师：＿＿＿＿＿＿＿＿
日　　期：＿＿＿＿＿年＿＿月＿＿日

项目经理：＿＿＿＿＿＿＿＿
日　　期：＿＿＿＿＿年＿＿月＿＿日

| 监理复查意见 | 总/专业监理工程师：＿＿＿＿＿＿＿<br>日　　期：＿＿＿＿＿年＿＿月＿＿日 |
|---|---|

**注** 本表使用过程中可自行增加内容。本表一式两份，监理、施工项目部各存1份。

# 第六章　建筑安装工程

# 第一节

# 建 筑 电 气

本节内容仅涉及变电站建（构）筑物线缆布设、灯具安装及建筑防雷接地等内容。其他建筑电气内容可参考本丛书配电网工程分册、变电站电气工程分册及《建筑电气工程施工质量验收规范》（GB 50303—2015）。

## 一、导管

本节适用于变电站建（构）筑物工程中导管的施工及验收。

### （一）节点管控表

导管敷设、安装节点管控表如表 6-1 所示。

表 6-1 导管敷设、安装节点管控表

| 工艺流程图 | 监理主要工作 | 监理成果 |
|---|---|---|
| 施工准备 | 施工图自查及审查施工单位人员、机械、施工方案，对现场安全文明布置情况进行检查 | 根据管控要点逐一审查/检查；在电气工程施工方案报审时填写文件审查记录表，分项工程不再填写文件审查记录表 |
| | 对导管等材料进行进场审批 | 对乙供工程材料/构配件/设备进场报审表进行审批 |
| 定位<br>定位与固定件安装<br>管道敷设、连接与固定 | 导管的敷设、连接、固定质量进行平行检验 | 填写平行检验记录表 |
| 金属导管接地保护<br>管内穿线 | 导管的接地和穿线质量进行平行检验 | 填写平行检验记录表 |
| 质量验收 | 导管安装工艺检查验收 | 专业监理工程师组织审核并签认施工检验批及分项工程报审资料 |

编制说明：
1. 编制目的：根据施工工艺流程，列明监理主要工作内容及应及时填写的表单。
2. 编制依据：标准工艺，统一验收表式及质量验评划分表，安全风险管理规程，监理工作标准化指导手册。

## （二）主要安全风险

### 1. 主要风险类型

高处坠落。

### 2. 控制措施

（1）作业前设置隔离作业区，设置醒目的文字或图形标志。检查作业架、跳板、靠梯和防护设备等，检查合格后方可投入使用。

（2）作业过程中作业人员按要求正确佩戴安全带。严禁交叉作业。所用材料、工具，不许抛掷。应放在稳妥的地方，防止高空落物伤人。

## （三）关键工序控制要点

### 1. 作业前控制要点

（1）作业的施工人员和工器具已进场，特殊工种作业人员持证作业。作业人员已进行安全风险交底并掌握当日工作危险点及预控措施。

（2）安全防护用品（安全帽/安全带/防滑鞋等）外观及使用性能完好；各部件完整无缺失；配置数量满足人员使用需求。

（3）物资材料准备能满足本作业连续施工需要，查验管材的规格、材质及厚度是否符合设计要求。外观质量应表面无裂纹，缩孔、夹渣、折叠、重皮和不超过壁厚负偏差的锈蚀或凹陷等缺陷；螺纹表面完整无损伤，法兰密封面平整、光洁、无毛刺及径向沟槽；垫片无老化变质或分层现象，表面无褶皱等缺陷。并核对乙供材料进场清单和施工单位材料进场申请单；查验其产品合格证及出厂检测报告。

（4）导管安装在施工方案中编制、审批是否已完成，作业人员是否参加技术交底并签名，形成书面交底记录。

（5）涉及高处作业的是否实行封闭管理且具备安全文明施工条件，安全标识标牌是否醒目有效。

### 2. 施工过程控制要点

连接与固定关键工序控制：

（1）金属导管严禁对口熔焊连接，镀锌和壁厚小于等于 2mm 的钢导管不得套管熔焊连接。

（2）金属导管安装牢固顺直，镀锌层锈蚀或剥落处应做防腐处理。

（3）绝缘导管管口平整光滑；管与管、管与盒（箱）等器件采用插入法连接时，连接处结合面涂专用胶合剂，接口牢固密封。

（4）敷设直埋于地下或楼板间的刚性绝缘导管，在穿出地面或楼板易受机械损伤的一段，采取保护措施。当设计无要求时，埋设在墙内或混凝土内的绝缘导管，采用中型及以上的导管。

（5）可挠金属管或其他柔性导管与刚性导管或电气设备间的连接采用专用接头。

（6）复合型可挠金属管或其他柔性导管的连接处密封良好，防液覆盖层完整无损。

**3．检查与验收**

依照《变电（换流）站土建工程施工质量验收规范》（Q/GDW 10183—2021）附录B.1（续）及国家电网有限公司统一验收表式相关要求，电线、电缆导管敷设、安装为单位工程主控楼（联合楼）中建筑电气分部工程中的分项工程。

（1）检验批、分项工程验收：专业监理工程师组织审核并签认施工检验批及分项工程报审资料，填写监理平行检验记录表。

导管安装施工资料：室内电线导管、电缆导管敷设安装；室外电线导管、电缆导管敷设安装。

备注：导管安装的检查数量、检验标准与检验方法依据《变电（换流）站土建工程施工质量验收规范》（Q/GDW 10183—2021）中 6.30.2 室内电线导管、电缆导管和线槽敷设安装，6.30.3 室外电线导管、电缆导管和线槽敷设安装中相关标准进行检验与验收。

（2）分部工程验收：总监理工程师组织分部工程验收审核并签认施工分部工程报审资料。

分部验收质量资料：①图纸会检、设计变更、洽商记录；②一般施工方案、作业指导书、技术交底记录；③测量放线记录；④原材料、设备出厂合格证及进场检（试）验报告；⑤隐蔽工程验收记录；⑥检验批工程质量验收记录；⑦分项工程质量验收记录；⑧漏电保护模拟动作电流、时间测试；⑨大型灯具固定及悬吊装置荷载测试；⑩照明度测试（设计有要求时）；⑪电气装置安装施工记录；⑫接地、绝缘电阻测试记录；⑬照明通电试运行记录；⑭隐蔽工程数码照片。

## （四）报告与记录

施工过程中形成的主要成果资料见表 6-2。作业中引用或产生的报告与记录的表单样例，见本小节附表。

表 6-2　　　　　　　　　　施工过程中形成的主要成果资料

| 序号 | 编号 | 名　　称 | 填报、签发 |
|---|---|---|---|
| 1 | JXM3 | 文件审查记录表 | 总监理工程师、专业监理工程师 |
| 2 | JZL3 | 平行检查记录表 | 专业监理工程师 |
| 3 | JXM15 | 监理通知单 | 总监理工程师、专业监理工程师 |
| 4 | JXM13 | 质量、安全活动记录 | 总监理工程师、专业监理工程师 |

## （五）附表

对施工方案进行审核时，应运用数字监理平台逐项审查并勾选检查结果，填写修改意见。在平行检验时，根据表格内容逐项检查，并根据系统要求留存影像资料。未应用数字监理平台可采用纸质表单执行。

平行检查记录表如表 6-3 所示。

表 6-3　　　　　　　　　　平行检查记录表（导管敷设、安装）

工程名称：　　　　　　　　　　　　　　　　　　　　　　　　编号：

| 检验对象分类 | | | □设备 | □材料 | □工序 | |
|---|---|---|---|---|---|---|
| 检验对象基本信息 | 设备 | 设备名称 | | 设备型号规格 | | |
| | | 生产厂家 | | 安装位置 | | |
| | 材料 | 材料名称 | | 材料型号规格 | | |
| | | 生产厂家 | | 使用部位 | | |
| | 工序 | 工序名称 | 线槽敷设、安装 | 实施单位 | | |
| | | 其他 | 使用部位： | | | |

| 序号 | 检验项目 | 质量标准 | 质量检验结果 | 备注 |
|---|---|---|---|---|
| 1 | 金属导管的连接☆ | 金属导管严禁对口熔焊连接；镀锌和壁厚小于等于 2mm 的钢导管不得套管熔焊连接 | □合格　□不合格 | |
| 2 | 金属导管和线槽☆ | 金属的导管和线槽必须接地（PE）或接零（PEN）可靠，并符合下列规定：<br>1. 镀锌钢导管、可挠性导管和金属线槽不得熔焊跨接接地线，以专用接地卡跨接的两卡间连接为铜芯软导线，截面积不小于 4mm²。<br>2. 当非镀锌钢导管采用螺纹连接时，连接处的两端焊跨接接地线；当镀锌钢导管采用螺纹连接时，连接处的两端用专用接地卡固定跨接接地线。<br>3. 金属线槽不作设备的接地导体，当设计无要求时，金属线槽全长至少有 2 处与接地（PE）或接零（PEN）干线连接。<br>4. 非镀锌金属线槽间连接板的两端跨接铜芯接地线，镀锌线槽间连接的两端不跨接接地线，但连接板两端至少有 2 个防松螺母或防松垫圈的连接固定螺栓 | □合格　□不合格 | |
| 3 | 防爆导管连接☆ | 防爆导管不应采用倒扣连接；应采用防爆活接头，其接合面应严密 | □合格　□不合格 | |
| 4 | 绝缘导管在砌体上剔槽埋设☆ | 应采用强度等级不小于 M10 的水泥砂浆抹面保护，保护层厚度大于 15mm | □合格　□不合格 | |
| 5 | 电缆导管的弯曲半径 | 不应小于电缆最小允许弯曲半径，同时应符合现行标准的规定 | □合格　□不合格 | |

| 序号 | 检 验 项 目 | 质 量 标 准 | 质量检验结果 | 备注 |
|---|---|---|---|---|
| 6 | 金属导管防腐处理 | 金属导管内外壁应进行防腐处理；埋设于混凝土内的导管内壁应进行防腐处理，外壁可不做防腐处理 | □合格　□不合格 | |
| 7 | 室内进入落地式柜、台、箱、盘内的导管管口高度 | 室内进入落地式柜、台、箱、盘内的导管管口，应高出柜、台、箱、盘的基础面50～80mm | □合格　□不合格 | |
| 8 | 暗配的导管埋设深度，明配导管的固定 | 暗配导管埋设深度与建筑物、构筑物表面的距离不应小于15mm；明配导管应排列整齐，固定点间距均匀，安装牢固；在终端、弯头中点或柜、台、箱、盘等边缘的距离150～500mm范围内设有管卡，中间直线段管卡间的最大距离应符合现行标准的规定 | □合格　□不合格 | |
| 9 | 防爆导管敷设 | 1. 导管间及与灯具、开关、线盒等的螺纹连接处紧固，除设计有特殊要求外，连接处不跨接接地线，在螺纹上涂以电力复合酯或导电性防锈酯。2. 安装牢固顺直，镀锌层锈蚀或剥落处做防腐处理 | □合格　□不合格 | |
| 10 | 绝缘导管敷设 | 1. 管口平整光滑；管与管，管与盒（箱）等器件采用插入法连接时，连接处结合面涂专用胶合剂，接口牢固密封。2. 直埋于地下或楼板间的刚性绝缘导管，在穿出地面或楼板易受机械损伤的一段，采取保护措施。3. 当设计无要求时，埋设在墙内或混凝土内的绝缘导管，采用中型以上的导管。4. 沿建筑物、构筑物表面和在支架上敷设的刚性绝缘导管，按设计要求装设温度补偿装置 | □合格　□不合格 | |
| 11 | 金属、非金属柔性导管敷设 | 1. 刚性导管经柔性导管与电气设备、器具连接，柔性导管的长度在动力工程中不大于0.8m，在照明工程中不大于1.2m。2. 可挠金属管或其他柔性导管与刚性导管或电气设置、器具间的连接采用专用接头；复合型可挠金属管或其他柔性导管的连接处密封良好，防液覆盖层完整无损。3. 可挠性金属导管和金属柔性导管不能做接地（PE）或接零（PEN）的连续导体 | □合格　□不合格 | |
| 12 | 导管和线槽在建筑物变形缝处的处理 | 导管和线槽，在建筑物变形缝处，应设补偿装置 | □合格　□不合格 | |
| | 检验结论 | □合格　□不合格 | | |
| | 检验仪器及编号 | 经纬仪：　　　　　　　　　　　水准仪：<br>钢卷尺： | | |
| | 检验人员 | | 检验日期　　　　　　年　　月　　日 | |

注　带☆号检验项目为主控项目。

## 二、线槽

本节适用于变电站建（构）筑物工程中各类线槽的施工及验收。

### （一）节点管控表

线槽敷设、安装节点管控表如表 6-4 所示。

表 6-4　　　　　　　　　　　　线槽敷设、安装节点管控表

| 工艺流程图 | 监理主要工作 | 监 理 成 果 |
| --- | --- | --- |
| 施工准备 | 施工图自查及审查施工单位人员、机械、施工方案，对线槽及配件等材料进行进场审批，对现场安全文明布置情况进行检查 | 根据管控要点逐一审查/检查；在电气工程施工方案报审时填写文件审查记录表，分项工程不再填写文件审查记录表；对乙供工程材料/构配件/设备进场报审表进行审批 |
| 弹线定位 | 对线槽的定位进行复测进行平行检验 | 填写平行检验记录表 |
| 固定件、支撑件安装 | 固定件、支撑件安装质量进行平行检验 | 填写平行检验记录表 |
| 金属线槽安装、接地保护 | 线槽的安装及金属线槽接地进行平行检验 | 填写平行检验记录表 |
| 槽内配线 | | |
| 质量验收 | 对线槽的安装工艺进行检查验收 | 专业监理工程师组织审核并签认施工检验批及分项工程报审资料 |

编制说明：
1. 编制目的：根据施工工艺流程，列明监理主要工作内容及应及时填写的表单。
2. 编制依据：标准工艺，统一验收表式及质量验评划分表，安全风险管理规程，监理工作标准化指导手册。

### （二）主要安全风险

**1. 主要风险类型**

触电、高处坠落、火灾、机械伤害。

**2. 控制措施**

（1）作业前全面检查施工机械及工器具、施工用线线路是否老化。固定在现场的加工机械的电源线应用塑料套管埋设保护且机械应在外壳接地，以防止发生触电。

（2）高处作业前全面检查活动脚手架、人字梯和防护设备等，检查合格后方可投入使用。作业过程中作业人员按要求正确佩戴安全带。严禁交叉作业。

（3）进行焊接或切割工作时，作业人员穿戴焊接防护服、防护鞋、焊接手套、护目镜等符合专业防护要求的个体防护装备。

（4）焊接和切割时应注意防火，切割机前方放置挡板。防止被未冷却的金属烫伤，应将残渣置于安全处，同时动火部位必须配置符合要求的灭火器。

（5）油漆等属于易燃物，禁止大量堆放在加工区域，且需堆放在阴凉处避免太阳直晒。

（6）切割材料时应远离易燃、可燃物，并在动火作业区内配置灭火器，以免发生火灾。支架刷完油漆后应禁止对其进行切割焊接以防发生火灾。

（7）切割机传动部分应有防护罩和保护套，以免发生机械伤害。

## （三）关键工序控制要点

### 1. 作业前控制要点

（1）金属线槽及其附件：应采用经过镀锌或涂膜处理的定型产品。其型号、规格应符合设计要求。线槽内外应光滑平整，无棱刺，不应有扭曲，翘边等变形现象。

（2）绝缘导线：其型号、规格应符合设计要求，并有产品合格证和安全认证标志。

（3）支架、吊架的制作材料角钢、圆钢应有钢材质保文件，其规格满足线槽的荷载要求，吊杆所需的圆钢应为镀锌件，上下两端螺纹规整无缺口。

（4）金属膨胀螺栓：应根据允许拉力和剪力进行选择。螺栓、螺母、螺钉、垫圈、弹簧垫等金属材料均应为镀锌制品。

### 2. 施工过程控制要点

（1）定位放线。

1）设计图纸确定出线槽、盒、箱、柜等电气器具的安装位置，从始端至终端（先干线后支线）利用红外线定位仪找好水平或垂直线，在线路的中心线进行弹线，按照设计要求及施工验收规范规定，分匀档距并用色笔标出具体位置。

2）预留孔洞，根据设计图标注的轴线部位，将预制加工好的木质或铁制框架，固定在标出的位置上，并进行调直找正，待现浇混凝土凝固、模板拆除后，拆下框架，并抹平孔洞口（孔洞口边缘收口处理）。

（2）线槽安装要求。

1）固定件安装。在土建结构施工中按划定的位置预埋，注意固定牢固。金属膨胀螺栓安装。适用于 C15 以上混凝土构件及实心砖墙上，不适用空心砖墙或陶粒混凝土砌块等轻型墙体。钻孔后应将孔内残存的碎屑清除干净。打孔的深度应以将套管全部埋入墙内或顶板内，表面平齐为宜。

2）金属线槽的安装。

a. 线槽直线段组装时，应先做干线，再做分支线，将吊装器与线槽用蝶形夹卡固定在一起，按此方法，将线槽逐段组装成形；

b. 线槽与线槽可采用内连接或外连接头，配上平垫和弹簧垫用螺母紧固；

c. 线槽交叉应采用二通、三通、四通进行连接，电线接头应设置在接线盒或放置在电气器具内，线槽内不允许有电线接头；

d. 转弯部位应采用立上弯头和立下弯头，安装角度要适宜。

3）线槽的连接。

a. 线槽的直线段用连接板连接，连接处螺栓的垫圈、弹簧垫圈、螺母应齐全，紧固螺母应位于线槽的外侧，缝隙严密平齐；

b. 线槽与盒、箱、柜等接茬时，进线和出线口等处应采用抱脚连接，并用螺钉紧固。

（3）金属桥架的接地保护。

1）金属线槽必须接地（PE）或接零（PEN）可靠。

2）非镀锌金属线槽间连接板白的两端跨接铜芯接地线，镀锌线槽间连接的两端不跨接接地线，但连接板两端至少有两个防松螺母或防松垫圈的连接固定螺栓。

3）保护地线应根据设计图要求敷设在线槽内一侧，并且需要加平垫和弹簧垫圈，用螺母压接牢固。

4）金属线槽的宽度在 100mm 以内，两段线槽用连接板连接，每端螺钉固定点不少于 4 个；宽度在 200mm 以内，两段线槽用连接板连接，每端螺钉固定点不少于 6 个。金属线槽不得熔焊跨接接地线，以专用接地卡跨接的两卡间连线为铜芯软导线，截面积不小于 4mm$^2$。

5）金属线槽不作设备的接地导体，当设计无要求时，金属线槽起、始端均应可靠于接地（PE）或接零（PEN）干线。槽全长超过 30m 时，每增加 20～30m 时应增加与保护干线的连接点。

（4）穿墙、穿变形缝（伸缩缝、沉降缝）等特殊节点。

1）线槽经过建筑物的变形缝（伸缩缝，沉降缝）时，线槽本身应断开，槽内用内连接板搭接，不须固定。保护地线和槽内导线均应留有补偿余量。

2）穿过防火墙及防火楼板时，应采取防火隔离措施。防火枕应按顺序依次摆放整齐，防火枕与电缆之间空隙≤1cm$^2$。穿墙洞防火枕摆放厚度≥24cm。

3）不允许将穿过墙壁的线槽与墙上的孔洞一起抹死。

（5）线槽内配线。

1）放线前应先检查管与线槽连接处的护口是否齐全；电线和保护地线的选择是否符合设计图的要求，确认无误后放线。配线前清除线槽内的积水和杂物。在同一线槽内的导线截面积总和应该不超过线槽截面积的 40%。

2）线槽垂直向下配线时，应将分支电线分别用尼龙绑扎带绑扎成束，并固定在线槽底板上，以防电线下坠。

3）不同电压、不同回路、不同频率的电线应加隔板放在同线槽内。设计无要求并符合下列情况时，可直接放在同一线槽内：电压在 65V 及以下；同一设备或同一流水线的动力和控制回路；照明花灯的所有回路；三相四制的照明回路。电线较多时，除采用电线绝缘层颜色区分外，也可利用在导线端头和转弯处做标记的方法来区分。

4）在穿越建筑物的变形缝时，电线应留有补偿余量。接线盒内的电线预留长度不应超过 15cm；盘、箱内的电线预留长度应为周长的 1/2。从室外引入室内的电线，穿过墙外的一段应采用橡胶绝缘导线，不允许采用塑料绝缘电线。穿墙保护管的外侧应有防水措施。

**3. 检查与验收**

依照《变电（换流）站土建工程施工质量验收规范》（Q/GDW 10183—2021）附录 B.1（续）及国家电网有限公司统一验收表式相关要求，线槽敷设、安装为单位工程主控楼（联合楼）中建筑电气分部工程中的分项工程。

（1）检验批、分项工程验收：专业监理工程师组织审核并签认施工检验批及分项工程报审资料，填写监理平行检验记录表。

线槽敷设、安装施工质量资料：室内线槽敷设安装；室外线槽敷设安装。

备注：线槽安装的检查数量、检验标准与检验方法依据《变电（换流）站土建工程施工质量验收规范》（Q/GDW 10183—2021）中 6.30.11 线槽敷设相关标准进行检验与验收。

（2）分部工程验收：总监理工程师组织分部工程验收审核并签认施工分部工程报审资料。

分部验收质量资料详见本章第一小节。

## （四）报告与记录

施工过程中形成的主要成果资料见表 6-5。作业中引用或产生的报告与记录的表单样例，见本小节附表。

表 6-5　施工过程中形成的主要成果资料

| 序号 | 编号 | 名　称 | 填报、签发 |
|---|---|---|---|
| 1 | JXM3 | 文件审查记录表 | 总监理工程师、专业监理工程师 |
| 2 | JZL3 | 平行检查记录表 | 专业监理工程师 |
| 3 | JXM15 | 监理通知单 | 总监理工程师、专业监理工程师 |
| 4 | JXM13 | 质量、安全活动记录 | 总监理工程师、专业监理工程师 |

## （五）附表

对施工方案进行审核时，应运用数字监理平台逐项审查并勾选检查结果，填写修改意见。在平行检验时，根据表格内容逐项检查，并根据系统要求留存影像资料。未应用数字监理平台可采用纸质表单执行。

平行检查记录表如表 6-6 所示。

表 6-6　　　　　　　　平行检查记录表（线槽敷设、安装）

工程名称：　　　　　　　　　　　　　　　　　　　　　　　编号：

| 检验对象分类 | | | □设备 | □材料 | □工序 | |
|---|---|---|---|---|---|---|
| 检验对象基本信息 | 设备 | 设备名称 | | 设备型号规格 | | |
| | | 生产厂家 | | 安装位置 | | |
| | 材料 | 材料名称 | | 材料型号规格 | | |
| | | 生产厂家 | | 使用部位 | | |
| | 工序 | 工序名称 | 线槽敷设、安装 | 实施单位 | | |
| | | 其他 | 使用部位： | | | |

| 序号 | 检验项目 | 质量标准 | 质量检验结果 | 备注 |
|---|---|---|---|---|
| 1 | 金属导管和线槽☆ | 金属的导管和线槽必须接地（PE）或接零（PEN）可靠，并符合下列规定：<br>1. 镀锌钢导管、可挠性导管和金属线槽不得熔焊跨接接地线，以专用接地卡跨接的两卡间连线为铜芯软导线，截面积不小于 $4mm^2$。<br>2. 当非镀锌钢导管采用螺纹连接时，连接处的两端焊跨接接地线；当镀锌钢导管采用螺纹连接时，连接处的两端用专用接地卡固定跨接接地线。<br>3. 金属线槽不作设备的接地导体，当设计无要求时，金属线槽全长至少有 2 处与接地（PE）或接零（PEN）干线连接。<br>4. 非镀锌金属线槽间连接板的两端跨接铜芯接地线，镀锌线槽连接的两端不跨接接地线，但连接板两端至少有 2 个防松螺母或防松垫圈的连接固定螺栓 | | |
| 2 | 线槽固定及外观检查 | 线槽应安装牢固，无扭曲变形，紧固件的螺母应在线槽外侧 | | |
| 检验结论 | | □合格　□不合格 | | |
| 检验仪器及编号 | | 经纬仪：　　　　　水准仪：<br>钢卷尺： | | |
| 检验人员 | | 检验日期 | 年　月　日 | |

注　带☆号检验项目为主控项目。

# 三、开关、插座

本节适用于变电站建（构）筑物工程中室内外开关、插座的施工及验收。

## （一）节点管控表

开关、插座安装节点管控表如表 6-7 所示。

表 6-7 开关、插座安装节点管控表

| 工艺流程图 | 监理主要工作 | 监理成果 |
|---|---|---|
| 施工准备 → 清理盒内杂物 | 施工图自查及审查施工单位人员、机械、施工方案,对现场安全文明布置情况进行检查 | 根据管控要点逐一审查/检查;在电气工程施工方案报审时填写文件审查记录表,分项工程不再填写文件审查记录表 |
| 开关型号检查 | 对开关、插座材料进行进场审批 | 对乙供工程材料/构配件/设备进场报审表进行审批 |
| 线路检查 | 施工单位对预埋线管、线路进行检查,监理进行平行检验 | 填写平行检验记录表 |
| 确定开关安装位置 → 开关接线安装 | 施工单位对预埋定位、接线进行检查,监理进行平行检验 | 填写平行检验记录表 |
| 开关通断检查 → 质量验收 | 对开关、插座安装工艺进行检查验收 | 专业监理工程师组织审核并签认施工检验批及分项工程报审资料 |

编制说明:
1. 编制目的:根据施工工艺流程,列明监理主要工作内容及应及时填写的表单。
2. 编制依据:标准工艺,统一验收表式及质量验评划分表,安全风险管理规程,监理工作标准化指导手册。

## (二)主要安全风险

### 1. 主要风险类型

触电。

### 2. 控制措施

(1)现场电工必须经过培训和考核合格,并持有效的特种作业操作证上岗。

(2)作业前全面检查施工机械及工器具、施工用线线路是否老化。

## (三)关键工序控制要点

### 1. 作业前控制要点

(1)开关、插座的进场验收应有合格证、出厂检验报告及 CCC 认证,防爆产品有防爆标志号和防爆合格证号,实行安全认证制度的产品有安全认证标志;其材质、规格型号、数量等应符合设计要求。开关、插座的面板应完整、无碎裂、无变形、附件齐全。(监理在材料进场前审查施工单位工程材料报审表。

(2)确定开关安装位置。(①开关安装位置便于操作的出入口,位于进门开门侧,开关边缘距门框边缘的距离 0.15～0.2m,开关距地面高度 1.3m;②相同型号并列安装及

同一室内开关、插座安装高度一致，且控制有序不错位）

（3）对开关、插座的电气和机械性能进行现场抽样检测。

**2. 施工过程控制要点**

（1）开关、插座安装前，应将预埋盒内的杂物清除干净，导线上污物应一起清理干净。

（2）开关、插座安装位置、标高应符合设计要求。无设计要求时，开关安装位置应便于操作，开关边缘距门框边缘的距离宜为150mm，相同型号并列安装高度宜一致；开关、插座应底边平齐。

（3）当交流、直流或不同电压等级的插座安装在同一场所时，应有明显的区别，且必须选择不同结构、不同规格和不能互换的插座；配套的插头应按交流、直流或不同电压等级区别使用。

（4）对于单相两孔插座，面对插座的右孔或上孔应与相线连接，左孔或下孔应与中性导体（N）连接；对于单相三孔插座，面对插座的右孔应与相线连接，左孔应与中性导体（N）连接。

（5）单相三孔、三相四孔及三相五孔插座的保护接地导体（PE）应接在上孔；插座的保护接地导体端子不得与中性导体端子连接；同一场所的三相插座，其接线的相序应一致。

（6）保护接地导体（PE）在插座之间不得串联连接。

（7）相线与中性导体（N）不应利用插座本体的接线端子转接供电。

（8）当接插有触电危险电器的电源时，采用能断开电源的带开关插座，开关断开相线。

（9）潮湿场所采用密封型并带保护地线触头的保护型插座，安装高度不低于1.5m。

（10）插座安装结束后应利用接线相序检测仪检测接线是否正确。

**3. 检查与验收**

依照《变电（换流）站土建工程施工质量验收规范》（Q/GDW 10183—2021）附录B.1（续）及国家电网有限公司统一验收表式相关要求，开关、插座安装为单位工程主控楼（联合楼）中建筑电气分部工程中的分项工程。

（1）检验批、分项工程验收：专业监理工程师组织审核并签认施工检验批及分项工程报审资料，填写监理平行检验记录表。

开关、插座安装施工资料：开关、插座安装。

备注：开关、插座安装的检查数量、检验标准与检验方法依据《变电（换流）站土建工程施工质量验收规范》（Q/GDW 10183—2021）中6.30.11开关、插座安装相关标准进行检验与验收。

（2）分部工程验收：总监理工程师组织分部工程验收审核并签认施工分部工程报审

资料。

分部工程质量验收资料详见本章第一小节。

## （四）报告与记录

施工过程中形成的主要成果资料见表 6-8。作业中引用或产生的报告与记录的表单样例，见本小节附表。

表 6-8　　　　　　　　　施工过程中形成的主要成果资料

| 序号 | 编号 | 名　　称 | 填报、签发 |
|---|---|---|---|
| 1 | JXM3 | 文件审查记录表 | 总监理工程师、专业监理工程师 |
| 2 | JZL3 | 平行检查记录表 | 专业监理工程师 |
| 3 | JXM15 | 监理通知单 | 总监理工程师、专业监理工程师 |
| 4 | JXM13 | 质量、安全活动记录 | 总监理工程师、专业监理工程师 |

## （五）附表

对施工方案进行审核时，应运用数字监理平台逐项审查并勾选检查结果，填写修改意见。在平行检验时，根据表格内容逐项检查，并根据系统要求留存影像资料。未应用数字监理平台可采用纸质表单执行。

平行检查记录表如表 6-9 所示。

表 6-9　　　　　　　　　平行检查记录表（开关、插座安装）

工程名称：　　　　　　　　　　　　　　　　　　　　　　编号：

| 检验对象分类 | | | □设备　　　　□材料　　　　□工序 | | |
|---|---|---|---|---|---|
| 检验对象基本信息 | 设备 | 设备名称 | | 设备型号规格 | |
| | | 生产厂家 | | 安装位置 | |
| | 材料 | 材料名称 | | 材料型号规格 | |
| | | 生产厂家 | | 使用部位 | |
| | 工序 | 工序名称 | 开关、插座安装 | 实施单位 | |
| | | 其他 | 使用部位： | | |

| 序号 | 检 验 项 目 | 质 量 标 准 | 质量检验结果 | 备注 |
|---|---|---|---|---|
| 1 | 插座接线☆ | 1．单相两孔插座，面对插座的右孔或上孔与相线连接，左孔或下孔与中性线连接；单相三孔插座，面对插座的右孔与相线接连，左孔与中性线连接。 | □合格　□不合格 | |

续表

| 序号 | 检　验　项　目 | 质　量　标　准 | 质量检验结果 | 备注 |
|---|---|---|---|---|
| 1 | 插座接线☆ | 2．单相三孔、三相四孔及三相五孔插座接地（PE）或接零（PEN）线接在上孔。插座的接地端子不与中性线端子连接。同一场所的三相插座，接线的相序一致。<br>3．接地（PE）或接零（PEN）线在插座间不串联连接 | □合格　□不合格 | |
| 2 | 交流、直流或不同电压等级在同一场所的插座☆ | 当交流、直流或不同电压等级的插座安装在同一场所时，应有明显的区别，且必须选择不同结构、不同规格和不能互换的插座；配套的插头应按交流、直流或不同电压等级区别使用 | □合格　□不合格 | |
| 3 | 特殊情况下的插座安装☆ | 1．当接插有触电危险家用电器的电源时，采用能断开电源的带开关插座，开关断开相线。<br>2．潮湿场所采用密封型并带保护地线触头的保护型插座，安装高度不低于1.5m | □合格　□不合格 | |
| 4 | 照明开关安装☆ | 1．同一建筑、构筑物的开关采用同一系列的产品，开关的通断位置一致，操作灵活、接触可靠。<br>2．相线经开关控制；民用住宅无软线引至床边的床头开关 | □合格　□不合格 | |
| 5 | 插座安装和外观检查 | 1．插座安装高度应符合设计要求，同一室内相同规格并列安装的插座高度宜一致。<br>2．暗装的插座面板紧贴墙面或装饰面，四周无缝隙，安装牢固，表面光滑整洁、无碎裂、划伤，装饰帽（板）齐全；接线盒应安装到位，接线盒内干净整洁，无修饰。安装在装饰面上的插座，电线不得裸露在装饰层内 | □合格　□不合格 | |
| 6 | 照明开关的安装位置、控制顺序 | 1．开关安装位置便于操作，开关边缘距门框边缘的距离0.15～0.2m，开关距地面高度1.3～1.4m；拉线开关距地面高度2～3m，层高小于3m时，拉线开关距顶板不小于100mm，拉线出口垂直向下。<br>2．相同型号并列安装及同一室内开关安装高度一致，且控制有序不错位。并列安装的拉线开关的相邻间距不小于20mm。<br>3．暗装的开关面板应紧贴墙面，四周无缝隙，安装牢固，表面光滑整洁、无碎裂、划伤，装饰帽齐全；接线盒应安装到位，其电线不得裸露在装饰层内 | □合格　□不合格 | |
| 检验结论 | | □合格　　□不合格 | | |
| 检验仪器及编号 | | 经纬仪：　　　　　　　水准仪：<br>钢卷尺： | | |
| 检验人员 | | 检验日期 | 年　　月　　日 | |

注　带☆号检验项目为主控项目。

# 四、配电箱

本节适用于变电站建（构）筑物工程中室内配电箱的施工及验收。

## （一）节点管控表

配电箱安装节点管控表如表 6-10 所示。

表 6-10 配电箱安装节点管控表

| 工艺流程图 | 监理主要工作 | 监 理 成 果 |
|---|---|---|
| 施工准备 | 施工图自查及审查施工单位人员、机械、施工方案，对现场安全文明布置情况进行检查 | 根据管控要点逐一审查/检查；在电气工程施工方案报审时填写文件审查记录表，分项工程不再填写文件审查记录表 |
| 进场验收 | 对配电箱主材及辅材等进行进场审批 | 对乙供工程材料/构配件/设备进场报审表进行审批 |
| 弹线定位 | 对箱体定位线、标高进行复核 | 填写平行检验记录表 |
| 配电箱安装及固定<br>配电箱接线 | 预埋定位、箱体接线等安装质量进行平行检验 | 填写平行检验记录表 |
| 绝缘摇测<br>质量验收 | 对配电箱安装工艺进行检查验收 | 专业监理工程师组织审核并签认施工检验批及分项工程报审资料 |

编制说明：
1. 编制目的：根据施工工艺流程，列明监理主要工作内容及应及时填写的表单。
2. 编制依据：标准工艺，统一验收表式及质量验评划分表，安全风险管理规程。

## （二）主要安全风险

### 1. 主要风险类型

触电。

### 2. 控制措施

（1）专人操作，并持有效的特种作业操作证上岗。穿戴好相应的劳保用品。

（2）设置隔离作业区，作业时专人监护其作业，同时设置醒目的安全警示标志。

（3）作业前检查使用的电器工具、线路是否带电、漏电及电源线路是否老化，填写检查记录。

（4）箱体安装工程竣工后经调试合格后才能通电调试。并做好验收记录。

## （三）关键工序控制要点

### 1. 作业前控制要点

（1）配电箱进场查验合格证和随带技术文件，实行生产许可证和安全认证制度的产品，有许可证编号和安全认证标志。防爆型必须具有防爆标识。配电箱门内侧应粘贴电路接线图。箱体应满足下列要求：

1）配电箱（盘）的选型配置必须符合设计及规范要求。

2）铁制配电箱（盘）：均需先刷一遍防锈漆，再刷面漆二道。预埋的各种铁件均应刷防锈漆，并做好明显可靠的接地。导线引出面板时，面板线孔应光滑无毛刺，金属面板应装设绝缘保护套。二层底板厚度不小于1.5mm，箱内各种器具应安装牢固，导线排列整齐，压接牢固。

3）紧固件、配件和金具均应采用镀锌制品。

（2）箱、盘间配线：电流回路应采用额定电压不低于750V、芯线截面积不小于2.5mm$^2$的铜芯绝缘电线或电缆；除电子元件回路或类似回路外，其他回路的电线应采用额定电压不低于750V、芯线截面不小于1.5mm$^2$的铜芯绝缘电线或电缆。箱内绝缘导线的规格型号必须符合设计及规范要求。箱、盘间线路的线间和线对地间绝缘电阻值，馈电线路必须大于0.5MΩ；二次回路必须大于1MΩ。二次回路连线应成束绑扎，不同电压等级、交流、直流线路及计算机控制线路应分别绑扎，且有标识。箱、盘间二次回路交流工频耐压试验，当绝缘电阻值大于10MΩ时，用2500V绝缘电阻表摇测1min，应无闪络击穿现象；当绝缘电阻值在1~10MΩ时，做1000V交流工频耐压试验，时间1min，应无闪络击穿现象。

（3）配电箱的配件齐全，箱中配专用保护接地端子排的应与箱体连通形成电气通路。工作中性线设在明显处，工作中性线的端子排应固定在绝缘子上，端子排交流耐压不低于2500V。端子排应为铜制，用以紧固端子排的螺栓应不小于M5。

（4）配电箱内的母线应套绝缘管，绝缘管宜用黄（L1）、绿（L2）、红（L3）、黑（N）等颜色区分。

（5）箱内电器元件之间的安全距离符合最小净距要求。

（6）照明箱（盘）内，分别设置中性线（N）和保护地线（PE线）汇流排，中性线和保护地线经汇流排配出。配电箱（盘）带有器具的铁制盘面和装有器具的门及电器的金属外壳均应有明显可靠的PE保护地线。

备注：监理在材料进场前审查施工单位工程材料报审表。（报审表中应有质量证明文件、合格证及出厂检验报告等资料）

### 2. 施工过程控制要点

（1）配电箱安装。

1）同一配电室采用统一型号配电箱，箱体应安装牢固、位置正确、部件齐全，安装高度应符合设计要求。当设计无要求时，照明配电箱安装高度应符合规范要求，照明配电板底边距楼、地面高度不应小于 1.8m，配电箱底边距地面 1.5m，垂直度允许偏差不大于 1.5‰，并列箱体安装高度一致。

2）配电箱箱体周边平整无损伤，漆面无脱落，入箱的管线长短合适、间距均匀、排列整齐，安装牢固。

3）配电箱底部应采用防火封堵材料封堵严密，表面平整。

4）箱间线路的线间和线对地间绝缘电阻值，馈电线路不应小于 0.5MΩ，二次回路不应小于 1MΩ。

5）配电箱应有可靠的防电击保护。箱内保护导体应有裸露的连接外部保护接地导体的端子，当设计无要求时，箱内保护导体最小截面积 $S_p$ 不应小于《低压配电设计规范》（GB 50054—2011）的规定。照明箱内分别设置中性线（N）和保护地线（PE）汇流排，中性线（漏电开关出口中性线除外）和保护地线经汇流排配出。

6）箱内开关动作灵活、可靠，带有漏电保护的回路，漏电保护装置动作电流不大于 30mA，动作时间不大于 0.1s。

7）建筑智能化控制或信号线路接入照明配电箱时应减少与交流供电线路和其他系统的线路交叉，且不得并排敷设或共用同一管槽。

8）室外配电箱应符合当地的地理环境，其箱体防护等级不宜低于 IP54。

9）金属框架必须接地或接零可靠；装有电器的金属可开门，门和框架间应用带线鼻软铜线跨接接地。

（2）线材布设。

1）走线时应横平竖直、分布均匀，变换走向时应垂直。

2）布线时严禁损伤线芯和导线的绝缘。

3）布线顺序一般以接触器为中心，由里到外、由高到低，先控制电路、后主线路，以不妨碍后续布线为原则。

（3）配电箱接线。

1）箱内配线整齐，无铰接现象。导线连接紧密，不伤芯线，不断股。垫圈下螺钉两侧导线截面积相同，同一端子上导线连接不多于两根，防松垫圈等零件齐全。回路编号齐全，标识正确。

2）接线桩头针孔直径较大时，将导线的芯线折成双股或在针孔内垫铜皮，如果是多股芯线上缠绕一层导线，以增大芯线直径使芯线与针孔直径相适应。导线与针孔或与接线桩头连接时，应拧紧接线桩上螺钉，顶压平稳牢固且不伤芯线。

3）管路敷设时，应尽量减少弯曲。施工时应将管路埋入墙体和楼板内，不宜开槽敷设。

### 3．检查与验收

（1）依照《变电（换流）站土建工程施工质量验收规范》（Q/GDW 10183—2021）附录 B.1（续）及国家电网有限公司统一验收表式相关要求，动力、照明配电箱安装为单位工程主控楼（联合楼）中建筑电气分部工程中的分项工程。

1）检验批、分项工程验收：专业监理工程师组织审核并签认施工检验批及分项工程报审资料，填写监理平行检验记录表。

动力、照明配电箱安装施工资料：动力、照明配电箱安装。

备注：动力、照明配电箱安装的检查数量、检验标准与检验方法依据《变电（换流）站土建工程施工质量验收规范》（Q/GDW 10183—2021）中 6.30.1 动力、照明配电箱安装相关标准进行检验与验收。

2）分部工程验收：总监理工程师组织分部工程验收审核并签认施工分部工程报审资料。

分部工程质量资料详见本章第一小节。

（2）绝缘测试。

配电箱（盘）全部电器安装完毕后，用 500V 绝缘电阻表对线路进行绝缘摇测。摇测项目包括相线与相线之间，相线与中性线之间，相线与保护地线之间，中性线与保护地线之间。两人进行摇测，同时做好记录。

## （四）报告与记录

施工过程中形成的主要成果资料见表 6-11。作业中引用或产生的报告与记录的表单样例，见本小节附表。

表 6-11　　　　　　　　　　施工过程中形成的主要成果资料

| 序号 | 编号 | 名　称 | 填报、签发 |
| --- | --- | --- | --- |
| 1 | JXM3 | 文件审查记录表 | 总监理工程师、专业监理工程师 |
| 2 | JZL3 | 平行检查记录表 | 专业监理工程师 |
| 3 | JXM15 | 监理通知单 | 总监理工程师、专业监理工程师 |
| 4 | JXM13 | 质量、安全活动记录 | 总监理工程师、专业监理工程师 |

## （五）附表

对施工方案进行审核时，应运用数字监理平台逐项审查并勾选检查结果，填写修改意见。在平行检验时，根据表格内容逐项检查，并根据系统要求留存影像资料。未应用数字监理平台可采用纸质表单执行。

平行检查记录表如表 6-12 所示。

**表 6-12　　　　　　　　　平行检查记录表（动力、照明配电箱安装）**

工程名称：　　　　　　　　　　　　　　　　　　　　　　编号：

| 检验对象分类 | | | □设备 | | □材料 | □工序 | |
|---|---|---|---|---|---|---|---|
| 检验对象基本信息 | 设备 | 设备名称 | | | 设备型号规格 | | |
| | | 生产厂家 | | | 安装位置 | | |
| | 材料 | 材料名称 | | | 材料型号规格 | | |
| | | 生产厂家 | | | 使用部位 | | |
| | 工序 | 工序名称 | 动力、照明配电箱安装 | | 实施单位 | | |
| | | 其他 | 使用部位： | | | | |

| 序号 | 检验项目 | 质量标准 | 质量检验结果 | 备注 |
|---|---|---|---|---|
| 1 | 金属箱体的接地或接零☆ | 金属框架必须接地或接零可靠；装有电器的可开门，门和框架的接地端子间应用裸编织铜线连接或压接线鼻，且有标识 | □合格　□不合格 | |
| 2 | 柜、箱（盘）间线路绝缘电阻测试值☆ | 柜、箱（盘）间线路的线间和线对地间绝缘电阻值，馈电线路不应小于 0.5MΩ，二次回路不应小于 1MΩ | □合格　□不合格 | |
| 3 | 电击保护和保护导体截面积☆ | 动力、照明配电箱（盘）应有可靠的防电击保护。柜（屏、台、箱、盘）内保护导体应有裸露的连接外部保护导体的端子，当设计无要求时，箱（盘）内保护导体最小截面积 $S_p$ 不应小于现行标准的规定 | □合格　□不合格 | |
| 4 | 照明配电箱（盘）安装☆ | 1. 箱（盘）内配线整齐，无绞结现象。导线连接紧密，不伤芯线，不断股。垫圈下螺钉两侧面积相同，同一端子上导线连接不多于两根，防松垫圈等零件齐全。<br>2. 箱（盘）内开关动作灵活、可靠，带有漏电保护的回路，漏电保护装置动作电流不大于 30mA，动作时间不大于 0.1s。<br>3. 照明箱（盘）内分别设置中性线（N）和保护地线（PE）汇流排，中性线（漏电开关出口中性线除外）和保护地线经汇流排出。<br>4. 应急照明箱应有明显标识。<br>5. 建筑智能化控制或信号线路接入照明配电箱时应减少与交流供电线路和其他系统的线路交叉，且不得并排敷设或共用同一管槽 | □合格　□不合格 | |
| 5 | 柜、箱（盘）内检查试验☆ | 1. 控制开关及保护装置的规格、型号应符合设计要求。<br>2. 闭锁装置动作应准确、可靠。<br>3. 主开关的辅助开关切换动作应与主开关动作一致。<br>4. 柜、箱（盘）上的标识器件应标明被控设备编号及名称，或操作位置，接线端子有编号，且清晰、工整、不易脱色。<br>5. 回路中的电子元件不应参加交流工频耐压试验；50V 及以下回路可不做交流工频耐压试验 | □合格　□不合格 | |

续表

| 序号 | 检 验 项 目 | 质 量 标 准 | 质量检验结果 | 备注 |
|---|---|---|---|---|
| 6 | 低压电器组合 | 1. 发热元件应安装在散热良好的位置。<br>2. 熔断器的熔体规格、自动空气开关的整定值应符合设计要求。<br>3. 切换连接片应接触良好，相邻连接片间应有安全距离，切换时不应触及相邻的连接片。<br>4. 金属外壳需做电击防护时，应与保护导体可靠连接。<br>5. 端子排安装牢固，端子有序号，强电、弱电端子应隔离布置，端子规格应与芯线截面积大小适配 | □合格 □不合格 | |
| 7 | 柜、箱（盘）间配线 | 二次回路接线应符合设计要求，除电子元件回路或类似回路外，回路的绝缘导线额定电压不应低于 450/750V；对于铜芯绝缘导线或电缆的导体截面积，电流回路不应小于 2.5mm²，其他回路不应小 1.5mm²，二次回路连线应成束绑扎，不同电压等级、交流、直流线路及计算机控制线路应分别绑扎，且应有标识；固定后不应妨碍于车开关或抽出式部件的拉出或推入 | □合格 □不合格 | |
| 8 | 箱与其面板间可动部位的配线 | 1. 连接导线应采用多芯铜芯绝缘软导线，敷设长度应留有适当裕量。<br>2. 线束宜有外套塑料管等加强绝缘保护层。<br>3. 与电器连接时，端部应绞紧、不松散、不断股，其端部可采用不开口的终端端子或搪锡。<br>4. 可转动部位的两端应采用卡子固定 | □合格 □不合格 | |
| 9 | 照明配电箱（盘）安装位置、开孔、回路编号等 | 1. 位置正确，部件齐全，箱体开孔应与导管管径适配，暗装配电箱箱盖应紧贴墙面，箱（盘）涂层应完整。<br>2. 箱（盘）内回路编号应齐全，标识应正确。<br>3. 箱（盘）应采用不燃材料制作。<br>4. 箱（盘）应安装牢固、位置正确、部件齐全，安装高度应符合设计要求，垂直度允许偏差不应大于 1.5‰；照明配电箱底边距楼地面高度不应小于 1.8m；当设计无要求时，照明配电箱安装高度应符合国家现行有关标准的规定 | □合格 □不合格 | |
| 10 | 垂直度允许偏差 | ≤1.5mm | | |
| | 检验结论 | □合格 □不合格 | | |
| | 检验仪器及编号 | 经纬仪： 水准仪：<br>钢卷尺： | | |
| | 检验人员 | | 检验日期 | 年 月 日 |

注 带☆号检验项目为主控项目。

# 五、灯具

本节适用于变电站建（构）筑物工程中室内外各类灯具的施工及验收。

## （一）节点管控表

灯具安装节点管控表如表 6-13 所示。

表 6-13　　　　　　　　　　　灯具安装节点管控表

| 工艺流程图 | 监理主要工作 | 监 理 成 果 |
|---|---|---|
| 施工准备 | 施工图自查及审查施工单位人员、机械、施工方案，对现场安全文明布置情况进行检查 | 根据管控要点逐一审查/检查；在电气工程施工方案报审时填写文件审查记录表，分项工程不再填写文件审查记录表 |
| 进场验收 | 对灯具材料进行进场审批 | 对乙供工程材料/构配件/设备进场报审表进行审批 |
| 确定安装位置、固定 | 灯具固定的施工质量应进行平行检验 | 填写平行检验记录表 |
| 灯具组装与接线 | 灯具组装与接线施工质量应进行平行检验 | 填写平行检验记录表 |
| 通电测试 / 质量验收 | 对灯具安装工艺进行检查验收 | 专业监理工程师组织审核并签认施工检验批及分项工程报审资料 |

编制说明：
1. 编制目的：根据施工工艺流程，列明监理主要工作内容及应及时填写的表单。
2. 编制依据：标准工艺，统一验收表式及质量验评划分表，安全风险管理规程，监理工作标准化指导手册。

## （二）主要安全风险

### 1. 主要风险类型

触电、高处坠落及物体打击。

### 2. 控制措施

（1）作业前设置隔离作业区，设置醒目的文字或图形标志。检查作业架、跳板、靠梯和防护设备等，检查合格后方可投入使用。

（2）专业电工在作业前全面检查使用的电器及工器具、线路是否带电、漏电及电源线路是否老化，填写检查记录。

（3）作业过程中作业人员按要求正确佩戴安全带。严禁交叉作业。所用材料、工具，不许上下抛扔。应放在稳妥的地方，防止高空落物伤人。

（4）竣工后经调试合格后才能通电调试。并做好验收记录。

## （三）关键工序控制要点

### 1．作业前控制要点

（1）作业的施工人员和工器具已进场，特殊工种作业人员持证作业。作业人员已进行安全风险交底并掌握当日工作危险点及预控措施。

（2）安全防护用品（安全帽/安全带/防滑鞋等）外观及使用性能完好；各部件完整无缺失；配置数量满足人员使用需求。

（3）物资材料准备能满足本作业连续施工需要，查验灯具的类型及材质是否符合设计要求，核对乙供材料进场清单和施工单位材料进场申请单；材料的产品合格证及出厂检测报告。非普通灯具的进场时应注意：①壁灯可选用金卤灯和 T5 荧光灯，防眩光，灯罩可选用 PC 材质，防腐、防水等级 WF2，防护等级 IP66。②室外照明灯、庭院灯、投光灯光源可选用 LED 或节能灯等高效节能灯具，防腐、防水等级 WF2，防护等级 IP65。

（4）灯具安装的施工方案中编制、审批是否已完成，作业人员是否参加技术交底并签名，形成书面交底记录。

（5）涉及高处作业的是否实行封闭管理且具备安全文明施工条件，安全标志标牌醒目有效。

### 2．施工过程控制要点

（1）确定安装位置。

1）吸顶式灯具不应布置在室内梁上及有遮挡的位置，应保持同一平面布置。

2）消防应急照明回路的设置除符合设计要求外，尚应符合防火分区设置的要求，穿越不同防火分区时应有防火隔堵措施。

（2）灯具固定。

1）吊杆式灯具吊管内径不应小于 10mm，壁厚≥1.5mm，安装牢固。

2）吊杆式灯具重量大于 3kg 时，应固定在螺栓或预埋吊钩上。灯具吊钩圆钢直径不应小于灯具挂销直径，且不应小于 6mm；重量大于 10kg 的灯具，固定装置及悬吊装置应按灯具重力的 5 倍恒定均匀载荷做强度试验，且持续时间不得少于 15min。

3）吊杆式灯具软线吊灯，灯具重在 0.5kg 及以下时，采用软电线自身吊装；大于 0.5kg 的灯具采用吊链，且软电线编叉在吊链内，使电线不受力。

4）固定灯具带电部件的绝缘材料以及提供防触电保护的绝缘材料，应耐燃烧和防明火。

5）吊杆式灯具成排灯具宜采用型材统一固定，避免出现不整齐现象。

6）吸顶式灯具如果安装在吊顶上时，应先在顶板上打膨胀螺栓，下设吊杆固定，严禁利用吊顶龙骨固定。

7）壁灯安装时把底托对正灯头盒，贴紧墙面，使其平正，用螺钉将灯具固定在底托上。绝缘板的安装要对正灯头盒，贴紧墙面，安装平正。

8）壁灯安装严禁使用木楔固定，灯具接线应牢固。需接地、接零的灯具，非带电金属部分采用专用接地螺钉，并可靠接地。

9）安全出口指示标识灯设置应符合设计要求，且安装在疏散出口和楼梯口里侧的上方。疏散标识灯安装在楼梯间、疏散走道及其转角处，疏散灯方向应指示准确，安装在墙面上且高度不超过 1m。疏散通道上的标识灯间距不大于 20m，走道转角区不大于 1m，且不应影响正常通行，且不应在其周围设置容易混同疏散标识灯的其他标识牌等。疏散指示标识灯工作应正常且满足设计要求。

10）防爆灯具配套齐全，不得用非防爆零件替代灯具配件（金属护网、灯罩、接线盒等）；灯具及开关的紧固螺栓无松动、锈蚀，密封垫圈完好；安装位置离开释放源，且不在各种管道的泄压口及排放口上下方安装灯具。

11）防爆灯具吊管及开关与接线盒螺纹啮合扣数不少于 5 扣，螺纹加工光滑、完整、无锈蚀，并在螺纹上涂以电力复合脂或导电性防锈脂。

12）太阳能灯具与基础固定应可靠，地脚螺栓有防松措施，灯具接线盒盖的防水密封垫应齐全、完整。

13）灯具表面应平整光洁、色泽均匀，不应有明显的裂纹、划痕、损伤、锈蚀及变形等缺陷。

（3）灯具组装。

1）装有白炽灯泡的吸顶灯具，灯泡不应紧贴灯罩；当灯泡与绝缘台间距离小于 5mm 时，灯泡与绝缘台间应采取隔热措施。

2）卫生间照明吸顶式灯具不宜安装在便器正上方。

3）吸顶式灯具用于事故照明灯时，在明显部位作红色 S 标记。

**3．检查与验收**

依照《变电（换流）站土建工程施工质量验收规范》（Q/GDW 10183—2021）附录 B.1（续）及国家电网有限公司统一验收表式相关要求，灯具安装为单位工程主控楼（联合楼）中建筑电气分部工程中的分项工程。

（1）检验批、分项工程验收：专业监理工程师组织审核并签认施工检验批及分项工程报审资料，填写监理平行检验记录表。

施工资料：普通灯具安装、专用灯具安装、建筑物照明通电试运行。

备注：灯具安装的检查数量、检验标准与检验方法依据《变电（换流）站土建工程施工质量验收规范》（Q/GDW 10183—2021）中 6.30.8 普通灯具、6.30.9 专用灯具安装、

6.30.12 建筑物照明通电试运行相关标准进行检验与验收。

（2）分部工程验收：总监理工程师组织分部工程验收审核并签认施工分部工程报审资料。

分部工程质量资料详见本章第一小节。

**4. 通电测试**

（1）应急灯具、运行中温度大于 60℃ 的灯具，当靠近可燃物时，应采取隔热、散热等防火措施。

（2）EPS 供电的应急灯具安装完毕后，应检验 EPS 供电运行的最少持续供电时间，转换时间不大于 0.5s，并应符合设计要求。

## （四）报告与记录

施工过程中形成的主要成果资料见表 6-14。作业中引用或产生的报告与记录的表单样例，见本小节附表。

表 6-14　　　　　　　　　　施工过程中形成的主要成果资料

| 序号 | 编号 | 名　称 | 填报、签发 |
|---|---|---|---|
| 1 | JXM3 | 文件审查记录表 | 总监理工程师、专业监理工程师 |
| 2 | JZL3 | 平行检查记录表 | 专业监理工程师 |
| 3 | JXM15 | 监理通知单 | 总监理工程师、专业监理工程师 |
| 4 | JXM13 | 质量、安全活动记录 | 总监理工程师、专业监理工程师 |

## （五）附表

对施工方案进行审核时，应运用数字监理平台逐项审查并勾选检查结果，填写修改意见。在平行检验时，根据表格内容逐项检查，并根据系统要求留存影像资料。未应用数字监理平台可采用纸质表单执行。

附表说明：灯具安装为分项工程，其涵盖的灯具种类较多，下列附表只列举了"专用灯具"的平行检验记录表的内容，普通灯安装等监理在平行检验过程中依据《变电（换流）站土建工程施工质量验收规范》（Q/GDW 10183—2021）及国家电网有限公司输变电工程施工质量验收统一表式（变电工程土建专业）的验收项目、质量标准及抽检比例进行填写。

平行检查记录表如表 6-15 和表 6-16 所示。

表 6-15 平行检查记录表（专用灯具安装）

工程名称： 编号：

| 检验对象分类 | | | □设备 | | □材料 | □工序 | |
|---|---|---|---|---|---|---|---|
| 检验对象基本信息 | 设备 | 设备名称 | | | 设备型号规格 | | |
| | | 生产厂家 | | | 安装位置 | | |
| | 材料 | 材料名称 | | | 材料型号规格 | | |
| | | 生产厂家 | | | 使用部位 | | |
| | 工序 | 工序名称 | 专用灯具安装 | | 实施单位 | | |
| | | 其他 | 使用部位： | | | | |

| 序号 | 检验项目 | 质量标准 | 质量检验结果 | 备注 |
|---|---|---|---|---|
| 1 | 灯具的外露可导电部分的接地连接☆ | 专用灯具的Ⅰ类灯具外露可导电部分必须用铜芯软导线与保护导体可靠连接，连接处应有接地标识，铜芯软导线的截面积应与进入灯具的电源线截面积相同 | □合格 □不合格 | |
| 2 | 应急灯具的安装☆ | 应急灯具安装应符合下列规定：<br>1. 消防应急照明回路的设置除符合设计要求外，尚应符合防火分区设置的要求，穿越不同防火分区时应有防火隔堵措施。<br>2. 应急灯具、运行中温度大于60℃的灯具，当靠近可燃物时，应采取隔热、散热等防火措施。<br>3. EPS供电的应急灯具安装完毕后，应检验EPS供电运行的最少持续供电时间，并应符合设计要求。<br>4. 安全出口指示标志灯设置应符合设计要求。<br>5. 疏散指示标志灯安装高度及设置部位应符合设计要求。<br>6. 疏散指示标志灯的设置，不应影响正常通行，且不应在其周围设置容易混同疏散标志灯的其他标志牌等。<br>7. 疏散指示标志灯工作应正常且满足设计要求。<br>8. 消防应急照明线路在非燃烧体内穿钢导管暗敷时，暗敷钢导管保护层厚度不小于30mm | □合格 □不合格 | |
| 3 | 高压钠灯、金属卤化物灯安装☆ | 高压钠灯、金属卤化物灯安装应符合下列规定：<br>1. 光源及附件应与镇流器、触发器和限流器配套使用，触发器与灯具本体的距离应符合产品技术文件要求。<br>2. 电源线应经接线柱连接，不应使电源线靠近灯具表面 | □合格 □不合格 | |
| 4 | 太阳能灯具安装☆ | 太阳能灯具安装应符合下列规定：<br>1. 太阳能灯具与基础固定应可靠，地脚螺栓有防松措施，灯具接线盒盖的防水密封垫应齐全、完整。<br>2. 灯具表面应平整光洁、色泽均匀，不应有明显的裂纹、划痕、缺损、锈蚀及变形等缺陷 | □合格 □不合格 | |

续表

| 序号 | 检 验 项 目 | 质 量 标 准 | 质量检验结果 | 备注 |
|---|---|---|---|---|
| 5 | 应急电源或镇流器与灯具分离安装 | 当应急电源或镇流器与灯具分离安装时，应固定可靠，应急电源或镇流器与灯具本体之间的连接绝缘导线应用金属柔性导管保护，导线不得外露 | □合格　□不合格 | |
| 检验结论 | | □合格　□不合格 | | |
| 检验仪器及编号 | | 经纬仪：　　　　水准仪：　　　　钢卷尺： | | |
| 检验人员 | | 检验日期 | 年　月　日 | |

注　带☆号检验项目为主控项目。

表 6-16　　　　　　　　平行检查记录表（建筑物照明通电试运行）

工程名称：　　　　　　　　　　　　　　　　　　　　　编号：

| 检验对象分类 | | | □设备　　　□材料　　　□工序 | | |
|---|---|---|---|---|---|
| 检验对象基本信息 | 设备 | 设备名称 | | 设备型号规格 | |
| | | 生产厂家 | | 安装位置 | |
| | 材料 | 材料名称 | | 材料型号规格 | |
| | | 生产厂家 | | 使用部位 | |
| | 工序 | 工序名称 | 建筑物照明通电试运行 | 实施单位 | |
| | | 其他 | 使用部位： | | |

| 序号 | 检 验 项 目 | 质 量 标 准 | 质量检验结果 | 备注 |
|---|---|---|---|---|
| 1 | 照明系统通电☆ | 1. 照明系统通电，灯具回路控制应与照明配电箱及回路的标识一致；开关与灯具控制顺序相对应，风扇的转向及调速开关应正常；剩余电流动作保护装置应动作准确。<br>2. 有自控要求的照明工程应先进行就地分组控制试验，后进行单位工程自动控制试验，试验结果应符合设计要求。<br>3. 照明系统通电试运行后，三相照明配电干线的各相负荷宜分配平衡，其最大相负荷不宜超过三相负荷平均值的115%，最小相负荷不宜小于三相负荷平均值的85% | | |
| 2 | 公用建筑照明系统全负荷通电连续试运行☆ | 公用建筑照明系统通电连续试运行时间为24h。所有照明灯具均应开启，且每2h记录运行状态1次，连续试运行时间内无故障 | | |
| 3 | 照度检测☆ | 对设计有照度和功率密度测试要求的场所，试运行时应检测照度并符合设计要求；功率密度值应符合现行国家标准《建筑照明设计标准》（GB 50034—2013）的规定和设计要求 | | |
| 4 | | | | |
| 检验结论 | | □合格　　　□不合格 | | |
| 检验仪器及编号 | | 经纬仪：　　　　水准仪：　　　　钢卷尺： | | |
| 检验人员 | | 检验日期 | 年　月　日 | |

注　带☆号检验项目为主控项目。

## 六、建筑物防雷接地

本节适用于变电站建（构）筑物工程中室内外防雷接地的施工及验收。

### （一）节点管控表

建筑物防雷接地安装节点管控表如表 6-17 所示。

表 6-17　　　　　　　　　　建筑物防雷接地安装节点管控表

| 工艺流程图 | 监理主要工作 | 监理成果 |
|---|---|---|
| 施工准备 | 施工图自查及审查施工单位人员、机械、施工方案，对现场安全文明布置情况进行检查 | 根据管控要点逐一审查/检查；在电气工程施工方案报审时填写文件审查记录表，本（子）分部工程不再填写文件审查记录表 |
| 材料进场验收 | 对镀锌扁钢、角钢、圆钢等材料进行进场审批 | 对乙供工程材料/构配件/设备进场报审表进行审批 |
| 接地装置安装 | 接地装置安装质量进行平行检验 | 填写平行检验记录表 |
| 接地引下线敷设 | 接地引下线敷设进行平行检验 | 填写平行检验记录表 |
| 接闪器制作与安装 | 接闪器制作与安装进行平行检验 | 填写平行检验记录表 |
| 接地系统连接 | 接地系统连接质量进行平行检查 | 填写平行检验记录表 |
| 接地电阻测试 | 接地电阻测试 | 填写旁站记录表 |
| 质量验收 | 对建筑物防雷接地安装工艺进行检查验收 | （子）分部工程验收：总监理工程师组织分部工程验收审核并签认施工分部工程报审资料 |

编制说明：

1．编制目的：根据施工工艺流程，列明监理主要工作内容及应及时填写的表单。
2．编制依据：标准工艺，统一验收表式及质量验评划分表，安全风险管理规程。

### （二）主要安全风险

**1．主要风险类型**

触电、火灾、机械伤害。

**2．控制措施**

（1）作业前全面检查使用的电器、线路是否带电、漏电及电源线路是否老化。

（2）进行焊接或切割工作时，作业人员穿戴焊接防护服、防护鞋、焊接手套、护目镜等符合专业防护要求的个体防护装备。

（3）严禁焊接完后直接接触接头或模具，防止烫伤。切割材料时应远离可燃物，并在动火作业区内配置灭火器。

（4）焊接与切割的工作场所有良好的照明，并采取措施排除有毒气体、粉尘和烟雾。切割材料时应远离易燃、可燃物，并在动火作业区内配置灭火器，以免发生火灾。

（5）接地网施工采取放热焊时，作业人员站在上风口，侧面点火并佩戴好防护及护目镜。严禁近距离点火、观看，防烧伤和灼伤眼睛。严禁焊接完后直接接触接头或模具，防止烫伤。

## （三）关键工序控制要点

### 1. 作业前控制要点

（1）作业人员已进行安全风险交底并掌握当日工作危险点及预控措施。

（2）安全防护用品（安全帽/安全带/防滑鞋/绝缘鞋/绝缘手套等）外观及使用性能完好；各部件完整无缺失；配置数量满足人员使用需求。

（3）物资材料准备能满足本作业连续施工需要，查验热镀锌扁铁、角钢、圆钢、钢管的型号、规格及厚度是否符合设计要求。并核对乙供材料进场清单和施工单位材料进场申请单；查验其产品合格证及出厂检测报告。金属镀锌制品镀锌层应覆盖完整、表面无锈斑，金具配件应齐全，无砂眼。埋入土壤中的热浸镀锌钢材应检测其镀锌层厚度不应小于 $63\mu m$。对镀锌质量有异议时，应按批抽样送有资质的试验室检测。

（4）作业人员是否参加技术交底并签名，形成书面交底记录。

（5）涉及高处作业的是否实行封闭管理且具备安全文明施工条件，安全标志标牌是否醒目有效。

### 2. 施工过程控制要点

（1）室内接地。

1）建筑物接地应和主接地网进行有效连接。暗敷在建筑物抹灰层内的引下线应有卡钉分段固定，主控室、高压室应设置不少于两个与主网相连的检修接地端子。

2）成列开关柜的接地母线，应有明显且不少于两点的可靠接地。施工中应在成列开关柜两端预埋接地块，接地块通过接地扁铁与主接地网相连，接地块搭接面积应与开关柜的接地母线规格相匹配。

3）室内金属框架必须接地或接零可靠；金属门和门框间应用带线鼻黄绿软铜线跨接，并留有裕度。

4）保护屏柜基础型钢应与主接地网有明显且不少于两点的可靠相连，施工中应预埋接地扁铁与基础型钢和主接地网相连，并在基础型钢两端露出地面与型钢表面平齐，涂刷黄绿接地标识漆。

（2）接地装置安装。

1）接地模块顶面埋深不小于 0.6m，接地模块间距不应小于模块长度的 3～5 倍。接地模块埋设基坑，一般宜为模块外形尺寸的 1.2～1.4 倍，且应详细记录开挖深度内的地层情况。

2）接地装置在地面以上的部分，应按设计要求设置测试点，测试点不应被外墙饰面遮蔽，且应有明显标识。

3）接地模块应垂直或水平就位，并应保持与原土层接触良好。

4）阀厅围护结构接地：固定金属板的檩条之间的连接应符合设计要求，并与阀厅钢柱和混凝土防火墙内侧的接地干线可靠连接；金属板搭接固定时每 3 颗自攻螺栓中应有不少于 1 颗；将两金属板紧密接触部位的油漆涂层打磨干净，保证可靠电气连接；阀厅内侧墙板及顶板与钢结构檩条的连接应可靠，符合接地设计要求。

5）降低接地电阻措施应符合设计要求。

6）测试接地装置的接地电阻值应符合设计要求。

（3）接地引下线敷设。

1）明敷的专用引下线应分段固定，并应以最短路径敷设到接地体，敷设应平正顺直、无急弯。不能直线引下时，应做成弯曲半径为圆钢直径 10 倍的圆弧。焊接固定的焊缝应饱满无遗漏，焊接部分的防腐应完整。螺栓固定应有防松零件（垫圈），接地引下线的支持件间距应均匀，水平直线部分 0.5～1.5m；垂直直线部分 1.5～3m；弯曲部分 0.3～0.5m。引下线的连接应采用搭接焊接，其搭接长度须符合国家规范要求。

2）暗敷在建筑物抹灰层内的引下线应有卡钉分段固定。

3）引下线两端应分别与接闪器和接地装置做焊接连接。

4）钢制接地线的焊接连接应符合现行标准的规定，宜采用扁钢，扁钢与扁钢搭接为扁钢宽度的 2 倍，且应至少 3 面施焊；材料采用及最小允许规格、尺寸应符合规范要求。

5）应按设计要求设置断接卡，距离室外地面高度统一（1.5～1.8m），应避开窗户、空调和落水管等，并便于检测。

6）在易受机械损伤之处，地面上 1.7m 至地面下 0.3m 的一段接地应采用暗敷保护，也可采用镀锌角钢、改性塑料管或橡胶等保护。

7）接地线在穿越墙壁、楼板和地坪处应加钢套管或其他坚固的保护套管，钢套管应与接地线做电气连通。

（4）接闪器制作、安装。

1）屋面避雷带施工前必须进行校正，无扭曲变形，镀锌层无破损。

2）避雷带应平正顺直，固定点各支持件应间距均匀、固定可靠。当设计无要求时，明敷避雷带固定支架间距应满足：扁钢 0.5m、圆钢 1m，固定点支持件为成品件时，应采取卡接固定牢靠。避雷带之间的搭接焊接、避雷带与引下线搭接焊接时，圆钢与圆钢搭接长度为圆钢直径的 6 倍，且应双面施焊，焊缝连续饱满，焊接部分补刷的防腐油漆。

3）避雷针、避雷带采用焊接固定时，焊缝饱满无遗漏，采用螺栓固定时，备帽等防松零件齐全，焊接部分补刷的防腐油漆。

4）接闪器与引下线必须采用焊接或卡接器连接，防雷引下线与接地装置必须采用焊接或螺栓连接。

（5）接地系统连接。

1）接地线宜采用热镀锌扁钢，接地扁钢弯制前应进行校平、校直；弯制应采用机械冷弯，镀锌层遭破坏时，要重新防腐。

2）室内接地干线跨门处理入地下敷设，埋深 250～300mm，接地线与建筑物墙壁间的间隙宜为 10～15mm，接地干线敷设时，注意土建结构及装饰面。接地干线在穿过建筑物处，应加装钢管或其他坚固的保护套，有化学腐蚀的部位还应采取防腐措施；当接地线跨越建筑物变形缝时，应设补偿装置，补偿装置可用接地线本身弯成弧状代替。

3）接地线暗敷时，沿墙应设置室内检修接地端子箱（盒），接地线刷黄绿色标识，接地端子宜采用燕尾螺栓。接地端子箱（盒）体底部距离室内地面高度统一为 0.3m，暗敷于室内墙体，箱（盒）门采用不小于 4mm² 多股软铜线跨接至箱（盒）体后与接地端子连接。接地端子箱（盒）门外侧应做边长为 60mm 的等边倒三角标记，黑色边线白色底漆，并标以"⏚"的黑色标识。

4）接地干线沿墙面明敷时，与墙上的预埋件焊接固定，接地体与墙面平行，缝隙均匀，接地干线的支持件间距应均匀，水平直线部分 0.5～1.5m，垂直直线部分 1.5～3m；弯曲部分 300～500mm。接地体的转角转弯处要提前用机械冷弯成型，接地干线连接时采用焊接，扁钢与扁钢连接时，搭接长度不应小于其宽度的 2 倍，且至少有 3 个棱边焊接。室内接地带高度布置在地面上 200mm 处（插座下方），外露接地线表面涂刷黄绿相间条纹标识。按设计要求设置检修接地端子，并标以"⏚"的黑色标识。

5）在建筑物入户处应做总等电位连接。建筑物等电位连接干线与接地装置应有不少于两处的直接连接，支线间不应串联连接。

6）需做等电位联结的外露可导电部分或外界可导电部分的连接应可靠。采用焊接时搭接长度应符合下列规定：

a. 扁钢与扁钢搭接为扁钢宽度的 2 倍，至少 3 面施焊。

b. 圆钢与圆钢搭接为圆钢直径的 6 倍，双面施焊。

c. 圆钢与扁钢搭接为圆钢直径的 6 倍，双面施焊。

d. 扁钢与钢管、扁钢与角钢焊接时，紧贴 3/4 钢管表面，或紧贴角钢外侧两面，上下两侧施焊。

7）等电位联结导体在地下暗敷时，其导体间连接焊接，不得采用螺栓压接。

8）设备的金属外壳、机柜、控制台、外露的金属管、槽、屏蔽线缆外层、沐浴间电加热水器、厨房电器设施及浪涌保护器接地端等均应最短距离与等电位连接网络的接地端子连接。

9）浪涌保护器（SPD）接线形式应符合设计要求，接地导线的位置不宜靠近出线位置；SPD 的连接导线应平直、足够短，且不宜大于 0.5m，和接线端子连接紧密。

10）阀厅等电位体连接应符合以下要求：

a. 阀厅安装屏蔽门时必须保证门在关闭状态下，"刀"形插入体正确地插入弹性簧片内，通过锁紧装置，使门扇与门框严密结合，达到高性能电磁屏蔽效能的要求。

b. 钢结构与钢结构之间、钢结构与室内金属墙板及金属面板之间、地坪下的钢筋网之间应做可靠的电气连接，具有良好的导电性，确保连成等电位联结体，且应与主接地网可靠连接。

c. 建筑物地面屏蔽网相互之间应可靠焊接，使其连成整体，具有良好的导电性，并将其外引与主接地网可靠连接。

d. 阀厅内应敷设环形接地母线铜牌，并按设计要求与接地网连接。

**3.　检查与验收**

依照《变电（换流）站土建工程施工质量验收规范》（Q/GDW 10183—2021）附录 B.1（续）及国家电网有限公司统一验收表式相关要求，建筑物防雷接地安装为单位工程主控楼（联合楼）中建筑电气分部工程中的子分部分项工程。

（1）检验批、分项工程验收：专业监理工程师组织审核并签认施工检验批及分项工程报审资料，填写监理平行检验记录表。

防雷接地施工资料：接地装置安装、防雷引下线安装、接闪器安装、建筑物等电位联和浪涌保护器安装、防雷接地安装。

备注：建筑物防雷接地安装的检查数量、检验标准与检验方法依据《变电（换流）站土建工程施工质量验收规范》（Q/GDW 10183—2021）中 6.30.13 接地装置安装、6.30.14 防雷引下线安装、6.30.15 接闪器安装、6.30.16 建筑物等电位联和浪涌保护器安装、6.31.4 防雷接地安装、6.31.5 防雷接地系统测试等相关标准进行检验与验收。

（2）分部工程验收：总监理工程师组织分部工程验收审核并签认施工分部工程报审资料。

分部工程质量资料详见本章第一节。

## （四）报告与记录

施工过程中形成的主要成果资料见表 6-18。作业中引用或产生的报告与记录的表单

样例，见本小节附表。

表 6-18 施工过程中形成的主要成果资料

| 序号 | 编号 | 名 称 | 填报、签发 |
|---|---|---|---|
| 1 | JXM3 | 文件审查记录表 | 总监理工程师、专业监理工程师 |
| 2 | JZL3 | 平行检查记录表 | 专业监理工程师 |
| 3 | JXM9 | 旁站记录表 | 专业监理工程师 |
| 4 | JXM15 | 监理通知单 | 总监理工程师、专业监理工程师 |
| 5 | JXM13 | 质量、安全活动记录 | 总监理工程师、专业监理工程师 |

## （五）附表

对施工方案进行审核时，应运用数字监理平台逐项审查并勾选检查结果，填写修改意见。在平行检验及旁站时，根据表格内容逐项检查，并根据系统要求留存影像资料。未应用数字监理平台可采用纸质表单执行。

平行检查记录表如表 6-19～表 6-22 所示，旁站监理记录表如表 6-23 所示。

表 6-19 平行检查记录表（接地装置安装）

工程名称： 编号：

| 检验对象分类 | | | □设备 □材料 □工序 | | | |
|---|---|---|---|---|---|---|
| 检验对象基本信息 | 设备 | 设备名称 | | 设备型号规格 | | |
| | | 生产厂家 | | 安装位置 | | |
| | 材料 | 材料名称 | | 材料型号规格 | | |
| | | 生产厂家 | | 使用部位 | | |
| | 工序 | 工序名称 | 接地装置安装 | 实施单位 | | |
| | | 其他 | 使用部位： | | | |

| 序号 | 检 验 项 目 | 质 量 标 准 | 质量检验结果 | 备注 |
|---|---|---|---|---|
| 1 | 接地装的接地电阻值测试☆ | 测试接地装置的接地电阻值应符合设计要求 | □合格 □不合格 | |
| 2 | 接地装置测试点设置☆ | 接地装置在地面以上的部分，应按设计要求设置测试点，测试点不应被外墙饰面遮蔽，且应有明显标识 | □合格 □不合格 | |
| 3 | 防雷接地人工接地装的接地干线埋设、接地干线与接地装连接☆ | 1. 防雷接地的人工接地装置的接地干线埋设，经人行通道处理的深度不小于1m，且应采取均压措施或在其上方铺设卵石或沥青地面。 2. 接地干线应与接地装置可靠连接 | □合格 □不合格 | |
| 4 | 接地装置材料规格、型号☆ | 符合设计要求 | □合格 □不合格 | |

续表

| 序号 | 检 验 项 目 | 质 量 标 准 | 质量检验结果 | 备注 |
|---|---|---|---|---|
| 5 | 接地模块的埋设深度、间距和基坑尺寸☆ | 接地模块顶面埋深不小于0.6m,接地模块间距不应小于模块长度的3～5倍。接地模块埋设基坑,一般宜为模块外形尺寸的1.2～1.4倍,且应详细记录开挖深度内的地层情况 | □合格 □不合格 | |
| 6 | 接地模块垂直或水平就位降低接地电阻措施☆ | 接地模块应垂直或水平就位,并应保持与原土层接触良好应符合设计要求 | □合格 □不合格 | |
| 7 | 阀厅围护结构接地☆ | 1.固定金属板的檩条之间的连接应符合设计要求,并与阀厅钢柱和混凝土防火墙内侧的接地干线可靠连接。<br>2.金属板搭接固定时每3颗自攻螺栓中应有不少于1颗将两金属板紧密接触部位的油漆涂层打磨干净,保证可靠电气连接。<br>3.阀厅内侧墙板及顶板与钢结构檩条的连接应可靠,符合接地设计要求 | □合格 □不合格 | |
| 8 | 接地装置埋深、间距和搭接长度 | 当设计无要求时,接地装置顶面埋设深度不应小于0.6m。圆钢、角钢及钢管接地极应垂直埋入地下,间距不应小于5m;人工接地体与建筑物的外墙或基础之间的水平距离不宜小于1m。接地装置的焊接应采用搭接焊,搭接长度应符合下列规定:<br>1.扁钢与扁钢搭接为扁钢宽度的2倍,且应至少三面施焊。<br>2.圆钢与圆钢搭接为圆钢直径的6倍,且应双面施焊。<br>3.圆钢与扁钢搭接为圆钢直径的6倍,且应双面施焊。<br>4.扁钢与钢管,扁钢与角钢焊接,应紧贴角钢外侧两面,或紧贴3/4钢管表面,上下两侧施焊。<br>5.除埋设在混凝土中焊接接头外,有防腐措施 | □合格 □不合格 | |
| 9 | 接地装置防腐及搭接长度 | 接地装置的焊接应采用搭接焊,除埋设在混凝土中的焊接接头外,其余接头均应有防腐措施,搭接长度应符合下列规定:<br>1.扁钢与扁钢搭接为扁钢宽度的2倍,至少三面施焊。<br>2.圆钢与圆钢搭接为圆钢直径6倍,双面施焊。<br>3.圆钢与扁钢搭接为圆钢直径的6倍,双面施焊。<br>4.扁钢与钢管、扁钢与角钢焊接时,紧贴3/4钢管表面,或紧贴角钢外侧两面,上下两侧施焊 | □合格 □不合格 | |
| 10 | 接地装置和最小允许规格 | 符合设计要求。当设计无要求时,接地装置的材料采用为钢材,热浸镀锌处理,最小允许规格、尺寸应符合现行标准的规定 | □合格 □不合格 | |

续表

| 序号 | 检 验 项 目 | 质 量 标 准 | 质量检验结果 | 备注 |
|---|---|---|---|---|
| 11 | 接地模块与干线连接和干线的材质选用 | 接地模块应集中引线，并应采用干线将接地模块并联焊接成一个环路，干线的材质应与接地模块焊接点的材质相同，钢制的采用热浸镀锌材料的引出线不应少于 2 处 | □合格　□不合格 | |
| 检验结论 | | □合格　□不合格 | | |
| 检验仪器及编号 | 经纬仪：　　　　　　水准仪：　　　　　　钢卷尺： | | | |
| 检验人员 | | 检验日期 | 年　　月　　日 | |

注　带☆号检验项目为主控项目。

表 6-20　　　　　　　　　平行检查记录表（接地引下线）

工程名称：　　　　　　　　　　　　　　　　　　　　　编号：

| 检验对象分类 | | □设备　　　　　□材料　　　　　□工序 | | |
|---|---|---|---|---|
| 检验对象基本信息 | 设备 | 设备名称 | 设备型号规格 | |
| | | 生产厂家 | 安装位置 | |
| | 材料 | 材料名称 | 材料型号规格 | |
| | | 生产厂家 | 使用部位 | |
| | 工序 | 工序名称　　接地引下线 | 实施单位 | |
| | | 其他　　使用部位： | | |

| 序号 | 检 验 项 目 | 质 量 标 准 | 质量检验结果 | 备注 |
|---|---|---|---|---|
| 1 | 母线槽外露导电保护☆ | 母线槽的金属外壳等外露可导电部分应与保护导体可靠连接，并应符合下列规定：1. 每段母线槽的金属外壳间应连接可靠，且母线槽全长与保护导体可靠连接不应少于 2 处。2. 分支母线槽的金属外壳末端应与保护导体可靠连接。3. 连接导体的材质、截面积应符合设计要求 | □合格　□不合格 | |
| 2 | 梯架、托盘或槽盒本体之间连接与保护☆ | 金属梯架、托盘或槽盒本体之间的连接应牢固可靠，与保护导体的连接应符合下列规定：1. 梯架、托盘和槽盒全长不大于 30m 时，不应少于 2 处与保护导体可靠连接；全长大于 30m 时，每隔 20～30m 应增加一个连接点，起始端和终点端均应可靠接地。2. 非镀锌梯架、托盘和槽盒本体之间连接板的两端应跨接保护联结导体，保护联结导体的截面积应符合设计要求。3. 镀锌梯架、托盘和槽盒本体之间不跨接保护联结导体时，连接板每端不应少于 2 个有防松螺母或防松垫圈的连接固定螺栓 | □合格　　□不合格 | |

续表

| 序号 | 检 验 项 目 | 质 量 标 准 | 质量检验结果 | 备注 |
|---|---|---|---|---|
| 3 | 引下线的敷设、明敷引下线焊接处的防腐☆ | 暗敷在建筑物抹灰层内的引下线应有卡钉分段固定；明敷的引下线应平直、无急弯，与支架焊接处，油漆防腐，且无遗漏 | □合格　□不合格 | |
| 4 | 利用金属构件、金属管道作接地线时与接地干线的连接☆ | 当利用金属构件、金属管道做接地线时，应在构件或管道与接地干线间焊接金属跨接线 | □合格　□不合格 | |
| 5 | 阀厅接地线连接、电气设备外露保护连接☆ | 1. 接地线在穿越墙壁、楼板和地坪处应加钢套管或其他坚固的保护套管，钢套管应与接地线做电气连接。室外金属楼（爬）梯应与接地网可靠电气连接。<br>2. 电气设备的外露可导电部分应单独与保护导体相连接，不得串联连接，连接导体的材质、截面积应符合设计要求 | □合格　□不合格 | |
| 6 | 钢制接地线的连接和材料规格、尺寸 | 钢制接地线的焊接连接应符合现行标准的规定，材料采用及最小允许规格、尺寸应符合现行标准的规定 | □合格　□不合格 | |
| 7 | 明敷接地引下线支持件的设置 | 明敷接地引下线的支持件间距应均匀，水平直线部分 0.5～1.5m；垂直直线部分 1.5～3m；弯曲部分 0.3～0.5m | □合格　□不合格 | |
| 8 | 接地线穿越墙壁、楼板和地坪处的保护 | 接地线在穿越墙壁、楼板和地坪处应加钢套管或其他坚固的保护套管，钢套管应与接地线做电气连通 | □合格　□不合格 | |
| 9 | 设计要求接地的幕墙金属框架和建筑物的金属门窗与接地干线的连接 | 设计要求接地的幕墙金属框架和建筑物的金属门窗，应就近与接地干线连接可靠，连接处不同金属间应有防电化腐蚀措施 | □合格　□不合格 | |
| 检验结论 | | □合格　□不合格 | | |
| 检验仪器及编号 | | 经纬仪：　　　　水准仪：　　　　钢卷尺： | | |
| 检验人员 | | 检验日期 | 年　月　日 | |

注　带☆号检验项目为主控项目。

表 6-21　　　　　　　　　　平行检查记录表（接闪器安装）

工程名称：　　　　　　　　　　　　　　　　　　　　　　　　编号：

| 检验对象分类 | | | □设备　　　　□材料　　　　□工序 | | |
|---|---|---|---|---|---|
| 检验对象基本信息 | 设备 | 设备名称 | | 设备型号规格 | |
| | | 生产厂家 | | 安装位置 | |
| | 材料 | 材料名称 | | 材料型号规格 | |
| | | 生产厂家 | | 使用部位 | |
| | 工序 | 工序名称 | 接闪器安装 | 实施单位 | |
| | | 其他 | 使用部位： | | |
| 序号 | 检 验 项 目 | | 质 量 标 准 | 质量检验结果 | 备注 |
| 1 | 避雷带（网）接地☆ | | 避雷带（网）的接地应符合《电气安置安装工程　接地装置施工及验收规范》（GB 50169—2016）的有关规定 | □合格　□不合格 | |

续表

| 序号 | 检 验 项 目 | 质 量 标 准 | 质量检验结果 | 备注 |
|---|---|---|---|---|
| 2 | 避雷针、带等顶部外露的其他金属物体的连接☆ | 建筑物顶部的避雷针、避雷带等必须与顶部外露的其他金属物体连成一个整体的电气通路,且与避雷引下线连接可靠 | □合格 □不合格 | |
| 3 | 避雷针、带位置及固定☆ | 避雷针、避雷带应位置正确,焊接固定的焊缝饱满无遗漏,螺栓固定的应备帽等防松零件齐全,焊接部分补刷的防腐油漆完整 | □合格 □不合格 | |
| 4 | 避雷带支持件间距、固定及承力检查 | 避雷带应平正顺直,固定点支持件间距均匀、固定可靠,每个支持件应能承受大于49N(5kg)的垂直拉力。当设计无要求时,支持件间距应符合现行有关标准的规定 | □合格 □不合格 | |
| 5 | 阀厅避雷防护作接地线时与接地干线的连接 | 安装屏蔽门时必须保证门在关闭状态下,"刀"形插入体正确地插入弹性簧片内,通过锁紧装置,使门扇与门框严密结合,达到高性能电磁屏蔽效能的要求 | □合格 □不合格 | |
| | 检验结论 | □合格 □不合格 | | |
| | 检验仪器及编号 | 经纬仪: 水准仪:<br>钢卷尺: | | |
| | 检验人员 | | 检验日期 年 月 日 | |

注 带☆号检验项目为主控项目。

表6-22 平行检查记录表(建筑物等电位联结和浪涌保护器安装)

工程名称: 编号:

| 检验对象分类 | | | □设备 □材料 □工序 | | |
|---|---|---|---|---|---|
| 检验对象基本信息 | 设备 | 设备名称 | | 设备型号规格 | |
| | | 生产厂家 | | 安装位置 | |
| | 材料 | 材料名称 | | 材料型号规格 | |
| | | 生产厂家 | | 使用部位 | |
| | 工序 | 工序名称 | 建筑物等电位联结和浪涌保护器安装 | 实施单位 | |
| | | 其他 | 使用部位: | | |

| 序号 | 检 验 项 目 | 质 量 标 准 | 质量检验结果 | 备注 |
|---|---|---|---|---|
| 1 | 建筑物等电位联结的范围、形式、方法、部位及联结导体的材料和截面积☆ | 符合设计要求 | □合格 □不合格 | |
| 2 | 设备连接等电位端子☆ | 设备的金属外壳、机柜、控制台、外露的金属管、槽、屏蔽线缆外层及浪涌保护器接地端等均应最短距离与等电位连接网络的接地端子连接 | □合格 □不合格 | |
| 3 | 浪涌保护器(SPD)规格型号、布置☆ | SPD型号规格及安装布置应符合设计要求 | □合格 □不合格 | |

续表

| 序号 | 检 验 项 目 | 质 量 标 准 | 质量检验结果 | 备注 |
|---|---|---|---|---|
| 4 | 建筑物等电位联结干线的连接及局部等电位箱间的连接☆ | 建筑物等电位联结干线应从与接地装置有至少两处直接连接的接地干线或总等电位箱引出，等电位联结干线或局部等电位箱间的连接应形成环形网络，环形网络应就近与等电位联结干线或局部等电位箱连接。支线间不应串联连接 | □合格　□不合格 | |
| 5 | 等电位联结的线路最小允许截面积☆ | 应符合现行标准的规定 | □合格　□不合格 | |
| 6 | 阀厅等电位体连接☆ | 1．钢结构与钢结构之间，钢结构与室内金属墙板及金属面板之间，地坪下的钢筋网之间应做可靠的电气连接，具有良好的导电性，确保连成等电位连接体，且应与主接地网可靠连接。<br>2．建筑物地面屏蔽网相互之间应可靠焊接，使其连成整体，具有良好的导电性，并将其外引与主接地网可靠连接。<br>3．阀厅内应敷设环形接地母线铜牌，并按设计要求与接地网连接 | □合格　□不合格 | |
| 7 | 室外设备防雷保护 | 室外设备应有防雷保护接地，并应设置线路浪涌保护器 | □合格　□不合格 | |
| 8 | 暗敷等电位联结导体间连接 | 等电位联结导体在地下暗敷时，其导体间连接焊接，不得采用螺栓压接 | □合格　□不合格 | |
| 9 | 浪涌保护器（SPD）接线形式、导线 | 1．SPD的接线形式应符合设计要求，接地导线的位置不宜靠近出线位置。<br>2．SPD的连接导线应平直、足够短，且不宜大于0.5m，和接线端子连接紧密 | □合格　□不合格 | |
| 10 | 等电位连接规定 | 须作等电位联结的外露可导电部分或外界可导电部分的连接应可靠。采用焊接时搭接长度应符合下列规定：<br>1．扁钢与扁钢搭接为扁钢宽度的2倍，至少三面施焊。<br>2．圆钢与圆钢搭接为圆钢直径的6倍，双面施焊。<br>3．圆钢与扁钢搭接为圆钢直径的6倍，双面施焊。<br>4．扁钢与钢管、扁钢与角钢焊接时，紧贴3/4钢管表面，或紧贴角钢外侧两面，上下两侧施焊。采用螺栓连接时，其螺栓、垫圈、螺母应为热镀锌制品，且应连接牢固。采用螺栓连接时，其螺栓、垫圈、螺母应为热镀锌制品，且应连接牢固 | □合格　□不合格 | |
| 11 | 等电位联结的可接近裸露导体或其他金属部件、构件与支线连接 | 等电位联结的可接近裸露导体或其他金属部件、构件与支线连接应可靠。熔焊、钎焊或机械坚固应导通正常 | □合格　□不合格 | |
| 12 | 需等电位联结的高级装修金属部件或零件 | 需等电位联结的高级装修金属部件或零件，应设置专用接线螺栓与等电位联结导体连接，并应设置标识；连接处螺母应紧固、防松零件应齐全 | □合格　□不合格 | |

续表

| 检验结论 | □合格　□不合格 | | |
|---|---|---|---|
| 检验仪器及编号 | 经纬仪： | 水准仪： | 钢卷尺： |
| 检验人员 | | 检验日期 | 年　　月　　日 |

注　带☆号检验项目为主控项目。

**表 6-23　　　　　　　　旁站监理记录表（接地网/电阻测试）**

工程名称：　　　　　　　　　　　　　　　　　　　　　　　　　编号：

| 日期及天气： | 施工地点：××区域 |
|---|---|
| 旁站监理的部位或工序： | 接地网/电阻测试 |
| 旁站监理开始时间： | 旁站监理结束时间： |

施工情况：

| 作业必备条件 | 1. 施工方案已审批和交底，施工现场留存方案、"一图三表"及交底记录 | □合格　□不合格 |
|---|---|---|
| | 2. 电子作业票及每日站班会填写规范，工作内容、人员与现场对应，班长、安全员、技术员在作业现场 | □合格　□不合格 |
| | 3. 使用的机械设备、工器具与报审文件一致 | □合格　□不合格 |
| | 4. 无超龄或年龄不足人员参与作业 | □合格　□不合格 |
| | 5. 特种作业人员＿＿＿人，姓名:＿＿＿ | □合格　□不合格 |
| | 6. 作业现场人员正确佩戴安全防护用品 | □合格　□不合格 |
| | 7. 安全文明施工设施配置符合要求，齐全、完好 | □合格　□不合格 |

监理情况：
1. 检查试验所需仪器、仪表、工器具、测试线及接地桩等相关设备，应完好合格，试验设备应具备有效的鉴定合格证书。　　　　　　　　　　　　　　　　　　　　　　　　　　□合格　□不合格
2. 检查试验方案执行，测量点的布点和数量满足要求。　　　　　　　□合格　□不合格
3. 采用夹角法测试，电流与电位线长度相近，一般为4～5倍接地网对角线长度，超大型接地网宜尽量远。如果土壤电阻率均匀，电极布置夹角约30°，电极长度约为2倍地网最大对角线长度。　　　□合格　□不合格
4. 实验程序和试验参数符合规程。　　　　　　　　　　　　　　　　□合格　□不合格
5. 接地电阻值＿＿＿，□是　□否符合设计要求　　　　　　　　　　□合格　□不合格

发现问题：

处理意见：

备注（包括处理结果）

项目监理机构：

旁站监理人员：

日　　　　期：

# 第二节

# 建 筑 给 水

## 一、节点管控表

给水管道施工节点管控表如表 6-24 所示。

表 6-24　　　　　　　　　　给水管道施工节点管控表

| 工艺流程图 | 监理主要工作 | 监理成果 |
|---|---|---|
| 施工准备 | 施工图自查及审查施工单位人员、机械、施工方案，对现场安全文明布置情况进行检查 | 根据管控要点逐一审查/检查，填写文件审查记录表 |
| 材料预制加工 | 对进场材料进行复检 | 管材、管道附件、构（配）件和主要原材料的进场验收符合规范要求，填写平行检验记录表 |
| 管道安装 | 干管、支管安装，监理对外观等进行巡视检查 | 管道固定部位和固定连接方式符合设计、规范要求，填写平行检验记录表 |
| 管道防腐与保温 | 防腐与保温施工过程进行巡视检查，施工完成后对试验结果进行平行检验 | 1. 金属管道内外防腐符合设计、规范要求；<br>2. 保温在试压合格之后进行作业；<br>3. 填写平行检验记录表 |
| 管道试压试验 | 系统试压过程监理进行巡视检查，并对实验结果进行平行检验 | 试压工艺及结果符合设计、规范要求，填写平行检验记录表 |
| 质量验收 | 对安装工艺和试压、管道冲洗消毒、通水进行检查验收 | 专业监理工程师组织审核并签认施工检验批及分项工程报审材料 |

编制说明：
1. 编制目的：根据施工工艺流程，列明监理主要工作内容及应及时填写的表单。
2. 编制依据：标准工艺，统一验收表式及质量验评划分表，安全风险管理规程。

## 二、主要安全风险

### （一）主要风险类型

高处坠落、机械伤害、物体打击、触电、其他伤害。

### （二）控制措施

（1）进场材料应分类堆放，周围掩牢防止滚动、滑脱。

（2）材料，工器具等物品传递必须用绳索或作业人员传递，不得抛掷。

（3）采用使用切割机、电钻、砂轮等手持电动工具，必须装有漏电保护措施，作业前应试机检查，作业时应戴绝缘手套，转动部分应配备防护罩。

# 三、关键工序控制要点

## （一）作业前控制要点

（1）本作业的施工人员已进场，特殊工种作业人员满足施工需要。

（2）本作业的施工机械、设备、工器具经准入检查，完好并经检测合格。

（3）进入施工现场的各种材料及配件必须全部合格、配齐并应略有富余；给水管材有：PVC-U、PVC、PPR、PE给水管，一般变电站常用的PVC-U和PPR管较多；PVC-U及PPR管材料进场及存放要求：检查管材规格、型号、壁厚是否符合设计要求；检查管材的出厂合格证书等资料是否齐全。管材堆放宜选择使用方便、平整、坚实的场地，堆放时必须垫稳，堆放高度不宜超过1.5m。

（4）监理应对业主所提供的全部图纸、技术规范和其他资料进行认真熟悉和审核。提出资料中存在的错、漏等问题，并以书面的形式报告业主，业主在组织设计部门、监理工程师和承包人进行技术交底的同时对有关问题进行答复。

（5）安全文明施工设施配置符合要求，齐全，完好，各岗位人员对施工中可能存在的风险控制措施清楚并认真贯彻执行施工质量验收规范和施工工艺标准。

## （二）施工过程控制要点

### 1.　干管、支管安装

（1）给水工程所使用的主要材料、成品、半成品、配件器具和设备，必须具有中文质量合格证明文件。规格、型号及性能检测报告应符合国家技术标准或设计要求。进场时应做检查验收并经监理工程师检查确认。

（2）给水管道必须采用与管材相适应的管件。生活给水系统所涉及的材料必须达到饮用水卫生标准。

（3）管径小于或等于100mm的镀锌钢管应采用螺纹连接。大于100mm镀锌钢管应采用法兰或卡套式专用管件连接。

（4）给水塑料管和复合管通常可以采用黏接接口、热熔连接、专用管件连接等形式。黏接接口应采用专用胶水做黏接材料，将同质的管材、管件黏接在一起，黏接过程中应合理增大黏接面且使胶水均匀分布；热熔接口根据不同的管材热熔温度也不尽相同，通常使用的PVC塑料的热熔温度在140～160℃，PP的热熔在170～200℃，在使用热熔连接塑料管材时，应注意加热时间，即管材被加热到设定温度时，保持一定时间，使管材能有效的连接在一起形成均匀的环状，且焊接应在同一条直线上，中线一致。塑料管及复合管与金属管件、阀门等的连接应使用专用管件连接，不得在塑料管上套丝。

（5）给水立管和装有 3 个或 3 个以上配水点的支管始端，均应安装可拆卸的连接件。

（6）检查管道上运用的压制弯头/弯头的外径与管道的外径是否相同，检查管道的连接是否符合规范的要求。

（7）给水引入管与排水管的水平净距不得小于 1m。室内给水与排水管道平行敷设时，两管间的最小水平净距不得小于 0.5m，交叉铺设时，垂直净距不得小于 0.15m。给水管应铺在排水管上面。如必须铺在下面时，给水管应加套管，其长度不得小于排水管管径的 3 倍。

（8）给水水平管道应有 2‰～5‰的坡度，坡向泄水装置。

（9）阀门安装前，应做强度和严密性试验。

（10）管道穿墙和楼板时应设置金属或塑料套管。安装在楼板内的套管其顶部应高出装饰地面 20mm，安装在卫生间及厨房内的套管，其顶部应高出装饰地面 50mm，底部应与楼板底面相平。

（11）冷热水管道同时安装应符合下列规定：上、下平行安装时，热水管应在上，垂直平行安装时热水管应在左侧。

（12）管道的支、吊架安装应平整牢固，其间距应符合规范规定。

（13）使用 PP-R 管安装时，主要检查其立管、横支管及水表安装是否按图集施工及固定卡子间距是否按规定执行。经常使用的位置如水嘴部位最好使用角铁卡子，角铁卡子中间串垫胶皮。

（14）使用 PP-R 管时，立管应隔层设置伸缩弯，PP-R 管允许偏差：水平管道纵横方向弯曲每米为 1.5mm，立管垂直度每米为 2mm，5m 以上不大于 8mm。

（15）水表应安装在便于检修，不受暴晒、污染和冻结的地方。表前与阀门应有大于 8 倍水表进口直径的直线管段，表外壳距墙表面净距为 10～30mm。

（16）根据《建筑给水排水设计标准》（GB 50015—2019）的 3.2.14 条规定公共场所卫生间的卫生器具设置应符合下列规定：

1）洗手盆应采用感应式水嘴或延时自闭式水嘴等限流节水装置；

2）小便器应采用感应式或延时自闭式冲洗阀；

3）坐式大便器宜采用设有大、小便分档的冲洗水箱，蹲式大便器应采用感应式冲洗阀、延时自闭式冲洗阀等。

卫生间安装出水头时应检查是否符合规定，并及时联系设计单位确认。另外洗脸盆、盥洗盆下方应安装支架不得悬空。

### 2. 直埋金属给水管道防腐和保温

室内直埋给水管道（塑料管道和复合管道除外）应做防腐处理。埋地管道防腐层材质和结构应符合设计要求，监理人员应对施工过程进行巡视检查，并填写巡视检查记录表。

给水管道的保温有 3 种形式：管道防结露保温、管道防冻保温、管道防热损失保温。其保温材料及厚度均符合设计要求，质量达到国家规范标准。

**3．给水管压力试验**

暗装、保温的给水管在隐蔽前应进行单项水压试验，管道系统安装完成后再进行综合水压试验。水压试验时应先放尽管道内的空气，待管道充满水后，监理人员应对管道进行外观检查，检查管壁及接口无渗漏后，再持续加压，当压力升到试验值时停止加压（试验值为工作压力的 1.5 倍），15min 不渗漏为合格，专业监理工程师应对试压结果进行巡视检验并填写巡视检查记录表。

**4．管道冲洗与消毒**

生活给水系统管道在交付使用前必须冲洗消毒，并经有关部门取样检验，符合《生活饮用水卫生标准》（GB 5749—2022）方可使用，送水取水点位置应明确。

**5．给水系统通水试验**

给水系统交付使用前必须进行通水试验专业监理工程师应对通水试验结果进行巡视检查并做好巡视检查记录。

## （三）检查与验收

依照《变电（换流）站土建工程施工质量验收规范》（Q/GDW 10183—2021）附录 B.1 及国家电网有限公司统一验收表式相关要求，室内给水为主控楼中建筑给水与排水分部工程的子分部位工程。

（1）检验批：审核并签认施工检验批资料，填写监理平行检验记录表。

给水系统施工资料：给水管检验批质量验收记录；给水管道安装检验批质量验收记录。

（2）分项工程：由以上同一工序多个检验批汇总，专业监理工程师审核、签认分项工程质量验收记录。

（3）分部工程：总监组织验收人员审核并签认以下资料。

1）通用部分：①图纸会检、设计变更、洽商记录；②一般施工方案、作业指导书、技术交底记录；③测量放线记录；④隐蔽工程验收记录；⑤给水管道安装评定记录；⑥分项工程质量验收记录；⑦检验批工程质量验收记录；⑧隐蔽工程数码照片。

2）施工专用资料（给水系统）：①水压试验记录；②通水记录；③隐蔽工程验收记录；④给水管道安装检验批质量验收记录。

# 四、报告与记录

施工过程中形成的主要成果资料见表 6-25。作业中引用或产生的报告与记录的表单

样例，见本小节附表。

**表 6-25** 施工过程中形成的主要成果资料

| 序号 | 编号 | 名 称 | 填报、签发 |
|------|------|-------|-----------|
| 1 | JXM3 | 文件审查记录表 | 总监理工程师、专业监理工程师 |
| 2 | JJS3 | 施工图预检记录表 | 总监理工程师、专业监理工程师 |
| 3 | JZL3 | 平行检查记录表 | 专业监理工程师 |
| 4 | JXM4 | 监理细则报审表 | 专业监理工程师编写，总监理工程师审批 |
| 5 | JXM15 | 监理通知单 | 总监理工程师、专业监理工程师 |
| 6 | JXM13 | 质量、安全活动记录 | 总监理工程师、专业监理工程师 |

# 五、附表

对施工方案进行审核时，应运用数字监理平台逐项审查并勾选检查结果，填写修改意见。在平行检验及旁站时，根据表格内容逐项检查，并根据系统要求留存影像资料。未应用数字监理平台可采用纸质表单执行。

文件审查记录表如表 6-26 所示。

**表 6-26** 文件审查记录表（建筑给水施工方案）

工程名称： 编号：

| | 文件名称 | （写文件全称，××施工方案—报审表编号） | | |
|---|---|---|---|---|
| | 送审单位 | （编制单位全称） | | |
| 序号 | 监理项目部审查标准 | 检查结果 | | 施工项目部反馈意见 |
| 1 | 施工方案的编审批流程是否已按要求履行 | □合格 □不合格 | | |
| | 修改意见： | | | |
| 2 | 施工方案的编制依据是否已过期 | □合格 □不合格 | | |
| | 修改意见： | | | |
| 3 | 工程概况中应描述图纸中给水设备、材料规格、尺寸等重要技术参数和质量标准要求 | □合格 □不合格 | | |
| | 修改意见： | | | |
| 4 | 施工方案（措施）制定的施工工艺流程应合理，并绘制流程图。不得使用国家严厉禁止的施工工艺、建筑材料及施工机械 | □合格 □不合格 | | |
| | 修改意见： | | | |
| 5 | 根据各部位施工进度计划及流水段划分进行劳动力安排，满足施工进度计划及流水施工的需要 | □合格 □不合格 | | |
| | 修改意见： | | | |

续表

| 序号 | 监理项目部审查标准 | 检查结果 | 施工项目部反馈意见 |
|------|------|------|------|
| 6 | 应明确给水工程施工的相关技术要求 | □合格　□不合格 | |
| | 修改意见： | | |
| 7 | 施工方案内容应包括安全危险点分析或危险源辨识、环境因素识别应准确、全面 | □合格　□不合格 | |
| | 修改意见： | | |
| 8 | "施工准备"中现场材料、工具设备、安全防护布置是否满足施工需求等 | □合格　□不合格 | |
| | 修改意见： | | |
| 9 | 明确质量标准及验收方法，包括给水管道材料品种及外观质量要求，安装完成后成品保护及渗水漏水是否符合要求 | □合格　□不合格 | |
| | 修改意见： | | |
| 10 | 对施工质量通病制定防治措施，应有保障强制性条文执行和标准工艺应用的说明 | □合格　□不合格 | |
| | 修改意见： | | |
| 11 | 存在的其他问题 | | |
| | 总/专业监理工程师：_____<br>日　　期：_____年___月___日 | | 项目经理：_____<br>日　　期：_____年___月___日 |
| 监理复查意见 | | 总/专业监理工程师：_____<br>日　　期：_____年___月___日 | |

注　本表使用过程中可自行增加内容。本表一式两份，监理、施工项目部各存 1 份。

# 第三节

# 卫生器具及建筑排水

## 一、节点管控表

排水管道安装节点管控表如表 6-27 所示。

表 6-27                          排水管道安装节点管控表

| 工艺流程图 | 监理主要工作 | 监 理 成 果 |
|---|---|---|
| 施工准备 | 施工图自查及审查施工单位人员、机械、施工方案，对现场安全文明布置情况进行检查 | 根据管控要点逐一审查/检查，填写文件审查记录表 |
| 排水管道预制加工 | 对进场材料进行复检 | 管材、管道附件、构（配）件和主要原材料的进场符合验收规范要求，填写文件审查记录表 |
| 排水管道安装 | 监理对干管、支管安装过程进行巡视检查，施工完成后进行平行检验 | 管道固定部位和固定连接方式符合设计、规范要求，填写平行检验记录表 |
| 卫生器具安装 | 对安装工艺进行巡视检查监理对通水通球试验结果进行验收 | 检查安装位置、高度符合规范规定填写平行检验记录表 |
| 灌水实验 | 监理对通水通球试验结果进行验收 | 填写平行检验记录表 |
| 质量验收 | 对安装工艺进行检查验收 | 专业监理工程师组织审核并签认施工检验批及分项工程报审材料 |

编制说明：
1. 编制目的：根据施工工艺流程，列明监理主要工作内容及应及时填写的表单。
2. 编制依据：标准工艺，统一验收表式及质量验评划分表，安全风险管理规程。

# 二、主要安全风险

## （一）主要风险类型

机械伤害、物体打击、触电、其他伤害。

## （二）控制措施

（1）安装排水管道的从事高处作业的人员必须持证上岗，并认真遵守安全施工规定；悬空、登高作业必须具备可靠有效的作业平台及悬挂安全带。

（2）各种电气设备，配电箱及电动机具的电源应由专职电工安拆。施工电源应有触电保安装置，电源应布置在安全地带，并有可靠的接地。使用手提电动工具，应戴绝缘手套，穿绝缘鞋。

# 三、排水管道安装控制要点

## （一）作业前控制要点

（1）对本作业的施工人员及特殊工种作业人员进行审查。

（2）本作业的施工机械、设备、工器具经准入检查，完好并经检测合格。

（3）进入施工现场的各种材料及配件必须全部合格、配齐并应略有富余，排水管道通常使用 PVC-U 排水管、混凝土水泥管、高密度双壁波纹管等。

PVC-U 排水管、混凝土水泥管材料进场及存放要求：检查管材规格、型号、壁厚是否符合设计要求；检查管材的出厂合格证书等资料是否齐全。管材堆放宜选择使用方便、平整、坚实的场地，堆放时必须垫稳，堆放高度不宜超过 1.5m。

高密度双壁波纹管进场及存放要求：审查管材的出厂合格证及送检力学报告等资料；管材要求外观一致，内壁光滑，管身不得有裂缝，管口不得有破损、裂口、变形等缺陷。堆放高度不宜超过 1.5m。

（4）认真审查施工组织设计和技术方案，监理应在进场后，阅读施工图纸，并与施工单位共同研究，确定经济、可靠、工期合理的施工方案。

（5）安全文明施工设施配置符合要求，齐全、完好，各岗位人员对施工中可能存在的风险控制措施清楚并认真贯彻执行施工质量验收规范和施工工艺标准。

## （二）排水管道管安装控制要点

（1）生活污水铸铁、塑料管道的坡度必须符合设计及规范要求。

（2）排水管道排水通畅，使用安全可靠，维护方便。排水立管宜靠近排水量最大的排水点，宜靠近外墙，以减少埋地管长度，排水塑料管应按设计要求装设伸缩节、检查口。若设计无要求时，伸缩节间距不得大于 4m。

（3）排水管道不得穿过沉降缝、伸缩缝及变形缝。排水管道不应穿越变（配）电间等遇水会造成设备损坏或引发事故的房间，并避免在生产设备上方通过。塑料排水管应避免布置在热源、易受机械撞击处附近，如不能避免应采取隔热、保护措施。

（4）污水管应按设计要求的距离设置检查口或清扫口。当污水管在楼板下悬吊敷设时，可将清扫口设在上一层楼地面上，污水管起点的清扫口与管道相垂直的墙面距离不得小于 200mm；若污水管起点设置堵头代替清扫口时，与墙面距离不得小于 40mm。

（5）管道穿过墙壁和楼板，应设置金属或塑料套管。套管与管道之间的缝隙应采用阻燃密实材料和防水油膏填实，且端面光滑；地下室或地下构筑物外墙有管道穿过必须采用柔性防水套管，管道接口不得设在套管内。

（6）安装在楼板内的套管，其顶部应高出装饰地面 20mm，安装在卫生间及厨房的套管，顶部应高出装饰地面 50mm，底部应与楼板底面相平。安装在墙壁内的套管其两端与装饰面相平。套管与管道之间应填充密实，端面光滑。

（7）检查口设计无要求时，在立管上应每隔一层设置一个检查口，底层和有卫生器具的最高层必须设置。检查口中心高度距地面为 1m，允许偏差 ±20mm，检查口的朝向应便于检修。暗装立管，在检查口处应安装检修门。如为两层建筑时，可仅在底层设置立管检查口。

（8）管道安装完成后监理人员应对表面情况进行检查，应光滑、无划痕及外力冲击破坏。

## （三）排水管道通水通球试验

（1）隐蔽或埋地的排水管道在隐蔽前必须做灌水试验，其灌水高度不应低于底层卫生器具的上边缘或底层地面高度，满水 15min 水面下降后，再灌满观察 5min，液面不降，管道及接口无渗漏为合格，监理人员应对检验结果进行见证并填写巡视检查记录表。

（2）排水主立管及水平干管管道均应做通球试验，通球入口应为管道起始端，出口位置为出户弯头或检查井处，通球球径不小于排水管道管径的 2/3，通球率必须达到100%，实验过程监理人员应进行见证并填写巡视检查记录表。

## （四）卫生器具安装

### 1．作业条件

（1）根据设计要求和土建确定的基准线，确定好卫生器具的标高。

（2）所有与卫生器具连接的管道水压、灌水试验试验完毕，并已完成隐蔽工程验收手续。

### 2．小便器安装

（1）小便器上水管一般要求暗装，用自闭冲洗阀或红外线感应器与小便器连接。

（2）自闭冲洗阀或红外线感应出水口中心应对小便器进出口中心。

（3）配管前应在墙面上划出小便器安装中心线，根据设计高度确定位置，划出十字线，按小便器中心线打眼、楔入铁膨胀或塑料膨胀螺栓。

（4）用铁膨胀木或螺钉加尼龙热圈轻轻将小便器拧靠在墙上，不得偏斜、离斜。

（5）小便器排水接口为承插口时，应用油腻子封闭。

### 3．大便器安装

（1）大便器安装前，应检查大便器排水口与原已安装的道排水口尺寸是否符合。

（2）坐式大便器安装前应用水泥砂浆找平，大便器接口填料应采用油腻子，并用带尼龙垫圈的木螺钉固定于预埋的木砖上。

（3）高位水箱安装应以大便器进口为准，找出中心线并划线，用带尼龙垫圈的木螺钉固定于预埋的木砖上。水箱拉链一般宜位于使用方向右侧。

（4）蹲式大便器四周在打混凝土地面前，应抹一圈厚度为 3.5mm 麻刀灰，两侧砖挤牢固。

（5）蹲式大便器水封上下口与大便器或管道连接处均应填塞油麻两圈，外部用油腻子或纸盘白灰填实密封。

（6）安装完毕，应作好保护。

### 4. 洗脸盆（洗涤盆）安装

（1）根据洗脸盆中心及洗脸盆安装高度划出十字线，将支架用带钢垫圈的木螺钉固定于预埋的木砖上。

（2）安装多组洗脸盆时，所有洗脸盆应在同一水平线上。

（3）洗脸盆与排水栓连接处应用浸油石棉橡胶板密封。

（4）洗涤盘下有地漏时，排水短管的下端，应距地漏不小于100mm。

### 5. 地漏安装

（1）核对地面标高，按地面水平线采用2%的坡度，再低5～10mm为地漏表面标高。

（2）地漏安装后，用1:2水泥砂浆将其固定。

（3）地漏安装在瓷砖地面时，地漏应设在某一片瓷砖中心，如图6-1所示。

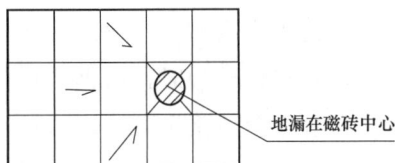

图6-1　地漏位置

## （五）检查与验收

依照《变电（换流）站土建工程施工质量验收规范》（Q/GDW 10183—2021）附录 B.1 及国家电网有限公司统一验收表式相关要求，室内排水为主控楼、建筑给水与排水的子分部位工程。

（1）检验批：审核并签认施工检验批资料，填写监理平行检验记录表。

排水系统施工资料：排水管沟检验批质量验收记录；排水管道安装检验批质量验收记录。

（2）分项工程：由以上同一工序多个检验批汇总，专业监理工程师审核、签认分项工程质量验收记录。

（3）分部工程：总监组织验收人员审核并签认以下资料。

1）通用部分：①图纸会检、设计变更、洽商记录；②一般施工方案、作业指导书、技术交底记录；③测量放线记录；④隐蔽工程验收记录；⑤排水管道安装评定记录；⑥分项工程质量验收记录；⑦检验批工程质量验收记录；⑧隐蔽工程数码照片。

2）施工专用资料：

排水系统：①通水试验记录；②通球试验记录；③隐蔽工程验收记录；④排水管道安装检验批质量验收记录。

## 四、报告与记录

施工过程中形成的主要成果资料见表6-28。作业中引用或产生的报告与记录的表单样例，见本小节附表。

表 6-28　　　　　　　　　施工过程中形成的主要成果资料

| 序号 | 编号 | 名　　称 | 填报、签发 |
|---|---|---|---|
| 1 | JXM3 | 文件审查记录表 | 总监理工程师、专业监理工程师 |
| 2 | JJS3 | 施工图预检记录表 | 总监理工程师、专业监理工程师 |
| 3 | JZL3 | 平行检查记录表 | 专业监理工程师 |
| 4 | JXM4 | 监理细则报审表 | 专业监理工程师编写，总监理工程师审批 |
| 5 | JXM15 | 监理通知单 | 总监理工程师、专业监理工程师 |
| 6 | JXM13 | 质量、安全活动记录 | 总监理工程师、专业监理工程师 |

# 五、附表

对施工方案进行审核时，应运用数字监理平台逐项审查并勾选检查结果，填写修改意见。在平行检验时，根据表格内容逐项检查，并根据系统要求留存影像资料。未应用数字监理平台可采用纸质表单执行。

文件审查记录表如表 6-29 所示，平行检验记录表如表 6-30 和表 6-31 所示。

表 6-29　　　　　　　　文件审查记录表（排水管道安装施工方案）

工程名称：　　　　　　　　　　　　　　　　　　　　　　　　　编号：

| 文件名称 | （写文件全称，××施工方案—报审表编号） | | |
|---|---|---|---|
| 送审单位 | （编制单位全称） | | |
| 序号 | 监理项目部审查标准 | 检查结果 | 施工项目部反馈意见 |
| 1 | 施工方案的编审批流程是否已按要求履行 | □合格 □不合格 | |
| | 修改意见： | | |
| 2 | 施工方案的编制依据是否已过期 | □合格 □不合格 | |
| | 修改意见： | | |
| 3 | 工程概况中应描述图纸中排水设备、材料、卫生器具规格、尺寸等重要技术参数和质量标准要求 | □合格 □不合格 | |
| | 修改意见： | | |
| 4 | 施工方案（措施）制定的施工工艺流程应合理，并绘制流程图。不得使用国家严厉禁止的施工工艺、建筑材料及施工机械 | □合格 □不合格 | |
| | 修改意见： | | |
| 5 | 根据各部位施工进度计划及流水段划分进行劳动力安排，满足施工进度计划及流水施工的需要 | □合格 □不合格 | |
| | 修改意见： | | |
| 6 | 应明确排水工程施工的相关技术要求 | □合格 □不合格 | |
| | 修改意见： | | |

续表

| 序号 | 监理项目部审查标准 | 检查结果 | 施工项目部反馈意见 |
|------|------------------|---------|------------------|
| 7 | 施工方案内容应包括安全危险点分析或危险源辨识、环境因素识别应准确、全面 | □合格　□不合格 | |
| | 修改意见: | | |
| 8 | "施工准备"中现场材料、工具设备、安全防护布置是否满足施工需求等 | □合格　□不合格 | |
| | 修改意见: | | |
| 9 | 明确质量标准及验收方法，包括排水管道材料、卫生器具的品种及外观质量要求，安装完成后成品保护及渗水漏水是否符合要求 | □合格　□不合格 | |
| | 修改意见: | | |
| 10 | 对施工质量通病制定防治措施，应有保障强制性条文执行和标准工艺应用的说明 | □合格　□不合格 | |
| | 修改意见: | | |
| 11 | 存在的其他问题 | | |

| | |
|---|---|
| 总/专业监理工程师：_____<br>日　　期：_____年___月___日 | 项目经理：_____<br>日　　期：_____年___月___日 |

| 监理复查意见 | |
|---|---|
| | 总/专业监理工程师：_____<br>日　　期：_____年___月___日 |

注　本表使用过程中可自行增加内容。本表一式两份，监理、施工项目部各存 1 份。

**表 6-30** 　　　　　平行检查记录表（室内排水管道及配件安装）

工程名称：　　　　　　　　　　　　　　　　　　　　　　　　编号：

| 检验对象分类 | | | □设备　　　　□材料　　　　□工序 | | |
|---|---|---|---|---|---|
| 检验对象基本信息 | 设备 | 设备名称 | | 设备型号规格 | |
| | | 生产厂家 | | 安装位置 | |
| | 材料 | 材料名称 | | 材料型号规格 | |
| | | 生产厂家 | | 使用部位 | |
| | 工序 | 工序名称 | 室内排水管道及配件 | 实施单位 | |
| | | 其他 | 使用部位： | | |

| 序号 | 检 验 项 目 | 质 量 标 准 | 质量检验结果 | 备注 |
|------|-----------|-----------|-------------|------|
| 1 | 排水管道灌水试验☆ | 隐蔽或埋地的排水管道在隐蔽前必须做灌水试验，其灌水高度应不低于底层卫生器具的上边缘或底层地面高度。满水 15min 水面下降后，再灌满观察 5min，液面不降，管道及接口无渗漏为合格 | □合格　□不合格 | |

续表

| 序号 | 检 验 项 目 | | | | | 质 量 标 准 | | 质量检验结果 | 备注 |
|---|---|---|---|---|---|---|---|---|---|
| 2 | 生活污水管道的坡度 | 标准的规定 | 设计规定 | | | （设计规定值） | | | |
| | | | 管径（mm） | 管道材质 | | 标准坡度（‰） | 最小坡度（‰） | | |
| | | | 50 | 铸铁管 | | 35 | 25 | | |
| | | | | 塑料管 | | 25 | 12 | | |
| | | | 75 | 铸铁管 | | 25 | 15 | | |
| | | | | 塑料管 | | 15 | 8 | | |
| | | | 100 | 铸铁管 | | 20 | 12 | | |
| | | | 110 | 塑料管 | | 12 | 6 | | |
| | | | 125 | 铸铁管 | | 15 | 10 | | |
| | | | | 塑料管 | | 10 | 5 | | |
| | | | 150 | 铸铁管 | | 10 | 7 | | |
| | | | 160 | 塑料管 | | 7 | 4 | | |
| | | | 200 | 铸铁管 | | 8 | 5 | | |
| 3 | 排水塑料管安装伸缩节☆ | | | | | 排水塑料管必须按设计要求及位置装设伸缩节；如设计无要求时，伸缩节间距不得大于4m | | □合格 □不合格 | |
| 4 | 排水主立管及水平干管道通球试验☆ | | | | | 排水主立管及水平干管道均应做通球试验，通球球径不小于排水管道管径的2/3，通球率必须达到100% | | □合格 □不合格 | |
| 5 | 生活污水管上设检查口和清扫口 | | | | | 在生活污水管道上设置的检查口或清扫口，当设计无要求时应符合下列规定：<br>1. 在立管上应每隔一层设置一个检查口，但在最底层和有卫生器具的最高层必须设置。如为两层建筑时，可仅在底层设置立管检查口；如有乙字弯管则在该层乙字弯管的上部设置检查口。检查口中心高度距操作地面一般为1m，允许偏差±20mm；检查口的朝向应便于检修。暗装立管，在检查口处应安装检修门。<br>2. 在连接2个及2个以上大便器或3个及3个以上卫生器具的污水横管上应设置清扫口。当污水管在楼板下悬吊敷设时，可将清扫口设在上一层楼地面上，污水管起点的清扫口与管道相垂直的墙面距离不得小于200mm；若污水管起点设置堵头代替清扫口时，与墙面距离不得小于400mm。<br>3. 在转角小于135°的污水横管上，应设置检查口或清扫口。 | | □合格 □不合格 | |

续表

| 序号 | 检 验 项 目 | | 质 量 标 准 | | 质量检验结果 | 备注 |
|---|---|---|---|---|---|---|
| 5 | 生活污水管上设检查口和清扫口 | | 4.污水横管的直线管段，应按设计要求的距离设置检查口或清扫口 | | □合格　□不合格 | |
| 6 | 埋地或地板下排水管的检查口设置 | 位置 | 应设在检查井内 | | □合格　□不合格 | |
| | | 标高 | 井底表面标高与检查口的法兰相平 | | □合格　□不合格 | |
| | | 坡度 | 5%坡度坡向检查口 | | □合格　□不合格 | |
| 7 | 金属排水管道吊钩或卡箍安装 | 安装位置及固定 | 应固定在承重结构上立管底部的弯管处应设支墩或采取固定措施 | | □合格　□不合格 | |
| | | 横管固定件间距 | ≤2m | | | |
| | | 立管固定件间距 | ≤3m | | | |
| | | 层高不大于 4m | 立管可安装 1 个固定件 | | □合格　□不合格 | |
| 8 | 塑料排水管道支、吊架间距 | 主管管径 | 50mm | ≤1.2m | | |
| | | | 75mm | ≤1.5m | | |
| | | | 110mm | ≤2.0m | | |
| | | | 125mm | ≤2.0m | | |
| | | | 160mm | ≤2.0m | | |
| | | 横管管径 | 50mm | ≤0.5m | | |
| | | | 75mm | ≤0.75m | | |
| | | | 110mm | ≤1.10m | | |
| | | | 125mm | ≤1.30m | | |
| | | | 160mm | ≤1.6m | | |
| 9 | 排水通气管安装 | | 1.通气管应高出屋面 300mm，但必须大于最大积雪厚度。2.在通气管出口 4m 以内有门、窗时，通气管应高出门、窗顶 600mm 或引向无门、窗一侧。3.在经常有人停留的平屋顶上，通气管应高出屋面 2m，并应根据防雷要求设置防雷装置。4.屋顶有隔热层从隔热层板面算起 | | □合格　□不合格 | |
| 10 | 通向室外的排水管下返时 | | 应采用45°三通和45°弯头连接，并应在垂直管段顶部设置清扫口 | | □合格　□不合格 | |
| 11 | 通向室外的排水检查井的排水管井内引入管 | | 应高于排出管或两管顶相平，并有不小于 90°的水流转角，如跌落差大于 300mm 可不受角度限制 | | □合格　□不合格 | |

| 序号 | 检 验 项 目 | | | | 质 量 标 准 | | 质量检验结果 | 备注 |
|---|---|---|---|---|---|---|---|---|
| 12 | 室内排水管道连接管件 | 水平管道间、水平管道与立管间的连接 | | | 应采用 45°三通或 45°四通和90°斜三通或 90°斜四通 | | □合格　□不合格 | |
| | | 立管与排出管端部的连接 | | | 应采用两个 45°弯头或曲率半径不小于 4 倍管径的 90°弯头 | | | |
| 13 | 管道安装偏差 | 坐标 | | | ≤15mm | | | |
| | | 标高 | | | ±15mm | | | |
| | | 横管纵横方向弯曲 | 铸铁管 | 每米 | ≤1mm | | | |
| | | | | 全长（25m 以上） | ≤25mm | | | |
| | | | 钢管 | 每米 | 管径≤100mm | ≤1mm | | |
| | | | | 每米 | 管径＞100mm | ≤1.5mm | | |
| | | | | 全长（25m 以上） | 管径≤100mm | ≤25mm | | |
| | | | | | 管径＞100mm | ≤38mm | | |
| | | | 塑料管 | 每米 | ≤1.5mm | | | |
| | | | | 全长＞25m | ≤38mm | | | |
| | | | 钢筋混凝土管、混凝土管 | 每米 | ≤3mm | | | |
| | | | | 全长＞25m | ≤75mm | | | |
| | | 立管垂直度 | 铸铁管 | 每米 | ≤3mm | | | |
| | | | | 全长＞5m | ≤15mm | | | |
| | | | 钢管 | 每米 | ≤3mm | | | |
| | | | | 全长＞5m | ≤10mm | | | |
| | | | 塑料管 | 每米 | ≤3mm | | | |
| | | | | 全长＞5m | ≤15mm | | | |
| | 检验结论 | | | | □合格　□不合格 | | | |
| | 检验仪器及编号 | | | | 经纬仪：　　　　水准仪：　　　　钢卷尺： | | | |
| 检验人员 | | | | 检验日期 | 年　　月　　日 | | | |

注　带☆号检验项目为主控项目。

表 6-31　　　　平行检查记录表（卫生器具安装质量标准和检验方法）

工程名称：　　　　　　　　　　　　　　　　　　　　　　编号：

| 检验对象分类 | | | □设备 | □材料 | □工序 | |
|---|---|---|---|---|---|---|
| 检验对象基本信息 | 设备 | 设备名称 | | 设备型号规格 | | |
| | | 生产厂家 | | 安装位置 | | |
| | 材料 | 材料名称 | | 材料型号规格 | | |
| | | 生产厂家 | | 使用部位 | | |
| | 工序 | 工序名称 | 卫生器具安装 | 实施单位 | | |
| | | 其他 | 使用部位： | | | |

| 序号 | 检验项目 | | 质量标准 | 质量检验结果 | 备注 |
|---|---|---|---|---|---|
| 1 | 排水栓和地漏的安装☆ | | 应平正、牢固，低于排水表面，周边无渗漏。地漏水封高度不得小于50mm | 试水观察检查<br>□合格　□不合格 | |
| 2 | 卫生器具的满水试验和通水试验☆ | | 卫生器具各连接件不渗不漏；给、排水畅通 | 试水观察检查<br>□合格　□不合格 | |
| 3 | 有饰面的浴盆 | | 应留有通向浴盆排水口的检修门 | 观察检查<br>□合格　□不合格 | |
| 4 | 小便槽冲洗管 | | 应采用镀锌钢管或硬质塑料管。冲洗孔应斜向下方安装，冲洗水流向同墙面呈45°角。镀锌钢管钻孔后应进行二次镀锌 | 观察检查<br>□合格　□不合格 | |
| 5 | 卫生器具的支、托架 | | 必须防腐良好，安装平整、牢固，与器具接触紧密、平稳 | 观察和手扳检查<br>□合格　□不合格 | |
| 6 | 标高 | 单独器具 | ≤10mm | 拉线、吊线和钢尺检查<br>□合格　□不合格 | |
| | | 成排器具 | ≤5mm | | |
| 7 | 标高偏差 | 单独器具 | ±15mm | 拉线、吊线和钢尺检查<br>□合格　□不合格 | |
| | | 成排器具 | ±10mm | | |
| 8 | 器具水平度 | | ≤2mm | 水平尺和钢尺检查<br>□合格　□不合格 | |
| 9 | 器具垂直度 | | ≤3mm | 吊线和钢尺检查<br>□合格　□不合格 | |
| 检验结论 | | | □合格　□不合格 | | |
| 检验仪器及编号 | | | 经纬仪：　　　水准仪：　　　钢卷尺： | | |
| 检验人员 | | | | 检验日期 | 年　月　日 |

注　带☆号检验项目为主控项目。

# 第四节

# 消防系统设备安装工程

## 一、节点管控表

水喷雾灭火系统节点管控表如表 6-32 所示。

表 6-32                    水喷雾灭火系统节点管控表

| 工艺流程图 | 监理主要工作 | 监理成果 |
|---|---|---|
| 施工准备 | 审查施工单位人员、机械、材料、施工方案,对现场安全文明布置情况进行检查 | 根据管控要点逐一审查/检查,填写文件审查记录表 |
| 材料、设备进场验收 | 材料、设备进场验收 | 填写监理审查记录表(乙供材料进场) |
| 供水设施安装与施工 | 对供水设施安装开展监理见证 | 填写平行检验记录表 |
| 管道及系统组件安装 | 管道及系统组件安装开展监理见证 | 填写平行检验记录表 |
| 管道试压和冲洗 | 管道试压和冲洗开展监理见证 | 填写平行检验记录表 |
| 系统调试 | 系统调试开展监理见证 | 填写平行检验记录表 |
| 检查与验收 | 专业监理工程师组织检验批及分项工程的验收;总监理工程师组织分部工程的验收 | 填写平行检验记录表、工程验收统计表、监理质量评估报告 |

编制说明:
1. 编制目的:根据施工工艺流程,列明监理主要工作内容及应及时填写的表单。
2. 编制依据:标准工艺,统一验收表式及质量验评划分表,安全风险管理规程。

## 二、主要安全风险

### 1. 主要风险类型

机械伤害、物体打击、触电、高处坠落、中毒。

### 2. 控制措施

(1)设备、管材应堆放在平整的支撑物或地面上,场地相对封闭,堆放高度不宜大于 1.5m。

（2）吊装装置本体稳固能保证呈水平状态，制动装置有效；吊装过程中不超载，吊物绑扎牢固。

（3）有限空间作业必须做到"先通风、再检测、后作业"，气体检测不合格严禁作业。

（4）正确使用切割、气焊设备，施工地点放置灭火器等。

（5）接二次回路时，认清元器件的编号，做好防触电、误动措施。

（6）调试期间水喷雾系统试验过程中应注意雨淋阀及消防泵的启动顺序，防止消防管道憋压破裂造成人身伤害或设备损坏。

## 三、水喷雾灭火系统过程控制要点

### 1. 作业前控制要点

（1）本作业的人员机械已进场、特殊工种作业人员满足施工需要。

（2）本作业的必备的仪器、仪表及工器具经法定单位检验合格，且在有效期内。

（3）物资材料准备能满足本作业连续施工需要：

1）消防水泵、稳压泵、管材、管件、阀门必须有出厂合格证书，喷头、报警阀、压力开关、水流指示器等主要系统组件应经国家消防产品质量监督检验中心检测合格。

2）管件及配件在安装前必须进行外观检查，表面应无缺陷，螺纹密封面应完整，无损伤、毛刺；法兰密封面完整光洁，无毛刺及径向沟槽；镀锌钢管镀层无脱落、锈蚀等现象；密封垫片无老化、损伤缺陷；喷头重要标识齐全，无加工缺陷；阀门、水流指示器应有水流方向的永久性标志，操动机构灵活，未堵塞。

3）性能试验。闭式喷头应进行密封性能试验，并以无渗漏，无损伤为合格。试验数宜从每批中抽查 1%，但不得少于 5 只，试验压力应为 3.0MPa；试验时间不小于 3min。当有两只及以上不合格时，不得使用该批喷头。当仅有一只不合格时，应再抽查 2%，但不得少于 10 只。重新进行密封性能试验，当仍有不合格时，亦不得使用该批喷头。阀门及其附件安装前，应做耐压强度试验，试验验收以每批（同牌号、同规格、同型号）数量中抽查 10%，且不少于 1 个，如有漏、裂不合格的再抽查 20%，仍有不合格的则须逐个试验，强度及严密性试验应为阀门出厂规定的压力。

（4）消防系统施工方案审查流程已完成，具备施工条件。

（5）施工现场及施工中使用的水，须满足连续施工的要求，消防水池、水箱的溢流管、泄水管不得与生产或生活用水的排水系统直接相连。

（6）检查预埋孔洞位置，提前标注预埋预留点，避免二次返工。

**2.供水设施安装施工过程质量控制要点**

监理人员应对配件安装过程进行巡视，重点关注配件安装顺序及安装位置。

（1）水泵安装。

1）吸水管，当消防水泵和消防水池位于独立的两个基础上且相互为刚性连接时，吸水管上应加设柔性连接管；宜设过滤器，并应安装在控制阀后。变径连接时，应采用偏心异径管件并应采用管顶平接。

2）水泵本体安装位置正确，螺栓紧固牢靠。

3）总出水管，应安装止回阀、控制阀和压力表，或安装控制阀、多功能水泵控制阀和压力表；出水管应安装由控制阀、检测供水压力、流量用的仪表及排水管道组成的系统流量压力检测装置或预留可供连接流量压力检测装置的接口，其通水能力应与系统供水能力一致。

（2）气压给水设备和稳压泵安装。

消防气压给水设备安装位置、进水管及出水管方向应符合设计要求；出水管上应设止回阀，安装时其四周应设检修通道，其宽度不宜小于 0.7m，消防气压给水设备顶部至楼板或梁底的距离不宜小于 0.6m；

（3）水泵接合器安装。

1）自动喷水灭火系统的消防水泵接合器应设置与消火栓系统的消防水泵接合器区别的永久性固定标志，并有分区标志。

2）室外安装时，距室外消火栓或消防水池的距离宜为 15～40m。

3）地下安装时应采用铸有"消防水泵接合器"标志的铸铁井盖，并应在附近设置指示其位置的永久性固定标志。

4）墙体上安装时应符合设计要求。设计无要求时，其安装高度距地面宜为 0.7m；与墙面上的门、窗、孔、洞的净距离不应小于 2.0m，且不应安装在玻璃幕墙下方。

5）地下消防水泵接合器的安装，应使进水口与井盖底面的距离不大于 0.4m，且不应小于井盖的半径。

6）地下消防水泵接合器井的砌筑应有防水和排水措施。

**3.管道及系统组件安装施工过程质量控制要点**

（1）管网安装前应校直管子，并应清除管子内部的杂物。

（2）管道为螺纹连接时，如有断丝、缺丝，不得大于螺纹全扣数的 10%，密封填料均匀附着在螺纹部分，拧紧螺纹时，不得将填料挤入管道内，连接处外部清理干净；接口为法兰连接时，管道与法兰应为双面焊，内侧焊缝不得凸出法兰密封面。镀锌钢管严禁焊接，管材与管件不得"黑白"混用。

（3）管道的安装位置应符合设计要求。当设计无要求时，管道的中心线与梁、柱、楼板的最小距离应符合表 6-33 的规定。

| 表 6-33 | | | | 管道的中心线与梁、柱、楼板的最小距离 | | | | | （mm） |
|---|---|---|---|---|---|---|---|---|---|
| 公称直径 | 25 | 32 | 40 | 50 | 70 | 80 | 100 | 125 | 150 | 200 |
| 距离 | 40 | 40 | 50 | 60 | 70 | 100 | 100 | 125 | 150 | 200 |

（4）管道支吊架、防晃支架的安装应符合下列要求：支、吊架、防晃支架在安装前必须作防腐处理；吊架与喷头之间的距离不宜小于 300mm，距末端喷头的距离不大于 750mm；在每一直管段，相邻喷头之间管段设置的吊架均不宜少于 1 个，且当距离小于 1.8m 时，可隔段设置，但不得大于 3.6m；成排喷洒管道、喷头及支架应成一直线；当管径大于或等于 50mm 时，每段配水平管或配水干管至少设置防晃支架 1 个，改变方向时需增设。

管道支架或吊架之间的距离见表 6-34。

| 表 6-34 | | | | 管道支架或吊架之间的距离 | | | | | （mm） |
|---|---|---|---|---|---|---|---|---|---|---|
| 公称直径 | 25 | 32 | 40 | 50 | 70 | 80 | 100 | 125 | 150 | 200 | 250 |
| 距离 | 3.5 | 4.0 | 4.5 | 5.0 | 6.0 | 8.0 | 8.5 | 7.0 | 8.0 | 9.5 | 11 |

（5）报警阀组的安装应符合下列要求：

1）报警阀组安装的位置应符合设计要求，当设计无要求时，报警阀组应安装在便于操作的明显位置，距室内地面高度宜为 1.2m，两侧与墙距离不应小于 0.5m，正面与墙的距离不应小于 1.2m。

2）湿式报警阀组，报警水流通路上的过滤器应安装在延迟器前，而且是便于排渣操作的位置。

3）干式报警阀组，安全排气阀应安装在气源与报警阀之间，且应靠近报警阀；加速排气装置应安装在靠近报警阀的位置；止回阀、截止阀应安装在充气连接管上。

4）雨淋阀组手动开启装置的安装位置应符合设计要求，且在发生火灾时，应能安全开启和便于操作，压力表应安装在雨淋阀的水源一侧。

（6）水流指示器的安装应符合下列要求：水流指示器的安装应在管道试压和冲洗合格后进行，水流指示器应安装在水平管上侧，其动作方向应和水流方向一致。

（7）消防水管进入消防箱应"横平竖直"，进箱短管长度大于 500mm，成双管进箱的，应支架固定。

（8）室内箱或消火栓的安装应栓口朝外，阀门中心距地面 1.1m，误差不超过 20mm，阀门距箱侧面为 140mm，距箱后表面为 100mm，误差不超过 5mm。

（9）火灾自动报警系统质量控制。

1）除混凝土内的钢管应作防腐处理，处理方法按照设计要求，设计无要求时按规范要求。

2）镀锌钢管不得采用熔焊连接。

3）暗配焊接钢管与盒（箱）连接，应采用焊接管口高出盒（箱）内壁 3～5mm，焊接后应补防腐漆。

4）明暗配薄壁钢管及镀锌钢管与盒（箱）连接，并与电线管钢管进行跨接，盒子内用螺栓进行加固，管子露盒（箱）内壁宜 2～3 螺纹，管口用相配套的塑料塞进行遮盖，盒子必须进行固定以防偏位。

5）钢管与设备直接连接时，应将钢管伸至设备接线盒内，端部宜增设电线保护软管，再接入设备接线盒内。

6）钢管连接的末节与中间节均须用圆钢接地跨接，焊接长度不小于圆钢直径的 6 倍，暗配钢管连接宜采用套管连接，套管长度为连接管外径的 1.5～3.0 倍，连接管的对口处应在套管的中心，焊口应焊接牢固严密。钢管管路的所有连接点必须可靠。

7）布线应符合现行国家标准《火灾自动报警系统设计规范》（GB 50116—2013）规定，对导线的种类、电压等级进行检查。同时在布线中还应对下列要求进行巡视检查：

a. 在管内成线槽内穿线，应在建筑抹灰及地面工程结束后进行，在穿线前应将管内成线槽内的积水及杂物清除干净。

b. 不同系统、不同电压等级、不同电流类别的线路，不应穿在同一管内，或线槽的同一槽孔内。

c. 导线接头应在接线盒内焊接或用端子连接，管内或线槽内不设置接头。

d. 敷设在多尘或潮湿场所管路的管口和管子连接处，均应作密封处理。

e. 管子入盒时，盒外侧应套锁母，在穿线时必须备齐各档规格的护口，内侧加装护口，并将线头弯起。在吊顶内敷设时，盒的内侧均应套锁母。

f. 管子长度每超过 45m，无弯曲时；管子长度每超过 30m，有 1 个弯曲时；管子长度每超过 20m，有 2 个弯曲时；管子长度每超过 12m，有 3 个弯曲时，均需在适当长度处加设接线盒。

g. 在吊顶内敷设各类管路和线槽时，宜单独设置卡具吊装或支撑物固定。

h. 系统导线敷设后，其对地绝缘电阻值不应小于 20MΩ，可用 500V 的绝缘电阻表测量。

8）感烟、感温等探测器严格按设计要求布置，安装时盒口周边无破损，探测器接线正确，外观无损，牢固可靠。当设计无要求时，安装位置应符合下列规定：

a. 探测器至墙壁、梁边的水平距离，不应小于 0.5m，且周围 0.5m 内不应有遮挡物。

b. 探测器至空洞送风口边的水平距离，不应小于 1.5m，宜接近回风口安装；至多孔送风顶棚孔口的水平距离不应小于 0.5m。

c. 探测器距端墙的距离，不应大于探测器安装间距的一半。

d. 探测器宜水平安装，当必须倾斜安装时，倾斜角不得大于 45°。

9）探测器底座应固定牢固，其导线连接应符合下列规定：

a. 导线连接必须可靠压接或焊接，当采用焊接时，不得使用带腐蚀性的助焊剂。

b. 注意连接导线的颜色的区分，探测器的"＋"线应为红色，"－"线应为蓝色，其余线根据不同用途采用其他颜色区分。但同一工程中相同用途的导线颜色应一致。

c. 探测器底座的外接导线，应留有不小于 15cm 的余量，入端处应有明显标志。

10）手动火灾报警按钮，应安装在墙上距地（楼）面高度 1.5m 处；安装应牢固，并不得倾斜；外接导线应留有小于 10cm 的余量，且在端部有明显标志。

11）火灾报警控制器的安装应牢固，不得倾斜。安装在轻质墙上，应采取加固措施。引入控制器的电缆或导线，应符合下列要求：

a. 配线应整齐，避免交叉，并应牢固可靠。

b. 各回路电缆排列整齐，线号清楚，绑扎成束，端子号相对应，字迹清晰。

c. 每个接线端，接线不得超过 2 根，应留有不少于 20cm 的余量。

12）控制器的主电源引入线，应直接与消防电源连接，严禁使用电源插头。主电源应有明显标志；控制器的接地应牢固，并有明显标志。

13）消防控制设备在安装前应进行功能检查，其布置应符合下列要求：

a. 单列布置时，盘前操作距离不应小于 1.5m，双列布置时，盘前操作距离不应小于 2m。

b. 在值班人员经常工作的一面，控制盘至墙的距离不应小于 3m。

c. 盘后维修距离不应小于 1m，控制盘排列长度大于 4m 时，控制盘两端应设置宽度不小于 1m 的通道。

14）监理人员应对系统接地装置进行检查，需符合下列要求：

a. 工作接地线应采用铜芯绝缘导线或电缆，不得采用镀锌扁铁或金属软管。

b. 消防控制室工作接地电阻应小于 4Ω，采用联合接地时，接地电阻应小于 1Ω，专用接地线应用铜蕊绝缘导线，其线芯截面不小于 16mm，由消控室接地极引至各消防设备的接地线应选用铜蕊绝缘软线，线芯截面面积不小于 4mm。

c. 工作接地线与保护接地线，必须分开，保护接地导体不得利用金属软管。

**4. 管道试压和冲洗过程质量控制要点**

（1）查看消防水池设置位置、水位显示与报警装置；核对有效容量应符合设计要求。

（2）管网安装完毕后，必须对其进行强度试验、严密性试验和冲洗。

（3）管网冲洗前，应对管道支架、吊架进行检查，必要时采取加固措施，并审查冲洗方案，经批准后方可进行冲洗。

（4）水压试验时当设计工作压力等于或小于 1.0MPa 时，水压强度试压压力应为设计工作压力的 1.5 倍，并不低于 1.4MPa；当系统设计工作压力大于 1.0MPa 时，水压强度试验压力应为该工作压力加 0.4MPa。

（5）管网冲洗的水流流速、流量不应小于设计的水流流速、流量；管网冲洗宜分区、分管进行；管网冲洗的水流方向应与灭火时管网的水流方向一致；管网冲洗应连续进行，当出水口处水的颜色、透明度与入口处的颜色、透明度基本一致时冲洗方可结束。

**5. 系统调试质量控制要点**

（1）系统调试应具备消防水池等已储存设计要求的水量；系统供电正常、消防气压给水设备的水位、气压符合设计要求；管网内已充满水、气压符合设计要求，阀门均无泄漏；与系统配套的火灾自动报警系统处于工作状态。

（2）系统调试的内容分为水源测试、消防水泵调试、稳压水泵调试、报警阀调试、排水设施调试、联动调试。

（3）审查施工单位消防系统调试方案调试计划是否合理、调试步骤是否满足规范要求、调试内容应全面，系统验收符合规范要求。

**6. 检查与验收**

依照《变电（换流）站土建工程施工质量验收规范》（Q/GDW 10183—2021）附录 B.1（续）及国家电网有限公司统一验收表式相关要求，消防设备安装为单位工程，水喷雾灭火系统为消防设备安装中的分部工程。设备材料进场验收、供水设施安装与施工、管道及系统组件安装、管道试验及冲洗、系统调试为水喷雾灭火系统分项工程。

（1）检验批、分项工程验收：专业监理工程师组织审核并签认施工检验批及分项工程报审资料，填写监理平行检验记录表。

（2）分部工程验收：总监理工程师组织分部工程验收审核并签认施工分部工程报审资料。

（3）单位工程预验收：总监理工程师组织单位工程预验收并签认单位工程质量验收报告，同时组织编制消防系统安装工程质量评估报告。

（4）审核施工单位竣工验收申请报告、水喷雾灭火系统施工过程质量管理检查记录、水喷雾灭火系统质量控制检查资料、系统试压、冲洗记录、系统调试记录、探测器和手动装置功能检测、消防系统调试、试运行、安全阀、报警装置联动系统测试。

（5）审核施工单位调试阶段完成后出具的水源测试报告、消防水泵调试报告、稳压泵调试报告、报警阀调试报告、排水设施调试报告、联动试验报告满足《自动喷水灭火系统施工及验收规范》（GB 50261—2017）。

# 四、报告与记录

施工过程中形成的主要监理资料见表 6-35。作业中引用或产生的报告与记录的表单样例，见本小节附录。

表 6-35　　　　　　　　　　施工过程中形成的主要监理资料

| 序号 | 编号 | 名　　称 | 填　报 |
|------|------|---------|--------|
| 1 | JXM3 | 文件审查记录表 | 总监理工程师、专业监理工程师 |
| 2 | JJS3 | 施工图预检记录表 | 总监理工程师、专业监理工程师 |
| 3 | JZL3 | 平行检查记录表 | 专业监理工程师 |
| 4 | JXM15 | 监理通知单 | 总监理工程师、专业监理工程师 |
| 5 | JZL1 | 见证取样统计表 | 专业监理工程师或监理员 |
| 6 | | 建设工程竣工验收消防施工质量监理评估报告 | 总监理工程师、专业监理工程师 |

# 五、附表

审查记录表如表 6-36 和表 6-37 所示，平行检查记录表如表 6-38～表 6-46 所示。

表 6-36　　　　　　　　文件审查记录表（消防系统设备安装施工方案）

工程名称：　　　　　　　　　　　　　　　　　　　　　　　　编号：

| 文件名称 | （写文件全称，××施工方案—报审表编号） | | |
|---------|------|------|------|
| 送审单位 | （编制单位全称） | | |
| 序号 | 监理项目部审查标准 | 检查结果 | 施工项目部反馈意见 |
| 1 | 施工方案的编审批流程是否已按要求履行 | □合格　□不合格 | |
| | 修改意见： | | |
| 2 | 施工方案的编制依据是否已过期 | □合格　□不合格 | |
| | 修改意见： | | |
| 3 | 工程概况中应描述图纸中管网、设备规格、尺寸等重要技术参数和质量标准要求 | □合格　□不合格 | |
| | 修改意见： | | |
| 4 | 施工方案（措施）制定的施工工艺流程应合理，并绘制流程图。不得使用国家严厉禁止的施工工艺、建筑材料及施工机械 | □合格　□不合格 | |
| | 修改意见： | | |
| 5 | 根据各部位施工进度计划及流水段划分进行劳动力安排，满足施工进度计划及流水施工的需要 | □合格　□不合格 | |
| | 修改意见： | | |
| 6 | 施工方案内容应包括安全危险点分析或危险源辨识、环境因素识别应准确、全面 | □合格　□不合格 | |
| | 修改意见： | | |
| 7 | "施工准备"中现场材料、工具设备、安全防护布置是否满足施工需求等 | □合格　□不合格 | |
| | 修改意见： | | |
| 8 | 明确质量标准及验收方法 | □合格　□不合格 | |
| | 修改意见： | | |

续表

| 序号 | 监理项目部审查标准 | 检查结果 | 施工项目部反馈意见 |
|---|---|---|---|
| 9 | 对施工质量通病制定防治措施，应有保障强制性条文执行和标准工艺应用的说明 | □合格　□不合格 | |
| | 修改意见： | | |
| 10 | 存在的其他问题 | | |

<table>
<tr><td rowspan="2"></td><td colspan="2">总/专业监理工程师：_____<br>日　　　期：_____年___月___日</td><td>项目经理：_____<br>日　期：_____年___月___日</td></tr>
</table>

| 监理复查意见 | 总/专业监理工程师：_____<br>日　　期：_____年___月___日 |
|---|---|

注　本表使用过程中可自行增加内容。本表一式两份，监理、施工项目部各存1份。

表 6-37　　　　　监理审查记录表（乙供材料/设施设备进场）

工程名称：　　　　　　　　　　　　　　　　　　　　　　　　　编号：

| 文件名称 | （乙供材料进场报审表—报审表编号—原材料名称） |
|---|---|
| 送审单位 | |

| 序号 | 监理项目部审查标准 | 检查结果 | 修改情况 |
|---|---|---|---|
| 1 | 原材料经施工项目部自检，且检验合格 | □合格　□不合格 | |
| | 修改意见： | | |
| 2 | 原材料经监理项目部现场见证取样 | □合格　□不合格 | |
| | 修改意见： | | |
| 3 | 复试报告为原件，且复试报告合格 | □合格　□不合格 | |
| | 修改意见： | | |
| 4 | 原材料检测项目齐全，检测项目中含必检项目，且检测结果合格 | □合格　□不合格 | |
| | 修改意见： | | |
| 5 | 设施、设备有产品出厂合格证 | □合格　□不合格 | |
| | 修改意见： | | |
| 6 | 设施设备外观检查是否完好、型号是否与设计一致 | □合格　□不合格 | |
| | 修改意见： | | |
| 7 | 设施设备相关安装使用说明书、安装图纸及资料 | □有　□无　□不需要 | |
| | 修改意见： | | |
| 8 | 存在的其他问题 | | |

总/专业监理工程师：_____<br>日　　期：_____年___月___日

| 监理复查意见 | 总/专业监理工程师：_____<br>日　　期：_____年___月___日 |
|---|---|

注　本表由监理项目部自行留存，也可作为审查意见反馈给施工项目部。使用过程中可自行增加审查内容。

表 6-38　　　　　　　　　　平行检查记录表（材料进场）

工程名称：　　　　　　　　　　　　　　　　　　　　　　　　编号：

| 检验对象分类 | | | □设备 | □材料 | □工序 |
|---|---|---|---|---|---|
| 检验对象基本信息 | 设备 | 设备名称 | | 设备型号规格 | |
| | | 生产厂家 | | 安装位置 | |
| | 材料 | 材料名称 | | 材料型号规格 | |
| | | 生产厂家 | | 使用部位 | |
| | 工序 | 工序名称 | 水喷雾灭火系统系统组件 | 实施单位 | |
| | | 其他 | 使用部位： | | |

| 序号 | 检 验 项 目 | 质 量 标 准 | 质量检验结果 | 备注 |
|---|---|---|---|---|
| 1 | 管材及管件检测复验☆ | 应符合国家现行有关产品标准和设计要求 | □合格　□不合格 | |
| 2 | 管材及管件检测复验☆ | 应符合其产品标准的规定外，尚应符合下列要求：<br>1. 表面应无裂纹、缩孔、夹渣、折叠、重皮，且不应有超过壁厚负偏差的锈蚀或凹陷等缺陷。<br>2. 螺纹表面应完整无损伤，法兰密封面应平整光洁，无毛刺及径向沟槽。<br>3. 垫片应无老化变质或分层现象，表面应无折皱等缺陷 | □合格　□不合格 | |
| 3 | 管材及管件的规格尺寸、壁厚及允许偏差 | 应符合其产品标准和设计要求 | □合格　□不合格 | |
| 4 | 系统组件的外观质量 | 应符合下列规定：<br>1. 应无变形及其他机械性损伤。<br>2. 外露非机械加工表面保护涂层应完好。<br>3. 无保护涂层的机械加工面应无锈蚀。<br>4. 所有外露接口应无损伤，堵、盖等保护物包封应良好。<br>5. 铭牌标记应清晰、牢固 | □合格　□不合格 | |
| 5 | 系统组件的规格、型号、性能参数 | 应符合国家现行产品标准和设计要求 | □合格　□不合格 | |
| 6 | 消防泵盘车 | 应灵活，无阻滞和异常声音 | □合格　□不合格 | |
| 7 | 阀门的进场检验 | 应符合下列要求：<br>1. 各阀门及其附件应配备齐全。<br>2. 控制阀的明显部位应有标明水流方向的永久性标志。<br>3. 控制阀的阀瓣及操动机构应动作灵活、无卡涩现象，阀体内应清洁、无异物堵塞。<br>4. 强度和严密性试验应合格 | □合格　□不合格 | |
| 8 | 阀门的强度和严密性试验 | 应符合下列要求：<br>1. 强度和严密性试验应采用清水进行，强度试验压力应为公称压力的1.5倍；严密性试验压力应为公称压力的1.1倍。<br>2. 试验压力在试验持续时间内应保持不变，且壳体填料和阀瓣密封面应无渗漏。 | □合格　□不合格 | |

| 序号 | 检 验 项 目 | 质 量 标 准 | 质量检验结果 | 备注 |
|---|---|---|---|---|
| 8 | 阀门的强度和严密性试验 | 3. 阀门试压的试验持续时间不应少于《水喷雾灭火系统技术规范》(GB 50219—2014)水喷雾灭火系统技术规范的规定；试验合格的阀门应排尽内部积水，并吹打。密封面应涂防锈油，同时应关闭阀门，封闭出入口，作出明显的标记 | □合格 □不合格 | |
| 9 | 材料的复检 | 设计上有复验要求或对质量有疑义时，应由监理工程师抽样，并应由具有相应资质的检测单位进行检测复验，其复验结果应符合设计要求和国家现行有关标准的规定 | □有 □无复检要求，如有应填写试验报告编号及结论 | |
| | 检验结论 | | □合格 □不合格 | |
| | 检验仪器及编号 | 钢卷尺： | 游标卡尺： | |
| | 检验人员 | | 检验日期 | 年 月 日 |

注 带☆号检验项目为主控项目。

表 6-39　　　　平行检查记录表（水喷雾灭火系统管道安装）

工程名称：　　　　　　　　　　　　　　　　　　编号：

| 检验对象分类 | | | □设备 □材料 □工序 | | |
|---|---|---|---|---|---|
| 检验对象基本信息 | 设备 | 设备名称 | | 设备型号规格 | |
| | | 生产厂家 | | 安装位置 | |
| | 材料 | 材料名称 | | 材料型号规格 | |
| | | 生产厂家 | | 使用部位 | |
| | 工序 | 工序名称 | 管道及喷头安装 | 实施单位 | |
| | | 其他 | 使用部位： | | |

| 序号 | 检 验 项 目 | 质 量 标 准 | 质量检验结果 | 备注 |
|---|---|---|---|---|
| 1 | 埋地管道安装☆ | 基础应符合设计要求：1. 安装前应做好防腐，安装时不应损坏防腐层。2. 埋地管道采用焊接时，焊缝部位应在试压合格后进行防腐处理。3. 埋地管道在回填前应进行隐蔽工程合格后及时回填，分层夯实 | □合格 □不合格 | |
| 2 | 管道水压试验☆ | 应符合下列规定：1. 试验应采用清水进行，试验时，环境温度不应低于5℃；当环境温度低于5℃时，应采取防冻措施。2. 试验压力应为设计压力的1.5倍 | □合格 □不合格 | |
| 3 | 一般管道安装 | 应符合下列规定：1. 水平管道安装时，其坡向应符合设计要求，且坡度不应小于设计值，当出现U形管时应有放空措施。2. 立管应用管卡固定在支架上，其间距不应大于设计值 | □合格 □不合格 | |

续表

| 序号 | 检 验 项 目 | 质 量 标 准 | 质量检验结果 | 备注 |
|---|---|---|---|---|
| 4 | 管道穿过防火墙、楼板处理 | 管道穿过防火墙、楼板时，应安装套管。穿防火墙套管的长度不应小于防火墙的厚度；穿楼板管长度应高出楼板 50mm，底部与楼板底面相平；管道与套管间的空隙应采用防火材料封堵，管道通过变形缝时，应采取保护措施 | □合格 □不合格 | |
| 5 | 管道冲洗 | 试压合格后，应用水冲洗，冲洗合格后，不得再进行影响管内清洁的其他工作 | □合格 □不合格 | |
| 6 | 管道防腐 | 地上管道应在试压、冲洗合格后进行涂漆防腐 | □合格 □不合格 | |
| 检验结论 | | □合格 □不合格 | | |
| 检验仪器及编号 | | 钢卷尺： 游标卡尺： | | |
| 检验人员 | | 检验日期 | 年 月 日 | |

注 带☆号检验项目为主控项目。

表 6-40　　　　平行检查记录表（水喷雾灭火系统消防水泵组安装）

工程名称：　　　　　　　　　　　　　　　　编号：

| 检验对象分类 | | | □设备 □材料 □工序 | | |
|---|---|---|---|---|---|
| 检验对象基本信息 | 设备 | 设备名称 | | 设备型号规格 | |
| | | 生产厂家 | | 安装位置 | |
| | 材料 | 材料名称 | | 材料型号规格 | |
| | | 生产厂家 | | 使用部位 | |
| | 工序 | 工序名称 | 水喷雾灭火系统消防水泵组安装 | 实施单位 | |
| | | 其他 | 使用部位： | | |

| 序号 | 检 验 项 目 | 质 量 标 准 | 质量检验结果 | 备注 |
|---|---|---|---|---|
| 1 | 消防泵安装 | 整体安装在基础上 | □合格 □不合格 | |
| 2 | 消防泵与相关管道连接 | 以消防泵的法兰端面为基准进行测量和安装 | □合格 □不合格 | |
| 3 | 消防泵进水管吸水口处设置滤网 | 滤网架应安装牢固，滤网应便于清洗 | □合格 □不合格 | |
| 4 | 消防泵采用电机驱动 | 电机驱动电源可靠，符合设计要求 | □合格 □不合格 | |
| 检验结论 | | □合格 □不合格 | | |
| 检验仪器及编号 | | 钢卷尺： 游标卡尺： | | |
| 检验人员 | | 检验日期 | 年 月 日 | |

表 6-41　　　　　　　　平行检查记录表（水喷雾灭火系统安装）

工程名称：　　　　　　　　　　　　　　　　　　　　　　　　编号：

| 检验对象分类 | | | □设备　　　□材料　　　□工序 | | |
|---|---|---|---|---|---|
| 检验对象基本信息 | 设备 | 设备名称 | | 设备型号规格 | |
| | | 生产厂家 | | 安装位置 | |
| | 材料 | 材料名称 | | 材料型号规格 | |
| | | 生产厂家 | | 使用部位 | |
| | 工序 | 工序名称 | 水喷雾灭火系统消防水池、消防水箱、消防气压给水设备、水泵接合器安装 | 实施单位 | |
| | | 其他 | 使用部位： | | |

| 序号 | 检验项目 | 质量标准 | 质量检验结果 | 备注 |
|---|---|---|---|---|
| 1 | 消防水池（罐）、消防水箱的施工和安装 | 符合《给水排水构筑物工程施工及验收规范》（GB 50141—2008）、《建筑给水排水及采暖工程施工质量验收规范》（GB 50242—2002）的规定；并且消防水池（罐）、消防水箱的容积、安装位置应符合设计要求。安装时，消防水池（罐）、消防水箱外壁与建筑本体结构墙面或其他池壁之间的净距应满足施工或装配的需要 | □合格　□不合格 | |
| 2 | 消防气压给水设备的气压罐 | 容积、气压、水位及工作压力符合设计要求 | □合格　□不合格 | |
| 3 | 消防气压给水设备 | 安装位置、进水管及出水管方向符合设计要求 | □合格　□不合格 | |
| 4 | 消防气压给水设备的安全阀、压力表、泄水管、水位指示器、压力控制仪表等的安装 | 符合产品使用说明书的要求 | □合格　□不合格 | |
| 5 | 稳压泵的安装 | 符合《机械设备安装工程施工及验收通用规范》（GB 50231—2009）、《风机、压缩机、泵安装工程施工及验收规范》（GB 50275—2010）的规定 | □合格　□不合格 | |
| 6 | 消防水泵接合器的安装 | 1. 系统的消防水泵接合器应设置与其他消防系统的消防水泵接合器区别的永久性固定标志，并有分区标志。<br>2. 地下式消防水泵接合器应采用铸有"消防水泵接合器"标志的铸铁井盖，并应在附近设置指示其位置的永久性固定标志。<br>3. 组装式消防水泵接合器的安装应按接口、本体、连接管、止回阀、安全阀、放空管、控制阀的顺序进行，止回阀的安装方向应使消防用水能从消防水泵接合器进入系统。<br>4. 整体式消防水泵接合器的安装应按其使用安装说明书进行 | □合格　□不合格 | |
| 检验结论 | | □合格　□不合格 | | |
| 检验仪器及编号 | | 钢卷尺：　　　游标卡尺： | | |
| 检验人员 | | 检验日期 | 年　月　日 | |

表 6-42　　　　　　　　平 行 检 查 记 录 表

（水喷雾灭火系统雨淋报警阀组、气动及电动控制阀门、压力开关、水力警铃安装安装）

工程名称：　　　　　　　　　　　　　　　　　　　　　编号：

| 检验对象分类 | | | □设备　　　　□材料　　　　□工序 | | |
|---|---|---|---|---|---|
| 检验对象基本信息 | 设备 | 设备名称 | | 设备型号规格 | |
| | | 生产厂家 | | 安装位置 | |
| | 材料 | 材料名称 | | 材料型号规格 | |
| | | 生产厂家 | | 使用部位 | |
| | 工序 | 工序名称 | 水喷雾灭火系统雨淋报警阀组、气动及电动控制阀门、压力开关、水力警铃安装 | 实施单位 | |
| | 其他 | | 使用部位： | | |

| 序号 | 检验项目 | 质量标准 | 质量检验结果 | 备注 |
|---|---|---|---|---|
| 1 | 雨淋报警阀组安装 | 应在供水管网试压、冲洗合格后进行。安装时应先安装水源控制阀、雨淋报警阀，再进行雨淋报警阀辅助管道的连接。水源控制阀、雨淋报警阀与配水干管的连接应使水流方向一致。雨淋报警阀组的安装位置应符合设计要求 | □合格　□不合格 | |
| 2 | 水源控制阀安装 | 1．应便于操作，且应有明显开闭标志和可靠的锁定设施。2．压力表应安装在报警阀上便于观测的位置。3．排水管和试验阀应安装在便于操作的位置 | □合格　□不合格 | |
| 3 | 雨淋报警阀手动开启装置安装 | 位置应符合设计要求，且在发生火灾时应能安全开启和便于操作 | □合格　□不合格 | |
| 4 | 压力表 | 应安装在雨淋报警阀的水源一侧 | □合格　□不合格 | |
| 5 | 控制阀的规格、型号和安装位置 | 1．应符合设计要求；安装方向应正确，控制阀内应清洁、无堵塞、无渗漏。2．主要控制阀应加设启闭标志。3．隐蔽处的控制阀应在明显处设有指示其位置的标志 | □合格　□不合格 | |
| 6 | 压力开关 | 应竖直安装在通往水力警铃的管道上，且不应在安装中拆装改动。压力开关的引出线应用防水套管锁定 | □合格　□小合格 | |
| 7 | 水力警铃安装 | 符合设计要求。安装位置应正确。测试时，水力警铃喷嘴处压力不应小于 0.05MPa，且距水力警铃 3m 远处警铃的响度应不小于 70dB（A） | □合格　□不合格 | |
| 检验结论 | | | □合格　□不合格 | |
| 检验仪器及编号 | | 钢卷尺：　　　　游标卡尺： | | |
| 检验人员 | | | 检验日期 | 年　月　日 |

表 6-43　　　　　　平行检查记录表（水喷雾灭火系统管道安装和防腐）

工程名称：　　　　　　　　　　　　　　　　　　　　　编号：

| 检验对象分类 | | | □设备 | □材料 | □工序 | |
|---|---|---|---|---|---|---|
| 检验对象基本信息 | 设备 | 设备名称 | | | 设备型号规格 | |
| | | 生产厂家 | | | 安装位置 | |
| | 材料 | 材料名称 | | | 材料型号规格 | |
| | | 生产厂家 | | | 使用部位 | |
| | 工序 | 工序名称 | 水喷雾灭火系统雨淋报警阀组、气动及电动控制阀门、压力开关、水力警铃安装 | | 实施单位 | |
| | | 其他 | 使用部位： | | | |

| 序号 | 检验项目 | 质量标准 | 质量检验结果 | 备注 |
|---|---|---|---|---|
| 1 | 管道水平管道安装 | 坡度、坡向应符合设计要求 | □合格 □不合格 | |
| 2 | 立管固定 | 应用管卡固定在支架上，其间距不应大于设计值 | □合格 □不合格 | |
| 3 | 埋地管道安装 | 1. 埋地管道的基础应符合设计要求。2. 埋地管道安装前应做好防腐，安装时不应损坏防腐层。3. 埋地管道采用焊接时，焊缝部位应在试压合格后进行防腐处理。4. 埋地管在回填前应进行隐蔽工程验收，合格后应及时回填，分层夯实 | □合格 □不合格 | |
| 4 | 管道支、吊架应安装 | 平整牢固，管墩的砌筑应规整，其间距应符合设计要求 | □合格 □不合格 | |
| 5 | 管道支、吊架与水雾喷头之间的距离 | 不应小于 0.3，与末端水雾喷头之间的距离不宜大于 0.5m | □合格 □不合格 | |
| 6 | 管道清洁 | 管道安装前应分段进行清洗。施工过程中，应保证管道内部清洁，不得留有焊渣、焊瘤、氧化皮、杂质或其他异物 | □合格 □不合格 | |
| 7 | 同排管道法兰的间距 | 应方便拆装，且不宜小于100mm | □合格 □不合格 | |
| 8 | 管道穿过墙体、楼板处的套管 | 1. 穿过墙体的套管长度不应小于该墙体的厚度，穿过楼板的套管长度应高出楼地面50mm，底部应与楼板底面相平。2. 管道与套管间的空隙应采用防火封堵材料填塞密实。3. 管道穿过建筑物的变形缝时，应采取保护措施 | □合格 □不合格 | |
| 9 | 管道焊接 | 坡口形式、加工方法和尺寸等均应符合现行国家标准，管道之间或与管接头之间的焊接应采用对口焊接 | □合格 □不合格 | |
| 10 | 管道采用沟槽式连接 | 管道末端的沟槽尺寸应满足《自动喷水灭火系统 第11部分：沟槽式管接件》（GB 5135.11—2006）的规定 | □合格 □不合格 | |
| 11 | 镀锌钢管 | 应在焊接后再镀锌，且不得对镀锌后的管道进行气割作业 | □合格 □不合格 | |
| 12 | 涂漆防腐 | 地上管道应在试压、冲洗合格后进行 | □合格 □不合格 | |
| 检验结论 | | □合格 □不合格 | | |
| 检验仪器及编号 | | 钢卷尺：　　　　游标卡尺： | | |
| 检验人员 | | | 检验日期 | 年　月　日 |

**表 6-44**　　　　　平行检查记录表（水喷雾灭火系统管道的试压、冲洗）

工程名称：　　　　　　　　　　　　　　　　　　　　　　　　编号：

| 检验对象分类 | | | □设备　　　　　　□材料　　　　　　□工序 | | |
|---|---|---|---|---|---|
| 检验对象基本信息 | 设备 | 设备名称 | | 设备型号规格 | |
| | | 生产厂家 | | 安装位置 | |
| | 材料 | 材料名称 | | 材料型号规格 | |
| | | 生产厂家 | | 使用部位 | |
| | 工序 | 工序名称 | 水喷雾灭火系统雨淋报警阀组、气动及电动控制阀门、压力开关、水力警铃安装 | 实施单位 | |
| | | 其他 | 使用部位： | | |
| 序号 | 检验项目 | | 质量标准 | 质量检验结果 | 备注 |
| 1 | 管道水压试验 | | 1．试验宜采用清水进行，试验时，环境温度 不宜低于5℃，当环境温度低于5℃时，应采取防冻措施。<br>2．试验压力应为设计压力的1.5倍；试验的测试点宜设在系统管网的最低点，对不能参与试压的设备、阀门及附件，应加以隔离或拆除。<br>3．管道充满水，排净空气，用试压装置缓慢升压，当压力升至试验压力后，稳压10min，管道无损坏、变形，再将试验压力降至设计压力，稳压30min，以压力不降、无渗漏为合格 | □合格　□不合格 | |
| 2 | 管道冲洗 | | 管道试压合格后，宜用清水冲洗，冲洗合格后，不得再进行影响管内清洁的其他施工。宜采用最大设计流量，流速不低于1.5m/s，以排出水色和透明度与入口水目测一致为合格 | □合格　□不合格 | |
| 检验结论 | | | □合格　　□不合格 | | |
| 检验仪器及编号 | | | | | |
| 检验人员 | | | 检验日期 | 年　月　日 | |

**表 6-45**　　　　　平行检查记录表（水喷雾灭火系统水雾喷头安装）

工程名称：　　　　　　　　　　　　　　　　　　　　　　　　编号：

| 检验对象分类 | | | □设备　　　　　　□材料　　　　　　□工序 | | |
|---|---|---|---|---|---|
| 检验对象基本信息 | 设备 | 设备名称 | | 设备型号规格 | |
| | | 生产厂家 | | 安装位置 | |
| | 材料 | 材料名称 | | 材料型号规格 | |
| | | 生产厂家 | | 使用部位 | |
| | 工序 | 工序名称 | 水喷雾灭火系统水雾喷头安装 | 实施单位 | |
| | | 其他 | 使用部位： | | |
| 序号 | 检验项目 | | 质量标准 | 质量检验结果 | 备注 |
| 1 | 喷头的规格、型号 | | 应符合设计要求，并应在系统试压、冲洗、吹扫合格后进行安装 | □合格　□不合格 | |

续表

| 序号 | 检 验 项 目 | 质 量 标 准 | 质量检验结果 | 备注 |
|---|---|---|---|---|
| 2 | 喷头安装 | 应安装牢固、规整，安装时不得拆卸或损坏喷头上的附件 | □合格　□不合格 | |
| 3 | 位置 | 应安装在被保护物的上部 | □合格　□不合格 | |
| 4 | 室外安装坐标 | 不应大于 20mm | | |
| 5 | 室内安装坐标 | 不应大于 10mm | | |
| 6 | 室外标高 | ±20mm | | |
| 7 | 室内标高 | ±10mm | | |
| 8 | 侧向安装的喷头 | 应安装在被保护物体的侧面并应对准被保护物体，其距离偏差不应大于 20mm | □合格　□不合格 | |
| 9 | 喷头与障碍物及带电部位的距离 | 应符合设计要求 | □合格　□不合格 | |
| 检验结论 | | □合格　□不合格 | | |
| 检验仪器及编号 | | | | |
| 检验人员 | | 检验日期 | 年　月　日 | |

表 6-46　　　　　　　平行检查记录表（水喷雾灭火系统水雾喷头安装）

工程名称：　　　　　　　　　　　　　　　　　　　　　　　　　编号：

| 检验对象分类 | | □设备　　　　□材料　　　　□工序 | | |
|---|---|---|---|---|
| 检验对象基本信息 | 设备 | 设备名称 | 设备型号规格 | |
| | | 生产厂家 | 安装位置 | |
| | 材料 | 材料名称 | 材料型号规格 | |
| | | 生产厂家 | 使用部位 | |
| | 工序 | 工序名称　水喷雾灭火系统水雾喷头安装 | 实施单位 | |
| | | 其他　　使用部位： | | |

| 序号 | 检 验 项 目 | 质 量 标 准 | 质量检验结果 | 备注 |
|---|---|---|---|---|
| 1 | 系统调试应具备的条件 | 1. 调试前应制订调试方案。<br>2. 调试前应对系统进行检查，并应及时处理发现的问题。<br>3. 调试前应将需要临时安装在系统上并经校验合格的仪器、仪表安装完毕，调试时所需的检查设备应准备齐全。<br>4. 水源、动力源应满足系统调试要求，电气设备应具备与系统联动调试的条件 | □合格　□不合格 | |
| 2 | 水源测试 | 1. 消防水池（罐）、消防水箱的容积及储水量、消防水箱设置高度应符合设计要求，消防储水应有不作他用的技术措施。<br>2. 消防水泵接合器的数量和供水能力应符合设计要求 | □合格　□不合格 | |
| 3 | 系统的主动力源和备用动力源 | 进行切换试验时，主动力源和备用动力源及电气设备运行应正常 | □合格　□不合格 | |

续表

| 序号 | 检 验 项 目 | 质 量 标 准 | 质量检验结果 | 备注 |
|---|---|---|---|---|
| 4 | 消防水泵的调试 | 1. 消防水泵的启动时间应符合设计规定。<br>2. 控制柜应进行空载和加载控制调试，控制柜应能按其设计功能正常动作和显示 | □合格　□不合格 | |
| 5 | 稳压泵、消防气压给水设备调试 | 当达到设计启动条件时，稳压泵应立即启动；当达到系统设计压力时，稳压泵应自动停止运行 | □合格　□不合格 | |
| 6 | 雨淋报警阀调试 | 宜利用检测、试验管道进行。自动和手动方式启动的雨淋报警阀应在 15s 之内启动；公称直径大于 200mm 的雨淋报警阀调试时，应在 60s 之内启动；雨淋报警阀调试时，当报警水压为 0.05MPa 时，水力警铃应发出报警铃声 | □合格　□不合格 | |
| 7 | 电动控制阀和气动控制阀 | 自动开启时，开启时间应满足设计要求；手动开启或关闭应灵活、无卡涩 | □合格　□不合格 | |
| 8 | 联动试验☆ | 1. 采用模拟火灾信号启动系统，相应的分区雨淋报警阀（或电动控制阀、气动控制阀）、压力开关和消防水泵及其他联动设备均应能及时动作并发出相应的信号。<br>2. 采用传动管启动的系统。启动 1 只喷头，相应的分区雨淋报警阀、压力开关和消防水泵及其他联动设备均应能及时动作并发出相应的信号。<br>3. 系统的响应时间、工作压力和流量应符合设计要求 | □合格　□不合格 | |
| 检验结论 | | □合格　□不合格 | | |
| 检验仪器及编号 | | | | |
| 检验人员 | | 检验日期 | 年　　月　　日 | |

注　带☆号检验项目为主控项目。

# 第七章　装饰装修工程

# 第一节

# 墙　　面

根据墙面的施工工艺、材料的不同，墙面可分为涂饰墙面、饰面砖墙面、干挂石材墙面。

## 一、节点管控表

涂饰墙面、饰面砖墙面、干挂石材墙面施工节点管控表分别如表 7-1～表 7-3 所示。

表 7-1　　　　　　　　　　　　涂饰墙面施工节点管控表

| 工艺流程图 | 监理主要工作 | 监理成果 |
|---|---|---|
| 施工准备 | 审查施工单位人员、机械、材料、施工方案，对现场安全文明布置情况进行检查 | 根据管控要点逐一审查/检查，填写文件审查记录表 |
| 基层处理 | 巡检抽查 | 填写水性涂料涂饰平行检验记录表 |
| 涂刷抗碱封闭底漆 | 巡检抽查 | |
| 打底找平，刮腻子3遍 | 巡检抽查 | |
| 手工打磨 | 巡检抽查 | |
| 施涂封底涂料 | 隐蔽验收 | |
| 施涂底层无机涂料 | 巡检抽查 | |
| 施涂面层无机涂料 | 巡检抽查 | |
| 质量验收 | 组织分项工程验收，对工程实体及验收资料进行检查 | 审核、签认施工检验批及分项工程报审资料 |

编制说明：
1. 编制目的：根据施工工艺流程，列明监理主要工作内容及应及时填写的表单。
2. 编制依据：标准工艺，统一验收表式及质量验评划分表，安全风险管理规程。

**表 7-2**　　　　　　　　　　　饰面砖墙面施工节点管控图

| 工艺流程图 | 监理主要工作 | 监理成果 |
|---|---|---|
| 施工准备 | 审查施工单位人员、机械、材料、施工方案，对现场安全文明布置情况进行检查 | 根据管控要点逐一审查/检查，填写文件审查记录表 |
| 基层处理 | 巡检抽查 | 填写饰面砖粘贴平行检验记录表 |
| 排砖、分格、弹线 | 巡检抽查 | |
| 饰面砖粘贴 | 巡检抽查 | |
| 填缝 | 巡检抽查 | |
| 清理表面 | 巡检抽查 | |
| 质量验收 | 组织分项工程验收，对工程实体及验收资料进行检查 | 审核、签认施工检验批及分项工程报审资料 |

编制说明：
1. 编制目的：根据施工工艺流程，列明监理主要工作内容及应及时填写的表单。
2. 编制依据：标准工艺，统一验收表式及质量验评划分表，安全风险管理规程。

**表 7-3**　　　　　　　　　　　干挂石材墙面施工节点管控图

| 工艺流程图 | 监理主要工作 | 监理成果 |
|---|---|---|
| 施工准备 | 审查施工单位人员、机械、材料、施工方案，对现场安全文明布置情况进行检查 | 根据管控要点逐一审查/检查，填写文件审查记录表 |
| 基层处理与安装钢骨架 | 巡检抽查 | 填写石材幕墙平行检验记录表 |
| 装饰面位置放线，石材钻孔或开槽 | 巡检抽查 | |
| 安装挂件膨胀螺栓 | 巡检抽查 | |
| 安装挂件 | 巡检抽查 | |
| 锚固件及石材连接孔、槽涂胶 | 巡检抽查 | |
| 安装饰面石材 | 巡检抽查 | |
| 复核并调校饰面石材位置 | 巡检抽查 | |

续表

| 工艺流程图 | 监理主要工作 | 监理成果 |
|---|---|---|
| 用橡胶条或泡沫条填塞拼接缝并打封缝硅胶 | 巡检抽查 | |
| 饰面清理 | 巡检抽查 | |
| 质量验收 | 组织分项工程验收，对工程实体及验收资料进行检查 | 审核、签认施工检验批及分项工程报审资料 |

编制说明：
1. 编制目的：根据施工工艺流程，列明监理主要工作内容及应及时填写的表单。
2. 编制依据：标准工艺，统一验收表式及质量验评划分表，安全风险管理规程。

## 二、主要安全风险及控制措施

### （一）施工主要风险类型

高处坠落、物体打击。

### （二）控制措施

（1）使用的脚手架应经验收合格后方可使用。禁止将工具及材料上下投掷，应用绳索拴牢传递，以免打伤下方作业人员或击毁脚手架。

（2）电动设备的引出线和电缆头以及外露的转动部分均应装设牢固的遮栏或护罩，手持电动工具转动部分防护罩必须完好、齐整。电动机及附属装置的外壳均应接地。

（3）高度超过 2m 时，应使用安全带，或采取其他可靠的安全措施（搭设脚手架或移动脚手架平台，应特别关注是否有护栏及踢脚板）。

（4）施工场地保证通风，必要时采取风扇强排，现场配置移动灭火器。

（5）每天收工后应尽量不剩油漆材料，不准乱倒，应集中处理，废弃物（如废油桶、油刷等）按环境要求分类处理。材料在运输、存放、保管过程中，严禁烟火，应存放在远离火种、通风干燥处，并设专人保管。

（6）外墙高空作业实行封闭施工，封闭范围不得小于重物散落半径，设置专用安全通道，严禁无关人员进出。不准在六级以上大风或大雨、雷雾天从事外架作业。

## 三、施工控制要点

### （一）作业前控制要点

（1）本作业的施工人员和工器具经审查同意进场，特殊工种作业人员应满足施工需要。

（2）本作业的计量器具、仪表经法定单位检定合格，且在有效期内。

（3）物资材料准备能满足本作业连续施工需要。

1）墙面涂饰：现场所用涂料的品种、型号和性能应符合设计要求及国家现行标准的有关规定。需检查产品合格证书、性能检验报告、有害物质限量检验报告。

2）饰面砖：应检查所用材料检验报告及产品合格证，现场检查材料的品种、规格和外观质量，应根据不同气候区进行吸水率和抗冻性的检测。

3）干挂石材：应审查产品质量证明文件检查是否齐全，对室内用石材的放射性指标进行复验。

（4）本作业相关的施工图已进行交底、会检，相关的作业指导书已制定并审查合格；每个分项工程必须分级进行施工技术交底。技术交底内容应充实，具有针对性和指导性，全体参加施工的人员都要参加交底并签名，形成书面交底记录。

（5）现场具备安全文明施工条件，高处作业面场地相对封闭。

## （二）施工过程控制要点

### 1. 墙面涂饰施工过程控制要点

（1）变电站站内墙面基底材质通常为石膏板或砂浆层，墙面涂饰正式作业前监理人员应对基底处理情况进行巡视检查。

1）钉眼应作防锈处理并用石膏腻子抹平。

2）砂浆层无脱层、空鼓、面层无裂缝或缝裂不大于 0.2mm，无明显砂眼等缺陷。新粉刷的砂浆层强度合格、沉降稳定，一般粉刷后需养护 3 周左右时间。

（2）刮涂腻子。

1）墙面刮腻子滚刷乳胶漆过程中，用纸胶带、旧报纸、塑料布对消防箱、配电箱、开关、插座进行粘贴遮盖保护。

2）腻子粉和水按使用说明比例调配，电动搅拌均匀。

3）板缝用专用纸带、布条、嵌缝石膏粘贴补平；墙面必须干燥；清理罩面面板缝隙。

4）第一道腻子：用钢抹子第一遍横向满抹，用穿孔纸带封住接缝用嵌缝石膏；第二道腻子：轻抹板面并修边，宽度均为 180mm，再次覆盖螺钉部位；第三道腻子：抹一层嵌缝石膏腻子，其宽度约为 270mm。

（3）乳胶漆。

1）刷涂：滚涂前应将门窗用纸盖好，乳胶漆稀释后应在规定时间内用完，并不得加催干剂。涂刷施工气温不宜低于 15℃，在正常气温下，每一遍间隔 1h。

刷浆次序须先顶棚，而后由上而下刷四面墙壁。涂刷须均匀，无接头排痕。头遍应横着刷，浆宜稠些；第二遍和第三遍宜稍稀些，再竖着刷，距离不应太大，每遍一气呵成。每滚涂一次检查一遍，漏涂应补涂，末遍要均匀。每间要一次做完，干后如不均匀，再找补一次腻子，打磨后再涂一遍。

2）喷涂：喷涂压力应保持在 0.5～0.8MPa。根据气压、喷嘴直径、乳胶漆稠度来调整喷斗的进气阀，使喷出的乳胶漆成为雾状。

喷涂时，应先喷涂门、窗口的侧边，然后喷涂大面。出料口与墙面要垂直，距离 500mm 左右不可上下倾斜，避免出现虚喷发花，不应漏喷。顶棚、墙面至少喷两道，两道的间隔时间为 2h 以上。在分层喷涂时，要注意上下涂料层的搭接处颜色要一致、薄厚要均匀，且要防止漏喷与流淌。

（4）外墙真石漆喷涂。

环境和墙面温度在＋50C 以上，相对湿度不高于 85%，墙面含水率小于 10%，pH 值小于 10。真石漆材料进货必须完整统一，防止产生色差。喷涂施工前应认真检查基面平整度。喷涂施工应分层完成，底层喷涂后等待固化后才可以施工面层。

喷涂表面平整、无发花、无泛碱、褪色；1m 正视，颜色、厚薄一致、粗细均匀，无砂眼、无划痕、无漏喷，无流坠、疙瘩、溅沫现象；装饰线、分色线干直；窗及其他构件表面洁净。

**2．饰面砖施工过程控制要点**

（1）监理人员对排砖、分格、弹线进行巡视检查，应符合设计要求和施工样板要求。对必须使用非整砖的部位，非整砖宽度不宜小于整砖宽度的 1/2，应弹出控制线，做出标记。（前期应进行策划采用 CAD 排版，策划墙面砖缝与地面砖缝对齐，墙面凸起、窗洞、门洞、爬梯等构筑物应合理分布在墙砖模数内）。

（2）统一弹出墙面上的水平线，大面积施工前应先放大样，并做出样板墙并经有关部门共同确认后，方可组织大面积施工。并向施工操作人员做好技术交底工作。

（3）饰面砖在粘贴前应放入水中浸泡 2～3h 后取出晾干备用。室内面砖粘贴宜从房间阳角开始，并由上而下进行，面砖背面满刮黏结材料，总厚度宜为 3～8mm；在黏结层允许调整时间内，可调整饰面砖的位置和接缝宽度并敲实；在超过允许调整时间后，严禁振动或移动饰面砖。

（4）填缝材料和接缝深度应符合设计要求，填缝按照先水平后垂直的顺序进行。

（5）窗台、檐口、装饰线等墙面凹凸部位应采用防水和排水构造。

（6）外墙转角处不应切割，宜采用海棠角收口。

**3．干挂石材施工过程控制要点**

（1）基层处理：先在墙上布置钢骨架，水平方向的角钢必须焊在竖向角钢上。

（2）聚苯板保温层安装：角钢龙骨与墙面之间的空隙内用聚合物砂浆满粘厚聚苯板。

（3）放线：按设计要求在墙面上弹出控制网，由中心向两边弹放，应弹出每块板的位置线和每个挂件的具体位置。

（4）石材钻孔或切槽：采用销钉式挂件和挂钩式挂件时，可用冲击钻在石材上钻孔。采用插片式挂件时可用角磨机在石材上切槽。应使用专门的机架，以固定板材和钻机等，保证所开孔、槽的准确度和减少石材破损。

（5）膨胀螺栓安装：按照放线的位置在墙面上打出膨胀螺栓的孔位，孔深以略大于膨胀螺栓套管的长度为宜。埋设膨胀螺栓并予以紧固，最后用测力扳手检测连接螺母的旋紧力度。

（6）挂件和石材安装：面层与基底应安装牢固，干挂配件为不锈钢，必须符合设计要求和国家标准。安装表面平整、洁净；拼花正确、纹理清晰通顺，颜色均匀一致；非整板部位安排适宜，阴阳角处的板压向正确。

（7）拼接缝的填塞与封闭：注胶均匀，胶缝平整饱满，亦可稍凹于板面。为保证拼缝两侧石材不被污染，应在拼缝两侧的石板上贴胶带纸保护，打完胶后再撕掉。

（8）擦缝及饰面清理：石材安装完毕后，清除所有的石膏和余浆痕迹。色浆嵌缝和石材的出厂颜色协调，缝格密实均匀、颜色一致、板缝通顺，接缝填嵌密实、宽窄一致，无错台、错位。

（9）采用干挂石材的外立面若开孔或穿透安装其他构配件（支架、爬梯），开的孔洞应进行防水封堵。

### （三）检查与验收

依照《变电（换流）站土建工程施工质量验收规范》（Q/GDW 10183—2021）附录B.1 及国家电网有限公司统一验收表式相关要求，墙面为装饰装修分部工程中的分项工程。验收程序应为专业监理工程师组织检验批及分项工程的验收。

（1）检验批：审核并签认施工检验批资料，填写监理平行检验记录表。

（2）分项工程：由以上同一工序多个检验批汇总，专业监理工程师审核、签认分项工程质量验收记录。

## 四、报告与记录

施工过程中形成的主要成果资料见表7-4。

表 7-4　　　　　　　　　　　　施工过程中形成的主要成果资料

| 序号 | 编号 | 名 称 | 填 报 |
|---|---|---|---|
| 1 | JXM3 | 文件审查记录表 | 总监理工程师 |
| 2 | JJS3 | 施工图预检记录表 | 总监理工程师、专业监理工程师 |
| 3 | JZL3 | 平行检查记录表 | 专业监理工程师 |
| 4 | JXM4 | 监理策划文件报审表 | 细则专监编写，总监审批 |
| 5 | JXM15 | 监理通知单 | 总监理工程师、专业监理工程师 |

| 序号 | 编号 | 名　　称 | 填　报 |
|---|---|---|---|
| 6 | JZL1 | 见证取样统计表 | 监理员 |
| 7 | JXM15 | 质量、安全活动记录 | 总监、专监 |

## 五、附表

对施工方案进行审核时，应运用数字监理平台逐项审查并勾选检查结果，填写修改意见。在平行检验及旁站时，根据表格内容逐项检查，并根据系统要求留存影像资料。未应用数字监理平台可采用纸质表单执行。

文件审查记录表如表 7-5 所示，平行检验记录表如表 7-6～表 7-8 所示。

表 7-5　　　　　　　　　　　文件审查记录表（装饰装修施工方案）

工程名称：　　　　　　　　　　　　　　　　　　　　　　　　　　　编号：

| 文件名称 | （写文件全称，××施工方案—报审表编号） | | |
|---|---|---|---|
| 送审单位 | （编制单位全称） | | |
| 序号 | 监理项目部审查标准 | 检查结果 | 施工项目部反馈意见 |
| 1 | 施工方案的编审批流程是否已按要求履行 | □合格　□不合格 | |
| | 修改意见： | | |
| 2 | 施工方案的编制依据是否已过期 | □合格　□不合格 | |
| | 修改意见： | | |
| 3 | 工程概况中应描述图纸中关于涂饰墙面或饰面砖墙面或干挂石材墙面的材料等重要技术参数和质量标准要求 | □合格　□不合格 | |
| | 修改意见： | | |
| 4 | 施工方案（措施）制定的施工工艺流程应合理，并绘制流程图。不得使用国家严厉禁止的施工工艺、建筑材料及施工机械 | □合格　□不合格 | |
| | 修改意见： | | |
| 5 | 根据各部位施工进度计划及流水段划分进行劳动力安排，满足施工进度计划及流水施工的需要 | □合格　□不合格 | |
| | 修改意见： | | |
| 6 | 应明确涂饰墙面或饰面砖墙面或干挂石材墙面的相关技术要求，包括涂饰墙面或饰面砖墙面或干挂石材墙面的工艺流程等技术要求 | □合格　□不合格 | |
| | 修改意见： | | |
| 7 | 施工方案内容应包括安全危险点分析或危险源辨识、环境因素识别应准确、全面 | □合格　□不合格 | |
| | 修改意见： | | |

续表

| 序号 | 监理项目部审查标准 | 检查结果 | 施工项目部反馈意见 |
|---|---|---|---|
| 8 | "施工准备"中现场材料、工具设备、安全防护布置是否满足施工需求等 | □合格 □不合格 | |
| | 修改意见： | | |
| 9 | 明确质量标准及验收方法，包括涂饰墙面或饰面砖墙面或干挂石材墙面的材料品种、强度要求、外观质量要求及检验方法等 | □合格 □不合格 | |
| | 修改意见： | | |
| 10 | 对施工质量通病制定防治措施，应有保障强制性条文执行和标准工艺应用的说明 | □合格 □不合格 | |
| | 修改意见： | | |
| 11 | 存在的其他问题 | | |

总/专业监理工程师：_____
日　　期：____年__月__日

项目经理：_____
日　期：____年__月__日

| 监理复查意见 | 总/专业监理工程师：_____<br>日　期：____年__月__日 |
|---|---|

注　本表使用过程中可自行增加内容。本表一式两份，监理、施工项目部各存1份。

表7-6　　　　　　　平行检验记录表（水性涂料涂饰）

工程名称：　　　　　　　　　　　　　　　　　　　编号：

| 检验对象分类 | | | □设备　　　□材料　　　□工序 | | |
|---|---|---|---|---|---|
| 检验对象基本信息 | 设备 | 设备名称 | | 设备型号规格 | |
| | | 生产厂家 | | 安装位置 | |
| | 使用器具 | 工器具名称 | | 工器具型号规格 | |
| | | 生产厂家 | | 使用单位 | |
| | 材料 | 材料名称 | | 材料型号规格 | |
| | | 生产厂家 | | 使用部位 | |
| | 工序 | 工序名称 | 水性涂料涂饰 | 实施单位 | |
| | | 其他 | 使用部位： | | |

| 序号 | 检验项目 | 质量标准 | 质量检验结果 | | 备注 |
|---|---|---|---|---|---|
| 1 | 涂料品种、型号和性能☆ | 应符合设计要求和现行有关标准的规定 | □合格 | □不合格 | |
| 2 | 涂饰颜色和图案 | 应符合设计要求 | □合格 | □不合格 | |
| 3 | 涂饰综合质量 | 涂料应涂饰均匀、黏结牢固，不得漏涂、透底、起皮和掉粉 | □合格 | □不合格 | |
| 4 | 基层处理☆ | 应符合现行有关标准的规定 | □合格 | □不合格 | |
| 5 | 涂层与其他装修材料和设备衔接处 | 应吻合，界面应清晰 | □合格 | □不合格 | |

| 序号 | 检 验 项 目 | | | 质 量 标 准 | 质量检验结果 | 备注 |
|---|---|---|---|---|---|---|
| 6 | 涂饰质量 | 颜色 | 通涂饰 | 均匀一致 | □合格　□不合格 | |
| | | | 高级涂饰 | 均匀一致 | □合格　□不合格 | |
| | | 泛碱、褪色 | 普通涂饰 | 允许少量轻微 | □合格　□不合格 | |
| | | | 高级涂饰 | 不允许 | □合格　□不合格 | |
| | | 薄涂料流坠、疙瘩 | 普通涂饰 | 允许少量轻微 | □合格　□不合格 | |
| | | | 高级涂饰 | 不允许 | □合格　□不合格 | |
| | | 薄涂料砂眼，刷纹 | 普通涂饰 | 允许少量轻微砂眼、刷纹通顺 | □合格　□不合格 | |
| | | | 高级涂饰 | 高级涂饰 | □合格　□不合格 | |
| 7 | 装饰线分色线直线度允许偏差 | 普通涂饰 | | ≤2mm | | |
| | | 高级涂饰 | | ≤1mm | | |
| 8 | 厚涂料点状分布 | 普通涂饰 | | — | | |
| | | 高级涂饰 | | 疏密均匀 | | |
| 9 | 复层涂料喷点疏密程度 | | | 均匀，不允许连片 | □合格　□不合格 | |
| 检验结论 | | | | □合格　□不合格 | | |
| 检验仪器及编号 | | | 经纬仪：　　　　水准仪：　　　　钢卷尺： | | | |
| 检验人员 | | | 检验日期 | 年　月　日 | | |

注　带☆号检验项目为主控项目。

表 7-7　　　　　　　平行检验记录表（饰面砖粘贴）

工程名称：　　　　　　　　　　　　　　　　　编号：

| 检验对象分类 | | | □设备　　　□材料　　　□工序 | | |
|---|---|---|---|---|---|
| 检验对象基本信息 | 设备 | 设备名称 | | 设备型号规格 | |
| | | 生产厂家 | | 安装位置 | |
| | 使用器具 | 工器具名称 | | 工器具型号规格 | |
| | | 生产厂家 | | 使用单位 | |
| | 材料 | 材料名称 | | 材料型号规格 | |
| | | 生产厂家 | | 使用部位 | |
| | 工序 | 工序名称 | 饰面砖粘贴 | 实施单位 | |
| | | 其他 | 使用部位： | | |
| 序号 | 检 验 项 目 | 质 量 标 准 | | 质量检验结果 | 备注 |
| 1 | 饰面砖粘贴☆ | 必须牢固 | | □合格　□不合格 | |

续表

| 序号 | 检 验 项 目 | | 质 量 标 准 | 质量检验结果 | 备注 |
|---|---|---|---|---|---|
| 2 | 饰面砖的品种、规格、图案颜色和性能 | | 应符合设计要求及现行有关标准的规定 | □合格 □不合格 | |
| 3 | 粘贴材料及施工方法 | | 饰面砖粘贴工程的找平、防水、黏结和勾缝材料及施工方法应符合设计要求及国家现行产品标准和工程技术标准的规定 | □合格 □不合格 | |
| 4 | 满粘法施工 | | 满粘法施工的饰面砖工程应无空鼓、裂缝 | □合格 □不合格 | |
| 5 | 表面质量 | | 饰面砖表面应平整、洁净、色泽一致，无裂痕和缺损 | □合格 □不合格 | |
| 6 | 阴阳角及非整砖 | | 阴阳角处搭接方式、非整砖使用部位应符合设计要求 | □合格 □不合格 | |
| 7 | 突出物周围砖套割质量 | | 饰面砖应整砖套割吻合，边缘应整齐。墙裙、贴脸突出墙面的厚度应一致 | □合格 □不合格 | |
| 8 | 饰面砖接缝、填嵌、宽深 | | 接缝应平直、光滑，填嵌应连续、密实；宽度和深度应符合设计要求 | □合格 □不合格 | |
| 9 | 滴水线（槽） | | 滴水线（槽）应顺直，流水坡向应正确，坡度应符合设计要求 | □合格 □不合格 | |
| 10 | 立面垂直度 | 外墙面砖 | ≤3mm | | |
| | | 内墙面砖 | ≤2mm | | |
| 11 | 表面平整度 | 外墙面砖 | ≤4mm | | |
| | | 内墙面砖 | ≤3mm | | |
| 12 | 阴阳角方正 | 外墙面砖 | ≤3mm | | |
| | | 内墙面砖 | ≤3mm | | |
| 13 | 接缝直线度 | 外墙面砖 | ≤3mm | | |
| | | 内墙面砖 | ≤2mm | | |
| 14 | 接缝高低差 | 外墙面砖 | ≤1mm | | |
| | | 内墙面砖 | ≤0.5mm | | |
| 15 | 接缝宽度偏差 | 外墙面砖 | ≤1mm | | |
| | | 外墙面砖 | ≤1mm | | |
| 检验结论 | | | □合格 □不合格 | | |
| 检验仪器及编号 | | 经纬仪： | 水准仪： | 钢卷尺： | |
| 检验人员 | | | 检验日期 | 年 月 日 | |

注 带☆号检验项目为主控项目。

表 7-8　　　　　　　　　　　平行检验记录表（石材幕墙）

工程名称：　　　　　　　　　　　　　　　　　　　　　　　编号：

| 检验对象分类 | | | □设备 | □材料 | □工序 |
|---|---|---|---|---|---|
| 检验对象基本信息 | 设备 | 设备名称 | | 设备型号规格 | |
| | | 生产厂家 | | 安装位置 | |
| | 材料 | 材料名称 | | 材料型号规格 | |
| | | 生产厂家 | | 使用部位 | |
| | 工序 | 工序名称 | 石材幕墙 | 实施单位 | |
| | | 其他 | 使用部位： | | |

| 序号 | 检验项目 | 质量标准 | 质量检验结果 | 备注 |
|---|---|---|---|---|
| 1 | 预埋件和后置埋件☆ | 石材幕墙主体结构上的预埋件和后置埋件的位置、数量及后置埋件的拉拔力必须符合设计要求 | □合格　□不合格 | |
| 2 | 材料品种、规格、性能等级 | 应符合设计要求及国家现行产品标准和工程技术标准的规定。石材的弯曲强度不应小于 8.0MPa；吸水率应小于0.8%。石材幕墙的铝合金挂件厚度不应小于 4.0mm，不锈钢挂件厚度不应小于3.0mm | □合格　□不合格 | |
| 3 | 造型、立面分格、颜色、光泽、花纹和图案 | 应符合设计要求 | □合格　□不合格 | |
| 4 | 石材孔、槽 | 数量、深度、位置、尺寸应符合设计要求 | □合格　□不合格 | |
| 5 | 各种连接件 | 石材幕墙的金属框架立柱与主体结构预埋件的连接、立柱与横梁的连接、连接件与金属框架的连接、连接件与石材面板的连接必须符合设计要求，安装必须牢固 | □合格　□不合格 | |
| 6 | 金属框架和连接件防腐处理 | 应符合设计要求和现行有关标准的规定 | □合格　□不合格 | |
| 7 | 石材幕墙防雷装置 | 必须与主体结构防雷装置可靠连接 | □合格　□不合格 | |
| 8 | 防火、保温、防潮材料 | 石材幕墙的防火、保温、防潮材料的设置应符合设计要求，填充应密实、均匀、厚度一致 | □合格　□不合格 | |
| 9 | 各种结构变形缝、墙角连接节点 | 应符合设计要求和技术标准的规定 | □合格　□不合格 | |
| 10 | 石材表面和板缝处理 | 应符合设计要求 | □合格　□不合格 | |
| 11 | 板缝注胶 | 应饱满、密实、连续、均匀、无气泡，板缝宽度和厚度应符合设计要求和技术标准的规定 | □合格　□不合格 | |
| 12 | 幕墙防水 | 石材幕墙应无渗漏 | □合格　□不合格 | |
| 13 | 石材幕墙表面质量 | 表面应平整、洁净，无污染、缺损和裂痕。颜色和花纹应协调一致，无明显色差，无明显修痕 | □合格　□不合格 | |

续表

| 序号 | 检验项目 | | 质量标准 | 质量检验结果 | 备注 |
|---|---|---|---|---|---|
| 14 | 石材幕墙压条 | | 应平直、洁净、接口严密、安装牢固 | □合格 □不合格 | |
| 15 | 细部质量 | | 石材接缝应横平竖直、宽窄均匀；阴阳角石板压向应正确，板边合缝应顺直；凸凹线出墙厚度应一致，上下口应平直；石材面板上洞口、槽边应套割吻合，边缘应整齐 | □合格 □不合格 | |
| 16 | 密封胶缝 | | 横平竖直、深浅一致、宽窄均匀、光滑顺直 | □合格 □不合格 | |
| 17 | 滴水线、流水坡向 | | 石材幕墙上的滴水线、流水坡向应正确、顺直 | □合格 □不合格 | |
| 18 | 每平方米石材表面质量 | 裂痕、明显划伤和长度大于100mm的轻微划伤 | 不允许 | □合格 □不合格 | |
| | | 长度不大于100mm的轻微划伤 | ≤8mm | | |
| | | 擦伤总面积 | ≤500mm | | |
| 19 | 幕墙垂直度 | | ≤10mm | | |
| 20 | 幕墙水平度 | | ≤3mm | | |
| 21 | 板材立面垂直度 | | ≤3mm | | |
| 22 | 板材上沿水平度 | | ≤2mm | | |
| 23 | 相邻板材板角错位 | | ≤1mm | | |
| 24 | 幕墙表面平整度 | 光面 | ≤2mm | | |
| | | 麻面 | ≤3mm | | |
| 25 | 阳角方正 | 光面 | ≤2mm | | |
| | | 麻面 | ≤4mm | | |
| 26 | 接缝直线度 | 光面 | ≤3mm | | |
| | | 麻面 | ≤4mm | | |
| 27 | 接缝高低差 | 光面 | ≤1mm | | |
| | | 麻面 | — | | |
| 28 | 接缝宽度 | 光面 | ≤1mm | | |
| | | 麻面 | ≤2mm | | |
| 检验结论 | | | □合格 □不合格 | | |
| 检验仪器及编号 | | 经纬仪： | 水准仪： | 钢卷尺： | |
| 检验人员 | | | 检验日期 | 年 月 日 | |

注 带带☆号检验项目为主控项目。

# 第二节

# 顶　　面

根据吊顶的材质及施工工艺不同，顶面分为铝条板吊顶、矿棉板吊顶。

## 一、节点管控表

吊顶施工节点管控表如表 7-9 所示。

表 7-9　　　　　　　　　　吊顶施工节管控表

| 工艺流程图 | 监理主要工作 | 监理成果 |
|---|---|---|
| 施工准备 | 审查施工单位人员、机械、材料、施工方案，对现场安全文明布置情况进行检查 | 根据管控要点逐一审查/检查，填写文件审查记录表 |
| 基层弹线 | 巡检抽查 | 填写预制构件平行检验记录表 |
| 安装吊杆、安装主龙骨、安装边龙骨、安装次龙骨、安装铝合金条板 | 隐蔽验收 | |
| 饰面清理 | 巡检抽查 | |
| 顶面验收 | 组织分项工程验收，对工程实体及验收资料进行检查 | 审核、签认施工检验批及分项工程报审资料 |

编制说明：
1. 编制目的：根据施工工艺流程，列明监理主要工作内容及应及时填写的表单。
2. 编制依据：标准工艺，统一验收表式及质量验评划分表，安全风险管理规程。

## 二、主要安全风险及控制措施

### （一）安全风险

物体打击、高处坠落。

### （二）安全控制措施

（1）施工前检查施工操作平台架子、机械设备、用具、安全带有无损坏，确保机械性能良好及各种用具无异常现象方能进行使用，并在检验牌签字确认。

（2）中小型机具的安全防护装置必须保持齐全、完好、灵敏有效，经检验合格，履行验收手续后方可使用。

（3）使用人字梯攀高作业时只准一人使用，禁止同时两人作业。

（4）安全带、安全帽、后备保护绳、速差保护等个人安全器具外观完好且在检验合格期内。

（5）作业区域应相对封闭，非作业人员未经允许不得进入施工区域，避免物体打击。

## 三、施工控制要点

### （一）作业前控制要点

（1）本作业的施工人员和机械已进场，特殊工种作业人员满足施工需要。

（2）本作业的计量器具、仪表经法定单位检定合格，且在有效期内。

（3）物资材料准备能满足本作业连续施工需要。检查所用材料出厂检测报告及产品合格证，检查进场材料的品种、规格、型号等是否符合图纸要求，检查进场材料外观质量是否完好。

（4）审查施工单位上报的施工方案是否符合现场情况及相关强制性标准。

（5）轻钢骨架顶棚在大面积施工前，应做样板间，对顶棚的起拱度、灯槽、窗帘盒等处进行构造处理，经建设、监理单位确认后再大面积施工。确定好灯位及各种照明孔口的位置。

（6）施工前应仔细核对建筑、结构、暖通、水电等图纸，及时确认与吊顶冲突、相碰的位置，并与设计单位联系，现场不得自行处理，以免危及结构安全。

### （二）施工过程控制

**1. 铝条板吊顶施工过程控制**

（1）弹线：监理人员依据施工图纸标高数据，查验施工单位已经绘制出的龙骨分挡位置线。

（2）安装主龙骨吊杆：检查吊杆材料及间距，应符合设计要求。吊杆通常选用 $\phi 8$ 圆钢，吊筋间距控制在 1200mm 范围内。

（3）安装主龙骨：主龙骨一般选用 C38 轻钢龙骨，间距控制在 1200mm 范围内。安装时采用与主龙骨配套的吊件与吊杆连接。

（4）安装边龙骨：按天花净高要求在墙四周用水泥钉固定 25mm×25mm 烤漆龙骨，水泥钉间距不大于 300mm。

（5）安装次龙骨：根据铝条板的规格尺寸，安装与板配套的次龙骨，次龙骨通过吊挂件吊挂在主龙骨上。当次龙骨长度需多根延续接长时，用次龙骨连接件，在吊挂次龙骨的同时，将相对端头相连接，并先调直后固定。

（6）安装铝条板：铝条板安装时在装配面积的中间位置垂直次龙骨方向拉一条基准线，对齐基准线向两边安装。安装时，必须顺着翻边部位顺序将条板两边轻压，卡进龙骨后再推紧。

（7）加强安全质量的巡查工作，发现问题应及时签发监理通知单。

**2. 矿棉板吊顶施工过程控制**

（1）弹线：监理人员利用检验仪器，根据施工图纸标高数据，查验施工单位已经绘制出的龙骨安装标准线。

（2）安装吊筋：根据施工图纸要求确定吊筋的位置，安装吊筋预埋件（角铁），刷防锈漆，吊杆采用直径为 $\phi 8$ 的钢筋制作，吊点间距 900～1200mm。安装时上端与预埋件焊接，下端套丝后与吊件连接。安装完毕的吊杆端头外露长度不小于 3mm。

（3）安装主龙骨：安装主龙骨时，应将主龙骨吊挂件连接在主龙骨上，拧紧螺钉，并根据要求吊顶起拱 1/200，随时检查龙骨的平整度。房间内主龙骨沿灯具的长方向排布，注意避开灯具位置；走廊内主龙骨沿走廊短方向排布。

（4）安装次龙骨：次龙骨选用烤漆 T 型龙骨。间距与板横向规格同，将次龙骨通过挂件吊挂在大龙骨上。

（5）安装边龙骨：采用 L 型边龙骨，与墙体用塑料胀管自攻螺钉固定，固定间距 200mm。

（6）隐蔽检查：在水电安装、试水、打压完毕后，应对龙骨进行隐蔽检查，合格后方可进入下道工序。

（7）安装饰面板：矿棉板选用认可的规格形式，明龙骨矿棉板直接搭在 T 型烤漆龙骨上。

（8）加强安全质量的巡查工作，及时发施工中的问题，发现问题，及时签发监理通知单。

## （三）检查与验收

依照《变电（换流）站土建工程施工质量验收规范》（Q/GDW 10183—2021）附录 B.1 及国家电网有限公司统一验收表式相关要求，铝条板吊顶、矿棉板吊顶为装饰装修分部工程中的分项工程。验收程序应为专业监理工程师组织检验批及分项工程的验收。

（1）检验批：审核并签认施工检验批资料，填写监理平行检验记录表。

（2）分项工程：由以上同一工序多个检验批汇总，专业监理工程师审核、签认分项工程质量验收记录。

## 四、报告与记录

施工过程中形成的主要成果资料见表 7-10。作业中引用或产生的报告与记录的表单样例，见本小节附表。

表 7-10　　　　　　　　　　施工过程中形成的主要成果资料

| 序号 | 编号 | 名　　称 | 填　　报 |
|---|---|---|---|
| 1 | JXM3 | 文件审查记录表 | 总监理工程师 |
| 2 | JJS3 | 施工图预检记录表 | 总监理工程师、专业监理工程师 |
| 3 | JZL3 | 平行检查记录表 | 专业监理工程师 |
| 4 | JXM4 | 监理策划文件报审表 | 细则专业监理工程师编写,总监理工程师审批 |
| 5 | JXM15 | 监理通知单 | 总监理工程师、专业监理工程师 |
| 6 | JXM15 | 质量、安全活动记录 | 总监理工程师、专业监理工程师 |

## 五、附表

对施工方案进行审核时，应运用数字监理平台逐项审查并勾选检查结果，填写修改意见。在平行检验时，根据表格内容逐项检查，并根据系统要求留存影像资料。未应用数字监理平台可采用纸质表单执行。

文件审查记录如表 7-11 所示，平行检验记录表如表 7-12 所示。

表 7-11　　　　　　　　　文件审查记录表（装饰装修施工方案）

工程名称：　　　　　　　　　　　　　　　　　　　　　　　编号：

| 文件名称 | （写文件全称，××施工方案—报审表编号） | | |
|---|---|---|---|
| 送审单位 | （编制单位全称） | | |
| 序号 | 监理项目部审查标准 | 检查结果 | 施工项目部反馈意见 |
| 1 | 施工方案的编审批流程是否已按要求履行 | □合格　□不合格 | |
| | 修改意见： | | |
| 2 | 施工方案的编制依据是否已过期 | □合格　□不合格 | |
| | 修改意见： | | |
| 3 | 工程概况中应描述图纸中关于铝条板吊顶或矿棉板吊顶的材料等重要技术参数和质量标准要求 | □合格　□不合格 | |
| | 修改意见： | | |

| 序号 | 监理项目部审查标准 | 检查结果 | 施工项目部反馈意见 |
|---|---|---|---|
| 4 | 施工方案（措施）制定的施工工艺流程应合理，并绘制流程图。不得使用国家严厉禁止的施工工艺、建筑材料及施工机械 | □合格　□不合格 | |
| | 修改意见： | | |
| 5 | 根据各部位施工进度计划及流水段划分进行劳动力安排，满足施工进度计划及流水施工的需要 | □合格　□不合格 | |
| | 修改意见： | | |
| 6 | 应明确铝条板吊顶或矿棉板吊顶的相关技术要求，包括铝条板吊顶或矿棉板吊顶的工艺流程等技术要求 | □合格　□不合格 | |
| | 修改意见： | | |
| 7 | 施工方案内容应包括安全危险点分析或危险源辨识、环境因素识别应准确、全面 | □合格　□不合格 | |
| | 修改意见： | | |
| 8 | "施工准备"中现场材料、工具设备、安全防护布置是否满足施工需求等 | □合格　□不合格 | |
| | 修改意见： | | |
| 9 | 明确质量标准及验收方法，包括铝条板吊顶或矿棉板吊顶的材料品种、强度要求、外观质量要求及检验方法等 | □合格　□不合格 | |
| | 修改意见： | | |
| 10 | 对施工质量通病制定防治措施，应有保障强制性条文执行和标准工艺应用的说明 | □合格　□不合格 | |
| | 修改意见： | | |
| 11 | 存在的其他问题 | | |

总/专业监理工程师：_____
日　期：_____年__月__日

项目经理：_____
日　期：_____年__月__日

监理复查意见

总/专业监理工程师：_____
日　期：_____年__月__日

注　本表使用过程中可自行增加内容。本表一式两份，监理、施工项目部各存1份。

**表 7-12**                 平行检验记录表（轻钢骨架）

工程名称：                                                       编号：

| 检验对象分类 | | | □设备 | □材料 | □工序 |
|---|---|---|---|---|---|
| 检验对象基本信息 | 设备 | 设备名称 | | 设备型号规格 | |
| | | 生产厂家 | | 安装位置 | |
| | 使用器具 | 工器具名称 | | 工器具型号规格 | |
| | | 生产厂家 | | 使用单位 | |
| | 材料 | 材料名称 | | 材料型号规格 | |
| | | 生产厂家 | | 使用部位 | |
| | 工序 | 工序名称 | 轻钢骨架 | 实施单位 | |
| | | 其他 | 使用部位： | | |

| 序号 | 检验项目 | 质量标准 | 质量检验结果 | 备注 |
|---|---|---|---|---|
| 1 | 吊顶所用龙骨配件材料的品种、规格、性能应符合设计要求☆ | 符合设计要求 | □合格 □不合格 | |
| 2 | 吊顶边框龙骨与基体结构连接牢固，并应平整、垂直、位置正确☆ | 符合设计要求 | □合格 □不合格 | |
| 3 | 吊顶中龙骨间距和构件连接方法应符合设计要求。洞口等部位加强龙骨应安装牢固、位置正确☆ | 主龙骨，副龙骨间距符合设计要求 | □合格 □不合格<br>主龙骨间距：<br>副龙骨间距： | |
| 4 | 饰面材料材质、品种、规格、等应符合设计要求。饰面材料接缝应按其施工工艺标准进行板缝防裂处理☆ | 以厚纸面板覆面，其材质等均符合设计要求。纸面石膏板的接缝以拉法基绷带粘贴密封处理 | □合格 □不合格 | |
| 5 | 外观质量 | 不宜有一般缺陷，对已出现的一般缺陷，应按技术处理方案进行处理，并重新验收 | □合格 □不合格 | |
| 检验结论 | | □合格 □不合格 | | |
| 检验仪器及编号 | | 经纬仪：<br>钢卷尺： | 水准仪： | |
| 检验人员 | | 检验日期 | 年 月 日 | |

注   带☆号检验项目为主控项目。

# 第三节

# 地　　面

根据地面的材料及施工工艺的不同，地面分为自流平面层、塑胶面层、砖面层、花岗岩面层、防静电地板。

## 一、节点管控表

自流平面层、塑料面层、砖面层、花岗岩面层、防静电地板的施工节点表分别如表7-13～表7-17所示。

表 7-13　　　　　　　　　　　　自流平面层施工节点管控表

| 工艺流程图 | 监理主要工作 | 监理成果 |
|---|---|---|
| 施工准备 | 审查施工单位人员、机械、材料、施工方案，对现场安全文明布置情况进行检查 | 根据管控要点逐一审查/检查，填写文件审查记录表 |
| 基层处理 | 巡检抽查 | 填写自流平面层平行检验记录表 |
| 底涂施工 | 巡检抽查 | |
| 浆料拌和 | 巡检抽查 | |
| 中涂施工 | 巡检抽查 | |
| 腻子修补 | 巡检抽查 | |
| 面涂施工 | 巡检抽查 | |
| 质量验收 | 组织分项工程验收，对工程实体及验收资料进行检查 | 审核、签认施工检验批及分项工程报审资料 |

编制说明：
1. 编制目的：根据施工工艺流程，列明监理主要工作内容及应及时填写的表单。
2. 编制依据：标准工艺，统一验收表式及质量验评划分表，安全风险管理规程。

表 7-14　　　　　　　　　　　　　塑胶面层施工节点管控表

| 工艺流程图 | 监理主要工作 | 监 理 成 果 |
|---|---|---|
| 施工准备 | 审查施工单位人员、机械、材料、施工方案，对现场安全文明布置情况进行检查 | 根据管控要点逐一审查/检查，填写文件审查记录表 |
| 垫层 | 巡检抽查 | 填写塑胶面层平行检验记录表 |
| 混凝土层 | 巡检抽查 | |
| 底层塑胶铺设 | 巡检抽查 | |
| 面层塑胶铺设 | 巡检抽查 | |
| 质量验收 | 组织分项工程验收，对工程实体及验收资料进行检查 | 审核、签认施工检验批及分项工程报审资料 |

编制说明：
1. 编制目的：根据施工工艺流程，列明监理主要工作内容及应及时填写的表单。
2. 编制依据：标准工艺，统一验收表式及质量验评划分表，安全风险管理规程。

表 7-15　　　　　　　　　　　　　砖面层施工节点管控表

| 工艺流程图 | 监理主要工作 | 监 理 成 果 |
|---|---|---|
| 施工准备 | 审查施工单位人员、机械、材料、施工方案，对现场安全文明布置情况进行检查 | 根据管控要点逐一审查/检查，填写文件审查记录表 |
| 基层处理 | 巡检抽查 | 填写砖面层平行检查记录表 |
| 刷素水泥浆 | 巡检抽查 | |
| 水泥砂浆找平层 | 巡检抽查 | |
| 水泥砂浆结合层 | 巡检抽查 | |
| 地砖铺设 | 巡检抽查 | |
| 灌缝 | 巡检抽查 | |
| 质量验收 | 组织分项工程验收，对工程实体及验收资料进行检查 | 审核、签认施工检验批及分项工程报审资料 |

编制说明：
1. 编制目的：根据施工工艺流程，列明监理主要工作内容及应及时填写的表单。
2. 编制依据：标准工艺，统一验收表式及质量验评划分表，安全风险管理规程。

表 7-16 花岗岩面层施工节点管控表

| 工艺流程图 | 监理主要工作 | 监理成果 |
|---|---|---|
| 施工准备 | 审查施工单位人员、机械、材料、施工方案,对现场安全文明布置情况进行检查 | 根据管控要点逐一审查/检查,填写文件审查记录表 |
| 基层处理 | 巡检抽查 | 填写砖面层平行检查记录表 |
| 贴灰饼 | 巡检抽查 | |
| 试铺 | 巡检抽查 | |
| 板材清洁并润湿 | 巡检抽查 | |
| 板材铺贴 | 巡检抽查 | |
| 洒水养护 | 巡检抽查 | |
| 质量验收 | 组织分项工程验收,对工程实体及验收资料进行检查 | 审核、签认施工检验批及分项工程报审资料 |

编制说明:
1. 编制目的:根据施工工艺流程,列明监理主要工作内容及应及时填写的表单。
2. 编制依据:标准工艺,统一验收表式及质量验评计划分表,安全风险管理规程。

表 7-17 防静电地板施工节点管控表

| 工艺流程图 | 监理主要工作 | 监理成果 |
|---|---|---|
| 施工准备 | 审查施工单位人员、机械、材料、施工方案,对现场安全文明布置情况进行检查 | 根据管控要点逐一审查/检查,填写文件审查记录表 |
| 基层处理 | 巡检抽查 | 填写防静电地板平行检查记录表 |
| 底座、活动支架安装 | 巡检抽查 | |
| 柱帽、横梁安装 | 巡检抽查 | |
| 面板块铺设 | 巡检抽查 | |
| 质量验收 | 组织分项工程验收,对工程实体及验收资料进行检查 | 审核、签认施工检验批及分项工程报审资料 |

编制说明:
1. 编制目的:根据施工工艺流程,列明监理主要工作内容及应及时填写的表单。
2. 编制依据:标准工艺,统一验收表式及质量验评计划分表,安全风险管理规程。

## 二、主要安全风险及控制措施

### （一）主要安全风险

触电、机械伤害。

### （二）安全控制措施

（1）用电设备外壳均加装保护接地。移动式用电设备开关均装漏电保护装置。

（2）卸载、搬运安全控制措施。

1）起吊卸载：工作前必须检查作业环境、吊具、防护用品安全可靠性，发现问题及时处理。零散设备、材料试吊前要捆紧成团，结实牢固，吊绳要与装载机挂钩挂接牢固。试吊设备、材料前待指挥员发出信号，人员必须离开吊件下方，左右 5m 范围内严禁站人。所有人员不准用手接触已吊紧的钢丝绳和吊件。每次搬移，安全员要监护装载机运行情况，发现问题立即向指挥员汇报及时处理。卸载设备、材料物品时，待装载机停稳，设备、材料支稳后方可落地松绳、拆卸。

2）搬运：所有搬运人员应佩戴好安全帽、工作服、手套等防护用品。大、重、长物料须多人合力搬运，二人以上抬扛物料时，要留有足够的安全距离，防止间距过小相互碰伤。物料搬运到指定地点后必须轻放，严防猛扔摔坏，防止物料弹起伤人。

（3）对人体直接频繁接触的机械，必须有完好紧急制动装置，该制动钮位置必须使操作者在机械作业活动范围内随时可触及到；机械设备各传动部位必须有可靠防护装置；机械设备运转时，操作者不得离开工作岗位。工作结束后，应关闭开关，将刀具和工件从工作位置取下。

## 三、室内地面施工控制要点

### （一）作业前控制要点

（1）本作业的施工人员和机械已进场，特殊工种作业人员满足施工需要。

（2）本作业的计量器具、仪表经法定单位检定合格，且在有效期内。

（3）物资材料准备能满足本作业连续施工需要。材料进场后，应检查所用材料出厂检测报告及产品合格证，检查进场材料的品种、规格、型号等是否符合图纸要求，检查进场材料外观质量是否完好。

（4）本工程相关的施工图已进行交底、会检，审查施工单位上报的施工方案是否符合现场情况及相关强制性标准。

（5）施工前地面应干燥，温度宜为 15～35℃，地面相对湿度不宜大于 85%，不要有过强的穿堂风，以免造成局部过早干燥。

（6）地面装饰施工前，一般基层面应进行凿除浮浆和表面打毛处理，部分地面根据装饰面材料性质要进行坐浆，应根据施工方案的相关内容进行检查确认，方可进行下步工序。

## （二）施工过程控制要点

### 1. 自流平面层施工过程控制要点

（1）检查基层是否平整、分隔缝留置位置应与基层缝位置一致。

（2）施工环境要求：应干燥地面的温度不应低于 10℃，宜为 15～35℃，地面相对湿度不超过 90%，宜为 85%以下；无雨雪，不要有过强的穿堂风，以避免造成局部过早干燥。若夏季炎热温度较高，宜选择夜间施工。

（3）基层不得有松散的混凝土、油脂、杂物。尘土吸净；地面上的地漏、地沟、分格缝等要先用海绵条封住；原垫层所留分格缝需要与自流平砂浆同等材质进行封闭。

（4）刷第二道界面剂之前和自流平施工前，要求界面剂表面要干燥，以便获得更好的粘接性。

（5）施工时应注意保持通风，界面剂不耐冻，低温状态下，储存和运输时应注意保温，施工用水应是洁净的自来水。

（6）自流平地面必须连续施工，中间不得停歇；加水后使用时间为 20～30min，超过后自流平砂浆将逐渐凝固，产生强度而失去流动性。浇筑宽度可以根据泵的容量和铺摊厚度而定，通常不超过 10～20m；过宽的地面需用海绵条分隔成小块施工。对于要求特别光滑的地面，浇筑宽度要窄。

（7）在寒冷情况下，要用温水（水温不超过 35℃）搅拌。

（8）施工完成后检查自流平地面面层是否洁净，色泽是否一致，无接茬痕迹，与地面埋件、预留洞口、踢脚线处接缝是否顺直，收边必须整齐，阴阳角必须方正。

### 2. 塑胶面层施工过程控制要点

（1）基层表面应平整、洁净、无麻面、起砂、裂缝等缺陷，表面平整度≤2mm，监理人员可用 2m 靠尺和塞尺检查。

（2）铺贴前基层涂底胶，均匀涂刷。

（3）铺设时应注意花纹同向铺设。若铺设过程中有地胶渗出，需采取相应措施及时处理。

（4）拼接处高低差为零，无缝隙拼接。

（5）地板粘贴应牢固、不翘边、不脱胶、无溢胶。

### 3. 砖面层与花岗岩面层施工过程控制要点

（1）砖面层。

1）基层表面的浮土和砂浆应清理干净。

2）隐蔽工程验收合格，蓄水试验无渗漏，穿楼地面的管洞封堵密实。

3）板材铺贴前，应先放线排版，并对地面基层进行湿润，随刷随铺。

4）水泥砂浆结合层应从里往外、从大面往小面摊铺。应严格处理底层（垫层或基层），认真清理表面的浮灰、浆膜以及其他污物，并冲洗干净。如底层表面过于光滑，则应凿毛。应控制基层平整度，其凹凸度不应大于10mm，以保证面层厚度均匀一致，防止厚薄过大，造成凝结硬化时收缩不均而产生裂缝、空鼓。面层施工前1～2d，应对基层浇水湿润，使基层具有清洁、湿润、粗糙的表面。

5）监理人员应注意结合层施工质量。素水泥浆结合层在调浆后应均匀涂刷，不宜采用先撒干水泥面后浇水的扫浆方法。素水泥浆水灰比以0.4～0.5为宜。刷素水泥浆应与铺设面层紧密配合，做到随刷随铺。铺设面层时，如果素水泥浆已风干硬结，则应铲去重新涂刷。

6）一个区段地砖施工铺完后应挂通线调整砖缝，普通砖缝口平直贯通。地板砖铺设后，覆盖浇水养护至少7d。

7）地砖与下卧层应结合牢固，不得有空鼓。地砖面层表面洁净，色泽一致，接缝平整，地砖留缝的宽度和深度一致，周边顺直。

（2）花岗岩面层。

1）花岗石面层采用天然花岗石（或碎拼花岗石）板材，应在结合层上铺设。

2）板材铺设前应对外观进行检查，有裂缝、掉角、翘曲和有表面缺陷的应予剔除，非同品种板材不得混杂使用。在铺设前，应按设计要求进行试拼编号。

3）铺设花岗石面层前，板材应浸湿、晾干，结合层与板材应分段同时铺设。

4）面层粘贴材料应饱满，避免出现空鼓现象。

5）面层铺设时接缝应均匀，板块应无裂纹、掉角、缺棱等缺陷。

6）表面坡度应符合设计要求，不倒泛水、无积水；与地漏、管道结合处无渗漏。

7）加强监理巡视工作，发现问题应及时处理。必要时签发监理通知单或工程暂停令。

**4．防静电地板施工过程控制要点**

（1）作业前应对基层进行检查，确保基层坚实、平整、干燥、不起灰。

（2）支架施工前应检查墙体四周标高控制线是否符合设计要求。

（3）所有支座螺杆紧固可靠，钢支柱和横梁构成框架一体，支座面高度全室等高。

（4）支架应可靠接地，接地网与室内接地端子连接。

（5）地板铺设前应进行排版设计，大面积施工前应进行预排敷设。

（6）地板铺设后可通过调整方向或调换活动地板方式调平，严禁加垫调平。

（7）横梁全部安装完后拉横竖线，检查横梁的平直度，缝格的平直度不大于1mm，面板安装之后拉小线再次检查。

（8）地板与墙边接缝处，安装踢脚线覆盖。通风口等处采用异形地板安装。

（9）行走时，地板应无响声、无晃动。

## （三）检查与验收

依照《变电（换流）站土建工程施工质量验收规范》（Q/GDW 10183—2021）附录 B.1 及国家电网有限公司统一验收表式相关要求，自流平面层、塑胶面层、砖面层与花岗岩面层、防静电地板为装饰装修分部工程中的分项工程。验收程序应为专业监理工程师组织检验批及分项工程的验收。

（1）检验批：审核并签认施工检验批资料，填写监理平行检验记录表。

（2）分项工程：由以上同一工序多个检验批汇总，专业监理工程师审核、签认分项工程质量验收记录。

## 四、报告与记录

施工过程中形成的主要成果资料见表 7-18。作业中引用或产生的报告与记录的表单样例，见本小节附表。

表 7-18　　　　　　　　　　施工过程中形成的主要成果资料

| 序号 | 编号 | 名　　称 | 填　　报 |
|---|---|---|---|
| 1 | JXM3 | 文件审查记录表 | 总监理工程师 |
| 2 | JJS3 | 施工图预检记录表 | 总监理工程师、专业监理工程师 |
| 3 | JZL3 | 平行检查记录表 | 专业监理工程师 |
| 4 | JXM4 | 监理策划文件报审表 | 细则专业监理工程师编写,总监理工程师审批 |
| 5 | JXM15 | 监理通知单 | 总监理工程师、专业监理工程师 |
| 6 | JXM15 | 质量、安全活动记录 | 总监理工程师、专业监理工程师 |

## 五、附表

对施工方案进行审核时，应运用数字监理平台逐项审查并勾选检查结果，填写修改意见。在平行检验时，根据表格内容逐项检查，并根据系统要求留存影像资料。未应用数字监理平台可采用纸质表单执行。

文件审查记录如表 7-19 所示，平行检验记录表如表 7-20～表 7-23 所示。

表 7-19                    文件审查记录表（装饰装修施工方案）

工程名称：                                                              编号：

| | 文件名称 | | （写文件全称，××施工方案—报审表编号） | |
|---|---|---|---|---|
| | 送审单位 | | （编制单位全称） | |
| 序号 | 监理项目部审查标准 | | 检查结果 | 施工项目部反馈意见 |
| 1 | 施工方案的编审批流程是否已按要求履行 | | □合格 □不合格 | |
| | 修改意见： | | | |
| 2 | 施工方案的编制依据是否已过期 | | □合格 □不合格 | |
| | 修改意见： | | | |
| 3 | 工程概况中应描述图纸中关于自流平面层或塑胶面层或砖面层与花岗岩面层、防静电地板的材料等重要技术参数和质量标准要求 | | □合格 □不合格 | |
| | 修改意见： | | | |
| 4 | 施工方案（措施）制定的施工工艺流程应合理，并绘制流程图。不得使用国家严厉禁止的施工工艺、建筑材料及施工机械 | | □合格 □不合格 | |
| | 修改意见： | | | |
| 5 | 根据各部位施工进度计划及流水段划分进行劳动力安排，满足施工进度计划及流水施工的需要 | | □合格 □不合格 | |
| | 修改意见： | | | |
| 6 | 应明确自流平面层或塑胶面层或砖面层与花岗岩面层、防静电地板的相关技术要求，包括自流平面层或塑胶面层或砖面层与花岗岩面层、防静电地板的工艺流程等技术要求 | | □合格 □不合格 | |
| | 修改意见： | | | |
| 7 | 施工方案内容应包括安全危险点分析或危险源辨识、环境因素识别应准确、全面 | | □合格 □不合格 | |
| | 修改意见： | | | |
| 8 | "施工准备"中现场材料、工具设备、安全防护布置是否满足施工需求等 | | □合格 □不合格 | |
| | 修改意见： | | | |
| 9 | 明确质量标准及验收方法，包括自流平面层或塑胶面层或砖面层与花岗岩面层、防静电地板的材料品种、强度要求、外观质量要求及检验方法等 | | □合格 □不合格 | |
| | 修改意见： | | | |
| 10 | 对施工质量通病制定防治措施，应有保障强制性条文执行和标准工艺应用的说明 | | □合格 □不合格 | |
| | 修改意见： | | | |
| 11 | 存在的其他问题 | | | |

总/专业监理工程师：_____                        项目经理：_____
日　　期：_____年___月___日                        日　　期：_____年___月___日

| 监理复查意见 | 总/专业监理工程师：_____ 日　　期：_____年___月___日 |
|---|---|

注　本表使用过程中可自行增加内容。本表一式两份，监理、施工项目部各存 1 份。

表 7-20 平行检验记录表（自流平面层）

工程名称： 编号：

| 检验对象分类 | | | □设备 | □材料 | | □工序 | |
|---|---|---|---|---|---|---|---|
| 检验对象基本信息 | 设备 | 设备名称 | | | 设备型号规格 | | |
| | | 生产厂家 | | | 安装位置 | | |
| | 使用器具 | 工器具名称 | | | 工器具型号规格 | | |
| | | 生产厂家 | | | 使用单位 | | |
| | 材料 | 材料名称 | | | 材料型号规格 | | |
| | | 生产厂家 | | | 使用部位 | | |
| | 工序 | 工序名称 | | | 实施单位 | | |
| | | 其他 | 使用部位： | | | | |

| 序号 | 检 验 项 目 | | 质 量 标 准 | 质量检验结果 | 备注 |
|---|---|---|---|---|---|
| 1 | 材料质量 | | 应符合设计要求和现行有关标准、规范的规定 | □合格 □不合格 | |
| 2 | 自流平面层的涂料进入施工现场时，应有以下有害物质限量合格的检测报告 | | 应符合设计要求和现行有关标准的规定 | □合格 □不合格 | |
| 3 | 自流平面层的基层☆ | | 应符合设计要求和现行有关标准的规定，强度等级不应小于 C20 | □合格 □不合格 | |
| 4 | 自流平面层的各构造层之间☆ | | 应符合设计要求和现行有关标准的规定，应黏结 | □合格 □不合格 | |
| 5 | 表面 | | 应符合设计要求和现行有关标准的规定，不应有开裂、漏涂和倒泛水、积水等现象 | □合格 □不合格 | |
| 6 | 自流平面层 | | 应符合设计要求和现行有关标准的规定，应分层施工，面层找平施工时不应留有抹痕 | □合格 □不合格 | |
| 7 | 表面施工质量 | | 应符合设计要求和现行有关标准的规定，应光洁，色泽应均匀、一致，不应有起泡、泛砂等现象 | □合格 □不合格 | |
| 8 | 表面允许偏差 | 表面平整度 | ≤2mm | | |
| | | 踢脚线上口平直 | ≤3mm | | |
| | | 缝格顺直 | ≤2mm | | |
| 检验结论 | | | □合格 □不合格 | | |
| 检验仪器及编号 | | 靠尺：<br>钢卷尺： | 水准仪： | | |
| 检验人员 | | | 检验日期 | 年 月 日 | |

注 带☆号检验项目为主控项目。

表 7-21　　　　　　　　　　　　平行检验记录表（塑胶面层）

工程名称：　　　　　　　　　　　　　　　　　　　　　　　　编号：

| 检验对象分类 | | □设备 | □材料 | □工序 |
|---|---|---|---|---|

| 检验对象基本信息 | 设备 | 设备名称 | | 设备型号规格 | |
|---|---|---|---|---|---|
| | | 生产厂家 | | 安装位置 | |
| | 使用器具 | 工器具名称 | | 工器具型号规格 | |
| | | 生产厂家 | | 使用单位 | |
| | 材料 | 材料名称 | | 材料型号规格 | |
| | | 生产厂家 | | 使用部位 | |
| | 工序 | 工序名称 | 塑胶面层 | 实施单位 | |
| | | 其他 | 使用部位： | | |

| 序号 | 检验项目 | 质量标准 | 质量检验结果 | 备注 |
|---|---|---|---|---|
| 1 | 材料质量☆ | 应符合设计要求和现行有关标准、规范的规定 | □合格　□不合格 | |
| 2 | 现浇型塑胶面层的配合比和成品试件检测 | 应符合设计要求和现行有关标准、规范的规定 | □合格　□不合格 | |
| 3 | 面层与基层黏结质量☆ | 应符合设计要求和现行有关标准的规定，应黏结 | □合格　□不合格 | |
| 4 | 塑胶面层的各组合层厚度、坡度、表面平整度☆ | 应符合设计要求和现行有关标准的规定 | □合格　□不合格 | |
| 5 | 面层图案、色泽、拼缝、阴阳角质量 | 应符合设计要求和现行有关标准的规定，应光洁，色泽应均匀、一致，不应有起泡、泛砂等现象 | □合格　□不合格 | |
| 6 | 塑胶卷材面层的焊缝质量 | 应符合设计要求和现行有关标准的规定 | □合格　□不合格 | |
| 7 | 焊缝凹凸 | ≤0.6mm | | |
| 8 | 表面允许偏差 | 表面平整度 | 2mm | |
| | | 踢脚线上口平直 | 3mm | |
| | | 缝格顺直 | 2mm | |
| 检验结论 | | □合格　□不合格 | | |
| 检验仪器及编号 | | 经纬仪：　　　　　　水准仪：<br>钢卷尺： | | |
| 检验人员 | | 检验日期 | 年　月　日 | |

注　带☆号检验项目为主控项目。

表 7-22　　　　　　　　　平行检验记录表（砖面层/花岗岩面层）

工程名称：　　　　　　　　　　　　　　　　　　　　　　　　　　　编号：

| 检验对象分类 | | | □设备 | □材料 | □工序 | |
|---|---|---|---|---|---|---|
| 检验对象基本信息 | 设备 | 设备名称 | | 设备型号规格 | | |
| | | 生产厂家 | | 安装位置 | | |
| | 使用器具 | 工器具名称 | | 工器具型号规格 | | |
| | | 生产厂家 | | 使用单位 | | |
| | 材料 | 材料名称 | | 材料型号规格 | | |
| | | 生产厂家 | | 使用部位 | | |
| | 工序 | 工序名称 | | 实施单位 | | |
| | | 其他 | 使用部位： | | | |

| 序号 | 检验项目 | | 质量标准 | 质量检验结果 | | 备注 |
|---|---|---|---|---|---|---|
| 1 | 板块的品种和质量☆ | | 应有产品质量合格证明文件，并应符合设计要求和国家现行有关标准的规定 | □合格 | □不合格 | |
| 2 | 放射性限量 | | 板块产品进入施工现场时，应有放射性限量合格的检测报告 | □合格 | □不合格 | |
| 3 | 面层与下一层结合 | | 应牢固，无空鼓（单块砖边角允许有局部空鼓，但每自然间或标准间的空鼓砖不应超过总数的5%） | □合格 | □不合格 | |
| 4 | 面层表面质量 | | 表面应洁净，图案清晰，色泽一致，接缝平整，深浅一致，周边顺直。板块无裂纹、掉角和缺棱等缺陷；非整砖块材不得小于1/2 | □合格 | □不合格 | |
| 5 | 邻接处的镶边用料及尺寸 | | 应符合设计要求，边角整齐、光滑 | □合格 | □不合格 | |
| 6 | 踢脚线质量 | | 踢脚线表面应清净，与柱、墙面结合应牢固，踢脚线高度及出柱、墙厚度应符合设计要求，且均匀一致，当无设计要求时，应为5～6mm | □合格 | □不合格 | |
| 7 | 楼梯踏步和台阶 | | 宽度、高度应符合设计要求。楼层梯段相邻踏步高度差不应大于10mm，每踏步两端宽度差不大于10mm；旋转楼梯段的每踏步两端宽度的允许偏差不应大于5mm。踏步面层应做防滑处理，齿角应整齐，防滑条应顺直、牢固 | □合格 | □不合格 | |
| 8 | 面层表面坡度 | | 应符合设计要求，不倒泛水、无积水；与地漏、管道结合处应严密牢固，无渗漏 | □合格 | □不合格 | |
| 9 | 表面平整度 | 陶瓷锦砖、陶瓷地砖 | ≤2mm | | | |
| | | 水泥花砖 | ≤3mm | | | |
| | | 缸砖 | ≤4mm | | | |
| 10 | 缝格平直度 | | ≤3mm | | | |
| 11 | 接缝高低差 | 陶瓷锦砖、陶瓷地砖、水泥花砖 | ≤0.5mm | | | |
| | | 缸砖 | ≤1.5mm | | | |

续表

| 序号 | 检 验 项 目 | | 质 量 标 准 | 质量检验结果 | 备注 |
|---|---|---|---|---|---|
| 12 | 踢脚线上口平直度 | 陶瓷锦砖、陶瓷地砖 | ≤3mm | | |
| | | 缸砖 | ≤4mm | | |
| 13 | 板块间隙宽度 | | ≤2mm | | |
| 检验结论 | | | □合格 □不合格 | | |
| 检验仪器及编号 | | 经纬仪： | 水准仪： | 钢卷尺： | |
| 检验人员 | | | 检验日期 | 年 月 日 | |

注 带☆号检验项目为主控项目。

**表 7-23** 平行检验记录表（活动地板面层）

工程名称： 编号：

| 检验对象分类 | | | □设备 | □材料 | □工序 | |
|---|---|---|---|---|---|---|
| 检验对象基本信息 | 设备 | 设备名称 | | 设备型号规格 | | |
| | | 生产厂家 | | 安装位置 | | |
| | 使用器具 | 工器具名称 | | 工器具型号规格 | | |
| | | 生产厂家 | | 使用单位 | | |
| | 材料 | 材料名称 | | 材料型号规格 | | |
| | | 生产厂家 | | 使用部位 | | |
| | 工序 | 工序名称 | | 实施单位 | | |
| | | 其他 | 使用部位： | | | |

| 序号 | 检 验 项 目 | | 质 量 标 准 | 质量检验结果 | 备注 |
|---|---|---|---|---|---|
| 1 | 材料质量☆ | | 符合设计要求和国家现行有关标准的规定，具有耐磨、防潮、阻燃、耐污染、耐老化和导静电等性能 | □合格 □不合格 | |
| 2 | 面层安装质量☆ | | 面层应安装牢固，无裂纹、掉角和缺棱等缺陷 | □合格 □不合格 | |
| 3 | 面层表面质量☆ | | 符合设计要求 | □合格 □不合格 | |
| 4 | 活动地板面层质量 | | 排列整齐，表面洁净、色泽一致、接缝均匀、周边顺直 | □合格 □不合格 | |
| 5 | 允许偏差 | 表面平整度 | ≤2mm | | |
| | | 缝格平直 | ≤2.5mm | | |
| | | 接缝高低差 | ≤0.4mm | | |
| | | 板块间隙宽度 | ≤0.3mm | | |
| 检验结论 | | | □合格 □不合格 | | |
| 检验仪器及编号 | | 经纬仪：钢卷尺： | 水准仪： | | |
| 检验人员 | | | 检验日期 | 年 月 日 | |

注 带☆号检验项目为主控项目。

# 第四节

# 门

根据门的材料不同，门可分为木门、钢板门、防火门。

## 一、节点管控表

木门、钢板门、防火门施工节点管控表如表 7-24 和表 7-25 所示。

表 7-24　　　　　　　　　　　　　木门施工节点管控表

| 工艺流程图 | 监理主要工作 | 监理成果 |
|---|---|---|
| 施工准备 | 审查施工单位人员、机械、材料、施工方案，对现场安全文明布置情况进行检查 | 根据管控要点逐一审查/检查，填写文件审查记录表 |
| 复核洞口 | 施工单位三级自检后，对门洞口定位及大小尺寸进行复核 | 填写平行检验记录表 |
| 门框安装 | 巡检抽查 | 填写木门施工监理平行检验记录表 |
| 配件定位 | 巡检抽查 | |
| 门扇安装 | 巡检抽查 | |
| 调整 | 巡检抽查 | |
| 胶结固定（发泡胶） | 巡检抽查 | 填写木门施工监理平行检验记录表 |
| 锁具安装 | 巡检抽查 | |
| 门脸线安装 | 巡检抽查 | |
| 密封条安装 | 巡检抽查 | |
| 质量验收 | 组织分项工程验收，对工程实体及验收资料进行检查 | 审核、签认施工检验批及分项工程报审资料 |

编制说明：
1. 编制目的：根据施工工艺流程，列明监理主要工作内容及应及时填写的表单。
2. 编制依据：标准工艺，统一验收表式及质量验评划分表，安全风险管理规程。

表 7-25　　　　　　　　　　　钢板门、防火门施工节点管控表

| 工艺流程图 | 监理主要工作 | 监理成果 |
|---|---|---|
| 施工准备 | 审查施工单位人员、机械、材料、施工方案，对现场安全文明布置情况进行检查 | 根据管控要点逐一审查/检查，填写文件审查记录表 |
| 尺寸定位 | 施工单位三级自检后，对门洞口定位及大小尺寸进行复核 | 填写钢板门、防火门施工监理平行检验记录表 |
| 门框安装 | 巡检抽查 | 填写钢板门、防火门施工监理平行检验记录表 |
| 门扇安装 | 巡检抽查 | |
| 五金配件安装 | 巡检抽查 | |
| 质量验收 | 组织分项工程验收，对工程实体及验收资料进行检查 | 审核、签认施工检验批及分项工程报审资料 |

编制说明：
1. 编制目的：根据施工工艺流程，列明监理主要工作内容及应及时填写的表单。
2. 编制依据：标准工艺，统一验收表式及质量评划分表，安全风险管理规程。

## 二、主要安全风险及控制措施

### （一）主要安全风险类型

触电、机械伤害。

### （二）安全控制措施

（1）用电设备外壳均加装保护接地；移动式用电设备开关均装漏电保护装置。

（2）所有搬运人员应佩戴好安全帽、工作服、手套等防护用品。大、重、长物料必须二人合力搬运，二人以上抬扛物料时，要留有足够的安全距离，防止间距过小相互碰伤。物料搬运到指定地点后必须轻放，严防猛扔摔坏，防止物料弹起伤人。

（3）机械设备各传动部位必须有可靠防护装置；械设备运转时，操作者不得离开工作岗位。工作结束后，应关闭开关，将刀具和工件从工作位置取下。

## 三、成品门安装控制要点

### （一）成品门施工前控制要点

（1）本作业的施工人员经审查合格进场，特殊工种作业人员满足施工需要。

（2）本作业的计量器具、仪表经法定单位检定合格，且在有效期内。

（3）物资材料准备能满足本作业连续施工需要。材料方面要求：木门应采用烘干的木材，含水量及饰面质量应符合国家现行标准的有关规定。木材的燃烧性能等级和含水率及人造木板的甲醛含量应符合设计要求及现行国家标准的有关规定。每樘防火门均应在其明显部位设置永久性标牌，并应标明产品名称、型号、规格、耐火性能及商标、生产单位（制造商）名称和厂址、出厂日期及产品生产批号、执行标准等。

（4）本工程相关的施工图已进行交底、会检，审查施工单位上报的施工方案是否符合现场情况及相关强制性标准。

（5）门洞尺寸经过复核，墙体养护已经满足强度要求。

（6）成品门根据使用要求不同应具备相应的报告、复试资料（如防火门应有型式试验报告），作为消防报建备案资料的重要部分，应具备消防认证标识。

## （二）施工过程控制

### 1. 木门施工过程控制要点

（1）木门表面应洁净，不得有刨痕和锤印。

（2）木门的割角和拼缝应严密平整。门窗框、扇裁口应顺直，刨面应平整。

（3）木门上的槽和孔应边缘整齐，无毛刺。

（4）木门与墙体支架的缝隙应填嵌饱满。严寒和寒冷地区外门窗与砌体支架的空隙应填充保温材料。

（5）木门、盖口条、压缝条和密封条安装应顺直，与门窗结合应牢固、严密。

（6）框高度与宽度允许偏差 1.5～3mm，扇高度与宽度－1.5～3mm，框、扇对角线长度偏差 2mm，框、扇裁口与线条结合处高低差 0.5mm，扇表面平整度 2mm，扇翘曲 3mm，框正、侧面安装垂直度 1mm，框与扇、扇与扇接缝高低差 1mm。

（7）搁栅骨架应平整牢固，表面刨平。安装搁栅骨架应方正，除预留出板面厚度外，搁栅骨架与木砖间的间隙应垫以木垫，连接牢固。门扇与上框间留缝宽度为 1～3mm 门扇与合页侧框间留缝宽度为 1～3mm。

### 2. 钢板门、防火门施工过程控制要点

（1）定位放线，监理复核。确保门安装无偏位现象发生。

（2）防火门的门框、门扇及各配件表面应平整、光洁，并应无明显凹痕或机械损伤。

（3）防火门门扇与门框的搭接尺寸不应小于 12mm。

（4）门扇安装完成后应检查启闭情况，应启闭灵活，且无反弹、翘角、卡阻和关闭不严现象。

（5）门扇与门框有合页一侧的配合活动间隙不应大于设计图规定的尺寸公差；门扇与上框的配合活动间隙不应大于 3mm；双扇、多扇门的门扇之间缝隙不应大于 3mm；

门扇与下框或地面的活动间隙不应大于 9mm；门扇与门框贴合面间隙、门扇与门框右合页一侧、有锁一侧及上框的贴合面间隙，均不应大于 3mm。

（6）带有闭锁功能的防火门应进行现场安装试验并进行记录，有联动要求的应进行联动试验并进行记录。

（7）金属门门框及门叶应与主接地网间设置接地。

### （三）检查与验收

依照《变电（换流）站土建工程施工质量验收规范》（Q/GDW 10183—2021）附录 B.1 及国家电网有限公司统一验收表式相关要求，木门和钢板门、防火门为装饰装修分部工程中的分项工程。验收程序应为专业监理工程师组织检验批及分项工程的验收。

（1）检验批：审核并签认施工检验批资料，填写监理平行检验记录表。

（2）分项工程：由以上同一工序多个检验批汇总，专业监理工程师审核、签认分项工程质量验收记录。

## 四、报告与记录

施工过程中形成的主要成果资料见表 7-26。作业中引用或产生的报告与记录的表单样例，见本节附表。

表 7-26　　　　　　　　　　　施工过程中形成的主要成果资料

| 序号 | 编号 | 名　称 | 填　报 |
|---|---|---|---|
| 1 | JXM3 | 文件审查记录表 | 总监理工程师 |
| 2 | JJS3 | 施工图预检记录表 | 总监理工程师、专业监理工程师 |
| 3 | JZL3 | 平行检查记录表 | 专业监理工程师 |
| 4 | JXM4 | 监理策划文件报审表 | 细则专业监理工程师编写,总监理工程师审批 |
| 5 | JXM15 | 监理通知单 | 总监理工程师、专业监理工程师 |
| 6 | JXM15 | 质量、安全活动记录 | 总监理工程师、专业监理工程师 |

## 五、附表

对施工方案进行审核时，应运用数字监理平台逐项审查并勾选检查结果，填写修改意见。在平行检验时，根据表格内容逐项检查，并根据系统要求留存影像资料。未应用数字监理平台可采用纸质表单执行。

文件审查记录表如表 7-27 所示，平行检验记录表如表 7-28 和表 7-29 所示。

表 7-27　　　　　　　　　文件审查记录表（装饰装修施工方案）

工程名称：　　　　　　　　　　　　　　　　　　　　　编号：

| 文件名称 | （写文件全称，××施工方案—报审表编号） | | |
|---|---|---|---|
| 送审单位 | （编制单位全称） | | |
| 序号 | 监理项目部审查标准 | 检查结果 | 施工项目部反馈意见 |
| 1 | 施工方案的编审批流程是否已按要求履行 | □合格　□不合格 | |
| | 修改意见： | | |
| 2 | 施工方案的编制依据是否已过期 | □合格　□不合格 | |
| | 修改意见： | | |
| 3 | 工程概况中应描述图纸中关于木门或钢板门、防火门的材料等重要技术参数和质量标准要求 | □合格　□不合格 | |
| | 修改意见： | | |
| 4 | 施工方案（措施）制定的施工工艺流程应合理，并绘制流程图。不得使用国家严厉禁止的施工工艺、建筑材料及施工机械 | □合格　□不合格 | |
| | 修改意见： | | |
| 5 | 根据各部位施工进度计划及流水段划分进行劳动力安排，满足施工进度计划及流水施工的需要 | □合格　□不合格 | |
| | 修改意见： | | |
| 6 | 应明确木门或钢板门、防火门的相关技术要求，包括木门或钢板门、防火门的工艺流程等技术要求 | □合格　□不合格 | |
| | 修改意见： | | |
| 7 | 施工方案内容应包括安全危险点分析或危险源辨识、环境因素识别应准确、全面 | □合格　□不合格 | |
| | 修改意见： | | |
| 8 | "施工准备"中现场材料、工具设备、安全防护布置是否满足施工需求等 | □合格　□不合格 | |
| | 修改意见： | | |
| 9 | 明确质量标准及验收方法，包括木门或钢板门、防火门的材料品种、强度要求、外观质量要求及检验方法等 | □合格　□不合格 | |
| | 修改意见： | | |
| 10 | 对施工质量通病制定防治措施，应有保障强制性条文执行和标准工艺应用的说明 | □合格　□不合格 | |
| | 修改意见： | | |
| 11 | 存在的其他问题 | | |

总/专业监理工程师：＿＿＿＿＿＿＿　　　　　　项目经理：＿＿＿＿＿＿＿
日　　期：＿＿＿＿年＿＿月＿＿日　　　　　日　　期：＿＿＿＿年＿＿月＿＿日

| 监理复查意见 | 总/专业监理工程师：＿＿＿＿＿＿＿<br>日　　期：＿＿＿＿年＿＿月＿＿日 |
|---|---|

注　本表使用过程中可自行增加内容。本表一式两份，监理、施工项目部各存 1 份。

表 7-28　　　　　　　　　　平行检验记录表（门套）

工程名称：　　　　　　　　　　　　　　　　　　　　　　编号：

| 检验对象分类 | | | □设备 | □材料 | □工序 |
|---|---|---|---|---|---|
| 检验对象基本信息 | 设备 | 设备名称 | | 设备型号规格 | |
| | | 生产厂家 | | 安装位置 | |
| | 使用器具 | 工器具名称 | | 工器具型号规格 | |
| | | 生产厂家 | | 使用单位 | |
| | 材料 | 材料名称 | | 材料型号规格 | |
| | | 生产厂家 | | 使用部位 | |
| | 工序 | 工序名称 | | 实施单位 | |
| | | 其他 | 使用部位： | | |

| 序号 | 检验项目 | 质量标准 | 质量检验结果 | 备注 |
|---|---|---|---|---|
| 1 | 材料质量☆ | 门窗套制作与安装所使用材料的材质、规格、花纹和颜色、木材的燃烧性能等级和含水率、花岗石的放射性及人造木板的甲醛含量应符合设计要求及国家现行标准的有关规定 | □合格　□不合格 | |
| 2 | 造型、安装和固定方法☆ | 门窗套的造型、尺寸和固定方法应符合设计要求，安装应牢固 | □合格　□不合格 | |
| 3 | 表面质量 | 门窗套表面应平整、洁净、线条顺直、接缝严密、色泽一致，不得有裂缝、翘曲及损坏 | □合格　□不合格 | |
| 4 | 正、侧面垂直度 | ≤3mm | | |
| 5 | 门窗套上口水平度 | ≤1mm | | |
| 6 | 门窗套上口直线度 | ≤3mm | | |
| 检验结论 | | □合格　□不合格 | | |
| 检验仪器及编号 | | 涂层测厚仪：　　　　　水准仪：<br>钢卷尺：　　　　　　　游标卡尺： | | |
| 检验人员 | | 检验日期 | 年　月　日 | |

注　带☆号检验项目为主控项目。

表 7-29　　　　　　　　平行检验记录表（钢板门、防火门）

工程名称：　　　　　　　　　　　　　　　　　　　　　　编号：

| 检验对象分类 | | | □设备 | □材料 | □工序 |
|---|---|---|---|---|---|
| 检验对象基本信息 | 设备 | 设备名称 | | 设备型号规格 | |
| | | 生产厂家 | | 安装位置 | |
| | 使用器具 | 工器具名称 | | 工器具型号规格 | |
| | | 生产厂家 | | 使用单位 | |

| 检验对象分类 | | | □设备 | | □材料 | | □工序 | |
|---|---|---|---|---|---|---|---|---|
| 检验对象基本信息 | 材料 | 材料名称 | | | 材料型号规格 | | | |
| | | 生产厂家 | | | 使用部位 | | | |
| | 工序 | 工序名称 | | | 实施单位 | | | |
| | | 其他 | 使用部位： | | | | | |

| 序号 | 检 验 项 目 | | | 质 量 标 准 | 质量检验结果 | 备注 |
|---|---|---|---|---|---|---|
| 1 | 门质量和性能☆ | | | 应符合设计要求和有关标准的规定 | □合格　□不合格 | |
| 2 | 门品种、类型、规格、防腐处理 | | | 应符合设计要求和有关标准的规定 | □合格　□不合格 | |
| 3 | 机械装置 | | | 应符合设计要求和有关标准的规定 | □合格　□不合格 | |
| 4 | 门安装及预埋件 | | | 门安装必须牢固。预埋件的数量、位置、埋设方式、与框的连接方式必须符合设计要求 | □合格　□不合格 | |
| 5 | 门配件、安装及功能 | | | 门的配件应齐全，位置应正确，安装应牢固。功能应满足使用要求和特种门的各项性能要求 | □合格　□不合格 | |
| 6 | 表面装饰 | | | 应符合设计要求 | □合格　□不合格 | |
| 7 | 表面质量 | | | 应洁净，无划痕、碰伤等现象 | □合格　□不合格 | |
| 8 | 防火门 | 开启方向 | | 宜为平开门，必须为疏散方向，不宜装锁和插销 | □合格　□不合格 | |
| 9 | | 门的开启与关闭 | | 必须启闭灵活（在不大于80N的推力作用下即可打开），并具有自行关闭的功能 | □合格　□不合格 | |
| 10 | | 密封槽 | | 框与扇搭接处宜留密封槽，且嵌填不燃性材料制成的密封条 | □合格　□不合格 | |
| 11 | | 门槽口对角线长度差 | 甲级 | ≤2mm | | |
| | | | 乙级 | ≤3mm | | |
| 12 | | 门框的正、侧面垂直度 | | ≤3mm | | |
| 13 | | 框与扇接触面平整度 | | ≤2mm | | |
| 14 | | 扇与框间立缝、门扇对口留缝宽度 | | 1.5～2.5mm | | |
| 15 | | 双扇大门对口留缝宽度 | | 2～5mm | | |
| 16 | | 扇与上框间留缝宽度 | | 1～1.5mm | | |

续表

| 序号 | 检验项目 | | | 质量标准 | 质量检验结果 | 备注 |
|---|---|---|---|---|---|---|
| 17 | 防火门 | 门扇与地面间面留缝宽度 | 外门 | 4～5mm | | |
| | | | 内门 | 6～8mm | | |
| 检验结论 | | | | □合格　□不合格 | | |
| 检验仪器及编号 | | | 组合检测仪：　　　　游标卡尺：　　　　钢卷尺： | | | |
| 检验人员 | | | | 检验日期 | 年　月　日 | |

注　带☆号检验项目为主控项目。

# 第五节

# 窗

## 一、节点管控表

窗扇安装节点管控表如表 7-30 所示。

表 7-30　　　　　　　　　　　窗扇安装节点管控表

| 工艺流程图 | 监理主要工作 | 监理成果 |
|---|---|---|
| 施工准备 | 审查施工单位人员、机械、材料、施工方案，对现场安全文明布置情况进行检查 | 根据管控要点逐一审查/检查，填写文件审查记录表 |
| 窗检查校正 | 巡检抽查 | 填写窗扇安装监理平行检验记录表 |
| 窗框安装 | 巡检抽查 | |
| 修饰、固定、附件安装 | 巡检抽查 | |
| 成品保护 | 巡检抽查 | 填写窗扇安装监理平行检验记录表 |
| 质量验收 | 组织分项工程验收，对工程实体及验收资料进行检查 | 审核、签认施工检验批及分项工程报审资料 |

编制说明：
1. 编制目的：根据施工工艺流程，列明监理主要工作内容及应及时填写的表单。
2. 编制依据：标准工艺，统一验收表式及质量验评划分表，安全风险管理规程。

# 二、主要安全风险及控制措施

## （一）主要安全风险

物体打击、高处坠落、触电、机械伤害。

## （二）安全风险控制措施

（1）非作业人员不得在施工地点坠落半径内通行或逗留，施工区域应有围栏或装设其他保护装置。如在移动平台上作业，应采取有效隔离措施，如铺设木板等。禁止将工具及材料上下投掷，应用绳索拴牢传递。

（2）施工前必须检查施工操作平台架子、安全带有无损坏，检定标签是否齐全，确保各种用具无异常现象方能进行使用。使用人字梯登高作业时只准一人使用，禁止同时两人作业。

（3）用电设备外壳均加装保护接地；移动式用电设备开关均装漏电保护装置。

（4）机械设备传动部位必须有可靠防护装置；机械设备运转时，操作者不得离开工作岗位。工作结束后，应关闭开关。

# 三、金属窗、铝合金窗施工的控制要点

## （一）作业前控制要点

（1）本作业的施工人员和机械已进场，特殊工种作业人员满足施工需要。

（2）本作业的计量器具、仪表经法定单位检定合格，且在有效期内。

（3）物资材料准备能满足本作业连续施工需要。施工前，检查进场材料的品种、规格、型号等是否符合图纸要求，检查进场材料外观质量是否完好。窗进场应提供产品合格证、型式检验报告以及抗风压、水密性、气密性、隔音性能、保温性能、隔热性能、耐火完整性、采光性能检测报告（注：三性检测报告原则上应现场抽取已安装的窗户）。窗的产品标牌应固定在上框、中横框、窗扇侧面等适当部位。金属门窗的配件的型号、规格、数量应符合设计要求。

（4）本工程相关的施工图已进行交底、会检，审查施工单位上报的施工方案是否符合现场情况及相关强制性标准。

## （二）施工过程控制

（1）检查金属窗表面应洁净、平整、光滑、色泽一致，应无锈蚀、擦伤、划痕和碰伤。漆膜或保护层应连续。型材的表面处理应符合设计要求及国家现行标准的有关规定。

（2）检查窗框装入洞口应横平竖直，可采用水平尺、吊线检查。严禁将门窗直接埋入墙体。

（3）在砌体上安装窗框时严禁用射钉固定。窗框与墙体之间的缝隙应填嵌饱满，并应采用密封胶密封。窗框上的排水孔应畅通，位置和数量应符合设计要求。

（4）窗扇的密封胶条或密封毛条装配应平整、完好，不得脱槽，交角处应平顺。金属门窗推拉门窗扇开关力不应大于 50N。

（5）窗框扇杆件间的连接构造应牢固可靠，人接触的部位应平整，外露的孔洞及边缘尖角宜进行封堵包饰。

（6）窗开启锁固五金配件安装位置正确，锁闭状态应满足设计要求。窗附件安装牢固，开启扇五金配件控制灵活，窗启闭无卡滞。

（7）窗应设置防坠落、防夹手、防雷等安全性装置。

（8）金属窗接地应满足设计要求。

（9）部分有消防闭锁要求的窗、有逃生要求的窗应检查相应功能是否可以实现，应进行试验并记录。

### （三）检查与验收

依照《变电（换流）站土建工程施工质量验收规范》（Q/GDW 10183—2021）附录 B.1 及国家电网有限公司统一验收表式相关要求，金属窗、铝合金窗为装饰装修分部工程中的分项工程。验收程序应为专业监理工程师组织检验批及分项工程的验收。

（1）检验批：审核并签认施工检验批资料，填写监理平行检验记录表。

（2）分项工程：由以上同一工序多个检验批汇总，专业监理工程师审核、签认分项工程质量验收记录。

## 四、报告与记录

施工过程中形成的主要成果资料见表 7-31。作业中引用或产生的报告与记录的表单样例，见本小节附表。

表 7-31　　　　　　施工过程中形成的主要成果资料

| 序号 | 编号 | 名　称 | 填　报 |
|---|---|---|---|
| 1 | JXM3 | 文件审查记录表 | 总监理工程师 |
| 2 | JJS3 | 施工图预检记录表 | 总监理工程师、专业监理工程师 |
| 3 | JZL3 | 平行检查记录表 | 专业监理工程师 |
| 4 | JXM4 | 监理策划文件报审表 | 细则专业监理工程师编写,总监理工程师审批 |
| 5 | JXM15 | 监理通知单 | 总监理工程师、专业监理工程师 |
| 6 | JXM15 | 质量、安全活动记录 | 总监理工程师、专业监理工程师 |

# 五、附表

对施工方案进行审核时，应运用数字监理平台逐项审查并勾选检查结果，填写修改意见。在平行检验时，根据表格内容逐项检查，并根据系统要求留存影像资料。未应用数字监理平台可采用纸质表单执行。

文件审查记录表如表 7-32 所示，平行检验记录表如表 7-33 所示。

表 7-32　　　　　　　　　　　文件审查记录表（装饰装修施工方案）

工程名称：　　　　　　　　　　　　　　　　　　　　　　　　　　　编号：

| 序号 | 监理项目部审查标准 | 检查结果 | 施工项目部反馈意见 |
|---|---|---|---|
| 1 | 施工方案的编审批流程是否已按要求履行 | □合格　□不合格 | |
| | 修改意见： | | |
| 2 | 施工方案的编制依据是否已过期 | □合格　□不合格 | |
| | 修改意见： | | |
| 3 | 工程概况中应描述图纸中关于金属窗、铝合金窗的材料等重要技术参数和质量标准要求 | □合格　□不合格 | |
| | 修改意见： | | |
| 4 | 施工方案（措施）制定的施工工艺流程应合理，并绘制流程图。不得使用国家严厉禁止的施工工艺、建筑材料及施工机械 | □合格　□不合格 | |
| | 修改意见： | | |
| 5 | 根据各部位施工进度计划及流水段划分进行劳动力安排，满足施工进度计划及流水施工的需要 | □合格　□不合格 | |
| | 修改意见： | | |
| 6 | 应明确金属窗、铝合金窗的相关技术要求，包括金属窗、铝合金窗的工艺流程等技术要求 | □合格　□不合格 | |
| | 修改意见： | | |
| 7 | 施工方案内容应包括安全危险点分析或危险源辨识、环境因素识别应准确、全面 | □合格　□不合格 | |
| | 修改意见： | | |
| 8 | "施工准备"中现场材料、工具设备、安全防护布置是否满足施工需求等 | □合格　□不合格 | |
| | 修改意见： | | |
| 9 | 明确质量标准及验收方法，包括金属窗、铝合金窗的材料品种、强度要求、外观质量要求及检验方法等 | □合格　□不合格 | |
| | 修改意见： | | |

续表

| 序号 | 监理项目部审查标准 | 检查结果 | 施工项目部反馈意见 |
|---|---|---|---|
| 10 | 对施工质量通病制定防治措施，应有保障强制性条文执行和标准工艺应用的说明 | □合格 □不合格 | |
| | 修改意见： | | |
| 11 | 存在的其他问题 | | |
| | 总/专业监理工程师：＿＿＿＿＿＿＿<br>日　　期：＿＿＿＿年＿月＿日 | | 项目经理：＿＿＿＿＿＿＿＿<br>日　　期：＿＿＿＿年＿月＿日 |
| 监理复查意见 | | | 总/专业监理工程师：＿＿＿＿＿＿<br>日　　期：＿＿＿＿年＿月＿日 |

注　本表使用过程中可自行增加内容。本表一式两份，监理、施工项目部各存 1 份。

表 7-33　　　　　　平行检验记录表（金属窗、铝合金门窗安装）

工程名称：　　　　　　　　　　　　　　　　　　　　　　　　　编号：

| 检验对象分类 | | | □设备 | □材料 | □工序 |
|---|---|---|---|---|---|
| 检验对象基本信息 | 设备 | 设备名称 | | 设备型号规格 | |
| | | 生产厂家 | | 安装位置 | |
| | 使用器具 | 工器具名称 | | 工器具型号规格 | |
| | | 生产厂家 | | 使用单位 | |
| | 材料 | 材料名称 | | 材料型号规格 | |
| | | 生产厂家 | | 使用部位 | |
| | 工序 | 工序名称 | | 实施单位 | |
| | | 其他 | 使用部位： | | |

| 序号 | 检 验 项 目 | 质 量 标 准 | 质量检验结果 | 备注 |
|---|---|---|---|---|
| 1 | 门窗质量☆ | 门窗的品种、类型、规格、尺寸、性能、开启方向、安装位置、连接方式应符合设计要求。金属门窗的防腐处理及填嵌、密封处理应符合设计要求 | □合格 □不合格 | |
| 2 | 门窗框安装☆ | 门窗框和副框的安装必须牢固，在砌体上严禁采用射钉固定。预埋件的数量、位置、埋设方式、与框的连接方式必须符合设计要求 | □合格 □不合格 | |
| 3 | 门窗扇安装☆ | 门窗扇必须安装牢固，并应开关灵活、关闭严密，无倒翘。推拉门窗必须有防脱落措施 | □合格 □不合格 | |
| 4 | 门窗配件安装☆ | 门窗配件的型号、规格、数量应符合设计要求，安装应牢固，位置应正确，功能应满足使用要求 | □合格 □不合格 | |
| 5 | 表面质量 | 门窗表面应洁净、平整、光滑、色泽一致，无锈蚀。大面应无划痕、碰伤。漆膜或保护层应连续 | □合格 □不合格 | |

| 序号 | 检 验 项 目 | | 质 量 标 准 | 质量检验结果 | 备注 |
|---|---|---|---|---|---|
| 6 | 推拉扇开关应力 | | 推拉铝合金门窗开关力应不大于 60N | □合格　□不合格 | |
| 7 | 门窗框与墙体之间缝隙的填嵌 | | 填嵌饱满，并采用密封胶密封。密封胶表面应光滑、顺直，无裂纹 | □合格　□不合格 | |
| 8 | 门窗扇橡胶密封条或毛毡密封条 | | 安装完好，不得脱槽 | □合格　□不合格 | |
| 9 | 排水孔 | | 有排水孔的金属门窗，排水孔应畅通，位置和数量应符合设计要求 | □合格　□不合格 | |
| 10 | 门窗槽口宽度、高度偏差 | ≤1500mm | ±1.5mm | | |
| | | >1500mm | ±2mm | | |
| 11 | 门窗槽口对角线长度差 | ≤2000mm | ≤2mm | | |
| | | >2000mm | ≤3mm | | |
| 12 | 门窗框的正、侧面垂直度 | | ≤2.5mm | | |
| 13 | 门窗横框的水平度 | | ≤2mm | | |
| 14 | 门窗横框标高偏差 | | ≤5mm | | |
| 15 | 门窗竖向偏离中心 | | ≤5mm | | |
| 16 | 双层门窗内外框间距偏差 | | ≤4mm | | |
| 17 | 推拉门窗扇与框搭接量偏差 | | ±1.5mm | | |
| 检验结论 | | | □合格　□不合格 | | |
| 检验仪器及编号 | | 组合检测仪： | 游标卡尺： | 钢卷尺： | |
| 检验人员 | | | 检验日期 | 年　月　日 | |

注　带☆号检验项目为主控项目。